한국음식
백과사전

농촌진흥청 지음

21세기사

발간사

음식은 단순한 먹을거리가 아니라 그 나라의 생활과 문화를 대표하는 상징입니다. 특히, 전통향토음식은 자국(自國)만이 고유하게 보유하고 있는 소중한 자산으로, 국가 이미지 제고에 중요한 역할을 합니다.

또한 전통향토음식은 그 지역에서 생산된 농산물을 활용하기 때문에 농업을 견인할 수 있고 후방에서 관광문화산업 등 파생산업을 낳을 수 있는 부가가치 창출 아이템이라 할 수 있습니다. 생물다양성 측면에서도 다양한 전통향토음식을 활용하면 식품재료인 생물자원이 다양하게 자랄 수 있는 여건을 마련하는 것입니다.

이처럼 중요한 의미를 갖는 전통향토음식은 최근 전 세계가 급속도로 가까워지면서 지역성·고유성이 없이 획일화되어 가는 경향을 보이고 있습니다. 우리 조상들이 오랜 세월에 걸쳐 가꾸어 온 전통향토음식을 생활의 단순화와 현대화로 인해 사라져가도록 방치할 것이 아니라 보다 잘 활용하여 풍부한 식문화가 계승되도록 해야 할 것입니다. 따라서 전통향토음식을 만들어 먹던 세대가 현존해 있을 때 목록화하고 정확히 기술(記述)해 두는 일이 시급히 요청된다고 하겠습니다.

이에 농촌진흥청에서는 전국에 흩어져 있는 전통향토음식을 목록화하여 2008년에《한국의 전통향토음식》(전 10권)을 발간하였고, 웹서비스(http://koreanfood.rda.go.kr)도 제공하고 있습니다. 본 책자는《한국의 전통향토음식》에 수록된 음식의 특징과 관련 정보를 간략하게 기술한 사전(事典)적 설명서로, 전문가뿐만 아니라 일반인도 쉽게 사용할 수 있도록 하였습니다.

이 책이 전통향토음식에 대한 이해를 높이고 전통식문화 계승·발전에 소중한 자료로 활용되기를 바라며, 한식의 세계화에 밑거름이 되기를 바랍니다. 또한 이 책이 발간되기까지 많은 도움을 주신 교수님들과 연구진 여러분들에게 감사의 마음을 전합니다.

농촌진흥청장 김재수

차 례

✿ 일러두기

1. 본 사전에 수록된 음식품목은 前書인 《한국의 전통향토음식》(농촌진흥청, 2008)에 나와 있는 것을 기본으로 하였다. (다만, 몇 가지가 추가, 삭제되었다)
   - 수록종수 : 3,309종

2. 각 음식에 들어가는 재료 및 만드는 법, 그 음식만이 가지는 고유한 특징, 유래와 지역적인 특성에 대하여 간략한 해설을 하였다.
   - 재료의 설명은 식용 부위, 형태나 크기, 주로 재배(서식)되는 곳, 계절성, 지역별 명칭, 조리·음식에의 활용성, 건강·영양적 측면에서 우수한 점 등을 기술하였다.

3. 음식명은 가급적 표준어를 표제어로 하였으며, 예외적으로 지방 고유의 음식명이나 방언이 고유명사화된 음식도 표제어로 사용하였다.
   - 음식명이 표준어와 방언 등 여러 가지로 불릴 경우 표준어를 표제어로 선택하고 음식 설명 끝 부분에 방언을 나열하였다.
   예시) 톳밥 : 보리를 끓이다 ~ 지은 밥이다. 톨밥이라고도 한다.
   - 방언으로 알고 있을 때도 쉽게 표준어 음식명을 찾아갈 수 있도록 ▶▶ 표시를 하여 나타내었다.
   예시) 톨밥 ▶▶ 톳밥
   - 음식명은 같으나 주재료 및 조리법이 다소 차이가 날 경우 방법 1, 방법 2로 표기하여 설명하였다.

4. 음식의 지역성은 前書인 《한국의 전통향토음식》기준에 따라 검증·분류하였고 지역명(도단위)을 표기하였다.
   - 예시) 충남, 경남
   * 어느 특정지역에 한정되지 않고 전국적으로 이용되는 음식은 지역명을 표시하지 않았다.

5. 음식의 역사를 가늠해 보기 위하여 그 음식이 기록된 고문헌을 찾아 음식설명 끝에 적어두었다.
   - 고문헌은 조선시대 이후에 출간된 조리서나 식품에 관련된 문헌을 대상으로 하였는데, 작업의 편이성을 위하여 한글 번역이 되어 있는 고조리서 위주로 하였다.

6. 각 지역별 음식을 통합하여 한국어의 가나다순으로 수록하였다.
   - 또 각 지역별 향토음식을 찾아보기 쉽게 하기 위하여 그 지역음식을 가나다순으로 정렬하여 따로 찾아보기로 만들었다.

ㄱ

가례불고기 숯불에서 익힌 돼지고기를 양념장에 재웠다가 다시 구운 것으로, 소금을 뿌려 숯불에서 익혀 기름을 뺀 돼지고기와 양파 채, 어슷하게 썬 풋고추에 양념장(간장, 설탕, 다진 파·마늘, 고춧가루, 깨소금, 참기름, 후춧가루)을 버무려 숯불에서 다시 굽는다. 돼지고기는 쉽게 상하므로 경남 의령군 가례마을에서는 숯불에 살짝 익혀서 저장하였다가 먹을 때 양념하여 다시 구워 먹었는데, 여기에서 유래되었다. ♣경남

가루장국 육수에 밀가루를 풀고 새우, 다슬기, 방아, 들깻가루 등을 넣어 끓인 국이다. 새우와 다슬기 삶은 육수에 밀가루를 풀고 새우와 다슬기살을 넣고 걸쭉하게 끓인 다음 방아잎을 넣고 국간장으로 간을 한 후 들깻가루, 다진 마늘을 넣는다. 가리장국이라고도 한다.

♣경남

가리장국 ▶▶▶ 가루장국 ♣경남

가리찜 ▶▶▶ 갈비찜 ♣서울·경기

가리탕 ▶▶▶ 갈비탕 ♣서울·경기

가마니떡 밀가루 전병을 부치다가 삶은 팥, 다진 호두, 잣을 꿀에 버무린 소를 얹고 양옆으로 싸서 지진 떡으로 밀주머니 떡이라고도 한다. ♣경북

가마니떡

가물치곰국 식용유를 두른 솥에 가물치를 넣어 푹 곤 국으로 소금을 곁들인다. 찹쌀, 생강, 대추, 미나리, 대파, 마늘, 깨소금을 넣어 탕을 만들기도 한다. 가물치는 농어목 가물치과에 속하는 토종 민물고기로 말 그대로 '검은 물고기'를 말한다. 가물치는 강인한 생명력을 지녔기

가물치

가루장국

1

때문에 인간에게는 보양식으로 이용되었으며, '저수지의 닭고기'라고 할 정도로 영양이 풍부하여 임신한 여성들이 많이 먹었다. ♨ 경남

가물치곰국

가물치곰탕 가물치를 푹 고아 체에 밭쳐 찌꺼기를 걸러낸 국물에 찹쌀, 대추, 인삼을 넣고 끓이다가 찹쌀이 익으면 미나리, 어슷하게 썬 파, 다진 마늘·생강, 깨소금, 소금을 넣어 한소끔 더 끓인 것이다. 가물치로 끓인 곰탕을《본초강목》에서는 '몸 안의 냉기를 없애는 효과가 뛰어나다'고 기록하고 있으며, 산후 빈혈이 심하고 젖이 잘 나오지 않거나 춥고 떨릴 때 효과가 좋다고 하였다. 또한 입술이 자주 헐고 헛바늘이 돋는 어린이에게도 좋다고 하였다. ♨ 전남

가물치곰탕

가시리묵 돌과 잡티를 제거한 가시리를 냄비에 넣고 물을 부어 4시간 이상 푹 끓여 죽처럼 걸쭉해지면 고운체에 걸러 소금으로 간을 맞춘 뒤 사각형의 묵 틀에 부어 굳힌 것이다. 가시리는 한류성 바닷물에서 자라는 해초로서 강원도 주문진 이북 쪽은 푸른색의 가시리가 나고, 강원도 옥계, 경북 울진 남쪽 지역은 흰색 가시리가 난다. 예부터 11월에서 이듬해 1월 사이에 바위에 붙어 자라는 가시리를 채취하여 말렸다가 묵을 만들어 먹었으며 지방이 적고 식이섬유소가 많으며 칼륨, 칼슘, 마그네슘, 철, 인 등도 풍부하여 빈혈 및 피부노화 예방에 좋다. ♨ 강원도

가시리묵

가야곡왕주 가야곡의 맑은 물을 이용해서 만들어 100일간 익혀 은근한 약초 내음이 나는 충남 논산의 전통술이다. 식힌 찹쌀고두밥에 누룩을 섞어 술독에 넣고 엿기름가루와 물을 넣어 그늘에서 2~3일간 발효시켜 밑술을 만들고, 찹쌀고두밥에 누룩을 섞어 완전히 식힌 다음 밑술과 물을 술독에 붓고 말린 야생국화, 구기자, 참솔잎을 곱게 빻아서 넣고 고루 섞어 그늘에서 100일간 숙성시킨다. 고두밥은 아주 되게 지어 고들고들하게 지은 된밥을 말하며, 주로 식혜나 술을 만들 때 발효에 드는 시간을 줄이

기 위해 많이 사용한다. ♨ 충남

가오리된장찜 다진 방아잎·풋고추·붉은 고추에 된장, 다진 파·마늘을 넣은 양념장을 가오리에 발라 쪄서 실고추와 통깨를 올린 것이다. 가오리(갱개미)는 홍어와 비슷하며, 회로도 먹고 찜으로도 애용되는 음식이다. ♨ 경남

가오리된장찜

가오리찜 가오리를 손질하여 말린 뒤 양념장에 재웠다가 찐 것으로 충남에서는 실파, 다진 마늘, 참기름, 소금으로 양념하고, 경남에서는 간장, 청주, 설탕, 다진 파·마늘을 사용한다. 경상도에서는 양념을 하지 않고 쪄서 초고추장을 곁들이기도 한다. 경남에서는 조리법이 간단하고 국물이 흐르지 않아 경사 때 손님 상차림에 많이 이용한 음식이다. 충남에서는 가오리를 갱개미라 불러 갱개미찜이라고도 한다. ♨ 충남, 경상도

가오리찜

가오리회(무침) 얇게 저며 썬 가오리를 막걸리에 담가 주물러 물기를 빼두고, 고춧가루로 물들인 오이와 무채에 손질한 가오리와 초고추장(고추장, 식초, 고춧가루, 다진 파·마늘·생강, 깨소금)을 넣어 무친다음 소금으로 간을 맞추고 미나리와 붉은 고추를 넣어 버무린 것이다. ♨ 충남, 전남

가오리회

가자미두부찌개 가자미와 식용유로 지진 두부에 양념(고춧가루, 고추장, 다진 마늘·생강, 설탕, 소금, 후춧가루)과 물을 넣어 끓이다가 양파 채, 어슷하게 썬 풋고추, 붉은 고추, 대파를 넣고 소금 간을 하여 더 끓인 찌개를 말한다. 경남에서는 납세미(갈가자미)

가자미

가자미두부찌개

3

두부찌개가 유명하다. ꙍ 경남

가자미무침회 손질하여 뼈째 썬 가자미를 생미역, 양파, 깻잎, 실파, 풋고추, 붉은 고추와 함께 초고추장(고추장, 식초, 다진 마늘, 설탕, 통깨, 참기름)으로 무친 것이다. ꙍ 경북

가자미무침회

가자미미역국 불린 미역을 참기름으로 볶다가 물을 붓고 국간장으로 간을 한 다음 토막 낸 가자미를 넣고 끓인 국이다. 가자미는 몸 한쪽이 거무스름하고 다른 쪽은 희고 긴 타원형의 납작한 생선이다. 비타민이 풍부하고 씹히는 감촉과 맛이 좋아 회, 구이, 찜 등으로 이용된다. ꙍ 경상도

가자미미역국

가자미식해 토막 내어 엿기름가루에 재운 가자미와 소금에 절여 물기를 뺀 무, 고슬하게 지어 식힌 조밥을 양념(고춧가루, 다진 마늘·생강, 소금)으로 버무려 숙성시킨 것이다. 조밥 대신 쌀밥을 넣기도 한다. ꙍ 강원도, 경상도

가자미식해

가자미양념구이 손질하여 소금에 절여 둔 가자미를 두세 토막 내어 석쇠에 구운 후 양념(간장, 고춧가루, 다진 파·생강, 참기름, 깨소금)을 발라가며 고루 구워낸 것을 말한다. ꙍ 서울·경기

가자미조림 가자미와 납작하게 썬 무에 간장 양념(간장, 고춧가루, 다진 파·마늘, 설탕, 통깨, 물)을 넣어 약한 불에서 조린 것이다. 경북에서는 마른 가자미를 바삭하게 튀겨 식힌 다음 끓인 양념장(마른 고추, 간장, 고추장, 고춧가루, 물엿, 설탕, 다진 마늘, 물, 식용유)에 버무리기도 한다. 경북에서는 미주구리조림, 경남에서는 납세미조림이라

가자미조림

고도 한다. ♨ 전국적으로 먹으며 특히 경상도에서 즐겨 먹음

가죽무침 ▶▶▶ 가죽잎초무침 ♨ 경남

가죽무침나물 ▶▶▶ 가죽잎초무침 ♨ 경남

가죽부각 끓는 물에 데쳐 채반에 꾸덕꾸덕하게 말린 가죽잎에 찹쌀풀을 발라서 바싹 말린 후 먹을 때 굽거나 식용유에 튀긴 것을 말한다. 지역마다 찹쌀풀의 양념이 각각 다른데, 서울·경기에서는 고추장 양념을 한 찹쌀풀, 충북에서는 양념하지 않은 찹쌀풀, 전북에서는 간장, 다진 마늘, 고춧가루를 넣은 찹쌀풀, 경북에서는 들깻가루, 고춧가루, 고추장, 국간장을 넣은 찹쌀풀, 경남에서는 고춧가루, 통깨를 섞은 찹쌀풀을 이용하였다. 서울·경기, 충북에서는 가죽잎부각, 경북에서는 가죽자반튀김, 경남에서는 가죽자반이라고도 한다. 가죽은 참죽나무의 어린잎(새순)을 말하며, 참죽순이라고도 불린다. ♨ 서울·경기, 충북, 전북 등

가죽

가죽부각

가죽잎볶음 살짝 데친 가죽잎을 햇볕에 잘 말려 식용유에 살짝 볶다가 국간장, 통깨, 참기름, 다진 마늘, 소금, 설탕을 넣고 볶은 것이다. ♨ 전남

가죽잎부각 ▶▶▶ 가죽부각

가죽잎부침개 ▶▶▶ 가죽전 ♨ 충북

가죽잎자반 ▶▶▶ 참죽자반 ♨ 전남

가죽잎전 ▶▶▶ 가죽전 ♨ 경남

가죽잎초무침 데친 가죽잎에 양념(고추장, 식초, 다진 파·마늘, 물엿, 깨소금, 소금)을 넣고 무친 것으로 경남 지역에서는 생가죽잎을 그대로 무치기도 한다. 경남에서는 가죽무침나물, 가죽무침이라고도 한다. ♨ 전북, 경남

가죽잎초무침

가죽자반 ▶▶▶ 가죽부각 ♨ 경남

가죽자반튀김 ▶▶▶ 가죽부각 ♨ 경북

가죽장떡 ▶▶▶ 참죽장떡 ♨ 충북, 경북

가죽장아찌 데쳐서 말린 가죽잎과 고추장을 켜켜로 항아리에 담아 숙성시키거나 절인 가죽잎에 끓여서 식힌 간장을 부어 숙성시킨 장아찌를 말한다. 말린 가죽을 양념장(간장, 국간장, 물엿, 고추장, 고춧가루)에 무쳐 1개월 정도 숙성시키기도 하며, 참죽장아찌라고도 한다. ♨ 경상도

가죽전 밀가루, 소금, 물, 달걀을 섞은 반죽에 가죽잎을 넣어 식용유를 두른 팬

에 동글납작하게 지진 것으로, 충북에서
는 가죽잎에 묽은 밀가루 반죽을 묻혀
식용유에 지져내고, 초간장을 곁들이기
도 한다. 가죽잎부침개, 가죽잎전이라고
도 한다. ✿ 충북, 경남

가죽전(충북)

가죽전(경남)

가지가루찜　끓는 물에 조개, 가지, 부
추, 느타리버섯, 풋고추, 다진 마늘을 넣
고 끓이다가 밀가루를 풀어 넣고 걸쭉하
게 끓으면 국간장으로 간을 한 다음 방
아잎을 넣은 것이다. 가지가루찜국이라

가지가루찜

고도 한다. ✿ 경북

가지가루찜국 ▶▶▶ 가지가루찜 ✿ 경북
가지고추부적 ▶▶▶ 부적 ✿ 경북
가지김치　6~7cm 정도 토막 낸 가지에
열십자(+)로 칼집을 넣어 소금물에 절
여 물기를 뺀 다음 양념(송송 썬 쪽파, 고
춧가루, 새우젓국, 다진 마늘·생강, 소
금)을 가지의 칼집 사이에 넣어 숙성시
킨 김치이다. 충북에서는 가지를 통째로
살짝 데쳐서 하루 정도 햇볕에 말린 후
다진 파·마늘, 실고추, 소금을 섞은 양
념을 칼집 낸 가지에 채워 넣고 간장을
부어 익힌다. 늦가을에 담가 겨울까지
두고 먹는 것으로 간장국물을 따라내어
끓여 식혀 붓기를 세 번 정도 하면 변질
되지 않고 먹을 수 있다. 《산가요록》(가
지저), 《증보산림경제》(침동월가저법 :
沈冬月茄菹法), 《규합총서》(동가김치),
《시의전서》(가지김치)에 소개되어 있다.
✿ 충북, 전북

가지김치(충북)

가지김치(전북)

가지나물 쪄서 식힌 후 물기를 뺀 가지를 양념(간장, 다진 파·마늘, 참기름, 깨소금)으로 무친 것이다. 《증보산림경제》(산가법 : 蒜茄法), 《시의전서》(가지나물), 《조선요리제법》(가지나물), 《조선무쌍신식요리제법》(가자채 : 茄子菜, 자과채 : 紫瓜菜)에 소개되어 있다.

가지나물

가지선 가지를 5cm 길이로 토막 내어 칼집을 어슷하게 세 군데 넣고 소금물에 담갔다가 살짝 데친 다음 다진 쇠고기와 채 썬 표고를 양념하여 칼집 낸 가지 사이에 채우고 육수를 부어 국물을 끼었으며 익힌 것이다. 《시의전서》(가지선)에 소개되어 있다. ▼ 서울·경기

가지선

가지장아찌 칼집을 넣어 데친 가지에 끓여서 식힌 간장(간장, 물, 설탕, 마늘, 생강, 마른 고추)을 부어 숙성시킨 장아찌로 5일 간격으로 간장을 따라내어 끓여서 다시 붓기를 2~3회 반복한다. 먹을 때는 잘게 썰어서 참기름, 설탕, 깨소금으로 무치며, 제주 지역에서는 끓여서 식힌 소금물에 담갔다가 꼬들꼬들하게 말린 가지에 간장과 국간장을 달여 식힌 양념장을 부어 만들며 가을 가지로 담가야 맛이 더 좋다. 제주도에서는 가지지라고도 한다. ▼ 전국적으로 먹으나 특히 제주도에서 즐겨 먹음

가지적 가지와 풋고추를 썰어 번갈아 꼬치에 꿰어 밀가루와 고추장을 섞은 반죽을 발라 식용유를 두른 팬에 지진 것으로 소금 간을 하지 않고 고추장의 간을 이용한다. ▼ 경북

가지적

가지전 껍질을 벗겨 어슷하게 썬 가지에 소금 간을 하고 밀가루와 달걀물을 입혀 식용유를 두른 팬에 지진 것이다. 전남에서는 달걀물 대신에 묽은 밀가루 반죽을 묻혀 지진다. ▼ 서울·경기, 전남

가지지 ▶▶▶ 가지장아찌 ▼ 제주도

가지찜 가지를 8cm 길이로 토막 내어 어슷하게 칼집을 세 군데 넣고 소금에 절인 후 다져 양념한 쇠고기를 칼집 낸 가지 사이에 넣고 양지머리 육수를 자작하게 부어 찐 것이다. 《음식디미방》(가지찜), 《조선요리제법》(가지찜)에 소개되어 있다. ▼ 서울·경기

가평송화다식 송홧가루를 꿀과 된 조청으로 반죽하여 다식판에 박아낸 것이다. 송홧가루는 소나무의 꽃가루를 말하는 것으로 색이 노랗고 달짝지근한 향이 나는 것이 특징이다. ♨ 서울·경기

가평송화다식

각색산자 찹쌀가루에 청주, 설탕, 콩물을 넣고 반죽하여 찜솥에 쪄서 꽈리가 일도록 쳐서 얇게 민 후, 네모 모양(2.5×3cm)으로 썰어 말린 것을 기름에서 두 번 튀겨낸 다음 즙청액을 바르고 각각 승검초가루, 송홧가루, 통깨, 계핏가루, 쌀튀밥가루를 묻힌 것이다. 즙청액은 설탕과 물을 끓여 반으로 줄면 꿀과 계핏가루, 생강즙을 넣어 고루 섞어 만든다. 승검초가루는 당귀의 싹을 말려 가루로 낸 것을 말한다. ♨ 전북

각색전골 전골냄비에 굵게 채 썰어 양념한 쇠고기, 참기름과 간장에 무친 표고버섯, 살짝 데쳐 소금과 참기름에 무친 숙주와 당근채, 무채, 실파를 돌려 담고 육수를 부은 후 달걀을 넣어 끓인 전골을 말한다. 달걀은 풀어 전골음식을 찍어 먹거나 전골국물에 넣어 살짝 익힌다(반숙). ♨ 서울·경기

각색정과 물엿과 물을 잘 섞은 다음 데쳐서 말린 도라지 불린 것, 연근, 우엉과 잣을 함께 넣고 조리다가 걸쭉해지면 꿀을 넣고 더 조린 것이다. 사과, 무, 오이로도 정과를 만든다. 도라지정과, 연근정과, 우엉정과, 잣정과라고도 한다. 도라지정과는 《산림경제》(전길경 : 煎桔梗), 《증보산림경제》(길경전법 : 桔梗煎法), 《음식법》(도라지정과), 《시의전서》(길경정과 : 吉梗正果)에, 연근정과는 《산림경제》(연근전과 : 蓮根煎果), 《규합총서》(연근정과), 《음식법》(연근정과), 《시의전서》(연근정과 : 蓮根煎果), 《부인필지》(연근정과), 《조선요리제법》(연근정과), 《조선무쌍신식요리제법》(연근정과 : 蓮根煎果)에 소개되어 있다. ♨ 경북

각색편 멥쌀가루에 설탕물을 내린 것(백편), 꿀과 황설탕물을 내린 것(꿀편), 승검초가루를 섞어 물을 내린 것(승검초편)의 한 면에 밤채, 대추채, 비늘잣, 석이버섯채 등을 고명으로 올려 쪄낸 떡으로 찔 때 쌀가루에 고명을 올린 후 한지로 덮어 살짝 눌러서 고명이 잘 떨어지지 않게 쪄내야 한다. 각색편은 주로 서울 지방에서 혼례, 회갑연 등의 잔칫상에 고임떡으로 올려지던 떡이다. 승검초가루는 당귀의 싹을 말려 가루로 낸 것이고, 비늘잣은 잣의 고깔을 떼고 길이대로 반을 가른 것을 말한다. ♨ 서울·경기

각재기구이 ▶▶▶ 전갱이구이 ♨ 제주도

각재기국 ▶▶▶ 전갱이국 ♨ 제주도

각재기젓 ▶▶▶ 전갱이젓 ♨ 제주도

간고등어찜 ▶▶▶ 자반고등어찜 ♨ 경북

간국 찐 생선에 두부, 채소 등을 넣어 끓인 국으로 물에 찐 흰살생선과 무, 다시마를 넣고 끓인 다음 고춧가루와 두부를 넣어 끓으면 소금 간을 하고 대파, 매운 고추를 넣어 더 끓인다. ♨ 경남

간랍 소의 내장 중 부아, 간, 천엽을 저며 밀가루와 달걀물을 입혀 지진 것이

간국

다. 메밀가루에 깻가루를 섞어 꼭꼭 묻혀 지지기도 한다. 부아는 허파를 말하는데, 꼬치로 찌르면서 삶아 전을 지진다. ☙ 서울·경기

간랍

간장 장독에 메주를 차곡차곡 담고, 소금물을 부어 마른 고추, 숯, 대추를 넣고 40일 정도 발효시킨 후 건더기는 건져내고 체에 밭쳐 국물만 달인 것을 말한다.

《규합총서》(간장 뜨기, 장제조법 : 醬製造法),《산가요록》(간장),《시의전서》(간장),《조선요리제법》(된장),《조선무쌍신식요리제법》(장 담그는 법)에 소개되어 있다.

간재미무침 ▶▶▶ 간재미회 ☙ 전남

간재미탕 된장을 푼 물이나 멸치장국국물에 간재미를 양념하여 끓인 탕을 말한다. 방법 1 : 된장을 푼 쌀뜨물에 무를 넣고 끓으면 손질한 간재미, 양파, 고춧가루, 다진 마늘을 넣고 끓이다가 들깻가루를 넣고 먹기 전에 송송 썬 대파를 얹는다. 방법 2 : 시루에 찐 간재미를 끓는 멸치장국국물에 넣고 미나리와 다진 붉은 고추·파·마늘을 넣고 끓인 후 소금으로 간을 한다. 간재미는 노랑가오리의 전남 방언이며 지역에 따라 노랑가부리, 딱장가오리, 창가오리로 불린다. 홍어와 비슷하게 생긴 연골어류로 몸이 편평하고 가슴지느러미가 수평으로 넓으며 꼬리는 가늘고 길며 눈은 등쪽에 있다. 홍어보다 맛이 부드러우며 주로 전남 진도 근해에서 많이 잡히는데, 서촌에서 나

간재미

간장

간재미탕

는 것이 가장 맛이 좋은 것으로 알려져 있다. 살이 붉은색을 띠며 맛이 있어서 날것으로 회를 만들어 먹거나 찜으로 이용한다. ✿ 전남

간재미회 얇게 저며 썬 간재미를 막걸리에 담가 주물러 물기를 뺀 다음 당근, 양파, 풋고추와 함께 초고추장(고추장, 식초, 다진 마늘, 설탕, 깨소금)으로 버무린 것으로 간재미무침이라고도 한다. ✿ 전남

간전 달걀을 풀어 소금 간한 것을 식용유를 두른 팬에 한 숟가락 떠 넣고 그 위에 삶아 소금, 후춧가루로 간하여 메밀가루를 묻힌 간을 올려 지진 것으로 소간을 사용하기도 하고 메밀가루 대신 밀가루를 사용하기도 한다. ✿ 제주도

갈비구이 칼집을 넣어 참기름에 재워둔 갈비를 석쇠나 팬에 앞뒤로 노릇하게 구운 것으로, 참기름과 소금을 섞은 기름장과 상추, 마늘편, 풋고추를 곁들여 낸다. 전남에서는 토막 내어 칼집을 넣은 암소의 갈비를 양념장(간장, 설탕, 다진 파·마늘, 참기름 등)으로 재웠다가 굽는다. 전북에서는 생갈비구이라고도 한다. 《증보산림경제》(소갈비구이), 《시의전서》(가리구이), 《조선요리제법》(가리구이), 《조선무쌍신식요리제법》(갈비구이)에 소개되어 있다.

갈비찜 쇠갈비(또는 돼지갈비)를 양념하여 끓인 찜으로 핏물을 뺀 쇠갈비에 물을 붓고 끓인 후 갈비를 꺼내어 칼집을 넣고 양념(간장, 설탕, 다진 파·마늘, 후춧가루, 깨소금, 참기름)의 반을 넣어 버무린다. 그리고 기름기를 제거한 국물을 부어 중불에서 끓인 후 삶은 무·당근, 불린 표고버섯, 밤을 넣고 나머지 양념을 넣어 갈비가 무르도록 끓

이다 간이 들면 은행을 넣고 마름모 모양의 황백지단을 올린다. 가리찜이라고도 하며, 《시의전서》(가리찜), 《조선요리제법》(가리찜), 《조선무쌍신식요리제법》(협증 : 脅蒸, 갈비찜)에 소개되어 있다. ✿ 서울·경기

갈비탕 핏물을 뺀 갈비에 무, 다진 파·마늘, 물 등을 넣고 끓이다가 고기와 무가 익으면 건져내어 갈비는 먹기 좋게 잔 칼집을 내고, 무는 나박썰기를 하여 간장, 다진 파·마늘, 후춧가루 등의 양념으로 무쳐 다시 넣어 끓이며 고명으로 황백지단을 올린다. 전남에서는 데친 갈비에 물을 붓고 푹 끓이다가 다진 고추·마늘, 된장으로 양념한 우거지를 넣고 국물 맛이 우러날 때까지 끓여 소금으로 간을 한다. 서울·경기 지역에서는 가리탕이라고도 한다. 《조선요리제법》(가리탕), 《조선무쌍신식요리제법》(가리탕, 협탕 : 脅湯)에 소개되어 있다. ✿ 전국적으로 먹으나 특히 서울·경기, 전남에서 즐겨 먹었음

갈치구이 소금 간을 한 갈치를 팬에 지지거나 석쇠에 구운 것이다. 《조선무쌍신식요리제법》(태도구 : 太刀炙)에 소개되어 있다. ✿ 전국적으로 먹으나 특히 전남, 제주도에서 즐겨 먹음

갈치구이

갈치국 ▶▶▶ 갈치호박국 ✿ 제주도

갈치김치 갈치, 무, 미나리, 갓, 청각을 양념(찹쌀풀, 불린 고춧가루, 멸치젓, 다진 마늘·생강, 소금)으로 섞어 버무려 만든 김치 속을 절인 배춧잎 사이사이에 넣고 담근 김치다. ☆ 경북

갈치김치

갈치내장김치 곱게 다진 갈치내장과 깍둑썰기 해 소금에 절인 무, 송송 썬 붉은 고추·풋고추에 양념(고춧가루, 다진 마늘, 통깨)을 넣고 버무려 숙성시킨 김치로 갈치순태김치라고도 한다. ☆ 경남

갈치내장김치

갈치내장젓 ▶▶▶ 갈치속젓 ☆ 경남
갈치무조림 ▶▶▶ 갈치조림
갈치섞박지 납작하게 썰어 소금에 절인 무, 쪽파, 어슷하게 썬 대파, 갈치젓에 양념(고춧가루, 멸치액젓, 다진 마늘·생강, 설탕, 소금)을 넣고 버무려 담근

김치이다. 갈치젓은 비늘을 긁어 내고 내장을 뺀 다음 소금을 뿌려 3~4개월 삭혀서 만든다. ☆ 경남

갈치속젓 봄에 갈치의 싱싱한 내장을 꺼내어 즉시 소금을 넣고 버무려 항아리에 담아 여름까지 숙성시킨 것으로 먹을 때 갈치속젓에 송송 썬 풋고추와 고춧가루, 다진 파·마늘, 참기름, 깨소금을 넣고 무친다. 경남에서는 갈치내장젓, 갈치순태젓이라고도 한다. 충분한 발효와 숙성을 거쳐 잘 삭은 것은 김치 담그는 데 사용하며, 갈치속젓에 고춧가루, 양파, 마늘, 생강, 물엿 등을 넣어 무쳐 먹거나, 맛이 고소해 쌈장 대용으로도 많이 이용한다. ☆ 전남

갈치속젓

갈치순태김치 ▶▶▶ 갈치내장김치 ☆ 경남
갈치순태젓 ▶▶▶ 갈치속젓 ☆ 경남
갈치식해 소금에 절여 물기를 뺀 갈치와 소금에 절여 고춧가루에 버무린 무, 고슬하게 지은 밥에 엿기름가루, 식해 양념(고춧가루, 다진 마늘·생강, 소금)을 넣어 버무려 삭힌 것이다. ☆ 경남
갈치아가미젓 소금에 절인 갈치아가미를 항아리에 담아 소금으로 덮어 발효시킨 것으로 먹을 때 곱게 다져 양념하며, 갈치알개미젓이라고도 한다. ☆ 제주도
갈치알개미젓 ▶▶▶ 갈치아가미젓 ☆ 제주도

갈치아가미젓

갈치젓갈 내장과 비늘을 제거하고 씻은 갈치를 토막 내어 소금에 절인 후 따뜻한 물에 갠 다진 마늘과 고춧가루로 버무린 다음 초피잎을 섞어 숙성시킨다. ♥ 경남

갈치젓갈

갈치조림 냄비에 두툼하게 썬 무를 깔고 갈치와 양념장(간장, 고춧가루, 설탕, 다진 마늘, 생강즙, 식용유, 물)을 넣어 약한 불에서 조리며 무를 반 정도 익힌 다음 조리기도 한다. 갈치무조림이라고도 하며, 제주도에서는 갈치지짐이라고도 한다. 《조선무쌍신식요리제법》(갈치조림)에 소개되어 있다. ♥ 전국적으로 먹으나 특히 제주도에서 즐겨 먹음

갈치지짐 ▶▶ 갈치조림 ♥ 제주도

갈치찌개 끓는 물에 갈치와 애호박을 넣고 끓이다가 어슷하게 썬 붉은 고추·대파, 고춧가루, 다진 마늘을 넣고 더 끓여 소금으로 간을 하는 것으로 갈치호박찌개라고도 한다. ♥ 경남

갈치호박국 끓는 물에 갈치를 넣고 익히다가 납작하게 썬 늙은 호박을 넣어 끓인 뒤 풋고추, 붉은 고추, 대파, 다진 마늘을 넣고 국간장으로 간을 한다. 경남 지역에서는 생갈치호박국, 제주도에서는 갈치국이라고도 한다. ♥ 경남, 제주도

갈치호박국

갈치호박찌개 ▶▶ 갈치찌개 ♥ 경남

갈치회 포를 떠서 여러 번 헹군 갈치살과 미나리, 양파채, 배채, 어슷 썬 풋고추, 쑥갓에 양념(고추장, 식초, 설탕, 다진 마늘, 통깨)을 넣어 버무리며 갈치와 채소를 버무리지 않고 따로 내고 초고추장, 고추냉이간장을 곁들이기도 한다. 기장갈치회라고도 하는데, 기장갈치는 통일신라시대부터 유명하여 왕에게 진상되고 귀족에게 상납하는 생선이었다. 가을에 맛이 제일 좋아 가을 갈치라 하며 구이, 자반, 조림, 젓 등의 다양한 음식으로 이용한다. 갈치비늘은 호박잎을 이용하면 깨끗이 벗겨진다. ♥ 경남

갈파래국 돼지뼈를 푹 고아 낸 국물에 된장을 풀고 갈파래와 다진 풋고추·붉은 고추·마늘, 고춧가루를 넣어 끓인 것이다. 갈파래는 녹색을 띤 해조이며 청태(靑苔)라고도 한다. 몸은 양배추잎

처럼 생겼으며 맛이 없어서 식용보다는 가축의 사료로 사용해 왔으나 비타민을 다량 함유하고 있어 화장품의 원료로 각광받고 있다. ❤️ 전남

갈파래국

감경단 껍질 벗긴 홍시를 삶아 체에 내려 생강물, 찹쌀가루, 계핏가루를 섞어 익반죽하여, 밤톨 크기로 떼어 동그랗게 빚어 끓는 소금물에서 삶아 찬물에 헹궈 물기를 뺀 다음 녹두고물을 묻힌 떡이다. 녹두고물은 불려 껍질 벗긴 녹두를 푹 찐 다음 소금을 넣고 찧어 체에 내려 만든다. ❤️ 경북

감경단

감고지떡 감고지와 쌀가루를 섞어 시루에 찐 떡을 말한다. 방법 1 : 시루에 면포를 깔아 감고지를 가지런히 놓고 멥쌀가루를 올려 찌거나 덜 말린 감고지를 적당하게 썰어 멥쌀가루, 설탕을 고루 버무려 시루에 넣고 찐다(충북). 방법 2 : 멥쌀가루에 반쯤 말린 감고지를 섞고 시루 밑에 녹두고물을 충분히 넣은 다음 감고지를 섞은 쌀가루와 녹두고물을 켜켜이 안쳐 찐다(전남). 방법 3 : 쌀가루에 감고지와 대추, 밤을 섞어 시루에 찐다(경북). 충북에서는 감떡개, 감또개떡, 경북에서는 감모름떡이라고도 한다. 감고지는 가을철 잘 익은 감을 얇게 썰어 말린 것이다. ❤️ 충북, 전남, 경북 등

감고지

감고지떡

감고추장 홍시조청에 뜨거운 물을 넣고 저어 식으면 고춧가루, 메줏가루, 소금을 넣고 고루 섞어 숙성시킨 것이다. 홍시조청은 잘 익은 홍시를 끓여 걸러낸 국물에 엿기름을 넣어 삭힌 다음 조린 것이다. ❤️ 경북

감귤차 ▶▶▶ 귤강차 ❤️ 경남

감김치 고춧가루로 물들인 무채, 대파, 미나리, 실파에 양념(멸치젓, 다진 마늘·생강, 소금, 설탕, 생굴, 생새우)을 넣고 버무린 다음 썰어 말렸다가 소금물에 씻은 단감을 넣고 잘 버무려 1주일 정도 숙성시킨 김치이다. 경남에서는 땡

감에 여뀌대를 삶아 식힌 물과 소금을 넣고 짚과 여뀌대를 덮어 담근다. 여뀌대는 여뀌과의 한해살이 풀로 약국대라고도 불리며, 잎과 줄기는 향균작용을 하고, 잎은 매운맛을 낸 조미료로 쓰이기도 한다. ❧ 경상도

여뀌대

감김치

감꽃부각 감꽃과 감잎에 끓여서 소금 간하여 식힌 찹쌀풀을 2번 정도 발라 말려 식용유에 튀긴 것으로 감잎은 찹쌀풀을 앞면만 바르고, 감꽃은 찹쌀풀에 적신다. 감잎부각이라고도 한다. ❧ 경북

감단자 찹쌀가루에 감즙을 섞어 만든 떡이다. 경남에서는 찹쌀가루에 감과 생강을 각각 푹 고아 거른 물과 계핏가루, 설탕을 고루 섞어 찐 다음 치대어 적당한 크기로 떼어 고물을 묻힌다. 전라도에서는 생강물에 푹 고아 체에 내린 감즙이나 홍시를 체에 내린 후 조려 찹쌀가루를 넣고 재빠르게 저어가며 끓여서 익으면 적당한 크기로 떼어 고물을 묻힌다. 고물로는 팥고물, 동부고물, 콩가루, 잣가루, 채 썬 밤, 대추, 석이버섯채 등을 사용한다. 전남 해남 윤씨(고산 윤선

도) 종가에서 내려오는 전통음식으로 떡을 항아리에 담아 보관해야 색과 맛이 그대로 유지된다고 한다. ❧ 전라도, 경남

감단자

감동젓무김치 절인 배추를 썰어 오이, 무, 배, 미나리, 실파, 낙지, 전복, 북어를 썰어 섞은 후 고춧가루와 감동젓, 다진 마늘·생강을 넣어 버무리고 마지막으로 생굴, 실고추, 밤채, 잣을 넣고 소금 간하여 담근 김치이다. 감동젓은 푹 삭힌 곤쟁이젓, 자하젓을 말하며 2~3월에 잡히는 보라색을 띤 작고 연한 자하 혹은 곤쟁이라는 새우류로 만든 젓갈로 건더기가 없을 정도로 푹 삭힌 것이다. ❧ 서울·경기

감동젓

감동젓무김치

감동젓찌개 납작하게 썰어 소금, 후춧가루로 양념한 쇠고기와 배추, 표고버섯을 순서대로 볶다가 물을 붓고 감동젓으로 간을 하고 두부와 대파를 넣어 끓인 찌개이다. 호박, 양파, 풋고추를 넣기도 하며, 곤쟁이젓찌개라고도 한다. 《조선무쌍신식요리제법》(곤쟁이젓찌개)에 소개되어 있다. ❧ 서울·경기

감동젓찌개

감떡개 ▶▶▶ 감고지떡 ❧ 충북
감또개떡 ▶▶▶ 감고지떡 ❧ 충북
감말랭이찰편 소금, 설탕을 넣은 찹쌀가루에 감말랭이와 밤, 대추, 불린 검은콩을 섞어 시루에서 찐 떡이다. 강원도 양양 지방에서 즐겨 먹는 떡으로 가을에 감이 많이 나오면 감의 껍질을 벗겨 씨를 뺀 뒤에 얇게 저며서 그늘에 말렸다가 떡을 비롯한 여러 가지 음식에 많이 넣어 먹는다. 감말랭이찰편은 감의 단맛

감말랭이찰편

때문에 맛이 단 것이 특징이다. ❧ 강원도
감모름떡 ▶▶▶ 감고지떡 ❧ 경북
감부꾸미 찹쌀가루를 익반죽하여 지지다가 저민 곶감을 올려서 눌러 노릇하게 지진 떡으로 뜨거울 때 꿀을 바른다. ❧ 경남

감부꾸미

감설기 쌀가루에 감즙을 섞어 찐 시루떡이다. 방법 1 : 멥쌀가루에 꿀과 감즙을 조금씩 부어 가면서 손으로 비벼 굵은 체에 내린 것에 밤, 대추, 감고지, 설탕을 넣어 잘 버무린 후 얇게 저민 감을 간 시루에 안쳐 찐다(전남). 방법 2 : 껍질을 벗긴 감을 곱게 갈아 멥쌀가루와 소금, 설탕을 넣고 체에 내려 찐다(경북). ❧ 전남, 경북

감설기

감성돔죽 불린 찹쌀·멥쌀을 참기름에 볶다가 감성돔을 끓인 국물과 감성돔살을 넣고 푹 끓여 쌀알이 퍼지면 다진 당근·마늘을 넣고 끓이다가 소금 간을 하

여 송송 썬 파와 황백지단채를 고명으로 얹은 것이다. 감성돔은 돔의 한 종류로 참돔과 비슷하나, 몸빛깔이 회흑색을 띠고 타원형으로 길이는 40cm 정도이다. 돔은 도미를 일컫는 말이며 고급어류로 그 종류가 매우 많다. ☙ 전남

감성돔

감성돔죽

감식초 감을 곱게 갈거나 그대로 발효시켜 만든 것을 말한다. 방법 1 : 연시를 곱게 갈아 그릇에 담고 망으로 덮어 3~4주 동안 저장해 놓은 감즙을 체에 밭쳐 다시 3주 동안 숙성시킨 뒤 3주가 지나면 고운체에 내린다. 방법 2 : 항아리 위에 시루를 얹고 홍시를 담아 감이 물러져 감의 원액이 가득차면 면포로 덮어 밀봉한 후 1년 정도 발효시킨다. 연시는 물렁하게 잘 익은 감을 말한다. 《산림경제》(시초 : 柹醋), 《증보산림경제》(시초법 : 柹醋法), 《조선무쌍신식요리제법》(시초 : 柹醋)에 소개되어 있다. ☙ 충북, 전라도, 경북

감쌈장 체에 내린 홍시를 푹 고아 엿기름물을 걸러 넣고 삭힌 후 엿처럼 걸쭉하게 끓여 메줏가루, 고춧가루, 소금을 넣고 잘 섞어 담근 장이다. ☙ 경북

감잎부각 ▶▶▶ 감꽃부각 ☙ 경북

감잎차 물을 끓여 80℃ 정도로 식힌 다음 말려 놓은 감잎을 넣어 2~3분간 우려낸 차이다. ☙ 충북

감자경단 감자를 갈아 거른 건더기와 가라앉은 앙금을 섞어 익반죽한 다음 경단을 만들어 삶아내어 고물을 묻힌 떡이다. 강원도에서는 팥고물, 동부고물, 검은깻가루를, 경북 지역에서는 대추채, 콩가루, 다진 땅콩, 참깨를 고물로 묻힌다. ☙ 강원도, 경북

감자국 된장을 푼 멸치장국국물에 부채꼴로 썬 감자를 넣고 끓이다가 어슷하게 썬 대파, 다진 마늘을 넣고 한소끔 끓인 국이다. 경북 지역에서는 된장을 넣는 대신에 소금으로 간을 하고 고춧가루를 넣어 얼큰하게 끓인다. ☙ 전국적으로 먹으나 특히 경상도에서 즐겨 먹음

감자국

감자국수 감자를 쪄서 굵은체에 내린 후 밀가루와 검은콩가루를 섞어 장국국물로 반죽하여 밀어 썬 다음 끓는 멸치장국국물에 삶고 채 썰어 볶은 쇠고기·표고버섯과 실고추를 고명으로 올린 것이다. ☙ 강원도

감자동동주 식힌 고두밥에 누룩, 효모를 섞어 발효시켜 주모(밑술)를 만든 다음 감자와 물을 섞어 푹 삶아 다시 누룩

을 넣고 15~20일 정도 발효시킨 술이다. 감자동동주는 이 지역 주민들에게는 대를 이어 전해진 전통주였으나 일제 때 밀주단속으로 반세기 동안 잊혀졌다가 강원도 평창군 진부면에서 다시 제조하게 되었다. 서주라고도 한다. ❦ 강원도

감자동동주

감자떡 감자 전분을 반죽하여 빚어 찐 떡이다. 방법 1 : 감자를 갈아 거른 건더기와 가라앉은 앙금을 섞어 반죽하여 조금씩 떼어 삶아 으깬 팥을 소금 간을 하여 체에 내려 설탕을 넣은 팥소를 넣고 손으로 쥐어 손자국이 나도록 송편을 만들어 찐다(강원도). 방법 2 : 감자 전분을 익반죽하여 밤톨 크기로 떼어 빚은 것에, 팥소 또는 삶은 콩을 넣고 송편을 빚어 찐 다음 참기름을 바른다(경상도). 강원도에서는 강낭콩소를 넣기도 한다. 방법 3 : 감자를 갈아 거른 즙을 가라앉

감자떡

힌 앙금에 밀가루와 소금을 넣고 섞어 반죽하여 동글납작하게 빚어 찐다(경남). 강원도에서는 감자송편, 감자전분송편, 경남에서는 감자송편이라고도 불린다. 《조선요리제법》(감자병), 《조선무쌍신식요리제법》(감저병 : 甘藷餅)에 소개되어 있다. ❦ 강원도, 경상도

감자만두 삶아서 으깬 감자와 밀가루를 섞어 만두피를 만들어 각각 채 썬 돼지고기, 표고버섯, 당근, 양파, 부추에 다진 마늘·생강을 양념하여 볶은 소를 넣고 만두를 빚은 후 식용유에 튀긴 것이다. ❦ 강원도

감자말림 ▶▶▶ 감자부각 ❦ 경북

감자뭉생이 감자를 갈아 거른 건더기와 가라앉은 앙금을 섞어 강낭콩과 밤을 넣고 소금 간을 하여 버무려서 김이 오른 시루에 넣고 찐 떡이다. 뜨거울 때 베보자기에 넣고 눌러 시루떡 모양으로 만들어 썰어 먹었다. 감자뭉생이는 감자투생이와 만드는 방법이 비슷한데, 뭉생이의 경우 감자를 갈아 물기를 짠 후에 앙금과 건더기를 혼합하여 시루떡으로 쪄내고, 투생이는 감자 건더기에 녹말가루를 섞어 적당한 크기로 떼어내어 찌는 것이다. ❦ 강원도

감자뭉생이

감자밥 불린 쌀에 감자를 얹어 지은 밥

으로 감자를 으깨어 밥과 고루 섞어 그 릇에 담아 내기도 한다. 강원도의 감자 밥은 쌀이 귀하므로 양을 늘리기 위해 감자를 많이 넣는 것이 특징이다. 《조선 요리제법》(감자밥), 《조선무쌍신식요리 제법》(감자밥)에 소개되어 있다. ♨ 강원 도, 전남

감자버무리 굵게 채 썬 감자를 밀가루 에 버무려 밥 위에 쪄서 양념장(간장, 다 진 파·마늘, 고춧가루, 참기름, 깨소금) 을 곁들인 것이다. ♨ 경북

감자범벅 ▶▶▶ 감자붕생이 ♨ 강원도

감자범벅 감자와 고구마에 물, 소금, 설 탕을 넣고 삶다가 늙은 호박과 삶은 팥 을 넣고 물기 없이 삶아지면 밀가루 반 죽을 얹어 익힌 다음 감자를 으깨어 잘 섞은 것이다. ♨ 경북

감자범벅

감자볶음 채 썬 감자와 양파를 식용유 를 두른 팬에 볶다가 어슷하게 썬 파, 간 장, 다진 마늘로 양념하여 볶은 것으로

감자볶음

설탕을 넣기도 한다.

감자봉글죽 ▶▶▶ 감자옹심이죽 ♨ 강원도

감자부각 감자를 얇게 썰어서 소금물에 데쳐 말려 두었다가 먹을 때 식용유에 튀긴 것을 말한다. 경북에서는 감자를 소금물에 담갔다가 쪄서 만들기도 하며, 감자말림이라고도 한다. ♨ 강원도, 경북

감자부침 ▶▶▶ 감자전 ♨ 강원도

감자붕생이 감자의 반을 갈아 거른 건 더기와 가라앉은 앙금, 감자 전분, 소금 을 섞고 치대어 반죽하여 소금 간한 풋 강낭콩과 섞은 다음, 솥에 나머지 감자 를 껍질 벗겨 깔고 적당한 크기로 떼어 낸 반죽을 감자 위에 얹어 푹 쪄서 감자 가 익으면 주걱으로 잘 섞은 것이다. 강 원도 영월 지방에서는 찐 감자를 밀가루 와 섞어 반죽하여 들기름, 소금, 설탕 등 을 넣어 찐 뒤 호박잎에 싸서 고추장에 찍어 먹으며 감자범벅이라고도 한다. ♨ 강원도

감자붕생이

감자삼색송편 감자 전분을 3등분 하여 1/3은 쑥과 물을 넣고, 1/3은 치자물을 섞고, 나머지 1/3은 물로만 익반죽하여 동글납작하게 빚어 팥소를 넣고 송편을 빚어 찐 떡이다. ♨ 충북

감자새알칼국수 강판에 간 늙은 호박에 밀가루와 생콩가루를 넣고 반죽하여 칼

국수를 만들고, 감자를 갈아 거른 건더기와 가라앉은 앙금으로 반죽하여 새알심을 만든 후 멸치장국국물에 감자새알심과 칼국수를 넣고 끓인 다음 썰어 놓은 애호박을 데쳐 고명으로 올린 것이다. ♨ 강원도

감자새알칼국수

감자새우선 넓게 부친 황백지단을 각각 펴서 그 위에 소금, 후춧가루, 다진 마늘, 달걀, 전분을 섞은 다진 새우살과 삶아 으깨어 소금 간을 한 감자를 얇게 펴고 그 중심에 절여 물기를 뺀 풋고추채·당근채, 볶은 표고버섯채, 석이버섯채를 넣고 말아 전분물로 끝을 붙여 찐 것이다. ♨ 경북

감자송편 ▶▶▶ 감자떡 ♨ 강원도, 경남

감자수제비 큼직하게 썬 감자를 멸치장국국물에 넣고 끓이다가 익으면 밀가루 반죽을 얇게 떼어 넣고 끓인 것이다. 강원도에서는 감자를 갈아 거른 건더기와 가라앉은 앙금에 밀가루를 섞어 만든 수제비 반죽을 끓는 멸치장국국물에 뜯어 넣고 반달썰기 한 애호박, 채 썬 양파, 어슷하게 썬 대파를 넣고 달걀을 풀어 끓인다. ♨ 강원도, 전남

감자술 삶은 감자에 엿기름물을 넣고 삭혀 걸러내어 찐밥, 누룩가루를 넣고 다시 삭힌 다음 끓인 물을 식혀 붓고 하룻밤 재워 가라앉혀 윗물은 떠서 청주로 쓰고 밑에 것은 걸러서 탁주로 쓴다. ♨ 경북

감자시루떡 감자를 갈아 거른 건더기와 가라앉은 앙금에 설탕과 소금을 섞어 시루에 팥고물과 번갈아 안쳐서 찐 떡이다. ♨ 강원도

감자옹심이 감자를 갈아 거른 건더기와 가라앉은 앙금을 섞어 소금 간하여 새알 크기의 감자옹심이를 빚은 후 장국에 감자옹심이를 넣고 끓이다가 애호박채, 어슷하게 썬 붉은 고추와 풋고추를 넣고 끓여 깨소금과 황백지단을 고명으로 얹은 것으로 강원도 정선군·영월군 등지에서 시작된 요리이다. 옹심이는 '옹시미'로 쓰기도 하는데, 모두 '새알심'의 사투리(방언)이다. ♨ 강원도

감자옹심이

감자옹심이죽 감자를 갈아 거른 건더기와 가라앉은 앙금을 섞어 소금 간을 하

감자옹심이죽

여 새알 크기의 감자옹심이를 빚은 후 쌀죽을 끓이다가 감자옹심이와 애호박채, 파채를 넣고 끓인 죽으로 감자봉글죽이라고도 한다. ♨ 강원도

감자잡채 채 썬 감자·풋고추에 물을 넣고 볶다가 데친 콩나물 줄기를 넣고 볶아 간장, 다진 마늘, 소금으로 간을 하고 통깨를 뿌린 것이다. ♨ 경북

감자장떡 ▶▶ 감자장전 ♨ 경북

감자장전 감자를 갈아 밀가루, 된장, 고추장을 넣어 간을 하고 잘게 썬 풋고추와 부추를 넣고 섞어 식용유를 두른 팬에 동글납작하게 지진 것으로 감자장떡이라고도 한다. ♨ 경북

감자전 감자를 갈아 가라앉은 앙금과 걸러낸 감자 건더기를 섞어 소금으로 간을 한 반죽을 식용유를 두른 팬에 동글납작하게 펴서 붉은 고추를 얹어 지진 것이다. 경북에서는 감자를 채 썰거나 납작하게 썰어 전을 부치기도 하며, 전남에서는 양파와 감자 전분을 강원도에서는 부추, 실파를 섞어 부친다. 강원에서는 감자부침, 경북에서는 장바우감자전이라고도 불린다. ♨ 전국적으로 먹으나 특히 강원도, 전남, 경북에서 즐겨 먹음

감자전

감자전골 감자를 갈아 거른 건더기와 가라앉은 앙금에 밀가루를 섞어 완자를 빚은 후 전골냄비 가운데 감자완자와 채 썰어 볶은 쇠고기를 담고 가장자리에 감자채, 당근채, 표고버섯채, 풋고추채를 돌려 담고 육수를 부어 소금으로 간을 한 다음 다진 파·마늘을 넣고 끓인 것이다. ♨ 강원도

감자전골

감자전분송편 ▶▶ 감자떡 ♨ 강원도

감자정과 껍질을 벗긴 감자를 푹 쪄서 적당한 크기로 썰어 햇볕에 말린 것을 삶아 말랑하게 해두고, 냄비에 물엿과 설탕을 1 : 1 비율로 넣어 젓지 말고 끓이다가 준비해 둔 감자를 넣고 끓였다 식히기를 세 번 정도 반복하여 만든 것이다. 《규합총서》(감자정과), 《음식법》(감자정과), 《시의전서》(감자정 : 柑子正果), 《조선무쌍신식요리제법》(감자정과 : 柑子正果)에 소개되어 있다. ♨ 충북

감자정과

감자조림 깍둑썰기 된 감자·당근·양

파를 간장 양념(간장, 설탕, 물엿, 다진 마늘, 식용유, 물)에 조린 것이며, 멸치와 풋고추를 함께 넣기도 한다.

감자조림

감자죽 불린 쌀을 쌀알의 크기가 반 정도가 되도록 으깨서 참기름으로 볶다가 삶은 감자와 감자 삶은 물을 넣고 쌀알이 퍼지도록 끓인 후 소금으로 간한 죽이며 지실죽이라고도 한다. ♣ 제주도

감자찜떡 ▶▶▶ 오매두떡 ♣ 강원도

감자찰단자 감자를 강판에 갈아 건더기만 걸러 10분 정도 쪄낸 것과 찹쌀가루, 감자 앙금, 소금, 설탕을 섞어 반죽하여 강낭콩 소를 넣고 경단 모양으로 빚어 끓는 물에 삶아 강낭콩고물을 묻힌 것이다. ♣ 강원도

감자청포묵 감자 전분과 녹두가루를 섞어 되직하게 끓인 다음 소금으로 간하여 묵 틀에 부어 굳힌 것이다. ♣ 강원도

감자취떡 익반죽한 감자 전분에 멥쌀가루와 삶은 수리취, 늙은 호박 찐 것을 혼합하여 치댄 후 반죽을 떼어 팥소로 넣고 손가락 자국이 나도록 손으로 쥐어 모양을 만들어서 찐 다음 참기름을 바른 떡이다. ♣ 강원도

감자탕 돼지 등뼈와 감자, 우거지, 들깨즙, 파, 마늘 따위의 양념을 넣어 진하고 맵게 끓인 탕이다. 찬물에 담가 핏물을 제거한 돼지 등뼈와 돼지고기를 끓는 물에 데쳐 씻은 후 여기에 생강과 물을 붓고 푹 무르도록 끓이다가 고추장, 된장, 고춧가루 등으로 양념한 감자와 우거지를 넣어 다시 한 번 끓인 후 대파, 깻잎, 후춧가루, 들깻가루를 넣고 소금 간을 한다. 삼국시대부터 전라도 지역에서 농사에 이용되는 소 대신 돼지뼈를 우려낸 국물로 음식을 만들어 뼈가 약한 노약자나 환자들에게 먹게 한 데서 유래되었다고 전해진다. 뼈다귀감자탕이라고도 한다. ♣ 전국적으로 먹으나 특히 전북에서 즐겨 먹음

감장아찌 감을 소금물에 절인 후 된장이나 고추장에 박아 숙성시킨 장아찌이다. 지역마다 담그는 방법이 약간씩 차이가 있는데, 충청도와 전북에서는 감을 소금물에 절여 고추장에 숙성시키며, 전남에서는 식초를 섞은 소금물에 절인 후 멸치장국국물에 간장, 물엿, 설탕, 식초를 섞은 양념장을 부어 담갔다가 그대로

감자취떡

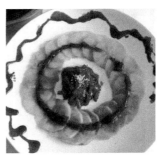

감장아찌

먹거나 고추장에 박기도 하고, 경북에서는 감을 소금물에 절인 후 된장, 고추장, 물엿을 섞은 양념에 버무려 담근다. 먹을 때 적당한 크기로 썰어 그대로 먹거나 양념을 털어내고 다진 마늘, 설탕, 물엿, 참기름, 통깨 등의 양념에 무치기도 한다. ☙ 충청도, 전라도, 경북 등

감저떡 ⟫⟫ 고구마떡 ☙ 제주도

감제돌래떡 ⟫⟫ 고구마떡 ☙ 제주도

감제떡 ⟫⟫ 고구마떡 ☙ 제주도

감제밥 ⟫⟫ 고구마밥 ☙ 제주도

감제범벅 ⟫⟫ 메밀고구마범벅 ☙ 제주도

감제침떡 ⟫⟫ 고구마시루떡 ☙ 제주도

감태김치 감태(가시파래)를 송송 썬 풋고추, 멸치액젓으로 갠 고춧가루, 다진 마늘·생강으로 버무린 후 소금물을 넣고 2~3일 정도 익힌 후 색이 노랗게 변할 때 먹는 김치이다. 전남에서는 감태를 감태지라고도 부르는데, 정확한 명칭은 가시파래이며 내만(內灣) 또는 민물의 유입으로 영양이 풍부하고 오염원이 없는 강 어귀 등지에서 서식하며, 주로 바위 위나 죽은 나뭇가지 위 또는 다른 해조에 붙어 자란다. 매생이, 파래와 비슷하나, 굵기가 매생이보다는 굵고 파래보다는 가늘며, 12월부터 다음해 2월까지 주로 채취되어 겨울철 별미로 이용된다. 우리나라의 주 산지는 부산 가덕도 해역을 비롯하여 경남 사천, 전남 장흥·무안 등지이고, 무기염류와 비타민이 풍부하며 향기와 맛이 독특하고, 익혀 먹기보다 생으로 무쳐 밑반찬으로 많이 요리되며, 이외에 잼, 수프, 과자의 첨가물로도 사용된다. ☙ 전남

감태

감태장아찌 씻어 말린 감태(가시파래)를 된장 속에 박아 두고 숙성시키며 먹을 때 설탕, 참기름, 통깨로 무친 것이다. ☙ 전남

감태지 감태(가시파래)에 송송 썬 절인 고추, 소금을 넣고 버무린 후 물을 부어 익힌 김치이다. ☙ 전남

갑회 소 간, 천엽, 양을 씻어 껍질을 벗기고 깨끗이 씻어 각각 잣을 넣고 말아 참기름과 소금을 곁들인 것이다. ☙ 서울·경기

갑회

갓김치 소금에 절인 갓·실파를 멸치액젓, 고춧가루, 다진 마늘·생강, 설탕, 통깨를 섞어 걸쭉하게 만든 양념으로 버무려 익힌 김치이다. 전남에서는 적갓김치, 청갓김치라고도 하며, 제주도에서는 갯ㄴ물짐치라고도 한다. 《수운잡방》(과동개채침법 : 過冬芥菜沈法), 《조선요리

갓김치

제법》(갓김치), 《조선무쌍신식요리제법》(개저 : 芥菹)에 소개되어 있다. ✿ 전국적으로 먹으나 특히 전남, 제주도에서 즐겨 먹음

갓동치미 소금에 굴린 무를 항아리에 차곡차곡 담아 하룻밤 지난 후 배, 갓, 쪽파, 대파, 풋고추, 마늘편, 생강편을 담은 면주머니를 넣고 소금물을 붓고 위를 대나무잎으로 덮어 익힌 김치이다. 《규합총서》(동침이), 《증보산림경제》(나복동침저법), 《산가요록》(동침 : 冬沈), 《수운잡방》(토읍침채 : 土邑沈菜), 《시의전서》(동침이 : 冬沈伊), 《조선무쌍신식요리제법》(동침 : 冬沈, 동저 : 冬菹)에 소개되어 있다. ✿ 전남

갓말욱김치 ▶▶▶ 갓물김치 ✿ 전남

갓물김치 소금에 절인 붉은 갓·실파를 한 가닥씩 추려 반으로 접어서 묶어 항아리에 담고 중간중간에 납작하게 썬 무·배, 생강편, 마늘편을 넣고 묽은 찹쌀풀을 부어 위에 새우젓을 뿌려 익힌 김치이다. 붉은 국물은 빛깔이 고우며 갓이 익으면서 나온 맵고 알싸한 향과 맛이 일품이다. 갓말욱김치라고도 하며, 말욱은 국물의 사투리이다. ✿ 전남

갓물김치

갓쌈김치 찹쌀풀에 멸치액젓, 고춧가루, 실파, 실고추, 마늘편, 다진 생강, 통깨, 설탕을 섞어 만든 양념을 갓잎에 바르고 그 위에 밤채, 대추채, 은행, 잣을 뿌려 차곡차곡 쌓아 항아리에 담아 익힌 김치이며, 개미김치라고도 한다. ✿ 전남

갓쌈김치

강냉이밥 ▶▶▶ 옥수수밥 ✿ 강원도

강냉이수제비 ▶▶▶ 옥수수수제비 ✿ 강원도

강냉이엿 ▶▶▶ 옥수수엿 ✿ 경북

강냉이차 ▶▶▶ 옥수수차 ✿ 강원도

강달이젓 강달이를 소금에 버무려 삭힌 젓갈로 주로 봄에 만들어 늦가을에 먹는다. 강달이는 민어과에 속하는 바닷물고기로 길이가 9cm 정도되며, 몸빛이 희고 눈이 크며 등 쪽이 밋밋하게 생겼다. 서남해에서 많이 잡히는 물고기로 산란기에는 강으로 거슬러 올라오는데, 이때 살이 찌고 맛도 있다. 전남 강진에서는 말린 강달이를 구워먹거나, 강달이젓을 담가서 이용한다. ✿ 전남

강달이젓무침 강달이젓의 머리를 떼고

강달이젓무침

실파, 붉은 고추, 고춧가루, 다진 마늘, 참기름, 물엿, 통깨로 버무린 것이다. ✿ 전남

강된장찌개 된장을 푼 멸치장국국물을 끓이다가 잘게 썬 양파·표고버섯·대파·풋고추·붉은 고추, 다진 마늘을 넣어 국물이 거의 없게 끓인 찌개이며, 서울·경기 지역에서는 채 썰어 양념한 쇠고기에 된장, 참기름, 꿀, 고추장을 섞어 넣고 채 썬 표고버섯과 풋고추를 함께 넣어 육수를 부어 찌거나 중탕한 후 살짝 끓인다. ✿ 서울·경기, 경북

강된장찌개

강릉방풍죽 ▶▶▶ 방풍죽 ✿ 강원도

강릉산자 찹쌀을 7~14일 정도 물에 불려 가루로 빻아 술로 반죽하여 찐 다음 꽈리가 일도록 쳐 반대기 모양으로 만들어 잘 말려두었다가 식용유에 튀겨 조청을 바르고 쌀튀밥가루를 묻힌 것이다.

강릉산자

과줄이라고도 하며 강릉 사천의 과줄이 유명하여 강릉산자라고 한다. ✿ 강원도

강릉청주 쌀밥에 엿기름가루를 섞어 발효시켜 거른 엿기름물로 지은 찹쌀밥을 차게 식힌 후 누룩가루를 섞고 고루 치댄 다음 삼베주머니에 넣고 항아리에 넣어 발효시킨 술이다. ✿ 강원도

강릉초당두부 불린 콩을 곱게 갈아 면포에 내린 콩물을 끓이다가 바닷물을 살살 부어 응고되어 엉기면 두부 틀에 담아 무거운 것을 올려 물기를 빼서 만든 두부이다. 강원도 강릉 부사 초당 허엽(許曄)은 관청 앞마당에 있는 샘물로 두부를 만들고 강릉에서 천일염이 생산되지 않기 때문에 바닷물로 간을 맞춰 두부를 만들었는데, 이것이 맛 좋기로 소문이 나서 허엽은 자신의 호를 붙여 초당 두부라 이름을 지었다. 두부를 만들었던 샘물이 있던 자리는 강릉시 초당동이며 이곳에는 지금도 허엽을 기리는 비석이 있다. 허엽은 조선 선조 때의 문신으로《홍길동》의 저자인 허균과 여류시인으로 이름난 허난설헌의 아버지이기도 하다. ✿ 강원도

강릉초당두부

강술 차조가루를 익반죽하여 도넛 모양으로 빚어 삶은 것에 누룩가루를 섞어 발효시켜 흘러내리지 않을 정도의 농도

를 가진 술이며 마실 때 물을 타서 마신다. 오메기술을 빚는 과정과 비슷하나 물을 별로 넣지 않고 밀가루 반죽처럼 술을 되게 빚는 것이 다르다. 술을 빚고 4개월이 지나면 필요할 때 물을 타서 마실 수 있는데, 들판이나 밭에 나갈 때 걸쭉하게 된 강술을 양하잎에 싸서 점심도시락에 넣어 갔다가 물이 있는 곳에서 물을 타서 마셨다. ♥ 제주도

양하잎

강술

강정 삭힌 찹쌀로 가루를 내어 반죽한 후 여러 가지 모양으로 썰어 그늘에 말렸다가 식용유에 튀겨 꿀과 고물을 묻혀서 만든 전통과자이다. 찹쌀을 물에 담가 삭힌 후 곱게 가루내어 콩물을 섞어 찐 다음 꽈리가 일도록 쳐서 얇게 밀고 길쭉하게 썰어 그늘에 말렸다가 식용유에 튀겨 즙청액을 발라 참깨, 흑임자, 쌀튀밥가루, 잣가루, 콩가루 등의 고물을 묻힌다. 강원도에서는 소주를 섞어 반죽하고, 전북에서는 막걸리를 섞은 물에 찹쌀을 삭히며, 제주도에서는 차조가루를 반죽하여 동글납작하게 빚어 지진 다

음 엿이나 조청을 바르고 고물을 묻힌다. 강원도에서는 오색강정이라고도 한다. 흑임자는 검은깨를 말한다. 《음식디미방》(강정), 《주방문》(간정), 《규합총서》(감사과), 《시의전서》(강정방문)에 소개되어 있다.

강정

강화근대떡 찹쌀가루와 멥쌀가루에 근대뿌리를 잘라 넣고 버무려 찐 설기떡이다. 이년생 다년초인 근대는 농가의 밭작물로 초여름부터 새순이 나기 시작하면 그 잎으로 나물이나 국을 끓여 먹는데, 강화도에서는 근대를 섞어 별미떡을 만들어 먹었다. ♥ 서울·경기

강화근대떡

강화순무밴댕이김치 순무를 4등분 하여 납작하게 썰어 고춧가루 물을 들인 후 양념(쪽파, 대파, 다진 마늘, 생강즙, 새우젓, 밴댕이젓, 설탕, 고춧가루)에 버무

순무

려 항아리에 담은 것이다. 순무김치라고도 한다. 순무는 팽이 모양의 둥근 뿌리로 십자화의 꽃이 피며 고소하면서도 겨자맛이 나고 초겨울에 수확한다. 토질, 기후 등의 영향으로 경기도 강화 인근에서만 재배할 수 있는 특산품이며, 수분이 많은 일반 무와 달리 수분이 적고 단단한 질감을 가지고 있다. 밴댕이젓은 청어과의 바닷물고기인 밴댕이로 담근 젓갈이다. 《증보산림경제》(만청저 : 蔓菁菹)에 소개되어 있다. ❦ 서울·경기

강화순무밴댕이김치

강화인삼식혜　따뜻한 물에 불려 가라앉힌 엿기름물과 찹쌀밥을 50~60℃의 따뜻한 곳에서 3~4시간 삭힌 후 밥알을 건져내고 수삼 달인 물을 섞어 설탕을 넣어 끓인 후 식혀서 밥알과 잣을 띄운 것을 말한다. 강화 특산물인 인삼은 전한 시대부터 약효를 인정받아 왔다. ❦ 서울·경기

개고기죽　된장을 푼 물에 개고기와 양파를 넣고 푹 삶은 뒤 살을 건져 잘게 찢어 다시 넣고 끓이다가 찹쌀가루와 들깻

가루를 넣고 익힌 뒤 소금으로 간을 맞춘 것이다. ❦ 전남

개두릅나물　데친 개두릅을 양념(국간장, 다진 마늘, 참기름, 깨소금)으로 무친 것으로 엉개나물이라고도 한다. 개두릅은 음나무 가지에 돋은 새순이며 생김새와 맛이 두릅과 비슷하다고 하여 개두릅이라고 하며 지역에 따라 엄나물, 엉개나물이라고 부른다. 주로 봄철에 연한 새순을 채취하여 끓는 물에 살짝 데쳐서 갖은 양념을 하여 나물로 먹고, 가지와 껍질은 한약재 또는 육류음식 조리 시 이용된다. 향기가 독특한 특징이 있다. ❦ 경남

개두릅

개두릅나물

개두릅전　개두릅(엄나물), 느타리버섯, 풋고추, 붉은 고추를 꼬치에 꿴 다음 간 감자, 밀가루, 물, 소금을 넣은 반죽을 묻혀 식용유를 두른 팬에 지진 것을 말하며 초고추장을 곁들인다. 엄나물전이라고도 한다. ❦ 경북

개떡　개떡은 쌀가루, 보릿가루, 밀가루 등의 곡식가루에 쑥, 콩 등을 넣고 반죽하여 찌거나 구운 떡으로 경남에서는 고구마 전분과 밀가루에 물을 붓고 소금으

로 간을 하여 찐다. 쑥에 보릿가루와 쌀가루를 넣어 찐 것을 쑥개떡이라고 하고, 보릿겨, 보릿가루로 만든 것을 보리개떡이라고 한다. ☙ 경남

개떡수제비 된장을 푼 국물에 호박잎을 넣고 한소끔 끓으면 보리등겨가루에 물을 넣고 반죽한 수제비를 넣어 끓인 것이다. 보리등겨가루는 벗겨 놓은 보리의 껍질을 말한다. ☙ 충북

개떡장 ▶▶▶ 시금장 ☙ 경남

개미김치 ▶▶▶ 갓쌈김치 ☙ 전남

개복치수육 개복치를 푹 고아 소금 간을 하여 틀에 붓고 식혀 썬 것이며 초고추장을 곁들인다. 개복치는 몸길이 약 4m, 몸무게 약 140kg의 거대한 물고기로 살이 흐물흐물하여 끓이면 곰국처럼 되며 상어, 문어회와 함께 행사, 길흉사에 많이 쓰이는 음식이다. ☙ 경북

개복치

개복치수육

개성경단 찹쌀가루와 멥쌀가루를 익반죽하여 동그랗게 빚어 삶아 경아가루 고물을 묻히고 조청에 즙청한 후 잣가루를 뿌린 떡이다. 개성경단은 다른 경단과 달리 경아가루를 고물로 묻히는 것이 특징이다. 경아가루는 팥을 삶아 낸 앙금

을 햇볕에 말려 만든 고운 끝가루이다. ☙ 서울·경기

개성모약과 밀가루, 소금, 참기름을 고루 섞어 생강즙, 꿀, 술을 넣고 반죽한 다음 네모지게 썰어 낮은 온도의 식용유에서 서서히 지지고, 설탕과 물을 조린 후 조청과 계핏가루를 넣은 즙청액에 담갔다가 건진 것이다. 개성모약과는 한입 크기의 사각형태로 만들며, 바삭한 맛을 내는 것이 특징이다. ☙ 서울·경기

개성모약과

개성무찜 돼지고기와 쇠고기, 닭고기를 손질하여 양념장(간장, 설탕, 다진 파·마늘, 생강즙, 참기름, 깨소금, 후춧가루)에 재워 물을 부어 익히다가 국물이 반쯤 줄었을 때 납작하게 썰어 소금물에 살짝 데친 무와 밤, 대추를 넣고 끓인 것이다. ☙ 서울·경기

개성무찜

개성보쌈김치 ▶▶▶ 보쌈김치 ✿ 서울·경기

개성장땡이 찹쌀가루에 다져 양념한 쇠고기와 된장을 넣고 반죽하여 동글납작하게 빚어 하루 정도 말린 후 두 번 정도 쪄서 말려두었다가 먹을 때 식용유에 지져낸 것이다. ✿ 서울·경기

개성장땡이

개성주악 ▶▶▶ 우메기떡 ✿ 서울·경기

개성편수 밀가루 반죽을 둥근 모양으로 얇게 밀어 만든 만두피에 다져서 양념한 쇠고기·돼지고기, 으깬 두부, 삶은 숙주, 배추김치 등을 새우젓과 고춧가루, 참기름, 소금으로 양념하여 만든 소를 넣고 만두피를 맞붙인 다음 양쪽 귀를 모아 아기모자처럼 불룩한 모양으로 빚은 후 삶아낸 것이다. 뜨거운 장국에 넣어 삶아 내기도 하며 초간장을 곁들인다. ✿ 서울·경기

개성편수

개암장아찌 껍질을 벗기고 씻어 물기를 제거한 개암에 끓여 식힌 간장을 부어 만든 장아찌이다. 7일 간격으로 간장을 따라내어 끓여서 식혀 붓기를 세 번 반복하여 숙성시킨다. 개암은 개암나무 열매로 도토리와 비슷하며 껍데기는 노르스름하고 속살은 젖빛이며 밤맛과 비슷하나 더 고소하다. ✿ 경남

개암

개암장아찌

개장국 된장을 푼 물에 개고기와 저민 생강을 넣고 삶아 건져내어 결대로 찢고, 불린 토란대와 대파를 양념하여 국에 넣어 끓인 후 맛이 어우러지면 깻잎과 들깨즙을 넣고 끓인 것으로, 구장이라고도 한다. 《산림경제》(개고기곰), 《음식디미방》(개장 고는 법), 《부인필지》(개고기국), 《조선무쌍신식요리제법》(개장, 지양탕 : 地羊湯)에 소개되어 있다. ✿ 서울·경기

개조개유곽 개조개의 살을 발라서 잘게 썰어 볶은 조갯살을 방아잎, 달걀, 밀가루, 양념장(된장, 고추장, 다진 파·마늘, 참기름)으로 고루 섞은 다음 조개껍질에 다시 담
개조개

고 석쇠에 구운 것으로 개조개유락이라
고도 한다. 개조개는 모시조개와 비슷한
형태를 가지나 크기가 훨씬 크고, 특유
의 향과 감칠맛이 뛰어나다. ▼ 경남

개조개유곽

개조개유락 ▶▶▶ 개조개유곽 ▼ 경남
개피떡 ▶▶▶ 바람떡
갠갱이젓 ▶▶▶ 잔새우젓 ▼ 경남
갯가재된장국 갯가재와 된장을 볶다가
물을 넣어 끓으면 대파, 다진 마늘을 넣
어 더 끓인 국으로 쏙된장국, 딱세된장
국이라고도 한다. 갯가재는 구각목 갯과
에 속하며 몸이 납작하고 길이는 15cm
정도된다. 여러 마리를 담아 놓으면 서
로 부딪치면서 딱딱 소리가 난다고 하여
딱새, 꼬리 부분을 터는 습성이 있다 해
서 털치, 붓끝을 갯벌에 넣어 갯가재를
잡을 때 쏙 빠져나온다고 하여 쏙이라고
도 불린다. 산란 전후인 봄에서 초여름

갯가재된장국

이 제철이며 살은 초밥재료로 많이 이용
된다. 맛이나 영양소 구성은 새우와 비
슷하지만, 특히 비타민 B가 많다. 갯가
재는 산지에서 국이나 찜, 조림에 이용
된다. ▼ 경남
갯가재조림 물에 다진 마늘, 국간장을
넣어 끓으면 갯가재를 넣어 살짝 볶아 조
린 것으로 속조림이라고도 한다. ▼ 경남

갯가재조림

갯가재찜 갯가재의 옆 부분 가시를 가
위로 잘라 2등분 하여 간장 양념에 버무
렸다가 밀가루를 뿌린 후 찜솥에 넣고
찌다가, 어슷하게 썬 풋고추·붉은 고
추, 풋마늘잎을 올려 뜸을 들인 것이다.
설게찜이라고도 한다. ▼ 충남

갯가재찜

갯나물 손질해 뿌리째 데친 갯나물을
양념(된장, 간장, 다진 파·마늘, 참기
름, 깨소금, 설탕)하여 무친 것이다. 갯

갯나물(세발나물)

나물은 그 자체가 약간 짠맛이 있으므로 양념을 싱겁게 하는 것이 좋다. 오돌오돌하게 씹히는 맛이 있고, 된장의 맛과 어울려 깊은 맛을 낸다. 갯나물은 잎이 둥글며 가늘고 여러 마디로 뻗어 자라는데, 갯벌에서 자란다고 하여 갯나물이라 한다. 갯벌의 염분을 먹고 자라는 갯나물은 이른 봄에 캐서 나물로 많이 먹으며 반원기둥형 줄 모양의 여러 마디로 뻗어 자라 '세발나물'이라고도 한다. ✿ 전북

갯나물

갯ᄂ물짐치 ▶▶▶ 갓김치 ✿ 제주도

갯장어국 ▶▶▶ 갯장어탕 ✿ 경남

갯장어탕 장어와 채소, 초피가루 등을 넣어 끓인 국이다. 장어를 푹 고아 걸러 뼈를 추려낸 장어국물에 데친 배춧잎과 숙주, 콩나물, 삶은 고사리를 넣어 끓으면 방아잎, 대파, 초피가루를 넣고 국간장으로 간을 하여 양념(다진 풋고추·붉은 고추·파·마늘)을 곁들인다. 장어국, 갯장어국이라고도 한다. ✿ 경남

갱개미찜 ▶▶▶ 가오리찜 ✿ 충남

갱구탕 ▶▶▶ 갱국 ✿ 서울·경기

갱국 갱구살과 바지락, 오이, 미역에 된장국물을 부어 먹는 냉국이다. 갱구를 까서 끓여 국물을 내고 삶은 바지락과 미역, 오이도 함께 그릇에 담고 된장국물을 부은 후 소금, 깨소금, 다진 파·마늘, 식초로 간을 맞추어 차게 먹는다. 갱구탕이라고도 하며, 갱구는 보리고동을 말한다. ✿ 서울·경기

갱국

갱시기 ▶▶▶ 갱죽 ✿ 충북, 경북

갱싱이죽 ▶▶▶ 갱죽 ✿ 충북

갱이죽 ▶▶▶ 갱죽 ✿ 제주도

갱죽 밥과 김치 등을 넣고 끓여 죽처럼 만든 음식이다. 찬밥에 고구마, 감자, 김치, 콩나물, 물을 붓고 끓이다가 풋고추, 붉은 고추, 대파를 넣어 한소끔 더 끓이며, 된장을 푼 물이나 멸치장국국물을 이용하고 수제비를 떠 넣기도 한다. 갱

갱죽

죽은 갱시기라고도 불리며, 충북에서는 갱싱이죽, 경북에서는 콩나물갱죽이라고도 한다. ♨충북, 경북

거름장 ▶▶▶ 집장 ♨경북

거말떡 메밀가루와 밀가루를 섞은 반죽을 삶은 뒤 팥고물을 묻혀낸 떡이다. 인천광역시 옹진 지역의 향토음식이며 섬에서 쌀이 부족할 때 메밀과 밀가루로 만들어 먹던 구황음식이다. ♨서울·경기

거말떡

거평구이 ▶▶▶ 전복구이 ♨제주도

거평볶음 ▶▶▶ 전복구이 ♨제주도

건구절판 ▶▶▶ 마른안주 ♨서울·경기

건바지락볶음 건바지락을 썻어 불려 식용유에 볶다가 풋고추와 마늘편을 넣고 한 번 더 볶으면서 소금 간을 한 뒤 물엿과 통깨를 섞은 것이다. ♨충남

건새우아욱국 ▶▶▶ 아욱토장국

건시단자 얇게 저며 꿀에 재운 건시에 꿀로 반죽한 황률가루소를 넣어 곱게 싼 후 잣가루에 굴린 것으로 단자는 인절미보다 크기가 작고 각색편의 웃기로 올리는 떡이다. 건시는 껍질을 벗기고 꼬챙이에 꿰어서 말린 감을 뜻한다. 《규합총서》(건시단자 : 乾柿團子), 《시의전서》(건시단자)에 소개되어 있다. ♨서울·경기

건아귀찜 ▶▶▶ 마산아귀찜 ♨경남

건어물조림 건어물(북어, 대구, 가오리,

문어)을 불려 물기를 제거하고 식용유에 지진 다음 양념장(간장, 청주, 물엿, 참기름, 멸치장국국물)을 끼얹어 가며 조려 통깨를 뿌린 것이다. ♨경북

건옥돔구이 소금으로 간하여 말린 옥돔을 석쇠에 구운 것이다. 옥돔은 다금바리, 자리돔과 함께 제주도를 대표하는 생선이며, 청정해역인 제주 근해에서 잡히는 고급생선이다. 12월에서 이듬해 3월까지 잡히는 옥돔이 제일 맛있는데, 이때 잡힌 옥돔을 한꺼번에 사서 적당히 말린 다음 1년 내내 구이용으로 이용한다. 비린내가 없고 담백한 맛을 가지고 있으며 지방질이 적고 단백질과 칼슘, 인, 철분 등의 미네랄과 비타민 $A \cdot B_1 \cdot B_2$ 성분이 풍부하다. 양념구이, 소금구이, 미역국, 어죽 등으로 조리한다. ♨제주도

건조고구마죽 ▶▶▶ 절간고구마죽 ♨경남

건진국수 밀가루와 생콩가루에 소금물을 넣고 반죽한 칼국수를 삶아내어 닭육수를 붓고 양념(다진 파·마늘, 참기름, 깨소금, 소금, 후춧가루)한 닭살, 황백지단, 실고추, 김을 얹어낸 것으로 안동손국수, 안동칼국수라고도 한다. 여름철에 즐겨 먹는 음식으로 조밥과 배추쌈을 곁들이는 것이 경북 안동 지방의 관습이다. 건진국수의 하나로 경북 성주군 용

건진국수

암면 마월리(옛 지명은 마천)에는 마천국수가 있는데, 이는 디딜방아에 밀을 빻아 밀가루를 만들 때 절구 주변의 미세한 가루를 모아 반죽한 국수로, 매끄럽고 쫄깃쫄깃한 면발이 일품으로 유명해진 국수이다. 쇠고기를 다져 볶아 고명으로 이용하기도 하고 멸치를 우려낸 국물을 이용하기도 한다. ❦경북

건찜 ▶▶▶ 산나물찜 ❦경남

건파래무침 데친 파래와 무채에 간장, 식초, 고춧가루, 다진 파·마늘, 설탕을 넣고 무친 것이다.

검들김치 무청을 자르지 않고 소금에 절인 무에 연한 소금물을 붓고 대파채, 마늘채, 생강채를 담은 삼베주머니를 넣어 익힌 김치이다. 김장 전에 지레김치로 담그는 동치미이며 검들지라고도 한다. ❦전북

검들김치

검들지 ▶▶▶ 검들김치 ❦전북

겉보리겨죽 체로 쳐서 거친 것을 제거한 겉보리겨와 겉보리에 물을 붓고 푹 끓인 죽이다. 겉보리재죽, 보리뜨물, 보리숭늉이라고도 한다. ❦전남

겉보리재죽 ▶▶▶ 겉보리겨죽. 재는 쌀겨, 보릿겨 등 '겨'의 전라남도 사투리이다. ❦전남

게감정 게딱지에 쇠고기 소를 넣고 달

걀옷을 입혀 지져낸 뒤 고추장 푼 국물에 끓인 찌개이다. 물에 게다리와 생강, 청주를 끓여 국물을 낸 후 고추장과 된장을 풀고 무를 넣고 끓이다가 게딱지에 다진 쇠고기와 게살, 숙주, 두부를 섞어 양념하여 채우고 밀가루와 달걀을 입혀 팬에 지진 것을 넣어 끓인다. 감정은 궁중용어로 찌개보다 국물이 적고 되직하게 끓여 낸 것을 말하며, 상추쌈에 올려 먹기도 한다. ❦서울·경기

게감정

게거리김치 ▶▶▶ 이천게걸무김치 ❦서울·경기

게거리깍두기 ▶▶▶ 이천게걸무깍두기 ❦서울·경기

게거리장아찌 ▶▶▶ 이천게걸무장아찌 ❦서울·경기

게국 게를 곱게 빻아 고운체에 내린 게즙에 물을 붓고 끓으면 생미역을 넣어 끓인 뒤 국간장으로 간한 국이다. 깅이국이라고도 하며 제주도에서는 게를 '깅이'라고 부르는데, 그 중에서 방게는 구하기가 쉬워 방게를 이용한 음식 종류가 매우 다양하다. 방게는 간장에 볶거나 밀가루를 범벅하여 볶아먹기도 하며 죽으로도 많이 이용한다. 《증보산림경제》(해갱 : 蟹羹), 《조선무쌍신식요리제법》(해탕 : 蟹湯)에 소개되어 있다. ❦제주도

게국지 ▶▶▶ 게국지김치 ♨충남

게국지김치 무청과 배추에 각종 해산물을 넣어 담근 김치이다. 소금물로 해감한 능쟁이의 딱지는 떼고 집게발은 날카로운 부분을 잘라내어 2등분 해놓고, 살짝 절인 배춧잎은 물에 헹궈 물기를 뺀 다음, 늙은 호박과 무는 얇게 썰고 모든 재료(마른 고추, 대파, 마늘, 생강, 액젓)를 갈아 만든 양념에 버무려 배춧잎으로 돌돌 말아 싸서 한 달 정도 숙성시킨 후 생으로 먹거나 찌개를 끓여 먹는다. 충남 서산 지역의 대표적인 향토음식이며 (호박)게국지, 갯국지라고도 한다. 능쟁이는 표준어로 참게라고 하며, 갯벌에 사는 회색의 조그만 게를 말한다. ♨충남

게국지김치

게국지찌개 절인 무와 배추를 납작하게 썰어 다진 게살, 새우, 양념(액젓, 다진 파·마늘, 고춧가루)을 넣고 버무린 후

게국지찌개

숙성시킨 게국지를 냄비에 담아 물을 붓고 끓인 찌개이다. 서해안에는 젓국과 꽃게가 많이 생산되므로 꽃게를 이용한 음식이 많고, 무나 배추우거지로 담은 게국지는 예부터 전해오는 서해안의 대표적인 음식이다. ♨충남

게된장박이 손질한 게를 망에 넣어 짜지 않은 된장 속에 박아 일주일간 숙성시킨 후 꺼낸 것으로 비린내가 없어서 게를 싫어하는 사람도 좋아하고 밥맛이 없을 때 별미인 음식이다. 일주일 이상 게를 된장 속에 넣어 두면 게살이 빠지고 물러져 맛이 없게 된다. 게를 박은 된장은 된장국을 끓여 먹으면 아주 맛이 좋다. ♨전남

게범벅 게를 참기름으로 볶다가 소금을 넣고 익으면 물을 넣어 끓인 다음 보릿가루를 물에 개어 넣고 되직하게 끓여 국간장이나 소금으로 간을 한 것이다. 깅이범벅이라고도 한다. ♨제주도

게범벅

게상어회 ▶▶▶ 별상어회 ♨제주도

게술 해감하여 물기를 뺀 게에 소주를 부어 일주일 정도 발효시킨 것이다. 게와 술의 비율은 1 : 6 정도로 하는 것이 적합한데, 게를 너무 많이 넣거나 발효가 덜 된 술을 사용하면 부패할 가능성이 있다. 음력 3월 보름날 바다에서 잡

은 게를 사용하며 깅이주라고도 한다.
꽃 제주도

게술

게웃젓 ▶▶▶ 전복내장젓 　꽃 제주도
게장 ▶▶▶ 꽃게장 　꽃 경상도
게젓 소금물에 담가 해감을 뺀 방게에 끓인 국간장을 부어 두었다가 볶은 콩과 풋마늘대를 넣고 3일 후에 국간장을 따라내어 끓여서 식혀 붓기를 3~4회 반복하여 만든 것이다. 《산림경제》(게젓), 《음식디미방》(게젓), 《주방문》(약게젓), 《부인필지》(게젓), 《조선무쌍신식요리제법》(해해 : 蟹醢)에 소개되어 있다. 　꽃 제주도

게젓

게조림 게를 간장 양념으로 조린 것이다. 방법 1 : 간장, 물엿, 설탕, 물을 넣고 끓으면 튀긴 게를 넣어 조려 통깨를 뿌린다. 방법 2(깅이콩지짐) : 간장에 볶은

방게에 볶은 콩과 간장을 붓고 조린 다음 실파와 통깨를 넣는다. 깅이조림, 깅이콩지짐이라고도 한다. 　꽃 제주도

게조림

게죽 불린 쌀을 쌀알의 크기가 반 정도 되도록 으깨서 참기름으로 볶다가 절구에 찧어 물을 섞어 체에 내린(2~3번 반복) 게즙을 부어 저으면서 끓인 뒤 소금으로 간한 죽이다. 게죽에는 '깅이'라고 부르는 방게를 사용하는데, 칼슘 성분이 풍부하여 해녀들이 다리 아픈 데 효과가 있다고 하여 즐겨 먹던 음식이다. 예부터 고급 음식으로 여겼고 깅이죽, 갱이죽이라고도 한다. 　꽃 제주도

게죽

게찜 ▶▶▶ 꽃게찜 　꽃 경남
겟국지 ▶▶▶ 게국지김치 　꽃 충남
겨자채 긴 직사각형 모양으로 썬 오이 · 당근 · 양배추 · 편육 · 배 · 황백지

단과 빗살 모양으로 썰어 데친 죽순, 얇게 편 썰기한 전복·밤에 겨자가루를 개어 매운맛을 낸 후 식초, 설탕, 소금을 넣어 만든 겨자즙과 연유를 넣어 무친 것이며 고명으로 잣을 올린 것이다. 죽순은 대나무의 땅속줄기 마디에서 돋아나는 어린순으로 찜, 나물 등으로 이용한다. 《조선요리제법》(겨자채), 《조선무쌍신식요리제법》(개자채 : 芥子菜)에 소개되어 있다. ꙮ 전국적으로 먹으나 특히 서울·경기에서 즐겨 먹음

겨자채

겨장 콩과 호밀을 불리지 않고 빻아서 가루로 만들어 물을 넣고 시루에 찐 다음 둥글게 뭉쳐 덩어리를 만들어 말려서 띄워 잘게 부순 다음 메줏가루를 만들고, 보리쌀을 빻아 엿기름물에 1시간 정도 삭혀 끓인 다음 따뜻할 정도로 식혀 메줏가루와 소금을 넣고 고춧가루와 삭

겨장

힌 고추를 섞어서 숙성시킨 장이다. 찜장, 저장이라고도 한다. ꙮ 충남

결명자부꾸미 찹쌀가루와 결명자가루에 소금, 설탕을 넣고 섞어 체에 내린 다음 익반죽하여 둥글게 빚어 지지며 잣을 모양 있게 올리고 설탕이나 꿀을 바르는 떡이다. 결명자찹쌀부꾸미라고도 한다. ꙮ 경남

결명자찹쌀부꾸미 ▶▶▶ 결명자부꾸미 ꙮ 경남

경단 찹쌀가루에 소금을 넣고 익반죽하여 지름 1.5cm 정도로 둥글게 빚어 끓는 물에 삶아서 팥고물, 참깻가루, 검은깻가루(흑임자), 각색 콩가루 등의 고물을 각각 묻힌 떡이다. 《시의전서》(경단), 《조선무쌍신식요리제법》(경단 : 瓊團)에 소개되어 있다. ꙮ 전국적으로 먹으나 특히 전남에서 즐겨 먹음

계삼탕 ▶▶▶ 삼계탕 ꙮ 경북

계약장아찌 ▶▶▶ 생강줄기장아찌 ꙮ 전북

계피차 잘게 부순 계피와 얇게 저민 생강, 대추를 넣고 푹 끓인 후 체에 밭쳐 설탕과 꿀을 탄 것이다. ꙮ 서울·경기

고구마고추장 삶아 으깬 고구마에 엿기름물을 붓고 따뜻한 곳에서 삭힌 후 저으면서 끓여 걸쭉하게 엿이 되면 고춧가루, 메줏가루, 소금을 넣고 잘 섞어 간을 맞춘 뒤 항아리에 담아 발효시킨 것이다. 서울·경기에서는 엿기름물과 찹쌀가루를 넣어 조린다. ꙮ 서울·경기, 전남

고구마대죽 ▶▶▶ 고구마줄기죽 ꙮ 전남

고구마떡 ▶▶▶ 남방감저병 ꙮ 경북

고구마떡 절간고구마가루를 익반죽하여 둥글납작하게 빚어 삶은 떡이다. 고구마가루에 생고구마 또는 무를 얇게 채 썰어 소금으로 간한 다음 섞어서 시루에 찌기도 한다. 제주도에서는 생고구마를 썰어서 말린 절간고구마를 빼때기라고 하

며, 겨울에 주로 간식용으로 이 빼때기를 가루내어 떡을 해먹었다. 감제떡, 감저떡, 감제돌래떡이라고도 한다. 《시의전서》(감저병)에 소개되어 있다. ☙ 제주도

고구마묵 고구마의 전분을 이용해서 만든 묵이다. 방법 1 : 고구마 전분에 물을 붓고 걸쭉해질 때까지 끓여서 소금과 참기름을 넣고 뜸을 들인 후 굳힌다(서울·경기). 방법 2 : 고구마를 갈아 즙을 짜서 가라앉힌 앙금에 물을 넣어 끓인 다음 참기름을 넣고 틀에 부어 굳힌 것으로 고구마전분묵이라고도 한다(강원도, 경북). ☙ 서울·경기, 강원도, 경북

고구마밥 불린 쌀과 굵게 채 썬 고구마를 솥에 넣고 물을 부어 지은 밥이다. 제주도에서는 삶은 보리에 껍질을 벗겨 깍둑썰기 한 고구마를 섞어 지으며, 감제밥이라고도 한다. ☙ 전남, 제주도

고구마빼때기죽 ▶▶▶ 절간고구마죽 ☙ 경남

고구마수제비 고구마를 삶아 체에 내려 밀가루를 섞어 만든 수제비 반죽을 끓는 멸치장국국물에 떼어 넣고 애호박채와 양파채를 넣어 끓인 후 대파, 다진 마늘을 넣고 소금과 국간장으로 간하여 황백지단채를 고명으로 얹은 것이다. ☙ 전남

고구마수제비

고구마순김치 ▶▶▶ 고구마줄기김치 ☙ 경남
고구마순나물 ▶▶▶ 고구마줄기나물 ☙ 전남

고구마순장아찌 소금물에 절였다가 햇볕에 말린 고구마순에 끓여 식힌 양념장(멸치장국국물, 간장, 고추장, 물엿, 설탕, 소금)을 부어 저장한 것이다. 3일에 한 번씩 양념장을 따라내어 끓여 식혀 붓기를 3~4회 반복한다. 15일 후에 양념장을 따라내어 고추장을 넣고 끓여서 식힌 것을 부어 두었다 일주일 후 꺼내어 양념(다진 파·마늘, 설탕, 참기름, 통깨)하여 먹는다. ☙ 제주도

고구마시루떡 쌀가루나 고구마가루에 채 썬 고구마를 넣고 찐 떡이다. 방법 1 : 멥쌀가루에 고구마를 곱게 채 썰거나 얇게 저며 넣고 잘 섞은 후 팥고물을 간 시루에 팥고물과 켜켜이 안쳐 찐다(전남). 방법 2 : 얇게 썬 고구마와 물을 약간 뿌린 절간고구마가루를 시루에 켜켜이 안쳐 찌며, 감제침떡이라고도 한다(제주). ☙ 전남, 제주도

고구마엿 삶아서 으깬 고구마에 엿기름가루와 따뜻한 물을 함께 섞어 10시간 정도 따뜻한 곳에서 삭히다가 도중에 쌀밥을 넣고 같이 삭힌 후 삼베주머니로 짜낸 즙을 중간 불에서 6~7시간 동안 잘 저으며 졸인 것이다. 잘 고아진 엿은 붉은 호박빛이 난다. 사기 항아리에 콩고물을 켜켜이 두고 퍼 넣어서 저장하거나 엿을 여러 번 잡아 당겨 공기와 접촉시키

고구마엿

면 켜가 생기고 단단한 흰엿이 된다. 고구마가 많이 생산되는 전남 무안군 지역의 고구마엿이 유명하다. ✿ 전라도

고구마잎나물국 잘게 썬 쇠고기에 물을 넣고 끓이다가, 데쳐서 간장, 참기름, 고춧가루로 양념한 고구마잎을 넣고 끓여 소금으로 간한 것이다. ✿ 전남

고구마전 얇게 썬 고구마에 밀가루를 묻혀 지진 것이다. 방법 1 : 얇게 썰어 끓는 물에 데친 고구마에 밀가루를 묻히고 달걀물을 입혀 식용유를 두른 팬에 쑥갓과 풋고추를 얹어 지진다(전북). 방법 2 : 밀가루를 묻힌 고구마에 치자물, 밀가루, 소금을 섞은 반죽을 묻혀 식용유를 두른 팬에 지진다(경남).

고구마전분묵 ▶▶▶ 고구마묵 ✿ 강원도, 경북

고구마정과 껍질을 벗긴 고구마를 푹 쪄서 적당한 크기로 썰어 햇볕에 말린 것을 삶아 말랑하게 해두고, 냄비에 물엿과 설탕을 1 : 1 비율로 넣어 젓지 말고 끓이다가 준비해 둔 고구마를 넣고 끓였다 식히기를 3회 정도 반복하여 만든 것이다. ✿ 충북

다. ✿ 전남

고구마줄기김치 소금물에 절여 껍질을 벗긴 고구마줄기와 잘게 다진 풋고추를 섞어 다진 마늘과 소금에 버무려 만든 김치이다. 경남에서는 고구마줄기를 소금물에 데치거나 절여서 담그기도 하며, 양념으로 고춧가루, 다진 마늘·생강, 검은깨, 소금, 설탕으로 담그며, 초피가루를 넣기도 한다. 경남 통영의 제례음식이며 딸이 시집갈 때 이바지음식으로 이용하였다. 경남에서는 고구마순김치라고도 한다. ✿ 서울·경기, 경남

고구마줄기나물 끓는 물에 데친 고구마줄기에 소금, 다진 마늘, 참기름을 넣어 식용유를 두른 팬에 볶은 것으로 고구마줄기볶음이라고도 한다. 전남에서는 삶아서 껍질을 벗긴 고구마순과 소금물에 헹군 바지락살을 다진 마늘과 물을 약간 넣어 볶다가 들깻가루를 되직하게 푼 물을 넣고 끓여 소금으로 간을 한 다음 참기름과 통깨를 넣어 조리한다. 전남에서는 고구마순나물이라고도 한다. ✿ 전국적으로 먹으나 특히 전남에서 즐겨 먹음

고구마정과

고구마줄기나물

고구마죽 절간고구마(말린 고구마)와 팥을 푹 삶은 다음 물을 충분히 부어 다시 한 번 끓인 후 묽은 밀가루 반죽을 넣고 익으면 소금이나 설탕으로 간한 것이다.

고구마줄기볶음 ▶▶▶ 고구마줄기나물

고구마줄기죽 된장을 푼 물에 쌀가루와 삶은 고구마대를 함께 넣어 쑨 죽이며 고구마대죽이라고도 한다. ✿ 전남

고기국수 돼지고기나 돼지뼈를 삶은 육수에 국수를 만 것이다. 방법 1 : 돼지고기에 양파, 마늘, 생강, 된장을 넣고 푹 삶아 건더기를 걸러낸 맑은 육수에 국간장과 소금으로 간을 하여 대파와 달걀을 넣고 끓인 다음 삶은 국수에 붓고 그 위에 삶은 돼지고기, 양념한 콩나물무침, 고춧가루를 얹는다. 방법 2 : 돼지고기와 돼지뼈를 끓여 거른 육수에 삶은 국수, 채 썬 당근, 삶은 돼지고기를 얹고 양념(다진 파, 고춧가루, 들깻가루, 후춧가루)을 곁들인다. 괴기국수, 돼지국수라고도 한다. ♨제주도

고기국수

고동국 ▶▶▶ 다슬기국 ♨경상도
고동수제비 ▶▶▶ 다슬기수제비 ♨전북
고동회 ▶▶▶ 고둥회 ♨전남
고두밥콩가루무침 ▶▶▶ 콩가루주먹밥 ♨경북
고둥간장조림 삶아서 살만 발라낸 고둥

고둥간장조림

에 간장, 소금, 물을 넣고 조려 국물이 자작해지면 풋고추와 붉은 고추를 넣어 살짝 익힌 것이다. ♨충남

고둥국 삶아 발라낸 고둥살을 참기름에 볶아 물을 부어 끓이다가 생미역과 다진 마늘을 넣고 국간장으로 간을 하여 메밀가루를 넣어 더 끓인 국이며 보말국, 고매기국이라고도 한다. 제주도에서는 고둥을 통틀어 보말이라고 부르며, 고둥은 연체동물 복족강의 동물을 통틀어 이르는 말로 소라, 소라고둥, 총알고둥 따위처럼 대개 말려 있는 껍데기를 가지는 종류이다. 고둥은 숙취 해독, 간·위를 보하는 음식으로 알려져 있으며 주로 국이나 수제비, 죽으로 조리한다. ♨제주도

고둥국

고둥김치 ▶▶▶ 다슬기김치 ♨경남
고둥수제비 삶아서 발라낸 고둥살과 내장을 참기름에 볶다가 물을 부어 끓으면 밀가루 반죽을 숟가락으로 떠 넣고 양파, 대파를 넣고 끓인 뒤 소금으로 간하고 참기름을 넣은 것이다. 보말수제비, 고매기수제비라고도 한다. ♨제주도
고둥죽 불린 쌀을 참기름에 볶다가 삶아서 발라낸 고둥살과 내장을 으깨어 물을 부어 체에 내린 국물을 붓고 쌀알이 퍼지도록 끓인 다음 소금으로 간을 하고

실파를 올린 죽으로 보말죽, 고매기죽이라고도 한다. ♨ 제주도

고둥죽

고둥회 해감하여 삶아 살만 발라낸 고둥살을 초고추장(고추장, 식초, 다진 파·마늘, 참기름, 설탕, 통깨)으로 무친 것으로 고동회라고도 한다. ♨ 전남

고들빼기갈치김치 연한 소금물에 5일 정도 절인 고들빼기에 토막 낸 갈치, 쪽파, 멸치젓, 고춧가루, 설탕을 넣고 버무린 김치이다. 쌉쌀한 맛과 향이 독특한 고들빼기김치는 김장철에 따로 담가 두었다가 음력 설 이후까지 별미로 먹곤 했으며, 갈치와 멸치가 들어가 맛이 좋고 영양가가 풍부하다. 고들빼기는 씬나 고들빼기

고들빼기갈치김치

물이라고도 하는데, 산과 들이나 밭 근처에서 자라며 농가에서 재배하기도 한다. 어린잎과 뿌리는 김치를 담그거나 나물로 먹으며, 민간에서는 풀 전체를 약재로 쓰기도 한다. ♨ 충남

고들빼기김치 소금물에 담가 삭힌 고들빼기와 절인 실파를, 끓여서 식힌 찹쌀풀, 멸치젓, 고춧가루, 다진 마늘·생강, 통깨를 섞은 양념으로 버무려 담근 김치이다. 밤을 채 썰어 넣어 버무리기도 한다. ♨ 전라도, 경남

고들빼기김치

고들빼기장아찌 소금물에 일주일 가량 절인 고들빼기를 고추장에 버무려 항아리에 넣고 두 달 정도 숙성시킨 후에 고추장을 걷어내고 새 고추장으로 버무리는 과정을 1년에 3~4번 반복하여 저장한 것이다. ♨ 전북

고등어구이 손질하여 칼집을 넣은 고등어에 소금을 뿌려서 석쇠나 식용유를 두른 팬에서 구운 것이며, 제주도에서는 간장, 참기름, 풋고추, 다진 파·마늘, 생강즙 등을 섞어 만든 양념장을 발라서 굽기도 한다. ♨ 전국적으로 먹으나 특히 제주도에서 즐겨 먹음

고등어국 고등어를 삶아 뼈를 발라낸 국물을 끓이다가 밀가루에 버무린 삶은 토란대, 고사리, 배추를 넣고 끓인 다음

국간장, 소금으로 간을 하고 대파, 다진 마늘, 후춧가루를 넣고 더 끓인 국이다. ✿ 경북

고등어배춧국 끓는 물에 고등어를 넣고 익히다가 배추를 넣고 끓으면 대파, 풋고추, 붉은 고추, 다진 마늘을 넣고 국간장과 소금으로 간을 한 국이다. ✿ 제주도

고등어배춧국

고등어조림 토막 낸 고등어와 납작하게 썬 무를 양념장(간장, 고추장, 고춧가루, 다진 파·마늘)에 조리며 도중에 양파, 풋고추와 붉은 고추, 대파를 넣고 가끔씩 양념장을 끼얹어 주면서 조린 것으로 제주도에서는 고등어지짐이라고도 한다.
✿ 전국적으로 먹으나 특히 제주도에서 즐겨 먹음

고등어조림

고등어죽 불린 쌀을 참기름에 볶다가 물을 붓고 끓여 쌀알이 퍼지면 다진 고등어살를 넣고 소금으로 간을 하여 더 끓인 죽이며 다진 파를 넣기도 한다. ✿ 제주도

고등어죽

고등어지짐 ▶▶▶ 고등어조림 ✿ 제주도

고등어찌개 고추장, 된장을 푼 물을 팔팔 끓이다가 토막 낸 고등어와 납작하게 썬 무를 넣고 오랫동안 뭉근하게 끓인 후 어슷하게 썬 파, 다진 마늘·생강, 고춧가루로 양념하고 소금으로 간을 한 것이다. 경북에서는 된장, 고춧가루로 버무린 삶은 시래기에 고등어와 양념(다진 마늘·고추·생강)을 얹고 물을 부어 끓인다. 《조선무쌍신식요리제법》(고등어찌개)에 소개되어 있다. ✿ 전국적으로 먹으나 특히 경북에서 즐겨 먹음

고등어찌개

고등어찜 말린 고등어를 양념장(간장, 설탕, 다진 마늘)에 재운 다음 찐 것이다. ✿ 경북

고등쩜국 ▶▶▶ 다슬기국 ✿ 경남

고디국 ▶▶ 다슬기국 ▼ 경남

고딩이국 ▶▶ 다슬기국 ▼ 충북

고래고기육회 고래고기를 얇게 저며 썰어 양념장(간장, 참기름, 다진 파·마늘, 후춧가루)에 무쳐 배채와 마늘편을 함께 담고 잣가루를 뿌린 것이다. 경남에서는 채 썬 고래고기·배를 양념(다진 마늘, 참기름, 깨소금, 소금)으로 살짝 버무린다. 고래고기육회는 갈빗살, 가슴살(우내)의

고래고기

살코기 등을 이용하며, 고추장이나 막장을 곁들이기도 한다. 고래생고기라고도 한다. ▼ 경상도

고래고기육회

고래생고기 ▶▶ 고래고기육회 ▼ 경남

고래정설 삭힌 고래정설을 소금물에 살짝 삶은 것으로 삭힌 고래정설은 노르스름한 색이 된다. ▼ 경남

고록무김치 ▶▶ 꼴뚜기무김치 ▼ 전남

고록젓 ▶▶ 꼴뚜기젓 ▼ 전라도

고매기국 ▶▶ 고둥국 ▼ 제주도

고매기수제비 ▶▶ 고둥수제비 ▼ 제주도

고매기죽 ▶▶ 고둥죽 ▼ 제주도

고비나물 마른 고비를 삶아 불린 후 간장, 다진 파·마늘, 참기름, 깨소금 등을 넣어 무친 후 팬에 물을 자작하게 넣고 나물이 무를 때까지 볶은 것으로 고비나물볶음이라고도 한다. 고비는 양치식물 고사리목 고비과의 여러해살이풀을 말하며, 어린순은 나물로 먹거나 국의 재료로 사용한다. 《시의전서》(고비나물), 《조선요리제법》(고비나물), 《조선무쌍신식요리제법》(미채 : 薇菜)에 소개되어 있다.

고비나물

고비나물볶음 ▶▶ 고비나물

고사리국 ▶▶ 육개장 ▼ 제주도

고사리나물 ▶▶ 고사리볶음 ▼ 전라도

고사리나물볶음 ▶▶ 고사리볶음

고사리누름전 ▶▶ 고사리전 ▼ 제주도

고사리들깨국 멸치장국국물에 들깨즙을 넣고 끓인 다음 삶은 고사리를 넣고 끓여 소금 간을 한 국이다. ▼ 경남

고사리무침 ▶▶ 고사리볶음 ▼ 경북

고사리미나리찜 백합과 새송이버섯에

고사리미나리찜

물을 붓고 끓이다가 콩나물과 홍합을 넣고, 찹쌀가루와 멥쌀가루를 푼 물을 부어 끓인 다음 들깻가루, 고사리, 미나리, 부추, 방아잎, 대파를 넣고 끓여 소금 간을 한 것이다. ▾ 경남

고사리볶음　마른 고사리를 불려 끓는 물에 데친 후 국간장, 다진 파·마늘 등으로 양념하여 팬에 무르게 볶다가 참기름과 깨소금을 넣은 것으로, 전북에서는 들깻가루와 쌀가루 푼 물을 넣고 전남과 경북에서는 들깻가루를 넣어 볶는다. 고사리나물, 고사리나물볶음이라고도 하며, 경북에서는 고사리무침, 제주도에서는 고사리탕쉬라고도 불린다. 《시의전서》(고사리나물)에 소개되어 있다. ▾ 전국적으로 먹으나 특히 전라도, 경북, 제주도에서 즐겨 먹음

고사리볶음

고사리전　삶은 고사리를 소금, 참기름, 후춧가루로 무쳐서 실파와 섞어 가지런히 길이를 맞춰 밀가루를 묻히고 달걀물을 씌워 식용유를 두른 팬에 지진 것이다. 제주도에서는 푼 달걀물을 식용유를 두른 팬에 정사각형으로 붓고 그 위에 삶은 고사리와 실파를 얹고 다시 달걀물을 덮어 지지며 명절이나 제사 때 반드시 올리는데, 귀신이 와서 보자기 대용으로 음식을 싸서 간다는 유래가 있다.

제주도에서는 고사리누름전, 느리미전이라고도 한다. ▾ 경남, 제주도

고사리전

고사리죽　삶은 고사리에 물을 붓고 무르도록 끓이다가 불린 쌀을 넣고 끓여서 국간장으로 간을 한 죽이다. ▾ 전남

고사리탕쉬 ▸▸▸ 고사리볶음 ▾ 제주도

고산참붕어찜　냄비에 납작하게 썬 무를 깔고 삶아서 고추장과 고춧가루로 양념한 시래기와 찐 붕어를 얹고 고추장과 고춧가루, 다진 파·마늘·생강, 들기름으로 만든 양념장, 콩물을 넣고 조리다가 고추채, 대파채, 인삼채, 양파채, 대추를 고명으로 얹어 살짝 찐 것이다. 《식료찬요》(붕어찜), 《음식디미방》(붕어찜), 《주방문》(붕어찜), 《규합총서》(붕어찜), 《시의전서》(붕어찜), 《부인필지》(붕어찜), 《조선요리제법》(붕어찜), 《조선무쌍신식요리제법》(부어찜 : 鮒漁

고산참붕어찜

찜)에 소개되어 있다. ☙ 전북

고소리술 ▶▶▶ 오메기소주 ☙ 제주도

고수무생채 소금에 살짝 절인 무채에
양념(고춧가루, 다진 파·마늘, 깨소금,
소금, 설탕)을 넣어 무친 뒤 고수를 넣어
버무린 것을 말한다. 고수는 호유실, 빈
대풀이라고도 부르며, 고소하고 맛이 좋
아서 '고소'라고도 불린다. 주로 절에서
많이 재배하며, 줄기
와 잎을 고수강회,
고수김치, 고수
쌈 등으로 먹
는다. ☙ 전북

고수

고수무생채

고시락무침 굴에 물을 약간 넣고 익혀
건져낸 다음 굴 삶은 물에 양념(된장, 다
진 파·마늘)과 소금물에 데친 고시락을
넣어 무치면서 마지막에 굴을 넣어 살살
버무린 것이다. 고시락은 바다풀로 조수

고시락무침

간만의 차가 많은 지역의 갯벌에 나며,
말이나 미역처럼 무쳐서 먹는다. ☙ 충남

고장떡 멥쌀가루를 익반죽하여 기름떡
본(원의 테두리가 톱니처럼 된 판)으로
찍어내어 솔잎을 깔고 찐 다음 찬물에
헹군 후 참기름을 바른 떡이다. ☙ 제주도

고장떡

고지송편 ▶▶▶ 호박송편 ☙ 충남

고추감주 ▶▶▶ 고추식혜 ☙ 전북

고추김치 가운데 칼집을 넣어 씨를 뺀
풋고추·붉은 고추에 고춧가루, 다진 마
늘, 설탕으로 양념한 꼴뚜기젓, 부추, 당
근, 사과로 만든 소를 넣어 담근 김치이
다. 고추를 멸치액젓에 삭힌 다음 건져
고춧가루, 다진 파·마늘에 무치기도 한
다. ☙ 경남

고추꼬치 ▶▶▶ 고추산적 ☙ 경남

고추다지개 ▶▶▶ 고추장물 ☙ 경남

고추무김치 소금물에 담가 삭힌 풋고추
를 양 끝을 조금 남기고 세로로 칼집을
넣은 다음 무채에 고춧가루, 실파를 넣
고 버무린 양념을 채워 넣은 김치이다.
☙ 충남

고추무침 콩가루를 버무려 찐 풋고추를
양념장(간장, 고춧가루, 다진 마늘, 참기
름, 소금)을 넣어 버무린 것이다. ☙ 경북

고추물금 ▶▶▶ 고추버무림 ☙ 경북

고추버무림 묽은 밀가루 반죽에 다진

풋고추·마늘, 참기름, 소금을 넣어 찐 것으로 고추물금, 밀장이라고도 한다.
✤ 경북

고추부각 풋고추를 밀가루나 찹쌀가루, 찹쌀풀 등에 묻혀 찐 후 말려서 식용유에 튀긴 것을 말한다. 방법 1 : 풋고추에 세로로 칼집을 넣어 씨를 빼고 밀가루를 골고루 묻혀 찐 후 바짝 말려두었다가 먹을 때 식용유에 튀긴다(상용, 서울·경기, 충남, 전남). 방법 2 : 칼집을 내고 씨를 뺀 풋고추를 식초와 소금물에 담가 매운맛을 우려내고 밀가루와 쌀가루를 혼합하여 풋고추에 묻혀 찐 다음 햇볕에 말려 식용유에 튀긴다(충북). 방법 3 : 반으로 갈라 씨를 제거한 풋고추에 찹쌀가루, 다진 마늘, 통깨, 소금, 물을 섞어 쑨 찹쌀풀을 묻혀 찐 다음 바짝 말려 식용유에 튀긴다(전북). 방법 4 : 풋고추를 소금물에 담갔다 찹쌀가루나 찹쌀풀을 묻혀 찐 다음 말려 식용유에 튀긴다(경북). 방법 5 : 풋고추에 밀가루, 쌀가루, 소금을 섞어 버무려 쪄서 말린 다음 식용유에 튀겨 양념장(간장, 물엿, 설탕, 다진 마늘)에 버무린다(경남). 풋고추부각이라고도 한다.

고추부각

고추부각조림 고추를 반으로 갈라 씨를 뺀 후 식초와 소금물에 하루 정도 담가 매운맛을 우려내고 밀가루와 쌀가루를 묻혀 찜솥에 쪄내어 햇볕에 말린 다음 식용유에 튀겨 간장에 버무린 다음 통깨를 뿌린 것이다. ✤ 충남

고추산적 풋고추와 고기, 각종 채소를 꼬치에 꿰어 지진 것이다. 방법 1 : 살짝 데친 풋고추·붉은 고추, 대파, 양념한 돼지고기를 차례로 꼬치에 꿰어 식용유를 두른 팬에 고추장 양념을 발라가며 지진다(충남). 방법 2 : 꽈리고추, 쇠고기, 새우, 느타리버섯, 당근을 꼬치에 꿰고, 밀가루와 달걀물을 입혀 식용유를 두른 팬에 지진다(전남). 방법 3 : 풋고추를 꼬치에 꿰어 밀가루, 소금, 물로 만든 밀가루 반죽을 발라 석쇠에 굽는다(경남). 경남에서는 고추꼬치라고도 한다. ✤ 전국적으로 먹으나 특히 충남, 전남, 경남에서 즐겨 먹음

고추소박이 풋고추의 배를 갈라 씨를 빼고 소금물에 살짝 절인 후 채 썬 무·배·양파와 부추, 쪽파를 양념에 버무린 소를 넣어 만든 김치이다.

고추소박이

고추식혜 뜨거운 찹쌀고두밥에 엿기름물을 섞어 고루 젓고 청양고추를 넣어 따뜻한 온도에서 하룻밤 삭혀 밥알이 떠오르면 체로 건져서 냉수에 행군 다음 남은 물을 냄비에 붓고 설탕을 넣어 끓

여 식혀서, 먹을 때 밥알과 잣을 띄운 것이다. 전북에서는 마른 고추를 넣어 만들고, 고추감주라고도 한다. ♨충남, 전북

고추식혜

고추장 찹쌀가루를 익반죽하여 도넛 모양으로 만들어 끓는 물에 삶아 으깨어 푼 물에 고춧가루, 메줏가루, 소금과 함께 잘 혼합하여 항아리에 담아 숙성시킨 것이다. 《규합총서》(고초장), 《증보산림경제》(조만초장법 : 造譽椒醬法), 《조선무쌍신식요리제법》(고초장 : 苦草醬)에 소개되어 있다.

고추장

고추장떡 밀가루에 고추장 또는 된장을 넣어 반죽하여 동글납작하게 지진 것이다. 방법 1 : 쌀가루와 밀가루에 다진 쇠고기와 채 썬 양파, 어슷하게 썬 풋고추를 넣고 고추장과 물로 반죽하여 동글납작하게 빚어 식용유에 지진다(서울ㆍ경기). 방법 2 : 밀가루에 고추장, 간 양파와 감자, 다진 돼지고기, 달걀, 다진 마늘을 넣고 묽게 반죽하여 지진다(충남). 방법 3 : 밀가루 반죽에 풋고추, 붉은 고추, 대파, 된장을 넣고 섞은 반죽을 지지며, 고추장과 된장을 섞어 찌기도 하고, 장(고추장, 된장)을 넣지 않고 쪄서 양념장에 버무려 내기도 한다(경북). 방법 4 : 부추, 방아잎, 풋고추를 된장으로 버무려 밀가루, 물을 넣고 빚어 깻잎 위에 얹고, 그 위에 붉은 고추를 올려 찐다(경남). ♨서울ㆍ경기, 충남, 경상도

고추장떡

고추장물 다진 마른 멸치를 참기름에 볶다가 물과 국간장을 넣고 끓으면 다진 풋고추ㆍ마늘을 넣고 조린 것이다. 호박쌈, 우엉쌈과 같이 먹으면 입맛을 돋우며 국수의 양념장으로 먹어도 좋다. 고추다지개라고도 한다. ♨경남

고추장물

고추장아찌 풋고추를 소금에 절인 후 간장 양념에 숙성시킨 장아찌이다. 방법 1 : 풋고추를 소금물에 담가 삭힌 후 간장을 붓거나 고추장에 박아 숙성시키며, 먹을 때 잘게 썰어 참기름, 설탕, 다진 파·마늘로 무친다(상용, 제주). 방법 2 : 풋고추에 간장, 설탕, 식초를 부어 숙성시킨다(충북). 방법 3 : 소금물에 삭힌 풋고추를 양념(고춧가루, 다진 파·마늘, 참기름, 설탕, 멸치액젓 등)에 버무리며(경상도), 제주도에서는 양념에 찹쌀풀을 섞는다. 경남에서는 삭힌 풋고추를 된장에 박아 숙성시키기도 한다. 풋고추장아찌라고도 하며, 충북에서는 초고추, 경남에서는 삭힌 고추장아찌, 제주도에서는 고치지라고도 한다. 《조선요리제법》(풋고추장아찌), 《조선무쌍신식요리제법》(풋고추장아찌)에 소개되어 있다. ❧ 전국적으로 먹으나 특히 충북, 경상도, 제주도에서 즐겨 먹음

고추전 밀가루, 국간장, 다진 마늘, 물을 섞어 만든 반죽에 곱게 다진 풋고추를 섞어 식용유를 두른 팬에 얇고 동그랗게 지진 것이다. ❧ 전북

고추젓 풋고추를 소금에 절여 멸치젓, 간장 등으로 양념하여 숙성시킨 장아찌이다. 풋고추를 바늘로 구멍을 뚫고 연한 소금물에 절인 후 햇볕에 잠깐 말려 골파, 멸치젓국, 간장, 다진 생강·마늘을 섞은 양념으로 버무려 항아리에 담고 돌로 눌러 놓았다가 3일 정도 지나면 국물이 생기는데, 그 국물을 따라내어 한소끔 끓여 식힌 다음 다시 항아리에 붓는 작업을 반복한 뒤 한 달 정도 삭힌다. 늦가을 서리가 내리기 전 풋고추를 수확하여 담근다. 골파는 파의 변종으로 파 대신 사용하며, 잎이 여러 갈래로 나고 밑

동이 마늘 조각같이 붙어 있다. ❧ 충북

고추지만두 곱게 다진 고추지·배추김치, 다져서 양념하여 볶은 돼지고기, 으깬 두부를 섞은 소를 만두피에 넣고 반달 모양으로 빚어 찜통에 쪄 낸 것이다. ❧ 충북

고추지만두

고춧잎김치 소금물에 삭힌 고춧잎을 양념(찹쌀풀, 고춧가루, 까나리액젓 또는 멸치젓, 고추씨 간 것, 다진 마늘·생강, 물엿, 통깨 등)에 버무려 익힌 김치이다. 전북에서는 나박썰기 하여 소금에 절여 물기를 뺀 무를 넣어 담그며, 경남에서는 고춧잎을 쪄서 말려서 김치를 담그기도 한다. 서울·경기에서는 고추잎석김치, 전북에서는 고춧잎지라고도 한다. ❧ 서울·경기, 전북, 경남

고춧잎김치

고춧잎나물 삶은 고춧잎에 양념(간장,

고추장, 다진 파·마늘, 참기름, 통깨)을 넣어 무친 것이다. 제주도에서는 양념으로 멸치젓국, 고춧가루, 다진 마늘을 넣으며, 고춧잎멸치젓무침이라고도 한다. 《조선요리제법》(고추잎나물), 《조선무쌍신식요리제법》(고초엽채 : 苦草葉菜)에 소개되어 있다. ꙭ 전국적으로 먹으나 특히 제주도에서 즐겨 먹음

고춧잎나물

고춧잎멸치젓무침 ▶▶▶ 고춧잎나물 ꙭ 제주도

고춧잎석김치 ▶▶▶ 고춧잎김치 ꙭ 서울·경기

고춧잎장아찌 연한 소금물에 절인 고춧잎을 항아리에 담고 멸치액젓을 고춧잎이 잠길 만큼 부어 돌로 눌러 숙성시킨 장아찌이다. 먹을 때 다진 마늘, 고춧가루, 참기름, 통깨로 무친다. 제주도에서는 절인 고춧잎에 끓여서 식힌 양념장(간장, 멸치액젓, 설탕, 물)을 부어 절인 후 양념장을 따라내어 끓여서 식혀 붓기를 3~6번 반복한다. 먹을 때 물기를 빼고 면포를 덮어 된장을 퍼 넣은 다음 끓여서 식힌 양념장을 부어 두었다가 양념에 무친다. 《조선요리제법》(고추잎장아찌), 《조선무쌍신식요리제법》(고추잎장아찌)에 소개되어 있다. ꙭ 전국적으로 먹으나 특히 전남, 제주도에서 즐겨 먹음

고춧잎지 ▶▶▶ 고춧잎김치 ꙭ 전북

고치지 ▶▶▶ 고추장아찌 ꙭ 제주도

고탄절편 고구마와 늙은 호박을 삶아 멥쌀가루에 각각 섞어 차지게 반죽하여 시루에 각각 쪄서 떡메로 친 후 가래떡을 만들어 적당량 떼어 떡살로 누르고 참기름을 바른 떡이다. ꙭ 강원도

고탄절편

곡차 겉보리와 말린 옥수수, 콩을 각각 볶은 후 물을 붓고 끓이다가 우러나면 체에 밭쳐 마시는 것이다. ꙭ 서울·경기

곤달비김치 곤달비잎을 양념(간장, 멸치장국국물, 고춧가루, 다진 파·마늘, 깨소금)으로 버무려 담근 김치이다. 양념한 곤달비를 찜통에 살짝 찌기도 한다. 곤달비는 국화과 다년초 식물로 참곤달취(영남), 곤데스리라 불리고 있으며, 깊은 산 습한 곳에 살며 달콤하고 쌉싸래한 감칠맛을 가지고 있다. 곤달비는 곰취와 매우 유사한데, 곰취보다 크기가 작고, 잎에서 윤기가 나며, 줄기에 줄무늬가 없다. 곤달비의 잎과 줄기를 날것으로 쌈을 싸먹거나, 나물, 장아찌, 김치, 떡 등의 여러 가지 음식으로 만들어 먹을 수 있다. ꙭ 경남

곤달비무침 데쳐서 볶은 곤달비를 양념(간장, 다진 파·마늘, 참기름, 깨소금, 소금)으로 무친 것이다. ꙭ 경남

곤달비무침

곤달비수제비 곤달비즙으로 밀가루 반
죽하여 끓는 멸치장국국물에 납작하게
뜯어 넣고 끓인 것으로 양념장을 곁들여
낸다. ❦ 강원도

곤달비수제비

곤달비장아찌 곤달비에 끓여서 식힌 간
장을 부어 만든 장아찌이다. 7일 간격으
로 간장을 따라내어 끓여서 식혀 붓기를
세 번 반복하고 먹을 때 살짝 씻어 양념
(고추장, 물엿, 다진 마늘, 참기름, 깨소
금)으로 무친다. 간장 대신 소금물을 이
용하기도 하며, 양념을 만들 때 된장을
같이 넣기도 한다. ❦ 강원도, 경남

곤달비전 밀가루를 묻힌 곤달비잎에 양
념(간장, 설탕, 다진 파·마늘, 참기름,
소금, 깨소금, 후춧가루)하여 볶은 돼지
고기와 양파, 으깬 두부로 만든 소를 넣
고 반달 모양으로 접어 밀가루를 묻힌 다
음 달걀물을 씌워 식용유를 두른 팬에 지

진 것이다. ❦ 경남

곤달비전

곤드레꽁치조림 냄비에 삶은 곤드레나
물을 깔고 물을 부은 뒤 고추장을 넣고
꽁치, 양파채, 생강채, 어슷하게 썬 풋고
추를 얹어 양념장(간장, 고춧가
루, 다진 파·마늘, 청
주)을 넣고 조린
것이다. 곤드레나
물은 학명으로 고
려엉겅퀴, 곤드레라
고 하며 태백산의 해

곤드레

발 700m 고지에서 자생하는 산채이다.
예부터 구황식품으로 널리 알려져 있는
데, 강원도 정선과 평창 지역의 특산물
로 매년 5월쯤 채취한다. 곤드레의 어린
순은 식용할 수 있으며 곤드레는 생으
로 쌈을 싸서 먹거나 튀김, 무침 등의 다
양한 방법으로 조리할 수 있다. 맛이 부

곤드레꽁치조림

드럽고 담백하며 향기가 강하고 씹기가 좋으며, 탄수화물, 칼슘, 비타민 A 등의 영양이 풍부하다. ⁂ 강원도

곤드레나물밥 ▶▶▶ 곤드레밥 ⁂ 강원도

곤드레밥 데친 곤드레나물을 썰어서 들기름, 소금으로 양념하고, 불린 쌀로 밥을 하다가 뜸들기 직전에 곤드레나물을 얹어 뜸을 들인 것이다. 곤드레나물을 양념해 솥 밑에 깔고 밥을 짓기도 하는데, 밥의 색깔이 푸르스름해지며 곤드레나물밥이라고도 한다. ⁂ 강원도

곤드레밥

곤밥 ▶▶▶ 쌀밥 ⁂ 제주도

곤쟁이젓찌개 ▶▶▶ 감동젓찌개 ⁂ 서울 · 경기

곤지암소머리국밥 밥에 소 머릿고기를 얹고 뜨거운 사골국물을 부어 먹는 것이다. 핏물을 뺀 소 머릿고기와 사골을 끓이다가 무 등을 넣고 푹 끓인 국물을 밥에 붓고 소 머릿고기를 썰어 함께 담아 양념장을 곁들인다. 경기도 광주는 예부터 경상도 지방에서 과거 보러 한양에 갈 때 지나던 길목으로서 이 지방에서 숙식할 때 주식으로 먹던 소머리국밥이다. ⁂ 서울 · 경기

곤침떡 ▶▶▶ 시루떡 ⁂ 제주도

곤포무침 ▶▶▶ 곰피무침 ⁂ 경북

곤포찜 ▶▶▶ 곰피찜 ⁂ 경북

곤피무침 ▶▶▶ 곰피무침 ⁂ 경북

곤피찜 ▶▶▶ 곰피찜 ⁂ 경북

골감주 질게 지은 차조밥에 엿기름가루와 미지근한 물을 부어 발효시킨 다음 걸러내어 끓인 음료로 차조식혜라고도 한다. 골은 엿기름을 나타내는 제주도 사투리이며 감주는 제사상에 올리던 음료로 평상시에도 즐겨 먹었다. ⁂ 제주도

골곰짠지 ▶▶▶ 무말랭이장아찌 ⁂ 경북

골금지 ▶▶▶ 무말랭이장아찌 ⁂ 경북

골금짠지 ▶▶▶ 무말랭이장아찌 ⁂ 경북

골담초떡 멥쌀가루에 물과 꿀을 넣고 체에 내려 골담초꽃과 대추채를 고루 섞어 시루에 찐 떡이다. 노란 나비를 닮은 노란색의 특이한 꽃 모양 때문에 한눈에 알아볼 수 있는 골담초는 원래 중국이 원산인 약용 재배 식물이다. ⁂ 충남

골동면 삶은 국수와 다져 양념하여 볶은 쇠고기와 채 썰어 볶은 표고버섯, 살짝 절여 볶은 오이를 간장, 설탕, 깨소금, 참기름 등의 양념에 비벼 황백지단채와 붉은 고추채를 고명으로 올린 것이며, 비빔면이라고도 한다. 《시의전서》(골동면 : 汨董麪)에 소개되어 있다. ⁂ 서울 · 경기

골동면

골동반 밥에 쇠고기, 나물, 생선전 등을 올려 고추장에 비벼먹는 것이다. 각각 양념하여 볶은 오이나물, 도라지나물,

고사리나물과 콩나물무침을 반 정도만 고슬고슬하게 지은 밥에 섞어 소금, 참기름으로 간하여 비빈 다음 나머지 나물과 생선전, 양념하여 볶은 쇠고기와 표고버섯, 달걀지단을 고명으로 올려서 고추장을 곁들인다. 《시의전서》(汨董飯), 《조선요리제법》(비빔밥), 《조선무쌍신식요리제법》(골동반 : 骨董飯)에 소개되어 있다. ♣ 서울·경기

골뱅이국 ⟩⟩⟩ 다슬기국 ♣ 경북

골부리국 ⟩⟩⟩ 다슬기국 ♣ 경북

골짠지 ⟩⟩⟩ 무말랭이장아찌 ♣ 경북

곰국 쇠고기(양지머리)와 양, 곱창 등 내장을 무와 같이 푹 끓여 고기와 무가 익으면 건져내어 납작하게 썰어 양념하여 어슷하게 썬 대파를 함께 넣어 끓인 다음 국간장과 소금으로 간을 한 국이다. 소금, 후춧가루, 송송 썬 대파 등을 곁들여 내며, 곰탕이라고도 한다. 《시의전서》(고음(膏飮)국), 《조선요리제법》(곰국), 《조선무쌍신식요리제법》(곰국)에 소개되어 있다. ♣ 전국적으로 먹으나 특히 전남에서 즐겨 먹음

곰국

곰장어솔잎구이 곰장어를 짚과 솔잎에 불을 붙여 구운 것으로 마늘과 풋고추, 참기름, 소금을 곁들이며 곰장어짚불구이라고도 한다. 곰장어솔잎구이(짚불구

이)는 1940~1960년대 해안 지역인 어촌에서 곰장어를 먹어 오던 관습인데, 보리 수확 후에는 보릿짚, 벼수확 후에는 볏짚과 또 사철 내내 솔잎을 이용하여 직화구이를 한 것에서 유래되었다. 곰장어는 눈이 없으며 더듬이로 먹이를 찾아 흡입하고 점액으로 자기를 보호하는 어류이며, 일반적으로 흉물이라고 하여 멀리 하였지만 고기가 귀했던 시절에 단백질을 보충할 수 있는 식품이었다. ♣ 경남

곰장어짚불구이 ⟩⟩⟩ 곰장어솔잎구이 ♣ 경남

곰취쌈 소금물에 삶은 곰취를 간장, 참기름, 다진 파·마늘과 섞어 무친 다음 접시에 잘 펴 담아 초고추장을 곁들인 것으로 데치지 않고 생으로 쌈을 싸먹기도 한다. 곰취는 국화과의 여러해살이풀이며 한국, 일본, 중국, 사할린섬, 동시베리아의 고원이나 깊은 산의 습지에서 자란다. 어린 잎을 나물로 먹는데, 독특한 향미가 있다. 《조선요리제법》(취쌈)에 소개되어 있다. ♣ 강원도

곰취

곰취쌈

곰취절임 곰취잎에 양념장(간장, 고춧가루, 다진 파·마늘, 참기름, 깨소금)을 얹어 재운 것이다. ♣ 경남

곰취절임

곰치국 ▸▸▸ 물메기국 ⁂ 강원도

곰탕 ▸▸▸ 곰국 ⁂ 전남

곰피무침 마른 곰피를 불려서 삶아 양념(멸치액젓, 고춧가루, 다진 매운 고추 · 마늘, 깨소금)으로 무친 것을 말하며 곤포무침, 곤피무침이라고도 한다. 곰피는 미역의 일종으로 무기질을 풍부히 함유하고 있으며 적당히 부드러우면서도 씹는 질감과 쌉싸름한 맛이 좋아 쌈이나 무침 등에 많이 사용된다. 겨울철이 제철이며 동해 · 남부해안 특산으로서 영남 지방 근해에 분포하였으나 서식지가 점점 북상하여 현재는 남해안, 경북 포항 근처까지 분포하며, 깊은 바다 밑의 바위 위에 붙어 서식한다. ⁂ 경상도

곰피밥 쌀에 보리쌀, 곰피를 섞어 지은 밥이다. 불린 쌀과 보리쌀에 채 썬 곰피를 넣고 밥을 지어 양념장(간장, 다진 파 · 마늘, 참기름, 고춧가루, 깨소금)이나 강된장찌개를 곁들인다. ⁂ 경남

곰피찜 방법 1 : 마른 곰피를 불려서 삶아 밀가루를 묻혀 찐다(경북). 방법 2 : 멸치장국국물에 삶은 곰피를 넣어 끓이다가 들깻가루, 쌀가루를 넣고 끓으면 소금 간을 하여 더 끓인다. 양념장(멸치액젓, 고춧가루, 다진 파 · 마늘)을 곁들인다(경상도). 경북에서는 곤포찜, 곤피찜이라고도 한다. ⁂ 경상도

곰피콩나물무침 삶은 곰피 · 콩나물을 양념(된장, 다진 마늘, 참기름, 깨소금)으로 무친 것이다. ⁂ 경남

곱장떡 좁쌀가루를 익반죽하여 갸름하게 빚어 떡갈나무잎에 싸서 시루에 찐 떡이다. 곱장떡은 일명 '꼬장떡'이라고도 하며 함경도 지방에서 즐겨 먹다가 강원 북부 지방인 고성, 속초, 강릉 등지로 전파된 것으로 보인다. 좁쌀가루를 익반죽하여 찐 떡으로 쉽게 굳어지지 않아 먼 길을 갈 때, 특히 과거시험을 보러 갈 때 먹었다고 전해진다. ⁂ 강원도

곱장떡

곱창전골 삶아서 양념한 곱창과 쇠고기, 양파, 당근, 애호박, 배추 등을 썰어 전골냄비에 고루 담고 기름을 건져 낸 쇠고기육수를 부어 어슷하게 썬 파, 다진 마늘, 고춧가루 양념을 넣어 끓인 것이다.

공릉장국밥 밥 위에 나물과 선지 등을 얹고 뜨거운 사골국물을 부어 먹는 것이다. 삶은 내장과 선지, 데쳐서 양념한 무, 콩나물, 시금치, 숙주, 고사리 등의 나물류와 지진 두부, 북어찜을 밥 위에 고명으로 얹어 뜨거운 사골국물을 붓는다. 한국전쟁 이전부터 경기도 파주의 공릉장터는 우시장으로 규모가 크기로

전국에서 유명하여 개성과 오산 등 전국 각지에서 모여든 상인들이 간단히 먹을 수 있는 국밥으로 유명했다. 맛이 얼큰하고 담백하여 여러 가지 영양이 풍부한 뚝배기 요리로 이 고장 토속음식으로 전해온다. ❧ 서울·경기

공릉장국밥

공주장국밥 쇠고기와 무를 넣고 끓인 육수에 건져 썰어서 양념한 고기와 무를 넣고 끓이다가 그릇에 밥을 담고 국물을 부은 뒤 시금치나물, 고사리나물, 도라지나물을 올리고 어슷하게 썬 대파, 황백지단, 실고추를 얹은 국밥이다. ❧ 충남

공주장국밥

곶감모듬박이 설탕을 섞어 체에 내린 찹쌀가루에 곶감, 삶아서 설탕을 섞은 콩, 밤, 대추를 1/3 분량만 넣고 섞어 시루에 안친 다음 나머지 곶감, 콩, 밤, 대추를 고명으로 올려 찐 떡이다. ❧ 경북

곶감화전 찹쌀가루, 감껍질가루에 소금을 넣고 익반죽하여 동그랗게 빚어 식용유에 지지다가 익으면 꽃잎 모양으로 자른 곶감을 올려 붙인 다음 뒤집어 살짝 지져 식기 전에 꿀(설탕)을 바른 떡이다. ❧ 경남

과메기 뼈를 발라내고 껍질을 벗긴 과메기에 생미역, 마늘편, 실파, 풋고추, 초고추장(고추장, 식초, 설탕, 다진 마늘, 통깨, 참기름)을 곁들이며 김을 곁들이기도 한다. 과메기는 갓 잡은 신선한 꽁치나 청어를 영하 10℃의 냉동상태에 두었다가 12월부터 바깥에 내걸어 자연상태에서 냉동과 해동을 거듭하여 말린 것이다. 왜적의 침입이 잦은 어촌에서 어선을 약탈당했을 때 청어를 지붕 위에 던져 숨겨 놓았던 것이 얼었다 녹았다를 반복하면서 발효된 것에서 유래되었다고 전해진다. 과메기는 경북 포항시 구룡포의 특산물이다. ❧ 경북

과메기

과줄 밀가루 반죽을 얇게 밀어 썬 다음 식용유에 튀겨 엿이나 조청을 바르고, 불린 쌀을 쪄서 꾸덕하게 말려서 볶다가 튀겨 부순 쌀튀밥가루를 묻힌 것을 말하며 제주에서는 과질이라고도 한다.

과질 ▶▶▶ 과줄 ❧ 제주도

과줄

과하주 약주에 소주를 섞어 빚는 술이다. 방법 1 : 찹쌀로 지은 고두밥에 누룩을 섞어 항아리에 담아 3일이 지나면 소주를 붓고 다시 하루 지나서 또 소주를 붓고 다음 날에도 같은 양의 소주를 부은 다음 3일이 지나면 생강즙을 넣고 섞어서 일주일이 지나면 체에 밭쳐 술을 받는다(전북). 방법 2 : 짚을 펴 국화, 쑥을 깔고 그 위에 찹쌀 고두밥을 올려 식힌 것을 걸러낸 누룩물에 섞어 방망이로 쳐서 만든 반죽을 항아리에 담아 밀봉하여 80~90일간 발효시켜 만들며 용수를 넣고 맑은 청주를 뜬다(전북, 경북). 방법 3 : 누룩을 콩알 정도의 크기로 빻아서 물을 자작하게 붓고 찹쌀고두밥과 섞어 이불로 싸서 2~3시간 둔 다음, 찹쌀 고두밥을 누룩과 버무려 소줏고리에 넣고 불을 지펴 소주를 만든다. 빚어 놓은

술에 곶감, 대추, 생강을 넣고 소주와 섞어 일주일 이상 밀봉해 두고 필요할 때마다 용수를 박아 여과한다(전남). 전남에서 아랑주, 영광토종주라고도 한다. 과하주는 여름이 지나도 술맛이 변하지 않을 뿐만 아니라 이 술을 마시면 아무 탈 없이 여름을 보낼 수 있다는 데서 붙여진 이름이다. 용수는 싸리나 대오리로 만든 둥글고 긴 통으로 술이나 장을 거르는 기구이다.《음식디미방》(과하주),《주방문》(과하주 : 過夏酒),《산림경제》(과하주 : 過夏酒),《규합총서》(과하주),《증보산림경제》(과하주 : 過夏酒),《시의전서》(과하주 : 過夏酒),《부인필지》(과하주),《조선무쌍신식요리제법》(과하주 : 過夏酒)에 소개되어 있다. ♣ 전라도, 경북

광양숯불고기 ▶▶▶ 쇠고기숯불구이 ♣ 전남

괴기국수 ▶▶▶ 고기국수 ♣ 제주도

괴산추어탕 물에 생강, 통후추, 양파, 미꾸라지를 넣고 끓이다가 푹 삶아 체에 거른 다음 된장, 고추장을 풀고 어린 배추, 토란대, 숙주를 데쳐서 넣고 다진 파·마늘을 넣어 끓인 것이다. ♣ 충북

괴엽병 ▶▶▶ 느티떡 ♣ 경북

교동방문주 ▶▶▶ 방문주 ♣ 경남

교동법주 찹쌀죽에 빻은 누룩을 넣고 발효시켜 만든 밑술에 찹쌀 고두밥을 버

과하주

교동법주

무려 발효시킨 다음 용수를 박아 용수 안에 고인 술만 숙성시킨 술이다. 경북 경주 최씨의 가주(家酒)로 전해 내려오는 술로 맛이 순하고 부드러우며 마신 후 부작용이 없고 소화가 잘 되어 반주용으로 많이 쓰인다. ♨경북

구강태김치 구강태에 멸치젓국을 섞어 1~2일 삭힌 후 간장으로 간을 하고 다진 마늘, 고춧가루, 통깨를 넣고 버무린 것이다. 구강태는 파래보다 더 가늘며 고운 해조류로 향취가 매우 좋다. 전남 강진 지역에 많이 나며 멸치젓에 담가 간장으로 간하여 김치를 담가 먹거나 나물을 해먹는다. ♨전남

구강태김치

구강태나물 소금에 무친 구강태와 어슷하게 썬 고추지, 실파를 한데 버무려 통깨를 뿌린 것이다. ♨전남

구강태나물

구기자동동주 찹쌀고두밥에 구기자 끓인 물과 인동초 끓인 물을 함께 섞고 누룩을 넣은 망을 담가 3~4일 동안 숙성시켜 물에 희석한 술이다. 2일째는 밥알이 떠오르고 3일째 발효할 때 열이 나면 밖에 내놓고 숙성시켜야 한다. ♨전남

구기자동동주

구기자떡국 불린 쌀을 3등분 하여 한쪽에는 구기자잎을 섞어 빻아 푸른색의 쌀가루를 만들고, 한쪽은 구기자가루를 섞어 붉은색의 쌀가루를, 나머지는 흰색 쌀가루를 만들어 뽑아 낸 가래떡을 어슷하게 썰어 멸치장국국물에 넣어 끓인 것이다. ♨충남

구기자순갠떡 멥쌀에 데친 구기자순과 소금을 넣어 빻은 가루를 설탕물로 익반죽한 다음 조금씩 떼어 동글납작하게 만들거나 떡살로 찍어 시루에 쪄서 참기름을 바른 떡이다. ♨충남

구기자순갠떡

구기자순나물밥　말린 구기자순을 물에 불려 물기를 짜서 쌀 위에 고루 얹고 물을 부어 지은 밥이다.　❧ 충남

구기자순나물밥

구기자순비빔밥　데쳐서 양념한 구기자 순나물, 볶은 당근채, 콩나물무침, 표고 버섯볶음, 황백지단채를 밥 위에 얹고 고추장을 곁들인 것이다. 한방에서는 구 기자나무의 열매를 '구기자', 뿌리 껍질을 '지골피'라 하여 약재로 쓴다. 이른 봄에 연한 구기자순으로 갖은 양념을 해 여러 가지 나물과 같이 비벼서 구기자비 빔밥을 해먹는다.　❧ 충남

구기자술　▶▶▶ 구기자약주　❧ 충남

구기자쌀강정　물과 쌀을 8 : 2의 비율로 끓인 다음 깨끗이 헹구어서 채반에 얇게 펴서 말려 식용유에 튀겨내고, 물엿과 설탕을 3 : 1의 비율로 끓인 것에 구기자 가루, 구기자순가루를 넣어 고루 섞고 쌀튀밥을 버무려 대추채와 구기자채를 고명으로 깐 강정 틀에 부은 다음 밀대 로 밀어 굳혀 적당한 크기로 썬 것이다. ❧ 충남

구기자약주　누룩가루를 섞은 식힌 고두 밥에 구기자, 구기자잎, 지골피 삶은 물, 적당량의 물을 고루 섞어 술독에 담은 후 엿기름가루를 넣고 손으로 잘 섞어 5 ~6일간, 27~30℃를 유지하여 발효시 킨 후 20일 정도에는 15℃ 정도에서 발 효되도록 숙성시킨 술이다. 지골피는 구 기자나무의 뿌리껍질을 말린 약재이다. ❧ 충남

구기자약주

구기자죽　불린 쌀에 물을 붓고 센 불에 서 끓이다가 소주에 담가놓았던 구기자 열매를 넣어 쌀알이 퍼질 때까지 끓인 죽이다.　❧ 충남

구기자차　말린 구기자에 물을 붓고 끓 여 우려낸 후 물만 따라 그대로 마시거 나 설탕, 꿀을 타 마시는 것이다. 충남에 서는 살짝 볶은 구기자를 대추, 생강, 계 피, 감초와 함께 달이며, 구기자한방차 라고도 한다. 《산림경제》(구기차 : 枸杞 茶), 《증보산림경제》(구기자차 : 枸杞子 茶), 《조선무쌍신식요리제법》(구기다 : 枸杞茶)에 소개되어 있다.　❧ 서울·경기, 충남, 전남

구기자칼국수　밀가루에 구기자가루를 넣어 반죽한 칼국수를 멸치장국국물에 넣고 끓인 것이다.　❧ 충남

구기자한과　찹쌀을 일주일 정도 물에 담가 삭혀 빻은 가루를 구기자가루, 콩 물, 청주와 함께 반죽해서 찜통에 찐 다 음 절구에 넣고 차지게 쳐서 얇게 밀어 약간 꾸덕꾸덕해지면 모양을 만들어 말 렸다가 식용유에 튀겨 줍청액을 발라 쌀

뒤밥가루를 묻힌 것이다. 구기자한과는 충남 청양군의 특산물인 구기자를 이용해 만든 한과이다. ✿ 충남

구기자한방차 ▶▶▶ 구기자차 ✿ 충남

구름떡 찹쌀가루에 물을 내려 밤, 울타리콩, 대추, 호두, 잣 등을 넣어 고루 섞어 찐 후 찹쌀떡을 덩어리로 떼어서 팥가루나 흑임자가루를 묻히고 네모진 틀에 채워 살짝 굳힌 후 편으로 썬 것이다. 썬 단면 모양이 마치 구름이 흩어져 있는 것과 같다고 하여 구름떡이라 하며 구름편이라고도 불린다. ✿ 서울·경기, 강원도

구름떡

구름편 ▶▶▶ 구름떡 ✿ 서울·경기

구살국 ▶▶▶ 성게국 ✿ 제주도

구살젓 ▶▶▶ 성게젓 ✿ 제주도

구살죽 ▶▶▶ 성게죽 ✿ 제주도

구장 ▶▶▶ 개장국 ✿ 서울·경기

구쟁기구이 ▶▶▶ 소라구이 ✿ 제주도

구쟁기회 ▶▶▶ 소라회 ✿ 제주도

구쟁이젓 ▶▶▶ 소라젓 ✿ 제주도

구절초엿 구절초를 삶은 물로 쌀밥을 고슬고슬하게 지어 엿기름물을 붓고 삭혀 식혜를 만든 다음 갈아서 삭힌 수수를 넣고 약한 불에서 오랫동안 끓여 걸쭉하게

구절초

농축시킨 것이다. 구절초는 국화과에 속하는 다년생초로 키는 50cm 정도 되며 향이 좋고 꽃은 하얀색 또는 연한 분홍색으로 꽃이 달린 식물 전체를 캐서 말려서 쓰며 한방과 민간에서는 부인냉증, 위장병, 치통 치료에 사용된다. ✿ 충남

구절초엿

구절판 구절판 틀 중앙에 밀전병을 담고 둘레에 여덟 가지 재료를 담은 것이다. 밀가루를 묽게 반죽하여 얇게 부친 전병을 구절판 중앙 틀에 담고 쇠고기, 표고버섯, 오이, 당근, 죽순, 석이버섯을 채 썰어 양념하여 볶은 다음 황백지단채를 만들어 같은 색끼리 마주보게 둘레에 담아 겨자즙이나 초장을 곁들인다. 해삼, 죽순, 석이버섯, 숙주나물을 사용하기도 하며 계절과 기호에 맞춰 재료를 선택한다. ✿ 전국적으로 먹으나 특히 서울·경기에서 즐겨 먹음

구즉도토리묵밥 ▶▶▶ 도토리묵밥 ✿ 충남

국밥 뚝배기에 더운밥을 담고 장국을 부어 파, 마늘을 넣어 먹는 밥이다. 장국은 쇠고기를 끓인 국물에 배추, 토란대를 넣어 끓이다가 된장, 고추장을 풀고 전분물을 넣어 한소끔 끓인다. 《시의전서》(장국밥)에 소개되어 있다.

국수장국 삶은 국수에 다져 양념해 볶은 쇠고기, 채 썰어 볶은 표고버섯·애

호박, 황백지단채를 고명으로 올리고 국 간장과 소금으로 간한 멸치장국국물(또 는 쇠고기육수)을 부은 것이다. 《시의전 서》(온면 : 溫麵), 《조선요리제법》(국수 장국), 《조선무쌍신식요리제법》(온면 : 溫麵)에 소개되어 있다.

국수장국

국수호박비빔 국수호박을 삶아 고추장, 설탕, 참기름, 간장, 생강즙 등의 양념에 비벼 그릇에 담고 각각 채 썰어 볶은 오 이, 당근, 표고버섯과 황백지단을 고명 으로 올린 것이다. 국수호박은 반으로 잘라 삶으면 속살이 국수처럼 풀어져 나오는 호박이며 국수처럼 양념장 에 비벼먹기도 하 고 밀가루에 반죽 하여 수제비를 만들기

국수호박

국수호박비빔

도 한다. 국내에서는 경기도 가평군의 특산물로 많이 재배되고 있다. ☘ 서울·경기

국화동동주 멥쌀로 고두밥을 지어 한김 나간 후 누룩과 국화를 넣고 골고루 섞 어 삼베주머니에 넣은 것을 항아리에 넣 고 물을 부어 7~10일 정도 두어 발효되 면 주머니째 꺼내어 걸러낸 술이며, 소 곡주라고도 한다. ☘ 충남

국화잎부각 국화잎의 앞면에 소금 간 한 찹쌀풀을 발라 바싹 말려두었다가 먹 을 때 식용유에 튀긴 것이다. ☘ 전북

국화잎부각

국화전 찹쌀가루에 국화잎을 넣고 익반 죽하여 동글납작하게 빚어 대추를 얹어 식용유에 지진 떡이다. ☘ 경북

국화전

국화주 청주에 말린 국화를 넣어 담근 술이다. 청주에 국화를 넣고 밀봉하여 하루 지나서 국화를 건져낸다. ☘ 경북

군벗물회 ▶▶▶ 군부물회 ☘ 제주도

군벗젓 ▸▸▸ 군부젓 ✽ 제주도

군벗지 ▸▸▸ 군부지 ✽ 제주도

군부물회 데친 군부의 딱지를 떼고 식초에 재웠다가 양념(된장, 고추장, 고춧가루, 다진 마늘, 설탕, 식초, 참기름, 통깨)하여 오이, 양파, 깻잎, 미나리, 부추, 고추와 버무려 두었다가 먹을 때 찬물을 부어 낸 것을 말하며 군벗물회라고도 한다. 제주도에서는 굼벗 또는 군벗이라고 하고, 갈색 또는 회색을 띤 갈색으로 껍데기는 여덟 개가 살 속에 묻혀 있는 형태로 타원형이고, 둥글고 자질구레한 돌기가 나 있다. 군부는 살짝 데쳐야 딱지를 떼어내기 쉬우며 제주도 사람들은 여름철 갯바위에 붙어 있던 군벗으로 주로 젓갈을 담가 먹었다. ✽ 제주도

군부물회

군부젓 딱지를 뗀 군부를 소금물에 씻어 소금을 뿌려 숙성시킨 것으로 먹을 때 양념(고춧가루, 깨소금, 실파, 다진 마늘)으로 무친다. ✽ 제주도

군부지 살짝 데쳐 딱지를 뗀 군부에 간장을 부어 저장한 것이다. 간장을 따라 내어 끓여서 식힌 다음 다시 부었다가 먹을 때 양념(다진 파·마늘, 설탕, 참기름, 통깨)으로 무쳐 먹으며, 군벗지라고도 한다. ✽ 제주도

군소산적 데친 군소(군수)를 양념(국간장, 설탕, 다진 마늘, 참기름, 후춧가루)에 재웠다가 꼬치에 꿰어 식용유에 지진 것이다. 군수산적이라고도 한다. 군소는 군소과의 연체동물로 검은갈색 바탕에 잿빛의 흰색 얼룩무늬가 있으며 등에는 외투막에 쌓인 얇은 껍데기가 있다. ✽ 경북

군소산적

군소조림 데친 군소에 물과 양념장(간장, 물엿, 참기름, 정종, 후춧가루)을 넣어 조린 것으로 군수조림이라고도 한다. ✽ 경남

군수산적 ▸▸▸ 군소산적 ✽ 경북

군수조림 ▸▸▸ 군소조림 ✽ 경남

굴구이 껍데기를 문질러 씻은 다음 연한 소금물에 흔들어 씻은 굴을 입이 벌어질 때까지 구운 것이다. ✽ 전남

굴국 물에 채 썬 무, 마른 고추, 국간장을 넣고 끓이다가 무가 익으면 마른 고추는 건져내고 굴을 넣어 끓인 국이다. ✽ 충남

굴김치만두 소금물에 씻어낸 굴과 잘게 썬 김치에 들기름을 넣어 소를 만들고 찹쌀가루와 메밀가루, 밀가루를 섞어 반죽한 만두피에 준비한 소를 넣어 만두를 빚은 후 쪄낸 것이다. ✽ 서울·경기

굴깍두기 무를 깍둑썰기 한 다음 소금에 절여 고춧가루로 물들이고 쪽파, 미

나리, 다진 마늘·생강, 새우젓으로 버무려 소금, 설탕을 넣어 간을 맞추고 마지막에 손질한 굴을 넣어 살살 버무린 것이다. 충남에서는 황석어젓을 넣어 숙성시키고 주로 겨울철 김장김치를 담글 때 같이 담근다. 충남 서산 지역의 굴은 알이 작아 양념이 잘 배어들어 각종 김치에 이용한다. 《조선요리제법》(굴깍두기), 《조선무쌍신식요리제법》(굴깍두기)에 소개되어 있다. ♥ 서울·경기, 충남

굴꼬치구이 굴을 꼬치에 꿰어 소금과 흰 후춧가루로 밑간을 하고 전분을 묻혀 찐 다음 식용유에 지져 실파, 실고추, 통깨를 뿌린 것이다. ♥ 경남

굴냉국 차가운 동치미국물에 가늘게 채 썬 대파·마늘·생강과 고춧가루, 깨소금, 식초, 간장, 실고추로 양념한 굴을 넣은 냉국이다. ♥ 충남

굴냉국

굴떡국 멸치장국국물에 얇게 썬 가래떡을 넣고 끓으면 굴과 두부를 넣고 끓이다가 국간장, 소금으로 간을 한 다음 황백지단채와 김가루를 얹고 양념장(간장, 다진 파·마늘, 깨소금, 참기름)을 곁들인 것이다. 경남에서는 멸치장국국물 대신 굴국물을 이용하기도 한다. ♥ 전남, 경남

굴무침 소금물에 씻어 건진 굴과 송송

굴떡국

썬 쪽파에 고춧가루, 다진 파·마늘, 소금을 넣어 고루 버무린 다음 참기름과 통깨를 섞은 것으로 배와 무를 나박썰기 하여 넣기도 한다. 생굴무침이라고도 한다. ♥ 전남

굴밥 불린 쌀로 밥을 짓다가 뜸 들일 때 굴을 넣어 지은 밥이다. 충남에서는 쌀에 콩나물을 얹은 다음 물을 붓고 밥을 짓다가 들기름을 위에 끼얹고 굴을 넣어 지으며, 경남에서는 무채를 넣고 밥을 짓다가 뜸 들일 때 굴을 넣는다. 양념장(새우젓, 다진 파·마늘, 고춧가루, 검은깨, 깨소금, 참기름, 물)을 곁들인다. 《조선무쌍신식요리제법》(석화반 : 石花飯)에 소개되어 있다. ♥ 충남, 경남

굴밥

굴비구이 굴비에 유장을 발라 석쇠에 구운 것이다. 유장은 참기름과 간장을 섞은 장을 말한다.

굴비구이

굴비장아찌 굴비를 고추장에 재워서 숙성시킨 장아찌이다. 방법 1 : 살만 발라 찢은 굴비와 고추장을 켜켜로 항아리에 담아 2~3개월 숙성시킨다. 방법 2 : 손질한 굴비와 고추장, 간장, 물엿을 끓여서 식힌 것에 다진 마늘을 넣고 섞은 고추장 양념을 켜켜로 항아리에 담아 2개월 숙성시킨다. 먹을 때 굴비장아찌를 잘게 썰어 다진 마늘, 참기름, 통깨로 양념하여 무친다. ▼ 전남

굴비장아찌

굴비찜 소금 간을 한 조기를 햇볕에 2일간 말린 다음 차곡차곡 재워서 2~3시간 눌렀다가 다시 바싹 말린 굴비를 찜통에 쪄서 찢어낸 것이다. ▼ 전남

굴생채 굴을 연한 소금물에 살살 흔들어 씻어 물기를 제거하고, 고춧가루 물을 들인 무채에 쪽파와 양념으로 버무린 다음 굴을 넣어 섞은 것이다. ▼ 충남

굴숙회 데친 미나리를 양념(소금, 참기름, 다진 마늘, 통깨)으로 버무린 다음 찐 굴을 넣고 고루 섞어 황백지단채를 올린 것이다. ▼ 경남

굴전 소금, 맛술, 참기름, 후춧가루로 밑간 한 굴에 밀가루와 달걀물을 묻혀 식용유를 두른 팬에 지져 초간장을 곁들인 것이다. 《증보산림경제》(침진석화해법 : 沈陳石花醢法), 《조선무쌍신식요리제법》(석화해 : 石花醢)에 소개되어 있다. ▼ 전국적으로 먹으나 특히 전남에서 즐겨 먹음

굴전

굴전골 냄비에 각각 채 썬 표고버섯, 당근, 풋고추, 붉은 고추, 황백지단 순으로 돌려가며 담고 가운데에 굴전과 생굴을 얹고 그 위에 달걀노른자를 올린 후 소금 간한 육수를 부어 끓인 것이다. ▼ 충남

굴젓 소금물에 씻어 물기를 뺀 굴에 소금을 넣고 삭혀 고춧가루, 다진 파 · 마늘로 버무린 것이다. 배와 무를 납작하게 썰어서 붉은 물을 들인 후 굴과 양념(고춧가루, 소금, 파채, 마늘채, 생강채)을 넣고 버무려 항아리에 담아두었다가 2~3일 후부터 먹으며 꾸젓이라고도 한다. 《증보산림경제》(침진석화해법 : 沈陳石花醢法), 《조선무쌍신식요리제법》(석화해 : 石花醢)에 소개되어 있다. ▼ 전남, 경남

굴젓김치 숟가락으로 긁어 소금에 절인 무에 고춧가루물을 들인 다음 굴과 실파를 넣고 양념(다진 파·마늘·생강, 소금, 설탕)으로 버무린 김치이다. 풋마늘을 이용하기도 하고, 무를 나박썰기 하여 굴깍두기를 담그기도 한다. ♣경남

굴죽 불린 쌀을 참기름으로 볶다가 굴을 넣어 잠깐 볶고 물을 넣어 쌀알이 퍼질 때까지 뭉근하게 끓인 후 소금, 간장으로 간한 것이다. 충남에서는 부추, 경남에서는 송이버섯, 미역, 각종 채소를 넣고 끓이기도 한다. 《조선무쌍신식요리제법》(굴죽, 석화죽 : 石花粥)에 소개되어 있다. ♣서울·경기, 충남, 경남

굴찜 굴과 콩나물에 소금을 넣고 익혀 미나리, 풋고추, 붉은 고추, 대파, 양념(고춧가루, 다진 파·마늘, 깨소금, 참기름, 소금, 육수)을 섞은 다음 찹쌀가루 푼 물을 부어 끓인 것이다. ♣경남

굴해장국 굴과 쇠고기, 얼갈이배추 등을 넣어 끓인 국이다. 참기름에 양념(국간장, 다진 파·마늘)한 쇠고기를 볶다가 얼갈이배추, 무, 고춧가루를 넣고 볶아 물을 붓고 끓인 다음 굴, 실파를 넣고 소금으로 간을 한다. ♣경남

굴회 소금물에 흔들어 씻어 물기를 뺀 굴에 초고추장을 곁들인 것으로 전남에서는 생굴회라고도 한다. 《시의전서》(굴회), 《조선요리제법》(굴회), 《조선무쌍신식요리제법》(석화회 : 石花膾)에 소개되어 있다.

굽은떡국 멸치장국국물이 끓으면 식용유에 지진 찹쌀 반대기를 넣고 불을 바로 끈 다음 국간장, 참기름으로 간을 하고, 양념(간장, 다진 파·마늘, 설탕, 참기름, 깨소금, 후춧가루)하여 볶은 쇠고기, 황백지단, 김을 올린 것이다. ♣경남

궁중닭조림 ▶▶▶ 닭조림

궁중닭찜 삶은 닭고기를 발라내어 굵게 찢고 채 썬 버섯과 함께 밀가루와 달걀을 풀어 걸쭉하게 끓인 것이다. 손질한 닭에 물을 부어 끓인 후 닭이 무르게 되면 건져 살을 발라내어 소금, 다진 파·마늘, 참기름, 깨소금, 후춧가루로 양념해 두고, 기름기를 걷어낸 국물에 소금, 후춧가루로 간을 맞춘 다음 표고버섯과 목이버섯을 넣어 끓이다가 밀가루 푼 물을 부어 걸쭉해지면 양념한 닭살을 넣고 달걀을 풀어 넣어 석이버섯을 얹는다. 조선시대 궁중음식으로 삶은 닭고기를 발라내어 굵직하게 찢은 후에 채 썬 버섯을 넣고 밀가루와 달걀을 풀어 걸쭉하게 끓인 것으로, 기름기가 없어 담백하고 부드러운 맛이 특징이다. ♣서울·경기

귀리떡 되직한 귀리 반죽을 동글납작하게 만들어, 꼭 짜서 다진 갓김치에 양념(고춧가루, 다진 파·마늘, 참기름, 설탕, 깨소금)과 버무린 소를 넣고 만두 모양으로 크게 빚어 찐 다음 참기름을 바른 떡이다. 양념소로 갓김치 외에 곤드레, 취나물 등의 묵나물을 이용하기도 하였는데, 말려놓은 묵나물(곤드레와 취나물)을 물에 불려 잘게 썰고 파, 마늘 등 갖은 양념을 하여 소로 넣으면 묵나물 특유의 구수한 풍미가 느껴지는 떡이 된다. 또한 귀리떡은 옥수수잎이나 수수잎에 싸서 쪄 먹기도 하였다. ♣강원도

귀리투생이 귀리가루에 소금과 물로 되직하게 반죽하여 밥솥에 찌거나 감자를 밑에 깔고 그 위에 쪄서 감자와 함께 으깬 떡이다. 귀리는 연맥(燕麥)이라고 하는 벼과의 외떡잎식물로 주로 식용이나 가축의 사료로 사용한다. 귀리는 한 말 심어도 한 가마니 정도밖에 수확을 하지

못해 경제성이 떨어져 거의 재배하지 않는 곡물이다. 탄수화물이 아주 많고 단백질 13%, 지방 7.5% 정도가 들어 있으며, 칼슘, 철, 비타민 B₁과 B₆가 풍부하다. ♨ 강원도

귀리투생이

규아상 밀가루 반죽을 둥근 모양으로 얇게 밀어 만든 만두피에 각각 채 썰어 양념하여 볶은 쇠고기와 표고버섯, 오이, 잣을 섞은 소를 넣고 해삼 모양으로 만두를 빚어 담쟁이잎을 깔고 찜통에 쪄 낸 후 참기름을 바르고 초장을 곁들인 것을 말하며, 미만두라고도 한다. 담쟁이잎을 까는 이유는 향기가 좋으며, 만두를 붙지 않게 하여 한꺼번에 많이 찔 수 있는 장점이 있기 때문이다. 담쟁이는 포도과의 낙엽 활엽 덩굴나무를 말한다. ♨ 서울·경기

규아상

규채죽 ▶▶▶ 아욱죽 ♨ 강원도

귤강차 귤홍, 작설, 생강에 물을 부어 달인 것으로 건더기는 걸러내고 꿀이나 설탕을 넣어 마시며, 감귤차라고도 한다. 귤홍은 귤껍질 안쪽의 흰 부분을 긁어버린 껍질이고, 작설은 차나무의 어린 새싹을 따서 만든 차이다. ♨ 경남

금산고려인삼주 인삼누룩에 쌀, 미삼과 물을 섞어 밑술을 만든 다음 여기에 고두밥, 미삼, 솔잎, 쑥을 섞어 발효시키는 충남 금산 지역의 민속주이다. 통밀과 건조한 미삼을 가루로 내어 반죽하여 누룩을 만들고, 현미고두밥에 미삼, 누룩가루, 물을 술독에 넣어 3일간 발효시켜 밑술을 만든 다음 솔잎을 깔고 찐 찰현미고두밥에 미삼과 약쑥을 넣고 밑술과 혼합하여 물을 넣고 발효시켜 만든다. 미삼은 인삼의 잔뿌리를 말한다. ♨ 충남

기름떡 찹쌀가루를 익반죽하여 기름떡본으로 찍어내어 지진 떡이다. 채반에서 식힌 다음 설탕을 뿌려둔다. 화전과 비슷하나 크기와 가장자리의 모양에 차이가 있다. 톱니바퀴모양의 떡으로 별을 상징하여 제사상의 맨 위에 괴기 때문에 '우찍'이라고도 한다. ♨ 제주도

기름밥 밥을 짓다가 쌀알이 퍼지면 참기름을 넣고 뜸을 들인 다음 주걱으로 골고루 섞은 것이다. 입맛이 없거나 환자의 회복을 돕기 위해 특별한 날 해먹는다. 지름밥이라고도 한다. ♨ 제주도

기장갈치회 ▶▶▶ 갈치회 ♨ 경남

기장떡 ▶▶▶ 증편 ♨ 강원도

기장어묵 ▶▶▶ 기장우무 ♨ 경남

기장우무 멸치장국물에 된장, 불린 우뭇가사리, 다진 조갯살과 새우살을 넣고 우뭇가사리가 풀어질 때까지 끓인 다음 방아잎을 넣고 끓으면 틀에 붓고 군

기 전에 실고추, 석이버섯채, 황백지단채를 고명으로 올려 굳힌 것이다. 부추, 붉은 고추, 된장을 넣기도 하며 기장우묵, 기장어묵이라고도 한다. 우뭇가사리는 다른 말로 천초라고 불리며, 실처럼 생긴 헛뿌리를 내어 바위 위에 달라붙어 자란다. 칼로리가 거의 없어 다이어트에 최고의 식품이며 놀랄 만한 보수력을 가지고 있고 장의 연동운동을 잘 하게 하므로 만성변비에 대한 완화제로 사용한다. ✿ 경남

기장우무

기장우묵 ▶▶▶ 기장우무 ✿ 경남

기정떡 ▶▶▶ 증편 ✿ 전남

기주떡 ▶▶▶ 증편 ✿ 강원도

기증편 ▶▶▶ 증편 ✿ 제주도

기지떡 ▶▶▶ 증편

길경차 길경과 감초에 물을 부어 뭉근하게 달인 후 체에 걸러내고 꿀을 넣은 차이다. 길경은 도라지의 뿌리 또는 주피를 제거하여 만든 약재이다. ✿ 충남

김구이 김에 들기름(참기름)을 발라 소금을 뿌리고 석쇠에 구운 것이다.

김국 생김에 달걀을 풀어 끓인 국이다. 방법 1 : 끓는 물에 국간장으로 간을 맞추고 생 돌김을 넣고 한소끔 끓이다가 달걀을 풀어 넣는다(강원도). 방법 2 : 쇠고기를 잘게 썰어 간장과 참기름으로 양념하여 볶다가 물을 부어 끓인 후 생김과 다진 마늘을 넣고 국간장과 참기름으로 간을 한다(전남). 방법 3 : 대파를 참기름에 볶은 후 국간장과 소금 간을 하여 끓으면 김, 대파를 넣고 푼 달걀을 돌려가며 부은 다음 깨소금을 뿌린다(경남). 전남에서는 생김국이라고도 한다. ✿ 강원도, 전남, 경남

김부각 김에 양념한 찹쌀풀을 바르고 통깨와 고춧가루를 뿌려 햇볕에 말려 식용유에 튀긴 것이다. 방법 1 : 간장과 설탕으로 간한 찹쌀풀을 김에 바르고 통깨와 고춧가루를 뿌려 햇볕에 말린 후 참기름을 발라 석쇠에 굽거나 식용유에 튀긴다(상용, 경상도). 방법 2 : 찹쌀풀을 발라 반으로 접어서 바싹 말린 김을 잘라 식용유에 튀긴 후 설탕을 뿌린다(전북). 방법 3 : 김에 멸치장국국물에 쑨 찹쌀풀을 바르고 김을 한 장을 덮고 찹쌀풀을 다시 바른 뒤 통깨를 뿌려 서로 붙지 않도록 햇볕에 말려 식용유에 튀긴다(전남).

김부각

김부치개 ▶▶▶ 김전 ✿ 경남

김자반 김에 양념장을 바르고 말려 구운 것이다. 방법 1 : 김을 4등분 하여 간장 양념을 바른 후 여러 장을 겹쳐 꾹꾹 눌러 두었다가 한 장씩 펴서 통깨나 잣가루를 뿌린 후 말려 석쇠에 굽는다(서

울·경기). 방법 2 : 간장, 물엿, 국간장, 생강, 붉은 고추를 끓여 생강과 붉은 고추는 건져 낸 양념장에 대추채, 밤채, 고춧가루, 통깨를 넣고 섞어 김 사이사이에 부어 재운다(경북). 《시의전서》(김자반), 《조선요리제법》(김자반), 《조선무쌍신식요리제법》(감태좌반 : 甘苔佐飯, 김반대기, 감태반 : 甘苔盤)에 소개되어 있다. ♨ 서울·경기, 경북

김장물 살짝 구워서 부순 김에 국간장, 고춧가루, 다진 파·마늘·붉은 고추·풋고추, 식초, 깨소금, 물 등으로 만든 찬 국물을 부은 것을 말하며 냉국이라고도 한다. ♨ 전남

김장물

김장아찌 김을 양념장으로 재워 숙성시킨 것이다. 방법 1 : 멸치장국국물에 간장, 물엿, 청주, 식초를 넣어 약간 되직하게 끓인 양념장을 겹쳐 실로 묶은 김에 붓고 한 달 동안 재워두었다가 한 장씩 펴서 통깨와 잣가루를 고명으로 얹는다(전북). 방법 2 : 물에 간장, 설탕, 양파, 대파, 생강, 마늘을 넣고 끓인 것을 걸러 물엿을 넣고 다시 끓여서 김에 부어 숙성시키며 먹기 전에 참기름과 통깨를 넣는다(경북). ♨ 전북, 경북

김전 양념(간장, 다진 파·마늘)하여 볶은 쇠고기와 데친 숙주에 밀가루, 소금, 물을 넣고 반죽한 것을 김 위에 얹고, 그 위에 다시 김을 덮어 식용유를 두른 팬에 지진 것이다. 김부치개라고도 한다. ♨ 경남

김치밥 송송 썰어 참기름, 깨소금으로 양념한 김치와 채 썰어 양념한 쇠고기를 식용유를 두른 솥에 넣고 볶다가 불린 쌀을 넣고 물을 부어 지은 밥이다. ♨ 서울·경기

김치밥국 멸치장국국물에 김치와 대파를 넣어 끓이다가 찬밥을 넣고 끓여 소금 간을 한 것이다. ♨ 경북

김치볶음 배추김치, 어슷하게 썬 파, 다진 마늘을 함께 식용유를 두른 팬에 볶은 후 참기름을 넣은 것이다.

김치볶음

김치적 김치와 쪽파, 양념한 쇠고기를 꼬치에 꿰어 밀가루 반죽을 묻혀 식용유를 두른 팬에 지진 것이다. 경북에서는 양념하여 구운 돼지고기, 양념하여 볶은 표고버섯, 소금과 참기름으로 간한 김치와 대파를 꼬치에 차례로 꿰어 밀가루와 달걀물을 입혀 식용유에 지진다. ♨ 전국적으로 먹으나 특히 경북에서 즐겨 먹음

김치전 밀가루 반죽에 송송 썬 김치, 쪽파, 채 썬 양파를 넣어 반죽한 후 식용유를 두른 팬에 동글납작하게 지진 것이다. 전북에서는 다진 바지락살을 넣

는다. ❀ 전국적으로 먹으나 특히 전북에서 즐겨 먹음

김치전

김치전병 메밀가루와 물, 소금을 섞은 묽은 반죽을 식용유를 두른 팬에 둥글납작하게 펴서 살짝 익으면 채 썰어 볶은 무와 데친 애호박채, 으깬 두부와 잘게 썬 김치로 만든 소를 넣고 둘둘 말아서 지진 것이다. 김치전병은 경기도의 향토음식으로 겨울철 김치의 조직감과 담백함이 담겨 있는 음식이다. ❀ 서울·경기

김치죽 송송 썬 김치와 불린 쌀을 참기름에 볶다가 멸치장국국물을 넣고 뭉근하게 끓인 후 쌀이 퍼지면 소금, 간장으로 간한 것이다. 《조선요리제법》(김치죽)에 소개되어 있다. ❀ 서울·경기

김치찌개 김치와 돼지고기를 볶다가 물을 넣어 한소끔 끓으면 채 썬 양파와 납작하게 썬 두부, 어슷하게 썬 대파, 고춧

김치찌개

가루, 다진 마늘을 넣어 끓인 것이다.

김치콩나물국 ▶▶ 김칫국

김칫국 멸치장국국물에 썰어 놓은 김치와 두부, 콩나물을 넣고 끓이다가 어슷하게 썬 대파, 다진 마늘, 고춧가루, 참기름 등을 넣고 소금 간을 한 것이며, 김치콩나물국이라고도 한다.

김칫국

김칫국밥 들기름을 두른 냄비에 잘게 썬 배추김치, 멸치, 다진 쇠고기를 볶다가 물을 넣고 푹 끓여 소금으로 간을 맞추고 콩나물, 다진 파·마늘을 넣고 한소끔 끓인 후 밥을 넣어 한번 더 끓여낸 것이다. ❀ 강원도

깅이국 ▶▶ 게국 ❀ 제주도

깅이범벅 ▶▶ 게범벅 ❀ 제주도

깅이젓 ▶▶ 게젓 ❀ 제주도

깅이조림 ▶▶ 게조림 ❀ 제주도

깅이주 ▶▶ 게술 ❀ 제주도

깅이죽 ▶▶ 게죽 ❀ 제주도

깅이콩지짐 ▶▶ 게조림 ❀ 제주도

까막발이찜 밀가루를 묻힌 까막발이를 쪄서 초고추장을 곁들인 것이다. 까막발이의 정확한 명칭은 '까막살'이며 해조류의 일종으로, 전국 연안 조간대 바위 위에서 서식한다. 까막발이찜은 여름철 별식이며 해안지역에서 주로 먹는 음식이다. ❀ 경남

까시리국 ▶▶ 우뭇가사리국 ❀ 경남

깍두기 깍둑썰기 된 무를 소금에 절여 쪽파, 갓, 미나리와 새우젓이나 멸치액젓, 고춧가루, 다진 마늘·생강을 넣어 버무리고 소금으로 간을 맞춘 김치이다. 색을 곱게 하려면 무를 소금에 절이기 전에 고춧가루로 물을 들인다. 《조선요리제법》(깍둑이), 《조선무쌍신식요리제법》(홍저 : 紅菹)에 소개되어 있다.

깍두기

깨강정 볶은 참깨·검은깨·들깨에 설탕, 물, 물엿, 꿀을 넣고 조린 엿물을 각각 부어 재빨리 섞어 편평하게 밀어 모양 있게 썬 것이다. 《조선요리제법》(깨강정), 《조선무쌍신식요리제법》(지마강정 : 芝麻江丁)에 소개되어 있다.

깨국수 볶은 깨와 닭육수를 분쇄기에 곱게 갈아 체에 걸러 소금, 후춧가루로 간하여 차갑게 식힌 후 삶은 국수에 지진 쇠고기완자, 전분을 묻혀 살짝 데친 오이, 불린 표고버섯, 붉은 고추, 미나리초대, 황백지단을 올리고 차게 식힌 깻국물을 부은 것이다. 미나리초대는 미나리를 꼬치에 꿰어 밀가루를 입히고 달걀을 씌워 식용유에 지져서 마름모 모양으로 썬 것으로 주로 고명으로 사용한다. 《시의전서》(깻국국수)에 소개되어 있다. ↯ 서울·경기

깨송이부각 ▶▶▶ 들깨송이부각 ↯ 서울·경기

깨죽 불린 쌀과 참깨에 각각 물을 붓고 곱게 갈아 쌀 간 것을 먼저 끓이다가 죽이 어우러지면 참깨 간 것을 넣고 주걱으로 저어가며 끓인 것이다. 소금과 꿀을 곁들여 낸다. 《조선요리제법》(깨죽)에 소개되어 있다.

깨죽

깨즙국 조갯살을 삶은 물에 삶은 숙주와 고사리, 토란대를 넣어 끓이다가 들깨즙, 불려 간 쌀, 삶은 조갯살을 넣어 끓여 소금으로 간을 한 국이다. 깨집국, 깻국이라고도 한다. ↯ 경남

깨즙국

깨집국 ▶▶▶ 깨즙국 ↯ 경남
깨찰시루편 ▶▶▶ 깨찰편 ↯ 전북
깨찰편 찹쌀가루에 물을 내려 소금, 설탕을 고루 섞어 반으로 나눈 다음 젖은 면포를 깐 시루에 참깻가루, 찹쌀가루, 검은깻가루 순으로 켜켜이 안쳐 찐 떡

이다. 깨찰시루편이라고도 한다. 《시의
전서》(깨찰편), 《조선무쌍신식요리제
법》(호마병 : 胡麻餅)에 소개되어 있다.
✧ 전북

깨찰편

깻국 ▶▶▶ 쑥갓채 ✧ 경북

깻국 ▶▶▶ 깨즙국 ✧ 경남

깻국탕 ▶▶▶ 임자수탕 ✧ 서울·경기

깻묵장 우거짓국에 간장에서 건진 메
주를 깻묵에 버무려 발효시킨 장이다.
가루로 빻은 깻묵을 간장을 뜨고 남은
메주에 버무려 익히고 소금을 넣고 20일
정도 지나 완전히 익으면, 우거짓국에
새로 건진 메주와 깻묵을 버무린 후 익
힌 메주를 풀어 넣고 20~30일 정도 숙
성시킨다. 맛이 구수하고 개운한 고단
백식품으로 사계절 어느 때나 밥맛이
없을 때 반찬으로 먹거나 비벼 먹으면
맛이 아주 구수하여 입맛을 돋우는 음

깻묵장

식이다. 깻묵은 식물의 종자(참깨, 들깨
등)에서 기름을 짜고 난 찌꺼기의 총칭
이다. ✧ 전남

깻잎김치 채 썬 무·밤, 실파, 미나리,
멸치젓, 고춧가루를 버무려 양념을 만든
후 소금물에 절인 깻잎을 서너 장씩 겹
쳐 양념을 넣고 돌돌 말아 항아리에 담
은 것이다.

깻잎나물 깻잎을 식용유에 볶다가 간
장, 다진 파·마늘, 설탕, 참기름, 통깨
를 넣고 볶은 것을 말하며 깻잎볶음이라
고도 한다.

깻잎나물

깻잎된장장아찌 깻잎을 된장에 박아 숙
성시킨 장아찌이다. 방법 1 : 약간 억센
것으로 10장씩 묶은 깻잎과 된장을 항아
리에 켜켜로 담고 맨 위에는 된장을 덮
어 1개월 정도 삭힌다(전남). 방법 2 : 소
금물에 삭힌 깻잎을 된장에 박아 숙성시
킨다(제주). 충북에서는 된장에 숙성시
킨 장아찌를 꺼내어 된장을 제거하고 양
념을 깻잎 사이사이에 발라서 쪄낸다.
✧ 충북, 전남, 제주도

깻잎볶음 ▶▶▶ 깻잎나물

깻잎부각 깻잎에 찹쌀풀(찹쌀가루, 소
금, 물)을 발라 말렸다가 먹을 때 식용유
에 튀긴 것이다. 전남에서는 소금물에
살짝 절인 깻잎을 밀가루에 버무려 시루

에 쪄서 햇볕에 바짝 말린 다음 식용유에 튀기고, 조청이나 물엿, 다진 파·마늘·생강, 소금, 참기름을 섞어 묽게 끓인 양념장에 버무린다. ❣전남, 경남

깻잎부각

깻잎장아찌 찐 깻잎을 간장에 숙성시킨 장아찌이다. 방법 1 : 깻잎을 쪄서 포개어 양념장(간장, 설탕, 마늘채, 생강채, 통깨, 실고추)을 발라 항아리에 담아 두었다가 3일에 한 번씩 간장을 따라내어 끓여서 붓기를 3~4회 반복하여 숙성시킨다(상용, 전북, 제주). 방법 2 : 실로 묶은 깻잎을 끓는 물에 데친 후 멸치젓국, 채 썬 대파·마늘, 통깨, 실고추를 섞은 양념을 고루 발라 한 묶음씩 말아서 항아리에 담고 돌로 눌러 삭힌다(충북). 제주도에서는 유잎지라고도 한다.

깻잎장아찌

깻잎전 깻잎에 다져서 양념한 쇠고기와 양파를 볶아 만든 소를 넣어 반달 모양으로 접은 후 밀가루와 달걀물을 입혀 식용유를 두른 팬에 지진것으로 초간장을 곁들여 낸다. 전남에서는 깻잎에 밀가루, 소금, 물로 약간 되직하게 반죽한 것을 양면에 발라 식용유를 두른 팬에 지진다.

깻잎찜 깻잎에 양념장(간장, 고춧가루, 다진 파·마늘, 참기름, 깨소금)을 켜커이 얹고 찜통에 찐 것이다.

깻잎찜

꺼먹김치 김장철에 무청을 소금에 절여 놓은 것을 여름철에 꺼내 물로 헹군 다음 썰어서 들기름을 두른 냄비에 볶다가 물을 부어 끓인 후 다진 마늘, 깨소금으로 양념한 것이다. ❣충남

꺽저기탕 꺽저기를 체에 담아 소금을 뿌려 덮어 두었다가 주물러 진액을 제거한 후 끓는 물에 손질한 꺽저기를 넣고 푹 익으면 고추장, 어슷하게 썬 풋고추, 다진 파·마늘·생강, 국간장을 넣고 끓인 국이다. 꾹저구탕, 뚜거리탕이라고도 한다. 꺽저기는 꺽지와 생김새가 비슷하

꺽저기

지만 13cm 내외의 비교적 작은 소형의 물고기이며, 우리나라에 전국적으로 분포하는 꺽지와 달리 탐진강과 낙동강, 거제도 지역에서만 볼 수 있는 멸종 위기가 있는 희귀종이며 현재는 보호종으로 등록되어 있는 상태이다. ♥ 강원도

꺽저기탕

꺽지매운탕 끓는 물에 고추장을 풀고 국간장으로 간을 한 후 토막 낸 꺽지와 다진 마늘, 어슷하게 썬 대파를 넣고 푹 끓인 후 미나리, 깻잎, 쑥갓을 넣은 매운 탕이다. 육식성인 꺽지는 우리나라 고유 어종으로 회로 먹을 수 있는 가장 좋은

꺽지

꺽지매운탕

생선이며, 특히 맑은 물에서만 자라나기 때문에 디스토마균이 없어 깨끗한 편이다. 꺽지는 비늘이 없어 껍질 그대로 뼈까지 씹어 먹기 때문에 맛이 고소하고 꼬들꼬들하다. ♥ 강원도

꺽지알탕 꺽지를 데쳐 알은 꺼내놓고 냄비에 꺽지살과 배추김치, 물을 넣고 끓이다가 꺽지알과 국간장, 고추장, 다진 파·마늘·생강, 어슷하게 썬 대파를 넣어 끓인 국이다. ♥ 강원도

꺽지알탕

꼬리떡 멥쌀가루를 3등분 하여 1/3은 분홍으로, 1/3은 노랑으로 물들이고 1/3은 그대로 물을 뿌려 시루에 각각 찐 다음 치대어 가래떡 모양으로 늘여 손날로 꼬리 모양을 만들고 참기름을 바른 떡이다. ♥ 충남

꼬막무침 해감한 꼬막을 끓는 물에 데쳐서 껍데기 한쪽만 제거한 뒤 접시에

꼬막무침

담고 꼬막 위에 양념장(다진 풋고추·붉은 고추, 간장, 고춧가루, 다진 파·마늘, 설탕, 참기름, 깨소금)을 약간씩 얹은 것이다. 꼬막찜이라고도 하며, 전북에서는 꼬막회라고 불린다. ♥ 전국적으로 먹으나 특히 전라도에서 즐겨 먹음

꼬막찜 ▶▶▶ 꼬막무침

꼬막회 ▶▶▶ 꼬막무침 ♥ 전북

꼬시락조림 ▶▶▶ 망둥어조림 ♥ 경남

꼬장떡 ▶▶▶ 곱장떡 ♥ 강원도

꼬치구이 양념(간장, 참기름, 깨소금)한 오분자기와 소라살을 꼬치에 꿰어서 구운 것이다. ♥ 제주도

꼬치김밥 ▶▶▶ 충무김밥 ♥ 경남

꼰밥 ▶▶▶ 달걀온밥 ♥ 경남

꼴뚜국수 메밀가루와 밀가루를 섞어 익반죽하여 굵은 국수면을 만들어 멸치장국물에 넣어 끓인 후 어슷하게 썬 대파를 넣고 살짝 끓인 것으로 양념장을 곁들인다. 국수 가닥이 꼴뚜기처럼 시커멓고 못생겼다고 '꼴뚜국수'라 하고 또는 '껄뚜국수'라고도 한다. ♥ 강원도

꼴뚜국수

꼴뚜기무김치 소금에 절여 잘게 썬 꼴뚜기와 나박썰기 해서 소금에 절인 무를 고춧가루로 버무리고 채 썬 양파·풋고추·붉은 고추, 다진 파·마늘, 통깨, 실고추를 넣어 잘 버무려 3~4일간 숙성시

킨 김치이다. 고록무김치라고도 한다. ♥ 전남

꼴뚜기무김치

꼴뚜기무생채 절였다가 고춧가루로 버무린 무채와 소금으로 씻어 채 썬 꼴뚜기를 양념(고추장, 설탕, 식초, 참기름, 다진 파·마늘, 깨소금, 소금)으로 무친 것이다. 고추장과 고춧가루를 넣지 않기도 한다. ♥ 경남

꼴뚜기젓 꼴뚜기에 소금을 뿌려가며 켜켜이 항아리에 담아 3개월 정도 삭힌 후 꼴뚜기를 건져 씻어 다진 파·마늘·생강을 넣고 무쳐서 항아리에 담아두었다가 먹을 때 씻어서 고춧가루, 깨소금, 참기름 등에 무친 것이다. 채 썰어 절인 무를 함께 무치기도 하며 경남에서는 씻지 않고 소금 간을 한 꼴뚜기를 대소쿠리에 밭쳐 소금물을 빼고 다시 소금을 뿌려 밀봉한 다음 숙성시켜 먹을 때 양념(고춧가루, 다진 파·마늘, 참

꼴뚜기젓

기름, 깨소금)으로 무친다. 전라도에서는 고록젓, 경남에서는 호리기젓, 호루래기젓이라고도 한다.《조선무쌍신식요리제법》(꼴뚜기젓)에 소개되어 있다. ✿ 전국적으로 먹으나 특히 전라도, 경남에서 즐겨 먹음

꼴뚜기튀김 튀긴 꼴뚜기를 양념(고추장, 다진 파·마늘, 설탕, 참기름, 통깨)으로 버무린 것이다. ✿ 경남

꽁보리밥 삶은 보리에 물을 부어 끓이다가 거품이 오르면 불을 줄여 뜸을 들이는 과정을 두 번 반복하여 익힌 밥이다.《조선요리제법》(보리밥),《조선무쌍신식요리제법》(맥반 : 麥飯)에 소개되어 있다. ✿ 전남

꽁치구이 손질하여 칼집을 넣은 꽁치에 소금을 뿌려서 석쇠나 식용유를 두른 팬에 익힌 것이다.

꽁치국 ▶▶▶ 꽁치육개장 ✿ 경북

꽁치국수 ▶▶▶ 꽁치진국수 ✿ 경북

꽁치육개장 쇠고기 대신 꽁치를 이용하여 끓인 매운 국이다. 물에 고춧가루와 국간장을 넣고 끓이다가 꽁치를 뼈째 갈아 소금, 다진 파·마늘, 후춧가루를 넣고 만든 완자와 데친 배추시래기, 삶은 토란대, 삶은 고사리를 넣어 끓인 다음 밀가루를 물에 풀어 넣고 걸쭉하게 끓으면 대파, 풋고추, 붉은 고추, 다

꽁치육개장

진 마늘을 넣고 더 끓인 국이다. 먹을 때 초피가루를 넣으며 꽁치국이라고도 한다. ✿ 경북

꽁치젓갈 소금으로 버무린 꽁치에 대나물 줄기를 덮고 눌러 담가 2년간 숙성시킨 것이다. 젓국으로 이용하고 건더기에 풋고추, 다진 파·마늘, 고춧가루를 버무려 밥반찬이나 술안주로도 이용한다. 봉산꽁치젓갈이라고도 한다. ✿ 경북

꽁치젓갈

꽁치조림 토막 낸 꽁치를 양념장(간장, 고춧가루, 다진 파·마늘)으로 조린 것이다.

꽁치조림

꽁치진국수 국간장으로 간을 한 멸치장국국물을 끓이다가 다진 꽁치에 소금, 다진 파·마늘을 넣어 섞은 반죽을 떼어 넣고 생강즙을 넣어 끓인 국물을 황백지단, 볶은 애호박, 구운 김, 깨소금을 얹

은 삶은 국수에 붓고 양념장(간장, 고춧가루, 다진 파·마늘, 깨소금)을 곁들인 것이다. 꽁치국수라고도 한다. ♨ 경북

꽁치진국수

꽃게매운탕 ▶▶▶ 꽃게탕 ♨ 충남

꽃게무침 꽃게를 손질하여 적당한 크기로 잘라 소금에 절인 후 양파, 부추와 함께 멸치액젓, 고춧가루, 꿀, 다진 마늘을 넣은 양념장으로 부친 것이다. 전북에서는 소금으로 절일 때 나온 게국물과 간장, 설탕, 고춧가루 등을 양념장으로 한다. 꽃게무침은 감칠맛과 얼큰한 맛이 특징이며 조리 후 바로 먹어도 좋지만 하루 정도 지나 먹으면 더 맛있다.
♨ 충남, 전북

꽃게알된장국 된장을 푼 쌀뜨물에 말린 꽃게알을 넣어 끓이다가 아욱과 다진 마늘, 어슷하게 썬 대파를 넣고 한소끔 끓인 국이다. ♨ 충남

꽃게장 꽃게를 간장 양념으로 숙성시킨 것이다. 방법 1 : 꽃게를 간장에 재웠다가 건져 고추, 실파, 양파, 고춧가루, 다진 마늘·생강, 설탕, 통깨 등의 양념으로 버무려 숙성시킨다(상용, 전남, 경남). 방법 2 : 꽃게를 엎어서 항아리에 담고 붉은 고추, 마늘, 생강을 넣고 간장을 부어 하루가 지나면 국물만 따라내어 끓여서 식힌 뒤 다시 부어 숙성시킨다

(충남). 방법 3 : 꽃게에 간장과 마늘, 생강, 매운 고추, 당귀, 감초 등을 넣고 끓여 만든 양념장을 식혀 붓고 2일이 지난 뒤 양념장을 따라내어 다시 끓여 붓기를 2~3회 반복한다(전북). 방법 4 : 꽃게를 고춧가루, 간장, 다진 마늘, 초피가루, 생강즙, 참기름, 통깨를 섞은 양념장에 버무린다(경북). 게장이라고도 한다. 《규합총서》(장해법 : 醬蟹法), 《조선무쌍신식요리제법》(해해 : 蟹醢, 해장 : 蟹醬)에 소개되어 있다.

꽃게장

꽃게찌개 양념한 쇠고기를 볶다가 쌀뜨물을 넣어 끓인 육수에 꽃게와 납작하게 썬 무, 고추장 양념을 넣어 끓이다가 어슷하게 썬 대파·고추를 넣고 끓인 것이다. 충남에서는 된장과 고춧가루를 푼 끓는 물에 꽃게를 넣고 한소끔 끓이다가 양파, 다진 마늘, 대파, 풋고추를 넣어 한 번 더 끓인 후 국간장으로 간을 한다. 꽃게는 3~5월과 10~11월에 가장 맛이 좋다. ♨ 전국적으로 먹으나 특히 충남에서 즐겨 먹음

꽃게찜 꽃게를 양념하여 찐 것이다. 방법 1 : 꽃게의 게딱지를 떼어내어 안의 내장과 살을 발라낸 후 게살, 다진 쇠고기, 밀가루, 달걀을 섞어 양념하여 게딱지에 담아 찐 다음 볶은 표고버섯채·석

이버섯채, 데친 미나리와 황백지단채를 올린다(서울·경기). 방법 2 : 된장을 푼 물에 꽃게의 배 부분이 위쪽으로 보이도록 놓고 쪄서 고추냉이 간장을 곁들인다(충남). 방법 3 : 꽃게에 양념장(간장, 고춧가루, 다진 파·마늘, 후춧가루, 물)을 끼얹어가며 익히다가 양파, 대파, 풋고추를 넣고 끓여 방아잎과 전분물을 넣어 걸쭉하게 끓이며 게찜이라고도 한다(경남). 《규합총서》(게찜), 《음식법》(게찜), 《시의전서》(해찜 : 蟹찜), 《부인필지》(게찜), 《조선요리제법》(게찜), 《조선무쌍신식요리제법》(해증 : 蟹蒸)에 소개되어 있다. ♨ 서울·경기, 충남, 경남

꽃게찜

꽃게탕 된장, 고춧가루를 푼 물에 꽃게를 넣어 끓인 탕이다. 방법 1 : 냄비에 물과 무, 된장, 고춧가루를 넣고 한소끔 끓인 후 등딱지를 뗀 꽃게, 애호박, 양파, 붉은 고추, 풋고추를 넣고 끓이다가 마지막에 쑥갓을 넣어 한소끔 끓인다(충남). 방법 2 : 멸치와 다시마로 만든 장국국물에 된장을 풀고 고추 다진 양념, 들깻물을 넣어 끓이다가 꽃게를 넣고 끓어오르면 양파, 어슷하게 썬 대파·풋고추, 다진 마늘을 넣고 국물이 우러나오도록 끓인 후 국간장으로 간을 맞춘다(전북). 꽃게는 태안의 특산물로 예부터

게장을 담가 감칠맛을 즐겼으며, 특히 매운탕을 끓여 먹으면 얼큰하고 시원한 맛을 느낄 수 있다. 꽃게매운탕이라고도 한다. ♨ 충남, 전북

꽃송편 멥쌀가루를 다섯 가지 색으로 물을 들여 익반죽하고, 깨소금, 잣가루, 설탕을 섞은 소를 넣고 꽃 모양으로 송편을 빚어 찐 떡이다. 멥쌀가루를 5등분하여 각각 치자물, 오미자물, 쑥가루물(쑥즙), 승검초가루물(포도즙), 물을 넣어 반죽한다. 경남에서는 송편꽃떡이라고도 한다. 꽃송편은 떡에 화려한 장식을 많이 한 전라도 지방에서 차례상에 떡을 고이거나 떡을 담고 맨 위에 올려 장식하던 웃기떡이다. ♨ 전남, 경남

꽃전 ▶▶▶ 화전 ♨ 강원도

꽃절편 멥쌀가루를 쪄서 차지게 친 후 가래떡 모양으로 밀어 손끝으로 잘라 꼬리떡을 만든 후 흰떡에 치자물과 백년초가루, 쑥가루를 넣어 각각 만든 색떡을 고명으로 붙여 떡살로 모양을 낸 것이다. ♨ 서울·경기

꽃절편

꽈리고추멸치볶음 끓인 간장 양념(간장, 다진 마늘, 설탕, 식용유)에 데친 꽈리고추와 멸치를 넣어 볶아 참기름, 물엿, 통깨를 넣고 버무린 것이다.

꽈리고추무침 꽈리고추에 밀가루를 묻

꽈리고추멸치볶음

허 찐 것을 양념장(간장, 다진 파·마늘, 고춧가루, 참기름, 깨소금)에 고루 무친 것이다. ꒰ 전남

꾸젓 ▶▶▶ 굴젓 ꒰ 전남

꾸젓이 ▶▶▶ 굴젓 ꒰ 전남

꾹저구탕 ▶▶▶ 꺽저기탕 ꒰ 강원도

꿀뚝회(무침) 민물고기(꺽지, 뚝지 등) 와 무채에 초고추장(고추장, 식초, 고춧 가루, 설탕, 다진 마늘)을 넣어 버무린 것이다. ꒰ 경북

꿀뚝회(무침)

꿀밤느태 ▶▶▶ 도토리느태 ꒰ 경북

꿀밤묵 ▶▶▶ 도토리묵 ꒰ 경북

꿩고기만두 ▶▶▶ 꿩만두 ꒰ 경북

꿩고기숯불구이 꿩의 다릿살에 설탕을 뿌리고 양념장(멸치장국국물, 간장, 다 진 파·마늘, 참기름, 청주)에 재웠다가 석쇠에 구운 것이다. ꒰ 제주도

꿩김치 삶은 꿩살을 넣은 물김치로 물

에 꿩, 대파, 양파, 생강, 마늘, 통후추를 넣고 푹 삶은 후 꿩살을 발라낸 다음 국 물은 체에 걸러 차게 식혀 기름기를 걷 어내고 동치미 국물과 섞어서 간을 맞춰 동치미 무 썬 것과 꿩고기를 넣고 잣을 띄운다. 《음식디미방》(생치침채법), 《수 운잡방》(치저 : 雉葅)에 소개되어 있다. ꒰ 서울·경기

꿩김지

꿩냉면 메밀가루와 고구마 전분으로 반죽한 면에 꿩육수를 붓고 잘게 찢은 꿩살에 고춧가루, 다진 파·마늘, 소금 으로 양념한 것이다. 오이채, 배채, 실고 추, 황백지단채 등을 고명으로 올리고 양념장을 곁들인다. 송나라 서긍의 《고 구려 견문기》에 따르면 세상의 고기 맛 중 고구려의 들새(꿩)는 만미를 품어 왕 과 귀인들은 그 오묘한 맛에 찬사를 아 끼지 않았다고 한다. 꿩냉면과 만두가 전해 내려온 지역은 평양과 함흥을 비 롯한 이북 지역으로 이 지역 사람들은 냉면과 만두를 꿩을 주재료로 하여 만 들었으며 평안도 추운 지방에서 꿩탕을 만들어 얼렸다가 밤에 아랫목에 옮겨 냉면을 말아 먹었다고 한다. 육수의 색 이 담홍색으로 시각적인 맛을 돋워주 고, 꿩고기의 담백한 맛과 육수의 독특 한 향기가 시원하면서 쌉쌀하여 겨울철

에 제 맛이다. ♨ 서울·경기

꿩떡국 납작하게 썰어 양념(간장, 다진 파·마늘, 참기름)한 꿩고기를 볶다가 물과 소금을 넣고 끓으면 가래떡을 넣고 떡이 익어 떠오르면 대파를 넣고 조금 더 끓인 후, 양념하여 볶은 쇠고기와 황백지단채를 얹고 후춧가루를 뿌린 것이다. ♨ 전남

꿩마농장아찌 ▶▶▶ 달래장아찌 ♨ 제주도

꿩마농짐치 ▶▶▶ 달래김치 ♨ 제주도

꿩ᄆᆞᆯ칼국수 ▶▶▶ 꿩메밀칼국수 ♨ 제주도

꿩만두 다진 꿩고기와 여러 가지 채소를 양념하여 만든 소를 만두피에 넣고 만두를 빚어 찐 것이다. 방법 1 : 다진 마늘, 참기름, 소금, 깨소금으로 양념한 꿩고기와 무채, 숙주를 섞어 만든 소를 밀가루 만두피에 넣고 만두를 빚으며 찜통에 찌거나 만둣국으로 끓인다(충북, 경북). 방법 2 : 메밀가루로 만든 피에 다진 꿩고기·숙주, 으깬 두부, 다진 김치를 섞어 양념(다진 실파·마늘, 소금)하여 만든 소를 넣고 만두를 빚어 찐다(제주). 메밀가루 반죽을 되게 하면 껍질이 찢어질 우려가 있어 반드시 달걀흰자를 넣고 얇게 밀어 만든다. 경북에서는 꿩고기만두라고도 한다. ♨ 충북, 경북, 제주도

꿩만둣국 전분으로 죽을 쑨 후 메밀가루를 넣어 메밀 반죽을 만든 다음 만두피를 만들어 삶은 꿩살과 숙주, 으깬 두부, 배추김치, 양파 등으로 만든 소를 넣고 양쪽에 잣을 한 알씩 박아낸 후 오므려 꿩 육수에 끓여서 국간장과 소금으로 간한 것이다. 생치만두라고도 한다. ♨ 서울·경기

꿩메밀칼국수 꿩을 삶아서 꿩살을 발라 찢어두고 뼈는 다시 넣고 끓여 육수를 낸 다음 채 썬 무를 넣고 끓이다가 메밀가루로 만든 국수를 넣고 소금이나 국간장으로 간을 한 후 달걀을 풀어 넣은 것이다. 깻가루, 깨소금, 찢은 꿩고기를 고명으로 올린다. 꿩ᄆᆞᆯ칼국수라고도 한다. ♨ 제주도

꿩무국 꿩고기, 표고버섯, 큼직하게 썬 무를 물에 넣고 끓인 뒤 꿩고기와 무는 건져내고 국간장으로 간하여 물에 갠 밀가루를 넣고 끓인 국물을 건져 찢은 꿩고기, 나박썰기 한 무, 대파에 부어낸 것이다. ♨ 제주도

꿩산적 꿩고기를 직사각형으로 썰어 청주를 넣고 버무린 다음 양념(간장, 참기름, 다진 파·마늘, 소금, 설탕, 생강즙, 후춧가루)하여 재웠다가 꼬치에 꿰어 식용유를 두른 팬에 지진 것이다. 꿩산적은 한 마리 통째로 굽거나 다리, 가슴 등 조각을 크게 떼서 소금 양념 혹은 간장 양념을 발라 꼬치에 꿰어 굽는다. 꿩적갈이라고도 한다. ♨ 제주도

꿩엿 질게 지은 차조밥과 엿기름물을 섞어 두었다 거품이 생길 때 짜낸 물에 꿩을 넣고 끓인 다음 꿩고기는 건져내고 국물을 끓이다가 끈기가 생기면 건져내어 찢어 식혀 둔 꿩고기를 넣고 되직하게 끓인 것이다. 지방이 적고 단백질 함량이 많으며 위와 장에 부담을 주지 않아서 노인이나 회복기 환자의 보양식으

꿩엿

75

로 쓰인다. ⚘ 제주도

꿩적갈 ▶▶▶ 꿩산적 ⚘ 제주도

꿩칼국수 꿩고기를 삶아낸 육수에 국간
장과 소금으로 간하여 끓으면 칼국수를
넣고 꿩살을 찢어서 양념하여 황백지단
채, 애호박채와 함께 얹어 낸 것이다.
⚘ 충북

꿩탕 국간장, 다진 마늘, 후춧가루로 양
념한 꿩고기에 물을 넣고 끓이다가 나박
나박하게 썬 무를 넣고, 무가 익으면 국
간장으로 간을 하고 채 썬 양파, 어슷하
게 썬 대파를 넣어 살짝 끓인 다음 소금
으로 간한 것을 말하며 제주도에서는 달
래를 넣는다. 꿩고기는 육질이 연해 양
념장에 오래 재우지 않고 진한 양념(간
장, 생강, 후춧가루, 고추장)을 적게 사
용하며, 감자를 넣으면 국물맛이 구수하
다. 당면을 넣기도 한다. ⚘ 전남, 제주도

꿩토렴 꿩뼈와 무에 물을 붓고 푹 끓여
만든 육수에 배추, 당근, 미나리, 양파,
꿩고기를 넣고 익혀 양념장(간장, 물, 식
초)을 곁들인 것이다. 꿩토렴은 꿩의 가
슴살로 만든 음식으로, 먹는 방법이 샤
부샤부와 비슷하다. ⚘ 제주도

꿩토렴

끝물참외장아찌 ▶▶▶ 참외장아찌 ⚘ 경북

나무재나물 ▶▶▶ 나문재나물 ▾ 전북

나문재나물 끓는 물에 삶아 물기를 짠 나문재를 된장, 고추장, 다진 마늘, 참기름, 깨소금으로 무친 것이다. 나무재나물, 함초나물이라고도 한다. 나문재는 겨우내 비워 둔 염전이나 해안가에 봄부터 돋아나는 식물로, 연한 어린순만 먹으며 상큼한 갯내음이 풍기는 맛이 독특하다. 칼슘, 칼륨, 인, 철분, 나트륨 등의

나문재(함초)

나문재나물

미네랄이 풍부하고 비타민 $A \cdot B_1 \cdot B_2 \cdot C$ 등도 매우 풍부하다. 영양이 풍부하여 봄철 입맛을 잃었을 때 먹으면 입맛을 돋워주고 기력을 회복시켜 준다. ▾ 전북

나물국 여러 가지 나물에 쌀뜨물을 부어 끓인 국이다. 쌀뜨물에 양념(국간장, 다진 파 · 마늘, 참기름, 깨소금)으로 각각 무친 콩나물, 숙주나물, 시금치나물, 부추나물, 미역무침, 양념에 볶은 고사리, 절였다가 참기름에 볶은 무나물, 애호박나물을 넣고 끓이다가 조갯살과 두부를 넣고 국간장으로 간을 하여 더 끓인다. 나물탕국이라고도 한다. 옛날에 명절이나 큰 행사 시 음식을 풍족히 마련하여 가족, 친지들이 나누어 먹고 난 후 남은 음식을 보관할 시설이 없어 변질될 우려가 있는 나물류를 이용해 국을 끓여 먹었던 것에서 유래된 것으로, 오늘날까지 즐겨 먹고 있다. 나물을 새로 만들기보다는 먹고 남은 나물을 이용하고 국간장으로 간을 해야 제 맛을 낼 수 있다. ▾ 경남

나물밥전 시금치나물, 숙주나물, 고사리나물 등 각종 나물을 잘게 썰어 찬밥에 비벼 달걀을 넣고 버무린 후 식용유를 두른 팬에 동글납작하게 지진 것이

다. ♨ 충남

나물탕국 ▶▶▶ 나물국 ♨ 경남

나박김치 나박나박하게 썬 무와 배추에 실고추를 넣고 버무려 붉은 물을 들인 다음 다진 마늘·생강을 깨끗한 헝겊에 싸 넣고 고춧가루물을 들인 소금물을 붓고 오이와 실파, 미나리를 넣어 익힌 것이다. 《산가요록》(나박), 《조선요리제법》(나박김치), 《조선무쌍신식요리제법》(나복담저 : 蘿葍淡菹)에 소개되어 있다.

나박김치냉면 나박김치에 육수를 혼합하여 만든 국물을 삶은 냉면에 부어낸 것이다. ♨ 충북

나복나물 ▶▶▶ 무나물. 나복(羅葍)은 무의 옛말로서, 제사에 쓰이는 나물에는 고추를 쓰지 않고 하얀 나물로 조리하므로 간장을 쓰지 않고 소금으로 간을 하거나 새우젓을 넣었다. ♨ 전남

나복병 ▶▶▶ 무시루떡 ♨ 전남

나주곰탕 사골육수에 결대로 찢은 사태와 양지머리, 다진 파를 얹은 탕이다. 끓는 사골국물에 쇠고기를 넣어 익으면 건져서 결대로 찢거나 얇게 썰어 놓고, 면포에 거른 맑은 국물을 그릇에 담고 고기와 송송 썬 대파, 황백지단채, 다진 마늘, 고춧가루, 참기름, 통깨를 고명으로

나주곰탕

얹고 소금을 곁들인다. 사골국물은 물에 소뼈를 넣고 오랫동안 끓여 거른 국물과 한 번 끓여낸 소뼈에 다시 물을 붓고 하얀 국물이 나올 때까지 푹 곤 국물을 섞어 사용한다. 약 20년 전에 나주의 5일장에서 상인과 서민들을 위한 국밥요리가 등장하였으며, 이것이 오늘날의 나주곰탕으로 이어지고 있다. 나주곰탕은 다른 지역의 곰탕과 다르게 좋은 고기를 삶아 국물을 만들어 국물이 맑은 것이 특징이다. ♨ 전남

나주집장 찹쌀밥과 보리밥을 질게 지어 메줏가루를 넣고 섞은 것에 물기를 뺀 풋고추·고춧잎과 다진 마늘·생강, 고춧가루, 통깨, 굵은 소금을 넣고 버무려 항아리에 담아 발효시킨 것이다. 나주집장은 완전히 발효되면 약간의 신맛이 나며, 늦가을부터 봄까지 먹는 밑반찬으로 나주지역에서는 아직까지도 집에서 담가 먹는다. ♨ 전남

나주집장

낙지국 굵게 썬 무채를 볶다가 쌀뜨물을 붓고 낙지를 넣어 끓이면서 어슷하게 썬 대파, 다진 마늘을 넣고 국간장으로 간하여 끓인 국이다. ♨ 충남

낙지볶음 데친 낙지에 굵게 채 썬 양배추·양파·당근, 쪽파, 붉은 고추와 고추장 양념(고추장, 고춧가루, 간장, 설

탕, 다진 파·마늘, 깨소금)을 넣어 볶은 것으로, 경남에서는 양념에 해물육수를 조금 붓기도 한다.

낙지볶음

낙지숙회 ▶▶▶ 낙지회 ✿ 전남

낙지연포탕 멸치장국국물에 낙지를 삶아 건진 다음 썰어 다시 넣고 쪽파, 다진 마늘, 참기름, 깨소금을 넣고 소금으로 간을 하여 더 끓인 국이다. 전남에서는 미나리와 다진 고추를 더 넣어 국물의 색이 빨갛게 될 때까지 끓인다. 산낙지는 소금물에 담가 훑어 내리면서 깨끗이 씻어 손질한다. ✿ 전남, 경남

낙지연포탕

낙지전골 전골냄비에 양념한 쇠고기와 낙지, 느타리버섯, 붉은 고추, 미나리 등을 담고 멸치장국국물(또는 육수)을 부어 끓이다가 국간장과 소금으로 간을 한 것이다. 낙지는 굵은 소금으로 거품이 나도록 주물러 씻는다.

낙지죽 낙지를 데친 물에 불린 쌀과 대추를 넣고 끓이다가 데쳐서 다진 낙지, 다진 파·마늘·당근을 넣고 쌀알이 퍼지도록 끓인 후 소금으로 간한 죽이다. ✿ 전남

낙지호롱구이 낙지를 볏짚에 말아 양념장을 발라가며 석쇠에 굽거나 쪄서 만든 것이다. 방법 1 : 낙지머리를 볏짚에 끼워 다리를 가지런히 말아 내린 후 짚불 위에 석쇠를 놓고 낙지를 올려 애벌구이한 다음 낙지를 뒤집으면서 구운 뒤 양념장(간장, 다진 파·마늘, 참기름, 통깨)을 발라가면서 구워 고명으로 황백지단을 올린다. 방법 2 : 양념(참기름, 다진 붉은 고추·대파·마늘, 통깨)한 낙지의 머리를 볏짚에 끼운 뒤 다리로 짚을 감아 찜통에 쪄내어 실고추, 참기름, 통깨를 뿌린다. 전남 영암 인근 지역에서 제삿상 및 잔칫상에 올리는 귀한 음식으로, 짚을 한 묶음씩 엮어서 두꺼운 봉을 만들어 낙지를 감아 구우면 비린내가 나지 않는다. ✿ 전남

낙지호롱구이

낙지회 낙지를 데쳐서 초고추장에 버무리는 숙회와 생으로 먹는 생회가 있다. 방법 1(낙지숙회) : 도라지와 오이를 고춧가루로 물들인 후 데친 낙지와 초고

추장을 넣어 함께 버무린다. 방법 2(산낙지회) : 낙지 머리의 내장을 제거하고 적당한 크기로 썰어 소금을 약간 뿌린 후 다진 마늘, 참기름, 통깨를 골고루 뿌려 낸다. 《시의전서》(낙지회)에 소개되어 있다. ♨ 전남

난면 삶은 밀가루 면에 채 썰어 볶은 애호박, 석이버섯채, 황백지단채와 양지머리편육을 올린 후 양지머리를 삶은 뜨거운 육수를 부어낸 것이다. 난면은 조선시대 궁중음식 중의 하나이며, 일반 국수와 달리 국수를 반죽할 때 물을 전혀 넣지 않고 달걀만 넣어 반죽하는 것이 특징으로 달걀을 넣어 국수를 만들기 때문에 부드럽고 쫄깃하며 약간 노란색이 난다. 《음식디미방》(난면 : 卵麵), 《음식법》(난면), 《시의전서》(난면)에 소개되어 있다. ♨ 서울·경기

난면

난시국 ▶▶▶ 냉잇국 ♨ 제주도

난시무침 ▶▶▶ 냉이나물 ♨ 제주도

날떡국 ▶▶▶ 생떡국 ♨ 충북

날초기양념구이 ▶▶▶ 생표고버섯양념구이 ♨ 제주도

날콩가루국 ▶▶▶ 콩국 ♨ 제주도

남방감저병 끓는 물에 소금과 설탕을 녹여 찹쌀가루와 고구마가루에 붓고 비벼 체에 내려 찐 것에 채 썬 대추·석이버섯·밤을 고명으로 얹어 장식한 떡을 말하며 고구마떡이라고도 한다. 《규합총서》(남방감저병), 《부인필지》(남방감저병)에 소개되어 있다. ♨ 경북

남방감저병

남방잎장아찌 ▶▶▶ 박쥐나뭇잎장아찌 ♨ 경상도

놈삐짐치 ▶▶▶ 무김치 ♨ 제주도

남양해물탕 냄비에 콩나물을 깔고 손질한 도미, 게, 조개, 새우 등의 해산물을 올린 후 미나리, 다진 마늘, 대파와 고추장, 고춧가루를 넣고 물이나 육수를 붓고 끓인 것이다. ♨ 서울·경기

납세미두부찌개 ▶▶▶ 가자미두부찌개 ♨ 경남

납세미조림 ▶▶▶ 가자미조림 ♨ 경남

낭화 푹 삶아 체에 걸러 소금 간한 팥물에 밀가루 면을 넣어 익혀 소금으로 간을 한 것이다. ♨ 서울·경기

낭화

냉국 ▶▶ 김장물 ✿ 전남

냉이나물 데친 냉이를 간장(또는 된장, 고추장), 다진 파·마늘, 깨소금, 참기름으로 무친 것이다. 서울·경기에서는 냉이무침, 제주도에서는 난시무침이라고도 한다. ✿ 서울·경기, 제주도

냉이된장국 ▶▶ 냉잇국

냉이만두 데쳐서 잘게 썬 냉이, 다져 양념하여 볶은 돼지고기, 으깬 두부로 만든 소를 만두피에 넣고 반달 모양으로 만두를 빚어 식용유를 두른 팬에 지져낸 것이다. ✿ 충북

냉이만두

냉이무침 ▶▶ 냉이나물 ✿ 서울·경기

냉이콩국 ▶▶ 냉잇국 ✿ 경북

냉이회 냉이를 쪽파, 다진 마늘, 고춧가루, 새우젓, 소금으로 버무린 뒤 참기름과 깨소금을 넣고 무친 것이다. ✿ 충남

냉잇국 된장과 고추장을 푼 멸치장국국물을 끓이다가 데친 냉이와 어슷하게 썬 대파를 넣고 소금으로 간을 한 것이다. 경북에서는 멸치장국국물에 조갯살과 데쳐 생콩가루를 묻힌 냉이, 다진 파·마늘을 넣고 끓여 소금 간을 하며, 제주도에서는 된장을 푼 쌀뜨물에 냉이를 넣고 끓인다. 냉이된장국이라고도 하며 경북에서는 냉이콩국, 제주도에서는 난시국이라고도 한다. 냉이가 억세면 끓

는 물에 데쳐 사용한다. 《조선요리제법》(냉이국), 《조선무쌍신식요리제법》(제탕 : 薺湯)에 소개되어 있다. ✿ 전국적으로 먹으나 특히 경북, 제주도에서 즐겨 먹음

냉차 ▶▶ 오미자차 ✿ 서울·경기

냉콩국수 삶은 콩에 물을 넣어 곱게 간 콩국을 차게 해서 삶은 국수에 붓고 곱게 채 썬 오이를 얹은 것이다. 밀가루 면 대신에 수숫가루를 익반죽하여 경단을 만들어 넣기도 한다. 《시의전서》(콩국국수)에 소개되어 있다. ✿ 서울·경기

너비아니 얇게 저민 쇠고기의 등심이나 안심을 양념(간장, 꿀, 설탕, 참기름, 깨소금, 다진 파·마늘, 후춧가루)한 뒤 석쇠에 구워 잣가루를 뿌린 것이다. 고기구이 가운데 대표적인 것으로서 너붓너붓 썰었다고 하여 너비아니라고 한다. 상고시대에도 고기를 미리 양념장에 재워서 굽는 맥적(貊炙)이 있었는데, 이것이 너비아니구이의 원조이다. 《시의전서》(너비아니), 《조선무쌍신식요리제법》(너비아니, 쟁인고기)에 소개되어 있다. ✿ 서울·경기

넙치아욱국 끓는 물에 고추장을 풀고 양념한 쇠고기와 토막 낸 넙치를 넣어 끓이다가 아욱, 미나리, 어슷하게 썬 대파, 다진 생강·마늘을 넣어 푹 끓여 소금이나 국간장으로 간을 한 국이다. 넙

넙치아욱국

치아욱국은 충청도 향토음식으로 넙치의 우수한 단백질에 무기질과 비타민이 풍부한 아욱을 넣어 부족한 영양소를 보충해 주므로 궁합이 좋은 음식이다. 《조선요리제법》(넙치국), 《조선무쌍신식요리제법》(넙치국)에 소개되어 있다. ✿ 충청도

노가리부각 노가리를 편평하게 두드려 찹쌀풀(찹쌀가루, 소금, 물)을 발라 말린 후 먹을 때 식용유에 튀긴 것이다. ✿ 경남

노각생채 노각의 속살 부분만 채 썰어 소금에 절인 후 양념(고추장, 식초, 설탕, 다진 파·마늘, 참기름, 깨소금)으로 고루 무친 것이다. 노각은 완전히 자란 표면의 색깔이 누런 늙은 오이로, 무침이나 생채, 장아찌 등으로 먹는다. 《조선무쌍신식요리제법》(노각생채)에 소개되어 있다.

노각생채

노랑청포묵 ▶▶▶ 황포묵 ✿ 전북
노리대부침 ▶▶▶ 누룩치부침 ✿ 강원도
노물냉국 ▶▶▶ 배추냉국 ✿ 제주도
노비송편 ▶▶▶ 모시잎송편 ✿ 전남
녹두감자전 불려서 간 녹두, 간 감자와 양파에 전분과 소금을 넣고 반죽하여 식용유를 두른 팬에 동글납작하게 지진 것이다. ✿ 경남

녹두메밀국수 메밀가루와 녹두가루를 섞어 익반죽하여 얇게 썬 국수를 삶아서, 양지머리육수에 말아낸 것으로 녹두칼국수라고도 한다. 《음식디미방》(면 : 메밀쌀, 녹두)에 소개되어 있다. ✿ 서울·경기

녹두묵 ▶▶▶ 청포묵 ✿ 전북, 경북

녹두죽 녹두를 삶아서 체에 걸러 가라앉힌 다음 윗물만 따라내어 불린 쌀을 넣어 쌀알이 퍼질 때까지 끓인 후 가라앉힌 녹두앙금을 넣고 잘 어우러지도록 끓여 소금으로 간한 죽이다. 제주도에서는 녹디죽이라고도 한다. 《식료찬요》(녹두죽), 《조선요리제법》(녹두죽), 《조선무쌍신식요리제법》(녹두죽 : 綠豆粥, 록두죽 : 菉豆粥)에 소개되어 있다. ✿ 전국적으로 먹으나 특히 제주도에서 즐겨 먹음

녹두죽밀국수 녹두를 갈아 거른 물에 소금으로 간을 하여 끓으면 칼국수를 넣고 끓인 것이다. ✿ 경북

녹두찰편 시루에 대추채, 석이버섯채, 밤채를 고루 섞어 펴고, 그 위에 소금을 넣고 체에 내려 설탕을 섞은 찹쌀가루, 삶아 체에 내린 녹두가루 순으로 올려 찐 떡이다. ✿ 경북

녹두칼국수 ▶▶▶ 녹두메밀국수 ✿ 서울·경기

녹두칼국수 녹두앙금에 물을 넣고 끓이다가 칼국수를 넣어 끓인 것이다. 녹두를 푹 삶아 걸러 가라앉은 앙금에 물을 넣고 끓이다가 밀가루로 만든 칼국수를 넣은 다음 끓여 소금으로 간을 한다. ✿ 경남

녹디죽 ▶▶▶ 녹두죽 ✿ 제주도

녹차 말린 녹차잎을 따뜻한 물에 우려낸 것이다. ✿ 전국적으로 먹으나 특히 전남에서 즐겨 먹음

녹차돌배차 비빈 녹차와 돌배를 흑설탕으로 버무려 밀봉하여 발효시킨 것이다. 물을 붓고 끓여 건더기를 건져내고 차로 마신다. ❦ 경남

녹차칼국수 ▶▶▶ 사찰국수 ❦ 경남

논고둥무침 ▶▶▶ 우렁이무침 ❦ 경남

논고둥찜국 ▶▶▶ 우렁이찜국 ❦ 경남

논메기찜 감자와 무를 깔고 튀김옷을 입혀 튀긴 논메기튀김을 올린 다음 양념장(간장, 고춧가루, 청주, 식초, 물엿, 다진 마늘·생강, 초피가루, 후춧가루)을 얹고 멸치장국국물을 부어 끓으면 소금, 참기름으로 무친 콩나물, 당근, 표고버섯을 넣고 끓이다가 미나리, 깻잎, 쑥갓을 넣어 더 끓여 황백지단을 올린 것이다. ❦ 경북

논메기

논메기찜

논우렁회 ▶▶▶ 우렁이회 ❦ 전남

농어회 손질한 농어를 채 썰어 참기름, 깨소금을 넣어 무친 후 접시에 담고 초고추장을 곁들인 것이다. 전남에서는 양념하지 않고 적당한 크기로 썰어 초고추장 또는 쌈장을 곁들인다. 농어는 육지에 가까운 얕은 바다에 주로 살고 몸빛은 회색을 띤 청록색이다. 입이 크고 위턱에 단단한 뼈가 있으며 온몸에 작은

비늘이 많다. 살이 희며, 어린 고기보다는 성장할수록 맛이 좋고, 지리, 찜, 회 등으로 먹는다. 《조선무쌍신식요리제법》(농어회)에 소개되어 있다. ❦ 서울·경기, 전남

누렁호박김치 ▶▶▶ 늙은호박김치 ❦ 경북

누렁호박전 ▶▶▶ 늙은호박전 ❦ 충북

누룩치부침 껍질을 벗긴 누룩치를 다지거나 먹기 좋은 크기로 썰어 소금 간을 해두고, 밀가루 반죽에 고추장과 누룩치를 섞어서 식용유를 두른 팬에 동그랗게 지져낸 것이다. 노리대부침이라고도 한다. 누룩치는 산형화목 미나리과의 여러해살이풀로 누리대라고도 하며 뿌리와 어린잎은 독성이 있으나 연한 잎자루는 고추장이나 된장에 찍어 먹는다. ❦ 강원도

누룽지인삼닭죽 찹쌀로 누룽지가 눌도록 밥을 지은 다음 닭육수와 미삼을 넣어 끓인 음식으로 보양식으로 먹는다. ❦ 충북

누룽지인삼닭죽

누르미 양념한 쇠고기, 데친 도라지, 절인 배추, 생다시마, 삶은 고비, 쪽파를 5cm의 같은 크기로 썰고, 모든 재료를 색맞추어 꼬지에 꿴 후 식용유를 두른 팬에 지지다가 간장, 다진 파·마늘, 물을 섞어 끓인 간장물을 조금씩 부어가며 지진 것을 말하며 양념에 설탕을 넣기도

한다. 《음식법》(누루미), 《시의전서》(누루미)에 소개되어 있다.

누르미

누치찜 냄비에 반달 모양으로 썬 무와 감자를 바닥에 깔고 손질한 누치를 얹어 물을 붓고 푹 끓인 후 고추장, 간장, 다진 파·마늘 등의 양념장을 끼얹었으며 끓인 것이다. 누치는 잉어목 잉어과의 민물고기이다. 냄새가 강하고 가시가 많다. ☙ 서울·경기

눈썹나물 ▶▶ 호박나물 ☙ 서울·경기

느르미 ▶▶ 누르미 ☙ 강원도

느리미 ▶▶ 누르미

느리미전 ▶▶ 고사리전 ☙ 제주도

느타리버섯장아찌 양파와 청양고추를 넣고 끓인 물에 간장, 설탕, 식초를 섞은 양념장을 넣어 끓인 후 적당히 찢어둔 느타리버섯을 항아리에 담고 끓인 양념장을 뜨거울 때 부어 숙성시킨 장아찌이

다. ☙ 강원도

느티떡 멥쌀가루에 느티잎을 섞어 거피 팥고물과 시루에 켜켜로 안쳐 찐 떡이다. 경북에서는 괴엽병, 느티설기라고도 한다. 느티잎은 느릅나무과의 낙엽활엽 교목인 느티나무의 새싹이다. 《도문대작》(느티떡), 《조선요리제법》(느티떡), 《조선무쌍신식요리제법》(느티떡, 유엽병 : 楡葉餠)에 소개되어 있다. ☙ 서울·경기, 경북

느티설기 ▶▶ 느티떡 ☙ 경북

는쟁이범벅 ▶▶ 메밀고구마범벅 ☙ 제주도

늙은호박김치 납작하게 썰어 소금에 절인 늙은 호박을 양념(고춧가루, 멸치젓, 다진 마늘·생강, 통깨)으로 버무려 익힌 김치이다. 배추우거지, 무청을 넣기도 하고, 익힌 늙은 호박김치는 찌개를 끓일 때 넣는다. 누렁호박김치라고도 한다. ☙ 경북

늙은호박나물 껍질과 씨를 제거한 늙은 호박을 1.5cm 두께로 썰어서 참기름에 볶다가 물을 자작하게 부어 국물이 졸아들면 어슷하게 썬 고추와 다진 파·마늘, 깨소금을 넣고 소금간을 한 것이다. 제주에서는 소금물에 삶은 늙은 호박과 실파를 통깨, 참기름으로 무치고, 호박탕쉬라고도 한다. 늦은 여름부터 다음 해 봄까지 먹으며 약간 달짝지근한 맛과 부드러운 맛이 난다. ☙ 충북, 제주도

느타리버섯장아찌

늙은호박나물

늙은호박된장국 ▶▶▶ 호박된장국 ✿전남
늙은호박부침 ▶▶▶ 늙은호박전 ✿충남
늙은호박삼계탕 늙은 호박의 윗부분을 동그랗게 도려내어 씨를 긁어내고 찐 다음 내장을 제거한 닭의 배 속에 밤과 대추를 넣은 다음 그 닭을 호박 속에 넣고 약쑥과 감초, 황기를 넣어 달인 물을 부어 다시 쪄낸 것이다. ✿강원도

늙은호박전 늙은 호박으로 부친 전이다. 방법 1 : 껍질을 벗기고 속을 긁어 낸 늙은 호박을 강판에 갈아 찹쌀가루와 달걀, 물, 소금을 섞어 식용유를 두른 팬에 동글납작하게 모양을 만들어 노릇하게 지진 것이다. 강원도와 충북에서는 찹쌀가루로, 충남과 경북에서는 밀가루로 반죽한다. 방법 2 : 늙은 호박의 속살을 긁어서 밀가루 반죽에 잘 섞고 소금과 설탕으로 간을 하여 식용유를 두른 팬에 동글납작하게 지진다(경남). 충북에서는 누렁호박전, 충남에서는 늙은호박부침, 경남에서는 호박전, 호박부침이라고도 한다. ✿강원도, 충청도, 경상도

늙은호박콩가루무침 ▶▶▶ 늙은호박콩가루찜 ✿경북

늙은호박콩가루찜 껍질과 씨를 제거한 늙은 호박을 찐 다음 콩가루를 넣고 버무린 것으로 늙은 호박을 소금물에 삶아 이용하기도 한다. 늙은 호박콩가루무침이라고도 한다. ✿경북

능근옥수수범벅 물에 불려서 푹 삶은 능근옥수수와 삶은 팥·고구마·밤을 함께 섞어 소금으로 간을 한 것이다. 능근은 낟알의 껍질을 벗기기 위하여 물을 붓고 애벌 찧는 것을 말한다. 옥수수로 만드는 죽의 일종으로, 옛날에는 구황식품으로 널리 이용되었다. ✿강원도

능이버섯전골 먹기 좋게 찢은 능이버섯

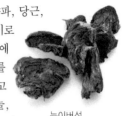
능이버섯

과 돼지고기, 양파, 당근, 대파를 같은 길이로 썰어 전골냄비에 돌려 담고 육수를 부어 끓이면서 고추장, 다진 마늘, 국간장으로 간을 한 것이다. 능이버섯은 향버섯이라고도 하는데, 건조하면 강한 향기가 나며 특히 고기처럼 씹히는 맛이 좋다. 식용버섯이지만 날로 먹으면 중독될 수 있으므로 주의해야 한다. 주로 강원도 지방에서 나며 9월과 10월이 제철이다. 능이버섯을 조리면 국물이 검어지므로, 한번 데친 후에 조리해서 먹기도 한다. ✿강원도

능이버섯전골

능이버섯회 능이버섯을 끓는 물에 살짝 데쳐 초고추장을 곁들인 것이다. ✿강원도

능이버섯회

능쟁이게무침　소금물에 해감을 토하게 한 능쟁이를 딱지는 떼고 집게발은 날카로운 부분을 떼어 2등분 하여 액젓, 간장, 다진 마늘, 고춧가루, 깨소금을 넣고 버무린 다음 다진 파와 식초를 넣고 무친 것이다. 능쟁이는 갯벌에 사는 회색의 조그만 게를 뜻하며, 표준말로는 칠게이다. 예로부터 무침, 간장절임, 지짐이, 튀김, 김치의 부재료 등으로 이용되었다. ❦ 충남

능쟁이게장

능쟁이섞박지　능쟁이를 늦은 봄에서 가을까지 국간장을 부어 삭힌 것과 큼직하게 썬 무청·배춧잎에 고춧가루, 다진 파·마늘로 양념하여 항아리에 담아 두었다가 익으면 쪄서 먹는 김치이다. ❦ 충남

능쟁이게무침

능쟁이게장　능쟁이와 찧은 고추를 커켜이 항아리에 넣고 숙성시킨 것으로, 이듬해 봄에 먹는다. ❦ 충남

능쟁이섞박지

다금바리회 다금바리의 살을 얇게 저며서 만든 회를 말하며, 초고추장을 곁들인다. 다금바리는 제주도 부근의 남해안에서 발견되는 열대성 어류로 제주도에서는 구문쟁이, 부산에서는 뻘농어라 부른다. 살이 단단하고 맛이 담백하여 여름철 횟감으로 이용되기도 하며 소금구이를 하거나 양념을 하여 구워 먹기도 한다. ❦ 제주도

다금바리

다담이국 무와 콩나물에 물을 부어 끓이다가 생콩가루를 묻힌 냉이와 팥잎을 넣고 소금으로 간을 하여 더 끓인 국이다. ❦ 경북

다담이국

다래순나물 살짝 데친 다래순을 고추장, 고춧가루, 간장, 설탕, 다진 파·마늘 등의 양념에 무친 것이다. 다래나무에서 나는 연한 순을 다래순이라 하며 연하고 달면서 향긋한 맛이 있다. 4~5월에 어린순을 채취하여 나물로 먹는다. ❦ 서울·경기

다래순

다래순나물

다부랑죽 불린 쌀에 멸치장국국물을 붓고 끓여 쌀이 익으면 밀가루 반죽을 떼어 넣고 끓으면 콩나물, 감자, 대파를 넣고 더 끓인 죽이다. 양념장(국간장, 다진 파·마늘, 고춧가루, 참기름, 깨소금)을 곁들인다. ❦ 경북

다부랑죽

다슬기국 다슬기를 삶은 물에 된장과 채소를 넣어 끓인 국이다. 방법 1 : 된장을 푼 물에 다슬기를 삶아서 다슬기살을 빼놓고, 그 국물에 부추와 어린 배춧잎(아욱)을 넣은 다음 고춧가루 양념(고춧가루, 다진 파·마늘, 소금)과 다슬기살을 넣어 한소끔 더 끓인다(강원도, 충북). 방법 2 : 다슬기 삶은 물에 다슬기살과 채 썬 애호박, 부추, 호박잎, 어슷하게 썬 풋고추 등의 채소를 넣어 소금이나 국간장으로 간하여 끓인다(전북, 경남). 방법 3 : 다슬기 삶은 물에 다슬기살과 데친 배추, 부추 등을 넣어 끓이다가 들깻가루, 쌀가루를 넣고 끓여 국간장으로 간하여 끓인다(경상도). 다슬기는 우리나라 강의 바위틈, 특히 물살이 세고 물이 깊은 강에서 볼 수 있는 흔한 연체동물이며, 지역에 따라 올갱이, 고동, 고디, 베틀올갱이, 올뱅이, 꼴부리, 대사리, 보말 등 각기 다른 재미있는 이름으로 불린다. 시력 보호, 간 기능 회복, 숙취 해소 등에 효과가 있으며, 철분 함유량이 많아 빈혈에도 도움이 된다. 독특한 시원함으로 술 마신 뒤 속풀이에 아주 좋다. 지역마다 불리는 이름이

다슬기(올갱이)

다양한데, 강원도에서는 다슬기해장국, 달팽이해장국, 충북에서는 올갱이국, 고딩이국, 전북에서는 다슬기탕, 전남에서는 다슬기된장국, 대사리국, 경북에서는 골뱅이국, 골부리국, 고동국, 경남에서는 고둥국, 다슬기찜국, 고둥찜국, 고디국, 올갱이국, 다슬기탕이라고도 한다.

🜸 강원도, 충북, 전북, 경상도 등

다슬기국(강원도)

다슬기국(충북)

다슬기국(경남)

다슬기국밥 다슬기를 삶아 바늘을 이용하여 살을 빼고, 다슬기 삶은 물에 된

장과 고추장을 풀어 끓이다가 부추와
아욱을 넣고 고춧가루, 다진 파·마늘
등과 삶은 다슬기를 넣고 한소끔 끓여
서 국밥그릇에 담은 밥 위에 다슬기국
을 부은 것으로 올갱이국밥이라고도 한
다. ♨ 충북

다슬기국밥

다슬기김치 다슬기와 무로 담근 김치이
다. 밀가루로 씻은 다슬기살, 소금에 절
여 물기를 뺀 무와 풋마늘에, 더운물에
갠 고춧가루를 넣고 양념(멸치액젓, 다
진 마늘·생강, 설탕, 소금)으로 버무려
통깨를 뿌린다. 고둥김치라고도 한다.
♨ 경남

다슬기된장국 ⟫ 다슬기국 ♨ 전남

다슬기무침 삶은 다슬기살과 오이, 당
근, 양배추, 상추, 깻잎, 풋고추 등의 채
소에 초고추장 양념(고추장, 마늘, 설탕,
참기름, 식초, 깨소금)을 넣고 골고루 버

다슬기무침

무린 것을 말하며 올갱이무침이라고도
한다. ♨ 충북

다슬기산적 끓는 물에 데친 당근·더
덕·느타리버섯을 꼬치에 꿰어 밀가루
를 앞뒷면에 묻힌 다음 꼬치 사이사이에
밀가루를 묻힌 올갱이를 채워 달걀노른
자로 옷을 입혀 식용유를 두른 팬에 노
릇하게 지진 것이다. 올갱이산적이라고
도 한다. ♨ 충북

다슬기산적

다슬기생떡국 끓는 물에 다슬기를 삶아
건져서 다슬기살을 빼놓고, 다슬기 국물
에 된장을 풀어 넣고 부추와 아욱을 넣
어 끓이다가 다슬기살과 쌀가루로 익반
죽한 생떡을 넣고 끓인 것을 말하며, 올
갱이날떡국이라고도 한다. 음력 9월 9
일에 가을 아욱을 넣어 다슬기 생떡국을
끓여 먹으면 어지럼증이 없어진다고 해
서 만들어 먹었다. ♨ 충북

다슬기생떡국

다슬기수제비 다슬기 삶은 국물에 애호박, 양파 등을 넣고 수제비 반죽을 떼어 넣고 끓인 것이다. 방법 1 : 다슬기 삶은 물에 아욱, 애호박, 된장을 넣고 끓으면 수제비 반죽을 떼어 넣고 한소끔 더 끓인다(충남). 방법 2 : 다슬기를 삶은 국물에 다슬기살, 반달로 썬 애호박, 채 썬 양파, 어슷하게 썬 풋고추, 부추 등을 넣고 끓이다가 밀가루로 반죽한 수제비를 넣고 익으면 소금이나 국간장으로 간을 맞추어 끓인다(전라도). 경남에서는 호박잎즙과 감자를 넣어 끓인다. 다슬기를 삶아 국물이 파란빛을 띠는 것이 특색이다. 지역마다 불리는 이름이 다양한데, 충남에서는 올갱이수제비, 전북에서는 고동수제비, 전남에서는 대사리수제비라고도 한다. ✿ 충남, 전라도, 경남

다슬기수제비

다슬기장조림 해감한 다슬기와 양파채, 어슷하게 썬 풋고추, 마늘편에 간장, 국간장, 물을 넣고 조린 것으로 다슬기조림이라고도 한다. ✿ 전남

다슬기조림 방법 1 : 해감한 다슬기를 된장을 푼 물에 데친 후 다슬기 삶은 물에 다슬기, 간장, 대파와 마늘편을 넣고 조린다. 방법 2 : 간장, 국간장, 된장, 마늘, 설탕, 물엿, 생강, 물을 넣고 끓이다가 다슬기를 넣고 조려서 국물이 자작

해지면 깨소금을 뿌린다. 대수리조림이라고도 한다. ✿ 전북

다슬기조림

다슬기조림 ▶▶▶ 다슬기장조림 ✿ 전남

다슬기찜 다슬기와 바지락 삶은 국물에 새우살, 머윗대, 표고버섯, 죽순을 넣고 끓이다가 찹쌀가루와 들깻가루를 푼 물을 넣고 끓인 다음 미나리, 부추, 방아잎을 넣고 소금 간을 하여 더 끓인 것이다. ✿ 경남

다슬기찜

다슬기찜국 ▶▶▶ 다슬기국 ✿ 경남

다슬기칼국수 다슬기를 삶은 국물에 다슬기살, 반달 모양으로 썬 애호박·감자, 밀가루 반죽으로 만든 칼국수를 넣고 끓인 다음 어슷하게 썬 대파·고추, 다진 마늘을 넣고 국간장과 소금으로 간을 한 것이다. 전북 정읍시 칠보 지역의 많은 하천에서 자생하던 다슬기를 이용한 음식으로 여름철 별미음식으로 손꼽

한다. 대수리칼국수라고도 한다. ♨전북

다슬기칼국수

다슬기탕 ▶▶▶ 다슬기국 ♨전북, 경남
다슬기해장국 ▶▶▶ 다슬기국 ♨강원도
다슬기회무침　삶은 다슬기살을 부추, 미나리, 깻잎, 양파, 방아잎, 오이와 함께 양념(고추장, 식초, 설탕, 통깨, 참기름, 다진 생강)으로 무친 것이다. ♨경남

다슬기회무침

다시마밥　굵게 채 썬 마른 다시마를 불린 쌀과 섞어 지은 밥에 양념장(간장, 다진 고추 · 파 · 마늘, 참기름, 통깨)을 곁

다시마밥

들인 것이다. ♨경북
다시마부각　다시마에 고슬하게 지은 찹쌀밥을 퍼 발라 바싹 말렸다가 먹을 때 식용유에 튀긴 것이다. ♨경남
다시마전　불려서 적당한 크기로 썬 다시마를 양념(국간장, 다진 파 · 마늘, 깨소금)에 잠깐 버무려 두었다가 밀가루를 묻히고 달걀물을 입혀 식용유를 두른 팬에 지져낸 것이다. ♨전북
다시마전과 ▶▶▶ 다시마정과 ♨경남
다시마정과　불린 다시마에 설탕, 물엿, 물을 넣어 조린 다음 꿀을 바른 것으로 다시마전과라고도 한다. ♨경남
다시마채무침　채 썬 생 다시마를 양념(젓국, 고춧가루, 다진 파 · 마늘, 참기름, 깨소금)으로 무친 것이며 채 썬 양파, 풋고추, 붉은 고추를 넣기도 한다. ♨경북
다시마튀각　다시마를 잘라 식용유에 튀겨내어 설탕과 통깨를 뿌린 것이다.

다시마튀각

다식　콩가루, 흑임자가루, 송홧가루, 녹말가루 등에 꿀을 넣어 각각 반죽하여 다식 틀에 꼭꼭 눌러 박아낸 것이다. 강원도에서는 인삼가루, 율무가루, 전남에서는 팥가루, 검은깻가루, 단호박가루를 사용하기도 한다. 《도문대작》(다식), 《음식디미방》(다식), 《규합총서》(다식 :

茶食), 《요록》(다식 : 茶食), 《조선무쌍신식요리제법》(다식 : 茶食)에 소개되어 있다.

단감장아찌 4등분 하여 씨를 빼고 소금물에 담갔다가 말린 단감을 고추장에 박아 숙성시킨 장아찌이다. 먹을 때 채 썰어 물엿, 참기름, 깨소금으로 무친다. ♨ 경남

단감장아찌

단술 ▶▶▶ 식혜 ♨ 경남

단풍콩잎장아찌 멸치액젓에 담가 삭힌 단풍콩잎을 씻어 양념(고춧가루, 다진 풋고추·붉은 고추·파·마늘, 깨소금)을 켜켜이 바른 것이다. ♨ 경남

단풍콩잎

단풍콩잎장아찌

달강어찌개 삶은 고사리 위에 손질한 달강어를 올려 고추장과 고춧가루를 푼 물을 붓고 끓인 다음 다진 마늘과 대파를 넣고 국간장으로 간을 한 찌개이다. 달강어는 몸이 가늘고 길며 몸 전체가 가시가 나 있는 빗 모양의 거친 비늘이 있고 등 쪽이 붉은색, 배 쪽이 흰색을 띠는 물고기이다. 충남에서는 '닥재기', 전남에서는 '장대', 동해안에서는 '예달재', 함경도에서는 '달재', 평안북도에서는 '숫달재', 황해도에서는 '줄어치' 라 불린다. 장대찌개라고도 한다. ♨ 전북

달강어(장대)

달강어찌개

달걀고드밥 ▶▶▶ 달걀온밥 ♨ 경남

달걀국 끓는 물에 채 썬 양파와 다진 마늘, 소금을 넣고 끓이다가 달걀을 풀어 넣고 국물이 맑게 될 때까지 끓인 다음 어슷하게 썬 대파와 깨소금을 넣은

달걀국

것이다. 《음식디미방》(달걀탕), 《주방
문》(달걀탕), 《조선무쌍신식요리제법》
(계란탕 : 鷄卵湯)에 소개되어 있다.
달걀밥 달걀 껍질에 불린 쌀을 넣고 물
에 적신 한지를 붙인 다음 여열이 남은
재 속에서 구운 밥이다. ♨경북

달걀밥

달걀온밥 달걀 껍질에 쌀을 채워 구운
밥이다. 달걀의 윗부분만 살짝 뜯어 내
용물을 비우고 불린 쌀을 반 정도 채워
담아 물을 붓고 물에 적신 한지를 붙여
사그라진 숯불 속에서 굽는다. 경남 김
해 지역에서는 달걀온밥, 밀양 지역에서
는 달걀고드밥이라고 부른다. ♨경남

달걀온밥

달걀장조림 달걀을 삶아 껍질을 깐 다
음 깍둑썰기 한 당근, 대파와 함께 간장,
설탕, 후춧가루를 넣고 조린 것이다.
달걀찜 달걀을 풀어 물을 섞고 새우젓,

달걀장조림

소금, 다진 파를 넣은 다음 솥에 중탕으
로 찐 것이다. 밥을 뜸들일 때 밥 위에
올려 찌기도 한다. 제주도에서는 돍새기
찜이라고도 한다.

달걀찜

달래김치 소금에 절인 달래를 양념(고
춧가루, 젓갈, 다진 파·마늘·생강, 설
탕)으로 버무린 김치이다. 충북에서는
새우젓, 제주도에서는 멸치액젓을 넣는
다. 제주도에서는 달래를 '꿩마농', '드
릇마농' 이라고도 하였고, 이는 '들의 마

달래김치

늘'을 뜻하며 꿩마농짐치라고도 한다. 달래는 마늘과 비슷한 냄새가 나므로 '들판에서 나는 마늘'이란 뜻의 '야산'이라고도 한다. ᰏ충북, 제주도

달래무침 달래를 5cm 길이로 썰어 양념(간장, 고춧가루, 설탕, 다진 마늘, 참기름, 식초)으로 고루 무친 것이다. 서울·경기에서는 소금에 절인 무채를 물기를 빼 함께 무친다.

달래생채 ▶▶▶ 달래무침

달래장아찌 달래에 끓여 식힌 양념장(간장, 식초, 설탕)을 부어 저장한 것이다. 양념장을 따라내어 끓여서 식혀 붓기를 2~3회 반복한다. 꿩마농장아찌라고도 한다. ᰏ제주도

달팽이떡 찹쌀가루에 소금을 섞고, 물을 뿌려 찐 후 치대어 찰떡을 만든 뒤 얇게 펴서 콩고물을 묻히고 대추채, 밤채, 곶감채를 가지런히 넣고 김밥 말듯이 말아 썬 떡이다. 파란 콩가루의 고소한 맛과 찹쌀밥, 밤, 대추, 곶감이 어우러져 씹히는 맛이 일품이다. ᰏ충남

달팽이떡

달팽이해장국 ▶▶▶ 다슬기국 ᰏ강원도

닭갈납 닭살을 곱게 다져 소금, 후춧가루를 넣고 치대어 둥글게 빚어 밀가루와 달걀물을 입혀 식용유에 지진 것이다. ᰏ경북

닭갈비 고추장 양념에 버무려 7~8시간 재운 닭갈비와 양배추, 고구마, 양파, 대파, 배춧잎 등의 채소, 가래떡을 식용유를 두른 팬에 넣고 볶은 것이다. 상추와 깻잎을 곁들여 먹으며 춘천닭갈비가 유명하다. 춘천닭갈비의 역사는 1960년대 말 선술집 막걸리 판에서 숯불에 굽는 술안주 대용으로 개발되었는데, 3년간 군생활에서 휴가나 외출 나온 군인들이 즐겨 먹었고, 값이 싸고 배불리 먹을 수 있어 강원도 춘천 시내 대학생들도 좋아하는 음식이었다. ᰏ강원도

닭갈비

닭개장 쇠고기 대신 닭고기를 이용하여 끓인 매운 국이다. 닭을 삶아 뼈를 발라내고 찢은 닭살과 양념(고춧가루, 국간장, 다진 파·마늘)으로 무친 배추시래기를 넣어 끓이다가 대파를 넣고 소금으로 간을 하여 더 끓인다. ᰏ경북

닭고기국 ▶▶▶ 닭국

닭고기회 얇게 저민 신선한 닭고기살을 양파채와 당근채, 어슷하게 썬 대파, 마늘편과 함께 고추장 양념(고추장, 설탕, 참기름, 통깨, 후춧가루)으로 버무린 것이다. ᰏ전남

닭국 닭 삶은 국물에 무를 넣고 끓이다가 삶은 닭은 식혀 살을 발라내어 고추장, 고춧가루, 채 썬 양파, 후춧가루로 양

념하여 버무린 후 국물에 넣고 소금 간하여 끓인 것이다. 닭고기국이라고도 한다. 《증보산림경제》(총계탕 : 蔥鷄湯), 《조선요리제법》(닭국), 《조선무쌍신식요리제법》(닭국, 계탕 : 鷄湯)에 소개되어 있다.

닭국

닭김치 열무김치에 닭고기를 넣고 닭육수를 부어 만든 김치이다. 고추장, 깨소금, 다진 파로 양념한 다진 쇠고기를 영계 배 속에 넣어 삶은 후 닭고기살을 찢어 열무김치 건더기와 닭살을 한 켜씩 번갈아 항아리에 담고 닭육수에 간장, 식초, 설탕, 깨소금으로 간하여 만든 국물을 부어 익혀 차게 먹는다. 《조선무쌍신식요리제법》(계저 : 鷄菹)에 소개되어 있다. ❦ 서울·경기

닭김치

닭메밀칼국수 닭을 푹 삶아 닭살을 발라내어 찢어 두고, 닭육수에 채 썬 무와

물을 넣고 끓이다가 메밀가루로 반죽한 칼국수를 넣고 끓인 다음 다진 파, 김가루, 깨소금, 소금을 넣고 달걀을 풀어 넣은 것이다. 찢은 닭살은 고명으로 얹어낸다. 메밀 반죽을 오래 치대어서 반죽을 하고, 익반죽을 해야 칼로 썰 때 부스러기가 생기지 않는다. ᄆᄆ물칼국수라고도 한다. ❦ 제주도

닭메밀칼국수

닭백숙 닭에 인삼, 마늘, 대추, 물을 넣고 푹 끓이다가 녹두를 넣어 퍼지게 끓인 다음 찹쌀을 넣고 끓여 소금과 후춧가루로 간을 한 국이다. ❦ 전국적으로 먹으나 특히 경북에서 즐겨 먹음

닭볶음 토막 내어 데친 닭고기, 감자, 당근에 고추장 양념(고추장, 고춧가루, 간장, 설탕, 다진 파·마늘·생강, 후춧가루)을 넣고 물을 부어 끓이다가 양파와 풋고추, 붉은 고추를 넣고 한소끔 더

닭볶음

끓인 것이다.《산림경제》(초계 : 炒鷄),
《조선요리제법》(닭볶음),《조선무쌍신
식요리제법》(계초 : 鷄炒)에 소개되어
있다.

닭불고기 닭살을 발라내어 생강즙과 청
주로 밑간한 다음 양념(고추장, 간장, 다
진 파·마늘, 간 양파, 생강즙, 참기름,
후춧가루)에 재웠다가 석쇠에 구우며 상
추, 깻잎, 마늘, 풋고추, 생강을 곁들인
다. ♣ 경북

닭뼈다귀알탕국 닭육수에 무를 넣고 끓
이다가 삶아서 다진 닭살에 밀가루와 소
금을 넣고 만든 완자를 넣어 끓으면 대
파를 넣고 소금 간을 하여 더 끓인 국이
다. ♣ 경북

닭새기찜 ▶▶▶ 달걀찜 ♣ 제주도

닭생떡국 닭을 푹 삶아 기른 육수에 익
빈죽한 쌀가루 빈죽을 가래떡 모양으로
만들어 어슷하게 썰어 넣고 끓여 그릇에
담은 다음 찢어놓은 닭고기를 얹은 것이
다. ♣ 충남

닭전골 닭뼈를 푹 고아 육수를 만들고,
건져서 찢은 닭살은 양념에 재워 둔 다
음 전골냄비에 양배추, 당근, 붉은 고추,
대파를 돌려 담고 삶은 국수와 양념한
닭고기를 얹어 닭육수를 넣고 끓인 것이
다. ♣ 충북

닭젓국 손질하여 토막 낸 닭을 데쳐 새

닭젓국

우젓, 다진 파·마늘, 생강즙, 참기름,
후춧가루 등으로 양념하여 재운 후 냄비
에 참기름을 두르고 살짝 볶아 물과 새
우젓을 넣어 끓인 것이다. ♣ 서울·경기

닭제골 솥에 물을 부어 뚝배기를 넣고
그 위에 대꼬챙이를 걸쳐놓고 내장을 꺼
낸 닭 속에 참기름을 발라 마늘을 가득
채운 다음 참기름을 조금 넣고 대꼬챙이
에 올려 중탕하여 익힌 것으로, 뚝배기
속에 받아진 닭의 진국을 마신다. 진국
이 빠진 닭고기는 푸석푸석하여 맛이 없
으며, 닭제골은 몸이 약한 사람을 위한
보신 음식으로 많이 먹었다. ♣ 제주도

닭제골

닭조림 토막 낸 닭과 깍둑썰기 한 당
근·감자·양파, 어슷하게 썬 수삼·붉
은 고추에 간장 양념(간장, 다진 마늘·
생강, 설탕, 물엿, 참기름, 물)을 넣고 조
린 것을 말하며, 그릇에 담아 낼 때 고명
으로 잣을 올린다. 궁중닭조림이라고도
한다.《수운잡방》(전계아법 : 煎鷄兒法),
《시의전서》(닭조림),《조선요리제법》
(닭조림),《조선무쌍신식요리제법》(닭
조림)에 소개되어 있다.

닭죽 기름을 건은 닭육수에 불린 쌀과
삶아서 가늘게 찢은 닭살을 넣고 쌀알이
푹 퍼질 때까지 끓여 소금으로 간을 한
죽이다. 찹쌀로 죽을 끓이기도 한다. 제

주도에서는 참기름을 넣기도 하며, 둙죽
이라고도 한다. 《식료찬요》(둙죽), 《산
림경제》(계죽 : 鷄粥), 《조선무쌍신식요
리제법》(계죽 : 鷄粥)에 소개되어 있다.

닭죽

둙죽 ▶▶▶ 닭죽 ☘ 제주도

닭찜 닭고기를 양념하여 푹 삶은 찜이
다. 방법 1 : 닭을 푹 삶아 꺼내어 살을
발라내고 닭국물은 기름기를 제거한 후
닭살과 채 썬 표고버섯, 찢은 목이버섯을
넣고 끓이다가 소금, 다진 파ㆍ마늘 등으
로 양념하여 전분과 달걀을 풀어넣고 석
이버섯채를 고명으로 얹어 낸다(상용).
방법 2 : 내장을 제거한 닭 배 속에 대파
와 마늘을 채워 생강즙을 넣은 물에 넣어
20분간 끓이다가 깐 밤, 대추, 표고버섯,
당근, 삶은 달걀, 간장을 넣고 쪄낸다(전
북). 방법 3 : 통째로 배를 갈라서 방망이
로 두드려 납작하게 만든 닭을 앞뒤로 칼
집을 넣고 양념장(간장, 다진 파ㆍ마늘,
설탕, 청주, 생강즙, 참기름 등)에 30분
정도 재워두었다가 찜통에 쪄서 찢어 낸
다(전남). 방법 4 : 멸치장국국물에 간장,
설탕, 청주, 참기름을 넣고 끓이다가 찐
닭을 넣고 조려 건져내고 그 국물에 전분
물을 풀어 끓인 다음 닭에 바른다(경북).
《식료찬요》(수닭찜), 《음식디미방》(연계
찜), 《주방문》(영계찜), 《산림경제》(칠향

계 : 七香鷄), 《규합총서》(칠향계(닭찜)),
《증보산림경제》(연계증법 : 軟鷄蒸法),
《시의전서》(연계찜), 《조선요리제법》(닭
찜), 《조선무쌍신식요리제법》(연계증 :
軟鷄蒸)에 소개되어 있다.

닭칼국수 방법 1 : 끓는 닭육수에 밀가
루로 반죽한 칼국수를 넣고 끓이다가 들
깨와 참깨를 갈아 넣고 소금 간을 한 다
음 삶아 찢은 닭살을 고명으로 얹은 것이
다. 방법 2 : 밀가루에 생콩가루와 소
금, 달걀흰자를 넣고 만든 삶은 국수에
소금으로 간을 한 영계육수를 붓고 석이
버섯과 실고추를 고명으로 올린 것이다.
고명으로 부추무침, 무장아찌, 황백지
단, 닭고기, 애호박나물, 구운 김 등을
이용하기도 하며, 손닭국수라고도 한다.
경북 경산 지역의 손닭국수는 닭을 푹
곤 국물에 면을 삶아 먹는 음식으로 담
백한 맛이 특징이다. 석이버섯은 지의류
석이과 버섯류로 원반형이며, 겉은 번들
번들하고 잿빛인데, 안쪽은 검고 거칠거
칠하다. 말려서 식용하는데, 말리면 가
죽처럼 되며 주로 고명으로 사용한다.
☘ 경북

담북장 콩으로 메주를 띄워 햇볕에 말
려 곱게 빻아 만든 메줏가루를 소금물로
질게 버무린 다음 다진 마늘, 굵은 고춧
가루를 섞어 일주일 동안 삭힌 장이다.

담북장

충남에서는 메주에 따뜻한 물을 부어 하
루 정도 삭힌 다음 양념을 넣고 발효시
키며, 경남에서는 양념을 섞어 잘게 썬
배추김치·무김치를 넣어 발효시킨다.
충남에서는 담뿍장, 경남에서는 담뿍장,
땀북장이라고도 한다. 《시의전서》(담북
장 : 淡北醬), 《조선요리제법》(담북장)에
소개되어 있다. ♣ 충청도, 경남 등

담뿍장 ▶▶▶ 담북장 ♣ 충남, 경남

담치죽 ▶▶▶ 홍합죽 ♣ 경남

당귀가죽장아찌 소금에 살짝 절인 당귀
잎과 가죽잎을 꾸덕꾸덕하게 말린 다음
고추장, 국간장을 넣고 버무려 항아리에
담아 숙성시킨 장아찌이다. 승검초의 뿌
리를 말린 것을 당귀라 하고, 그 잎을 당
귀잎이라 부르며, 우리나라에서는 전국
생산량의 30%가 경북 봉화에서 생산된
다. 뿌리는 약재로 사용하는데, 한약 세
조 시 반드시 들어가는 약재 중의 하나
이며, 어린 뿌리와 연한 잎은 반찬으로
해먹는다. 피를 멈추게 하고 부인병 예
방 및 치료제로 쓰인다. ♣ 경남

당귀가죽장아찌

당귀산적 대파와 데쳐서 소금, 참기름
으로 양념한 당귀, 당근, 느타리버섯과
양념(간장, 설탕, 다진 파·마늘, 참기
름, 깨소금)하여 볶은 쇠고기를 꼬치에
색맞춰 꿴 다음 밀가루와 달걀물을 묻

혀 식용유에 지진 것이다. 당귀잎을 이
용하기도 한다. ♣ 경북

당귀잎떡 ▶▶▶ 승검초잎떡 ♣ 강원도

당귀잎부각 당귀잎을 찹쌀풀에 적셨다가
쪄서 통깨를 뿌려 말린 다음 먹을 때 튀겨
소금이나 설탕을 뿌린 것이다. ♣ 경북

당귀잎장아찌 미지근한 소금물에 절인
당귀잎과 당귀뿌리에 고추장, 고춧가루,
새우젓, 생강, 설탕, 통깨 등의 양념을 넣
고 버무려 숙성시킨 장아찌이다. ♣ 경북

당귀잎장아찌

당귀잎튀김 당귀잎에 밀가루, 달걀, 전
분, 소금, 물을 섞어 만든 반죽을 묻혀
식용유에 튀긴 것이다. ♣ 경북

당귀차 말린 당귀를 물에 넣어 오랫동
안 달인 후 설탕 또는 꿀을 타 마신다.
《증보산림경제》(당귀차 : 當歸茶法)에
소개되어 있다. ♣ 서울·경기, 강원도

당귀차

당귀편 ▶▶▶ 승검초편 ❧ 충북

당유자주 ▶▶▶ 유자주 ❧ 제주도

당유자차 당유자의 씨를 발라내고 얇게 저며 설탕과 켜켜로 유리병에 넣어 재워 만든 유자청에 뜨거운 물을 부어 마시는 차이다. 댕유자차라고도 한다. ❧ 제주도

대게비빔밥 쪄서 발라낸 게살과 내장, 절여 볶은 애호박과 오이, 데친 당근에 소금, 참기름으로 무쳐 볶은 것과 데친 도라지에 다진 마늘, 깨소금, 참기름, 설탕으로 무쳐 볶은 것을 밥에 얹고 구운 김, 황백지단을 고명으로 올린 것이다. ❧ 경북

대게비빔밥

대게죽 거칠게 간 쌀을 참기름에 볶다가 대게살을 넣고 더 볶은 후 육수를 넣어 쑨 죽으로 소금과 국간장으로 간을 한다. ❧ 경북

대게찜 대게를 통째로 배부분을 위쪽으로 하여 찜통에 넣고 찐 것으로 배를

대게찜

위쪽으로 해서 쪄야 찬물이 빠져나가지 않아 맛이 좋다. 대게찜은 경북 울진과 영덕에서 유명하다. ❧ 강원도, 경북

대게탕 토막 낸 대게에 콩나물, 당근, 물을 넣고 끓이다가 대파, 풋고추, 다진 마늘, 고춧가루를 넣고 끓인 다음 소금 간을 하고 쑥갓을 넣은 국이다. ❧ 경북

대구곤국 ▶▶▶ 대구곤이국 ❧ 경남

대구곤이국 물에 무를 넣고 끓이다가 대구곤이를 넣어 끓으면 고춧가루, 소금으로 간을 하고 대파를 넣어 더 끓인 국을 말하며 대구곤국이라고도 한다. 대구 수컷의 정소를 곤이라 한다. ❧ 경남

곤이

대구국 고추장과 된장을 푼 물을 팔팔 끓이다가 콩나물, 무와 토막 낸 대구를 넣고 뭉근하게 끓인 후 어슷하게 썬 대파, 다진 마늘을 넣고 끓인 것으로 대구탕이라고도 한다. 《조선무쌍신식요리제법》(대구국, 대구탕 : 大口湯)에 소개되어 있다.

대구국

대구모젓 포를 떠서 절였다가 채 썬 생

대구와 소금 간을 한 무채를 섞어 양념
(고춧가루, 다진 파·마늘, 통깨)으로 버
무려 삭힌 것이다. 먹을 때 참기름으로
버무린다. 대구모젓은 10월경에 담가
먹는 것이 가장 맛이 있는데, 씹는 감촉
이 독특하고, 담백하면서도 독특한 맛으
로 식욕을 돋운다. 통대구모젓, 대구애
미젓이라고도 한다. ♨ 경남

대구모젓

대구볼찜 대구머리와 콩나물에 고운 고
춧가루, 다진 마늘, 소금, 물을 넣고 끓
이다가 양념장(생강즙, 국간장, 청주, 육
수, 참기름, 깨소금, 후춧가루)에 찹쌀가
루를 섞어 넣고 걸쭉하게 익혀 미나리와
대파를 넣은 것이다. 대구뽈찜, 대구뽈
대기찜이라고도 한다. ♨ 경남

대구볼찜

대구뽈대기찜 ▶▶▶ 대구볼찜 ♨ 경남
대구뽈찜 ▶▶▶ 대구볼찜 ♨ 경남

대구알젓 주머니를 제거한 대구알과 소
금에 절여 물기를 뺀 무를 양념(고운 고
춧가루, 다진 마늘, 통깨, 소금, 물엿, 실
고추)으로 버무려 삭힌 것이다. ♨ 경남
대구애미젓 ▶▶▶ 대구모젓 ♨ 경남
대구육개장 육수에 삶은 토란대와 숙
주, 양념(국간장, 다진 파·마늘, 깨소
금, 후춧가루)한 쇠고기와 무를 넣고 끓
이다가 참기름에 고춧가루를 개어서 넣
고 끓여 소금 간을 한 국이다. 대구탕(大
邱湯)이라고도 하며, 양지머리나 사태
등 국거리 고기를 푹 무르게 삶아 파를
많이 넣고 고춧가루로 매운맛을 낸 것으
로 더운 여름 삼복 때 먹는 별미국이다.
♨ 경북

대구육개장

대구탕 ▶▶▶ 대구국
대구탕 ▶▶▶ 대구육계장 ♨ 경북
대나무차 맥문동과 토막 낸 대나무를 각
각 볶아 물을 붓고 끓인 차이다. ♨ 충남
대나무통밥 ▶▶▶ 대통밥 ♨ 전북
대사리국 ▶▶▶ 다슬기국 ♨ 전남
대사리수제비 ▶▶▶ 다슬기수제비 ♨ 전남
대수리조림 ▶▶▶ 다슬기조림 ♨ 전북
대수리칼국수 ▶▶▶ 다슬기칼국수 ♨ 전북
대잎차 대나무잎을 손질하여 약한 불
에서 2시간 동안 볶고 식히는 과정을 7
회 정도 반복하여 볶은 잎을 밀봉해 보

관하였다가 더운 물을 부어 차로 우려낸 것이다. ✿ 전남

대잎차

대청호장어구이 손질한 장어를 숯불에 살짝 구워낸 후 장어뼈를 우려낸 육수에 간장, 마늘즙, 생강즙을 섞은 양념으로 3~4회 앞뒤로 발라가며 구운 것이다. ✿ 충북

대추고리 ▶▶▶ 대추곰 ✿ 경북

대추고음 ▶▶▶ 대추곰 ✿ 충북

대추고임 ▶▶▶ 대추곰 ✿ 경북

대추곰 씨를 제거한 대추를 물을 붓고 푹 삶아 체에 거른 후 묽게 갠 찹쌀가루와 함께 걸쭉하게 끓여 두었다가 먹을 때 소금과 설탕으로 간하고 다진 호두와 잣을 고명으로 얹어 먹는 음료이다. 경북에서는 대추를 푹 삶아 체에 걸러낸 대춧물에 불린 찹쌀, 밤, 통깨, 계핏가루를 넣고 푹 달인 다음 꿀을 넣는다. 충북에서는 대추고음, 경북에서는 대추고리, 대추고임이라고도 한다. ✿ 충북, 경북

대추곰

대추단자 찹쌀가루에 다진 대추를 섞어 반죽하여 찐 후 치대어 대추알 크기로 빚어 밤채, 대추채에 굴린 떡이다. ✿ 서울·경기

대추미음 충분히 불린 쌀과 대추, 황률에 물을 붓고 뭉근한 불에서 무를 때까지 푹 끓여 체에 내린 후 설탕을 넣은 것을 말한다. 황률은 황밤의 속껍질을 까서 말린 것이다. ✿ 서울·경기

대추술 찹쌀과 멥쌀을 1 : 1 비율로 섞어 솔잎을 넣고 찐 술밥에 누룩과 효모를 섞어 완전히 삭혀서 항아리에 넣고 물을 부어 발효시킨 뒤 먹기 직전에 대추즙과 혼합하여 마시는 술이다. ✿ 충북

대추식혜 대추를 푹 끓여 걸러내어 고아서 만든 대추고에 찹쌀 고두밥, 엿기름물을 넣어 삭힌 다음 밥알이 떠오르면 설탕을 넣고 센 불에서 끓인 것이다. 대추고는 대추에 물을 붓고 푹 무르게 삶아 체에 거른 것이다. ✿ 경북

대추인절미 곱게 간 대추살을 찹쌀가루와 섞어서 찐 다음 절구에 넣고 쳐서 가래떡 모양으로 길게 밀어 적당한 크기로 썬 다음 콩가루, 콩고물, 팥고물을 각각 묻힌 떡이다. 대추와 찹쌀로 만든 보양식으로 색과 맛이 좋으며, 식사대용으로 적당하다. ✿ 경북

대추인절미

대추죽 불린 쌀에 물을 붓고 끓이다가

되직하게 되면 씨를 뺀 대추를 푹 삶아 곱게 갈아 넣고 쑨 죽이다. ✿ 서울·경기

대추징조 청주와 설탕으로 버무려 재웠다가 찐 대추를 설탕과 물을 끓여 반으로 줄어 들면 꿀을 넣어 되직하게 끓여 만든 즙청액에 담갔다 꺼내 통깨에 버무린 것이다. ✿ 경북

대추징조

대추차 대추채와 생강편에 물을 붓고 오래 끓인 깃에 꿀을 타서 마시는 음료이다.

대추초 씨를 뺀 대추에 잣을 가운데에 끼워 넣고 꿀이나 물엿에 서서히 조려 계핏가루를 뿌린 것이다. 경북에서는 설탕, 꿀, 청주, 물을 넣고 조리며 잣 대신 도라지를 조려 넣기도 한다. 경남에서는 씨를 뺀 대추를 청주에 재우거나 쪄서 부풀린 다음 조린다. 《규합총서》(대추초), 《음식법》(대추초), 《조선요리제법》(대추초), 《조선무쌍신식요리제법》(대조초 : 大棗炒)에 소개되어 있다. ✿ 전국적으로 먹으나 특히 경상도에서 즐겨 먹음

대추편 ▶▶▶ 약편 ✿ 충청도

대추편포 다진 쇠고기를 간장, 꿀, 설탕, 후춧가루, 참기름으로 양념한 후 대추 모양으로 빚어 꼭지 쪽에 잣 한 알을 깊게 박은 후 꾸덕꾸덕하게 말려 석쇠에 살짝 구운 것으로 조선시대 궁중음식이다. 《조선무쌍신식요리제법》(대조편포 : 大

棗片脯)에 소개되어 있다. ✿ 서울·경기

대통밥 불린 찹쌀·쌀, 검은콩, 밤, 대추, 은행, 잣을 대나무통에 넣고 한지로 그 입구를 덮은 뒤 쪄낸 밥이다. 대통밥은 전남 담양 지방의 향토음식으로 죽통밥이라고도 하며, 전북에서는 대나무통밥이라고도 한다. 담양은 토양과 기후가 대나무가 자라기에 적합하기 때문에 우리나라에서 가장 많은 대나무가 서식하고 있고, 이 지역 대나무는 크기가 클 뿐만 아니라 결이 곧고 단단하다. 대통밥은 3년 이상 자란 왕대의 대통을 잘라 쓰는데, 대나무의 죽력과 죽황이 밥에 배어들면 인체의 화와 열을 식히는 역할을 하여 기력을 보강하는 데 도움이 된다. ✿ 전라도

대통밥

대하잣즙무침 대하의 등 쪽 두 번째 마디에서 대꼬치를 이용해 내장을 빼낸 다음 옅은 소금물에 흔들어 씻어 건져낸 후 쪄서 어슷하게 썬 대하, 납작하게 썬 편육, 소금에 절여 볶은 오이, 빗살 모양으로 썰어 볶은 죽순을 한데 섞어 잣가루, 육수, 소금, 참기름으로 만든 잣즙에 버무린 것이다. ✿ 서울·경기

대하전 내장을 빼내어 껍질을 벗긴 대하를 찐 후 길이로 얇게 저며 두 쪽을 내어 밀가루와 달걀물을 입혀 식용유를 두

른 팬에 지진 것이다. 《조선요리제법》 (새우전유어), 《조선무쌍신식요리제법》 (하전유어 : 蝦煎油魚)에 소개되어 있다. ♨ 서울·경기

대하찜 내장을 뺀 대하에 칼집을 넣어 고명을 얹어 찐 것이다. 내장을 뺀 대하의 몸통 껍질만 벗겨 등에 칼집을 내고 청주, 후춧가루, 소금으로 밑간하여 찜통에서 찐 다음 석이버섯채, 황백지단채, 붉은 고추채, 풋고추채를 고명으로 색맞춰 올린다(상용, 서울·경기). 전북에서는 양념하여 볶은 쇠고기를 고명으로 사용하기도 한다. 《음식법》(대하찜)에 소개되어 있다.

대하탕 물에 콩나물, 무, 양파를 넣고 끓이다가 대하를 넣고 국물이 끓으면 된장과 고추장을 넣고 다진 마늘과 고춧가루로 양념한 후 한소끔 끓어 오르면 어슷하게 썬 대파와 쑥갓을 얹은 것이다. ♨ 충남

대합구이 살짝 익혀 곱게 다진 대합살과 조갯살에 다진 쇠고기와 두부를 합쳐 양념하여 만든 소를 대합 껍질에 다시 채워 밀가루, 달걀물을 묻혀 지진 후 석쇠에 구워낸 것으로 초간장을 곁들이기도 한다. 대합은 백합과 조개류의 다른 명칭이다. 《음식디미방》(대합구이, 대합)에 소개되어 있다. ♨ 서울·경기, 전북, 경남

대합구이

대합전 대합에 밀가루와 달걀물을 입혀서 식용유를 두른 팬에 양면을 노릇하게 지진 후 초간장을 곁들인 것이다. ♨ 전남

대합전골 대합살과 채 썰어 양념한 쇠고기, 납작하게 썬 두부와 당근, 대파와 미나리를 전골냄비에 색맞춰 담은 후 육수를 붓고 달걀을 올려 반숙으로 익힌 것이다. ♨ 서울·경기

대합조개죽 ▸▸▸ 백합죽 ♨ 제주도

대합찜 데쳐서 다진 대합살, 으깬 두부, 다진 쇠고기에 양념(소금, 설탕, 다진 파·마늘, 참기름, 깨소금, 후춧가루)한 것을 대합 껍데기에 채워 넣고 밀가루를 묻힌 다음 달걀물을 입혀 찜통에 찌며 황백지단채를 고명으로 얹고 초간장을 곁들인다. 전북에서는 체에 내린 삶은 달걀 흰자·노른자, 다진 풋고추·붉은 고추·석이버섯을 고명으로 얹으며 생합찜이라고도 한다. ♨ 전국적으로 먹으나 특히 전북, 경남에서 즐겨 먹음

대합찜

대합탕 소금물에 담가 해감한 대합을 끓는 물에 넣어 입을 벌리면 붉은 고추, 실파, 다진 마늘을 넣어 잠깐 끓여 소금 간을 한 것이다. 경남에서는 대추와 인삼을 넣어서 끓인다. 조개류는 지나치게 오래 끓이면 조갯살이 작아지고 질겨져

서 맛이 떨어진다. 전북에서는 생합탕, 경남에서는 백합탕이라고도 한다. 《조선요리제법》(조개국)에 소개되어 있다.
⚘ 전국적으로 먹으나 특히 전북, 경남에서 즐겨 먹음

대합탕

댑싸리떡 멥쌀가루에 잘게 자른 댑싸리 잎과 엿기름가루, 설탕을 넣고 골고루 버무려 찐 떡이다. 맵싸리떡이라고도 하며 강원도의 지빙떡으로 아이들의 산식용으로 만들어졌다. 댑싸리는 대싸리 혹은 비싸리라고도 불리는 명아주과의 일년생풀로 산과 들에 자생하기도 하고 뜰에 심어 마른 줄기로는 빗자루를 만들며, 그 씨인 '지부자'는 강장, 이뇨제로 쓰며 갑상선 기능항진증과 아토피 증상에 약재로 쓰이기도 한다. ⚘ 강원도

댑싸리

댑싸리떡

댓잎솔잎청주 ▶▶ 죽엽청주 ⚘ 전남
댕유자차 ▶▶ 당유자차 ⚘ 제주도
더덕구이 껍질을 벗겨 소금물에 담가 쓴맛을 우려낸 더덕을 반으로 갈라 방망이로 두드려 유장(간장, 참기름)을 발라 애벌굽고, 양념장(고추장, 간장, 설탕, 다진 파·마늘, 참기름)을 발라가며 석쇠에 굽거나 팬에 다시 구운 것이다. 경남에서는 유장을 바르지 않고 굽기도 하며 더덕양념구이라고도 한다. 야생 더덕은 입맛을 돋우는 식품으로 '사삼' 또는 '백삼'이라고도 불린다. 《시의전서》(사삼적 : 沙蔘炙, 사삼구 : 沙蔘灸)에 소개되어 있다.

더덕구이

더덕냉국 소금물에 담가 쓴맛을 제거하여 잘게 찢은 더덕을 설탕, 소금, 식초로 간한 다음 끓여서 식힌 물에 넣고 통깨와 실고추를 얹어낸 냉국이다. ⚘ 경북
더덕무침 ▶▶ 더덕생채
더덕물김치 고춧가루(또는 통째로 곱게 간 붉은 고추)를 푼 물에 껍질을 벗겨 반으로 갈라 방망이로 두들겨 펴서 썬 더덕, 나박썰기 한 배춧잎·배, 편으로 썬 밤, 채 썬 마늘, 생강을 넣고 소금으로 간하여 만든 김치이다. 충남에서는 나박썰기 한 무, 미나리, 실파를 더 넣는다. ⚘ 충청도

더덕물김치

더덕삼병 더덕에 찹쌀가루를 묻혀 식용유에 지지거나 튀긴 후 참깨와 검은깨를 각각 묻힌 것이다. ✿ 전남

더덕삼병

더덕생채 껍질을 벗겨 소금물에 담가 쓴맛을 제거한 더덕을 칼등으로 두들겨 가늘게 찢은 뒤 양념(고추장, 식초, 설탕, 다진 파·마늘, 깨소금)으로 무친 것이다. 더덕무침이라고도 한다.

더덕생채

더덕설기 설탕물에 조린 더덕과 콩을

멥쌀가루에 섞어 시루에 찐 떡이다. ✿ 강원도

더덕승검초쌈 ▶▶▶ 더덕쌈 ✿ 강원도

더덕식해 고춧가루, 꼴뚜기젓갈로 양념한 더덕과 무채, 다진 마늘·생강·대파와 찹쌀밥을 넣고 고루 섞어 숙성시킨 것이다. ✿ 강원도

더덕쌈 방법 1(더덕채소쌈) : 다진 더덕·부추, 삶아 다진 당면, 채 썰어 볶은 돼지고기, 으깬 두부를 함께 섞어 소금으로 간을 한 소를 찐 양배추잎에 넣고 복주머니 모양으로 만들어 데친 미나리로 묶은 것이다. 방법 2(더덕승검초잎쌈) : 어슷하게 썬 더덕을 고추장 양념에 버무려 승검초 잎에 돌돌 말아 싼 것이다. ✿ 강원도

더덕양념구이 ▶▶▶ 더덕구이 ✿ 경남

더덕장떡 소금물에 담가 쓴맛을 우려내고 납작하게 편 더덕에 밀가루, 고추장, 물을 섞은 반죽을 묻혀 식용유를 두른 팬에 지진 것이다. ✿ 경남

더덕장아찌 껍질 벗긴 더덕을 방망이로 두드린 다음 꾸덕꾸덕하게 말려 고추장에 박아 숙성시킨 장아찌이다. 먹을 때 잘게 찢어 양념(다진 파·마늘, 설탕, 참기름, 깨소금)에 무친다. 제주도에서는 더덕과 씨를 뺀 풋고추를 켜켜로 항아리에 담아 간장을 부어 저장하며 3~4일

더덕장아찌

후에 간장을 따라내어 물을 붓고 끓여서
식혀 붓기를 2~3회 반복한 다음 먹을
때 굵게 찢어 양념(참기름, 설탕, 고춧가
루, 깨소금)으로 무친다. ❤️ 서울·경기, 충
북, 전라도 등

더덕장아찌무침 더덕장아찌를 잘게 찢어
송송 썬 실파, 다진 마늘, 통깨, 참기름 등
을 넣어 무친 것이다. ❤️ 전북

더덕정과 살짝 데친 더덕을 설탕과 물
을 동량으로 끓인 즙청액에 넣고 약한
불에서 조려낸 후 설탕을 뿌려 꾸덕꾸덕
하게 말린 것이다. ❤️ 강원도

더덕조림 소금물에 담가 쓴맛을 우려낸
더덕을 끓는 양념(간장, 고춧가루, 물엿,
설탕, 물)에 넣어 조린 뒤 참기름과 통깨
를 넣은 것이다. ❤️ 경남

더덕채소쌈 ▶▶▶ 더덕쌈 ❤️ 강원도

더덕튀김 손질한 더덕을 적당한 크기로
썰어 달걀, 밀가루, 물에 소금 간을 한
반죽물을 입혀 식용유에 튀긴 것이다.
❤️ 강원도, 경북

더벙이김치 송송 썬 배추김치에 동치미
국물처럼 물을 넣고, 살짝 데친 후 깨끗
이 씻은 더벙이를 넣어 만든 김치로 인
천 지역의 향토음식이다. 더벙이는 청정
해역의 저온에서 자라는 해조류로, 철분
이 많이 들어 있으며 요오드가 많아 뼈
와 이를 튼튼히 해주며 피를 맑게 해주
는 성분도 있어 성인들에게 매우 좋은
식품이다. ❤️ 서울·경기

도다리쑥국 쌀뜨물에 무를 넣어 끓이다
가 도다리를 넣고 익으면 쑥, 실파, 다진
마늘을 넣고 소금으로 간을 하여 더 끓
인 국이다. 봄이 제철인 도다리에 봄의
햇쑥을 넣어 만든 담백한 맛의 생선국으
로 경남 통영 지역 봄철 생선국의 대표
적인 음식이다. 향긋한 쑥향이 생선의

비린 맛을 없애 주면서 국물이 아주 시원
하고 개운하여 통영 지역에서는 숙취해
소에 좋은 국으로 알려져 있다. ❤️ 경남

도다리쑥국

도라지구이 껍질 벗긴 도라지를 반으로
갈라 칼등으로 두드려서 납작하게 편 다
음 소금물에 담가 쓴맛을 뺀 후 양념장
(고추장, 설탕, 다진 파·마늘, 참기름
등)을 발라 석쇠에 구운 것이다. 경남에
서는 유장을 발라 애벌구이 한 다음 양
념장을 발라 구우며 도라지양념구이라
고도 한다.

도라지구이

도라지껍질떡 껍질을 벗긴 도라지를 가
늘게 찢어 데친 후 찬물에 담가 쓴맛을
우려내고 멥쌀가루에 버무려 시루에 안
쳐 찐 떡이다. ❤️ 충북

도라지나물 도라지를 3~4쪽으로 갈라
소금, 다진 파·마늘, 깨소금, 참기름을

넣어 양념하여 식용유를 두른 팬에 무르도록 볶은 것이다. 전남에서는 가늘게 찢어 데친 도라지를 소금, 다진 파·마늘, 깨소금으로 양념하여 식용유에 볶다가 육수(양지머리)를 넣고 도라지가 익으면 어슷하게 썬 풋고추, 다진 파를 넣고 소금으로 간을 한 후 참기름, 깨소금을 넣어 섞는다. 도라지볶음이라고도 한다. 《조선무쌍신식요리제법》(길경채 : 桔梗菜)에 소개되어 있다.

도라지나물

도라지볶음 ▶▶▶ 도라지나물

도라지생채 껍질 벗긴 통도라지를 가늘게 갈라서 소금을 넣고 주물러 쓴맛을 뺀 후 양념(고춧가루, 다진 파·마늘, 설탕, 식초 등)으로 고루 무친 것이다. 《조선무쌍신식요리제법》(도랏생채, 길경생채 : 桔梗生菜)에 소개되어 있다.

도라지양념구이 ▶▶▶ 도라지구이 ↙경남

도라지오이무침 가늘게 찢어서 소금물

도라지오이무침

에 담갔다가 쓴맛을 뺀 도라지와 어슷하게 썬 오이를 양념(다진 파·마늘, 고추장, 식초 등)으로 무친 것이다.

도라지장아찌 도라지를 달인 간장에 졸이거나 고추장에 박아 숙성시킨 장아찌이다. 방법 1 : 도라지를 썰어 말려서 간장물에 3일 정도 담가둔 후 간장물을 따라내고 하루 정도 보관해 두었다가 간장물에 도라지를 조리는 과정을 2회 반복한 뒤 물엿, 식초, 참기름 등의 양념에 무쳐낸다(서울·경기). 방법 2 : 납작하게 썰어 소금물에 담가 쓴맛을 뺀 도라지를 꾸덕꾸덕하게 말린 다음, 고추장, 간장, 물엿, 다진 파·마늘을 넣어 끓여서 식힌 양념을 섞어 숙성시키며, 먹을 때 참기름, 깨소금으로 양념한다(전라도). 방법 3 : 소금물에 썻어 말린 도라지에 양념장(간장, 설탕)을 넣고 절인 뒤 면포에 싸서 고추장에 넣어 숙성시킨 후 먹을 때 양념(다진 파·마늘, 깨소금, 참기름)으로 무친다(경남). 전남에서는 된장으로 숙성시키기도 한다. ↙서울·경기, 전라도, 경남

도라지장아찌

도라지전과 ▶▶▶ 도라지정과 ↙경남

도라지정과 ▶▶▶ 각색정과 ↙경북

도라지정과 대친 도라지를 설탕물에 조리다가 꿀을 넣어 윤기를 내어 꾸덕하게

식혀서 만든 것이다. 방법 1 : 냄비에 물엿과 설탕을 1 : 1의 비율로 넣어 젓지 말고 끓이다가 껍질 벗겨 데친 도라지를 넣어 끓였다 식히기를 세 번 정도 반복하여 만든다(충북). 방법 2 : 소금물에 데친 도라지를 물에 담가 쓴맛을 제거한 다음 설탕과 물을 넣어 끓여 설탕물이 줄어들면 치자물을 넣고 조리다가 물엿을 넣고 거의 조려지면 꿀을 넣는다(경남). 진정과는 물엿이 많이 들어가고, 건정과는 설탕이 많이 들어간다. 경남에서 도라지전과라고도 한다. 《산림경제》(전길경 : 煎桔硬), 《증보산림경제》(길경전법 : 桔硬煎法), 《음식법》(도라지정과), 《시의전서》(길경정과 : 吉梗正果)에 소개되어 있다. ❧ 충북, 경상도 등

도라지정과

도루묵감자찜 냄비에 물을 붓고 납작하게 썬 감자와 무를 깐 다음 그 위에 도루묵을 얹고 끓이다가 양념장과 어슷하게 썬 대파 · 풋고추를 넣고 자작하게 끓인 것이다. 도루묵은 농어목 도루묵과의 바닷물고기로 한국 동해, 알래스카주, 사

도루묵

할린섬, 캄차카반도 등의 북태평양 해역에 분포한다. 도루묵을 이용해 젓갈을 담그면 뼈째 먹을 수 있으므로 훌륭한 칼슘 공급원이 되며, 단백질과 비타민 B가 많고 살코기에는 유리아미노산도 풍부하다. ❧ 강원도

도루묵감자찜

도루묵식해 차좁쌀이나 멥쌀로 밥을 지어 차게 식힌 다음 꾸덕꾸덕하게 말린 도루묵을 섞고 고춧가루와 양념을 같이 버무려 삭힌 것이다. 엿기름가루와 나박썰기 한 무를 넣기도 한다. 흔히 동물성 식품을 먹으면 콜레스테롤 수치가 높아질까 걱정하는 사람이 많은데, 도루묵에는 타우린 함량이 많아 콜레스테롤로 인한 피해는 적은 식품이다. ❧ 강원도

도루묵식해

도리뱅뱅이 작은 민물고기를 팬에 동그랗게 돌려 담아 조린 음식이다. 방법 1 :

민물고기를 손질한 후 팬에 동그랗게 돌려 담아 살짝 익힌 다음 식용유에 튀긴 후 고추장 양념을 바르고 당근, 대파, 인삼, 고추를 고명으로 얹어 만든다(충북). 방법 2 : 손질한 빙어를 냄비에 동그랗게 돌려 담아 양념장(고추장, 간장, 다진 파·마늘 등)을 끼얹고 물을 약간 넣어 약한 불에서 조린다(충남). 충청도 지방에서 정착된 음식으로 충북 제천 의림지와 대청댐 주변의 향토음식으로 정착한 도리뱅뱅이는 민물고기인 피라미 또는 빙어를 냄비에 동그랗게 돌려 조리한다 하여 '도리뱅뱅이' 라고 부르며 빙어조림이라고도 한다. ♣ 충청도

도리뱅뱅이

도미구이 손질한 도미를 참기름을 발라가며 석쇠에 구운 것이다. ♣ 서울·경기

도미국수 ▶▶▶ 도미면 ♣ 서울·경기

도미면 도미와 각색전유어 등을 담고 삶은 국수를 넣어 먹는 전골이다. 손질한 도미에 칼집을 넣어 간장을 발라 살짝 굽고, 소등골, 천엽, 양, 간으로 각각 전을 부친다. 쇠고기로 완자를 빚어 지진 후 큰 접시에 도미를 담고 각색전유어와 미나리초대, 직사각형으로 썰어 볶은 목이버섯·표고버섯·석이버섯을 색맞춰 돌려담고 완자와 황백지단, 삶은 달걀을 모양대로 얇게 썰어 돌려 담은

후 쑥갓을 넣고 양지머리 육수를 부어 끓인 후 삶은 국수를 넣어 먹는다. 도미국수라고도 한다. 《조선요리제법》(도미국수), 《조선무쌍신식요리제법》(도미국수)에 소개되어 있다. ♣ 서울·경기

도미면

도미찜 양념하여 찐 도미에 색색의 고명을 얹어낸 것이다. 방법 1 : 칼집을 넣은 도미에 소금, 청주, 후춧가루로 간하고, 다져 양념한 쇠고기를 칼집 사이에 채워넣고 실고추와 쇠고기 완자를 얹어 찐 후 황백지단채, 양념하여 볶은 표고버섯채·석이버섯채·당근채, 쑥갓을 고명으로 올린다(상용). 방법 2 : 도미 배 부분의 살을 조금 떼내어 곱게 다진 다음 볶은 조갯살과 양념장(달걀, 된장, 고추장, 다진 파·마늘, 참기름, 깨소금)을 넣고 버무려 도미 배 속에 넣어 찌며, 데친 미나리와 부추, 삶은 콩나물·고사

도미찜

리를 얹어 장식한다(경남). ⚘ 전국적으로 먹으나 특히 경남에서 즐겨 먹음

도새기새끼보죽 ▶▶▶ 돼지새끼보죽 ⚘ 제주도

도치두루치기볶음 살짝 데친 도치를 손질하여 한 입 크기로 썰고, 배추김치도 같은 크기로 썬 다음 식용유를 두른 냄비에 도치를 볶다가 김치를 넣고 볶으면서 물, 다진 파·마늘, 고춧가루를 넣어 푹 익힌 후 국물이 자작해지면 소금 간을 하고 깨소금을 뿌린 것이다. 도치의 원래 이름은 '뚝지'인데, 강원도 지방에서는 '도치' 또는 '싱튀'로 더 많이 알려져 있다. 공처럼 둥글고 꼬리 부분이 급격히 가늘어져 바람이 잔뜩 든 복어 같으며 겨울철 산란기인 12월에서 이듬해 2월경까지가 어획기이다. 도치는 육질이 아귀와 같이 부드러우면서 쫄깃한데, 끓는 물에 살짝 데쳐 초고추장에 찍어 먹거나 말려서 쪄 먹어도

좋다. 단백질은 물론 비타민과 무기질이 풍부하고 아미노산이 다량 함유되어 있어 노약자나 병후

도치

원기회복에 도움을 주는 강장식품으로 널리 알려져 있는 식품이다. ⚘ 강원도

도치회 내장을 제거한 도치를 끓는 물에 살짝 데치거나 찜통에 쪄서 찬물에 헹구어 먹기 좋은 크기로 썰고, 도치알은 소금 간하여 살짝 찐 다음 도치, 도치알, 미역을 접시에 한데 담아 초고추장을 곁들인다. 심퉁어회라고도 한다. ⚘ 강원도

도치회

도토리가루설기 ▶▶▶ 도토리떡 ⚘ 경북

도토리국수 도토리가루, 밀가루와 물로 반죽한 국수를 삶아 동치미국물을 붓고 양념장을 곁들인 것이다. ⚘ 강원도

도토리느태 강낭콩을 삶다가 삶아 말려 떫은맛을 우려낸 도토리를 넣고 푹 더 익혀 설탕, 소금을 넣어 치댄 떡을 말하며 콩가루를 버무리기도 한다. 꿀밤느태라고도 한다. ⚘ 경북

도토리느태

도토리떡 도토리가루와 쌀가루를 섞어 찐 떡이다. 방법 1 : 도토리가루와 멥쌀

가루를 섞어 체에 내려서 거피팥고물과 번갈아 켜켜이 안쳐 시루에 찐다(강원도). 방법 2 : 도토리가루와 수숫가루를 섞은 떡가루에 콩과 팥을 삶아 섞어 만든 고물을 켜켜이 안쳐 찐다(충북). 방법 3 : 도토리가루, 찹쌀가루, 멥쌀가루를 섞어 체에 내려 설탕을 고루 섞은 것에 콩고물로 켜켜이 안쳐 찐다(경상도). 경북에서는 도토리가루와 찹쌀가루를 섞지 않고 찹쌀가루, 도토리가루, 콩고물 순서로 켜켜이 안쳐 찌기도 하고, 멥쌀과 찹쌀을 8 : 2의 비율로 사용하기도 한다. 강원도에서는 도토리시루떡, 경북에서는 도토리가루설기라고도 한다. 충청도 산간 지방에서 많이 만들어 먹는데, 도토리를 따다가 앙금을 가라앉혀 앙금은 도토리묵을 만들고 남은 무거리로 도토리떡을 만든다. ♦ 강원도, 충북, 경상도

도토리떡(충북)

도토리떡(경북)

도토리묵 도토리 전분(앙금)을 끓여 만든 묵이다. 도토리를 물에 담가 떫은맛을 우려내고 갈아 걸러 소금 간을 한 다음 윗물을 버리고 가라 앉은 앙금에 물을 부어 저으면서 끓여 소금으로 간을 하여 틀에 부어 굳힌다. 먹을 때 납작하게 썰어 양념장(간장, 고춧가루, 다진 파·마늘, 참기름, 통깨)을 곁들인다. 경북에서 꿀밤묵이라고도 한다. 《조선요리제법》(도토리묵), 《조선무쌍신식요리제법》(상실유 : 橡實乳)에 소개되어 있다. ♦ 전남, 경상도

도토리묵

도토리묵굴무침 도토리묵을 양념(국간장, 다진 파·마늘, 참기름 깨소금)에 무친 다음 데친 굴을 넣고 소금으로 간을 한 것이다. ♦ 충남

도토리묵나물 마른 도토리묵을 삶아서 물에 불린 다음 간장, 다진 파·마늘, 물엿, 통깨를 넣고 식용유에 볶아서 실고추를 얹은 것이다. ♦ 전북

도토리묵무침 납작하게 썬 도토리묵과

도토리묵무침

어슷하게 썬 오이·풋고추에 간장, 고춧가루, 설탕, 다진 파·마늘, 참기름, 깨소금을 넣고 무친 것이다. 구운김과 미나리를 넣기도 한다. ♥ 전국적으로 먹으나 특히 경북에서 즐겨 먹음

도토리묵밥 도토리묵을 채 썰어 육수를 부어 밥과 함께 곁들여 내는 것이다. 방법 1 : 사골육수에 들깻가루를 넣고 끓여서 식힌 육수를 굵게 채 썬 도토리묵에 부어 밥과 함께 낸다(강원도). 방법 2 : 굵게 채 썬 도토리묵에 양념장으로 간을 한 육수를 부은 다음 볶은 김치, 황백지단채, 통깨, 김가루를 고명으로 올린다(충북). 방법 3 : 굵게 채 썬 도토리묵을 간장 양념장으로 무쳐 그릇에 담고 육수를 부은 다음 송송 썬 배추김치와 삭힌 고추를 얹고 구운 김과 통깨를 올린다(충남). 국물에 밥을 말아 먹기도 한다. 충남에서는 구즉도토리묵밥이라고도 한다. 도토리는 흉년에는 끼니를 이어 주던 구황식품이어서 옛날 수령들은 새 고을에 부임하면 맨 먼저 떡갈나무를 심어 기근에 대비하는 것이 관습이 되었으며 떡갈나무를 '한목(韓木)'이라고까지 불렀다. 특히, 충청도 지역의 도토리묵은 예부터 선비들이 간식으로 많이 먹었던 음식으로, 조선시대 중엽 과거를 보러 가는 박달도령에게 정성을 다해 도토

도토리묵밥

리묵을 싸 주던 금봉낭자의 애틋한 사랑을 담은 전설로서 박달재의 도토리묵이 유명하다. ♥ 강원도, 충청도

도토리묵장아찌 도토리묵을 썰어 그늘에서 말린 다음 국간장에 담가 숙성시킨 장아찌로 먹을 때 실고추와 통깨를 얹는다. ♥ 경북

도토리묵장아찌

도토리묵전 도토리묵을 납작하게 썰어 식용유에 지진 후 풋고추, 붉은 고추, 백색지단을 고명으로 올리고 초고추장을 곁들인 것이다. 백색지단 대신 무를 곱게 다져 올리기도 한다. ♥ 경북

도토리묵조림 말린 도토리묵을 불려서 끓는 간장 양념장을 넣고 조리다가 마지막에 참기름을 약간 넣은 것이다. ♥ 강원도

도토리묵튀김 ▶▶▶ 묵튀김 ♥ 경북

도토리밀쌈 도토리 전분과 밀가루를 반죽하여 식용유를 두른 팬에 얇게 부치다가 끓는 물에 데쳐 양념한 미나리·취나물, 황백지단채, 당근채를 넣고 돌돌 말아 익힌 것이다. ♥ 충북

도토리밥 겉껍질과 속껍질을 제거한 도토리를 물에 담가 떫은맛을 우려낸 다음 끓는 물에 살짝 삶은 도토리를 밥이 끓을 때 넣고 지은 밥이다. ♥ 충북

도토리빙떡 도토리가루와 찹쌀가루에

물을 섞어 만든 반죽을 지지다 반쯤 익었을 때 무, 당근, 쇠고기를 채 썰어 간장 양념하여 볶아 만든 소를 올려 둘둘 말아서 지진 것이다. ❦ 서울·경기

도토리설기떡 껍질을 벗기고 물에 담가 떫은맛을 우려낸 도토리를 곱게 빻아 다시 물에 담가 떫은맛을 우려내고, 가라앉은 앙금을 말려 가루를 내어 소금, 설탕으로 간하여 물을 넣고 보슬보슬하게 섞어 시루에 안쳐 찐 떡이다. ❦ 전북

도토리설기떡

도토리송편 도토리가루와 멥쌀가루를 섞어 익반죽하여 소를 넣고 송편을 빚은 후 찜통에 솔잎을 깔고 쪄내어 참기름을 바른 떡이다. 강원도에서는 팥소, 전북에서는 깨소를 넣는다. ❦ 강원도, 전북

도토리송편

도토리시루떡 ▶▶▶ 도토리떡 ❦ 강원도
도토리올챙이국수 도토리가루에 물을

부어 끓이다가 참기름, 소금을 넣고 나무주걱으로 계속 저으면서 풀처럼 쑤어 말갛게 익으면 올챙이국수 틀에 내린 후 찬물에 식혀서 양념장에 곁들인 것이다. 올챙이국수라고도 한다. ❦ 강원도

도토리전 도토리가루와 밀가루, 소금, 물을 넣고 반죽한 것에 간 감자, 실파, 참나물을 넣고 섞어 식용유를 두른 팬에 둥글납작하게 지진 것이다. 양념장(간장, 고춧가루, 참기름, 설탕, 깨소금)을 곁들인다. 충북에서는 썰은 배추김치를 얹고 도토리반죽을 얇게 펴서 지진다. ❦ 충북, 경북

도토리전

도토리전병 도토리가루와 찹쌀가루를 섞어서 묽게 반죽하여 식용유를 두른 팬에 한 국자씩 떠서 둥글고 얇게 편 후 반쯤 익으면 잘게 다진 배추김치, 황백지단채, 볶은 당근채와 애호박채를 넣고 돌돌 말아 지진 떡이다. ❦ 강원도

도토리죽 곱게 간 쌀과 도토리가루를 넣고 쌀 분량의 6배 정도의 물을 세 번에 나누어 넣어 가면서 끓인 죽이다. ❦ 충북

도토리지엄떡 팥이 터지도록 푹 삶다가 도토리가루와 설탕을 함께 넣고 끓여 익힌 다음 절구에 쏟아 가볍게 빻은 후 손으로 쥐어 만든 떡이다. 강원도 철원 지방 떡으로 대충 쥐었다 놓았다 하여

지엄떡이라 한다. ⚘ 강원도

도토리지엄떡

도토리찰편　도토리가루에 찹쌀가루와 설탕을 고루 섞고 밤과 대추, 잣을 섞은 것을 시루에 안쳐 찐 떡이다. ⚘ 충북

독사풀씨죽 ▶▶▶ 뚝새풀씨죽 ⚘ 충남

돈나물무침 ▶▶▶ 돌나물무침 ⚘ 경남

돈나물물김치 ▶▶▶ 돌나물물김치 ⚘ 경남

돋나물 ▶▶▶ 돌나물무침

돋나물무침 ▶▶▶ 돌나물무침 ⚘ 경남

돋나물물김치 ▶▶▶ 돌나물물김치 ⚘ 경남

돌계장 ▶▶▶ 벌떡게장 ⚘ 전남

돌게찜　살아 있는 돌게에 밀가루를 살짝 묻혀 면포를 깐 찜통에서 찐 것이다. ⚘ 전남

돌곳무침　돌곳과 데친 콩나물을 국간장, 참기름, 깨소금으로 무친 것이다. ⚘ 경남

돌나물 ▶▶▶ 돌나물무침

돌나물무침　돌나물에 양념(국간장, 고춧가루, 식초, 다진 파·마늘, 깨소금, 참기름)을 넣고 무친 것이다. 봄철에 달래찌개와 함께 먹으면 입맛을 돋운다. 돈나물이라고도 하며 경남에서는 돈나물무침, 돋나물무침이라고도 한다. ⚘ 전국적으로 먹으나 특히 경남에서 즐겨 먹음

돌나물물김치　끓여 식힌 밀가루풀에 소금 간을 하여 살짝 절였다 헹궈 물기를 뺀 돌나물, 붉은 고추, 다진 마늘을 넣고 숙성시킨 김치이다. 고춧가루를 넣어 색을 내기도 하고, 양파, 풋고추를 넣기도 한다. 밀가루 대신 쌀뜨물을 이용하기도 하고, 쌀밥이나 누룽지 끓인 물을 이용하기도 한다. 돌나물을 소금에 절이지 않고 김치를 담그기도 한다. 돈나물물김치, 돋나물물김치라고도 한다. ⚘ 경남

돌래떡 ▶▶▶ 메밀빙떡 ⚘ 경북

돌래떡　메밀가루를 익반죽하여 동글납작하게 빚어 끓는 물에 삶아 찬물에 헹궈 물기를 빼고 참기름을 바른 떡이다. 돌래떡은 무속떡의 일종이며 팥소는 넣지 않고 보리시루떡 위에 얹는다. 멥쌀로 만든 것은 흰돌래, 좁쌀로 만든 것을 조돌래, 보리로 만든 것은 보리돌래라 한다. ⚘ 제주도

돌래떡

돌붕어채소찜　냄비에 납작하게 썬 무를 깔고 손질한 돌붕어를 얹어 고춧가루, 간장, 다진 마늘, 들깨 등의 양념을 끼얹으며 조리다가 양파, 미나리, 깻잎과 대파를 올려 익힌 것이다. 돌붕어는 몸에 비하여 머리가 작고 작은 입이 아래쪽으로 붙어 있는 잉어과의 한 종류

돌붕어

이다. ♨ 서울·경기

돌붕어채소찜

돌산갓김치 소금에 절인 돌산갓을, 찹쌀가루와 들깻가루로 쑨 죽에 멸치젓, 새우젓, 마른 고추, 양파, 마늘, 생강을 간 것으로 버무린 다음 당근채, 밤채, 송송 썬 실파, 실고추를 고명으로 섞은 김치이다. 갓 특유의 매운맛과 젓갈의 잘 삭은 맛이 입맛을 돋워주며, 가을에 담가 먹는 별미 김치이다. 돌산갓은 전남 여수시 돌산 지역에서 많이 나는 특산물로 잎이 넙적하고 섬유질이 적어서 재래종에 비해 연하며 잎줄기에 가시가 없다. 특유의 매운맛 성분과 향기가 있다. ♨ 전남

돌솥밥 불린 찹쌀·쌀, 밤, 대추채, 인삼을 돌솥에 넣고 밥을 지어 양념장(간장, 다진 파·마늘, 고춧가루, 참기름, 통깨)을 곁들인 것이다. 돌솥밥은 조선

돌솥밥

시대 궁중에서 법주사로 불공을 드리러 왔을 때 구하기 쉬운 재료들을 돌솥에 담아 바로 밥을 짓던 데서 유래되었다. 또 조선 숙종 때 가장 뛰어난 곱돌(감섬석)의 특산지인 전북 장수의 최씨 문중에서 진상품으로 올려 사용하게 되었다는 유래도 있다. ♨ 전북

돌쌈밥 불린 쌀·잡곡(보리쌀, 흑미, 조, 수수, 율무, 검은콩), 채 썬 표고버섯, 깍둑썰기 한 고구마·당근, 돼지고기 수육을 넣고 밥을 하여 뜸을 들인 후 먹기 직전에 달걀노른자를 얹고 양념장을 곁들인 것이다. ♨ 충남

돌파래장물 국간장과 다진 마늘에 재운 생파래에 물, 국간장, 다진 파·마늘, 깨소금, 고춧가루, 풋고추채, 붉은 고추채, 식초로 만든 찬 국물을 부은 것이다. ♨ 전남

돌파래장물

돔배기구이 ▸▸▸ 상어구이 ♨ 경북
돔배기산적 ▸▸▸ 상어산적 ♨ 경북
돔배기조림 ▸▸▸ 상어조림 ♨ 경북
돔배기찜 ▸▸▸ 상어찜 ♨ 경북
돔배기탕수 ▸▸▸ 상어탕국 ♨ 경북
돔배기피편 ▸▸▸ 상어피편 ♨ 경북
돔배젓 ▸▸▸ 전어밤젓 ♨ 전남
돗새끼회 ▸▸▸ 돼지세끼회 ♨ 제주도
돗수애 ▸▸▸ 순대 ♨ 제주도

동김치 배추와 무를 통째로 넣고, 잣, 깐 밤, 대파를 넣어 소금과 젓국으로 간을 한 김칫국물을 부어 대나무잎을 덮고 눌러 익힌 김치이다. 동치미라고도 한다. ☘전북

동동주 ▶▶▶ 부의주 ☘서울·경기

동동주 찹쌀죽에 누룩가루를 섞어 발효시켜 만들어 밥풀이 동동 뜨도록 빚은 술이다. 방법 1 : 찹쌀죽에 누룩가루를 섞어 발효시켜 만든 밑술에 찹쌀고두밥을 섞은 다음 항아리에서 10일간 발효시킨 뒤 끓여 식힌 물을 넣고 다시 3일을 발효시킨 뒤 용수를 넣어 떠낸다. 술을 떠내고 끓여서 식힌 물을 부어 3일간 발효시켜 떠내는 작업을 세 번 반복하여 섞으면 술맛이 제대로 난다(전라도, 경남). 방법 2 : 누룩과 엿기름가루를 주머니에 넣고 물에서 주물러 윗물을 따라낸 엿기름물에 찹쌀 고두밥, 효모, 소주, 인삼, 황설탕, 생강즙(또는 생강편)을 넣어 삭히며 밥알이 동동 떠오른 다음 가라앉으면 동동주가 완성된다(경북). 경북에서는 인삼동동주라고도 하며, 국화동동주(성주), 인삼동동주(영주), 솔잎동동주(구미), 마동동주(안동) 등이 유명하다. 누룩은 밀가루에 곰팡이를 15일 정도 띄워 만든다. 용수는 술이나 장을 거르는 데 쓰는 기구로 싸리나무와 대오리(대를 가늘게 쪼개 깎은 것)로 둥글고 깊게 통같이 만든 것이다.

동래파전 쪽파에 미나리, 쇠고기, 해산물 등을 올려 지진 것이다. 멥쌀가루, 찹쌀가루, 밀가루, 달걀, 소금, 고춧가루, 멸치장국국물로 만든 반죽에 각각 다진 새우살, 대합, 홍합, 굴, 조갯살을 넣고 고루 섞은 것을 식용유를 두른 팬에 둥글납작하게 편 다음 쪽파, 미나리, 채 썰어 양념한 쇠고기, 나머지 해산물을 얹고 다시 해산물 반죽을 얇게 덮어 지진다. 초고추장을 곁들인다. 1910년의 동래부 지역, 지금의 부산 기장 지역의 특산물인 조선 쪽파를 주재료로 하여 다양한 해산물과 찹쌀 및 멥쌀가루를 육수에 반죽하여 팬에 지진 부산의 향토음식이다. 쌀가루(멥쌀, 찹쌀)를 이용한 것이 전통 동래파전이며 지금은 밀가루와 멥쌀가루를 이용하는 것이 보편적이다. ☘경남

동부가루묵 동부가루에 물을 붓고 멍울이 생기지 않도록 잘 저으면서 끓여 틀에 부어 굳힌 것을 말하며 채소, 통깨, 실파 등을 넣고 양념장에 무쳐 먹는다. 동부가루는 팥과 비슷한 콩의 한 종류인 동부로 만든 가루이다. 동부묵은 콩이 원료이기 때문에 식물성 단백질과 필수지방산 등이 풍부하고, 신장을 보호하고 위장을 튼튼하게 한다. 혈중 콜레스테롤을 낮춰 혈액순환을 촉진시키며 중금속 해독에도 효능이 있다. ☘경북

동부가루묵

동상토종닭백숙 닭에 은행, 밤, 대추, 황기, 엄나무, 당귀, 마늘, 물을 넣고 푹 삶아 걸러낸 국물에 찹쌀과 녹두를 넣어 죽을 끓인 다음 다진 당근·표고버섯·부추를 넣고 한소끔 끓여 삶은 닭과 죽

을 함께 낸다. 엄나무는 두릅나무과에 속하는 음나무속으로 나무 껍질은 회백색이고 가지에는 억센 가시가 많으며 뿌리 또는 줄기 껍질을 사용한다. 황기는 약초로서 한방에서는 강장, 지한(止汗), 이뇨(利尿), 소종(消腫) 등의 효능이 있다. ♣ 전북

동아정과 동아 조각에 물을 뿌리면서 사회가루를 뿌려 잘 비빈 후 24시간 재워 굳으면 사회가루를 닦아 내고, 물에 푹 삶은 후 물에 4~5일간 담가 우려낸 것을 식혜국물로 만든 물엿에 넣고 8시간 정도 조린 것이다. 동아정과는 시간이 지날수록 붉은빛이 더해져 검붉은색으로 변한다. 물엿을 흠뻑 머금은 동아정과는 씹히는 맛이 잘 익은 배처럼 사각사각하다. 동아는 넝쿨이 호박이나 오이 같기도 하고 열매는 긴 모양의 검은 줄이 없는 진녹색의 수박과 비슷하며, 겉에 서리가 앉은 것처럼 보이는 흔치 않은 식물이다. 사회가루는 꼬막이나 굴의 껍데기를 태워 재로 만든 가루이며, 사와가루라고도 한다. 《산림경제》(전동과 : 煎冬瓜), 《증보산림경제》(동아정과법 : 冬瓜正果法), 《규합총서》(선동과전과), 《음식법》(동화정과), 《산가요록》(동과전과 : 冬瓜煎果), 《수운잡방》(동과정과 : 東瓜正果), 《조선무쌍신식요리제법》(동과정과 : 冬瓜正果)에 소개되어 있다. ♣ 전남

동지김치 ▶▶▶ 배추꽃대김치 ♣ 제주도

동지나물무침 ▶▶▶ 배추꽃대무침 ♣ 제주도

동지짐치 ▶▶▶ 배추꽃대김치 ♣ 제주도

동치미 무를 통째로 소금에 절여 통배, 청각, 쪽파, 갓, 고추, 마늘, 생강 등을 항아리에 담고 소금물을 부어 익힌 것이다. 《산가요록》(동침), 《규합총서》(동침

이), 《증보산림경제》(나복동침저법 : 蘿蔔凍沈菹法), 《시의전서》(동침이 : 凍沈伊), 《조선무쌍신식요리제법》(동침 : 凍沈, 동저 : 凍菹)에 소개되어 있다.

동치미 ▶▶▶ 동김치 ♣ 전북

동치미굴회 동치미국물에 직사각형으로 썬 무·배를 넣고 간을 맞추어 차게 식힌 국물을 고춧가루, 깨소금으로 버무린 굴에 부은 것이다. 서해안 지역에서 나오는 굴은 늦가을부터 겨울철이 제 맛인데, 동치미국물 대신 김장김칫국물을 사용하기도 하며 봄, 가을에는 열무김치 국물을 사용하기도 한다. ♣ 충남

동치미무무침 채 썬 동치미무에 고춧가루, 참기름, 다진 마늘을 넣고 무친 것이다. 싱건지무무침이라고도 한다. ♣ 전남

동치미무장아찌 말린 동치미무를 항아리에 담고 간장에 멸치, 마른 고추, 생강, 다시마를 넣고 끓여 식힌 간장물을 붓고 3~4일 뒤에 국물을 따라 내어 다시 끓여 식힌 후 항아리에 붓기를 3~4번 반복하여 저장한 것이다. ♣ 전남

동타리국 물에 찹쌀가루와 들깨즙을 넣어 끓이다가 동타리의 알맹이를 넣고 더 끓인 다음 실파, 쑥갓을 넣고 끓여 소금 간을 한다. 동타리는 동다리의 방언으로 우리나라에서는 남해안(통영), 서해안(안면도, 백령도)에서 채집되는 갯고둥의 일종이다. ♣ 경남

동태고명지짐이 참기름에 볶은 무채를 깔고 밀가루와 달걀을 입혀 지진 동태전과 양념(다진 파·마늘, 참기름, 간장, 소금, 후춧가루)하여 볶은 쇠고기를 얹어 물을 붓고 국간장으로 간하여 끓인 것이다. 생선을 통째로 넣고 끓이지 않고 포를 떠서 전으로 부처 조리하므로 먹기 편하고, 전으로 만들어 넣기 때문

에 신선로와 같이 부드러운 맛을 느낄 수 있는 음식이다. 명절이나 큰 행사 시 먹고 남은 전유어를 넣어 조리하여도 된 다. ♣경남

동태구이 손질하여 토막 낸 동태에 양 념장(간장, 고추장, 설탕, 파, 마늘, 참기 름, 깨소금)을 발라 말린 후 구운 것이 다. ♣강원도

동태국 물과 무를 넣고 끓기 시작하면 채 썬 양파를 넣고 고춧가루, 다진 마늘, 국간장, 소금으로 간을 맞춰 끓이다가 토막 낸 동태를 넣고 살이 익으면 대파, 다진 생강, 후춧가루를 넣어 한소끔 끓 인 것이다. 《조선무쌍신식요리제법》(명 태국, 북어탕 : 北魚湯, 명태탕 : 明太湯) 에 소개되어 있다.

동태전 소금, 후춧가루로 밑간한 동태 포에 밀가루와 달걀물을 입혀 식용유를 두른 팬에 지진 것이다.

동태전

동태조림 토막 낸 동태와 납작하게 썬 무에 간장 양념(간장, 설탕, 대파, 다진 마늘 · 생강, 참기름, 깨소금, 물)을 넣고 약한 불에서 조린 것으로 고춧가루를 넣 기도 한다.

동태찌개 끓는 물에 된장, 고추장을 풀 어 한소끔 끓으면 나박썰기 한 무와 토 막 낸 동태를 넣고 끓이다가 다진 마

늘 · 생강, 고춧가루, 채 썬 양파, 두부를 넣고 끓여 소금으로 간한 것이다. 먹기 직전에 쑥갓과 붉은 고추를 얹어 낸다. 서울 · 경기에서는 잘게 썰어 양념한 쇠 고기를 볶다가 물을 부어 끓여 만든 육 수를 넣는다.

동태찌개

돼지갈비구이 칼집을 넣은 돼지갈비를 간장, 설탕, 다진 파 · 마늘 · 생강 등으 로 만든 양념장으로 재워 석쇠나 팬에 구 운 것을 말하며 고추장을 넣기도 한다.

돼지갈비국 돼지갈비 또는 돼지등뼈를 푹 삶은 국물에 메밀가루를 넣고 끓인 국이다. 방법 1 : 핏물 뺀 돼지갈비를 물 에 푹 삶아, 불린 미역, 다진 마늘, 물에 갠 메밀가루를 풀어 넣고 끓인다. 방법 2 : 핏물 뺀 돼지등뼈를 물에 푹 고아 무 를 넣고 끓여 물에 갠 메밀가루를 넣고 더 끓인 다음 양념(국간장, 소금, 다진 마늘 · 생강, 고춧가루)을 넣고 끓이다가 실파를 넣는다. 돼지등뼈국, 접착뼈국, 접작뼈국이라고도 한다. ♣제주도

돼지갈비지짐 핏물을 뺀 돼지갈비를 양 념(다진 마늘 · 양파 · 생강, 청주, 후춧 가루)하여 물을 붓고 푹 끓이다가 풋마 늘대, 된장, 고춧가루를 넣어 자작하게 졸면 참기름을 넣고 고루 섞은 것이다. ♣제주도

돼지갈비찜 칼집을 넣어 살짝 데친 돼지갈비와 양파, 당근에 간장 양념(간장, 고추장, 설탕, 생강즙, 배즙, 다진 파·마늘·생강, 청주, 후춧가루)을 넣고 물을 부어 간이 배도록 찐 것이다. 마지막에 어슷하게 썬 붉은 고추를 넣어 익힌다.

돼지갈비찜

돼지갈비콩비지찌개 각각 데쳐서 양념한 돼지갈비와 연배추, 무채를 함께 볶다가 멸치 또는 황태머리로 낸 국물을 부어 푹 끓인 후 콩물을 부어 은근히 끓여 새우젓 양념장이나 간장 양념장을 곁들인 것이다. ♣ 서울·경기

돼지갈비콩비지찌개

돼지고기고사리국 ▶▶▶ 육개장 ♣ 제주도

돼지고기고사리조림 간장, 설탕, 물을 끓이다가 돼지고기, 다진 마늘, 생강즙을 넣고 끓여 돼지고기가 반쯤 익으면 감자를 넣어 조리다가 햇고사리, 풋고추

를 넣어 국물이 자작할 때까지 조린 것이다. 감자를 넣지 않기도 하고, 마지막에 메밀가루를 넣어 졸이기도 한다. 돼지고기고사리지짐이라고도 한다. ♣ 제주도

돼지고기고사리지짐 ▶▶▶ 돼지고기고사리조림 ♣ 제주도

돼지고기곱창찌개 돼지곱창을 밀가루로 닦아 깨끗이 손질하여 끓는 물에 살짝 데쳐 놓고, 고추장을 푼 물에 고춧가루, 들기름, 곱창, 양파, 김치를 넣고 끓이다가 어슷하게 썬 대파, 다진 마늘, 깻잎을 넣고 마지막에 들깻가루를 넣은 찌개이다. ♣ 충남 등

돼지고기구이 돼지고기를 넙적하게 썰어 칼등으로 두드려 연하게 한 뒤 고추장, 간장, 생강즙, 청주, 설탕, 다진 파·마늘 등의 양념장에 재웠다가 석쇠나 팬에 구운 것이다. 《규합총서》(돼지고기구이), 《시의전서》(제육구이), 《조선요리제법》(제육구이), 《조선무쌍신식요리제법》(저적: 猪炙)에 소개되어 있다. ♣ 전국적으로 먹으나 특히 전남에서 즐겨 먹음

돼지고기구이

돼지고기국 참기름으로 돼지고기를 볶다가 무, 대파, 삶은 시래기, 물을 넣고 끓으면 고춧가루, 들깻가루, 다진 마늘·생강을 넣고, 국간장과 소금으로 간

을 하여 더 끓인 국이다. 된장으로 간을
하기도 한다. ❀ 경북

돼지고기보쌈　보쌈의 사전상의 정의는
'삶아서 뼈를 추려낸 소 또는 돼지 따위
의 머리를 보에 싸서 무거운 것으로 눌
러 단단하게 만든 뒤 썰어서 먹는 음식'
이나, 요즈음에는 냄새없이 삶은 돼지고
기를 편육으로 썰고 배추속으로 만든 겉
절이와 함께 배춧잎에 싸서 먹는 음식이
다. 돼지고기를 삶을 때 된장, 간장, 생
강, 마늘, 소주, 계피, 황기, 당귀를 넣기
도 한다.

돼지고기볶음　고추장 양념에 재운 돼지
고기를 식용유를 두른 팬에 볶다가 굵게
채 썬 양배추·양파·깻잎·당근과 어
슷하게 썬 풋고추를 넣고 볶은 것이다.

돼지고기볶음

돼지고기산적　소금과 된장을 넣은 물에
삶은 돼지고기를 썰어 양념(다진 파·
마늘, 소금, 깨소금, 참기름)하여 꼬치에
꿰어 식용유를 두른 팬에 지진 것이다.
돼지고기를 삶지 않고 그대로 양념하여
지지기도 하며, 손님 접대 시에는 돼지
고기와 풋마늘을 살짝 데쳐 번갈아 꿰
어 만든 돼지고기풋마늘산적을 만들기
도 한다. 돼지고기적갈이라고도 한다.
❀ 제주도

돼지고기수육　된장을 푼 물에 돼지고기

덩어리와 대파, 마늘, 생강, 청주를 넣고
삶은 다음 익은 돼지고기를 베보자기로
싸서 무거운 것으로 눌러 먹기 좋은 크
기로 썬 것을 말하며, 초고추장, 풋고추,
마늘을 곁들인다. 수육은 숙육(熟肉)이
라 하였으며, 숙육을 얇게 썬 것을 편육
이라고 한다. 돼지고기편육, 돼지고기쩜
이라고도 한다. ❀ 전국적으로 먹으나 특히
전남에서 즐겨 먹음

돼지고기수육

돼지고기시래기국 ▶▶▶ 시래기된장국 ❀ 경남

돼지고기엿　질게 지은 차조밥에 엿기름
물을 넣고 삭힌 다음 베보자기에 짜서
조리면서 삶은 돼지고기를 찢어 넣고 걸
쭉하게 끓인 것이다. 겨울철 보양식으로
천식에 약이 된다. ❀ 제주도

돼지고기엿

돼지고기완자부침　곱게 다진 돼지고기
에 다진 파·마늘·생강, 소금, 참기름

으로 양념하여 밥, 설탕, 밀가루를 섞어 지름 3cm 정도로 동글납작하게 빚어 식용유를 두른 팬에 지진 것이다. ✹충남

돼지고기완자전 다진 돼지고기 · 양파 · 당근, 으깬 두부에 소금, 다진 파 · 마늘, 참기름, 후춧가루를 넣고 양념하여 동글납작하게 완자를 빚어 밀가루와 달걀물을 묻혀 식용유를 두른 팬에 지진 것이다.

돼지고기완자전

돼지고기우엉조림 생강, 마늘, 계피를 삶은 물에 돼지고기를 덩어리째로 넣어 푹 삶아 썬 다음 데친 우엉과 간장, 설탕, 물엿 등의 양념장을 넣고 조려낸 것이다. ✹강원도

돼지고기육포 얇게 썬 돼지고기를 사과, 양파, 생강을 간 즙에 담갔다가 간장양념에 재운 뒤 뒤집어가며 말려 무거운 것으로 눌러 놓았다가 먹을 때 구워서 참기름을 바른다. ✹충북

돼지고기자장 ▶▶▶ 돼지고기장조림 ✹전북

돼지고기장조림 돼지고기를 토막 내어 생강, 물, 파, 마늘을 넣고 고기를 푹 삶은 다음 간장과 설탕을 넣어 은근한 불에 조린 것이다. 전북에서는 된장을 푼 물에 돼지고기와 청주를 넣고 푹 삶은 다음 삶아서 껍질을 깐 메추리알과 마늘, 간장, 물, 설탕을 넣고 조리며 돼지

고기자장이라고도 한다.

돼지고기장조림

돼지고기적갈 ▶▶▶ 돼지고기산적 ✹제주도

돼지고기찌개 납작하게 썬 돼지고기와 배추김치, 나박썰기 한 무, 채 썬 양파, 고추장, 고춧가루, 다진 생강을 넣고 물을 부어 끓이다가 납작하게 썬 두부를 넣고 다진 마늘, 대파, 소금, 후춧가루로 양념하여 끓인 것이다.

돼지고기찌개

돼지고기찜 ▶▶▶ 돼지고기수육

돼지국밥 돼지고기를 푹 삶은 국물에 건져 썬 고기, 양파, 무를 넣고 끓이다가 밥, 다진 마늘, 고춧가루, 소금을 넣어 끓인 것으로 돼지편육, 내장, 순대 등을 넣기도 한다. 순대국밥이라고도 한다. ✹경남

돼지국수 ▶▶▶ 고기국수 ✹제주도

돼지등뼈국 ▶▶▶ 돼지갈비국 ✹제주도

돼지머리편육 손질하여 데친 돼지머리에 생강, 마늘을 넣고 푹 끓여 뼈를 발라내고 모양을 판판하게 만들어 보자기에 싼 다음 무거운 것으로 눌러 굳힌 후 편으로 썰어 양념장과 곁들인 것이다. 전북에서는 대파, 마늘, 생강, 된장, 청주를 넣고 끓이며 새우젓을 곁들여 낸다.

돼지머리편육

돼지뼈국 돼지뼈를 푹 고아낸 국물에 들깻물을 붓고 고추 다진 양념, 된장, 다진 마늘로 양념한 토란대와 고구마순을 넣고 푹 끓인 후 어슷하게 썬 대파를 넣고 국간장으로 간을 맞춘 것이다. ✿ 전북

돼지새끼보죽 불려 으깬 쌀을 참기름에 볶다가 삶은 돼지새끼보 썬 것을 넣고 같이 볶은 다음 물을 붓고 더 끓여 다진 마늘을 넣고 소금으로 간한 죽이다. 돼지새끼보는 돼지의 태반을 말하며 회를 만들어 먹거나 죽을 끓여 먹기도 하지만 양수가 터지지 않게 잘 삶아 소금과 후춧가루 섞은 것에 찍어 먹기도 한다. 돼지새끼보의 국물은 몸에 좋다 하여 마시기도 한다. 도새기새끼보죽이라고도 한다. ✿ 제주도

돼지새끼보

돼지새끼보죽

돼지새끼회 돼지새끼보를 손질한 다음 잘 다져 양념(고춧가루, 다진 파·마늘·생강, 참기름, 깨소금, 설탕, 소금, 식초)한 것으로 양념을 강하게 한다. 돼지는 3개월이면 새끼를 낳는데 회를 만드는 돼지새끼는 암돼지를 잡았을 때 배 속에 있는 보통 1개월 반부터 2개월쯤 자란 돼지새끼이다. 이 돼지새끼는 형체는 다 갖추어졌어도 뼈는 채 굳어지지 않은 때라 회를 만들어도 씹는 데는 지장이 없으며 피부에 아직 털이 생기지 않아 요리하는 데도 매우 적합하다. 새콤, 달콤, 구수한 맛이 한데 어우러져 맛이 강하면서도 시원하며 보신용으로 이용되었다. 돗새끼회라고도 한다. ✿ 제주도

돼지순대 ▶▶▶ 순대 ✿ 제주도

돼지족발국 방법 1 : 돼지족을 푹 삶은 국물에 뼈를 발라낸 살을 넣고 끓인 다

돼지족발국

음 불린 미역(또는 무)을 넣고 끓여 다진 마늘과 소금으로 간한 국이다. 방법 2 : 돼지족과 물, 생강을 넣어 푹 곤 국이다. 산모들이 젖을 많이 나게 하기 위해 먹으며 아강발국이라고도 한다. ♨ 제주도

돼지족찜 된장을 푼 물에 손질한 돼지족과 대파, 양파, 생강, 마늘과 함께 삶아 건져 찬물에 씻은 후 간장 양념을 하여 물을 붓고 푹 끓여 국물이 졸아들면 채 썬 고추와 쪽파를 섞은 다음 넓은 쟁반에 펼쳐 깨소금을 뿌리고 굳힌 것이다. ♨ 충남

돼지허파전 소금으로 간한 달걀물을 식용유를 두른 팬에 한 숟가락씩 떠 넣고 그 위에 삶아 소금, 후춧가루로 간을 하여 메밀가루를 묻힌 돼지허파를 올려 지진 것이다. 부아전의 일종이며 북부기전이라고도 한다. ♨ 제주도

된장 간장을 거르고 남은 메주 덩어리를 잘 치대어 소금을 섞어 항아리에 담아 발효시킨 것이다. 식힌 찹쌀죽을 넣기도 한다. 《조선요리》(된장), 《조선요리제법》(된장)에 소개되어 있다.

된장

된장국수 된장을 풀어 끓인 멸치장국 국물에 삶아 건진 국수를 만 것이다. ♨ 경남

된장떡 밀가루 반죽에 된장을 섞어 둥글납작하게 찐 것이다. 경북에서는 밀가루 반죽에 풋고추, 붉은 고추, 부추, 양파, 초피잎을 넣고 찌며 물 대신 달걀을 넣어 장떡의 모양과 맛을 좋게 만들기도 한다. 경남에서는 밀가루 반죽에 실파, 풋고추, 다진 돼지고기를 넣고 찌며, 팬에 지지기도 한다. ♨ 경상도

된장떡

된장부침개 된장을 섞어 만든 밀가루 반죽에 어슷하게 썬 대파 · 붉은 고추를 넣고 식용유를 두른 팬에 둥글납작하게 지진 것이다. ♨ 전남

된장주먹밥 찬밥에 된장, 깨소금, 참기름으로 양념하여 덩어리로 뭉친 밥이다. ♨ 경남

된장찌개 된장을 물에 풀어 여러 가지 채소를 넣고 끓인 찌개이다. 방법 1 : 된장과 고추장을 푼 멸치장국국물에 나박나박하게 썬 감자 · 애호박 · 양파, 어슷

된장찌개

하게 썬 대파 · 풋고추를 넣고 끓이며, 냉이와 달래를 넣어 끓이기도 한다(상용). 방법 2 : 물에 쇠고기를 넣어 끓으면 우렁이살과 된장을 풀어 넣고, 애호박, 두부, 대파를 순서대로 넣고 소금으로 간을 맞춰 푹 끓인다(전북). 방법 3 : 멸치장국국물에 된장으로 무친 쇠고기, 감자, 다진 마늘을 넣고 푹 끓이다가 양파, 표고버섯, 애호박, 두부를 넣고 익으면 미역, 풋고추, 대파, 고춧가루를 넣어 더 끓인다(경북).《조선요리제법》(된장찌개),《조선무쌍신식요리제법》(된장찌개)에 소개되어 있다.

된장찜 된장을 푼 물에 다진 멸치와 풋고추, 다진 마늘, 고춧가루를 섞어 밥 위에 얹어 찌거나 찜통에 찐 것을 말하며 대파, 감자, 호박을 넣기도 한다. 찜된장이라고도 한다. ☕ 경북

두견주 진달래꽃(두견화)을 발효시켜 만든 술이다. 방법 1 : 찹쌀로 고두밥을 지어 누룩과 섞어 밑술을 만들어 일주일 정도 지난 후 찹쌀고두밥과 진달래꽃을 섞어 밑술과 함께 술독에 넣고 실온에서 약 50일 정도 발효시켜 맑은 술을 떠내 20~30일간 더 숙성시킨다. 방법 2 : 찹쌀을 일주일 정도 물에 담갔다 고두밥을 쪄 식혀서 물과 진달래꽃, 누룩, 고두밥에 누룩을 섞어 발효시킨 밑술을 잘 섞어서 술독에 넣고 5~6일 발효시켜 술독에 촛불을 넣어 보고 불이 꺼지지 않으면 술독을 밀봉하여 만든다. 색깔은 연한 황갈색이며, 단맛이 나고 점성이 있는데, 신맛과 누룩 냄새가 거의 없는 대신 진달래 향이 일품인 고급술이다. ☕ 충남

두드러기빈대떡 껍질째 간 메밀에 송송 썬 풋고추 · 실파를 넣고 섞어 식용유를 두른 팬에 지진 것이다. ☕ 강원도

두드러기빈대떡

두뚜머리 ▶▶▶ 상어피편 ☕ 경북

두루치기국 물을 끓이다가 소금에 절여 물기를 뺀 무채와 불린 박고지, 콩나물, 쇠고기, 느타리버섯, 표고버섯을 각각 참기름으로 버무려 넣어 끓으면 달걀을 풀어 넣고 소금으로 간을 하여 더 끓여 석이버섯과 실고추를 고명으로 올린 것이다. 달걀을 황백지단으로 부쳐 고명으로 올리기도 한다. ☕ 경북

두릅고추장무침 ▶▶▶ 두릅나물 ☕ 전남

두릅국 된장을 푼 물을 끓이다가 두릅과 달래를 넣어 끓인 국이다. 두릅은 맛과 향이 매우 진하므로 끓는 물에 숯을 한 줌 넣고 삶아 내어 떫은 맛을 뺀 다음 조리하는 것이 좋다. 들굽국이라고도 한다. 두릅은 두릅

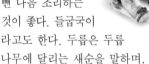
두릅

나무에 달리는 새순을 말하며, 독특한 향이 있어 나물, 숙회로 이용한다. 단백질이 많고 지방, 당질, 섬유질, 인, 칼슘, 철분, 비타민(B_1 · B_2 · C)과 사포닌 등이 들어 있어 혈당을 내리고 혈중 지질을 낮추어 주므로 당뇨병, 신장병, 위장병에 좋다. ☕ 제주도

두릅나물 끓는 물에 데친 두릅을 양념(고추장, 설탕, 식초, 다진 파 · 마늘, 참

기름, 깨소금 등)에 무친 것이다. 두릅은 여리고 연한 것을 고른다. 《시의전서》(두릅나물), 《조선요리제법》(두릅나물), 《조선무쌍신식요리제법》(두릅나물, 목두채 : 木頭菜)에 소개되어 있다.

두릅냉국 데친 두릅을 먹기 좋은 크기로 썰어서 간장, 다진 파·마늘, 고춧가루, 깨소금으로 무친 후 찬물을 붓고 소금으로 간을 한 냉국이다. ☙ 충북

두릅냉국

두릅녹두전 익반죽한 감자 전분 반죽에 멥쌀가루와 삶은 수리취, 늙은 호박 찐 것을 혼합하여 치댄 후 반죽을 떼어 팥소로 넣고 손가락 자국이 나도록 손으로 쥐어 모양을 만들어서 찐 다음 참기름을 바른 떡이다. ☙ 강원도

두릅녹두전

두릅부각 두릅에 밀가루를 묻혀 찜통에 쪄서 햇볕에 말린 후 식용유에 튀긴 것

이다. ☙ 강원도

두릅장아찌 두릅을 소금물에 푹 잠기도록 담가 노랗게 될 때까지 돌로 눌러 숙성시킨 것이다. 먹을 때는 삶아서 물기를 제거한 후 초고추장을 찍어 먹거나 고춧가루, 다진 파·마늘, 참기름, 통깨로 무친다. ☙ 전남

두릅적 데친 두릅과 막대 모양으로 썬 쇠고기를 각각 간장 양념(간장, 다진 파·마늘, 설탕, 참기름 등)하여 꼬치에 번갈아 꿴 다음 밀가루와 달걀물을 묻혀 식용유를 두른 팬에서 지진 것이다. 잣가루를 뿌리고 초간장을 곁들인다. ☙ 전국적으로 먹으나 특히 강원도, 경북에서 즐겨 먹음

두릅적

두릅전 살짝 데쳐 반으로 쪼갠 두릅에 으깬 두부, 다진 파, 콩가루, 땅콩가루를 섞어 소금으로 간한 반죽을 붙여 밀가루를 묻히고 달걀물을 입혀서 식용유를 두른 팬에 지진 것이다. ☙ 전남

두릅회 끓는 물에 데친 두릅을 소금, 참기름, 깨소금으로 양념하여 초고추장을 곁들인 것이다. 데친 두릅을 양념하지 않고, 초고추장을 곁들이기도 한다. 《시의전서》(두릅회)에 소개되어 있다.

두부 불린 콩을 곱게 갈아 끓는 물에 넣어 끓인 다음 삼베주머니에 짜서 받은 콩물에 간수를 넣고 섞어 콩물이 엉기면

두부 틀에 담아 눌러 단단하게 굳힌 것이다. 《산가요록》(가두포(순두부)), 《수운잡방》(취포 : 取泡), 《도문대작》(두부), 《조선요리제법》(두부)에 소개되어 있다.

두부

두부된장장아찌 물기를 빼 보슬보슬한 두부에 소금을 넣고 곱게 찧어 삼베주머니에 넣고 모양을 잡아준 다음 된장을 두부주머니의 위아래로 발라 항아리에 넣어 한 달가량 저장해 놓았다가 참기름, 깨소금을 넣어 무친 것이다. ♣ 제주도

두부떡국 물에 닭(영계)과 마늘을 넣고 푹 삶아 건져낸 닭살을 잘게 찢어 양념(소금, 참기름, 깨소금, 후춧가루)하고, 닭육수에 가래떡과 두부를 넣고 끓이다가 떡이 떠오르면 달걀 푼 것과 어슷하게 썬 대파를 넣고 끓인 뒤 양념한 닭고기와 김가루를 얹어 낸 것이다. ♣ 전북

두부새우젓찌개 다진 쇠고기와 나박 썬 무를 새우젓, 깨소금, 참기름 등으로 양념하여 물을 붓고 끓인 후 두부와 대파를 넣어 끓인 것이다. ♣ 서울·경기

두부생채 고춧물을 들인 으깬 두부와 무채를 소금, 깨소금, 참기름으로 무친 것이다. ♣ 경북

두부선 곱게 다진 두부·닭고기를 섞고 소금, 다진 파·마늘, 참기름 등으로 양념하여 편평하게 반대기를 만든 다음 그 위에 표고버섯채, 석이버섯채, 달걀

두부생채

지단채, 실고추, 비늘잣을 얹어 찜통에서 찐 것이다. 설탕을 넣기도 한다. 《조선무쌍신식요리제법》(두부선 : 豆腐膳)에 소개되어 있다. ♣ 서울·경기

두부양념구이 납작하게 썬 두부를 소금 간하여 식용유를 두른 팬에 지진 다음 간장, 설탕, 다진 파·마늘, 깨소금 등으로 만든 양념장을 얹은 것이다.

두부양념구이

두부적 소금 간한 두부에 전분을 묻히고, 다져 양념한 돼지고기를 두부 한쪽

두부적

면에 퍼 바른 후 식용유를 두른 팬에 지져 초간장을 곁들인 것이다. ☙ 서울·경기

두부전골 녹두 전분을 묻혀 지진 두부에 양념하여 볶은 쇠고기소를 넣어 데친 미나리로 묶어 두부전을 준비한 다음, 전골냄비에 두부전과 채 썰어 양념한 쇠고기·표고버섯, 양파, 당근, 실파 등을 돌려 담고 쇠고기육수를 넣어 국간장과 소금으로 간을 하고 달걀을 가운데 넣어 반숙으로 익힌 것이다. 《시의전서》(두부전골 : 豆腐煎骨)에 소개되어 있다. ☙ 전국적으로 먹으나 특히 서울·경기에서 즐겨 먹음

두부조림 납작하게 썬 두부를 식용유를 두른 팬에 지져서 간장 양념(간장, 고춧가루, 물엿, 다진 파·마늘, 참기름, 깨소금)을 켜켜이 끼얹어 물을 붓고 조린 것이다. 《시의전서》(두부조림)에 소개되어 있다.

두부조림

두텁단자 설탕물로 반죽한 찹쌀가루 반죽을 조금씩 떼어 설탕물에 조린 밤과 다진 대추, 껍질 벗긴 호두와 잣을 유자청과 섞어 만든 소를 넣어 동그랗게 빚어 삶은 뒤 팥가루를 묻힌 것이다. ☙ 서울·경기

두텁떡 삶은 거피팥에 간장, 설탕, 꿀, 계핏가루, 후춧가루를 섞어서 볶아 팥고물을 만들어 시루에 펴고 그 위에 찹쌀

두텁단자

가루를 한 숟가락씩 서로 닿지 않게 올린 후 잣, 잘게 썬 밤·대추, 속껍질 벗겨 잘게 썬 호두와 유자청으로 완자를 빚어 소를 올린다. 다시 찹쌀가루로 덮고 팥고물을 올리기를 세 켜 정도 반복하여 찐다. 이 떡은 궁중에서 임금 탄신일에 반드시 만들던 것으로, 《정례의궤》, 《진찬의궤》 등에 그 만드는 법이 기록되어 있다. 두텁떡은 쌀가루를 간장으로 간을 한 궁중의 대표적인 떡이며 본래 이름이 봉우리떡으로 한자로는 후병(厚餠)이라고 쓴다. 보통 시루떡처럼 고물과 떡가루를 평평하게 안치지 않고 떡의 모양을 작은 보시기 크기로 하나씩 떠 낼 수 있도록 소복소복 안치므로 이름을 그렇게 붙였다. 《도문대작》에는 서울의 시절음식으로 기록되어 있다. 《도문대작》(두텁떡), 《규합총서》(두텁떡),

두텁떡

《음식법》(두텁떡), 《시의전서》(두텁떡), 《부인필지》(두텁떡), 《조선요리제법》(두텁떡), 《조선무쌍신식요리제법》(후병 : 厚餠)에 소개되어 있다. ☙ 서울·경기

두투산적 ▶▶▶ 상어산적 ☙ 경남

두툽상어회 ▶▶▶ 별상어회 ☙ 제주도

둠비 ▶▶▶ 마른두부 ☙ 제주도

드릇ᄂᆞᆷ삐지 ▶▶▶ 들무장아찌 ☙ 제주도

들굽국 ▶▶▶ 두릅국 ☙ 제주도

들깨머리부각 ▶▶▶ 들깨송이부각 ☙ 경북

들깨머윗대찜 ▶▶▶ 머윗대들깨찜 ☙ 경남

들깨미역국 쌀뜨물에 미역을 넣고 끓이다가 들깨와 불려 간 멥쌀을 걸러서 넣은 다음 끓여 국간장으로 간을 한 국이다. ☙ 경북

들깨미역국

들깨송이부각 들깨송이에 다진 마늘, 통깨, 소금을 섞은 찹쌀풀을 발라 말렸다가 먹을 때 식용유에 튀겨낸 것이다. 경남에서는 들깨송이를 밀가루, 쌀가루, 소금으로 버무려 찐 다음 말렸다가 먹을 때 튀겨 양념장(간장, 물엿, 설탕, 다진 마늘)에 버무린다. 서울·경기에서는 깨송이부각, 경북에서는 들깨머리부각, 들깨열매부각이라고도 한다. 들깨는 꿀풀과에 속하는 한해살이 재배식물로서 파랗게 알이 맺힌 들깨송이를 부각으로 만들어 저장식품으로 이용한다. ☙ 서울·

경기, 전라도, 경상도 등

들깨송이부각

들깨열매부각 ▶▶▶ 들깨송이부각 ☙ 경북

들깨엿강정 물엿, 설탕, 식용유를 넣고 졸여서 점성이 생기면 볶은 들깨를 넣고 고루 섞어 네모 틀에 쏟아 붓고 밀대로 편평하게 민 다음 마름모 모양으로 썰어 잣을 고명으로 얹은 것이다. ☙ 전북

들깨우거지국 된장을 푼 물에 삶은 우거지를 넣고 끓이다가 들깻가루, 대파, 다진 마늘을 넣고 끓여 국간장으로 간을 한 국이다. ☙ 경북

들깨죽 들깨에 물을 붓고 갈아 불린 쌀과 함께 넣고 끓인 다음 소금으로 간한 죽이다. 죽을 쑬 때 소금을 먼저 넣으면 죽이 삭아져 묽어지므로 반드시 끓인 다음에 넣어야 한다. 제주에서 깻잎을 '유잎'이라고 하는 것처럼 들깨죽은 '유죽'이라고 한다. ☙ 제주도

들깨칼국수 들깨에 물을 넣어 곱게 갈아서 체에 걸러낸 들깨물에 물을 붓고 끓이다가 칼국수를 넣고 애호박을 고명으로 얹어낸 것이다. 충북에서는 국간장, 전북에서는 소금으로 간을 한다. 가장 양기가 치솟는 음력 5월 5일에는 그 더위를 식히기 위하여 스님들이 들깨칼국수를 즐겨 먹어 '승소(僧笑)'라는 별칭이 붙었다고 한다. ☙ 충북, 전북

들깨토란탕 토란에 들깨와 쌀 간 것을 넣고 끓인 탕이다. 방법 1 : 쇠고기를 푹 삶아 육수를 내고 고기는 찢어 양념한 다음 들깨와 쌀에 육수를 붓고 곱게 갈아 체에 걸러낸 국물에 데친 토란과 양념한 쇠고기를 넣고 끓여 소금으로 간을 한다(전북). 방법 2 : 삶은 토란을 물에 넣고 끓이다가 굴을 넣어 한소끔 끓이고 들깨와 불린 쌀을 간 것을 넣고 끓여 걸쭉해지면 다진 마늘과 소금으로 간을 한다. 경남에서는 새우살, 조갯살을 넣는다(전남, 경남). 전라도에서는 토란탕, 경남에서는 토란탕, 토란들깨국, 토란찜국이라고도 한다.《조선무쌍신식요리제법》(토란탕 : 土卵湯)에 소개되어 있다. ♨전라도, 경남

들깨토란탕

들깨호박오가리찜 멸치장국국물에 호박오가리, 삶은 고사리, 홍합을 넣어 끓이다가 우엉채를 넣고 끓으면, 멸치장국국물을 넣고 간 들깨 · 쌀물을 부어 걸쭉하게 끓인 뒤 소금 간을 하여 더 끓인 것이다. 들깨호박우리찜이라고도 한다. 호박오가리는 애호박이나 늙은 호박을 얇게 썰어서 말린 것이다. ♨경남

들깨호박우리찜 ▶▶▶ 들깨호박오가리찜 ♨경남

들무장아찌 소금에 절인 들무의 뿌리와 잎에 간장을 부어 두었다가 꺼내어 양념(고춧가루, 깨소금, 참기름, 설탕, 다진 파 · 마늘)에 버무린 것이다. 들무는 들에 나는 무를 말하며, 겨울에도 죽지 않아 1~2월에 무청을 잘라 데쳐서 무치거나 끓여 먹기도 한다. 드릇놉삐지라고도 한다. ♨제주도

등겨떡 ▶▶▶ 보리개떡 ♨경북

등겨수제비 멸치장국국물에 다진 파, 고춧가루를 넣고 끓이다가 보리등겨가루에 소금과 물을 넣고 반죽한 것을 떼어 넣고 끓여 소금 간을 한 것이다. ♨경북

등겨장 호밀가루와 보리등겨에 물을 섞어 시루에 쪄서 작은 덩어리로 빚어 소쿠리에 담아 2일간 띄운 뒤 햇볕에 말려 빻은 가루와(시기 : 8~9월) 보리쌀을 갈아서 물을 섞어 시루에 찐 후 2일간 띄워 빻아 둔 가루에 엿기름물, 소금, 고춧가루를 넣어 고루 섞은 후 항아리에 담아 한 달 동안 숙성시킨 장이다. 충남 연기군 농가에서 30여 년간 만들어 온 장으로 처음에는 집안 별미음식으로 만들었다고 한다. 딩겨장이라고도 한다. 등겨는 벗겨 놓은 벼, 보리 등의 껍질을 말한다. ♨충남

등겨장

등겨장 ▶▶▶ 시금장 ♨경북

등심소금구이 등심에 소금과 후춧가루

를 뿌려 석쇠나 팬에 구운 것이다. 저민 마늘을 곁들이며 고기를 구워 소금, 후춧가루, 참기름을 곁들이기도 한다.

등절비 메밀가루를 익반죽하여 솔변떡본(솔변 틀)으로 찍어내어 삶은 뒤 찬물에 행궈 물기를 빼고 팥고물을 묻힌 떡이다. 상례 때 상가 친족들이 장지에서 일꾼을 대접하기 위해 떡부조를 한 것에서 시작되었다. 제주도의 장지는 마을에서 멀리 떨어진 산간 지역에 위치하는 경우가 대부분이어서 밥과 국을 지고 가거나 현장에서 솥단지를 걸어놓고 상두꾼들을 대접하기는 대단히 어려우므로 이런 불편을 덜어주기 위해서 친족들은 떡을 부조하고 이것을 일꾼들의 점심식사로 대신하였다. ♨ 제주도

등절비

디포리쌀뜨물국 솥에 밥을 안칠 때 마른 디포리와 쌀뜨물을 담은 뚝배기(또는 국그릇)를 그 위에 올려 끓인 후 국간장, 고춧가루, 깨소금, 다진 파 · 마늘을 넣어서 간을 맞춘 것이다. 디

마른 디포리

포리쌀뜬물이라고도 한다. 디포리는 말린 밴댕이를 말하며 멸치처럼 국물을 낼 때 사용한다. ♨ 전남

디포리쌀뜬물 ▶▶▶ 디포리쌀뜨물국 ♨ 전남

디포리쌀뜨물국

딩겨장 ▶▶▶ 등겨장 ♨ 충남

따개비밥 삶은 따개비살을 볶다가 불린 쌀을 넣어 볶은 것에 따개비국물을 부어 지은 밥이다. 밥에 양파, 오이, 당근을 각각 볶아 고명으로 올리고 양념장(간장, 고춧가루, 다진 파 · 마늘, 참기름, 깨소금)을 곁들인다. 따개비는 바닷가 암초나 말뚝, 배의 밑에 붙어 사는 조개류로, 울릉도

따개비

에서 잡은 따개비는 육지 것보다 크고 쫄깃쫄깃하기도 하다. 굴등이라고도 한다. ♨ 경북

따로국밥 소뼈와 도가니를 푹 곤 국물에 쇠고기를 넣고 더 끓인 다음 삶은 쇠고기를 썰어 넣고 양념(고춧가루, 다진 파 · 마늘, 소금, 후춧가루)하여 끓인 국을 밥과 따로 담아낸 것이다. 국에 밥을 미리 말면 국물이 제 맛을 잃기 때문에 국과 밥을 따로 내놓는다 하여 '따로국

도가니

밥'이라 부른다. 도가니는 소 무릎의 종지뼈와 거기에 붙은 고깃덩이며, 우설은 소의 혀, 유통은 소, 돼지 따위의 젖무덤의 고기를 말한다. 《규곤요람》에 소개되어 있다. ⚘ 경북

딱세된장국 ▶▶▶ 갯가재된장국 ⚘ 경남

땀북장 ▶▶▶ 담북장 ⚘ 경남

땅두릅매운탕 민물고기(쏘가리 또는 붕어)를 푹 삶은 국물에 민물새우, 고추장, 고춧가루, 들깻가루, 고추씨, 다진 마늘·생강을 넣어 끓이다가 땅두릅, 미나리, 어슷하게 썬 풋고추·대파를 얹어 한소끔 더 끓인 것이다. 땅두릅은 두릅나무과의 여러해살이풀로 이른 봄 어린순은 식용하며, 뿌리는 약용한다. ⚘ 전북

땅두릅매운탕

땅두릅찜 살짝 데친 땅두릅과 뼈를 발라낸 생멸치, 데친 고사리, 다래, 취나물 등의 산나물을 된장, 소금으로 간하고

땅두릅찜

밀가루와 어슷하게 썬 대파를 섞어 찜통에 찐 것이다. ⚘ 서울·경기

땅콩조림 껍질 벗긴 땅콩을 물을 넣고 삶다가 양념(간장, 설탕, 물엿, 다진 파·마늘, 참기름)을 넣고 조린 후 통깨를 뿌린 것이다. 경남에서는 양념에 멸치장국 국물을 넣기도 한다. ⚘ 전국적으로 먹으나 특히 경남에서 즐겨 먹음

떡갈비 곱게 다진 갈빗살을 간장 양념(국간장, 다진 파·마늘, 참기름, 설탕, 소금)하여 잘 치대어 둥글게 모양을 만들어 갈비뼈에 붙여서 하루 정도 재워둔 다음 뜨겁게 달군 석쇠에 얹어 노릇하게 구워지면 남은 양념장을 발라 다시 약한 불에서 구운 것이다. 전남 담양·해남·장흥·강진 등지에서 시작된 요리로 예로부터 전해 내려오는 고유한 요리는 아니다. 만드는 방법이 인절미 치듯이 쳐서 만들었다고 하여 떡갈비라 부르게 되었고 다른 갈비요리와는 달리 갈비살을 곱게 다져서 만들기 때문에 연하고 부드러운 고기맛을 느낄 수 있다. ⚘ 전남

떡국 쇠고기를 덩어리째 삶아 먹기 좋은 크기로 썰어 다시 육수에 넣고 어슷하게 썬 가래떡을 넣어 끓인 후 달걀을 풀어 넣고, 대파, 다진 마늘을 넣은 다음 국간장과 소금으로 간을 맞춘 것이다. 쇠고기를 채 썰거나 다져 양념해 볶다가 물을 넣고 육수를 만들기도 한다. 《도문대작》(떡국), 《시의전서》(떡국), 《조선요리제법》(흰떡국), 《조선무쌍신식요리제법》(병탕 : 餠湯)에 소개되어 있다.

떡만둣국 만두피에 데쳐 다진 숙주, 다진 양파, 으깬 두부, 다져 갖은 양념한 돼지고기, 삶아 잘게 썬 당면, 다진 파와 소금 등으로 만든 소를 넣고 끝을 붙여

동그랗게 만두를 빚은 후 멸치장국국물에 가래떡 썬 것과 만두를 넣고 국간장으로 간을 맞춘 다음 대파와 김가루를 고명으로 얹은 것이다. 만두소는 닭고기, 쇠고기도 쓰고 데친 당면을 넣기도 한다.

떡수단

은행을 넣고 간장 양념하여 끓인 후 불끄기 전에 미나리를 넣고 마름모 모양의 황백지단을 올린 것이다. ☕ 서울·경기

떡만둣국

떡볶이 가래떡을 썰어 쇠고기와 채소를 넣고 양념을 하여 볶은 것이다. 가래떡과 채 썰어 양념한 쇠고기와 표고버섯, 석이버섯, 당근, 양파 등을 간장 양념(간장, 설탕, 다진 파·마늘, 깨소금, 참기름)으로 무르도록 볶아 미나리와 실고추, 잣을 넣고 황백지단을 얹는다(서울·경기). 최근에는 가래떡과 어묵, 각종 채소에 고추장 양념(고추장, 고춧가루, 간장, 설탕, 다진 파·마늘, 참기름)으로 볶은 것이 상용된다. 《시의전서》(떡볶이), 《부인필지》(떡볶이), 《조선무쌍신식요리제법》(떡볶이)에 소개되어 있다.

떡수단 가는 흰떡을 앵두 크기로 둥글게 썰어 전분을 묻혀 끓는 물에 데친 후, 설탕이나 꿀로 감미를 맞춘 오미자국물에 넣고 잣을 띄운 것이다. ☕ 서울·경기

떡찜 채 썬 쇠고기와 표고버섯을 볶다가, 삶은 사태·양, 무, 당근을 넣고 육수를 부어 끓으면 살짝 데친 가래떡과

떡찜

떼북콩국수 콩가루와 밀가루를 반죽하여 가늘게 썬 국수를 삶아놓고, 차게 식힌 떼북조개국물을 국수에 붓고 양념한 떼북조갯살, 살짝 데쳐 고춧가루 양념한 애호박채를 고명으로 올린 것이다.

떼북콩국수

쩨북콩국수라고도 한다. 떼북조개는 여름철 동해에서 많이 잡히는 조개이다. ♨강원도

뚜거리탕 ►►► 꺽저기탕 ♨강원도

뚝새풀씨죽 불린 쌀에 물을 붓고 끓이다 팬에 볶아 갈아 놓은 뚝새풀씨를 넣고 끓인 죽이다. 끼니를 잇기 어려운 시절에 구황식품으로 먹었다. 독사풀씨죽이라고도 한다. 뚝새풀은 둑새풀, 독사풀이라고도 하며 논밭 같은 습지에서 무리지어 난다. 한방에서는 약재로 쓰인다. ♨충남

뜸부기나물 말린 뜸부기를 물에 불려서 건져낸 것을 송송 썬 파, 다진 마늘, 소금으로 무친 뒤 쌀가루와 들깻가루를 푼 물을 부어 국물이 자작해질 때까지 끓인 것이다. 뜸부기는 모자반목 뜸부기과에 속하는 바닷말로 몸은 황갈색이며, 우리나라의 서해안과 남해안에서는 말려서 나물로 해먹는다. ♨전북

마국수 밀가루에 마가루, 생콩가루, 소금과 물을 넣고 반죽하여 만든 국수를 끓는 육수에 넣고 끓인 다음 볶은 애호박, 황백지단, 구운 김, 실고추를 고명으로 얹고 양념장(간장, 고춧가루, 다진 파·마늘, 참기름, 깨소금)을 곁들인 것이다. 마손국수라고도 한다. ♨경북

흰자를 입혀 식용유를 두른 팬에 지진 것이다. ♨경북

마국수

마농술 ▶▶ 마늘주 ♨제주도

마농엿 ▶▶ 마늘엿 ♨제주도

마늘된장구이 데친 마늘을 꼬치에 꿰어 식용유에 지진 후 양념장(된장, 참기름, 설탕, 후춧가루)을 바른 것이다. 마늘에 식용유를 발라 석쇠나 팬에 굽기도 한다. ♨경남

마늘산적 씨를 빼고 속에 은행을 끼운 풋고추, 편마늘, 씨를 빼고 반으로 가른 대추, 표고버섯을 꼬치에 꿴 다음 달걀

마늘산적

마늘엿 질게 지은 차조밥에 엿기름물을 부어 발효시켜 베보자기에 짜 낸 물을 끓이다가 반 정도로 줄면 마늘을 넣고 엿이 될 때까지 조린 것이다. 마농엿이라고도 한다. ♨제주도

마늘장아찌 통마늘을 식초, 설탕, 간장에 숙성시키는 장아찌이다. 방법 1 : 소금물에 삭힌 통마늘에 간장, 식초, 설탕 끓인 물을 식혀 붓고 숙성시킨다(상용). 방법 2 : 겉껍질을 깐 통마늘을 식초에 1주일간 삭히고 소금물에 1~2개월 절인 후 간장을 붓고 2~3개월 둔 다음, 마늘 껍질을 벗기고 물엿을 섞은 고추장에 넣어 물기가 어느 정도 생기면 마늘을 건져서 다시 새 고추장에 넣는 과정을 8

~9번 반복하여 저장한다(전남). 방법 3 : 겉껍질을 깐 통마늘을 식촛물에 삭힌 다음 간장, 설탕, 물을 끓여 식힌 간장물을 부어 담근다. 2~3일 후에 간장물을 따라내어 끓여서 식혀 다시 붓기를 2~3회 반복한다(충남, 경북, 제주). 전남에서는 마늘의 알이 완전히 차지 않은 연한 통마늘을 사용하며, 경북에서는 마늘을 소금물에 삭힌 다음 설탕, 식초, 물을 끓여 식혀서 부어 장아찌를 담그기도 한다. 전남에서는 통마늘장아찌, 제주도에서는 통마늘장아찌, 통마농지라고도 한다. 《시의전서》(마늘장아찌), 《조선요리제법》(마늘장아찌, 마늘선), 《조선무쌍신식요리제법》(산장 : 蒜醬)에 소개되어 있다.

마늘장아찌

마늘종대무침 ▶▶▶ 마늘종무침 ♨ 경남
마늘종무침　마늘종을 5cm 길이로 썰어 살짝 데쳐낸 후 양념(간장, 고춧가루, 설탕, 참기름 등)에 버무려 무친 것이다. 경남에서는 마늘종에 밀가루를 묻혀 볶은 다음 양념으로 무치며, 마늘종대무침이라고도 한다. ♨ 전국적으로 먹으나 특히 경남에서 즐겨 먹음

마늘종볶음　마늘종을 식용유에 볶다가 양파채를 넣고 간장, 설탕, 소금으로 양념하여 익으면 참기름과 통깨를 넣고 버무린 것이다. 고춧가루, 물엿을 넣기도 한다. ♨ 전국적으로 먹으나 특히 전남에서 즐겨 먹음

마늘종장아찌　마늘종을 소금물, 단촛물, 고추장 등으로 숙성시킨 장아찌이다. 방법 1 : 소금물에 절인 마늘종을 식초와 설탕, 소금물을 끓여 식혀 부어 삭힌 후 15일 정도 지나 건져내어 꾸덕꾸덕하게 말렸다가 고추장에 박거나 고추장 양념에 무친다(상용, 경남). 방법 2 : 깨끗이 씻어 햇빛에 말린 마늘종을 다섯 가닥씩 돌돌 말아 고추장에 군데군데 박아서 숙성시킨다(충남, 전북). 방법 3 : 마늘종을 열 개씩 묶어 항아리에 담고 마늘종이 잠길 만큼 소금물을 붓고 돌로 눌러 1개월 정도 숙성시키며 먹을 때 물로 한 번 씻은 다음 먹기 좋은 크기로 썰어 양념한다(전남). 방법 4 : 끓여 식힌 소금물과 식초를 섞어 부어 5일 정도 삭힌 마늘종의 물기를 빼고 양념(된장, 고추장, 물엿, 설탕, 고춧가루)에 버무려 한 달 정도 익힌 다음 꺼내어 참기름, 통깨를 넣고 무친다(제주). 마늘쫑장아찌라고도 한다. 《시의전서》(마늘종고추장장아찌)에 소개되어 있다.

마늘종장아찌

마늘종장아찌무침　고추장을 훑어낸 마늘종장아찌를 4~5cm 길이로 썰어 다진

파, 통깨, 참기름으로 무친 것이다.

마늘종조림 5cm 길이로 썬 마늘종을 식용유로 볶다가 간장, 물엿, 물을 넣고 조려 깨소금을 뿌린 것이다.

마늘주 껍질 벗긴 마늘에 소주를 부어 밀봉하여 2~3개월 숙성시킨 술이다. 여과할 필요없이 마늘을 넣은 채 마시게 되는데, 오래 둘수록 적갈색이 되고 냄새는 다소 엷어진다. 마농술이라고도 한다. ▾제주도

마늘쫑장아찌 ▶▶▶ 마늘종장아찌

마른갈치조림 끓는 양념장(간장, 고춧가루, 식용유, 설탕, 소금, 후춧가루, 물)에 마른 갈치를 넣고 조리다가 물엿, 마늘편, 매운 고추를 넣어 살짝 조린 것이다. ▾경남

마른김무침 구워서 부순 김과 다져 양념하여 볶은 쇠고기에 간장, 참기름, 깨소금을 넣어 무친 것이다.

마른두부 불린 콩을 갈아 삼베주머니에 넣고 즙을 짜내어 끓이다가 바닷물을 넣고 저어 두부가 엉키면 면포를 깔고 부어 무거운 것으로 눌러 굳힌 것이다. 두부가 단단하여 '므른둠비(마른두부)' 라고 부르며, 맛과 향에 있어서도 독특하다. 둠비라고도 한다. ▾제주도

마른두부

마른명태찜 ▶▶▶ 북어찜 ▾경북

마른문어쌈 잿불에 구워 넓게 편 마른 문어다리에 꿀을 바르고 4등분 한 호두를 넣어 돌돌 말아 꼬치를 꿴 것이다. ▾경북

마른물메기찜 말린 물메기를 물에 불려 양념장(간장, 고춧가루, 다진 파·마늘, 통깨, 참기름)이나 쌈장에 재웠다가 찐 것이다. 찐 메기에 양념장을 발라 다시 찌기도 하며, 양념장에 된장을 넣기도 한다. ▾경남

마른물메기찜

마른새우볶음 달군 팬에 살짝 볶은 마른 새우를 끓인 양념(간장, 설탕, 참기름, 식용유)에 넣어 볶은 후 통깨를 뿌린 것이다.

마른생선식해 ▶▶▶ 북어식해 ▾경남

마른생선찜 소금으로 간한 생선(붉은 메기, 참서대, 양태 등)을 꾸덕꾸덕하게 말려 찐 것이다. 붉은 메기는 살이 희고 맛이 좋으며, 비타민 E와 단백질 함량이 높다. 회나 찌개로도 이용한다. ▾경남

마른안주 호두의 속껍질을 벗겨 전분을 묻혀 튀긴 것으로 껍질을 벗겨 꼬치에 꿴 은행, 껍질 벗긴 밤, 솔잎에 꿴 잣, 송화다식, 곶감쌈, 육포, 설탕물에 조린 대추·유자 등을 구절판이나 그릇에 담아낸 것이다. 마른안주는 주안상이나 교자상에 올리는 술안주나 간식으로도 이용하며, 예쁘게 솜씨를 내어 폐백음식 혹은 이바지음식으로도 사용된다. 위의 재

료 이외에 마른 인삼, 마른 새우, 문어
포, 전복포, 약포, 암치포, 대구포, 전복
쌈 등을 사용하기도 한다. 건구절판이라
고도 한다. 《시의전서》(마른안주)에 소
개되어 있다. ✿ 서울·경기

마른오징어젓갈무침　마른 오징어를 불
려서 채 썬 것에 다진 파·마늘·생강,
고춧가루, 멸치젓국, 물엿을 넣어 무친
것이다. ✿ 강원도

마른홍어찜

마른홍합미역국 ▶▶▶ 홍합미역국 ✿ 경남
ㅁ몰잎무침 ▶▶▶ 메밀나물 ✿ 제주도
ㅁ몰칼국수 ▶▶▶ 닭메밀칼국수 ✿ 제주도
마밥　불린 쌀과 촛물에 담갔다 물기를
뺀 마를 넣고 지은 밥으로 양념장(간장,
고춧가루, 붉은 고추, 풋고추, 참기름,
깨소금)을 곁들인다. ✿ 경북

마산아귀찜　된장을 푼 물에 불린 아귀
를 넣고 콩나물, 대파를 얹어 익힌 다음
양념(고춧가루, 들깻가루, 찹쌀가루, 다
진 마늘, 소금)을 넣고 끓여 소금으로 간
을 하고 뜨거울 때 미나리를 고명으로
올린 것이다. 건아귀찜, 아구찜이라고도
한다. 아귀찜의 유래는 북어찜에 이용한
된장과 고추장, 마늘, 파 등을 아귀에 적
용한 것에서 시작되어(1960년대) 지금
은 콩나물, 미나리 등의 채소를 첨가한
찜을 만들고 있다. 마산아귀찜은 바람이

마른오징어젓갈무침

마른조갯살조림　마른 조갯살을 씻어 물
에 불린 후 간장, 설탕, 후춧가루로 만든
양념장을 끓여 조리다가 다진 파, 생강
즙을 넣고 살짝 볶은 것이다. ✿ 충북

마른조갯살조림

마른홍어찜　그늘에서 말린 홍어를 3등
분 해서 찜통에 찐 뒤 양념장(간장, 고춧
가루, 다진 파·마늘, 설탕, 참기름 등)
을 고루 바른 것이다. ✿ 전남

마산아귀찜

잘 통하는 그늘에서 적당히 말려 꼬들꼬들한 상태의 아귀를 사용하는 것이 특징이다. ❦ 경남

마손국수 ▶▶ 마국수 ❦ 경북

마전골 데친 마와 표고버섯, 대파, 당근, 데친 미나리로 묶은 두부전, 채 썬 쇠고기를 돌려 담고 중앙에 양념한 쇠고기를 담은 다음 육수를 부어 끓이다가 국간장, 소금으로 간을 하고 달걀노른자를 중앙에 올린 전골이다. ❦ 경북

ᄆ조배기 ▶▶ 메밀수제비 ❦ 제주도

마죽 쌀에 마를 넣어서 쑨 죽이다. 쌀을 곱게 갈아 끓이다가 강판에 간 마를 넣고 소금으로 간을 하여 완성하고 꿀을 곁들인다. 마의 앙금과 녹두 전분이나 감자 전분을 섞어 끓이기도 하고 마를 삶아 불린 쌀을 넣어 죽을 쑤기도 한다. ❦ 경남

마죽

막걸리식초 막걸리를 상온에서 숙성시킨 것이다. 전남에서는 막걸리를 유리병에 담고 소나무가지로 병을 막아 따뜻한 곳에 올려 놓고 1주일 이상 자연 발효되면 윗물만 따라 내고, 다시 막걸리를 부어 발효시키기를 반복한다. ❦ 전남, 경남

막국수 메밀국수를 김칫국물(또는 육수)에 말아 먹는 강원도의 향토음식이다. 방법 1 : 익반죽한 메밀가루반죽을

국수로 만들어 삶아 그릇에 담아 놓고 차게 식힌 닭육수를 동치미 국물과 소금으로 간하여 부은 다음 찢어서 양념한 닭고기살, 채 썬 오이와 배추김치, 동치미무, 삶은 달걀을 올린 것이다. 방법 2 : 메밀국수 사리를 대접에 담아 김칫국물을 붓고 그 위에 썬 배추김치와 절인 오이, 고추 다진 양념을 얹고 깨소금을 뿌린 것이다. ❦ 강원도

막국수

막김치 절인 배추를 양념(고춧가루, 다진 마늘·생강, 멸치젓)으로 버무려 담근 김치이다. ❦ 제주도

막장 메줏가루에 전분질, 소금을 넣어 15일 정도 숙성시킨 뒤 먹는 속성된장이다. 방법 1 : 메줏가루에 고추씨와 소금, 물을 섞어 숙성시킨다(강원도). 방법 2 : 엿기름가루와 보릿가루, 물을 함께 끓이

막장

다가 메줏가루와 고추씨가루를 넣고 한 번 더 끓인 후 소금으로 간을 하여 발효 시킨다(충북). 방법 3 : 잘게 빻은 메 주·깻묵(또는 보리밥)에 약간 짜게 만 든 동치미국물을 부어 15일 정도 숙성시 킨다(전남). 방법 4 : 물엿과 물을 끓여 식혀 메줏가루, 고춧가루, 소금을 섞어 숙성시킨다. 땅콩, 해바라기씨를 씹히도 록 갈아 넣기도 하고, 양파 간 것을 넣기 도 한다(경북). 방법 5 : 메주를 소금물 에 담가 두었다가 보리를 갈아 넣고 섞 어 소금을 뿌려 담근다(제주). ❖ 강원도, 충북, 전남 등

막편 시루에 거피한 팥고물을 깐 다음 막걸리와 설탕을 섞어 체에 내린 멥쌀가 루를 깔고 풋동부고물을 얹어 켜켜이 안 쳐 찐 떡이다. 막편은 멥쌀가루에 막걸 리를 넣어 체에 내려 찐 것이 특징이다. ❖ 충북

만경떡 설탕, 소금을 섞어 체에 내린 찹 쌀가루에 삶은 콩과 팥, 밤, 대추를 넣고 버무려서 시루에 찐 떡이다. 경북에서는 땅콩이나 잣을 넣기도 하며 망립떡, 망 령떡, 만능떡, 망연떡, 망경떡이라고도 하며, 경남에서는 망경떡, 모듬백이라고 도 한다. ❖ 경상도

만경떡

만능떡 ▶▶▶ 만경떡 ❖ 경북

만두 밀가루 반죽을 얇게 밀어 동그랗 게 자른 만두피에 다진 돼지고기, 으깬 두부, 곱게 다진 김치, 양념을 섞어 만든 소를 넣고 동그랗게 빚어 찜통에 찐 것이 다. 삶아서 썬 당면을 넣기도 한다. 《조선무쌍신식요리제법》(만두 : 饅頭) 에 소개되어 있다.

만두

만두과 밀가루, 소금, 참기름을 고루 섞 어 생강즙, 꿀, 청주를 넣어 만든 반죽을 동글납작하게 빚어 곱게 다진 대추에 꿀 과 계핏가루를 섞은 소를 넣어 송편 모 양으로 만들고, 맞붙이는 끝 선을 새끼 줄 꼬듯 모양내어 빚어서 식용유에서 지 진 후 계핏가루를 넣은 즙청액에 담갔다 건져 잣가루를 뿌린 것이다. 《도문대작》 (만두과), 《음식법》(만두과), 《시의전서》 (만두과 : 饅頭菓), 《조선요리제법》(만두 과), 《조선무쌍신식요리제법》(만두과 :

만두과

饅頭菓)에 소개되어 있다. ✤ 서울·경기

만둣국 밀가루 반죽을 둥근 모양으로 얇게 밀어 만든 만두피에 다진 쇠고기, 채 썬 표고버섯, 으깬 두부, 데친 숙주, 다진 배추김치를 섞어 양념하여 만든 소를 넣고 반달 모양으로 만두를 빚어 쇠고기육수에 넣어 끓이고 국간장, 대파, 다진 마늘, 후춧가루로 간하여 황백지단채와 실고추를 얹은 것이다. 병시라고도 한다. ✤ 서울·경기

만디 메밀가루를 익반죽하여 얇게 밀어 동그란 모양으로 찍어 내어 팥고물과 무채를 소로 넣고 반으로 접어 붙여 삶은 뒤 팥고물을 묻힌 떡이다. 때에 따라서 팥고물을 묻히지 않고 서로 붙지 않게 참기름을 바르기도 한다. 만디는 반달 모양의 메밀떡으로 팥고물을 묻혀 장지에서 일을 다 끝마치면 수고했다고 주는 떡(필역)이며, 이때 상두꾼들은 그 떡을 받아 싸가지고 간다. ✤ 제주도

만디

말고기육회 채 썬 양파·배를 깔고 말고기를 양념(간장, 다진 마늘·생강, 깨소금, 설탕, 참기름, 후춧가루)하여 올린 것이다. 제주의 중산간 마을에서는 조랑말이 많기 때문에 다른 지방보다 손쉽게 말고기를 접할 수 있었으며, 말고기육회에는 생강을 넣는 특징이 있다. ✤ 제주도

말고기육회

말나물 말과 무채에 양념(고춧가루, 식초, 설탕, 소금, 참기름, 통깨)을 넣어 무친 것이다. 콩나물을 넣기도 한다. 말무침, 말생저래기(제래기)라고도 한다. 말은 말즘, 버들잎가래라고도 부르며 연못 등 민물에서 자라는 수생식물로 길이가 70cm 정도 된다. ✤ 경북

말나물

말린고구마죽 ▶▶▶ 절간고구마죽 ✤ 경남
말린도토리묵볶음 말린 도토리묵채를 물에 불려서 끓는 물에 데친 것을 들기

말린도토리묵볶음

름으로 볶다가 양파, 당근, 대파를 넣고 간장, 다진 마늘, 깨소금으로 양념하여 살짝 볶은 것이다. ↘ 충북

말린문어죽 ▶▶ 피문어죽 ↘ 전남

물망국 ▶▶ 모자반국 ↘ 제주도

말무침 ▶▶ 말나물 ↘ 경북

말생저레기 ▶▶ 말나물 ↘ 경북

물쌀죽 ▶▶ 메밀죽 ↘ 제주도

말쌈 말을 10cm 길이로 썰어 쌈장(된장, 고추장, 다진 파·마늘, 참기름, 깨소금)을 곁들인 것이다. ↘ 경북

말쌈

말죽 불린 쌀을 반 알 정도만 부서지게 찧어서 물을 넣어 끓이다가 말을 넣고 더 끓여 소금과 국간장으로 간을 한 죽이다. 말죽을 끓일 때 조갯살을 넣기도 한다. 말은 버들잎가래라고도 한다. 못에서 자라는 수생식물로 연한 줄기와 잎은 나물로 이용되며 말죽을 끓일 때 조갯살을 넣기도 한다. '서글픈 날 저녁에는 말죽을 끓이고, 배 아픈 날 저녁에는 콩죽을 끓인다'는 속담이 있는데, 앞부

말죽

분은 저녁에 쌀이 없어 말을 많이 넣고 멀겋게 말죽을 끓이니 서럽다는 뜻이고, 뒷부분은 시어머니가 배앓이하는 며느리에게 먹으면 배가 아픈 콩죽을 끓이라며 구박한다는 뜻이다. ↘ 경북

몸국 ▶▶ 모자반국 ↘ 제주도

몸전 ▶▶ 모자반전 ↘ 제주도

몸지 ▶▶ 모자반장아찌 ↘ 제주도

맛살찌개 뚝배기에 손질한 맛살을 넣고 고추장 양념(고추장, 참기름, 다진 파·마늘, 생강즙, 깨소금, 설탕)을 넣어 밥솥에 찌거나 중탕하여 익힌 것이다. 맛살은 3~4월에 많이 나며 수분이 많아 별도로 물을 넣지 않고 끓여도 좋다. 맛살은 맛조개의 살을 일컬으며, 전북 군산, 부안, 김제에서는 죽합, 충남 서산, 태안, 당진에서는 개맛 혹은 참맛이

맛조개

라고 부른다. 대나무처럼 가늘고 길게 생겼으며, 부드럽고 맛이 좋아 소금구이나 무침으로도 많이 먹는다. 다른 조개에 비하여 단백질과 지질이 적은 저칼로리 식품으로 칼슘, 철분, 아연이 풍부하다. 3~4월에 내장이 붉게 된 것은 독성이 있으므로 주의해야 한다.

맛살찌개

맛조개수제비 해감한 맛조개를 끓여서

국물을 낸 뒤 곱게 다진 살을 국물에 다시 넣어, 끓으면 수제비 반죽을 떼어 넣고 대파와 다진 마늘을 넣어 소금 간을 한 것이다. ♨ 전북

맛조개수제비

망개떡 찹쌀가루에 소금을 넣고 반죽하여 찐 뒤 차지게 친 다음 조금씩 떼어 계핏가루, 설탕, 꿀을 넣어 만든 거피 팥소를 넣고 반달 모양(또는 사각형)으로 빚어 망개잎을 앞뒤로 붙여 찐 떡이다. 청미래덩굴잎의 향이 떡에 배어들면서 상큼한 맛이 나고, 여름에도 잘 상하지 않는다는 특징이 있다. 충남에서는 망개잎떡, 멍가잎떡, 경남에서는 망게떡이라고도 한다. 망개잎은 청미래덩굴로 불리며 백합과에 속하는 덩굴성 관목으로 꽃이 진 뒤에 가을철이 되면 빨간 열매가 암나무에 모여

망개잎

붙는데, 이 열매를 명감 또는 망개라 한다. 어린순은 나물로 먹고, 잎은 찹쌀떡을 만들 때 떡을 싸는 데 쓰기도 한다. ♨ 충청도, 경상도

망개잎떡 ▶▶▶ 망개떡 ♨ 충남

망게떡 ▶▶▶ 망개떡 ♨ 경남

망경떡 ▶▶▶ 만경떡 ♨ 경상도

망둥어조림 끓는 양념장(간장, 국간장, 고춧가루, 다진 마늘, 설탕, 물)에 망둥어를 넣어 조린 것이다. 꼬시락조림이라고도 한다. 망둑어과에 속하는 물고기들은 비슷하게 생겨 종에 상관없이 모두 주로 망둥어 또는 망둥이라고 불리며, 경상도에서는 꼬시락, 꼬시라기라 하고 지역에 따라 꽃망둑, 똘챙이, 짱뚱어, 풀망둥이 등으로 불린다. 갯벌이나 강과 바다가 만나고 바닥이 진흙이나 모래로 이루어진 강의 하구 근처에서 산다. ♨ 전남, 경남

망령떡 ▶▶▶ 만경떡 ♨ 경북

망립떡 ▶▶▶ 만경떡 ♨ 경북

망연떡 ▶▶▶ 만경떡 ♨ 경북

매듭자반 다시마를 긴 끈 모양으로 잘라 매듭을 묶어 잣과 통후추를 매듭 사이에 넣고 빠지지 않게 당겨 식용유에 튀겨낸 후 설탕을 고루 묻힌 것이다. 《조선요리제법》(매듭자반), 《조선무쌍신식요리제법》(결좌반 : 結佐飯)에 소개되어 있다. ♨ 서울·경기

매생이국 굴과 다진 마늘을 참기름에 볶아 굴의 향이 우러나면 매생이를 넣고 물을 부어 살짝 끓인 뒤 국간장으로 간한 국이며 매생이탕이라고도 한다. 매생이국은 일명 '미운 사위국'이라고도 하는데, 국이 보기와 달리 뜨겁기 때문에 섣불리 먹었다간 입을 데기 때문이다. 옛날에 사위가 딸에게 잘해 주지 못하면

망개떡

친정 어머니가 말로 하기 힘들어 꼭 매생이국을 끓여 주었다고도 한다. 매생이는 파래와 비슷하게 생긴 갈파래과의 녹조류로서 맛은 감미가 있고 부드럽다. 영양성분으로는 단백질이 풍부하며, 특히 무기질 중 칼슘과 철분이 풍부하고, 점성이 있는 다당류의 하나인 알긴산(alginic acid)을 함유하고 있다. 물이 맑고 청정한 곳에서만 서식하는 대표적인 무공해 식품이며, 아주 추운 겨울 영하 이하인 1월에 잠깐 나온다. ❦전남

매생이국

매생이탕 ▶▶▶ 매생이국 ❦전남
매실고추장장아찌 씨를 뺀 청매실을 소금에 절여 고추장, 설탕, 다진 마늘을 섞어 양념으로 버무려 항아리에 꼭꼭 눌러 담아 10일 정도 숙성시킨 뒤 통깨와 참기름을 넣어 무친 것이다. ❦전남

매실고추장장아찌

매실식초 깨끗이 씻어서 물기를 뺀 매실에 설탕을 부어서 2개월 정도 숙성시킨 후 체에 거른 것이다. 매실은 원래 신맛이 강해서 매실액을 식초 대신 사용하기도 한다. ❦전남
매실차 매실의 과육을 고르게 저민 것과 설탕을 유리병에 켜켜이 담고 1~2주일 재워두었다가 우러나온 과즙을 걸러 물에 타서 여름에는 차게, 겨울에는 따뜻하게 마시는 음료이다. ❦전남
매실청 씨를 제거하고 저며 썬 익은 황매실과 설탕을 유리병에 켜켜이 담아 3일간 재워두었다가 물을 따라내어 5~6시간 조린 것이다. ❦전남
매역새국 ▶▶▶ 미역쇠국 ❦제주도
매역새우럭국 ▶▶▶ 미역쇠국 ❦제주도
매역채 ▶▶▶ 미역무침 ❦제주도
매엽과 ▶▶▶ 매작과
매운잡채 해파리, 콩나물, 석이버섯 등에 겨자장을 넣어 버무린 것이다. 끓는 물에 데쳐서 식힌 해파리와 콩나물, 석이버섯채, 밤채, 대추채, 생강채에, 겨자장(발효시킨 겨자, 식초, 설탕, 소금)을 넣어 버무린다. 배, 잣, 당근을 넣기도 한다. ❦경남
매자과 ▶▶▶ 매작과
매작과 밀가루에 소금과 생강즙을 넣고 반죽하여 얇게 민 다음 직사각형으로 썰어(길이 5cm, 너비 2cm) 가운데를 중심으로 길게 세 번 칼집을 넣고 뒤집어 리본처럼 모양을 낸 후 튀겨 즙청액(꿀 또는 설탕시럽)에 담갔다가 잣가루를 뿌린 것이다. 매자과, 매찻과, 매잡과, 매엽과, 타래과라고도 불리며 경북에서 뽕잎차수과라고도 한다. 《시의전서》(매작과), 《조선무쌍신식요리제법》(매작과, 매잡과 : 梅雜果)에 소개되어 있다.

매작과

맥문동차

매잡과 ▶▶▶ 매작과

매잣과 ▶▶▶ 매작과

매추리알장조림　메추리알을 삶아 껍질을 깐 다음 간장, 설탕, 마늘, 다시마, 물을 넣고 조린 것이다.

매추리알장조림

매화장수쌀엿 ▶▶▶ 쌀엿 ❉경북

맥문동차　물에 맥문동을 넣고 중간 불에서 1시간 정도 달여 차게 식힌 다음 체에 거른 차이다. 맥문동은 백합과에 속하는 다년생초로 봄, 가을에 땅속 줄기를 캐서 껍질을 벗겨 말리며, 한방에서는 강장, 진해, 거담제, 강심제로 사용된다. ❉충남

맥문동

맹이식해 ▶▶▶ 전갱이식해 ❉강원도

머슴쑥송편　불린 멥쌀과 데친 쑥에 소금을 넣고 곱게 빻아서 설탕을 넣고 익반죽한 다음 팥소를 넣고 송편보다 조금 크게 빚어 찐 후 참기름을 바른 떡이다. 머슴날은 농가에서 머슴들의 수고를 위로해 주기 위해 음식을 대접하며 즐기도록 하는 날로, 농사를 시작하기 전 정월 대보름에 세웠던 볏가릿대를 내려서 속에 넣었던 곡식으로 송편 등의 떡을 만들어 머슴들에게 먹게 하였다고 한다. 쑥을 넣어 만든 송편으로 한입으로는 못 먹는 주먹만한 크기이며, 강원도 철원 지역에서 논일을 할 때 새참으로 즐겨 먹었던 것이다. ❉강원도

머위김치　소금에 절인 다음 씻어서 물기를 뺀 머위와 쪽파에 양념(고춧가루, 다진 마늘·생강, 통깨, 멸치액젓)을 넣고 버무려 담근 김치이다. ❉경남

머위김치

145

머위깻국 ▶▶▶ 머위탕 ♨ 전북

머위나물 손질하여 데친 머윗대(잎 포함)를 된장, 다진 파·마늘, 참기름, 깨소금을 넣고 무친 것이다.

머위나물

머위나물찜 ▶▶▶ 머윗대들깨찜 ♨ 경북
머위들깨찜 ▶▶▶ 머윗대들깨찜 ♨ 경북
머위들깨탕 ▶▶▶ 머위탕 ♨ 충남

머위장아찌 삶은 머위술기를 채반에 말려 고추장(또는 된장)에 박아 5개월 이상 숙성시킨 장아찌이다. 먹을 때 다진 파·마늘, 참기름, 깨소금으로 무친다. 《조선무쌍신식요리제법》(머위장아찌)에 소개되어 있다. ♨ 충남

머위탕 데친 머윗대를 새우와 볶고 불린 쌀과 들깨를 함께 갈아 놓은 물을 부은 후 걸쭉하게 끓인 탕이다. 방법 1 : 데쳐서 껍질을 벗긴 머윗대를 식용유로 볶다가 전분물과 들깨물을 넣고 한소끔 끓인 다음 바지락살을 넣고 소금 간하여 끓인다(충남). 방법 2 : 데쳐서 껍질을 벗긴 머윗대와 건새우를 식용유에 볶다가 쌀 간 것과 들깻가루, 물을 넣어 걸쭉하게 끓이고 쪽파와 다진 마늘을 넣고 국간장으로 간을 한다(전라도). 방법 3 : 머윗대와 멸치, 들깻가루를 넣고 끓이다가 국간장으로 간을 한다(경남). 방법 4 : 조갯살(새우살)을 참기름에 볶다가 삶은

머윗대를 넣고 끓여 곱게 간 쌀과 곱게 갈아 거른 들깨즙을 넣어 끓인 다음 국간장으로 간을 한다(경남). 충남에서는 머위들깨탕, 전북에서는 머위깻국, 경남에서는 머윗대들깨국, 머윗대들깨탕이라고도 한다. 머위는 독특한 향을 지닌 채소로서 '머구'라고도 불린다. 머위 줄기는 데쳐서 각종 조림이나 찜에 넣거나 무침 또는 장아찌로 이용하고, 머위잎은 데쳐서 쌈이나 나물로 먹는다. 예부터 독까지 해독시킬 정도로 해독작용이 강하고 중풍에도 효능이 있는 것으로 알려져 있으며, 특히 머위잎은 방부효과가 있어서 머위잎을 함께 넣고 장아찌를 담그면 잡균이 번식하지 않는다. 채소류 중에 수분이 96%로 가장 많고, 비타민 A를 비롯해 비타민 B_1·B_2가 골고루 함유되어 있으며, 칼슘 성분이 많은 알칼리성 식품이다. ♨ 충남, 전라도, 경남

머위탕(전북)

머위탕(경남)

머윗대들깨국 ▶▶▶ 머위탕 ♨ 경남

머윗대들깨볶음 ▶▶▶ 머윗대들깨찜 ▼경북

머윗대들깨찜 삶은 머윗대와 다진 마늘을 참기름에 볶다가 물을 넣고 끓으면 들깻가루와 쌀가루를 넣어 걸쭉하게 한소끔 끓인 후 소금으로 간을 한 것이다. 삶은 머윗대는 하루 정도 물에 담가 쓴맛을 우려낸다. 경북에서는 양파, 경남에서는 조갯살을 넣고 볶으며, 국간장으로 간을 하기도 한다. 경남에서는 대합, 미더덕, 새우 등의 해산물을 넣거나 당근, 감자, 고추, 양파, 죽순, 고사리, 우엉, 미나리, 콩나물 등의 채소를 넣기도 한다. 멸치장국국물을 쓰기도 하고, 다슬기, 우렁이(논고동) 삶은 물을 육수로 이용하기도 한다. 머윗대들깨볶음, 머윗대찜, 머위나물찜이라고도 한다. ▼경상도

머윗대들깨찜

머윗대들깨탕 ▶▶▶ 머위탕 ▼경남

머윗대볶음 ▶▶▶ 머윗대들깨찜 ▼경북

머윗대장아찌 소금물에 살짝 삶은 머윗대를 껍질을 벗겨 꾸덕꾸덕하게 말린 후 다발로 묶어 고추장에 박아 1개월 이상 숙성시킨 것이다. ▼전남

머윗대찜 ▶▶▶ 머윗대들깨찜 ▼경상도

멍가잎떡 ▶▶▶ 망개떡 ▼충남

멍게김치 멍게살과 쪽파, 붉은 고추를 양념(고춧가루, 다진 마늘, 통깨, 소금)하여 담근 김치이다. 멍게김치는 2~3

일 내에 먹어야 한다. ▼경남

멍게김치

멍게산적 껍질 벗겨 데친 멍게살을 지져 꼬치에 끼운 다음 끓는 양념장(간장, 물엿, 다진 마늘, 생강즙, 소금, 참기름, 후춧가루)에 넣고 조린 것이다. 우렁쉥이산적이라고도 한다. ▼경남

멍게전 멍게살에 밀가루와 달걀물을 차례로 입혀 식용유를 두른 팬에 둥글납작하게 펴고, 붉은 고추를 위에 얹어 지진 것이다. 우렁쉥이전이라고도 한다. ▼경남

멍게젓 내장을 제거한 멍게살을 잘게 썰어 소금에 절인 다음 어슷하게 썬 붉은 고추, 고춧가루, 다진 파·마늘, 물엿, 통깨로 무친 것이다. 경남에서는 소금 간한 멍게살을 고춧가루로 버무려 삭히며, 먹을 때 양념(다진 파, 고춧가루, 참기름, 깨소금)으로 버무리고 소금 대신 맑은 액젓으로 간을 하기도 한다. 강원도에서는 멍게살을 물엿과 소금으로 절여서 물기를 제거한 다음 다진 마늘·생강, 멸치액젓으로 버무려 삭힌다. 강원도에서는 멍게젓갈이라고도 한다. 멍게는 우렁쉥이라고도 하며 파인애플과 비슷한 모양으로 표면에는 젖꼭지 모양의 돌기가 많이 나왔고 바닷속 바위에 붙어 산다. ▼강원도, 전남, 경남

멍게젓(강원도)

멍게젓(전남)

멍게젓갈 ▶▶▶ 멍게젓 ✔ 강원도

멍게찜 멍게살, 미더덕, 삶은 콩나물, 붉은 고추를 양념장(고춧가루, 다진 파 · 마늘 · 생강, 국간장, 소금)으로 버무려 물을 넣고 끓이다가 찹쌀가루를 푼 물을 넣고 걸쭉하게 끓여 실파와 참기름을 넣은 것이다. ✔ 경남

멍게튀김 밀가루를 뿌린 멍게살에 밀가루와 소금으로 반죽한 튀김옷을 입혀 식용유에 튀긴 것으로 초간장(간장, 식초)을 곁들인다. ✔ 경남

멍게회 멍게살을 한입 크기로 썰어 상추를 깔고 담아 초고추장(고추장, 식초, 설탕, 다진 마늘, 깨소금)을 곁들인 것이다.
✔ 전국적으로 먹으나 특히 경남에서 즐겨 먹음

멍석떡 ▶▶▶ 빙떡 ✔ 경북, 제주도

메가리국 ▶▶▶ 전갱이국 ✔ 경남

메가리추어탕 ▶▶▶ 전갱이국 ✔ 경남

메기구이 꾸덕꾸덕하게 말린 메기를 석쇠에 구워, 양파, 느타리버섯, 쑥갓, 미나리, 양념장(고추장, 고춧가루, 다진 마늘, 생강즙, 설탕 등)으로 버무려 식용유를 두른 팬에 구운 것이다. ✔ 경남

메기국 ▶▶▶ 메기탕 ✔ 경남

메기매운탕 토막 낸 메기와 나박나박하게 썬 무를 냄비에 담고 양념(고추장, 고춧가루, 다진 파 · 마늘 · 생강)을 풀어 끓이다가 대파, 미나리, 쑥갓을 넣고 끓인 것이다. 고추장과 된장, 고춧가루 양념을 넣기도 하며, 충북에서는 다시마, 황기, 우엉을 넣어 끓인다. 메기는 민물고기 중에서 강장식품으로 매운탕이나 찜으로 인기가 많고, 특히 메기찜은 여름철 보양음식으로 유명하다. ✔ 전국적으로 먹으나 특히 충북, 경상도에서 즐겨 먹음

메기매운탕

메기수제비 손질한 메기에 생강과 청주를 넣고 푹 삶아 뼈를 발라내고 살은 으깨어 국물에 다시 넣은 뒤 고추장과 고춧가루를 넣어 끓이다가 채 썬 양파, 미

메기수제비

나리, 어슷하게 썬 대파, 다진 마늘을 넣고 다시 끓어오르면 수제비 반죽을 떼어 넣어 익힌 것이다. ♨전북

메기찜 손질한 메기와 무, 시래기를 넣고 양념하여 찐 것이다. 방법 1 : 냄비에 무시래기와 묵은 배추김치를 깐 다음 손질한 메기를 얹고 그 위에 인삼, 대추, 납작하게 썬 무, 어슷하게 썬 대파·붉은 고추를 얹어 간장 양념과 물을 부어 찐다(강원도). 방법 2 : 냄비에 무와 시래기를 깔고 손질하여 칼집을 넣은 메기와 물, 고춧가루 양념을 넣어 끓이다가 밤, 대추, 버섯, 채소와 수제비 반죽을 떼어 넣고 국물이 자작해질 때까지 끓인다(충북). 방법 3 : 납작하게 썬 무를 끓이다가 메기와 물, 고추장 양념(고추장, 고춧가루, 다진 마늘·생강, 후춧가루)을 넣고 익으면 간장 양념한 시래기를 넣어 끓이다가 미나리, 쑥갓, 깻잎채, 풋고추채로 고명을 얹어 찐다(전북). ♨강원도, 충북, 전북 등

메기찜

메기찜 ▶▶▶ 물메기찜 ♨경남

메기탕 메기와 채소를 넣어 끓인 국이다. 방법 1 : 된장을 푼 물에 손질한 메기를 넣고 끓여 푹 익으면 삶은 시래기와 들깨를 갈아 거른 들깻물을 부어 계속 끓이다가 고추 다진 양념(마른 고추를 갈아서 물에 불린 후 다진 양파·마늘·생강을 고루 섞음)과 소금으로 간하여 후춧가루를 곁들인다(전남). 방법 2 : 메기를 끓여 뼈를 발라내고 양념(된장, 고춧가루, 다진 파·마늘)으로 각각 무친 배추우거지와 고사리, 숙주를 넣고 끓여 국간장으로 간을 하여 다진 파·마늘·풋고추, 초피가루를 넣고 더 끓인다. 미나리, 쑥갓, 깻잎 등을 이용하기도 한다(경남). 경남에서는 메기탕국, 메기국이라고도 한다. ♨전남, 경남

메기탕국 ▶▶▶ 메기탕 ♨경남

메뚜기볶음 참기름에 말린 메뚜기를 볶아 소금 간을 한 것이다. ♨경남

메밀가루파전 데친 쪽파를 양념(참기름, 소금, 깨소금)하여 매듭을 만들어 꼬치에 꿴 다음 메밀가루, 소금, 물로 만든 반죽물을 입혀 식용유를 두른 팬에 지진 것이다. ♨제주도

메밀감자수제비 끓는 물에 감자를 썰어 넣고 익힌 국물에 메밀가루 반죽을 납작하게 떼어 넣고 수제비가 익으면 소금으로 간을 한 것이다. ♨강원도

메밀개떡 메밀가루에 설탕과 물을 넣고 되직하게 반죽하여 둥글납작하게 빚은 후 아궁이 속에 넣어 익혀서 소금 섞은 들기름에 찍어 먹는 떡이다. ♨강원도

메밀고구마범벅 물에 큼직하게 썬 고구

메밀고구마범벅

마와 소금을 넣고 익힌 다음 메밀가루를 넣고 말갛게 익힌 것이다. 제주에서 나는 물고구마로 만들면 맛이 더욱 좋다. 감제범벅, 는쟁이범벅이라고도 한다. ▼ 제주도

메밀국수 메밀가루를 반죽하여 만든 국수이다. 방법 1 : 삶은 메밀국수에 육수(쇠고기, 다시마를 삶은 국물에 국간장, 소금, 후춧가루로 간함)를 붓고 볶은 당근과 실파, 황백지단, 구운 김을 얹고 깨소금과 참기름을 넣는다(경북). 방법 2 : 메밀가루, 밀가루, 보릿가루, 물로 반죽한 국수를 삶아 건진 다음 멸치장국국물을 붓고, 국간장, 참기름으로 무친 시금치나물, 쇠고기장조림, 다진 파 · 마늘을 얹어 국간장으로 간을 하고 고춧가루, 후춧가루를 곁들인다(경남). ▼ 경상도

메밀국죽 말린 메밀을 쪄서 메밀 찐 쌀을 만든 다음 된장을 푼 물에 메밀 찐 쌀과 채 썬 감자, 두부, 콩나물을 넣어 한소끔 끓이다가, 다진 파 · 마늘을 넣어 한 번 더 끓인 죽이다. ▼ 강원도

메밀껄뚜국수 ▶▶▶ 꼴뚜국수 ▼ 강원도

메밀나물 데친 메밀잎을 양념(고추장, 된장, 다진 파 · 마늘, 깨소금)으로 무친 것이다. 제주도에서는 메밀싹이 트고 잎이 돋아 너무 촘촘히 나면 솎아서 메밀무침을 만들어 먹었으며, 솎아낸 메밀잎을 밀가루에 넣어 범벅을 만들어 먹기도 하였다. 제주에서는 ㅁ물잎무침이라고도 한다. ▼ 강원도, 제주도

메밀당숙 ▶▶▶ 메밀옹이 ▼ 전남

메밀동동주 메밀밥에 누룩을 섞어 발효시켜 기포가 생기기 시작하면 껍질 벗긴 메밀, 옥수수, 엿기름가루와 함께 끓여 면포에 거른 액을 발효시킨 술이다. ▼ 강원도

메밀두루말이 메밀가루, 밀가루, 소금을 섞어 반죽하여 부친 메밀전병에 삶은 명아주나물과 볶은 당근채를 소로 넣어 돌돌 만 것이다. 명아주는 명아주과의 한해살이풀로서 전국 각지에 야생하며, 는장이, 는쟁이, 능쟁이, 개비름이라고도 한다. 명아주의 어린잎은 데쳐서 나물로 많이 먹는다. ▼ 강원도

명아주나물

메밀두루말이

메밀떡국 멸치장국국물을 국간장으로 간을 하여 끓이다가 메밀가루로 반죽하여 가래떡 모양으로 빚어 썬 떡을 넣고 끓여 다진 파 · 마늘을 넣은 것이다. ▼ 경남

메밀막국수 ▶▶▶ 막국수 ▼ 강원도

메밀만두 메밀가루로 익반죽한 만두피에 소를 빚어 넣고 삶거나 찐 것이다. 방법 1 : 메밀가루를 익반죽하여 만든 만두피에 다진 쇠고기나 꿩고기, 으깬 두부, 데친 미나리 · 숙주, 무, 송송 썬 배추김치, 잣으로 만든 소를 넣고 만두 모양으로 빚어 장국에 삶아 초간장과 곁들인다(서울 · 경기). 방법 2 : 각각 다진 돼지고기 · 당근 · 양파 · 풋고추, 으깬 두부, 삶은 당면에 달걀, 소금, 참기름을

넣고 만두속을 만들어 메밀가루로 반죽한 만두피에 넣고 빚어 찜통에 찐다(강원도). 방법 3 : 숟가락으로 긁은 무에 고춧가루와 소금으로 양념하여 만든 소를 메밀가루로 반죽한 만두피에 넣고 만두를 빚어 찜통에 찌거나 만둣국을 끓인다(경북). 경북에서는 메밀가루에 달걀을 넣어 반죽하기도 하고, 만두소로 돼지고기와 대파를 이용하기도 한다. 《조선요리제법》(모밀만두)에 소개되어 있다. ❧ 서울·경기, 강원도, 경북

메밀멍석떡 ▶▶▶ 메밀빙떡 ❧ 경북

메밀묵 메밀 전분으로 만든 묵이다. 메밀을 물에 담가 떫은맛을 우려내고 갈아 물을 부어 가며 체로 걸러 가라앉힌 다음 윗물은 따라버리고 남은 앙금에 물을 붓고 저어가며 걸쭉하게 끓인 다음 묵틀에 부어 굳힌다. 제주도에서는 소금으로 간을 한다. 《시의전서》(메밀묵), 《조선요리제법》(모밀묵), 《조선무쌍신식요리제법》(교맥유 : 蕎麥乳)에 소개되어 있다. ❧ 전라도, 경북, 제주도 등

메밀묵국수 ▶▶▶ 메밀묵채 ❧ 경남

메밀묵냉채국 가늘게 채 썬 메밀묵, 잘게 썬 배추김치에 김가루, 갖은 양념을 넣은 다음 찬 육수를 부은 냉국이다. 묵사발이라고도 한다. ❧ 강원도

메밀묵무침 도톰하게 채 썬 메밀묵과 양념한 배추김치를 양념장(간장, 설탕, 다진 파·마늘, 참기름, 깨소금 등)으로 고루 무치고 김을 얹은 것이다. 전남에서는 소금과 참기름으로 양념한 메밀묵에 양념한 배추김치를 살살 버무린다.

메밀묵무침 ▶▶▶ 메밀묵채 ❧ 경남

메밀묵밥 밥 위에 메밀묵, 김치, 오이, 구운 김을 얹고 멸치장국국물을 부은 밥이다. 양념장(간장, 다진 풋고추와 붉은 고추, 고춧가루, 깨소금, 참기름)을 곁들인다. ❧ 경북

메밀묵채 굵게 채 썬 메밀묵에 따뜻한 장국국물을 붓고 쇠고기, 김치, 황백지단채 등을 고명으로 얹은 것이다. 지역별로 고명이 다른데, 강원도에서는 황백지단채와 송송 썬 갓김치, 경상도에서는 쇠고기, 표고버섯, 대파, 숙주나물을 고명으로 올린다. 강원도에서는 메밀묵채국수, 경남에서는 메밀묵무침, 메밀묵국수라고도 한다. ❧ 강원도, 경상도

메밀묵채(강원도)

메밀묵채(경상도)

메밀묵채국수 ▶▶▶ 메밀묵채 ❧ 강원도

메밀밥 쌀에 충분히 불린 메밀을 섞어 지은 밥이다. ❧ 제주도

메밀범벅 메밀을 빻아 물을 넣고 치대서 거른 다음 가라앉은 앙금에 물을 부어 걸쭉하게 끓여 소금 간을 한 것이다. ❧ 경북

메밀부침 불린 메밀을 곱게 갈아놓고,

메밀범벅

식용유를 두른 팬에 길게 찢은 배추김치와 실파를 번갈아 놓고 갈아 놓은 메밀을 한 국자씩 떠서 가장자리부터 돌려 얇게 펴서 앞뒤로 노릇하게 지진 후 양념장을 곁들인 것이다. 메밀지짐이라고도 한다. ↴강원도

메밀빙떡 데쳐서 참기름, 다진 파, 소금으로 양념한 무채와 삶은 당면, 소금, 참기름으로 볶은 표고버섯, 으깬 두부, 다진 김치를 모두 섞어 소를 만든 다음 메밀가루에 소금과 물을 넣고 반죽하여 부친 전병에 넣고 말아서 식용유에 지진 떡이다. 돌래떡, 메밀멍석떡이라고도 한다. 제주도 향토음식인 빙떡과 소의 차이가 있을 뿐 같은 방법으로 만든다. ↴경북

메밀산떡국 ▶▶▶ 메밀떡국 ↴경남

메밀삼색경단 찹쌀가루와 메밀가루를 섞어 익반죽하여 경단을 빚은 후 끓는 물에 삶아 차게 식혀서 조청을 묻히고 석이버섯채, 대추채, 밤채를 각각 묻힌 것이다. ↴강원도

메밀수제비 멸치장국국물에 감자와 애호박을 넣고 끓이다가 메밀가루 반죽을 얇게 떼어 넣고 대파를 넣어 더 끓인 것이다. 경북에서는 양념장(간장, 고춧가루, 다진 파·마늘, 참기름)을 곁들인다. 제주도에서는 산모에게 피를 삭히는 음

식이라 하여 미역을 함께 넣고 끓여서 간식으로 섭취하였다고 하며 ㅁ조배기라고도 한다. ↴경북, 제주도

메밀수제비

메밀쌀죽 ▶▶▶ 메밀죽 ↴제주도

메밀응이 물에 적셔 빨은 메밀가루를 베보자기에 담아 물을 부으면서 주물러 거른 메밀 앙금에 물을 붓고 약한 불에서 저어 가며 끓인 후 소금으로 간한 죽이다. 메밀당숙이라고도 한다. ↴전남

메밀응이

메밀전 ▶▶▶ 메밀전병 ↴경북

메밀전병 메밀가루를 묽게 반죽해서 무, 배추, 고기 등을 소로 넣고 말아 지진 것이다. 지역마다 소가 다양한데, 강원도에서는 송송 썰어 양념한 갓김치를 넣으며 최근에는 배추김치와 돼지고기 소를 넣는다. 충북에서는 볶은 당근채, 양념하여 볶은 쇠고기채·우엉채, 황백

지단채, 살짝 데친 부추, 경북에서는 다진 파·마늘, 참기름, 깨소금, 소금으로 볶은 무채와 참기름, 소금으로 볶은 표고버섯과 실파를 소로 넣는다. 강원도에서는 메밀총떡, 경북에서는 총떡, 메밀전이라고도 한다. 제주도의 빙떡도 소의 차이는 있으나 같은 방법으로 만드는 떡이고 부침개에 가깝다. ✙강원도, 충북, 경북 등

메밀전병

메밀죽 불린 쌀과 메밀을 참기름에 볶다가 물을 부어 끓여 쌀알이 퍼지면 소금으로 간한 죽이다. 모멀죽, 메밀쌀죽, 물쌀죽이라고도 한다. ✙제주도

메밀증편 메밀가루에 막걸리를 넣고 발효시킨 반죽에 삶은 강낭콩을 섞어서 시루에 쩐 떡이다. ✙강원도

메밀지짐 ▶▶▶ 메밀부침 ✙강원도

메밀차 껍질 벗긴 메밀로 고슬고슬하게 밥을 지은 후 약간 말려 볶은 것에 물을 붓고 끓인 차이다. ✙강원도

메밀총떡 ▶▶▶ 메밀전병 ✙강원도

메밀칼싹두기 ▶▶▶ 칼싹두기 ✙서울·경기

메밀콧등치기 방법 1 : 메밀가루와 밀가루를 섞어 익반죽하여 밀대로 두껍게 밀어서 썰고, 멸치장국국물에 메밀국수와 감자채, 애호박채를 넣고 끓여 양념한 갓김치와 김을 고명으로 얹고 양념간장을 곁들인 것이다. 방법 2 : 감자를 강판에 갈아서 면포에 넣고 짜낸 물을 그대로 두어 앙금을 가라앉힌 다음 감자 건더기와 앙금에 소금 간을 하여 새알 크기의 완자를 빚어(감자 옹심이) 끓는 물에 삶아 찬물에 헹궈놓는다. 끓는 육수에 국간장으로 간을 한 후 채 썬 양파, 메밀국수, 채 썬 당근·애호박, 실파 순으로 넣고 끓으면 감자 옹심이를 넣어 잠깐 더 끓인 후 그릇에 담아 달걀 지단채와 김가루를 고명으로 얹고 양념장을 곁들인 것이다. '콧등치기'는 국수가락이 억세어서 먹을 때 콧등을 친다고 해서 붙은 이름이라는 설과, 뜨거울 때 먹으니까 땀이 코에 송글송글 맺힌다고 하여 '콧등튀기'라고도 부르는 데서 유래되었다는 설이 있다. 정선아리랑의 문화유적지인 아우라지가 가까운 강원도 여량에서는 콧등국수라고도 한다. ✙강원도

메밀차

메밀콧등치기

메밀콩국수 삶은 메밀국수에 불린 콩, 볶은 참깨와 물을 넣고 간 콩물을 부어 오이채를 얹은 것이다. ❦강원도

메밀풀장 메밀을 맷돌이나 분쇄기로 갈아서 가루를 만들어 놓고, 물에 배추김치를 넣고 끓이다가 메밀가루를 풀어 끓인 국이다. 쌀이 부족했던 시절에 구황식으로 먹던 음식이다. ❦충남

메밀풀장

메싹떡 멥쌀가루에 메싹, 소금, 설탕을 넣고 잘 섞어 시루에 찐 떡이다. 메싹떡은 어린싹의 들쩍지근한 맛과 쌀가루의 쫄깃한 맛이 어우러진 강원도, 특히 강릉을 비롯한 영동 지방의 향토음식이다. 메싹은 메꽃과의 다년생 풀로 메의 어린싹은 식용으로, 뿌리는 약용으로 쓰인다. 늦은 봄과 초여름 사이 밭둑에서 자라는데, 최근에는 보기 힘든 풀이다. ❦강원도, 충남

메역나물 ▶▶▶ 미역무침 ❦제주도
메역냉국 ▶▶▶ 미역냉국 ❦제주도
메조밥 ▶▶▶ 조밥 ❦제주도
메탕국 ▶▶▶ 쇠고기탕국 ❦경북
멜국 ▶▶▶ 멸치국 ❦제주도
멜젓 ▶▶▶ 멸치젓 ❦제주도
멜조림 ▶▶▶ 멸치조림 ❦제주도
멸간장 ▶▶▶ 멸장 ❦전남
멸장 멸치젓을 끓여 걸러낸 맑은 액으로 국간장을 대신한다. 방법 1 : 봄에 담근 멸치젓이 가을이 되어 멸치가 삭아서 맑은 젓국이 생기면 생젓국을 떠내고 남은 멸치젓을 달여 거른다(전남). 방법 2 : 생멸치에 소금과 물을 넣고 삶은 후에 된장을 풀고 센 불로 끓이다가 2시간 정도 약하게 달여 창호지에 거른다(경남). 전남의 최남단 거문도에서는 콩 농사가 멸치 잡기보다 어려워 콩으로 만드는 간장 대신에 멸장을 담가 나물을 무치고 국을 끓일 때 간을 맞추는 데 사용했으며 멸간장이라고도 한다. ❦전남, 경남

멸치국 생멸치를 끓는 물에 넣어 끓이다가 배추를 넣어 끓인 다음 다진 고추·마늘을 넣고 국간장으로 간한 국이다. 멜국이라고도 한다. ❦제주도

멸치볶음 멸치를 식용유를 두른 팬에 볶다가 물엿, 간장, 설탕을 넣어 간을 하고 통깨를 넣어 볶은 것이다.

멸치볶음

멸치식해 멸치와 밥을 꾸덕꾸덕하게 말려 엿기름가루, 고춧가루, 다진 생강·마늘을 넣고 삭힌 것이다. ❦강원도

멸치육젓 ▶▶▶ 멸치젓 ❦경남
멸치전 ▶▶▶ 생멸치전 ❦경남
멸치젓 소금물에 씻어 물기를 뺀 멸치에 소금을 켜켜로 넣고 맨 위에 소금을

엏어 3개월 정도 삭힌 것이다. 젓국을 그대로 쓰거나 달여서 사용한다. 경남에서는 건더기를 양념하여 반찬용으로 이용하기도 하며 제주도에서는 위에 오른 국물에 양념하여 콩잎찜, 호박잎찜 등 쌈에 곁들이기도 한다. 경남에서는 멸치육젓, 제주도에서는 멜젓이라고도 한다. 《도문대작》(멸치젓), 《조선요리제법》(멸치젓)에 소개되어 있다.

멸치젓국절임 ▶▶▶ 모자반장아찌 ♣제주도

멸치조림 생멸치를 간장에 조려 풋고추, 마늘편을 섞고 참기름을 넣어 국물이 자작할 때까지 조린 것이다. 마른 멸치를 사용하기도 하며 멜조림이라고도 한다. ♣제주도

멸치회(무침) 생멸치를 막걸리나 술지게미를 푼 물에 담갔다가 살만 발라낸 멸치살과 쑥갓, 미나리, 부추, 양파에 초고추장(고추장, 식초, 설탕, 다진 파·마늘, 통깨)을 넣어 무친 것이다. 식성에 따라 유자청이나 산초가루를 첨가해 먹기도 한다. ♣경남

멸치회(무침)

명란식해 소금에 절인 명란과 말린 차조밥에 고춧가루, 다진 파·마늘·생강을 넣고 버무려 삭힌 것이다. ♣강원도

명란젓 명란을 소금물에 씻어 고춧가루, 다진 마늘, 소금을 섞어 항아리에 담고 소금을 두껍게 뿌려 삭힌 것이다. 명란은 명태의 알을 말하며 젓갈, 알탕 등으로 이용한다. 《조선요리제법》(명란젓), 《조선무쌍신식요리제법》(명란해 : 明卵醢)에 소개되어 있다. ♣전국적으로 먹으나 특히 강원도에서 즐겨 먹음

명란젓

명란젓무침 명란젓을 먹기 좋은 크기로 썰어 다진 고추·파·마늘, 설탕, 참기름, 깨소금을 넣고 무친 것이다.

명란젓찌개 명란젓에 쇠고기, 두부, 무, 파 등을 넣고 새우젓으로 간한 찌개이다. 쇠고기를 양념(다진 파·마늘, 참기름, 후춧가루 등)하여 볶다가 물을 붓고 끓이면서 나박나박하게 썬 무, 명란젓, 두부 순으로 넣어 끓인 후 새우젓국이나 소금으로 간을 하고 대파를 넣고 잠시 더 끓인다. 《조선요리》(명란찌개), 《조선요리제법》(명란찌개), 《조선무쌍신식요리제법》(명란젓찌개)에 소개되어 있다. ♣강원도, 경남

명란채김치 소금에 절인 명란을 고춧가루에 굴리고 소금에 절인 무채, 양파채, 부추, 쪽파, 고춧가루, 새우젓, 멸치액젓, 다진 파·마늘·생강, 찹쌀풀, 명란과 함께 넣고 버무려 항아리에 담아 12시간 정도 삭힌 것이다. ♣강원도

명태구이 꾸덕꾸덕하게 말린 명태나 북

명란채김치

명태순대

어(황태)를 반으로 갈라 납작하게 펴서 유장을 발라 애벌구이한 다음 다시 양념 (간장, 고추장, 다진 파·마늘, 참기름, 깨소금, 후춧가루)을 발라 석쇠에 구운 것이다. 북어구이, 황태구이라고도 한 다. ♨경북

명태껍질찜　불린 명태 껍질과 머리를 불렸다가 두들겨 부드럽게 한 다음 콩가 루를 묻혀 찐 것이다. ♨경북

명태무왁찌개　냄비에 토막 낸 명태와 납작하게 썰어 고춧가루로 버무린 무를 넣고 물을 자작하게 부어 끓이다가 명태 가 익으면 소금과 국간장으로 간을 한 후 다진 마늘, 어슷하게 썬 붉은 고추· 대파를 넣고 끓인 찌개이다. ♨강원도

명태무젓　명태와 무를 양념(고춧가루, 소금, 다진 파·마늘, 통깨)으로 버무려 일주일 정도 숙성시킨 것이다. ♨경북

명태밥식해 ▶▶▶ 명태식해 ♨강원도

명태보푸림 ▶▶▶ 북어보푸라기 ♨경북

명태순대　명태에 소금을 뿌려 하룻밤 재웠다가 아가미로 내장을 꺼낸 다음 삶아 다진 배추·숙주, 다진 돼지고기, 으깬 두부, 명태알, 된장, 찹쌀가루, 다 진 파·마늘, 소금, 후춧가루 등을 섞은 소를 명태 속에 넣고 솥에 찐 것이다. 적 당한 크기로 썰어 초간장을 곁들인다. ♨강원도

명태식해　반건조시킨 명태를 살만 발라 내어 소금에 절여 물기를 제거하고 엿기 름가루에 버무려 2~5시간 삭힌 다음 고 슬고슬하게 쪄서 식힌 차조밥, 무채, 양 파채, 배즙과 고춧가루, 다진 파·마 늘·생강, 소금과 함께 넣고 버무려 상 온에서 2~3일 정도 삭힌 것이다. 명태 식해는 겨울철에 담가야 제 맛이 나고, 김장하다 김장 속이 남으면 꾸덕꾸덕한 동태를 썰어 김장 속에 버무려 따로 보 관하여 먹었던 음식이다. 명태밥식해라 고도 한다. ♨강원도

명태식해

명태아감젓 ▶▶▶ 서거리젓 ♨강원도

명태찜　꾸덕하게 말린 명태를 찜통에 쪄서 간장 양념장을 곁들인 것이다. ♨강 원도

모과구이　진흙을 개서 모과 겉에 배보 다 큰 모양으로 단단히 옷을 입히듯 바

르고 한지에 물을 적셔서 싸맨 뒤 아궁이에 묻어 놓고 오래 불을 땐 후 꺼내어 한지와 흙을 말끔히 벗기고 속을 파서 먹는 것이다. 모과에는 여러 가지 향기성분이 많고 색깔이 아름다워 먹음직스러워 보이나 석세포가 많이 함유되어 있어 씹는 감촉이 좋지

모과

않다. 모과의 단맛을 주는 당분으로는 포도당, 설탕, 과당 등이 약 5% 가량 함유되어 있으며, 이 중 과당은, 특히 체내의 당분 흡수를 더디게 하고 이미 흡수된 당분을 빨리 소비시키는 역할을 한다. 신맛을 주는 유기산으로는 구연산, 사과산, 주석산이 함유되어 있으며 이들 유기산은 신진대사를 도와주고, 소화효소 분비를 촉진시켜 주는 효과가 있다. 또한 모과는 칼슘, 칼륨, 철분 등의 무기질이 풍부한 알칼리성 식품으로 알려져 있으며 떫은맛을 내는 타닌 성분은 설사를 방지하는 역할을 하는 것으로 알려져 있다. ☙ 충북

모과차 얇게 썬 모과를 그대로 쓰거나 말린 것을 대추와 함께 물을 넣고 끓인 후 꿀을 섞고 잣을 띄워 마시는 것이다. 《식료찬요》(모과차)에 소개되어 있다. ☙ 서울·경기

모과청과화채 껍질을 벗겨 얄팍하게 썬 모과와 껍질째 둥글납작하게 썬 귤을 설탕에 버무려 병에 켜켜로 넣고 설탕을 넉넉히 부어 밀봉한 후 20일 이후부터 물에 타서 먹는 것이다. ☙ 서울·경기

모듬백이 ▶▶▶ 만경떡 ☙ 경남

모듬자반 우엉, 감자, 풋고추에 찹쌀가

모과청과화채

루를 묻혀 찐 다음 말렸다가 먹을 때 식용유에 튀긴 것이다. ☙ 경남

모듬장아찌 방아잎과 곰취, 개두릅에 간장과 물을 끓여 식힌 다음 부어 만든 장아찌이다. 3일 간격으로 간장물을 따라내어 끓여서 식혀 붓기를 3회 반복하고 다시 따라내어 물엿, 고추장을 넣고 끓여 식힌 다음 다시 붓고 숙성시킨다. ☙ 경남

모듬장아찌

모듬적 ▶▶▶ 잡산적 ☙ 경북

모래모치감자찜 ▶▶▶ 모래무지감자찜 ☙ 전남

모래무지감자찜 내장과 비늘을 제거하여 손질한 모래무지를 도톰하게 썬 감자와 양념장(간장, 고춧가루, 다진 파·마늘, 설탕, 깨소금)을 넣어 찐 것이다. 모래모치감자찜이라고도 한다. 모래무지는 잉어과의 민물고기로 몸길이는 15~25cm 정도이고 머리가 크며 홀쭉하고

입가에 한 쌍의 수염이 있다. 지역에 따라 두루치, 마자, 모래마자, 모래무치 등으로 불린다. 자갈과 모래가 있는 맑은 하천에 서식하는데, 모래 속에 몸을 파묻고 숨어 있다가 이따금 모래를 뿜어낸다. 소금구이나 양념을 듬뿍해서 탕을 끓여 먹기도 한다. ✤ 전남

모멀죽 ▶▶ 메밀죽 ✤ 제주도

모시떡 데친 모시잎과 불린 찹쌀을 곱게 갈아 소금 간을 하여 찐 떡이다. 모시잎은 쐐기풀과에 속하는 다년생 풀로서

모시잎

단단한 뿌리를 지니고 있으며 키는 2m까지 자란다. 떡과 부각에 이용하는 잎은 어긋나고 잎 끝이 꼬리처럼 길고 잎 가장자리에는 깻잎처럼 톱니들이 고르게 나 있다. 단백질과 무기질이 많고 노화방지, 산후후유증에 효과가 있다. ✤ 경북

모시송편 ▶▶ 모시잎송편 ✤ 경남

모시잎개떡 삶은 모시잎과 멥쌀가루에 물을 섞어 만든 반죽을 지름 8cm 크기로 둥글납작하게 빚은 다음 찜솥에 쪄서 참기름을 바른 떡이다. ✤ 전남

모시잎개떡

모시잎부각 데친 모시잎에 생강즙, 소

금, 다진 마늘, 후춧가루로 양념한 찹쌀풀을 발라 말렸다가 먹을 때 식용유에 튀긴 것이다. ✤ 경북

모시잎부각

모시잎송편 삶은 모시잎과 불린 쌀을 가루로 만들어 익반죽한 다음 팥고물, 동부고물, 깨고물 등을 넣고 송편을 빚어 찐 떡이다. 경남에서는 쪄낸 떡에 참기름을 바르고 감잎에 싸며 콩고물, 양대콩, 밤, 대추를 소로 이용하기도 한다. 전남에서는 노비송편, 경남에서는 모시송편이라고도 한다. 모시잎이 들어간 송편은 쫄깃한 맛과 오래 두어도 쉽게 굳지 않는 장점이 있으며 모시가 많이 재배되는 남부 지방, 특히 전라도에서 주로 먹는 별미떡이다. 옛날에는 2월 초하루 중화절식을 노비일(奴婢日, 머슴날)이라 하여 노비들에게 노비송편을 나이 수대로 먹여 머슴들을 위로하고 격려하

모시잎송편

는 풍습이 있었다. ❧ 전라도, 경남

모약과 밀가루, 계핏가루, 소금, 참기름, 생강즙, 청주를 넣고 반죽하여 네모지게 썰어 기름에 튀겨낸 뒤 조청시럽에 즙청한 유밀과이다. 밀가루에 계핏가루, 소금, 참기름을 섞어 비빈 후 체에 내리고 생강즙, 청주를 넣고 반죽하여 두께 0.5cm 네모 모양(3×3cm)으로 썰어 가운데 구멍을 뚫거나 귀퉁이에 칼집을 넣은 것을 150℃의 식용유에서 10분, 100℃에서 15분, 150℃에서 5분의 순서로 튀긴 후 즙청액에 묻히고 잣을 고명으로 얹는다. ❧ 전남

모약과

모인조밥 ▶▶▶ 메조밥 ❧ 제주도
모인좁쌀죽 ▶▶▶ 좁쌀죽 ❧ 제주도
모자반국 돼지고기를 삶은 육수에 모자반과 김치, 미역귀 등을 넣어 끓으면 메밀가루를 풀어 넣고 끓인 국이다. 방법 1 : 돼지고기 등뼈를 곤 국물에 모자반, 배추, 쪽파, 무, 양파, 풋고추, 붉은 고추를 넣고 끓이다 가 대파, 다진 마늘·생강을 넣고 소금으로 간을 하여 끓으면 물에 갠 메밀가루를 넣고 끓여

모자반

고춧가루를 곁들인다. 방법 2 : 돼지고기육수에 모자반, 배추김치, 미역귀, 소금과 밀가루로 비벼 씻은 돼지장간막, 돼지내장을 넣고 끓으면 물에 갠 메밀가루와 다진 마늘을 넣고 소금으로 간한 것이다. 몸국, 몰망국, 몰망국이라고도 한다. 모자반은 녹조류에 해당하며 가지에 성냥머리 같은 작은 풍선 모양의 열매들이 주렁주렁 달려 있는 해조류로 단백질과 칼슘, 철분, 요오드 성분이 많고 비타민 A 효력과 비타민 B 복합체를 가지고 있으며, 알긴산을 비롯한 다당류가 풍부하다. 모자반은 국이나 무침, 장아찌, 전 등으로 이용한다. 미역귀는 미역의 대가리를 말한다. ❧ 제주도

모자반국

모자반무침 방법 1 : 데친 모자반과 쪽파, 붉은 고추, 풋고추를 양념(멸치젓, 고춧가루, 다진 마늘, 참기름)으로 무친

모자반무침

것이다. 방법 2 : 모자반과 채 썬 무를 양념(간장, 참기름, 다진 파·마늘, 깨소금, 소금)으로 무친 것이다. 겨울에는 무대신 신김치를 썰어 넣고 무치기도 하며 몸무침이라고도 한다. ✿ 제주도

모자반설치 된장을 푼 멸치장국국물에 데친 모자반, 쌀뜨물에 삶은 콩나물, 다진 파·마늘, 참기름, 깨소금을 넣고 소금 간을 한 것이다. 고춧가루나 고추를 다져 넣기도 하고, 식초를 넣기도 한다. 몰설치라고도 한다. ✿ 경남

모자반설치

모자반장아찌 썰어 물기를 뺀 모자반에 잘 삭은 멸치젓국을 넣어 숙성시킨 것이다. 이듬해 봄에 꺼내 먹는다. 몸지, 멸치젓국절임이라고도 한다. ✿ 제주도

모자반장아찌

모자반전 메밀가루에 소금을 넣고 묽게 반죽하여 모자반, 물기를 꼭 짠 신김치,

양념(간장, 깨소금, 참기름, 생강즙, 다진 마늘)한 돼지고기를 고루 섞어 식용유를 두른 팬에 동글납작하게 지진 것이다. 몸전이라고도 한다. ✿ 제주도

모자반전

모치젓 ▶▶▶ 숭어새끼젓 ✿ 전남
몰망국 ▶▶▶ 모자반국 ✿ 제주도
몰설치 ▶▶▶ 모자반설치 ✿ 경남
몸무침 ▶▶▶ 모자반무침 ✿ 제주도
묘삼생무침 손질한 묘삼을 고추장, 고춧가루, 다진 파·마늘, 식초, 설탕, 물엿으로 무친 것이다. 묘삼은 파종 후 1년 남짓 자란 어린 인삼을 말한다. ✿ 충남

묘삼생무침

무가죽장아찌 ▶▶▶ 무참죽장아찌 ✿ 전남
무갑오징어장조림 물에 국간장을 넣어 끓이다가 쇠고기, 무를 넣고 한소끔 끓으면 두부와 갑오징어를 넣고 조린 것이다. ✿ 경남

무갑장과 막대 모양으로 썬 무를 간장에 절여 물기를 꼭 짠 다음 절였던 간장을 끓이다가 쇠고기, 표고버섯을 넣어 간장물이 졸아들면 절인 무를 넣어 볶은 것이다. 무숙장아찌라고도 한다. ♥ 서울·경기

무김치 절인 무를 양념(멸치액젓, 고춧가루, 다진 마늘·생강, 쪽파)으로 버무려 담근 김치이다. 늠삐짐치라고도 한다. 《산가요록》(무염침채), 《수운잡방》(침나복 : 沈蘿葍), 《조선무쌍신식요리제법》(나복함저 : 蘿葍鹹葅)에 소개되어 있다. ♥ 제주도

무나물 소금으로 간한 무채를 식용유를 두른 팬에 다진 파·마늘, 깨소금, 참기름으로 양념하여 볶은 것이다. 전남에서는 무채에 물을 자작하게 붓고 끓여 살짝 익으면 소금이나 새우젓국으로 간을 한다. 무숙채라고도 하며, 전남에서는 나복나물이라고도 한다. 《증보산림경제》(나복순채 : 蘿葍蓴菜), 《조선요리제법》(무나물), 《조선무쌍신식요리제법》(청채 : 菁菜, 나복채 : 羅葍菜)에 소개되어 있다. ♥ 전국적으로 먹으나 특히 전남에서 즐겨 먹음

무나물

무된장국 멸치장국국물이나 쇠고기육수에 된장을 풀고 나박나박하게 썬 무·배추, 깍둑썰기 한 두부를 넣어 끓이다가 어슷하게 썬 대파, 다진 마늘을 넣고 국간장으로 간을 한 것이다. 제주도에서는 끓는 멸치장국국물에 채 썬 무를 넣고 된장으로 간을 하여 끓이다가 풋마늘대를 넣어 끓인다.

무된장국

무된장장아찌 소금물에 삭힌 무를 주머니에 넣고 된장에 박아 숙성시킨 장아찌이다. 제주도에서는 소금물에 삭히지 않고 꾸덕하게 말려서 된장에 박는다. 먹을 때 물에 담가 짠 맛을 빼고 채 썰어 양념한다. ♥ 경상도, 제주도

무떡 ▶▶▶ 무시루떡 ♥ 경남

무름 말린 채소(애호박고지, 배추시래기, 가지고지 등)를 삶아 밀가루풀을 식혀 붓고 잘 버무려 익힌 김치이다. ♥ 경북

무름

무릇곰 무릇을 푹 고아 만든 것이다. 방

무릇

무릇쑥조림

법 1 : 말린 무릇과 말린 둥굴레뿌리, 삶은 쑥에 물을 부어 6일간 끓인 후 엿기름가루와 쌀가루를 넣어 하루 더 끓인 것이며, 먹을 때 노란 콩가루를 뿌려 먹는다. 조리는 도중에 쌀뜨물을 넣기도 하며 엿기름가루 대신 설탕으로 간을 맞추기도 한다. 충청도에서는 생강즙을 넣어서 조린다. 충남에서는 무릇고음이라고도 하는데, 무릇은 백합과의 여러해살이풀로 파, 마늘과 비슷하고, 봄에 비늘줄기에서 마늘잎 모양의 잎이 두세 개가 난다. 잎을 데쳐서 무치거나 비늘줄기는 간장조림장아찌, 엿으로 먹기도 한다. ♣ 서울·경기, 충청노, 경북

린 것이다. 무릇은 삶아 그대로 먹으면 아리므로 푹 고아 엿을 만든다. 물릇엿이라고도 한다. ♣ 제주도

무릇장아찌 무릇잎을 삶아 말린 후 간장, 마늘, 물엿, 마른 고추를 달인 물에 불린 후 고추장에 넣어 6개월 숙성시킨 뒤 양념에 무쳐 먹는 것이다. 봄에 많이 나는 무릇을 채취하여 말려 두었다가 장아찌를 만들면 쫄깃한 맛이 일품이다. 무릇에는 독성이 있으므로 반드시 일주일 이상 우려 내어야 쓴맛이 없어진다. ♣ 서울·경기

무릇죽 삶아서 아린 맛을 우려낸 무릇뿌리를 물에 푹 곤 다음 승검초, 쑥잎을 넣고 다시 푹 끓여서 부드러워지면 밀가루를 갠 물을 넣고 걸쭉하게 끓여 소금과 설탕으로 간을 한 것이다. ♣ 전북

무릇곰

무릇쑥고음 ▶▶▶ 무릇쑥조림 ♣ 서울·경기
무릇쑥조림 껍질 벗겨 삶은 무릇뿌리와 불린 무릇잎, 쑥에 설탕을 켜켜이 넣고 찐 다음 무릇뿌리 삶은 물과 엿기름가루를 냄비에 풀어, 찐 무릇뿌리와 잎, 쑥을 넣고 은근한 불에서 조린 것이다. 무릇쑥고음이라고도 한다. ♣ 서울·경기
무릇엿 체에 내린 엿기름물에 삶아서 아린 맛을 뺀 무릇뿌리를 으깨어 넣고 조

무릇죽

무말랭이무침 무말랭이를 물에 살짝 씻

어서 물기를 꼭 짠 다음 설탕, 물엿, 간장에 재워 두었다가 미나리와 함께 고춧가루, 다진 파·마늘, 참기름, 통깨를 넣어 무친 것이다. 멸치액젓을 넣기도 한다. 무말랭이는 무를 막대 모양으로 썰어 햇볕에 말린 것이다.

무말랭이

무말랭이장아찌

무말랭이조림 불린 무말랭이, 멸치, 풋마늘대를 양념(간장, 참기름, 고춧가루, 깨소금)하여 조린 것이다. ✿제주도

무말랭이짠지 ▶▶▶ 무말랭이장아찌 ✿경북

무맑은장국 ▶▶▶ 뭇국

무메밀가루국 끓는 물에 채 썬 무를 넣고 끓으면 물에 갠 메밀가루를 넣고 국간장으로 간하여 풋마늘대를 넣어 끓인 국이다. ✿제주도

무밥 불린 쌀에 굵게 채 썬 무를 함께 넣고 지은 밥으로 양념장(간장, 고춧가루, 다진 파·마늘, 깨소금, 참기름)에 비벼 먹는 밥이다. 가을철 맛있는 무가 나올 때 지어먹으면 별미이며, 무에 수분이 많으므로 보통 밥보다 물량을 적게 한다.

무부치개 ▶▶▶ 무전 ✿전북

무부침 ▶▶▶ 무전 ✿충남

무생채 가늘게 채 썬 무를 고운 고춧가루로 물들인 후 식초, 다진 파·마늘, 설

무말랭이무침

무말랭이약지 ▶▶▶ 무말랭이장아찌 ✿경남

무말랭이장아찌 무말랭이와 말린 고춧잎을 양념하여 숙성시킨 장아찌이다. 소금물에 불렸다 씻어 물기를 뺀 무말랭이와 말린 고춧잎을 양념(고춧가루, 찹쌀풀, 멸치액젓, 간장, 물엿, 다진 파·마늘, 통깨, 소금)으로 버무려 숙성시킨다. 경북에서는 말린 고춧잎 대신 무청 시래기를 넣기도 하며, 경남에서는 물, 물엿, 소금을 끓여 식힌 다음 양념장(생강즙, 다진 파·마늘, 고춧가루)에 숙성시킨다. 경북에서는 무말랭이짠지, 오그락지, 골금지, 골금짠지, 골짠지, 골곰짠지라고 하며 경남에서는 무말랭이약지라고도 한다. 《시의전서》(무말랭이장아찌), 《조선무쌍신식요리제법》(무장아찌(무말랭이장아찌))에 소개되어 있다. ✿전국적으로 먹으나 특히 경상도, 제주도에서 즐겨 먹음

무생채

탕, 소금 등의 양념으로 무친 것이다. 《시의전서》(무생채), 《조선요리제법》(무생채), 《조선무쌍신식요리제법》(청생채 : 菁生菜)에 소개되어 있다.

무생채피만두 ▶▶ 메밀만두 ☙ 경북

무설기 ▶▶ 무시루떡 ☙ 경북

무설기떡 ▶▶ 무시루떡 ☙ 경북

무소송편 ▶▶ 무송편 ☙ 강원도

무송편 　채 썬 무는 소금에 절였다가 꼭 짜서 고춧가루 등 갖은 양념하여 소를 만든 다음 멥쌀가루 반죽을 조금씩 떼어서 소를 넣고 보통 송편보다 크게 빚어 쪄낸 후 참기름을 바른 떡이다. 멥쌀가루에 메밀가루를 섞어서 반죽하기도 한다. 무송편은 추석송편의 일종이며, 송편 속에 무생채가 들어가는 것이 특징이다. 보통 송편보다 약간 크게 빚어 쪄낸 떡으로 무소에 식물성 기름을 많이 넣어야 맛이 좋다. 무소송편이라고도 한다. ☙ 강원도

무숙장아찌 ▶▶ 무갑장과 ☙ 서울 · 경기

무숙채 ▶▶ 무나물

무숙초고추장무침 　굵게 채 썬 무를 데쳐 헹궈 물기를 빼고 양념(고추장, 식초, 설탕, 다진 마늘)을 넣어 무친 것이다. 나박나박하게 썬 무를 쪄서 간장 양념에 무치기도 한다. 찐무무침이라고도 한다. ☙ 경북

무시루떡 　멥쌀가루에 무채를 섞어 팥고물과 켜켜이 번갈아 시루에 안쳐 쪄낸 떡이다. 경남에서는 팥고물, 멥쌀가루와 찹쌀가루에 설탕과 소금으로 간을 하여 섞은 쌀가루, 멥쌀가루를 묻힌 무채순을 준비하여 시루에 팥고물, 쌀가루, 무 순으로 한 켜씩 안치고, 맨 위에 팥고물을 얹어 찐다. 전남에서 나복병, 경북에서는 무설기, 무설기떡, 경남에서는 무떡

이라고도 한다. 가장 전통적인 떡 중의 하나로, 특히 무가 제 맛을 내는 상달이라 일컫는 10월에 많이 해먹는다. 《규합총서》(무떡), 《시의전서》(무떡), 《부인필지》(무우떡), 《조선요리제법》(무떡), 《조선무쌍신식요리제법》(무떡, 나복병 : 蘿葍餅)에 소개되어 있다. ☙ 서울 · 경기, 전남, 경상도

무시왁저기 ▶▶ 무조림 ☙ 전북

무엿 　불린 쌀을 갈아 엿기름물을 부어 삭힌 다음 끓이다가, 무채를 넣고 더 조려서 주걱으로 떨어뜨려서 굳어질 정도로 조린 것이다. 무엿은 갱엿이 아니고 숟가락으로 떠먹는 엿이다. ☙ 충북

무엿

무왁자 ▶▶ 무왁저지 ☙ 경남

무왁저지 　무를 썰어 양념장(간장, 다진 마늘, 참기름, 버섯 삶은 물)에 조린 것이다. 방법 1 : 납작하게 썬 무와 적당한 크기로 썬 암치, 북어포에 물을 넣어 끓이다가 채 썰어 양념한 쇠고기, 표고버섯 · 석이버섯과 다진 생강, 실고추를 넣고 간장 양념장을 넣어 조린다(충북). 방법 2 : 원형으로 썬 무를 국간장, 고춧가루로 버무리고 멸치장국국물을 부어 약한 불에 조린 다음, 무가 익으면 4등분 하여 그 위에 양념장(간장, 물엿, 다진 파 · 마늘, 설탕, 깨소금, 참기름)을

엊고 김가루를 뿌린다(전남). 방법 3 : 원형으로 썬 무에 국간장과 고춧가루로 버무려, 그 위에 멸치를 얹고 다시 무를 넣고 쌀뜨물을 부어 간장, 다진 파·마늘을 넣고 조린다(전라도). 전북에서는 무조림, 전남에서는 왁대기, 경남에서는 무왁자라고도 한다. 암치는 민어의 배를 갈라 내장을 제거하고 소금을 살짝 뿌려 말린 것을 말한다. 무왁저지는 조림, 지짐이의 일종이다. 《조선요리제법》(왁적이)에 소개되어 있다. ❧ 충북, 전라도, 경남

무왁적 ▸▸▸ 무전 ❧ 충북

무우거지장 삶은 무청을 잘게 썰어 들기름에 볶다가 된장 푼 물을 넣고 팔팔 끓으면 고춧가루, 다진 파·마늘, 소금을 넣어 끓인 찌개이다. ❧ 충북

무우거지장

무잎김치 항아리에 무청을 길게 담아 켜켜로 소금을 뿌려 절여지면 다진 마늘·생강을 넣은 연한 소금물을 항아리에 붓고 양파와 고추를 넣은 후 위를 돌로 눌러 숙성시킨 김치이다. 진잎김치라고도 한다. ❧ 충북

무장 ▸▸▸ 지례장 ❧ 서울·경기

무장아찌 소금에 절여 물기를 뺀 무를 고추장이나 간장으로 숙성시킨 장아찌이다. 방법 1 : 무를 반 갈라서 끓여 식힌 간장(간장, 설탕, 물엿, 식초, 청주)을 붓고 한 달 후 꺼내어 고추장에 2개월쯤 박아서 숙성시키며 먹을 때 썰어서 갖은 양념에 무친다(상용). 방법 2 : 동치미무를 물에 씻어 햇볕에 며칠 동안 말리고, 고추장, 간장으로 버무려 1개월 정도 삭힌다(충북, 전북). 방법 3 : 김장철에 무, 고추씨, 소금을 켜켜이 항아리에 넣고 돌로 눌러 다음 해 6월까지 숙성시키며 먹을 때 채 썰어 물에 담가 짠맛을 우려내고 채 썬 풋고추와 함께 낸다(충남). 방법 4 : 4등분 하여 소금에 하루 동안 절였다 물기를 뺀 무를 다시 황설탕에 하루 동안 절여 물기를 뺀 다음 간장에 재워 두고 3일 후에 간장을 따라내어 끓여서 식힌 후 다시 부어서 저장한다(전남). 방법 5 : 소금물에 삭혀 물기를 뺀 무에 간장, 식초, 설탕을 끓여 식힌 간장물을 부어 만들고, 2~3일 후에 한 번씩 간장물을 따라내어 끓여서 식혀 다시 붓

무잎김치

무장아찌

기를 2~3회 반복한다(경북). 《시의전서》(무말랭이장아찌, 무날장아찌), 《조선요리제법》(무장아찌), 《조선무쌍신식요리제법》(무장아찌(무말랭이장아찌))에 소개되어 있다.

무적 ▶▶▶ 무전 ✿ 충북

무전 찐 무에 묽은 밀가루 반죽을 묻혀 식용유를 두른 팬에 지진 것이다. 방법 1 : 얇게 원형으로 썬 무를 소금물에 삶은 후, 묽은 밀가루 반죽을 묻히고 살짝 지진 것이다. 무와적이라고도 한다(충청도, 전북). 방법 2 : 밀가루를 소금과 물로 반죽하여 무채와 풋고추를 넣고 섞은 다음 동글납작하게 지진다(경북). 방법 3 : 소금 간을 하여 찐 무에 밀가루, 밀가루 반죽(밀가루, 소금, 물) 순서로 묻혀 팬에 지진다(경남). 충북에서는 무적, 무와적, 충남에서는 무부침, 전북에서는 무부치개라고도 한다. ✿ 충청도, 전북, 경상도

무전(경북)

무전(경남)

무전과 ▶▶▶ 무정과 ✿ 경남

무정과 무를 얇게 썰어 데친 후 물엿(또는 꿀)에 조린 것이다. 마름모 모양으로 썰어 칼집을 '내천(川)' 자로 넣은 무를 삶아 한쪽 끝을 가운데 칼집 속으로 넣어 꽈배기 모양으로 만들어 놓은 다음 냄비에 물엿과 설탕을 1:1 비율로 넣고 젓지 말고 끓이다가 준비해 둔 무를 넣어 끓였다 식히기를 3회 정도 반복하여 만든다. 경남에서는 물에 물엿을 넣고 끓이다가 데쳐 찬물에 씻어 물기를 뺀 무를 넣고 조리며, 무전과라고도 한다. ✿ 충북, 경남

무정과

무조림 ▶▶▶ 무와저지 ✿ 전북

무죽 불린 쌀에 물을 넣고 끓이다가 무채를 넣고 쌀알이 퍼지면 국간장으로 간을 한 것이다. ✿ 전남

무지개떡 ▶▶▶ 색편 ✿ 서울·경기

무찜 멸치장국국물에 무와 양념장(간장, 고춧가루, 설탕, 다진 마늘, 식용유)을 넣어 끓인 것이다. ✿ 경북

무참죽장아찌 끓는 소금물에 살짝 데친 무와 참죽잎을 고추장에 물엿, 소주를 넣고 끓인 것으로 버무려 1개월 이상 숙성시킨 것이다. 무가죽장아찌라고도 한다. ✿ 전남

무채탕 ▶▶▶ 채탕 ✿ 경북

무청김치 절인 무청을 액젓, 고춧가루,

참쌀가루, 다진 마늘·생강, 고추씨, 멸치가루를 섞은 양념에 버무린 것이다. 잎새김치라고도 한다. ♨ 서울·경기

무청시래기죽 불린 무청시래기에 물을 넣고 끓이다가 보릿가루를 풀어 푹 끓인 후 소금으로 간을 한 것이다. ♨ 전남

무청시래기찌개 데친 무청시래기를 잘게 썬 다음 다진 쇠고기, 풋고추와 함께 양념하여 된장을 푼 쌀뜨물에 넣고 끓인 것이다. ♨ 충북

무청시래기찌개

무청장아찌 무청의 연한 부분을 골라 그늘에서 3~5일 정도 말려 항아리에 넣고 간장을 부은 뒤 무거운 돌로 눌러서 2~3개월 정도 익힌 것이다. ♨ 충남

무호박시루떡 멥쌀가루에 납작하게 썬 늙은 호박, 굵게 채 썬 무를 잘 섞어 팥고물과 켜켜로 시루에 안쳐 찐 떡이다. 시리떡이라고도 한다. 《음식법》(시루떡), 《시의전서》(시루편)에 소개되어 있다. ♨ 제주도

묵나물 ▶▶▶ 산나물 ♨ 경북

묵나물밥 ▶▶▶ 산나물밥 ♨ 경북

묵나물찜 삶은 묵나물에 콩가루를 버무려 찐 다음 양념장(국간장, 소금, 참기름, 깨소금)을 넣어 무친 것이다. 봄철의 취나물, 산고사리 등의 산야초를 산나물이라 하며, 겨우내 먹을 산나물을 저장·보관하기 위하여 말려둔 것을 묵나물이라 한다. ♨ 경북

묵나물찜

묵나물콩가루국 멸치장국국물에 국간장과 소금으로 간을 하여 끓이다가 생콩가루에 버무려 찐 묵나물과 콩나물을 넣고 끓인 국이다. 묵나물콩가루찜국, 산나물국이라고도 한다. 《조선요리제법》(산나물국), 《조선무쌍신식요리제법》(멧나물국)에 소개되어 있다. ♨ 경북

묵나물콩가루국

묵나물콩가루찜국 ▶▶▶ 묵나물콩가루국 ♨ 경북

묵냉국 묵에 차가운 콩나물국을 부어 먹는 냉국이다. 콩나물을 다듬어 물을 붓고 끓인 후 차게 식혀 국간장으로 간을 한 국물에 굵게 채 썬 묵과 오이를 넣고 어슷하게 썬 풋고추와 대파, 구운 김을 부수어 올리고 참기름과 통깨를 뿌린다. ♨ 서울·경기

묵두루치기 ▶▶▶ 태평추 ♨ 경북

묵사발 ▶▶▶ 메밀묵냉채국 ♨ 강원도

묵은김치조림 된장을 연하게 푼 물에 묵은 김치와 잔멸치를 넣고 조려 참기름과 다진 마늘, 깨소금으로 양념한 것이다. ♨ 전남

묵장아찌 굵게 채 썰어 꾸덕꾸덕하게 말린 도토리묵에 끓여서 식힌 간장을 묵이 잠길 정도로 부어 40일 정도 재워두었다가 먹을 때 다진 파·마늘, 참기름, 통깨로 고루 무친 것이다. ♨ 충남

묵장아찌

묵튀김 굵게 채 썰어 말린 도토리묵을 식용유에 튀긴 것이다. 초고추장(고추장, 식초, 설탕, 깨소금, 참기름)을 곁들인다. 도토리묵튀김이라고도 한다. ♨ 경북

문경새재찹쌀약과 밀가루와 찹쌀가루에 참기름, 소금을 섞어 체에 내려 생강즙, 청주를 넣고 되직하게 반죽하여 약과 틀에서 모양을 내어 튀긴 다음 꿀, 설탕, 물을 넣고 끓여 만든 즙청액에 담갔다 건져 고명으로 잣을 올린 것이다. ♨ 경북

문경한과 불린 찹쌀을 발효시켜 빻아 생콩가루를 섞어 체에서 세 번 내려서 찐 다음 절구에 넣고 쳐서 얇게 반대기를 지어 말렸다가 튀겨 물엿을 바르고 쌀튀밥가루를 묻힌 것이다. 강정의 일종으로 생콩가루를 넣고 꽈리를 많이 치지 않는 것이 특징이다. ♨ 경북

문어죽 불려서 성글게 빻은 쌀을 참기름에 볶다가 문어 삶은 물과 대추를 함께 넣고 푹 끓인 다음 삶아서 다진 문어를 넣고 쌀알이 퍼지면 소금 간한 것이다. 제주도에서는 쌀을 볶다가 절구에 찧은 문어를 넣고 끓인 뒤 문어를 건져 가늘게 찢어 다시 넣고 끓이며, 문어 껍질의 붉은 색소가 배어나와 죽이 분홍빛이 되며 씹는 감촉이 훨씬 부드럽다. 제주도에서는 물꾸럭죽, 뭉게죽이라고도 한다. 제주도에서는 돌문어를 문게라고 하는데, 몸이 허하거나 식욕이 없을 때 먹으면 식욕을 북돋워준다. '물꾸럭'이라고도 불리는 돌문어는 크기가 그리 크지 않지만 독특한 식감이 있어 잔치음식이나 제사상에 오르기도 한다. 보통 생회, 숙회, 산적, 조림, 죽으로 먹는다. ♨ 전남, 제주도

문경새재찹쌀약과

문어죽

문어회무침   물에 무를 넣고 끓으면 문어를 넣어 데친 다음 문어를 얇게 편 썰어 양념장(간장, 설탕, 다진 파·마늘, 참기름, 깨소금, 생강즙, 후춧가루)을 넣고 무친 것이다. 오이, 식초, 고추장을 넣기도 한다. 문어를 데칠 때 무를 넣으면 질겨지는 것을 막을 수 있다. ♨ 경남

물곰국 ▶▶ 물메기탕 ♨ 경북

물김회 ▶▶ 생김회 ♨ 전남

물꽁찜 ▶▶ 물메기찜 ♨ 경남

물꽁탕 ▶▶ 아귀탕 ♨ 경남

물꾸럭죽 ▶▶ 문어죽 ♨ 제주도

물냉면   메밀국수를 삶은 사리에 초절임한 오이·무, 삶은 달걀, 쇠고기편육 등을 고명으로 얹은 후 기름을 걷어 차게 식힌 쇠고기육수를 부은 것이다. 쇠고기육수와 동치미국물을 반반씩 섞어 만들기도 한다. 《주방문》(쉭면), 《규합총서》(냉면), 《음식법》(냉면), 《시의전서》(냉면 : 冷麵), 《조선요리제법》(냉면), 《조선무쌍신식요리제법》(하냉면 : 夏冷麵)에 소개되어 있다.

물냉면

물릇엿 ▶▶ 무릇엿 ♨ 제주도

물메기국 ▶▶ 물메기탕 ♨ 강원도, 경남

물메기떡국   멸치장국국물에 흰떡과 물메기를 넣어 끓인 것이다. 멸치장국국물을 끓이다가 흰떡을 넣고 끓으면 토막

낸 물메기를 넣어 끓인 다음 대파와 다진 마늘을 넣고 국간장으로 간을

물메기

하여 황백지단채와 김을 고명으로 얹는다. 물메기는 살이 연하여 일정한 모양을 갖추기 어려울 정도로 흐물거리는 바닷물고기로 표준어는 꼼치이다. 몸 길이가 1m에 달하는 대형 물고기로 그 모양이 메기를 닮았다고 하여 '물메기'라고 불리고, '물텀벙', '물고미', '물미거지', '곰치'라고도 불린다. 옛날에는 못생기고 살이 물러서 안 먹고 버렸으나 요즈음에는 국물이 시원하고 담백하며 비린내가 없고 살이 연하여, 바닷가 최고의 해장국 재료로 꼽힌다. 살이 흐물흐물하지만 추운 날씨에 건조시켜서 찜을 하기도 하고 회로 먹기도 한다. ♨ 경남(특히 남해)

물메기알젓   물메기알의 알주머니가 터지지 않게 소금을 넣어 하루 정도 두었다가 다진 마늘, 고춧가루, 통깨를 넣어 버무린 것이다. 장기간 저장하는 것보다는 단시일에 먹는 것이 좋다. ♨ 경남

물메기알젓

물메기찜   물메기의 내장, 아가미를 떼어 내고 썰어 꾸덕꾸덕하게 말린 다음

고추장 또는 고춧가루 양념을 충분히 발라 찜통에 찌고 고명으로 실고추와 통깨를 뿌린다. 겨울에서 봄철까지 많이 먹는다. ❦ 경남

물메기탕 물메기와 물을 넣고 고춧가루 양념을 하여 끓인 탕이다. 방법 1 : 손질한 물메기에 물을 붓고 푹 끓이다가 배추김치를 넣고 한소끔 끓여 어슷하게 썬 대파, 다진 마늘, 고춧가루를 넣고 소금으로 간을 한다(강원도). 방법 2 : 물에 무와 콩나물을 넣어 끓이다가 물메기를 넣고 끓으면 대파, 고춧가루, 다진 마늘을 넣고 더 끓여 소금과 국간장으로 간을 한다. 콩나물과 미나리를 넣기도 한다(경상도). 강원도에서는 물메기국, 경북에서는 물곰국, 경남에서는 물메기국, 미거지국이라고도 한다. ❦ 강원도, 경상도

물메기탕

물쑥나물 각각 다듬어 데친 물쑥·숙주·미나리에 양념하여 볶은 쇠고기를 한데 섞어 고추장, 설탕, 식초, 다진 파·마늘, 참기름, 깨소금 등의 초고추장 양념에 무친 것이다. 물쑥만 초고추장에 무치기도

물쑥

한다. 물쑥은 이른 봄에 나는 쑥 종류이나 잎 모양이 전혀 다르며, 뿌리째 뽑아 잎과 줄기는 버리고 뿌리만 먹는다. 《조선요리제법》(물쑥나물), 《조선무쌍신식요리제법》(물쑥나물 : 蔞蒿菜)에 소개되어 있다. ❦ 서울·경기

물쑥나물

물오징어무침 ▶▶▶ 오징어무침
물외냉국 ▶▶▶ 제주오이냉국 ❦ 제주도
물외장아찌 물외에 쌀뜨물, 물, 소금을 넣어 숙성시킨 것이다. 물만 따라내어 끓여서 식혀 붓기를 3회 정도 반복한다. 물외지라고도 한다. ❦ 제주도

물외

물외지 ▶▶▶ 물외장아찌 ❦ 제주도
물장뱅이찌개 ▶▶▶ 황복찌개 ❦ 충남
물텀벙이탕 ▶▶▶ 아귀탕. 물텀벙이는 물메기의 지역 방언이나 서울·경기 지역에서는 아귀를 물텀벙이라고도 불렀다. ❦ 서울·경기

물호박떡 멥쌀가루에 납작하게 썰어 설탕에 버무린 늙은 호박을 섞은 후 팥고물과 켜켜이 안쳐 찐 떡이다. 《시의전서》(호박떡)에 소개되어 있다. ❦ 서울·경기

물회 각각 채 썬 배, 당근, 오이, 양파

위에 채 썬 흰살생선, 실파, 김을 얹고 양념(고추장, 다진 마늘, 참기름, 깨소금, 설탕)으로 버무려 찬물을 부은 것이다. 경북

뭇국 납작하게 썰어 양념한 쇠고기와 나박나박하게 썬 무에 다진 마늘과 참기름을 넣고 같이 볶다가 물과 다시마를 넣어 끓여서 맛이 우러나면 국간장과 소금으로 간을 한 것이다. 무맑은 장국, 쇠고기무국, 쇠고기맑은장국이라고도 한다. 《조선무쌍신식요리제법》(맑은장국)에 소개되어 있다.

미꾸라지털레기

미나리강회 쇠고기편육과 황백지단, 붉은 고추를 4cm의 막대 모양으로 썰어 나란히 놓고 데친 미나리 줄기로 돌돌 말아 초고추장을 곁들인 것이다. 《시의전서》(미나리강회), 《조선요리제법》(강회), 《조선무쌍신식요리제법》(수근강회 : 水芹江膾)에 소개되어 있다. 서울·경기

뭇국

뭉게죽 ▶▶▶ 문어죽 제주도
미거지국 ▶▶▶ 물메기탕 경남
미거지찜 ▶▶▶ 물메기찜 경남
미꾸라지국 ▶▶▶ 추어탕 전남
미꾸라지부침 미꾸라지와 양파를 분쇄기에 갈아 쌀가루와 밀가루로 반죽하여 채 썬 깻잎·풋고추를 넣고 식용유를 두른 팬에 지진 것이다. 서울·경기
미꾸라지탕 ▶▶▶ 청도추어탕 경북
미꾸라지털레기 고추장 푼 물에 미꾸라지와 국수를 넣어 끓인 것이다. 고추장을 물에 풀어 끓인 후 손질한 미꾸라지를 넣고 애호박과 무, 깻잎을 넣어 끓이다가 삶은 국수를 넣고 대파와 다진 마늘을 넣어 끓인다. 서울·경기

미나리강회

미나리무침 소금에 절여 헹궈 물기를 짠 미나리를 국간장에 다진 파·마늘, 참기름, 설탕, 실고추를 섞어 만든 양념으로 무치고 깨소금을 뿌린 것이다. 전남
미나리북어회 북어를 물에 불려서 찢어 초고추장(고추장, 식초, 다진 마늘, 설탕, 깨소금)으로 무친 다음 데친 미나리를 넣고 버무린 것이다. 경북
미나리전 식용유를 두른 팬에 미나리를 올리고, 밀가루와 쌀가루, 달걀물, 소금

을 넣은 반죽을 끼얹은 다음 양념(다진 파·마늘, 소금, 깨소금, 후춧가루, 참기름)하여 볶은 쇠고기와 어슷하게 썬 풋고추·붉은 고추를 올려 지진 것이다. ✦경남

미나리전

미더덕들깨찜 ▶▶▶ 미더덕찜 ✦경북

미더덕들깨찜 물에 미더덕(3/5 분량)을 넣고 끓이다가 나머지 미더덕(2/5 분량), 새우살, 소라, 조갯살, 콩나물, 표고버섯을 넣어 끓으면 미나리, 붉은 고추, 들깻가루물을 넣고 걸쭉하게 끓여 소금 간을 한 것이다. 미더덕은 마산 앞바다에서 많이 나는 해산물로 더덕과 같이 생겼다고 하여 미더덕이라는 이름이 생겼다. 멍게와 유사하며, 크기는 좀 작고 우리나라의 삼면 연안에서 흔히 볼 수 있는 종이며 식용으로 사용한다. 향이 독특하고 씹히는 소리와 느낌이 좋아 된

장국, 각종 해산물을 이용한 탕, 찌개류 등 여러 요리에 사용되며, 요리할 때는 속에 든 물을 빼야 제 맛이 난다. ✦경남

미더덕젓갈 소금에 절인 미더덕, 대파, 마늘, 풋고추에, 물을 넣고 간 무·양파, 고춧가루, 다진 마늘·생강, 설탕, 소금을 넣고 만든 양념장으로 버무린 것이다. 먹을 때 풋고추, 마늘, 깨소금을 넣어 버무린다. ✦경남

미더덕찜 미더덕과 여러 가지 채소에 양념장을 넣고 찐 것이다. 방법 1 : 조갯살과 쇠고기를 볶다가 물을 붓고 미더덕을 얹어 익으면 미나리, 양파, 대파, 풋고추, 콩나물을 넣어 끓이다가 불린 쌀과 물, 고춧가루를 갈아 거른 것과 들깻가루, 다진 파·마늘, 소금을 넣고 걸쭉하게 끓인 다음 방아잎을 넣고 소금 간을 한다(경북). 방법 2 : 미더덕을 깔고 콩나물을 얹은 다음 양념장(고운 고춧가루, 쌀가루, 들깻가루, 다진 마늘, 소금, 설탕, 물)을 넣고 끓으면 미나리를 넣고 고루 섞는다(경북). 방법 3 : 콩나물에 해물육수와 소금을 넣고 익히다가 미더덕과 양념장(고춧가루, 찹쌀가루, 고추장, 된장, 다진 마늘)을 넣고 걸쭉하게 끓인 다음 미나리, 대파, 당근을 넣고 김만 살짝 올리고 방아잎을 넣고 소금 간을 한다(경남). ✦경상도

미더덕들깨찜

미더덕찜

미만두 ▶▶▶ 규아상　❈ 서울·경기

미삼차　미삼과 황률, 대추, 좁쌀에 물을 부어 중불에서 푹 끓인 후 꿀을 타서 마시는 것이다. 미삼은 인삼의 잔뿌리를 뜻하며 무침, 김치, 차, 냉채로 이용한다. 《조선무쌍신식요리제법》(미삼다 : 尾蔘茶)에 소개되어 있다. ❈ 서울·경기

미수전　삶은 돼지고기를 다져 양념(소금, 다진 마늘)하여 길이 1.5cm, 두께 0.8cm로 빚은 다음 식용유를 두른 팬에 달걀물을 한 숟가락 떠넣고 빚은 돼지고기를 올려 돌돌 말아 끝을 눌러 붙여 지진 것이다. 양념에 설탕을 넣기도 한다. ❈ 제주도

미수전

미숫가루　불린 찹쌀이나 보리, 율무, 콩 등을 쪄서 말린 후 팬에 볶아 가루를 내어 밀봉해 두었다가 물에 타 마시는 것이다. 껍질을 벗겨 볶은 들깨, 볶은 참깨, 볶은 검은깨를 넣기도 한다. 미싯가루라고도 한다. 《조선요리》(미숫가루), 《조선요리제법》(미숫가루), 《조선무쌍신식요리제법》(미시, 미식 : 糜食)에 소개되어 있다.

미싯가루 ▶▶▶ 미숫가루　❈ 경남

미역국　납작하게 썬 쇠고기와 불린 미역에 참기름과 다진 마늘을 넣고 볶다가 물을 붓고 끓인 후 국간장, 소금으로 간을 한 것이다. 쇠고기 대신 홍합이나 바지락을 넣어 끓이면 국물이 시원하다. 전남에서는 생미역, 고사리, 도라지, 숙주에 물을 넣어서 끓인 후 국간장, 식초, 후춧가루로 간을 맞추고 전분 푼 물을 조금씩 부어가며 묽은 농도로 끓인다. 쇠고기미역국이라고도 한다. 《조선무쌍신식요리제법》(곽탕 : 藿湯)에 소개되어 있다.

미역국

미역귀된장찌개　된장을 푼 멸치장국국물이 끓으면 미역귀, 표고버섯을 넣고 끓이다가 실파, 두부, 다진 마늘을 넣고 더 끓인 다음 방아잎을 넣고 소금 간을 한 찌개이다. 미역귀는 미역의 뿌리와 줄기 사이에 형성된 포자엽(포자

미역귀

미역귀된장찌개

173

를 생성하는 기관)을 말하며 흔히 미역의 대가리라고 한다. ☙ 경남

미역귀튀각 깨끗이 손질하여 말린 미역귀를 식용유에 튀겨 설탕과 통깨를 뿌린 것이다. ☙ 전남, 경북

미역귀튀각

미역냉국 불린 미역을 양념(된장, 깨소금, 설탕, 식초, 다진 마늘)으로 버무린 다음 냉수를 붓고 부추를 띄워낸 국이다. 메역냉국이라고도 한다. 《조선요리제법》(미역찬국), 《조선무쌍신식요리제법》(미역창국)에 소개되어 있다. ☙ 제주도

미역된장국 된장을 푼 쌀뜨물에 생미역을 넣어 끓인 국이다. ☙ 제주도

미역멸치찌개 생미역과 생멸치에 물과 양념(된장, 다진 매운 고추, 고춧가루, 다진 마늘)을 넣고 끓여 방아잎과 대파를 넣고 더 끓인 찌개이다. ☙ 경남

미역무침 생미역을 잘라서 간장이나 고추장으로 무친 것이다. 전남에서는 생미역에 미나리, 마늘편, 생강편을 겨자장으로 무치며, 경북에서는 미나리, 불린 북어, 오이, 당근을 넣어 고추장 양념(고추장, 식초, 다진 마늘, 통깨, 설탕)으로 무친다. 제주도에서는 생미역을 간장 양념(간장, 참기름, 다진 파 · 마늘, 깨소금, 식초)으로 무친다. 제주도에서는 메역나물, 매역채라고도 한다. 《조선요리제법》(미역무침)에 소개되어 있다.

☙ 전남, 경북, 제주도

미역밥 쌀에 미역과 홍합을 섞어 지은 밥이다. 불린 쌀과 미역, 데친 홍합을 넣고 볶은 다음 소금, 청주, 멸치장국국물을 넣고 밥을 지어 양념장(간장, 다진 파 · 마늘, 참기름, 고춧가루, 깨소금)을 곁들인다. ☙ 경남

미역생떡국 불린 미역을 들기름에 볶다가 들깨즙을 넣어 끓인 후 쌀가루와 찹쌀가루로 만든 새알심을 넣고 끓인 것이다. 생떡국은 멥쌀가루를 물로 반죽하여 썰어서 장국에 끓인 것으로 겨울철 별미로 먹는 충청도 지방의 음식이며 쌀가루가 곱고 반죽을 오래해야 풀어지지 않는다. ☙ 충북

미역생떡국

미역생채 데쳐 썬 생미역과 칼집을 넣어 데친 오징어, 어슷하게 썬 오이를 섞어서 초고추장(고추장, 식초, 설탕, 다진 마늘 등)에 고루 버무린 것이다. ☙ 전남

미역설치 생미역과 삶은 콩나물을 양념(된장, 국간장, 다진 파 · 마늘, 참기름)으로 무친 다음 콩나물 국물을 부은 것이다. 부산 기장 지역의 토속음식인 설치는 국물이 자작하게 있는 해조류를 이용한 나물로 시원한 맛이 있으며, 잔치나 행사에 빼놓을 수 없는 음식이다. ☙ 경남

미역설치

미역쇠국 미역쇠를 넣고 끓인 국이다. 방법 1 : 끓는 물에 멸치를 넣고 끓이다가 미역쇠, 다진 마늘을 넣어 끓인 다음 된장으로 간한다. 방법 2 : 끓는 물에 우럭을 넣고 끓인 다음 미역쇠, 다진 마늘, 실파를 넣고 국간장이나 소금으로 간한다. 매역새국, 매역새우럭국이라고도 한다. 미역쇠(매역새)는 갈조식물 고리매과의 바닷말로 바다의 돌에 짤막하게 돋은 미역과 비슷한 해초이다. 겨울부터 봄까지 번성하며 초여름에는 말라서 죽는다. 제주의 농어촌에서는 정초의 별미로 미역쇠국을 끓여 먹었다. ♨제주도

미역쇠국

미역수제비 미역, 쇠고기(또는 새우살)를 넣고 끓이다가 수제비 반죽을 떼어 넣고 더 끓인 것이다. 방법 1 : 불린 미역과 조갯살을 참기름으로 볶다가 물을 붓고 끓인 뒤, 찹쌀가루와 물로 반죽한 수제비를 떼어 넣고 익으면 국간장과 소금으로 간을 한다(전북). 방법 2 : 물에 새우살(또는 바지락살, 멸치)을 넣고 끓이다가 수제비 반죽을 얇게 떼어 넣은 후 불린 미역을 넣고 한소끔 더 끓인 다음 참기름을 넣고 소금으로 간을 한다(전남). ♨전라도

미역쌈 생미역을 데쳐 쌈 싸먹기 좋은 크기로 썰어 초고추장을 곁들인 것이다. 전남에서는 물에 불린 미역을 적당한 크기로 썰어 쌈장을 곁들인다.

미역오이냉국 불린 미역을 썰어 찬물을 붓고 채 썬 오이, 어슷하게 썬 풋고추·붉은 고추를 넣은 후 소금, 식초, 설탕 등을 넣어 간을 한 것이다.《조선무쌍신식요리제법》(미역창국, 곽냉탕 : 藿冷湯)에 소개되어 있다.

미역오이냉국

미역오이초회 데친 생미역과 어슷하게 썬 오이에 식초, 간장, 참기름, 통깨를 넣고 무친 것이다. ♨전남

미역자반 마른 미역을 잘라 식용유에 볶은 후 기름을 빼고 설탕과 깨소금을 뿌린 것이다. ♨전국적으로 먹으나 특히 전북에서 즐겨 먹음

미역자반

미역장나물 된장을 푼 다시마장국국물에 생미역, 성게알, 참기름, 깨소금을 넣어 무친 것이다. ♥경남

미역젓갈무침 미역줄기를 길이대로 찢어 붉은 고추를 넣고 양념(꽁치젓갈, 붉은 고추, 고춧가루, 다진 마늘)으로 무친 것이다. ♥경북

미역줄기볶음 식용유를 두른 팬에 소금기를 뺀 미역줄기, 채 썬 양파와 다진 파·마늘, 참기름을 넣고 볶은 것이다. 전남에서는 데친 미역줄기를 이용하며, 마지막에 통깨를 넣는다. ♥전국적으로 먹으나 특히 전남에서 즐겨 먹음

미역줄기장아찌 마른 미역줄기에 간장, 물엿, 설탕, 소금을 끓여 식힌 간장물을 부어 만든 장아찌이다. 7일 간격으로 간장물을 따라내어 끓여 식혀 붓기를 3회 반복하고 먹을 때 양념(참기름, 깨소금, 물엿)으로 무친다. ♥경남

미역찹쌀수제비 ▶▶▶ 찹쌀수제비 ♥경상도

미역튀각 먼지 없이 손질한 마른 미역을 튀겨 설탕을 뿌린 것이다. 마른 곰피, 마른 다시마도 위와 같은 방법으로 튀각을 만든다. 해초튀각이라고도 한다. ♥경남

미역튀김 불려 씻어 물기를 뺀 염장 미역, 데친 홍합, 당근채에 달걀을 넣고 고루 섞은 다음 전분과 밀가루로 반죽한 것을 조금씩 떼서 식용유에 튀긴 것이다. ♥경남

미주구리조림 ▶▶▶ 가자미조림 ♥경북

민들레김치 방법 1 : 민들레를 소금물에 3개월 정도 삭힌 다음 끓는 물에 데쳐 물기를 빼고 양념(간장, 물엿, 다진 마늘, 고춧가루, 통깨)을 넣어 버무리며 간장 대신 멸치액젓을 이용하기도 한다 (경북). 방법 2 : 민들레에 찹쌀풀, 감초물, 들깨즙, 소금, 간 붉은 고추와 생강으로 만든 양념을 넣고 무르지 않게 버무려 담그며 통깨를 뿌린다(경북). 민들레에는 비타민 B_1·C가 많이 들어 있으며 식욕을 돋우어주고 해열, 천식, 강장, 이뇨 작용 및 피부병과 괴혈병에 효과가 있다. ♥경상도

민들레나물 데친 민들레순을 양념(된장, 고추장, 참기름, 참깨)하여 무친 것이다. ♥전북

민물고기매운탕 ▶▶▶ 민물생선매운탕 ♥전북

민물고기어죽 ▶▶▶ 어죽 ♥전남

민물고기조림 ▶▶▶ 민물생선조림 ♥전남, 경북

민물고기튀김조림 ▶▶▶ 민물생선튀김조림 ♥경북

민물매운탕 ▶▶▶ 민물생선매운탕 ♥전남

민물비빔회 굵게 채 썬 민물고기와 오이, 당근, 양배추, 미나리, 쑥갓, 상추, 깻잎, 풋고추에 초고추장 양념을 넣고 골고루 버무린 것이다. 충북 제천 청풍 호반을 둘러싸고 있는 맑은 물에서 양식하고 있는 민물고기를 이용한 각종 요리가 발달되어 있는데, 특히 제천 청풍에서는 바다 한치회에서 응용한 담백하면서도 새콤달콤한 민물고기비빔회가 유명하여 전국 미식가들이 즐겨 찾고 있는 음식이라고 한다. 청풍향어비빔회라고도

한다. ✿ 충북

민물비빔회

민물새우찌개 ▶▶▶ 새뱅이찌개 ✿ 충북
민물생선매운탕 고추장이나 고춧가루
를 푼 물에 민물생선과 채소를 넣고 끓
인 탕이다. 방법 1 : 물에 고추장과 고춧
가루를 풀고 납작하게 썬 무와 감자를
넣어 끓인 후 손질한 생선과 참게를 넣
어 끓이다가 수제비를 얇게 떠 넣어 끓
인다(서울·경기). 방법 2 : 삶아서 된장
과 고추장으로 양념한 시래기, 손질한
동자개, 민물새우, 들깻가루, 고춧가루,
다진 마늘·생강, 청주에 물을 부어 푹
끓인다(전북). 방법 3 : 삶은 시래기 위
에 민물고기를 얹고 고추장을 푼 물을
부어 고기가 익을 때까지 끓이다가 어슷
하게 썬 풋고추·대파, 다진 마늘·생
강, 소금을 넣고 한소끔 더 끓인 것이다.
붉은 고추를 곱게 갈아 다진 마늘, 소금
을 넣고 섞어서 만든 다진 양념을 곁들
여 낸다(전남). 전북에서는 민물고기매
운탕, 전남에서는 민물매운탕이라고도
한다. 동자개는 메기목 동자개과의 민물
고기로 지역에 따라 동자재, 자개, 당자

동자개(빠가사리)

개, 명태자개, 황어 등으로 불린다. 하천
중, 하로 및 저수지의 잔모래와 진흙이
많은 곳에 서식한다. 맛이 좋아서 식용
으로 인기가 있으며 매운탕, 찜, 어죽 등
으로 조리하여 먹고 술을 많이 먹어서
생긴 숙취를 해소시키거나 소변을 원활
하게 보도록 도와주는 역할을 하는 것으
로 알려져 있다. ✿ 전국적으로 먹으나 특히
전라도에서 즐겨 먹음
민물생선조림 납작하게 썬 무에 민물고
기를 올려 양념장으로 조린 것이다. 방
법 1 : 도톰하게 썬 무, 묵은 김치, 불린
검은콩, 손질한 민물고기를 냄비에 차
례로 얹어 양념장(마른 고추 간 것, 간
장, 다진 마늘·생강, 물)을 세 번에 나
누어 부은 다음 완전히 무를 때까지 3∼
4시간 정도 눋지 않을 정도로 조린 후
풋고추와 대파를 넣어 익힌다(전남). 방
법 2 : 무를 깔고 민물고기(붕어, 피라미
등)를 올린 다음 양념장(국간장, 간장,
설탕, 식초, 다진 마늘, 물)을 끼얹어 가
며 조린다. 고추장, 된장으로 양념하기
도 하며, 감자, 무말랭이를 넣기도 한다
(경북). 민물고기조림이라고도 한다.
✿ 전남, 경북
민물생선튀김조림 튀긴 민물고기에 양
념장(고추장, 물엿, 설탕, 다진 마늘·생
강, 통깨, 물)을 끼얹으며 조린 것이다.
민물고기튀김조림이라고도 한다. ✿ 경북
민물장어구이 ▶▶▶ 장어구이 ✿ 전남
민속촌동동주 ▶▶▶ 부의주 ✿ 서울·경기
민어구이 ▶▶▶ 민어소금구이 ✿ 서울·경기
민어소금구이 손질하여 칼집을 넣은 민
어에 소금, 생강즙, 청주, 다진 파·마
늘, 후춧가루로 만든 양념에 재운 뒤 석
쇠에 구운 것이다. 서울·경기에서는 민
어를 손질하여 소금을 뿌려 꾸덕꾸덕하

게 말린 다음 참기름을 발라 굽는다. 민어구이는 간장 양념보다 소금 양념이 생선의 맛을 더욱 살린다. 서울·경기에서는 민어구이라고도 하며, 말린 민어를 암치라 하여 암치구이라고도 한다. 《조선무쌍신식요리제법》(민어적 : 民魚的)에 소개되어 있다.

민어전　포를 뜬 민어살에 소금, 후춧가루로 밑간을 한 후 밀가루를 묻히고 달걀물을 입혀 식용유를 두른 팬에 노릇하게 지진 것이다. 《조선무쌍신식요리제법》(민어전유어 : 民魚煎油魚)에 소개되어 있다.　♨ 서울·경기

민어찌개　고추장과 고춧가루를 푼 물에 민어를 넣어 끓인 찌개이다. 쇠고기(양지머리)와 다진 마늘을 참기름으로 볶다가 된장과 고추장을 푼 쌀뜨물을 붓고 끓으면 손질한 민어와 애호박, 생강, 청주와 고춧가루, 소금을 넣고 끓이고 마지막에 대파, 풋고추, 붉은 고추, 쑥갓을 넣어 살짝 끓인다. 쇠고기 대신 바지락살을 넣기도 하며 서울·경기에서 암치지짐이라고도 한다. 《조선무쌍신식요리제법》(민어지짐이)에 소개되어 있다.　♨ 서울·경기, 경남

민어찌개

민어회　민어를 회를 떠서 녹두 전분에 묻혀 끓는 물에 데친 후 초고추장을 곁들인 것이다. 《조선무쌍신식요리제법》(민어회 : 民魚膾)에 소개되어 있다.　♨ 서울·경기

밀가루고추장 ▶▶ 밀고추장　♨ 경남

밀가루수제비　끓는 멸치장국국물에 질게 반죽한 밀가루 반죽을 떠 넣고 익으면 불린 미역을 넣고 국간장으로 간을 하여 더 끓인 것이다. 밀수제비, 밀ㄱ루ㅈ베기라고도 한다.　♨ 제주도

밀ㄱ루ㅈ베기 ▶▶ 밀가루수제비　♨ 제주도

밀감화채　설탕을 뿌려 두었다가 알알이 떼어서 속껍질을 벗긴 밀감에, 끓여 식힌 설탕물과 겉껍질을 벗겨 짜낸 밀감즙을 섞어 잣을 띄워 마시는 차이다. 밀감화채는 겨울에 나오는 밀감이 아니고 여름철에 나는 하(夏)밀감으로 만든다.　♨ 제주도

밀개떡 ▶▶ 밀병떡　♨ 경북

밀고추장　밀가루풀을 끓여서 식혀 엿기름물을 붓고 삭힌 다음 메줏가루와 고춧가루, 소금을 넣어 발효시킨 것이다. 소금을 여러 번 나누어 넣으면서 간을 한다. 밀가루에 엿기름물을 부어 삭히기도 하며 통밀을 발효시켜 말린 다음 가루를 내어 이용하기도 하고, 밀가루에 물을 붓고 엿을 달이듯 달여서 농축시킨 후 사용하는 방법도 있다. 밀가루고추장이라고도 한다. 《조선요리》(밀고추장)에 소개되어 있다.

밀국낙지칼국수　냄비에 납작하게 썬 무, 국간장, 물을 넣어 끓이다가 칼국수를 넣고 익으면 밀국낙지를 넣어 끓인 뒤 어슷하게 썬 파와 다진 마늘을 넣어 만든 것이다. 조선시대 낙향한 선비들이 즐겨 먹던 음식으로 예부터 지리적 여건에 의하여 조수간만의 차가 심한 인근 해안에서 썰물 시 갯벌이 많이 노출되어

어패류와 낙지 등이 많이 생산되었는데, 통낙지를 국수와 함께 탕으로 조리하여 먹는 음식이 해안가를 중심으로 전해 내려오고 있다. 밀이 날 무렵인 초여름에 잡는 어린 낙지를 '밀국낙지'로 부르게 되었다고 전해진다. 특히, 5~6월 사이에 7~10cm 정도 어린 낙지가 육질이 연하고 맛이 좋아 썰지 않고 통째로 조리하여 먹는 것이 일품이다. ⚜ 충남

밀국낙지칼국수

밀국낙지탕 물에 무를 넣어 끓이면 풋고추, 붉은 고추, 어슷하게 썬 파, 다진 파·마늘을 넣어 끓이다가 먹물을 뺀 낙지를 넣어 살짝 익힌 다음 칼국수를 넣고 끓인 것이다. 낙지는 서해안에서 많이 잡히는 어종으로 어육이 연하고 맛이 담백한 것이 특징이며, 어촌에서 조리하여 먹던 것을 1970년경부터 술안주 및 숙취해소용 탕류로 개발하여 보급하기

밀국낙지탕

시작하였다. ⚜ 충남

밀국수냉면 ▶▶▶ 밀면 ⚜ 경남

밀기울떡 소금을 약간 넣은 밀기울을 물에 버무려 놓았다가 삶은 콩·팥을 넣고 잘 섞어 시루에 찐 떡이다. 통밀을 그대로 맷돌에 갈아 만든 떡으로 예전에는 가난한 사람들의 식사대용이었으나, 지금은 별미로 해먹는 향수 어린 떡 중의 하나이다. ⚜ 충북

밀기울떡

밀다부래이 ▶▶▶ 밀찜 ⚜ 경북

밀면 밀면(밀국수, 생면)을 삶아 건진 국수에 육수를 붓고, 볶은 오이, 양념(식초, 고운 고춧가루, 다진 마늘, 소금, 설탕)한 무채, 배, 삶은 달걀·돼지고기를 고명으로 올린 것이다. 숙성시킨 양념(고춧가루, 간장, 육수, 설탕, 다진 파, 생강즙, 깨소금, 참기름, 겨자, 후춧가루)과 겨자, 식초를 곁들인다. 밀국수냉면이라고도 한다. 부산 밀면은 밀가루에 소금(간수)을 넣어 반죽하여 하루 동안 숙성한 생면을 이용한다. 밀면은 삼복중의 별미음식으로 《동국세시기》에 기록되고 있으며 부산 밀면은 한국전쟁 이후 냉면을 대체한 면으로 먹은 것에서 유래한다. ⚜ 경남

밀병떡 밀가루, 소금, 물로 반죽하여 전병을 부쳐 소금, 설탕, 삶은 팥을 넣어

가볍게 빻은 팥소를 넣고 네모 모양으로 접어서 지진 떡이다. 콩을 소로 이용하기도 하고, 등겨가루로 반죽하기도 한다. 밀개떡이라고도 한다. ❦ 경북

밀병떡

밀비지 ▶▶▶ 밀비지떡 ❦ 경상도

밀비지떡 멥쌀가루에 소금과 물을 넣어 반죽하여 얇게 밀어서 설탕에 버무려 찐 콩을 올려 찐 떡이다. 찐 떡은 달라 붙지 않게 참기름을 발라 썰고 팥이나 꿀을 넣기도 한다. 밀어서 빚어 만든다고 하여 밀비지라고도 한다. ❦ 경상도

밀비지떡

밀수제비 ▶▶▶ 밀가루수제비 ❦ 제주도

밀쌈 얇게 부친 밀전병 위에 황백지단채, 채 썰어 볶은 쇠고기 · 표고버섯 · 당근 · 오이, 데친 미나리 등을 가지런히 올려 돌돌 말아 썰어낸 것이다. ❦ 서울 · 경기

밀장 ▶▶▶ 고추버무림 ❦ 경북

밀장국 ▶▶▶ 팥칼국수 ❦ 경남

밀주머니떡 ▶▶▶ 가마니떡 ❦ 경북

밀찜 불린 밀, 팥, 강낭콩에 소금, 설탕, 물을 넣어 푹 무르도록 삶은 것이다. 곤궁한 시기에 밀 타작 후 콩, 잡곡에 사카린을 넣어 만든 옛 음식으로 성주 지역에서는 밀다부래라고 부른다. ❦ 경북

밀찜

밀풀떼기죽 끓는 물에 밀가루 반죽을 떼어 넣고 감자를 넣어 끓인 다음 소금 간을 한 죽이다. ❦ 경북

바다장어추어탕 ▶▶▶ 붕장어국 ☙ 경남

바다장어회 바다장어의 기름과 물기를 빼고 뼈째 얇게 썰어 초고추장(고추장, 식초, 설탕, 간장)을 곁들인 것이다. 아나고회라고도 한다. ☙ 제주도

바람떡 멥쌀가루를 쪄서 절구에 꽈리가 나도록 친 다음 팥소를 넣고 반으로 접어 덮은 후 종지로 반달 모양이 나게 누르면서 바람이 들어가게 만든 떡이다. 개피떡이라고도 한다. 《도문대작》(개피떡), 《시의전서》(개피떡), 《조선요리제법》(개피떡), 《조선무쌍신식요리제법》(가피병 : 加皮餠)에 소개되어 있다.

바르쿡 ▶▶▶ 해산물국 ☙ 제주도

바우지게장 ▶▶▶ 박하지게장 ☙ 충남

바위옷우무 말린 바위옷우무와 물을 1 : 3의 비율로 냄비에 넣고 끓이다가 반 정도로 조려지면 불을 끄고 찌꺼기를 체에 걸러낸 다음 묵 틀에 붓고 차가운 곳에서 식혀 적당한 크기로 썬 것이다. 바위이게우무라고도 한다. 바위옷우무는 전남 신안군 일대의 바닷가 바위에서 채취하며 일반 우뭇가사리보다 진한 바다의 향을 즐길 수 있다. ☙ 전남

바위옷우무

바위이게우무 ▶▶▶ 바위옷우무 ☙ 전남

바지락수제비 해감을 뺀 바지락과 쌀을 멸치장국국물에 넣고 끓이다가 수제비 반죽을 떼어 넣고 애호박채, 미역, 다진 마늘을 넣고 끓여 소금으로 간한 것이다. ☙ 전남

바지락전 굵게 다진 바지락살·양파, 송송 썬 풋고추에 다진 마늘, 밀가루, 달걀, 소금을 넣고 반죽하여 식용유를 두른 팬에 둥글납작하게 지진 것이다. ☙ 충남

바지락죽 다진 바지락살을 참기름으로 볶다가 불린 쌀을 넣고 조금 더 볶은 뒤 쌀뜨물을 붓고 쌀알이 푹 퍼지면 애호박을 넣고 끓여 국간장으로 간을 한다. 전북에서는 녹두, 다진 당근·표고버섯·파·마늘을 넣고 다시 한 번 끓여 간장으로 간을 맞추고 인삼채를 고명으로 올려 낸다. ☙ 충남, 전북

말린 바위옷(바위손)

바지락죽

바지락칼국수　북어, 양파, 대파, 다시마에 물을 넣고 끓인 육수에 바지락, 채 썬 애호박·당근을 넣고 끓이다가 칼국수를 넣고 끓여 소금으로 간을 해 양념장을 곁들인다. ♨충남, 전남

바지락회　바지락살을 식초와 설탕을 섞은 물에 넣고 버무려 10분가량 두었다가 물기를 뺀 다음 고춧가루, 다진 파·마늘·생강을 넣어 만든 양념장에 살살 버무린 것이다. ♨충남

바지락회무침　채 썬 애호박·당근, 어슷하게 썬 오이, 데친 미나리, 쪽파를 초고추장(고추장, 식초, 고춧가루, 설탕, 다진 마늘 등)으로 무친 다음 데친 바지락살을 넣어 버무린 것이다. ♨전남

바지락회무침

박고지나물　불린 박고지를 양념하여 물을 자작하게 부어 볶은 것이다. 방법 1 : 불려서 적당한 크기로 썬 박고지에 들깨

물을 부어 끓이다가 다진 파·마늘, 국간장, 깨소금을 넣고 양념하

박고지

여 자작하게 끓인다(전북). 방법 2 : 불린 박고지를 식용유에 볶다가 들깨물, 국간장, 다진 파·마늘, 깨소금을 넣고 볶는다(전남). 박오가리나물이라고도 한다. 박고지는 여물지 않은 박의 과육을 긴 끈처럼 오려서 말려 나물이나 국에 넣어 먹는 반찬거리이며, 박오가리라고도 한다. ♨전라도

박김치　껍질과 씨를 제거한 어린 박을 썰어서 소금에 절인 후 물에 씻어서 얇게 썬 배, 파채, 마늘채, 생강채, 설탕, 실고추로 버무려 항아리에 담고 연한 소금물을 부이 만든 김치이다. 박이 여물기 전인 여름철에 주로 담가 먹는다. 박은 박과의 1년생 재배식물이며, 박의 열매는 축구공처럼 둥근 모양이다. 박 속은 나물로 식용하고, 거죽은 삶아서 말려 바가지를 만들어 사용한다. 《시의전서》(박김치), 《조선요리제법》(박김치), 《조선무쌍신식요리제법》(박김치)에 소개되어 있다. ♨충북

박김치

박나물　박의 속살을 얇게 썰어 양념하

여 볶은 것이다. 방법 1 : 어린 박의 속살을 얇게 썰어 소금에 절인 후 식용유를 두른 팬에 볶다가 송이버섯, 다진 파·마늘, 깨소금을 넣고 살짝 익힌 다음 물을 자작하게 부어 한소끔 끓으면 소금 간을 하고 참기름을 넣어 고루 섞는다(강원도). 방법 2 : 얇게 썰어 데친 박 속을 국간장, 다진 파·마늘, 소금, 참기름, 깨소금으로 무치고 부추를 섞어 버무린다(전남). 방법 3 : 새우살을 볶다가 납작하게 썬 박을 넣고 소금 간을 하여 볶은 후 다진 풋고추·파·마늘, 통깨, 참기름을 넣고 살짝 볶는다(경남). 박속나물이라고도 한다. 《증보산림경제》(박나물), 《시의전서》(박나물), 《조선요리제법》(박나물), 《조선무쌍신식요리제법》(박나물)에 소개되어 있다. ♣ 강원도, 전남, 경남

벌벌 떠는 것 같다고 하여 벌버리 혹은 벌벌이묵이라고도 한다. 박대껍질묵은 주로 겨울철에 해먹었는데, 이는 기온이 조금만 높으면 묵이 저절로 녹아 버리기 때문에 11월에서 이듬해 3월까지 만들어 먹었다. 박대 껍질은 참서대과의 생선을 껍질만 벗겨 말린 것이다. ♣ 서울·경기, 충남, 전북

박대묵

박대젓 박대를 소금에 절여 항아리에 넣고 1년간 그늘에서 보관하여 삭힌 것이다. 먹을 때 박대의 껍질을 벗겨 잘게 썰어 양념에 무친다. ♣ 충남

박나물

박대감자조림 ▶▶▶ 서대감자조림 ♣ 전남
박대껍질묵 ▶▶▶ 박대묵 ♣ 서울·경기, 전북
박대묵 물에 불려 비늘을 벗긴 박대껍질에 동량의 물을 넣고 박대 껍질이 녹아 없어질 때까지 끓인 후 체에 밭친 것을 묵 틀에 부어 굳힌 것이다. 충남에서는 생강즙을 넣기도 한다. 박대생선의 껍질을 이용해서 만든 묵으로 박대껍질묵이라고도 하며, 묵이 흔들리는 모양이

박대젓

박대회무침 ▶▶▶ 서대회 ♣ 전남
박속나물 ▶▶▶ 박나물 ♣ 전남
박속낙지탕 끓는 물에 나박썰기 한 무와 박을 넣고 끓이다가 바지락, 다진 마늘·생강, 양파채를 넣고 잠시 후에 미

나리, 쑥갓, 대파, 낙지를 넣어 끓인다. 낙지와 박을 먼저 건져 먹은 다음 칼국수를 넣어 끓여 먹는다. 속을 긁어 낸 박 속에 다양한 채소와 바지락을 넣고 한소끔 끓인 다음 소금과 국간장으로 간을 하고 서해안 갯벌에서 잡은 산낙지를 넣어 끓여 먹는 박속낙지탕의 특징은 시원한 맛을 내는 박 속에 있다. ❦ 충남

박속낙지탕

박오가리나물 ▶▶▶ 박고지나물 ❦ 전라도

박쥐나뭇잎장아찌   썰어 물기를 뺀 박쥐나뭇잎을 된장 속에 넣어 1년 정도 숙성시킨 다음 된장을 훑어내고 간장과 물엿을 섞은 양념을 켜켜이 바른 것이다. 경남에서는 고추장에 숙성시키기도 한다. 경북에서는 남방잎장아찌라고도 한다. 박쥐나뭇잎은 남방잎이라고도 부르며 잎 모양이 박쥐의 손과 발을 닮은 박쥐나무에서 나는 잎으로 3월 초순에

박쥐나뭇잎장아찌

어린 잎을 따서 장아찌를 만든다. ❦ 경상도

박하잎전   박하 잎에 밀가루, 달걀, 소금, 물을 섞어 만든 반죽을 입혀 식용유를 두른 팬에 둥글납작하게 지진 것이다. ❦ 전남

박하잎

박하잎전

박하지게장   항아리에 살아 있는 박하지를 배 쪽이 위로 오게 하여 차곡차곡 담고, 간장에 양파, 마늘, 생강, 마른 고추를 넣고 끓여 체에 걸러 완전히 식힌 간장을 게가 잠길 정도로 부어 숙성시킨 것이다. 바우지게장이라고도 한다. 박하지는

박하지게

박하지게장

게장을 담가 먹는 작은 게의 일종이다.
☙ 충남

반장게장 ▶▶▶ 벌떡게장 ☙ 전남

반지 배추와 무를 이용하여 담근 김치
이다. 방법 1 : 반으로 갈라 절인 배춧잎
사이사이에 무채, 배채, 대추채, 미나리,
쪽파, 갓, 실고추, 고춧가루, 다진 마
늘·생강을 섞어 만든 김치소와 명태,
조기젓을 채워 겉잎으로 싼 다음 항아리
에 담고, 붉은 고추에 물을 붓고 간 조기
젓국, 소금 간을 한 국물을 부어 익힌다.
방법 2 : 반으로 갈라 싱겁게 절인 배춧
잎 사이사이에 사과채, 배채, 밤채, 미나
리, 잣을 섞어 만든 소를 채워 넣고 겉잎
으로 싼 다음 큼직하게 썬 무와 함께 항
아리에 켜켜이 담아 익힌다. '반지'는
국물이 많은 동치미도 아니고 젓국과 고
춧가루를 많이 넣지도 않은 중간 정도의
김치라는 뜻이다. 배추가 잘 절여지지
않고 국물의 간이 싱거우면 쉽게 무르
므로 주의해야 한다. 백지라고도 한다.
☙ 전북

반지기밥 불린 보리로 밥을 짓다가 끓
으면 쌀을 넣고 지은 밥이다. '반지기'
라는 말은 보리밥에 쌀을 반 정도 섞었
다는 뜻이 포함되지만 쌀을 약간만 섞어
도 반지기밥이라고 한다. ☙ 제주도

반지기밥

반착곤떡 ▶▶▶ 솔변 ☙ 제주도
반치냉국 ▶▶▶ 파초냉국 ☙ 제주도
반치장아찌 ▶▶▶ 파초장아찌 ☙ 제주도
반치지 ▶▶▶ 파초장아찌 ☙ 제주도
볼락지짐 ▶▶▶ 볼락조림 ☙ 제주도
밤갱이 ▶▶▶ 밤옹이 ☙ 경남

밤단자 찐 찹쌀가루 반죽을 쳐서 밤소
를 넣어 밤고물을 묻힌 떡이다. 삶은 밤
은 체에 내려 1/3은 곱게 다진 귤병과 계
핏가루, 소금을 섞어 소를 만들고 나머
지는 고물로 준비한다. 찹쌀가루는 찐
다음 꽈리가 일도록 방망이로 쳐서 반대
기를 지어 조금씩 떼어 밤소를 넣고 빚
은 후 꿀을 발라 삶은 밤고물을 묻힌다.
손이 많이 가는 고급떡으로 궁중이나 반
가에서 추석 때 시절식으로 차례상에 올
린 떡이다. 《시의전서》(밤단자), 《조선
요리제법》(율단자 : 栗團餈)에 소개되어
있다. ☙ 서울·경기

밤단자

밤묵 껍질을 제거한 밤을 곱게 갈아 체
에 거르고 가라앉은 앙금을 저어가며 약
한 불에서 걸쭉하게 끓인 후 묵 틀에 붓
고 굳힌 것이다. 충남 공주 지방에는 밤
나무가 많아 밤을 이용한 다양한 향토음
식이 있는데, 그 중의 하나가 밤묵이다.
☙ 충청도

밤묵밥 채 썬 밤묵에 육수를 넣고 황백

지단채, 구운 김가루, 볶은 김치를 얹어
낸 것이다. 밤묵은 껍질을 벗기고 곱게
간 다음 전분을 가라앉혀 건조한 후 밤
전분과 물을 1 : 4의 비율로 혼합하여 쑨
묵이다. ♨ 충북

밤밥 불린 쌀에 껍질 벗긴 밤을 올려 지
은 밥이다. 《조선무쌍신식요리제법》(율
반 : 栗飯)에 소개되어 있다.

밤선 껍질을 벗긴 밤을 살짝 삶아 전분
을 묻히고 양념한 쇠고기로 밤을 감싸
완자를 만들어 찜통에 찐 다음 양념장
(간장, 청주, 설탕)에 윤기나게 조린 것
이다. ♨ 충북

밤선

밤엿 고두밥을 따뜻한 물에 엿기름가
루와 함께 섞어 10시간 정도 삭힌 후 즙
을 짜내어 중간 불에서 6~7시간 동안
졸여 진한 갈색이 되면 콩가루 위에 펴
서 식힌 것이다. 밤엿은 밤을 넣은 엿이
아니고 진한 갈색의 엿을 말한다. 《조선
요리제법》(밤엿), 《조선무쌍신식요리제
법》(밤엿)에 소개되어 있다. ♨ 전북

밤응이 밤을 곱게 갈아 거른 물을 끓여
말갛게 될 때까지 쑤어 소금 간을 한 죽
이다. 응이는 곡물의 전분을 물에 풀어
끓여서 마실 수 있을 정도의 농도로 익
힌 유동식이다. 밤갱이라고도 하는데,
갱이는 응이의 방언이다. ♨ 경남

밤응이

밤죽 ▶▶ 율자죽 ♨ 서울·경기

밤죽 껍질 벗긴 밤을 쪄서 체에 친 것에
쌀가루와 물을 함께 끓여서 익으면 소금
으로 간을 하고 삶은 밤 두 개를 고명으
로 얹어 낸 죽이다. 《산림경제》(율자죽 :
栗子粥), 《증보산림경제》(건율죽 : 乾栗
粥), 《조선요리제법》(밤죽), 《조선무쌍
신식요리제법》(율자죽 : 栗子粥)에 소개
되어 있다. ♨ 전북

밤초 밤을 살짝 데쳐서 설탕물에 졸여
만든 숙실과다. 껍질 벗긴 밤을 살짝 데
쳐서 설탕과 꿀을 넣어 조리다가 거의 졸
았을 때 계핏가루를 넣은 후 그릇에 담아
잣가루를 뿌린다. 《조선요리제법》(밤
초), 《조선무쌍신식요리제법》(밤초, 율
초 : 栗炒), 《시의전서》(밤숙)에 소개되
어 있다. ♨ 전국적으로 먹으나 특히 서울·경기
에서 즐겨 먹음

밤초

밥국 멸치장국국물에 김치를 넣어 끓인 다음 감자와 밀가루 반죽을 뜯어 넣어 끓으면 찬밥을 넣고 더 끓여 국간장으로 간을 한 것이다. 밥쑤게라고도 하며 갱시기(갱죽)와 유사하다. ♨ 경북

밥국

밥식해 소금에 절여 꼬들꼬들해진 흰살생선에 살짝 절여 물기를 뺀 무채와 배채, 대파, 실파, 엿기름가루를 넣고 섞은 것과 찹쌀 고두밥을 쪄서 식혀 엿기름가루를 넣고 섞은 것에 양념(고춧가루, 소금, 다진 마늘·생강, 설탕)을 골고루 섞어 숙성시킨 것이다. ♨ 경북

밥식해

밥쑤게 ▶▶▶ 밥국 ♨ 경북

방게젓 끓인 소금물에 방게를 담갔다가 물기를 제거한 뒤 끓인 간장을 식혀 방게가 잠길 정도로 붓고 뚜껑을 덮어 삭힌 것이다. 3일 정도 지난 후에 양념(다진 마늘·생강, 깨소금, 실고추)에 무

쳐 먹는다. 방게는 3~4월 또는 9~10월에 나는 게로 껍데기가 네모꼴의 암녹색이며 두툴두툴하다. 《조선무쌍신식요리제법》(방해해 : 螃蟹醢)에 소개되어 있다. ♨ 강원도

방게젓

방문주 찹쌀죽에 누룩가루를 버무려 고슬하게 지은 찹쌀밥을 섞고 용수를 박아 발효시킨 다음 볶은 찹쌀에 물을 붓고 끓여서 식힌 물을 용수 밖으로 부어 만든 술이다. 2~3일에 한 번 용수 안의 술을 떠서 밖으로 돌려 가며 붓기를 2~3회 반복하고 일주일 정도 지난 다음 용수 안의 술을 떠서 걸러 발효시킨다. 경남 밀양시 교동 밀성 손씨 가문에서 전수되었다 하여 교동방문주라 하며, 색깔이 황금 같다 하여 황금주 또는 술독을 봉하여 볕이 들지 않는 곳에서 20일 동안 발효시킨다 하여 스무주라고도 한다.

방문주

찹쌀과 누룩을 섞어 빚은 고급 술로서 빛깔이 맑은 황금색으로 점도가 있고 주정의 도수가 높으며 집안의 잔치나 귀빈의 접대용으로 쓰는 독특한 토속주이다. 《산림경제》(추로백 : 楸路白), 《음식디미방》(황금주), 《규합총서》(방문주), 《산가요록》(황금주), 《수운잡방》(황금주 : 黃金酒), 《시의전서》(방문주)에 소개되어 있다. ♨ 경남

방아잎장떡 ▶▶▶ 방아장떡 ♨ 경남

방아장떡 밀가루에 된장, 고추장, 물을 넣고 반죽한 후 방아잎을 넣어 식용유를 두른 팬에 둥글납작하게 지진 것이다. 방아잎, 대파, 고추를 잘게 썰어 국간장으로 간을 하고 밀가루 반죽을 둥글납작하게 만들어 찌기도 한다. 방아잎장떡이라고도 한다. ♨ 경남

방어구이 소금물에 절였다가 말린 방어를 석쇠에 구운 것이다. 방어는 크기에 따라 다양한 이름으로 불리는데, 경북 영덕ㆍ울릉 등지에서는 10cm 내외를 떡메레미, 30cm 내외를 메레미 또는 피미, 60cm 이상을 방어라고 부른다. 산란기 직전인 겨울에 가장 맛이 좋고, 봄에서 여름철에는 살 속에 기생충이 생기므로 먹지 않는 것이 좋다. 지방이 풍부하여 고소하고 부드러운 맛으로 일본에서 횟감이나 초밥재료로 특히 인기가 많고, 가정에서는 소금에 절여 말렸다가 밑반찬으로도 많이 사용한다. 《조선무쌍신식요리제법》(방어구 : 螃魚炙)에 소개되어 있다. ♨ 제주도

방어

방어국 방어를 푹 삶아 뼈를 발라낸 국물에 토란을 넣고 끓이다가 부추, 대파, 다진 마늘, 고춧가루를 넣고 끓여 국간장과 소금으로 간을 하고 밀가루물을 넣어 더 끓인 국이다. ♨ 경북

방어회 껍질과 뼈를 제거한 방어를 도톰하게 썰어 초고추장과 다진 마늘을 넣은 된장을 곁들인 것이다. ♨ 제주도

방울기주 방울 모양의 증편이다. 체에 친 멥쌀가루에 더운 물을 탄 막걸리를 부어 묽게 반죽한 다음 따뜻한 곳에서 5시간 정도 숙성ㆍ발효시켜 증편 틀이나 찜통에 넣고 대추채와 석이채를 고명으로 얹어 찐 떡이다. 《조선요리제법》(방울증편), 《조선무쌍신식요리제법》(령증병 : 鈴蒸餅)에 소개되어 있다. ♨ 충남

방울기주

방풍나물 데친 방풍잎을 양념(된장, 설탕, 식초, 고춧가루, 국간장, 다진 마늘, 들기름, 물)으로 무친 것이다. 방풍은 본래 바닷가 모래사장에서 자생하는 약용식물로 줄기가 1m가량 되며 뿌리는 10

방풍나물

~20cm의 방추형으로 병풀나물, 갯방 풍, 갯기름나물로도 불리고 있다. 성질 이 따뜻하고 맛이 달고 매우며 독이 없고 어린 식물일 때는 맛과 향기가 좋다. 한 방에서는 두해살이 뿌리를 감기와 두통, 발한과 거담에 약으로 쓴다. ♨경남 등

방풍죽 방풍을 끓여 우려낸 국물에 불 린 쌀을 넣고 퍼지도록 끓이다가 건져낸 방풍을 채 썰어 넣고 같이 끓인다. 방풍 죽은 강원 지역의 사찰음식이다. 《도문 대작》(방풍죽 : 防風粥), 《증보산림경 제》(방풍죽 : 防風粥)에 소개되어 있다. ♨강원도

방풍죽

방풍탕평채 찐 방풍잎, 데친 해삼, 삶아 발라놓은 꽃게살, 볶은 조갯살에 양념 (간장, 다진 파, 참기름)을 넣어 무친 것 이다. ♨경남

밭벼밥 ▶▶▶ 쌀밥 ♨제주도

배꿀찜 배 윗부분을 잘라 속을 파낸 후 배 속에 꿀을 넣고 배의 윗뚜껑을 덮어 찐 것이다. ♨경남

배숙 배에 통후추를 박아 생강물에 설 탕과 함께 끓인 전통음료이다. 배를 6~ 8등분 하여 껍질을 벗기고 가장자리를 둥글게 돌려 깎은 다음 배의 등 쪽에 통 후추를 깊이 박아 생강물에 설탕과 함께 넣어 배가 투명해질 때까지 서서히 끓여

식혀서 그릇에 담고 잣을 띄워 마신다. 서울·경기에서는 식힌 후 유자즙을 넣 는다. 《규합총서》(배숙), 《음식법》(배 숙), 《시의전서》(배숙), 《부인필지》(향 설고), 《조선요리제법》(배숙), 《조선무 쌍신식요리제법》(배숙, 이숙 : 梨熟)에 소개되어 있다.

배숙

배술 배를 푹 삶아 체에 걸러낸 배즙에 엿기름가루를 담가 우려낸 다음 체에 거 른 물과 쪄서 말린 찹쌀밥을 주정과 혼 합하여 항아리에 담은 후 막걸리를 부어 20~30℃에서 3일 정도 발효시킨 술이 다. ♨전남

배술

배식혜 엿기름가루를 찬물에 담가두었 다가 체에 거른 엿기름물과 찹쌀밥을 보 온밥통에 넣어 삭힌 후 떠오른 밥알을 건져내고 설탕과 저민 배를 넣어 끓인

후 차게 식혀 밥알과 꽃 모양의 대추·배, 잣을 띄운 것이다. ♨서울·경기

배추겉절이 연한 배추를 한 잎씩 떼어 칼로 쭉쭉 갈라서 소금에 절인 후 쪽파, 멸치젓과 고춧가루 양념을 넣어 버무리고 참기름을 약간 넣은 것이다. 경남에서는 숨음배추겉절이라고도 한다.

배추겉절이

배추겉절이 ▶▶▶ 숨음배추겉절이 ♨경남

배추김치 배추를 소금에 절여 무채 등의 채소와 고춧가루 양념을 버무려 만든 김치이다. 배추를 반으로 갈라 소금물에 절인 후 무채, 갓, 미나리, 파 등의 채소와 양념(새우젓, 멸치액젓, 찹쌀풀, 고춧가루, 다진 마늘·생강, 소금 등)을 버무려 만든 소를 배춧잎 사이사이에 넣어 항아리에 담아 익힌다. 서울·경기식 김치는 새우젓이나 조기젓, 황석어젓을 많이 쓰기 때문에 시원하면서 담백한 맛이

배추김치

특징이며, 지역에 따라 부재료로 굴, 새우 등의 해물을 넣기도 한다. 제주도에서는 차조죽을 쑤어 김치를 담근다. 황석어젓은 참조기로 만든 젓갈을 말한다. 《시의전서》(숭침채 : 菘沈菜), 《조선요리제법》(통김치), 《조선무쌍신식요리제법》(통저 : 筒菹)에 소개되어 있다.

배추꼬랭이국 ▶▶▶ 배추속대국 ♨서울·경기

배추꼬랭이볶음 ▶▶▶ 배추뿌리볶음 ♨서울·경기

배추꼬리국 쌀뜨물에 된장을 풀고 국간장으로 간을 한 후 납작하게 썬쇠고기를 넣고 끓이다가 배추꼬리와 배추를 넣어 끓인 것이다. 배추꼬랭이국이라고도 한다. 《조선요리제법》(배추꼬리국)에 소개되어 있다. ♨서울·경기

배추꼬리볶음 ▶▶▶ 배추뿌리볶음 ♨서울·경기

배추꼬리찜 배추꼬리를 소금에 살짝 절여 큼직하게 썬 후 간장, 다진 파·마늘, 참기름, 깨소금 등의 양념을 넣고 물을 자작하게 부어 푹 찐 것이다. ♨서울·경기

배추꽃대김치 절인 배추꽃대를 양념(고춧가루, 보리 삶은 물, 멸치젓, 다진 마늘·생강)으로 버무려 담근 김치이다. 동지짐치, 동지김치라고도 한다. 제주도의 따뜻한 날씨로 인해 집 주변의 텃밭에 심은 겨울을 넘긴 배추에서 봄에 꽃대가 올라오기 전의 연한 노란꽃을 동지나물(꽃대)이라 하는데, 제주에서만 찾아볼 수 있는 독특한 음식이다. ♨제주도

배추꽃대무침 데친 배추꽃대를 양념(된장, 참기름, 다진 마늘, 깨소금)으로 무친 것이다. 동지나물무침이라고도 한다. ♨제주도

배추냉국 데친 배추를 된장 푼 물에 넣

어 먹는 냉국이다. 방법 1 : 된장을 푼 물에 데친 배추, 부추, 다진 마늘, 고추장, 설탕, 식초, 깨소금을 넣는다. 방법 2 : 삶은 배추와 부추에 다진 마늘, 깨소금, 된장을 넣어 무친 다음 냉수를 부어 만든다. 제주도에서 노물냉국, 배추된장국이라고도 한다. 제주의 농촌에서는 밭일을 할 때 재료(어린 배추 삶은 것, 된장, 깻잎, 무)를 준비하고 냉수를 가지고 나갔다가 점심시간에 즉석에서 국을 만들어 먹었다. ⚓ 제주도

배추냉국

배추된장국 ▶▶▶ 배춧국

배추뿌리볶음 채 썰어 양념한 돼지고기를 식용유를 두른 팬에 볶다가 소금에 절여 썬 배추뿌리와 함께 볶아 실고추를 올린 것이다. 배추꼬랭이볶음, 배추꼬리볶음이라고도 한다. ⚓ 서울·경기

배추속대국 굵게 채 썰어 양념한 쇠고기를 볶다가 쌀뜨물을 붓고 된장과 고추장을 넣고 끓인 후 배추속대와 무를 넣어 푹 무를 때까지 끓여 소금 간을 한 것이다. 《조선요리제법》(배추속대국), 《조선무쌍신식요리제법》(배추속대국, 숭심탕 : 菘心湯)에 소개되어 있다.

배추속대장과 배추속대·무를 썰어 살짝 말렸다가 간장에 절여 물기를 꼭 짜둔 후, 간장, 설탕, 다진 파·마늘, 깨소금, 참기름, 후춧가루로 양념한 쇠고기를 볶다가 절인 무·배추속대를 함께 볶아내고 데친 미나리를 넣어 무친 것이다. 배추속대장아찌라고도 한다. ⚓ 서울·경기

배추속대장아찌 ▶▶▶ 배추속대장과 ⚓ 서울·경기

배추쌈 얼갈이배추에 양념장(붉은 고추, 풋고추, 된장, 고춧가루, 다진 마늘)이나 멸치젓(멸치젓, 고춧가루, 다진 마늘)을 곁들인 것이다. 《조선요리제법》(배추쌈), 《조선무쌍신식요리제법》(배추속대쌈)에 소개되어 있다. ⚓ 경남

배추전 배추에 밀가루 반죽(밀가루, 소금, 물)을 묻혀 식용유를 두른 팬에 지진 것을 말하며 초간장을 곁들인다. 경북에서는 배춧잎을 칼등으로 두드려 소금 간을 하여 만들며, 경남에서는 배추를 데쳐서 지진다. 배추전은 제사는 물론 각종 길흉사, 집안 행사에서부터 즉석에서 만들어 먹는 간식에 이르기까지 그 쓰임새가 다양하다. ⚓ 경상도

배추전

배춧국 된장을 푼 멸치장국국물 또는 쇠고기국물에 배추를 넣고 끓이다가 어슷하게 썬 대파, 다진 마늘·고추를 넣어 끓인 것이다. 쇠고기를 잘게 썰어 넣기도 하며, 배추된장국이라고도 한다.

배춧국

배춧잎쌈 배추속대를 깨끗이 씻어 물기를 뺀 후 쌈장과 곁들인 것이다. 《조선요리제법》(배추쌈)에 소개되어 있다. ❧ 서울·경기

배춧잎장아찌 간장과 액젓에 물을 넣고 끓여서 식힌 후 데쳐 말린 배춧잎에 부어 3~4일 후에 국물만 따라 다시 끓였다가 식혀 붓기를 두세 번 반복한 후 숙성시킨 장아찌이다. 먹을 때 송송 썰어서 양념에 무쳐 먹는다. ❧ 서울·경기

배춧잎장아찌

배피떡 찹쌀가루를 쪄서 절구에 친 떡에 녹두소를 넣어 타원형으로 빚은 뒤 콩가루를 묻힌 떡이다. 찹쌀을 불려 쪄서 절구에 치는 과정은 인절미와 같으나, 녹두고물을 뭉쳐 소로 만들어 넣고 콩고물을 묻히는 것이 차이가 있다. 황해도 지방의 오쟁이떡은 배피떡과 비슷하지만 녹두소 대신 붉은 팥소를 넣은 것이다. 서민들의 식사 대용으로 애용되

었던 떡으로, 겨울철에는 떡을 해서 항아리에 넣어 두었다가 석쇠에 구워 꿀에 찍어 먹는다. ❧ 서울·경기

배피떡

배화채 설탕이나 꿀로 감미를 맞춘 오미자국물에 얇게 썰어 채 썰거나 꽃 모양을 낸 배와 잣을 띄운 것이다. 《시의전서》(이화채 : 梨花菜), 《조선요리제법》(배화채), 《조선무쌍신식요리제법》(배화채, 이화채 : 梨花菜)에 소개되어 있다. ❧ 서울·경기

백김치 배추를 반으로 갈라 소금물에 절인 후 무채, 미나리, 새우젓, 배채, 밤채, 대추채, 표고버섯채, 석이버섯채, 마늘채, 생강채, 잣 등을 버무려 만든 소를 배춧잎 사이사이에 넣어 항아리에 담고 소금물을 자작하게 부어 익힌 것이다. 서울·경기에서는 양지머리육수나 물에 찹쌀풀을 섞고 소금 간을 하여 숙성

백김치

시킨다.

백년초술 잔가시를 제거한 백년초(선인장)에 소주를 부어 숙성시킨 술이다. 2개월 정도 후에 다른 병에 보관한다. 처음에는 보랏빛으로 아주 고왔다가 시간이 지날수록 갈색으로 된다. 백년초는 제주도시 한림읍 월랑리 해안과 부락 내에서 볼 수 있으며 예부터 민간요법으로 소염, 해열제로 이용되고 있다. ❧ 제주도

백당 ▶▶▶ 흰엿 ❧ 전남

백령도김치떡 찹쌀가루와 메밀가루를 섞어 찐 것에 밀가루와 소금을 넣어 반죽하여 얇고 동글납작하게 빚어 생굴과 다진 배추김치소를 넣어 만두처럼 만들어 찌고 참기름을 바른 것이다. 백령도김치떡은 백령도에서 쉽게 구할 수 있는 굴과 김치를 소로 넣기 때문에 지역적 특성을 잘 보여 주는 떡이라 할 수 있다. 짠지떡(짼지떡)이라고도 부른다. ❧ 서울·경기

백령도김치떡

백령도까나리젓 까나리와 소금을 4 : 1 비율로 버무려 항아리에 담아 5~6개월 정도 발효시킨 것이다. 5월경 백령도 연안에서 잡히는 까나리를 발효시켜 국간장 대용으로 사용하였다. ❧ 서울·경기

백마강장어구이 간장에 물엿을 넣고 끓여서 식힌 후 마른 고추, 편으로 썬 생강·마늘을 넣고 다시 끓여 양념장을 만들어 놓고, 뼈를 제거한 장어를 석쇠에 구워 기름기를 뺀 다음 양념장을 발라 다시 구운 것이다. ❧ 충남

백마강장어구이

백비탕 ▶▶▶ 파뿌리죽 ❧ 제주도

백설기 소금을 넣은 멥쌀가루에 설탕물을 넣고 체에 내려 시루에 안쳐 찐 설기떡이다. 흰무리라고도 하며 '티없이 깨끗하다' 하여 백일상이나 돌상에 올라가는 대표음식이다. 제주도에서는 백시리라고도 한다. 《규합총서》(백설기), 《조선요리제법》(흰무리, 백설기), 《조선무쌍신식요리제법》(백설고 : 白雪糕)에 소개되어 있다.

백시리 ▶▶▶ 백설기 ❧ 제주도

백암순대 다진 돼지고기·부추, 절여서 다진 배추, 채 썬 양배추·양파, 불려서 잘게 썬 당면, 선지에 양념을 넣어 버무린 순대소를, 손질하여 한쪽 끝을 묶은 돼지창자에 채워 넣고 끝을 실로 묶은 다음 된장과 간장을 푼 돼지육수에 넣고 삶아낸 것이다. 조선시대 이래 죽성(현재의 안성군 죽산면 소재) 지역을 중심으로 만들어 먹던 전통음식으로 죽성이 퇴조하면서 인근 고을인 백암면 백암 5일장을 통해 그 전통을 유지·보존해 왔다. 순대는 예부터 어느 지방에

서나 해먹었던 것이지만 개성식 순대가 그 중에서 가장 특이한 맛을 지녔고 그 순대 맛이 백암 지역에 정착하여 '백암 순대'로 자리를 굳히면서 유명하게 되었다. ꙮ 서울·경기

백암순대

백자편 설탕과 물을 끓이다가 된 조청을 넣고 다시 끓여 숟가락으로 떠 보아 뚝뚝 떨어지는 정도가 되면 불에서 내려 볶은 잣을 넣어 섞은 후 엿강정 틀에 쏟아 얇게 편 다음 굳으면 네모 모양으로 썬 것이다. 경기도 가평의 향토음식으로 전국 잣생산 70%를 차지하고 있는 가평에서 잣의 특성을 살려 만들던 것으로 명절 때나 귀한 손님을 대접할 때 다과상에 올렸다. 잣박산, 잣엿강정이라고도 한다. 《조선무쌍신식요리제법》(잣강정, 실백강정 : 實栢羌飣)에 소개되어 있다. ꙮ 서울·경기

백자편

백지 ▶▶▶ 반지 ꙮ 전북

백편 소금으로 간을 한 멥쌀가루에 설탕물을 내려 시루에 안친 후 대추채, 석이버섯채, 밤채, 비늘잣 등의 고명을 얹고 기름을 바른 한지를 얹은 다음 다시 쌀가루와 고명을 켜켜로 안쳐 찐 떡이다. 《시의전서》(백편)에 소개되어 있다. ꙮ 서울·경기

백합쑥전 백합에 밀가루 또는 쌀가루를 묻히고 다진 파·마늘, 소금을 넣은 달걀물을 입혀서 식용유를 두른 팬에 쑥을 고명으로 얹어 지진 것이다. 백합쑥전은 인천광역시 강화군 서도면에서 유명한 백합을 이용하여 만든 전이다. 경기도에서는 백합을 상합이라고 하여 상합쑥전이라고도 한다. 백합은 진판새목 백합과의 조개로 모래나 펄에서 서식하는 고급 패류이며 지역에 따라 상합, 생합, 대합, 피합, 참조개 등으로 불린다. 주로 회, 죽, 탕, 구이, 찜 등으로 조리한다. ꙮ 서울·경기

백합쑥전

백합죽 백합살과 불린 쌀을 끓이다가 소금으로 간을 한 죽이다. 방법 1 : 해감을 빼서 칼로 다진 백합살을 참기름에 볶다가 불린 쌀을 넣고 잠시 더 볶은 후 물을 붓고 센 불로 끓인 다음 쌀알이 푹 퍼지면 소금으로 간한다(전라도, 제주

도). 방법 2 : 불린 찹쌀에 물과 수삼, 대추를 넣고 쌀알이 퍼지도록 끓이다가 백합을 넣고 끓으면 다진 마늘과 소금으로 간을 한다(경남). 전북에서는 생합죽, 제주에서는 대합조개죽이라고도 한다. 백합죽은 구수하고 위에 부담을 주지 않아 어린이와 노약자가 먹기 좋다. 또 담석증과 간질환 예방에 좋고 철분이 많아 여성의 빈혈에 좋으며 핵산이 많이 들어 있어 세포발육증진에 필요한 단백질을 형성하는 데 도움을 준다. 또한 콜린과 라이신 효소가 다량 함유되어 있어 숙취해소에도 좋은 음식이다. 기호에 따라 황백지단, 김 등을 고명으로 얹는데, 그 맛이 깨끗하고 고소하며 주로 7~9월에 많이 먹는다.《산림경제》(백합죽 : 百合粥)에 소개되어 있다. ❤ 전라도, 경남, 제주도

백합죽(전북)

백합죽(전남)

백합탕 ➤➤➤ 대합탕 ❤ 경남

밴댕이구이 손질한 밴댕이에 소금을 뿌려 석쇠에 구운 것이다. ❤ 서울·경기

밴댕이젓 밴댕이를 소금에 버무려 삭힌 젓갈이다. 방법 1 : 내장을 빼서 손질한 밴댕이에 소금을 넣고 버무려 항아리에 눌러 담고 맨 위에 소금을 듬뿍 얹어 무거운 돌로 눌러 놓고 뚜껑을 덮은 다음 그늘진 곳에서 삭힌다(충남).

밴댕이

방법 2 : 굵은 소금에 절인 밴댕이에 생긴 물을 따라 버리고 다시 소금을 뿌려서 15일 정도 돌로 눌러 놓은 다음 국물을 따라내어 끓여서 식혀 다시 붓고 위에 소주를 약간 뿌려서 삭힌다. 먹을 때 양파, 풋고추, 붉은 고추, 대파를 썰어 고춧가루, 물엿, 다진 마늘, 참기름, 통깨와 함께 무친다(전남). 방법 3 : 소금을 섞은 밴댕이와 연한 소금물에 절인 풋고추를 항아리에 켜켜이 담고 삭힌다. 먹을 때 고춧가루, 다진 마늘, 통깨로 양념한다(전남). 전남에서는 송애젓, 소어젓이라고도 한다.《조선무쌍신식요리제법》(소어해 : 蘇魚醢)에 소개되어 있다. ❤ 충남, 전남

밴댕이젓

밴댕이젓무침 소금에 절인 밴댕이를 썰어서 송송 썬 풋고추·붉은 고추와 함께

고춧가루 양념에 무친 것이다. 《조선무
쌍신식요리제법》(소어해 : 蘇魚醢)에 소
개되어 있다. ♨ 서울·경기

밴댕이회 밴댕이를 썰어 손질한 후 깻잎
에 싸서 마늘을 넣고 된장이나 초고추장
을 곁들인 것이다. ♨ 서울·경기

뱅어국 다시마장국국물에 전분을 고루
묻힌 뱅어를 넣어 끓이다가 익으면 쑥
갓, 실파, 다진 마늘을 넣어 한소끔 끓인
후 소금이나 국간장으로 간한 것이다.
충남에서는 데친 시금치, 경남에서는
실파와 달걀을 넣고 끓인다. 뱅어국은
뱅어(실치)가 많이 나는 갯마을에서 봄
철에 주로 즐겨 먹던 음식이다. 충남에
서는 실치시금치국, 경남에서는 병아리
국이라고도 한다. 뱅어는 근해에 사는
작은 물고기로 길이가 10cm 정도로 길
고 가늘며, 몸빛이 희고 투명하므로 백
어라고도 한다. 실가닥처럼 생겨서 어
린 뱅어를 실치라고 부른다. 《증보산림
경제》(뱅어탕 : 白魚湯)에 소개되어 있
다. ♨ 서울·경기, 충남, 경남

를 박아 받은 맑은 액젓이다. 실치액젓
이라고도 한다. ♨ 충남

뱅어전 뱅어, 실파, 달걀물을 섞어 재료
가 엉길 정도의 밀가루를 넣고 소금 간
을 한 반죽을 식용유를 두른 팬에 둥글
납작하게 지진 것이다. 병아리전이라고
도 한다. ♨ 경남

뱅어젓 뱅어를 고춧가루, 소금으로 무
쳐 항아리에 담아 삭힌 것이다. 《조선무
쌍신식요리제법》(백어해 : 白魚醢)에 소
개되어 있다. ♨ 전남

뱅어포구이 티를 골라낸 뱅어포에 간
장, 설탕, 다진 파·마늘, 참기름 등으로
만든 양념장을 발라 잠시 재워두었다가
석쇠나 팬에 구운 것이다. 고추장을 넣
기도 한다.

뱅어회(무침) 소금물에 씻은 뱅어, 채 썬
당근·오이·양파, 어슷하게 썬 붉은 고
추·풋고추·대파, 미나리, 쑥갓, 깻잎을
초고추장(고추장, 식초, 설탕, 다진 마늘,
통깨)으로 버무린 것이다. 충남에서는
실치회(무침)라고도 한다. ♨ 충남, 경남

뱅어국

뱅어회(무침)

뱅어액젓 6월 말에서 7월 초에 잡히는
뱅어를 깨끗이 씻어 소쿠리에 건져 소금
을 넣고 치대면서 씻어 뱅어가 꼬들꼬들
해지면 항아리에 담고 윗소금을 충분히
뿌려 두었다가 3개월 정도 지난 후 용수

버섯나물 데쳐 찢은 느타리버섯을 다진
파·마늘, 참기름, 소금으로 양념하여
무친 것이다.

버섯밥 불린 쌀을 볶다가 송이버섯, 데
친 느타리버섯, 불린 표고버섯, 채 썬 애

호박을 넣고 육수를 부어 지은 밥으로 양념장(간장, 고춧가루, 다진 파·마늘, 식초, 깨소금, 후춧가루)을 곁들인다. ❦ 경남

버섯볶음 식용유를 두른 팬에 데쳐서 찢은 느타리버섯과 채 썬 양파, 간장, 소금, 다진 파·마늘, 설탕, 들기름을 넣고 볶은 것이다.

버섯수제비 끓는 멸치장국국물에 감자, 애호박, 송이버섯을 넣고 끓이다가 밀가루에 석이버섯가루를 섞어 만든 수제비 반죽을 떼어 넣고 끓여 소금으로 간한 것이다. ❦ 충남

버섯장국수제비 물에 된장을 풀어 장국을 끓이다가 솎음 배추, 버섯을 넣고 수제비를 얇게 떠 넣어 익힌 후 소금 간을 한 것이다. ❦ 서울·경기

버섯전 채 썰어 양념한 표고버섯·느타리버섯·석이버섯에 밀가루, 달걀, 물을 섞은 반죽을 넣어 식용유를 두른 팬에 지진 것이다.

버섯전골 전골냄비에 채 썰어 양념한 쇠고기·느타리버섯·표고버섯·싸리버섯·송이버섯과 미나리, 실파를 돌려 담아 양지머리 육수를 부은 뒤 국간장으로 간을 맞춰 끓인 것이다.

버섯탕 물에 시래기, 돼지고기, 두부를 넣어 끓인 다음 살짝 데쳐서 양념한 느타리버섯을 넣고 국간장으로 간을 하여 끓인 국이다. ❦ 충남

벌떡게장 벌떡게에 간장을 끓여 식혀서 붓고 숙성시킨 것이다. 방법 1 : 간장, 물엿, 양파, 풋고추, 마늘, 다시마, 생강, 청주를 끓여 식힌 것을 벌떡게에 붓고 다음날 국물만 다시 따라내어 끓여 식혀서 부어 숙성시킨다(전남). 방법 2 : 반장게를 항아리에 넣고 간장을 부은 다음 1시

간쯤 두었다가 간장을 따라 내어 끓여 식혀 붓기를 세 번 반복하여 숙성시킨다(전남). 방법 3 : 손질한 게와 마늘, 생강, 고추를 항아리에 담고 간장과 국간장을 부어 절인 다음 이틀 뒤 간장물을 따라내어 물을 더 붓고 끓인 후 식혀서 다시 항아리에 붓고 보름간 숙성시킨다(전남, 경남). 전남에서는 돌게장, 반장게장이라고도 한다. 벌떡게는 민꽃게 종류로 지방에 따라 박하지, 방칼게(반장게), 돌게(독게) 등으로 불리는데, 꽃게보다 살은 없지만 담백해서 주로 게장을 담가 먹는다. ❦ 전남, 경남

벌떡게장

벌버리묵 ▶▶ 박대묵 ❦ 서울·경기
벌벌이묵 ▶▶ 박대묵 ❦ 서울·경기
법성토종주 누룩과 고두밥, 물의 비율을 1 : 3 : 2의 비율로 혼합하여 항아리에 넣고 10∼12일간 발효시켜 소줏고리에 넣고 불을 지펴 증류하여 받은 술이다. 영광굴비의 생산지인 법성포에서 전해 내려오는 전통술이다. ❦ 전남

벙거지떡 ▶▶ 증편
벚주 버찌에 소주를 부어 담근 술로 색깔이 까만 것이 특징이다. 버찌는 벚나무 열매로 동양계

버찌

와 유럽계가 있는데, 동양계는 과실로서의 가치가 낮다. 우리나라 재래종의 버찌는 흑앵(黑櫻)이라고 불러왔는데, 과즙이 적고 색깔이 검어서 버찌주를 담가 먹었다. ☘ 전남

벚주

별곡유과 삭을 정도로 푹 불린 찹쌀을 빻아 찐 다음 보릿가루를 뿌려 얇게 민 것을 썰어 말렸다가 튀겨내어 데운 물엿에 적신 다음 쌀튀밥가루를 묻힌 것이다. 별곡유과는 경북 지방의 대표적 한과로 찹쌀을 옥수수 조청에 묻힌 유과로 유명하다. ☘ 경북

별상어회(무침) 뼈째 썬 별상어, 채 썰어 소금과 설탕을 뿌린 무, 쪽파, 쑥갓에 양념(물에 불린 고춧가루, 다진 마늘, 생강즙, 참기름)으로 한데 버무린 다음 설탕과 식초, 소금으로 간을 맞춘 것이다. 게상어회, 두툽상어회, 즌다니회라고도 한다. 별상어는 까치상엇과의 바닷물고기로 몸의 길이는 1.5m 정도이며, 등에 작은 흰색의 반점이 흩어져 있어 '별상어'라 불린다. 지역에 따라 참상어(부산), 민동상어, 점상어, 점배기상어(전남), 거문지기(강원도), 게상어(충

별상어

남), 저울도기, 저울상어(제주)로도 불린다. 별상어는 다른 상어류에 비해 고소하고 씹히는 맛이 좋아 껍질을 벗겨서 회로 먹는다. ☘ 제주도

별상어회(무침)

볍씨쑥버무리떡 어린 쑥을 멥쌀가루에 버무려 시루에 안쳐 찐 떡이다. ☘ 충북

병사 ▶▶ 합천유과 ☘ 경남

병시 ▶▶ 만둣국. 만두피를 반원형으로 접어 빚은 만두를 육수에 끓인 것으로 궁중에서 만둣국을 이르는 말이다. ☘ 서울·경기

병아리국 ▶▶ 뱅어국 ☘ 경남

병아리전 ▶▶ 뱅어전 ☘ 경남

병어감정 멸치장국국물에 고추장, 된장, 액젓, 국간장을 넣고 끓이다가 손질한 병어를 넣어 익히고, 파채, 마늘채, 생강채, 참기름을 넣어 국물이 자작해질 때까지 조린 것이다. ☘ 서울·경기

병어감정

병어고추장조림 감자를 깔고 그 위에 손질하여 토막 낸 병어를 올려 고추장 양념(고추장, 고춧가루, 설탕, 간장 등)과 물을 넣고 대파와 고추를 넣어 조린 것이다. ✿ 서울·경기

병어구이 칼집을 넣고 소금을 살짝 뿌린 병어를 달군 석쇠에 얹어서 구운 다음 고명으로 송송 썬 실파와 실고추를 얹고 양념장(간장, 다진 파·마늘·생강, 참기름)을 곁들인 것이다. ✿ 전남

병어조림 손질하여 토막 낸 병어에 간장, 설탕, 대파, 다진 생강, 참기름 등으로 양념하면서 물을 부어 익혀서 실고추를 얹은 것이다. 쇠고기를 양념하여 같이 조리기도 한다. 《조선무쌍신식요리제법》(병어조림)에 소개되어 있다. ✿ 서울·경기

병어찜 병어를 찜통에 쪄서 양념장을 바르거나 양념을 넣고 끓여 낸 것이다. 방법 1 : 소금 간하여 찐 병어에 양념장(간장, 고춧가루, 다진 파·마늘, 설탕, 깨소금)을 바른다. 방법 2 : 무와 감자 위에 손질한 병어와 바지락살을 올린 후 된장, 고춧가루를 풀어 물을 붓고 끓으면 채 썬 양파, 어슷하게 썬 풋고추, 다진 마늘을 넣고 한 번 더 끓인다. ✿ 전남

병어회 포를 떠서 적당한 크기로 썬 병어를 무채를 깐 접시에 담고 초고추장, 쌈장, 겨자장을 곁들인 것이다. 크기가 작은 병어는 뼈째 썰어 사용한다. 《조선무쌍신식요리제법》(병어회 : 甁漁膾)에 소개되어 있다. ✿ 전남

병천순대 돼지창자를 뒤집어서 소금과 밀가루를 이용하여 씻은 다음 다시 뒤집어서 잘게 썬 당면 불린 것, 양파, 양배추와 선지를 다진 파·마늘·생강, 소금으로 양념한 다음 속을 채워 넣고 삶아 낸 것이다. 충남 병천은 유관순 열사의 3·1 독립만세 운동으로 유명한 '아우내 장터'가 있는 곳이다. 병천순대가 알려진 것은 약 50년 전으로 이곳에 돈육 가공공장이 들어오면서 돈육의 가공과정에서 나오는 부산물을 효과적으로 처리하고자 돼지창자 속에 여러 가지 채소와 선지를 넣어 순대를 만들면서 이 지역 향토음식으로 자리 잡게 되었다. 다른 지방의 순대와 다른 점은 돼지의 창자 중에 가장 가늘고 부드러운 소창을 사용하여 돼지 특유의 누린내가 적고 담백하며, 특히 기름기를 걷어 낸 돼지뼈 국물에 순대를 넣어 끓인 순댓국이 별미로서, 진하게 우려낸 돼지뼈 국물이 병천순대 특유의 담백하고 깊은맛과 조화를 이루어 내는 것이 특징이다. ✿ 충남

병천순대

보름찜국 조갯살을 볶다가 멸치장국국물을 부어 끓으면 콩나물, 우엉, 당근,

보름찜국

고사리, 미더덕을 넣고 끓인 다음 쌀가루와 들깻가루를 푼 물을 넣고 끓여 참기름과 소금을 넣은 것이다. 정월 대보름에 먹는 나물류를 이용한 찜국으로 경남 지방의 대표적인 향토음식이다. ♨ 경남

보리감자밥 불린 보리를 끓이다가 껍질 벗긴 감자를 넣고 지은 밥이다. ♨ 경북

보리감주 ▶▶ 보리식혜 ♨ 충남

보리개떡 보릿가루에 다진 파와 간장, 참기름으로 반죽하여 둥글납작하게 빚어 찐 떡이다. 강원도에서는 보릿겨에 소금과 설탕을 섞어 반죽하고, 전북에서는 보릿겨에 감자 간 것과 찧은 호박잎을 섞어 반죽한다. 경북에서는 보리등겨가루에 소금, 설탕, 물을 넣고 반죽하여 삶은 콩을 박아 찐다. 제주도에서는 풋보리를 가루내어 반죽한다. 경북에서는 개떡, 등겨떡이라고도 한다. 보릿겨는 보리에서 보리쌀을 내고 남은 속겨로 대맥강 혹은 맥강(麥糠)이라고도 한다. ♨ 서울·경기, 강원도, 전북 등

보리개역 ▶▶ 보리미숫가루 ♨ 제주도

보리겨떡장 ▶▶ 집장 ♨ 경남

보리고구마밥 삶은 보리와 굵게 채 썬 고구마를 솥에 넣고 물을 부어 지은 밥이다. ♨ 전남

보리고추장 보릿가루에 물을 뿌려가며 버무려 시루에 쪄서 더운 방에서 따뜻하게 덮어놓고 하얗게 띄워지면 고춧가루와 메줏가루를 손으로 비비면서 섞어 소금 간을 하여 숙성시킨 고추장이다. 서울·경기에서는 보릿가루에 엿기름 물을 넣어 풀을 쑨 후 식혜 고춧가루, 메줏가루, 소금을 넣어 발효시킨다. 충청도에서는 보리고추장에 엿기름가루를 쓰지 않는 것이 특징이다. 《조선요리제법》(보리고추장)에 소개되어 있다. ♨ 서울·경기, 충청도, 전남

보리나물죽 막장을 푼 물에 보리쌀을 반 정도로 갈아놓은 보릿가루와 곤드레, 어수리 등의 산나물과 감자를 넣고 끓이다

어수리

가 감자 전분으로 익반죽한 수제비를 뜯어 넣고 익으면 소금으로 간한 죽이다. 어수리는 미나리와 여러해살이풀로 산과 들에서 자라며, 어린순을 나물로 먹는다. ♨ 강원도

보리단술 ▶▶ 보리식혜 ♨ 충남

보리떡 보릿가루를 반죽하여 찐 떡이다. 보릿가루에 막걸리와 물, 소금을 넣고 반죽한 다음 설탕에 조린 강낭콩과 완두콩을 섞어 베보자기를 깐 찜통에 부어 찐다. ♨ 경남

보리떡

보리뜨물 ▶▶ 겉보리겨죽 ♨ 전남

보리뜨물장 보리쌀뜨물에 된장을 풀어 넣고 끓인 국이다. 보리쌀뜨물에서 가라앉은 앙금에 물을 붓고 된장을 풀어 푹 끓인 다음 잘게 썬 방아잎과 다진 마늘을 넣고 더 끓인다. ♨ 경남

보리미숫가루 팬에 볶아 곱게 간 겉보

보리뜨물장

릿가루를 물에 타서 꿀 또는 설탕을 넣어 마시는 것이다. 제주에서는 보리밥에 비비기도 하고, 물을 약간 넣어 범벅처럼 하기도 하며 보리개역이라고도 불린다. 개역은 미숫가루의 제주도 사투리로 곡물을 볶은 가루를 말한다. 《조선요리제법》(미수가루)에 소개되어 있다. ♥ 충남, 전남, 제주도

보리밥 푹 퍼지게 삶은 보리쌀을 깔고 그 위에 불린 쌀을 안쳐 물을 부어 지은 밥이다. 보리밥은 흰밥보다 뜸을 오래 들여야 맛이 있으며 보리쌀 만으로 지은 밥을 꽁보리밥이라고 한다. 《조선요리제법》(보리밥), 《조선무쌍신식요리제법》(맥반 : 麥飯)에 소개되어 있다.

보리밥

보리밥비빔밥 ▶▶▶ 보리비빔밥 ♥ 전북
보리볶음죽 불린 쌀을 참기름으로 볶다가 물을 부어 끓이고, 쌀알이 퍼지면 쑥

과 보릿가루, 콩가루를 넣어 끓인 죽이다. 과거 구황식품의 한 가지이며 보리와 콩을 넣어 고소하고 쑥의 향긋한 냄새로 봄철 입맛 없을 때 주로 해먹는다. ♥ 충남

보리비빔밥 삶은 보리 · 팥, 불린 찹쌀 · 멥쌀을 섞어서 지은 밥에 취나물, 콩나물, 열무김치, 다진 풋고추, 고추장, 참기름을 넣어 비벼 먹는 것이다. 전북에서는 보리밥비빔밥이라고도 한다. ♥ 전라도

보리새우볶음 간장, 설탕, 물엿을 섞어 팔팔 끓이다가 살짝 볶아서 수염을 뗀 보리새우를 넣고 참기름과 통깨를 넣은 것이다. ♥ 서울 · 경기

보리수단 푹 삶아 찬물에 헹군 풋보리에 전분을 묻혀 끓는 물에 데친 후 찬물에 식히기를 세 번 반복하여 설탕이나 꿀로 감미를 맞춘 오미자국물에 넣고 잣을 띄운 것이다. 통보리 대신 보릿가루를 반죽하여 쓰기도 하며, 전분은 보리의 식감을 매끈하게 한다. 《음식법》(보리수단), 《시의전서》(보리수단), 《조선요리제법》(보리수단), 《조선무쌍신식요리제법》(보리수단, 맥수단 : 麥水團)에 소개되어 있다. ♥ 서울 · 경기

보리수제비 보릿가루로 만든 수제비 반죽을 끓는 멸치장국국물에 떠어 넣고 어슷하게 썬 대파와 다진 마늘을 넣은 다음 국간장으로 간한 것이다. 호박잎을 넣고 끓이기도 하며, 경남에서는 다슬기 삶은 물을 이용한다. 제주도에서는 보리즈베기라고도 한다. ♥ 전남, 경남, 제주도

보리숭늉 ▶▶▶ 겉보리겨죽 ♥ 전남
보리쉰다리 ▶▶▶ 쉰달이 ♥ 제주도
보리식혜 보리밥에 누룩을 섞고 여러 번 치댄 것을 엿기름물에 넣어 고루 섞어 50~60℃ 온도에서 하룻밤 삭힌 후 밥알

이 떠오르면 걸러 설탕을 넣고 끓인 것으로 식혀서 먹을 때 밥알을 띄워 낸다. 보리감주, 보리단술이라고도 한다. ♣ 충남

보리식혜

보리ㅈ베기 ▶▶▶ 보리수제비 ♣ 제주도

보리장떡부침 보릿가루, 달걀, 된장, 고추장, 물로 반죽하여 다진 풋고추·양파·당근·돼지고기를 넣고 고루 섞어 식용유를 두른 팬에 동글납작하게 지진 것이다. ♣ 충남

보리죽 물에 불린 보리를 성글게 갈아서 물을 넣고 뭉근하게 끓이다가 마지막에 부추를 넣어 만든 죽이다. 《증보산림경제》(맥죽 : 麥粥), 《조선요리제법》(맥죽), 《조선무쌍신식요리제법》(맥죽 : 麥粥)에 소개되어 있다. ♣ 충북

보리차 겉보리를 볶아서 식힌 다음 보리수염을 제거하고 깨끗하게 만들어 물을 붓고 끓여 마시는 차이다. ♣ 전남

보리콩죽 불린 쌀·동부·검은콩에 물을 부어 끓이다가 쌀알이 퍼지면 굵게 빻은 보리쌀가루와 갈아 놓은 콩국을 넣고 끓인 죽이다. ♣ 충남

보리퐁식초 보리퐁 열매에 막걸리를 부어 밀봉하여 발효시킨 것이다. ♣ 경남

보리퐁열매

보릿잎시루떡 시루에 팥고물을 깔고 그 위에 어린 보릿잎을 섞은 찹쌀가루를 켜켜이 안쳐 찐 떡이다. 《증보산림경제》(대맥병법 : 大麥餅法)에 소개되어 있다. ♣ 전남

보말국 ▶▶▶ 고둥국 ♣ 제주도

보말수제비 ▶▶▶ 고둥수제비 ♣ 제주도

보말죽 ▶▶▶ 고둥죽 ♣ 제주도

보성강하주 고두밥에 누룩을 섞어 발효시켜 밑술을 만들어, 찐 고두밥과 섞고 물을 부어 대추, 강활, 계피, 용안육, 생강을 망에 담아 넣고 20~25℃에서 하루 동안 발효시킨 다음 보리술과 소주를 넣고 밀봉하여 10~13℃의 낮은 온도에서 15~30일 정도 발효시켜 용수를 박아 여과한 술이다. '용안육'의 용안은 말그대로 용의 눈이란 뜻으로 열매가 동물의 눈처럼 생겼고 열매의 껍질에 해당하는 가종피가 두터워서 붙여진 이름이다. 질감이 연하면서 점착성이 있고 맛이 달며 독특한 향이 있어 술안주로도 사용하며 주로 약재로 이용된다. 1830년대부터 전남 보성군 회천면 율포 지역에서 전해져 온 지역 토속주로 부드러운 술맛과 약재의 향이 잘 어우러진 술이다. 보리술은 삶은 보리에 누룩을 넣고 일주일 정도 발효시킨 다음 소줏고리에 넣고 내린 술이다. ♣ 전남

보성강하주

보성양탕 염소고기를 삶은 국물에 토란대, 머윗대, 고춧가루, 된장을 넣고 끓여 소금 간한 다음 그릇에 삶아서 찢어놓은 염소고기를 담고 국물을 부은 것이다. ✿ 전남

보성양탕

보신탕 개고기를 푹 삶아 살은 수육으로 준비하고, 뼈를 푹 곤 육수에 삶은 배추시래기와 토란대를 양념(들깻가루, 쌀가루, 고춧가루, 국간장, 된장)하여 넣은 다음 끓이다가 부추, 대파, 다진 파·마늘·생강을 넣고 더 끓인 국이다. 수육을 곁들인다. 먹을 때 깻잎, 고추, 들깻가루를 넣는다. 《음식디미방》(견장), 《산림경제》(개고기곰), 《부인필지》(개고기국), 《조선무쌍신식요리제법》(지양탕 : 地羊湯)에 소개되어 있다. ✿ 경북

보쌈김치 절인 배춧잎에 채소와 해물을 넣고 싸서 담근 김치이다. 나박썰어 절인 무와 배추에 미나리, 갓, 쪽파, 배, 밤, 석이버섯, 표고버섯, 낙지, 전복, 대추, 잣 등의 부재료와 양념(고춧가루, 조기젓, 액젓, 다진 마늘·생강, 소금 등)을 버무려 소를 만든 다음 넓은 보시기에 절인 배춧잎을 2~3장 깔고 소를 넣어 오므려 싸서 항아리에 담아 조기젓 국을 부어 익힌다. 개성 지방의 향토음식으로 개성보쌈김치라고도 하며, 개성

배추가 길이가 길고 허리가 잘록하면서 잎이 넓어 보쌈김치에 적합하기 때문이다. ✿ 서울·경기

복국 복어와 콩나물, 무 등을 넣어 맑게 끓인 국이다. 물에 콩나물과 무, 복어를 넣어 끓이다가 대파, 미나리, 다진 마늘을 넣고 소금으로 간을 하여 더 끓여 먹기 전에 식초를 약간 넣는다. 1960년대 이전의 마산만은 청정해역으로 복어의 서식지였으며, 마산 어시장은 복어 집하장이어서 복요리가 개발되고 전수되어 전국의 유명음식으로 자리 잡게 되었다. 복어는 간장 해독작용이 뛰어나고 숙취 제거 및 알코올 중독예방에 효과가 있다. 복어 내장과 알에는 치명적인 독성이 있어 전문가가 다루어야 한다. 복어는 세계에서 한국과 일본에서만 식용하고 있다. ✿ 경남

복국

복껍질무침 데쳐 말린 복 껍질과 미나리, 실파, 당근, 유자, 무즙에 양념(고추장, 다진 파·마늘, 간장, 청주, 통깨, 다시마장국국물)을 넣어 무친 것이다. 복껍질을 살짝 데쳐서 말리지 않고 바로 이용하기도 하고, 오이, 양파를 넣기도 한다. ✿ 경남

복매운탕 냄비에 데친 배추와 무를 깔고 손질한 복어와 두부, 대파와 표고버

섯을 담은 후 고추장, 고춧가루, 다진 마늘·생강 등의 양념과 육수를 부어 끓인 것이다. 《조선무쌍신식요리제법》(복국, 하돈탕 : 河豚湯), 《부인필지》(복매운탕)에 소개되어 있다. ♨ 서울·경기

복분자술 복분자에 설탕과 소주를 부어 암냉소에 두어 숙성시킨 술이다. 복분자는 제주도 사투리로 탈이라고 하여 대개 6월에 열리며, 밭 경계선의 돌담 위에나 밭 모퉁이 바위 가운데로 줄기가 뻗어가며 열린다. 탈술이라고도 한다. ♨ 제주도

복수육 끓는 소금물에 익힌 복어와 삶은 콩나물, 데친 두릅과 미나리에 식초, 겨자, 초고추장(고추장, 식초, 설탕, 다진 마늘, 깨소금)을 곁들인 것이다. 모든 재료에 초고추장을 넣어 버무리기도 한다. ♨ 경남

복어고사리지짐 내장과 지느러미를 제거하고 잘 썰어 토막 낸 복어를 물에 담갔다가 삶은 고사리와 양념(다진 마늘·생강, 다진 파, 간장, 설탕, 고춧가루, 식용유, 물)을 넣어 조린 것이다. 복쟁이고사리지짐이라고도 한다. ♨ 제주도

복어구이 비늘을 긁고 머리, 지느러미, 내장, 등뼈를 제거한 복어살에 소금을 뿌리고 말린 후 석쇠에 구운 것이다. 복쟁이구이라고도 한다. ♨ 제주도

복어국 ▶▶▶ 복탕 ♨ 제주도

복쟁이고사리지짐 ▶▶▶ 복어고사리지짐 ♨ 제주도

복쟁이구이 ▶▶▶ 복어구이 ♨ 제주도

복쟁이국 ▶▶▶ 복탕 ♨ 제주도

복추어탕 미꾸라지에 소금을 뿌려 점액을 제거하고 끓는 물에 삶아 곱게 간 후 냄비에 미꾸라지 간 것과 감자, 부추, 대파, 표고버섯, 삭힌 고추와 고추장, 들깨, 다진 마늘을 넣고 끓인 후 산초가루

와 다진 고추를 곁들인 것이다. 복추어탕은 치악산의 맑은 계곡의 흐르는 물에서 잡은 미꾸라지를 얼큰하게 푹 끓여 여름 복날 음식으로 즐기던 보양식이다. ♨ 강원도

복추어탕

복탕 된장을 푼 물에 토막 낸 복어를 넣고 끓여 익으면 어슷하게 썬 대파, 고춧가루, 들깻가루, 다진 마늘, 참기름, 소금으로 양념하고 미나리와 느타리버섯을 넣고 한소끔 더 끓인 것이다. 서울·경기에서는 깻국에 복어를 넣어 끓인다. 불린 참깨의 껍질을 벗긴 후 볶아서 양지머리육수를 부어가며 곱게 갈아 체에 밭친 깻국을 끓이다가 소금 간을 하고 손질한 복어를 넣어 끓인 후 전분에 묻혀 데쳐낸 오이, 붉은 고추, 국화잎, 표고버섯과 황백지단, 쇠고기 완자를 올린다. 제주도에서는 복어를 끓는 물에 넣고 끓이다가 햇고사리, 콩나물, 무를 넣고 끓인 다음 쑥갓, 미나리, 생미역을 넣어 양념(고추장, 된장, 식초, 설탕, 다진 파·마늘·생강, 깨소금)한다. 복어국, 복쟁이국이라고도 한다. ♨ 서울·경기, 전남

복튀김 양념(간장, 다진 마늘, 참기름, 소금, 후춧가루)한 복어에 달걀, 밀가루, 전분, 소금, 물로 반죽한 튀김옷을 입혀 식용유에 튀긴 것이다. ♨ 경남

볶아장 ▶▶ 볶애장 ✿ 전북

볶애장 볶아서 껍질을 벗긴 콩에 물을 붓고 푹 무르도록 삶아 채반에 건져 물을 뺀 것에 짚을 말아서 군데군데 꽂아 더운방에서 3~4일간 띄운 다음 무, 풋고추, 다진 마늘·생강을 넣고 콩 삶은 물을 부어 소금 간한 뒤 끓여 식혀서 시원하게 먹는 냉국이다. ✿ 전북

볶애장

볶음죽 불린 쌀에 각각 볶아서 간 보릿가루, 콩가루, 땅콩가루, 물을 넣고 끓여 소금 간을 한 죽이다. ✿ 경북

본속범벅 ▶▶ 쑥범벅 ✿ 제주도

본편 불려서 빻아 체에 내린 멥쌀가루와 삶아서 찧어 체에 내린 콩고물을 켜켜이 안쳐 찐 떡이다. ✿ 경북

볼락구이 소금을 뿌려 말린 볼락을 석쇠에 구운 것이다. 볼락은 바닷물고기로 몸의 길이는 20~30cm이고 방추 모양이며, 경남과 전남에서는 뽈라구, 경북에서는 꺽저구, 강원도에서는 열갱이, 함경남도에서는 구럭으로 불린다. 깊은 바다보다 연안의 얕은 바다에서 잡히는 것이 맛이 더 좋으며, 크기가 작은 것이 맛이 좋다. 10~12cm 정도의 작은 것은 통째로 회로 먹으며, 손바닥 크기의 중간 크

볼락

기는 뼈째로 썰어서 회로 먹거나, 소금구이로 먹고, 큰 것은 구이나 매운탕으로 이용한다. ✿ 제주도

볼락구이

볼락무김치 소금에 절인 무와 볼락을 썰어 물기를 빼고 양념(갈치젓, 찹쌀풀, 소금, 고춧가루, 다진 마늘·생강, 통깨)을 넣고 버무려 담근 김치이다. ✿ 경남

볼락무김치

볼락어젓 소금물에 씻어 물기를 뺀 3~5cm의 볼락어에 소금을 켜켜로 얹고 맨위에 소금을 얹어 숙성시킨 것이다. 보름 정도 후에 젓국물을 따라내어 끓여 식혀 다시 붓기를 3회 반복한 다음 밀봉하여 익힌다. ✿ 경남

볼락젓갈 ▶▶ 볼락어젓 ✿ 경남

볼락조림 불린 콩, 팽(폭), 볼락을 양념장(간장, 물, 다진 마늘, 설탕, 고춧가루)에 조린 것이다. 볼락지짐이라고도 한

다. 팽은 제주도에서 폭이라고도 부르는 팽나무 열매로, 크기는 굵은 팥알만 하며 익으면 붉은빛을 띠고 맛이 달콤하다. 익지 않은 푸른 것은 팽총의 탄알로 쓴다. ❦ 제주도

볼락조림

봄동김치 절인 봄동을 굴, 미나리, 실파와 함께 양념(고춧가루, 설탕물, 멸치젓, 다진 마늘·생강)으로 버무려 담근 김치이다. 이른 봄에 봄동이 연할 때 김치를 담그면 독특한 맛을 즐길 수 있다. ❦ 제주도

봉산꽁치젓갈 ▶▶▶ 꽁치젓갈 ❦ 경북

봉수탕 뜨거운 물에 불려 속껍질을 벗긴 호두를 곱게 다져 고깔을 뗀 잣과 함께 꿀에 재워두었다가 끓는 물에 타서 마시는 음료이다. 《산림경제》에 '봉수탕은 독이 없고 먹으면 머리털이 검어지고 강장의 효과가 있다'고 기록되어 있

봉수탕

다. 《산림경제》(봉수탕 : 鳳髓湯), 《증보산림경제》(봉수탕법 : 鳳髓湯法)에 소개되어 있다. ❦ 충북

봉우리떡 ▶▶▶ 두텁떡 ❦ 서울·경기

봉채떡 ▶▶▶ 봉치떡 ❦ 강원도

봉치떡 면포를 깐 시루에 팥고물을 얹고 그 위에 찹쌀가루를 올려서 두 켜로 만든 후 맨 위에 대추와 밤을 동그랗게 돌려 얹어 찐 것이다. 봉채떡이라고도 한다. 봉치떡은 신부집에서 함을 받기 위해서 만드는 떡으로 그 날 다 나눠 먹어야 하나 집 밖으로 내보내지 않았다고 한다. ❦ 강원도

봉치떡

부꾸미 찹쌀가루를 익반죽하여 동글납작하게 빚어서 식용유를 두른 팬에 지지다가 팥소를 넣고 접어서 반달 모양으로 지진 것이다. 수숫가루를 반죽하여 만들면 수수부꾸미가 된다. 《조선무쌍신식요리제법》(부꾀미)에 소개되어 있다.

부산아귀찜 생아귀에 해물, 콩나물을 넣고 고춧가루로 양념하여 찐 것이다. 삶아 으깬 아귀간, 잘게 다진 새우살과 홍합을 섞어 만든 해물조미료 1/2분량에 육수를 붓고 끓이다가 아귀살, 내장, 미더덕, 콩나물을 넣어 익힌 다음 미나리, 대파, 다진 마늘, 후춧가루, 설탕, 나머지 해물조미료, 고춧가루를 넣고 잘

섞어 간장, 소금으로 간을 한 다음 감자 전분을 넣고 뜸을 들여 참기름, 깨소금, 들깻가루를 뿌린다. 생아귀찜, 아구찜, 해물생아귀찜이라고도 한다. 마산의 아귀찜이 건아귀찜이라면 부산은 생아귀를 이용한 해물생아귀찜, 찹쌀아귀찜이 유명하다. 1970년대부터 부산에서는 신선한 생아귀에 다양한 해물을 첨가하여 만든 해물생아귀찜이 알려지게 되었다. ♨ 경남

부산아귀찜

부산잡채 삶아 양념(간장, 설탕, 참기름)하여 볶은 당면, 채 썰어 볶은 양파와 풋고추, 찐 문어, 각각 데친 대합과 전복, 홍합을 섞어 양념(간장, 깨소금, 참기름, 설탕, 후춧가루)으로 무친 것이다. 해물잡채라고도 한다. ♨ 경남

부산잡채

부의주 누룩에 물을 섞어 항아리에 넣고 하루 정도 두었다가 식힌 찹쌀밥을 넣고 섞은 후 발효되어 밥알이 떠오르면 압착기로 짜내어 걸러낸 술이다. 향긋한 누룩 냄새가 나며 녹차를 우려낸 듯한 빛깔이다. 알코올 도수는 11°로 약간 달콤한 맛이 나며 영양가가 높고 소화 기능을 촉진한다. 술이 익으면 밥알이 위로 동동 뜨는데, 이 모양이 개미와 비슷하다 하여 고려시대 이후부터 부의주라는 이름이 붙었다. 1995년 권오수 옹이 인간문화재(도내 무형문화재 2호)로 지정되면서부터 한국민속촌 내에서 제조 활동을 해왔다. 원래 부의주는 가양주로서 집안의 길일이나 제주(祭酒)로서 사용되어 왔으며 권오수 옹이 그의 조모로부터 비법을 이어받아 업으로 삼은 후부터 가업으로 이어져 제조되고 있다. 동동주, 민속촌동동주라고도 한다. 《산가요록》(부의주), 《지봉유설》(부의주 : 浮蟻酒), 《음식디미방》(부의주), 《산림경제》(부의주 : 浮蟻酒), 《조선무쌍신식요리제법》(부의주 : 浮蟻酒)에 소개되어 있다. ♨ 서울·경기

부의주

부적 풋고추와 가지를 꼬치에 번갈아 꿰어 국간장으로 간을 한 밀가루 반죽을 묻혀 찐 다음 석쇠에 구운 것이다. 반죽에 소금, 고추장으로 간을 하기도 한다. 가지고추부적이라고도 한다. ♨ 경북

부지깽이나물 ▶▶▶ 쑥부쟁이나물 ♨ 경북

부지깽이부각 ▶▶▶ 쑥부쟁이나물 ✿ 경북

부추김치 멸치젓국에 절인 부추를 고춧가루, 다진 파·마늘·생강으로 버무려 담은 것이다. 부추를 소금에 오래 절이면 질겨지므로 멸치젓국에 절인다. 설탕을 넣기도 한다. 경북에서는 정구지김치, 전구지김치라고도 하며 제주도에서는 쉐우리짐치, 새우리김치라고도 한다. ✿ 전국적으로 먹으나 특히 경상도, 제주도에서 즐겨 먹음

부추김치

부추냉국 데친 부추에 된장, 다진 마늘, 통깨를 넣고 무친 후 식힌 멸치장국국물을 부어 만든 냉국이다. ✿ 경남

부추무침 부추를 5cm 길이로 썰어 고춧가루, 다진 파·마늘, 멸치액젓 등의 양념으로 무친 것이다.

부추무침

부추버무리 ▶▶▶ 부추콩가루찜 ✿ 경북

부추장떡 밀가루와 쌀가루에 물과 된장을 넣고 반죽하여 부추와 방아잎을 넣고 잘 섞어 둥글납작하게 만들어 찐 것이다. 식용유에 지지기도 한다. 찐 것을 바로 먹기도 하고 꾸들꾸들하게 말려 먹기도 한다. ✿ 경남

부추전 부추와 채 썬 당근, 어슷하게 썬 풋고추에 밀가루 반죽을 섞어 식용유를 두른 팬에 둥글납작하게 지진 것이다. 초간장을 곁들여 낸다. 경남에서는 부추, 방아잎, 풋고추, 붉은 고추에 밀가루 반죽(밀가루, 치자물, 소금)을 잘 섞어 들기름에 둥글납작하게 지지며 국간장으로 간을 하기도 하고, 홍합, 조개, 오징어, 새우 등의 해물과 달걀을 넣기도 한다. 전라도에서는 솔전, 경남에서는 정구지전, 전구지전이라고도 한다. ✿ 전국적으로 먹으나 특히 전라도, 경남에서 즐겨 먹음

부추전

부추찜 ▶▶▶ 부추콩가루찜 ✿ 경북

부추콩가루찜 부추에 소금 간을 한 생콩가루를 묻혀 찐 것이다. 콩가루 대신 밀가루를 묻혀 찌기도 한다. 정구지찜, 부추버무리찜이라고도 한다. ✿ 경북

부편 찹쌀가루를 익반죽하여 조금씩 떼어 콩가루, 계핏가루, 소금, 물을 섞어 만든 소를 넣고 4cm 크기로 동그랗게 빚어 3~4등분 한 대추 두쪽을 박아 쪄서 팥고물을 묻힌 떡이다. 경남에서는

녹두고물과 계핏가루를 섞어 소를 만들고 곳감, 밤, 대추를 고명으로 이용하기도 한다. 부편은 이름 자체가 의미하는 것처럼 각색편의 웃기떡으로 쓰던 떡이다. 만드는 과정도 복잡하고 손이 많이 가지만 재료마다의 고유한 맛이 어우러지는 고급떡에 속하며 경남 밀양을 비롯한 경상도 지방에서 즐겨 먹는 떡이다. ꕷ 경상도

북어껍질불고기

부편

북부기전 ▶▶▶ 돼지허파전 ꕷ 제주도

북어간납구이 북어를 두들겨 뼈를 발라내고 잘게 찢은 껍질과 살을 볶은 것과 다진 쇠고기, 양념(간장, 다진 파·마늘, 참기름, 후춧가루)을 넣고 완자를 빚은 다음 밀가루를 묻혀 식용유를 두른 팬에 지진 것이다. 북어갈납구이라고도 한다. ꕷ 경북

북어갈납구이 ▶▶▶ 북어간납구이 ꕷ 경북

북어구이 불린 북어를 간장 양념(간장, 설탕, 다진 파·마늘, 생강, 참기름)하여 석쇠나 철판에 구운 것이다. 《조선요리제법》(북어구이)에 소개되어 있다. ꕷ 서울·경기

북어구이 ▶▶▶ 명태구이 ꕷ 경북

북어껍질불고기 북어 껍질을 데쳐 양념(고춧가루, 간장, 물엿, 고추장, 다진 마늘, 참기름, 통깨)하여 석쇠에 구운 것이다. ꕷ 경북

북어껍질탕 ▶▶▶ 어글탕 ꕷ 서울·경기

북어된장탕 고추장아찌용 된장에 북어 육수를 넣어 끓인 탕이다. 풋고추를 걷어낸 된장에 전분과 물을 넣고 섞어 되직하게 조린 후 풋고추를 통째로 넣고 북어머리를 우려낸 국물을 부어 끓인 후 대파와 두부, 고춧가루를 넣어 끓인다. 겨울에는 두부 대신 호박고지를 이용하기도 한다. ꕷ 서울·경기

북어무침 ▶▶▶ 북어보푸라기 ꕷ 서울·경기

북어미역국 참기름에 불린 북어를 볶다가 쌀뜨물을 붓고 푹 끓여 뽀얀 국물이 나오면 불린 미역을 넣고 끓이다가 국간장으로 간을 한 국이다. ꕷ 경북

북어보푸라기 북어(황태)를 수저로 긁거나 강판에 갈아 부풀려서 양념한 것이다. 3등분 하여 간장 양념(간장, 참기름, 실탕, 깨소금), 소금 양념(소금, 참기름, 설탕, 깨소금), 고춧가루 양념(고춧가루,

북어보푸라기

참기름, 설탕, 깨소금)으로 각각 버무린 것이다. 삼색보푸라기라고도 하며 서울·경기에서는 북어무침이라고도 한다. 《시의전서》(북어무침)에 소개되어 있다.

북어식해 두들겨서 소금에 절여 물기를 뺀 북어에, 소금에 절여 고춧가루에 버무린 무, 고슬하게 지은 조밥, 다진 파·마늘·생강, 소금을 넣어 고루 섞으면서 엿기름물을 넣고 잘 버무려 삭힌 것이다. 강원도에서는 북어포식해, 경남에서는 마른생선식해라고도 한다. ♥ 강원도, 경남

북어장떡 부드럽게 두드려 자른 북어에 밀가루 반죽(밀가루, 국간장, 고춧가루, 물)을 발라 석쇠에 구운 것이다. ♥ 경남

북어조림 불린 북어를 토막 내어 간장 양념(산상, 고춧가루, 설탕, 파채, 마늘채, 생강채, 통깨, 물)을 넣고 간이 고루 배도록 조린 것이다.

북어찜 불린 북어포에 간장 양념을 끼얹어 물을 부어 끓인 것이다. 마지막에 실파와 실고추를 얹어 끓인다. 방법 1 : 북어를 물에 불려서 토막 내어 양념장(간장, 고춧가루, 설탕, 다진 파·마늘, 깨소금, 청주)을 끼얹어 물을 넣고 양념이 자작할 때까지 익힌다(서울·경기). 방법 2 : 데친 다시마, 물에 적신 북어,

북어찜

쇠고기를 양념장(간장, 물엿, 다진 마늘, 참기름, 물)에 재웠다가 찐 다음 통깨와 실고추를 고명으로 올린다(경북). 방법 3 : 북어를 국간장으로 간을 한 밀가루 반죽에 묻혀 황백지단채, 석이버섯채, 대파채를 고명으로 올려 찐다(경북). 경북에서는 마른명태찜이라고도 한다.

북어포식해 ▶▶▶ 북어식해 ♥ 강원도

북엇국 찢어 불린 북어포와 나박썰기 한 무를 참기름에 볶다가 물을 부어 끓으면 두부를 넣고 한소끔 끓인다. 여기에 달걀을 풀어 넣어 대파, 다진 마늘, 후춧가루, 소금, 국간장으로 간을 한 것이다. 쌀뜨물을 부어 끓이기도 한다. 《조선무쌍신식요리제법》(명태국, 北魚湯, 明太湯)에 소개되어 있다.

북엇국

분원붕어찜 냄비에 감자와 무를 깔고 손질한 붕어를 올려 붕어가 잠길 정도로 물을 부은 후 콩나물과 우거지를 올리고 고추장, 고춧가루, 간장, 다진 마늘·인삼·생강·양파를 넣고 끓이다가 깻잎, 풋고추, 쑥갓, 대추, 민물새우와 수제비 반죽을 떼어 넣고 끓인 것이다. 팔당댐에서 잡은 붕어를 사용하여 인삼을 다져 양념장에 섞어 붕어의 비린 맛을 제거해 주며 우거지, 수제비 등을 넣어 별미로

만들어 왔다. 한수 이북을 걸쳐 내려오는 모래이강의 마을 주민들이 주로 해먹던 음식으로, 조선왕실 도자기 생산 지역의 도공들이 가마의 숯불에 즐겨 해먹던 음식이다. ❧ 서울·경기

불술 쌀과 엿기름, 누룩, 물을 원료로 하여 빚은 강원도 삼척 지방의 토속주로 진황색의 약간 붉은빛을 띠고 달콤한 맛이 나며, 알코올 도수는 18~19°이다. ❧ 강원도

분원붕어찜

불술

불거지떡 ▶▶▶ 불거지묵 ❧ 충남
불거지묵 손질한 불거지를 물에 넣고 푹 삶아 퍼지면 그릇에 넣고 주걱으로 으깨어 네모난 틀에 굳힌 다음 먹기 좋은 크기로 썰어서 양념장을 곁들인 것이다. 옛날 먹을 것이 귀할 때 밥 대신 허기를 달래기 위해서 먹었던 것이 지금은 별미가 되었다. 불거지떡이라고도 한다. 불거지는 해초의 일종이다. ❧ 충남
불당리백숙 냄비에 손질한 영계, 감자와 당근, 수삼과 마늘, 대추를 넣어 물을 붓고 푹 끓여 소금, 후춧가루로 간한 것이다. ❧ 서울·경기

붕어강정 비늘과 내장을 제거한 참붕어를 식용유에 두 번 튀겨낸 다음 잘게 다진 마른 고추에 고추장, 고춧가루, 물엿, 다진 파·마늘 등을 섞어 만든 강정 양념으로 무친 것이다. 참붕어는 잉어과에 속하는 민물고기로 단백질이 풍부하며 예로부터 위를 튼튼하게 하고 몸을 보하는 식품으로 전해진다. ❧ 충남
붕어단지곰 붕어와 참기름, 물을 넣고 푹 고아서 걸러 낸 국물이다. ❧ 경남

붕어단지곰

불당리백숙

붕어조림 붕어에 양념장을 끼얹어 조린 것이다. 방법 1 : 솥에 검은콩을 깔고 손

질한 붕어를 올린 후 식초를 뿌리고 3분 정도 두었다가 물을 붓고 중불에서 끓여 둔 후 깻잎, 쑥갓, 미나리, 우거지, 풋고추, 대파를 냄비에 깔고 끓인 붕어를 넣어 양념장(간장, 고추장, 고춧가루, 청주, 물엿, 다진 파·마늘 등)으로 조린다(충남). 방법 2 : 도톰하게 썬 무에 다진 마늘·생강을 바르고 그 위에 붕어를 올려 다시 다진 마늘·생강을 얹은 후 고추장, 식초를 섞은 물을 붓고 눌지 않을 정도로 조린다(전남). 전라도에서는 큰 붕어의 배 속에 쇠고기 등으로 만든 소를 넣기도 하고 참붕어는 시래기나 무를 넣고 지져 먹는다. 《조선요리제법》(붕어조림), 《조선무쌍신식요리제법》(붕어조림)에 소개되어 있다. ♨ 충남, 전남

붕어찜 붕어에 채소와 양념장을 넣고 끓인 찜이다. 삶아서 양념한 시래기나 무, 감자에 손질한 붕어를 올리고 물을 부어 끓이다가 양념장(간장, 고추장, 고춧가루, 다진 마늘·생강, 청주, 후춧가루 등)을 끼얹어 가면서 끓인다. 충북에서는 검은콩과 표고버섯을 추가로 넣고 엄나무와 황기를 끓인 국물을 사용하며, 밤채, 대추채를 고명으로 얹는다. 충남에서는 인삼, 콩나물, 흰콩 등을 추가로 넣고 사골육수를 부어 끓이며, 양념으로 들깻가루를 넣기도 한다. 전남에서는 붕어 속에 채 썰어 고추장 양념으로 버무린 오징어·돼지고기를 채워 멸치장국 국물을 자작하게 붓고 찌며, 경남에서는 생콩가루를 넣기도 한다. 생선의 뼈를 연하게 하기 위해 식초, 청주, 소주를 섞어 손질한 붕어를 5~10분 정도 담가 놓았다가 조리한다. 《식료찬요》(붕어찜), 《수운잡방》(붕어찜), 《음식디미방》(붕어찜), 《주방문》(붕어찜), 《규합총

서》(붕어찜), 《시의전서》(붕어찜 : 鮒魚), 《부인필지》(붕어찜), 《조선요리제법》(붕어찜), 《조선무쌍신식요리제법》(붕어찜 : 魚卽, 魚蒸)에 소개되어 있다. ♨ 충청도, 전라도, 경남

붕어찜

붕어포 붕어를 소금에 절였다가 쪄서 말린 것이다. ♨ 경북

붕장어구이 깨끗이 손질한 붕장어를 석쇠에 올려 소금을 뿌려가며 구운 것이다. ♨ 충남

붕장어국 붕장어에 쌀뜨물, 된장, 고추장, 채소를 넣어 끓인 국이다. 장어와 다진 마늘을 참기름에 볶아 익힌 다음 고춧가루를 넣어 볶다가 된장, 고추장을 푼 쌀뜨물을 넣고 끓인 다음 데친 숙주, 부추, 삶은 고사리와 토란대, 대파, 방아잎을 넣고 끓인 뒤 다진 양념(다진 풋고추·붉은 고추·파·마늘)을 곁들인다.

붕장어국

바다장어추어탕이라고도 한다. ▼경남

비늘김치 무에 비늘 모양으로 칼집을 넣어 사이에 소를 채운 김치이다. 다진 새우젓과 고춧가루를 채 썬 무, 미나리, 갓, 다진 마늘·생강과 함께 골고루 버무려 소금 간하여 무의 비늘 사이를 채운 후 배춧잎으로 싸서 배추김치 사이에 켜켜이 넣어 익힌다. 양념에 찹쌀풀을 넣기도 한다. ▼서울·경기

비늘김치

비름나물 살짝 데친 비름을 기호에 따라 간장 양념(간장, 참기름, 다진 마늘, 깨소금), 된장 양념(된장, 고춧가루, 참기름, 다진 마늘), 고추장 양념(고추장, 식초, 참기름, 다진 마늘, 깨소금, 설탕)으로 무친 것이다. 비름은 현채·비듬나물·새비름이라고도 하며, 길가나 밭에서 자란다. 어린순을 나물로 이용하며 뿌리는 한약재로 쓴다. ▼경북

비름나물

비빔국수 삶은 국수에 채 썰어 볶은 당근·양파, 채 썬 오이, 양념 고추장을 넣고 고루 무쳐 그릇에 담고 황백지단채와 볶은 애호박채를 고명으로 얹은 것이다. 경북에서는 삶은 국수를 간장 양념으로 무친 다음 양념하여 볶은 쇠고기·고사리·도라지·애호박, 양념(참기름, 소금)한 청포묵을 넣어 버무린 다음 튀긴 다시마, 황백지단을 올린다. 《시의전서》(골동면 : 骨董麵), 《조선요리제법》(국수비빔), 《조선무쌍신식요리제법》(국수부빔)에 소개되어 있다.

비빔냉면 찬물에 헹군 삶은 냉면 위에 양념한 오이·무, 배, 쇠고기편육, 삶은 달걀과 고춧가루, 식초, 설탕, 참기름, 다진 파·마늘·생강 등으로 만든 양념장을 얹어 낸 것이다. 편육은 쇠고기나 돼지고기를 삶아 눌러서 물기를 빼고 얇게 저며서 썬 것이다. 다져서 양념해 볶은 고기를 얹기도 한다.

비빔떡 멥쌀가루에 소금, 설탕, 물을 넣고 익반죽하여 반달 모양으로 빚은 다음 끓는 물에 삶아 건져 콩고물, 팥고물을 묻힌 떡이다. ▼경남

비빔떡

비빔면 ▶▶ 골동면 ▼서울·경기

비빔밥 고슬고슬하게 지은 밥 위에 갖가지 채소와 고기를 올려 비벼먹는 밥이다. 콩나물과 시금치는 데쳐서 무치고,

각각 채 썬 당근, 표고버섯, 도라지, 쇠고기 등의 재료를 양념하여 볶아낸 후 밥 위에 준비한 나물과 쇠고기를 돌려 담고 황백지단채와 다시마튀각을 고명으로 얹어 양념고추장을 곁들인 것이다. 최근에는 황백지단 대신에 부친 달걀을 얹어 먹는다. 《조선무쌍신식요리제법》(골동반 : 骨董飯), 《시의전서》(泲董飯), 《조선요리제법》(비빔밥)에 소개되어 있다.

비빔밥

비웃구이 ▶▶▶ 청어구이 ☙ 서울·경기
비웃젓 ▶▶▶ 청어젓 ☙ 서울·경기
비자강정 물엿을 녹여서 한 번 끓으면 겉껍질과 속껍질을 깐 비자열매를 넣었다가 건져서 참깨와 검은깨를 각각 묻힌 것이다. 비자나무의 열매를 비자라 하며, 남부 지방에서 볼 수 있다. 피를 맑게 해주는 약재

비자

로 알려져 있으며 구충제로도 사용했다.
☙ 전남
비지국 냄비에 물을 붓고 비지를 푼 다음 배추김치를 넣고 끓이다가 조갯살, 두부, 어슷하게 썬 대파, 다진 마늘, 고춧가루를 넣고 한소끔 끓인 국이다. 비지는 면포를 깐 바구니에 담아 따뜻한 곳에서 2일 정도 띄운 것을 사용한다. 경남에서는 불린 콩, 간 돼지고기, 데친 배춧잎에 물을 붓고 푹 끓여 소금으로 간을 하며 콩을 갈아서 이용하기도 한다. 경남에서는 콩갱이라고도 한다. ☙ 충남, 경남
비지밥 ▶▶▶ 콩탕밥 ☙ 강원도
비지밥 쌀로 밥을 짓다가 뜸 들일 때 비지를 넣고 지은 밥이다. ☙ 충북

비지밥

비지장 발효시킨 비지를 볶아 다진 마늘·파를 넣어 소금으로 간을 한 것이

비자강정

비지장

다. ♣경남

비지전 콩비지와 찹쌀가루에 물과 소금을 넣고 반죽하여 만든 완자를 식용유에 지진 다음 다진 석이버섯과 잣을 고명으로 얹은 것이다. ♣경북

비지죽 콩비지와 불린 쌀(또는 보리)에 물을 넣고 걸쭉하게 끓여 소금으로 간한 죽이다. ♣충북, 전남

비지찌개 ▶▶▶ 콩비지찌개 ♣경북

빈대떡 불려 간 녹두를 데친 숙주와 고사리, 양념한 돼지고기·김치를 넣고 섞어 식용유를 두른 팬에 어슷하게 썬 붉은 고추를 올려 둥글납작하게 지진 것이다.

뺀 무에 쪽파, 참기름, 소금, 깨소금으로 양념하여 만든 소를 넣고 김밥처럼 돌돌 말아서 만든다. 경북에서는 쌀가루에 소금을 넣고 반죽하여 지름 10cm의 전병을 부친 다음 삶아 으깨어 설탕을 넣고 볶아 만든 팥소를 넣고 말아서 식용유에 지진다. 경북에서는 멍석떡, 제주도에서는 멍석떡, 쟁기떡, 전기떡이라고도 한다. 옛날 제주도의 여인네들이 제사집에 갈 때 제물로 이 빙떡을 한 소쿠리씩 지져서 가지고 갔다고 한다. 무채 대신에 팥을 쪄서 소로 넣기도 한다. ♣경북, 제주도

빈대떡

빙떡

빈사 일주일가량 삭힌 찹쌀을 곱게 빻아 물을 넣고 반죽하여 찐 다음 꽈리가 일도록 쳐서 빈대기를 지어 잘라서 누에고치 모양으로 만들어 말린 후 100℃ 식용유에서 한 번, 150~160℃에서 한 번 더 튀겨 기름을 빼고 물엿을 발라 쌀튀밥가루, 검은깨를 묻힌 것이다. 유과라고도 한다. 《조선요리》(유과)에 소개되어 있다. ♣경남

빙떡 메밀가루 전병에 채 썰어 데쳐낸 무소를 넣고 말아서 만드는 제주도의 향토떡이다. 미지근한 물과 소금을 넣고 반죽한 메밀가루 반죽을 둥글납작하게 지진 다음 굵게 채 썰어 푹 삶아 물기를

빙사과 찹쌀가루와 콩가루를 소주와 물로 반죽하여 얇게 밀어 팥알만하게 썰어서 말린 후 낮은 온도에서 색이 나지 않게 튀겨 즙청액과 3 : 1 정도 비율로 버무린 후 강정 틀에 쏟아서 굳혀 썰어낸 것이다. 여름철보다는 겨울철에 많이 만들어 차례상과 연회상, 다과상에 오르던 음식이다. 《산가요록》(빙사과), 《음식디미방》(빙사과), 《시의전서》(빈사과), 《조선요리제법》(빙사과), 《조선무쌍신식요리제법》(빙사과 : 氷沙菓)에 소개되어 있다. ♣서울·경기

빙어조림 ▶▶▶ 도리뱅뱅이 ♣충남

빙어튀김 깨끗이 손질하여 물기를 제거

한 빙어에 튀김옷(전분, 밀가루, 달걀, 소금, 물)을 입혀 식용유에 튀긴 것이다. 경남에서는 빙어를 꾸덕꾸덕하게 말려서 만든다. 충청도에서는 저수지와 강가 지역에서 민물생선을 이용한 음식이 다양하게 발달했으며 그 중 빙어, 피라미, 모래무지 등 작은 생선은 튀김으로 이용한다. ❤ 충북, 경남

빙어회 빙어를 씻어 손질하여 초고추장과 곁들인 것이다. ❤ 서울·경기

빠람죽 쌀에 물을 부어 죽을 쑤다가 통보리를 볶아 곱게 가루로 만든 통보릿가루를 물에 풀어 넣고 끓인 죽이다. ❤ 충북

빼뿌쟁이무침 ▶▶ 질경이나물 ❤ 경남

빼뿌쟁이장아찌 ▶▶ 질경이장아찌 ❤ 전북

뼈다귀감자탕 ▶▶ 감자탕

뼈해장국 쇠고기와 소뼈를 푹 끓여 걸러낸 육수를 끓이다가 양념(고춧가루, 된장, 국간장, 참기름, 깨소금, 후춧가루)에 무친 삶은 쇠고기·우거지·콩나물과 데친 선지, 대파를 넣고 국간장, 후춧가루로 간을 하여 더 끓인 국이다. 해장국이라고도 한다. ❤ 경북

뽕나무술 멥쌀과 뽕나무 가지를 같이 넣고 고두밥을 지어 식힌 다음 누룩을 고루 섞어 항아리에 넣고 물과 효모, 감초를 넣어 따뜻한 곳에서 15~20일간 숙성시킨 뒤 용수를 박아 윗부분의 맑은 술을 떠서 다시 항아리에 보관하여 먹는 술이다. 상지술이라고도 한다. 용수는 다 익은 술독 안에 박아 넣어서 맑은 술을 얻는 데 사용하는 도구이다. 주로 가늘게 쪼갠 대나무나 싸리나무, 버드나무 가지나 칡덩굴의 속대, 짚 등으로 촘촘하게 엮어서 둥글고 깊은 원통형 바구니 모양으로 걸어 만든다. ❤ 충북

뽕나무술

뽕나물죽 된장과 고추장을 푼 물에 보리새우를 넣고 끓인 토장국에 뽕잎, 대파, 다진 마늘을 넣고 끓여 국간장과 소금 간을 하여 불린 쌀을 넣고 푹 끓인 죽이다. ❤ 경북

뽕나물죽

뽕잎차수과 ▶▶ 매작과 ❤ 경북

삘기송편 찧어 놓은 삘기와 불린 멥쌀을 섞어 가루로 빻아 뜨거운 물로 익반죽한 다음 참깨소(참깨, 설탕, 소금, 물)를 넣고 송편을 빚어 찐 떡이다. 삘기송편은 차지고 쫄깃하며 달짝지근한 맛이 난다. 삘기는 띠의 어린 새순으로 삐삐라고도 불리며, 새순을 뽑아 흰 부분을 씹으면 단맛이 나서 옛날 어린이들의 간식거리로 이용되었다. ❤ 전북

사골우거지국 사골국물에 쇠고기(양지머리)를 넣고 푹 끓인 후 고기를 건져 얄팍하게 썰어놓고, 육수에 된장을 풀고 된장으로 양념한 우거지와 콩나물, 고기, 다진 마늘, 대파, 고춧가루를 넣고 끓인 것이다.

사슬적 흰살생선을 막대 모양으로 썰어 양념하여 꼬치에 꿴 다음 다진 쇠고기와 으깬 두부를 섞어 양념한 것을 생선 뒷면에 붙여 식용유를 두른 팬에 지진 것이다. 생선과 쇠고기 다진 것을 번갈아 꿰어 만들기도 한다. 잣가루를 뿌리고 초장을 곁들인다.《조선요리제법》(사슬적),《조선무쌍신식요리제법》(사슬산적)에 소개되어 있다. ꙮ 서울·경기

사슴곰탕 사슴뼈와 사태에 인삼, 천궁, 황기, 녹용 등 한약재를 넣어 물을 붓고 여덟 시간 이상 푹 끓이다가 은행, 대추, 밤을 넣고 끓인 후 삶아 놓은 국수를 넣고 소금으로 간을 맞춘 다음 다진 파·마늘을 넣고 한소끔 끓인 것이다.《산림경제》(사슴고기국)에 소개되어 있다. ꙮ 충남

사연지 소금에 절여 물기를 뺀 배추를 양념(새우 삶은 물, 실고추, 멸치액젓, 다진 마늘·생강, 통깨, 후춧가루)으로 버무린 다음 각각 채 썬 무, 밤, 석이버섯, 마늘, 생강과 미나리, 청각, 양념한 새우, 실고추를 섞어 만든 김치속을 배춧잎 사이사이에 넣고, 납작하게 썰어 양념(멸치액젓, 다진 마늘·생강, 실고추, 통깨)한 무를 같이 넣어 담근 김치이다. 경북 안동의 향토음식이며 제사음식으로 쓰인다. 설까지 먹을 수 있는 김치로 실고추와 해산물로 맛을 내고 연분홍의 김칫국물과 시원한 맛이 특징이다. 다양한 김치속을 배춧잎에 싸서 넣은 것에서 유래되었다고 추측하며, 조기, 낙지, 전복, 굴을 넣기도 한다. ꙮ 경북

사연지

사찰국수 멸치장국국물에 녹차가루와 밀가루로 만든 칼국수를 넣고 끓으면 애호박, 표고버섯을 넣고 끓여 국간장, 소금으로 간을 한 것이다. 메밀국수를 이용하기도 하고, 밀가루에 생콩가루, 들

217

깻가루를 넣어 반죽하기도 한다. 사찰에서는 표고버섯과 다시마를 이용하여 장국국물을 내고 남은 표고버섯, 다시마는 고명으로 이용한다. 녹차칼국수라고도 한다. ☙경남

사태찜 사태를 삶아 무와 밤, 표고버섯을 섞어 간장, 설탕, 다진 파·마늘, 참기름, 후춧가루 등의 양념을 넣고 육수를 부어 익힌 후 붉은 고추와 황백지단을 얹은 것이다.

사태편육 핏물을 뺀 사태에 대파, 마늘을 넣고 푹 끓인 후 베보자기에 싸서 모양을 잡아 눌러서 편으로 썰고 초장을 곁들인 것이다.

삭수제비 메밀가루 반죽을 가래떡처럼 길게 늘여 어슷하게 썬 다음 끓는 물에 넣고 소금, 어슷하게 썬 파, 다진 마늘을 넣고 끓인 것이다. ☙충남

삭수제비

삭힌고추장아찌 ▶▶▶ 고추장아찌 ☙경남

산나물 삶은 묵나물을 불려 물기를 빼고 볶다가 양념(국간장, 다진 파·마늘)을 넣고 다시 볶은 다음 무를 때까지 익혀 깨소금과 참기름을 넣고 무친 것이다. 묵나물이라고도 한다. 묵나물은 봄에 채취한 산나물을 데쳐 말린 나물이다. ☙경북

산나물국 ▶▶▶ 묵나물콩가루국 ☙경북

산나물무침 끓는 물에 데친 두릅·가죽나물·고사리를 각각 국간장, 다진 파·마늘, 고춧가루, 설탕, 참기름으로 무친 것이다. ☙충북

산나물무침

산나물밥 불린 쌀과 조에 불린 묵나물을 올려 지은 밥이다. 양념장(간장, 다진 풋고추·붉은 고추, 깨소금, 참기름, 고춧가루)을 곁들인다. 계절에 따라 취나물, 고사리, 표고버섯, 달래순, 도라지 등이 이용된다. 묵나물밥이라고도 한다. ☙경북

산나물죽 물에 불려 간 쌀과 데쳐서 국간장과 참기름으로 무친 산나물을 참기름에 볶다가 물을 부어 끓여 국간장과 소금으로 간을 한 죽이다. ☙경북

산나물찜 데친 산나물과 생멸치에 쌀가루, 밀가루를 넣고 버무린 다음 된장, 고추장을 넣어 잘 섞어 찐 것이다. 건찜이라고도 한다. ☙경남

산낙지회 ▶▶▶ 낙지회 ☙전남

산디밥 ▶▶▶ 쌀밥 ☙제주도

산서산자 막걸리와 콩가루를 섞은 물에 일주일 정도 삭힌 찹쌀을 빻아 체에 내린 것을 찹쌀 담근 물로 반죽하여 푹 쪄서 절구에 친 다음 얇게 밀어 네모 모양(10×10cm)으로 썰어 햇볕에 바싹 말린 뒤 기름에 튀겨 조청을 발라 쌀튀밥가루를

묻힌 것이다. 산서산자는 전북 장수군 산서면에서 만들어 먹었던 한과이다. ♨ 전북

산서산자

산성막걸리 고두밥에 누룩가루와 물을 섞어 발효시킨 다음 걸러낸 술이다. 산성막걸리는 300여 년 전 부산의 금정산성 지역에 밀을 심고 막걸리를 제조하기 시작한 것에서 유래되었다. 산성의 물맛이 좋아서 이 물로 빚은 막걸리는 얼음을 깨는 듯한 설미가 있다고 전해지고 있다. ♨ 경남

산성소주 경기도 광주시의 남한산성에서 전승된 민속주로 남한산성에서 흘러 내려오는 물과 이곳에서 생산되는 쌀, 재래종 통밀로 만든 누룩, 재래식 엿 등으로 빚은 술이다. 술을 빚을 때 재래식 엿을 사용하는 것은 다른 토속주에서는 찾아볼 수 없는데, 특별한 맛을 낼 뿐만 아니라 술의 저장성을 높일 수 있으며 술을 마신 후 숙취가 없고 술의 향취를 좋게 한다. ♨ 서울·경기

산성흑염소불고기 배춥에 재운 염소고기를 양념장(간장, 설탕, 다진 파·마늘·생강, 참기름, 깨소금, 후춧가루)으로 버무려 간이 배면 석쇠에 구운 것이다. 상추, 깻잎을 곁들이며 양념장에 고추장, 술, 꿀 등을 넣기도 한다. 1960년

대부터 부산의 금정산 산성마을에서 흑염소를 방사하여 기르기 시작한 이후부터 지금에 이르기까지 야산의 약초를 먹은 흑염소불고기는 부산의 산성마을 고유의 토속화된 향토음식이다. ♨ 경남

산오징어회 머리, 내장, 다리를 제거하여 깨끗이 씻은 산오징어를 가늘게 채 썰어 초고추장과 곁들인 것이다. ♨ 강원도

산자 불린 흰콩과 찹쌀을 곱게 빻아 소주와 물로 반죽한 다음 찜통에 쪄서 반죽이 부풀어 오르면 떡메로 쳐 얇게 밀어 적당한 크기로 썰어 말린 것을 미지근한 식용유에 넣고 10~20분 정도 불려 떠오르면 완전히 부풀도록 튀겨 내어 꿀이나 물엿을 바르고 참깨, 검은깨, 파래가루, 송홧가루, 밤채, 대추채, 쌀튀밥가루 고명을 각각 묻힌 것이다. 《도문대작》(산자), 《주방문》(산자), 《조선무쌍신식요리제법》(산자)에 소개되어 있다. ♨ 전남

산채가루시루떡 멥쌀가루에 산채가루를 섞고 설탕물을 뿌려 고루 섞은 다음 시루에 팥고물과 켜켜이 안쳐 찐 떡이다. 산채가루는 산에서 나는 나물을 말려 두었다가 가루로 빻은 것이다. ♨ 강원도

산채국수 삶은 산채국수에 산나물무침, 고사리나물, 도라지나물, 더덕무침, 표고버섯볶음 등의 나물을 얹고 참기름, 고추장, 황백지단채를 얹은 국수이다. 산채비빔국수라고도 한다. ♨ 강원도

산채나물밥 ▶▶▶ 산채밥 ♨ 강원도

산채도토리냉면 삶은 도토리면에 삶아 소금 간한 묵나물, 고사리, 도라지, 표고버섯 등을 얹어 양념장으로 비벼먹는 냉면이다. ♨ 충북

산채밥 불린 쌀에 밤, 대추를 넣고 들기

름에 볶은 고사리·묵나물·더덕·표고버섯 등의 산채나물을 얹어 고슬고슬하게 밥을 지어 양념장을 곁들인 것이다. 산채나물밥이라고도 한다. 묵나물은 뜯어 두었다가 이듬해 봄에 먹는 산나물을 말한다. ♨ 강원도

산채비빔국수 ▶▶ 산채국수 ♨ 강원도

산채비빔밥 밥에 산채나물을 얹어 양념고추장에 비벼 먹는 밥이다. 방법 1 : 양념하여 볶은 산채나물, 데쳐서 양념한 숙주나물, 볶은 당근채·도라지를 밥 위에 색을 맞춰서 담고 황백지단채와 볶은 쇠고기, 깨소금을 고명으로 얹은 후 볶은 고추장과 곁들인다(강원도). 방법 2 : 취나물, 건표고버섯, 고사리, 말린 도토리묵을 물에 불려 식용유를 두른 팬에 소금으로 간하여 볶고, 데친 시금치는 소금, 다진 파·마늘, 참기름으로 무치고, 도라지는 소금 간하여 볶는다. 더덕은 반을 갈라 고추장 양념에 무쳐서, 그릇에 밥을 담고 준비한 산채 나물들을 모양 있게 담아 비벼 먹는다(충북). 방법 3 : 취나물, 고사리나물, 표고버섯볶음, 느타리버섯볶음 등의 산나물과 콩나물, 상추를 돌려 담고 그 위에 날달걀, 김가루, 양념고추장을 얹은 다음 밥을 함께 곁들여 낸다(전북). 방법 4 : 밥 위에 소금 또는 (국)간장, 다진 파·마늘,

산채비빔밥

참기름, 깨소금을 넣고 각각 볶은 산나물, 도라지나물, 고사리나물, 표고버섯볶음과 소금, 참기름으로 무친 숙주나물을 색을 맞추어 담은 다음 황백지단채와 도토리묵채를 고명으로 얹고 고추장을 곁들인다(경남). ♨ 강원도, 충북, 전북 등

산채산적 직사각형(6×1cm)으로 도톰하게 썰어 양념하여 볶은 표고버섯·돼지고기와 같은 크기로 썰어 데친 더덕·당근, 실파, 황백지단을 꼬치에 꿴 다음 밀가루, 달걀물을 입혀 식용유에 노릇하게 지진 것이다. ♨ 강원도

산채순대 돼지창자의 속을 훑어내고 굵은 소금으로 주물러 깨끗이 손질한 다음 선지에 취나물, 다래순, 숙주, 두부, 고사리, 우거지와 양념을 섞어 창자 속에 넣고 양끝을 묶어 육수에 삶아낸 것이다. ♨ 충북

산채잡채 간장, 설탕으로 무친 삶은 당면, 양념하여 볶은 쇠고기, 데쳐서 양념한 산채, 각각 소금 간을 하여 볶은 당근채, 양파채, 도라지채에 간장, 참기름, 깨소금, 설탕을 넣어 버무린 다음 황백지단을 고명으로 올린 것이다. ♨ 경북

산채칼국수 밀가루와 콩가루, 산채가루를 고루 섞고 달걀, 식용유, 소금, 물을 넣고 반죽하여 2~3시간 정도 숙성시켜 얇게 밀어 썬 다음 끓는 육수나 멸치장국국물에 넣어 끓여 익힌 것이다. ♨ 강원도

산초잎된장장아찌 산초잎을 잘게 뜯어 된장에 박아 저장한 것이다. 산초잎된장은 이튿날부터 먹을 수 있으며 제주도에서는 이 된장을 냉국에 바로 넣어 먹거나 쌈장으로도 즐겨 이용한다. ♨ 제주도

산초장아찌 산초에 간장을 부어 숙성시킨 장아찌로 산초에 팔팔 끓여서 식힌

산초

간장을 붓고 15일 정도 지난 후 간장을 따라내어 다시 끓여 부어 숙성시킨다(서울·경기, 강원도, 전북, 경북). 충남과 제주도에서는 국간장에 숙성시킨다. 서울·경기에서는 식초, 충남에서는 소금물에 담가두었다가 간장을 부어 만들며 제주도에서는 산초를 데치지 않고 장아찌를 담그기도 한다. 산초장아찌는 너무 익지 않은 산초를 꼭지까지 따서 간장에 끓여서 내는 것으로 향이 독하고 뒷맛이 강한 특징을 가지고 있다. 산초는 천초, 화초라고도 하며 복부의 찬 기운으로 인한 복통, 설사와 치통, 천식, 요통에 쓰고 살충작용이 있어 약재로 많이 쓰인다. 맛은 맵고 성질은 따뜻하며 독이 있다. 열매가 파랗고 껍질이 벗겨지지 않을 때 장아찌나 차로 이용하는데, 사찰의 대표적인 저장식품이다. ✿ 서울·경기, 강원도, 충남

산초장아찌

산포 얇게 포 뜬 쇠고기를 소금, 간장, 후춧가루로 양념하여 말린 뒤 망치로 폭신하게 두드려 납작하게 썰어 간장을 곁들인 것이다. ✿ 서울·경기

살구편 껍질을 벗겨 씨를 뺀 살구에 물

산포

과 소금을 넣어 과육이 무를 정도로 끓여 체에 걸러내고, 살구즙에 설탕을 넣어 약한 불에 조리다가 농도가 되직해지면 꿀을 섞고 전분물을 넣어 끓인 후 틀에 부어 굳힌 것이다. 과편은 앵두, 살구, 모과, 오미자 등 신맛이 나는 과실의 과육이나 과즙을 끓여 녹말 전분을 풀어 넣어서 농도를 되게 하여 굳힌 것으로 여름철에는 눅눅해지기 쉬운 정과보다 과편을 많이 만들어 먹었다. 《규합총서》(살구편, 벗편 : 杏子), 《시의전서》(살구편 : 참촉), 《부인필지》(살구편)에 소개되어 있다. ✿ 서울·경기

삶은김치 ▶▶▶ 숙김치 ✿ 서울·경기

삼겹살구이 삼겹살을 팬에 구워 소금, 참기름을 곁들인 것이다.

삼계쌀엿 멥쌀고두밥에 엿기름가루와 밥의 5~6배 정도 분량의 뜨거운 물을

삼계쌀엿

부어 9시간 정도 삭힌 뒤 물만 따라내어 처음 분량의 1/3 정도가 될 때까지 졸인 것이다. 엿을 자꾸 늘리면 갈색이던 것이 점점 하얗게 되며 굳는데, 이것을 잘라서 보관한다. ▼전북

삼계탕 내장을 제거한 닭(영계)의 배 속에 불린 찹쌀, 마늘, 대추, 수삼을 넣어 다리를 꼬아 마무리 한 후 물을 넣고 끓인 것이다. 소금, 후춧가루, 송송 썬 파를 곁들이며, 경북에서는 당귀, 도라지, 생강, 다진 파를 넣기도 한다. 계삼탕, 영계백숙이라고도 한다. 《조선무쌍신식요리제법》(계탕 : 鷄湯)에 소개되어 있다.

삼동술 ▶▶▶ 상동술 ▼제주도

삼색보푸라기 ▶▶▶ 북어보푸라기

삼세기탕 다시마 장국국물(다시마, 무, 대파, 양파, 마늘, 생강을 넣어 끓여 거른 국물)에 무를 넣고 끓이다가 삼세기와 대파, 양파, 호박, 풋고추, 양념장을 넣고 끓여 두부와 쑥갓을 올리고 소금 간을 한 국이다. 국물에 된장을 풀어 끓이기도 하며, 삼숙이탕이라고도 한다. 삼세기는 쏨뱅이목 삼세기과의 바닷물고기로 삼숙이, 삼식이라고도 하며 몸에 수많은 돌기로 덮여 있다. 겨울이 제철로 살이 연하여 주로 매운탕이나 속풀이국으로 유명하다. ▼강원도

삼세기탕

삼숙이탕 ▶▶▶ 삼세기탕 ▼강원도

삼지구엽초주 방법 1 : 식힌 고두밥에 누룩가루를 섞은 다음 항아리에 담고, 진하게 다린 삼지구엽초물을 부어 발효시킨 술이다. 방법 2 : 소주에 삼지구엽초를 넣고 3개월간 숙성시킨 술이다. 선령주, 선령비주, 음양곽주, 음양곽술이라고도 한다. 삼지구엽초는 음양곽이라

삼지구엽초

고도 하는 매자나무과에 속하는 다년생초이며 가지가 셋, 잎이 아홉으로 되어 있다고 해서 삼지구엽초라고 불린다. 주로 여름, 가을에 베어서 그늘에 말려 약으로 쓰는데, 상쾌한 마른 풀잎의 향을 내며 맛이 쌉쌀하면서도 달콤하다. 강원도 북쪽 지방의 계곡 근처 햇볕이 잘 들지 않는 큰 나무 밑에서 주로 자라나 강원도 양구군에서는 이를 이용하여 술을 담아 먹었다. ▼강원도

삼지구엽초주

삼치구이 손질한 삼치를 간장, 설탕, 다진 파・마늘・생강, 참기름 등으로 만든 양념장에 재웠다가 석쇠나 식용유를 두른 팬에 구운 것이다. 소금을 뿌려 재웠다가 굽기도 한다.

삼치무조림 ▶▶▶ 삼치조림

삼치조림　토막 낸 삼치와 납작하게 썬 무에 간장 양념(간장, 고춧가루, 다진 파·마늘·생강, 설탕, 물)을 넣어 조린 것이다. 삼치무조림이라고도 한다.

삼합장과　간장에 대파, 마늘, 생강을 넣어 끓이다가 양념한 쇠고기를 넣어 조린 후 삶은 홍합, 찐 전복, 불린 해삼을 넣어 조린 것이다. ♨ 서울·경기

삼합장과

삼해주　찹쌀을 발효시켜 두 번 덧술하여 빚는 약주(藥酒)이다. 정월 첫 돼지날(정월 첫 해일) 끓여서 식힌 물에 누룩가루, 밀가루, 찹쌀가루를 잘 혼합하여 서늘한 곳에 보관해 두었다가 한 달 뒤 첫 돼지날에 끓여 식힌 물과 곱게 빻아 쪄 식힌 멥쌀을 항아리에 담아 땅에 묻어 둔다. 다시 한 달 뒤의 첫 번째 돼지날

삼해주

항아리 안의 재료에 찐 찹쌀과 물을 섞어 봉해두었다가 100일간 숙성시킨 술이다. 정월 첫 해일(亥日)에 시작하여 해일마다 세 번에 걸쳐 빚는다고 하여 붙여진 이름이다. 《음식디미방》(삼해주), 《주방문》(삼해주), 《산림경제》(삼해주 : 三亥酒), 《증보산림경제》(삼해주 : 三亥酒法), 《산가요록》(삼해주 : 三亥酒), 《시의전서》(삼해주 : 三亥酒), 《조선무쌍신식요리제법》(삼해주 : 三亥酒)에 소개되어 있다. ♨ 서울·경기, 전라도

상동술　씻어 물기를 뺀 상동열매에 소주를 부어 찬 곳에 보관하여 숙성시킨 술로 2개월 정도 지난 다음 걸러 다른 병에 보관한다. 삼동술이라고도 한다. 상동나무 열매는 제주도의 중산간 지대에서 주로 열리는데, 특히 남제주도군 안덕면 서광리의 '삼박구석'이라는 일대에서 많이 열린다. 상동열매는 5월 하순부터 6월 상순 중에 따며 잘 익으면 검은빛을 띠고, 크기는 콩알 정도이며 맛이 달콤하다. 농촌에서는 보리가 익어갈 4월경이면 들이나 산으로 상동열매를 따러 가는 풍속이 있다. ♨ 제주도

상동술

상사리국　국간장으로 간을 한 쌀뜨물을 끓이다가 무와 도미새끼를 넣고 끓여 쑥갓, 실파, 다진 마늘을 넣고 한소끔 더

끓인 국이다. 상사리국은 어린 도미새끼를 이용한 봄철의 미각을 돋우어 주는 생선국으로 간단한 손님상을 준비할 때 이용된다. ❦ 경남

상사리국

상애떡 ▶▶▶ 상화 ❦ 제주도

상어구이 상어고기를 납작하게 썰어 양념(간장, 설탕, 참기름, 다진 마늘)에 재웠다가 식용유를 두른 팬에 구운 것이다. 돔배기구이라고도 한다. 경상도에서는 이 지역 인근 바다에서 상어가 많이 잡혀 다른 지역과 달리 자주 상에 내는 음식이며, 특히 제삿상에 많이 올려진다. 상어고기는 다양한 조리법으로 먹을 수 있는데, 지역에 따라 숙회, 구이, 찜, 불고기, 산적 등으로 요리해서 먹었다. ❦ 경북

상어구이

상어산적 상어고기를 양념하여 꼬치에 꿰어 지지거나 찐 것이다. 방법 1 : 상어고기와 실파를 양념(청주, 소금, 참기름)에 버무려 꼬치에 번갈아 꿰어서 찌며 국간장을 곁들인다(경북). 방법 2 : 양념(다진 마늘, 소금, 참기름, 생강가루, 후춧가루, 물)에 20~30분 정도 재운 흰 상어토막과 양념(간장, 참기름, 다진 마늘, 생강가루, 후춧가루)에 잠시 담갔다 바로 건진 검은 상어토막을 꾸덕꾸덕하게 말려 식용유에 지진다(경남). 방법 3 : 상어고기를 양념(간장, 참기름, 다진 파, 설탕, 소금, 후춧가루, 깨소금)에 버무렸다가 꼬치에 꿰어 식용유를 두른 팬에 지진다. 상어의 껍질을 벗겨 머리와 뼈를 발라낸 다음 소금을 뿌려 꾸덕꾸덕하게 말렸다가 굽는다(제주도). 경북에서는 돔배기산적, 경남에서는 두투산적, 제주도에서는 상어적갈이라고도 한다. ❦ 경상도, 제주도

상어산적

상어숙회 삶은 상어고기(머리, 꼬리부분)에 초고추장(고추장, 식초, 설탕, 다진 마늘, 깨소금)을 곁들인 회이다. ❦ 경남

상어적갈 ▶▶▶ 상어산적 ❦ 제주도

상어조림 양념장(간장, 고추장, 물엿, 다진 마늘 · 생강, 물)을 끓이다가 소금 간을 하여 쪄서 깍둑썰기한 상어고기를 넣어 조린 것이다. 돔배기조림이라고도

한다. ✿ 경북

상어찜 말린 상어고기를 고명을 얹어 찌거나 꼬치에 꿰어 쪄 것이다. 방법 1 : 포를 떠서 꾸덕꾸덕하게 말려 놓은 상어고기를 더운 물에 담가 손질하여 먹기 좋은 크기로 썰어서 찜통에 가지런히 놓고 황백지단채, 잣가루, 실고추를 얹고 푹 찐 다음 초고추장을 곁들인다(충북). 방법 2 : 껍질을 벗기고 토막을 낸 상어고기를 소금으로 간하여 하루 정도 말린 것을 꼬치에 꿰어 청주를 뿌리고 찜솥에 넣어 살짝 찐 뒤 간장물에 졸인다(충남). 방법 3 : 포로 떠서 소금물에 재운 상어고기를 꼬치에 꿰어서 찐다(경북). 경북에서는 돔배기찜이라고도 한다. 충청도 일부 지방에서는 제사상에 올리는 음식이다. ✿ 충청도, 경북

상어탕국 물에 상어토막을 넣고 끓이다가 무, 박을 넣고 끓인 다음 두부를 넣고 소금 간을 하여 더 끓인 국이다. 돔배기탕수라고도 한다. ✿ 경북

상어탕국

상어피편 손질한 상어 껍질을 물에 넣어 끓이다가 상어고기를 넣고 끓여 물이 자작하게 줄어들면 소금 간을 하여 틀에 붓고 대파, 당근, 실고추, 다진 마늘을 고명으로 얹어 굳힌 것으로 초간장(간장, 식초, 통깨)을 곁들인다. 상어머리도

끓여서 뼈를 제거하여 이용한다. 돔배기피편, 두뚜머리라고도 한다. ✿ 경북

상어피편

상어회(무침) 굵게 채 썰어 막걸리에 재웠다가 헹궈 물기를 뺀 상어와 데쳐 채썬 상어 껍질에 초고추장(고추장, 식초, 다진 마늘, 설탕, 깨소금)을 넣어 무친 다음 무채, 미나리를 넣고 버무린 것이다. ✿ 경북

상어회(무침)

상외떡 ▶▶▶ 상화 ✿ 제주도
상주설기 ▶▶▶ 홍시떡 ✿ 경북
상지주 ▶▶▶ 뽕나무술 ✿ 충북
상추겉절이 손으로 적당한 크기로 뜯은 상추를 고춧가루, 다진 파·마늘, 설탕, 간장, 참기름 등의 양념으로 살짝 버무린 것이다.
상추고동회 ▶▶▶ 상추줄기회 ✿ 전북
상추김치 상추대와 상추잎을 양념(멸

상추겉절이

치액젓, 고춧가루, 다진 마늘, 생강즙)으로 버무린 김치이다. ✿ 경북

상추꽃대나물 끓는 물에 살짝 데친 상추꽃대에 된장, 다진 마늘, 소금, 참기름, 깨소금을 넣고 무친 것이다. ✿ 전남

상추떡 멥쌀가루에 상추를 넣어 가볍게 버무리고 거피팥고물과 켜켜이 안쳐 찐 떡이다. ✿ 서울·경기

상추쌈 상추에 다진 풋고추와 양파를 넣은 쌈장, 약고추장을 함께 곁들인 것이다. 《시의전서》(상추쌈), 《조선요리제법》(상치쌈), 《조선무쌍신식요리제법》(상치쌈)에 소개되어 있다.

상추줄기회 상추줄기가 길게 올라왔을 때 고동을 꺾어서 겉껍질을 벗긴 뒤 적당한 크기로 썰어 초고추장에 버무린 것이다. 상추줄기회라고도 한다. ✿ 전북

상합쑥전 ▶▶▶ 백합쑥전 ✿ 서울·경기

상화 밀가루에 막걸리를 넣고 반죽하여 발효시킨 뒤 팥소를 넣고 둥글게 빚어 찐 떡이다. 방법 1 : 엿기름물에 보릿가루, 누룩, 설탕을 넣고 반죽하여 하룻밤 두었다가 직사각형이나 둥글게 반죽하여 다시 1시간 정도 발효시켜 찐다. 방법 2 : 막걸리, 설탕, 소금에 밀가루를 넣고 반죽하여 발효시켰다가 솔변떡본으로 찍어내어 다시 1시간 정도 발효시켜 찐다. 상화는 서리 상(霜)자에 꽃 화(花)자를 쓰는데, 이는 밀가루 반죽이 하얗게 부풀어진 상태를 서리꽃이라 이름 지은 데서 유래한다. 모양은 지역에 따라 다르며 상외떡, 상애떡이라고도 부른다. 삭방제나 제사에 가는 가족들이 대바구니에 담아 선사하는 풍습이 있다. 근래에는 시판막걸리나 효모를 사용하여 발효시키지만, 과거에는 집에서 미리 가루에다 보리쉰다리(밥과 누룩으로 담가 만든 여름철 음료)를 넣어 발효시켜 사용하였다. 《도문대작》(상화), 《주방문》(상화), 《규합총서》(상화), 《부인필지》(상화)에 소개되어 있다. ✿ 제주도

상화

새미떡 메밀가루를 익반죽하여 둥근 사발로 모양을 떠서 가운데 팥소를 넣고 반달 모양으로 접어 눌러준 다음 삶아 찬물에 헹궈 참기름을 바른 떡이다. 반달 모양의 '새미'(만두의 제주도 방언)와 비슷

새미떡

하여 이름 붙여진 것으로 보이며, 추석 명절이나 작은 제사의 제상에 올리는 떡이다. ♣ 제주도

새뱅이찌개 된장을 푼 국물에 무, 애호박, 냉이, 미나리, 쑥갓을 넣고 끓이다가 수제비 반죽을 떼어넣고 고춧가루, 다진 파·마늘을 넣어 끓이다가 새뱅이를 넣어 살짝 끓인 찌개이다. 민물새우찌개라고도 한다. 새뱅이는 흔히 '듬벙새우'라고 불리며, 전혀 오염되지 않은 깨끗한 산골 냇가나 청천의 저수지에 사는 민물새우로 보은의 회남, 괴산의 달천, 대청댐 지역에서 잡힌다. ♣ 충북

민물새우

새뱅이찌개

새알수제비 ▶▶▶ 찹쌀수제비 ♣ 경북
새알심미역국 ▶▶▶ 찹쌀수제비 ♣ 서울·경기
새우리김치 ▶▶▶ 부추김치 ♣ 제주도
새우전 머리와 내장을 제거한 새우를 꼬리 쪽만 남기고 껍질을 벗겨 등쪽에 길이로 칼집을 넣어 얇게 편 후 소금, 후춧가루로 간하여 밀가루를 묻힌 다음 달걀물을 입혀 식용유를 두른 팬에 지진 것이다. 《조선요리제법》(새우전유어), 《조선무쌍신식요리제법》(하전유어 : 遐

煎油漁)에 소개되어 있다. ♣ 서울·경기, 전남

새우젓 새우와 소금을 3 : 1의 비율로 섞어서 항아리에 꼭꼭 눌러 담아 윗소금을 두껍게 얹고 서늘하고 어두운 곳에 저장한 것이다. 김치를 담글 때는 2주일 이상 지난 새우젓이 좋다. 《조선요리제법》(새우젓), 《조선무쌍신식요리제법》(백하해 : 白蝦醢)에 소개되어 있다.

새우젓깍두기 깍둑썰기 한 무, 미나리, 실파에 고춧가루를 멸치젓국에 갠 것에 새우젓, 다진 마늘·생강, 소금, 설탕을 섞은 양념을 버무려 간을 맞추고 통깨, 실고추, 굴을 넣어 살살 버무려 항아리에 꼭꼭 눌러 담고 우거지를 얹어 만든 김치이다. ♣ 충남

새우젓무침 새우젓을 다진 파·마늘, 고춧가루, 깨소금 양념에 버무린 것이다. 새우젓은 서울 지방에서 김치를 만들 때 없어서는 안 되는 재료이며, 그대로 양념하여 밥반찬으로도 즐겨 이용하였다. ♣ 서울·경기

새재묵조밥 불린 쌀과 조로 지은 조밥에 도토리묵과 김치를 올린 밥이다. 양념장(간장, 다진 풋고추·붉은 고추, 깨소금, 참기름, 고춧가루)을 곁들인다. ♣ 경북

새재묵조밥

색편 멥쌀에 설탕물을 뿌려 체에 내린 뒤 5등분 하여 백년초가루, 치자물, 쑥가루, 석이버섯가루를 각각 섞어 색을 낸 뒤 찜통에 켜켜로 색을 달리하여 찐 떡이다. 무지개떡이라고도 한다. ♨ 서울·경기

생갈비구이 ▶▶▶ 갈비구이 ♨ 전북

생갈치호박국 ▶▶▶ 갈치호박국 ♨ 경남

생강잎부각 생강잎에 찹쌀풀을 바른 것에 통깨를 뿌려서 말렸다가 먹을 때 식용유에 튀겨낸 것이다. ♨ 전북

생강잎부각

생강정과 냄비에 물엿, 설탕, 물을 넣어 끓으면 저으면서 소금물에 데친 생강을 넣고 뚜껑을 열어 놓은 채 충분히 조려지면 망에 하나씩 건져서 떼어 식힌 것이다. 《산가요록》(생강전과), 《수운잡방》(생강정과 : 生薑正果), 《산림경제》(전강 : 殿薑), 《규합총서》(생강정과),

생강정과

《음식법》(생강정과), 《시의전서》(생강정과 : 生薑正果), 《부인필지》(생강정과), 《조선요리제법》(생강정과), 《조선무쌍신식요리제법》(생강정과 : 生薑正果)에 소개되어 있다. ♨ 전남

생강줄기장아찌 삭힌 생강줄기를 곱게 찧어서 맑은 물이 나올 때까지 헹궈 물기를 뺀 다음 한 주먹 크기로 뭉쳐 그늘에서 말려 고추장에 박아서 1~2달 정도 숙성시킨 것이다. 먹을 때는 고춧가루, 다진 마늘, 참기름, 깨소금으로 양념한다. 계약장아찌라고도 한다. ♨ 전북

생강차 껍질을 벗겨 얇게 저민 생강과 대추, 계피에 물을 붓고 중불에서 우러나도록 끓인 후 잣을 띄우고 꿀을 타 마시는 것이다. ♨ 서울·경기

생강한과 찹쌀을 일주일 정도 물에 담가 삭혀 빻은 가루를 불린 콩과 생강을 갈아 만든 물로 반죽하여 찜통에 찐 뒤 절구에 넣고 치대어 밀대로 민 다음 일정한 크기로 썰어 말린 후 식용유에 튀겨서 물엿을 바르고 쌀튀밥가루를 묻힌 것이다. ♨ 충남

생강한과

생굴무침 ▶▶▶ 굴무침

생굴회 ▶▶▶ 굴회 ♨ 전남

생김국 ▶▶▶ 김국 ♨ 전남

생김볶음 생김, 새우살, 간장을 넣어 참

기름에 볶은 것이다. ♨ 경남

생김회 생김과 채 썬 무·당근에 식초, 설탕, 깨소금, 소금을 넣고 무친 것이다. 물김회라고도 한다. ♨ 전남

생김회

생떡국 익반죽한 쌀가루를 가래떡처럼 만들어 육수에 넣어 끓여 먹는 국이다. 방법 1 : 채 썰어 양념한 쇠고기를 볶다가 물을 부어 끓여 육수를 만들고, 멥쌀가루를 익반죽하여 치댄 뒤 가래떡처럼 만들어서 썰어 육수에 넣고 끓인 후 대파, 국간장, 소금 간을 하고 고명으로 황백지단을 올린다(경남). 방법 2 : 해감을 빼낸 바지락에 물을 붓고 끓이다가 쌀가루와 찹쌀가루로 익반죽한 생떡을 넣어 끓이며 겨울에는 굴을 넣으면 더욱 맛이 있다(충청도). 방법 3 : 닭육수에 무와 토란을 넣고 끓이다가 쌀가루와 물로 반죽하여 동그랗게 썬 생떡을 넣어 끓인 다음 소금 간을 하여 닭살을 고명으로 얹는다(전북). 충북에서는 날떡국이라고도 한다. 생떡국은 흰떡이 준비되지 않고 갑자기 떡국을 끓일 때 만드는 것으로서 근래에는 언제든지 흰떡을 구할 수 있으므로 별미음식으로 이용되고 있다. 쌀가루가 매우 곱기 때문에 반죽을 오래해야 잘 풀어지지 않는다.《조선요리제법》(생떡국),《조선무쌍신식요리제법》(생병탕 : 生餠湯, 생병탕)에 소개되어 있다. ♨ 충청도, 전북, 경남

생란 생강을 강판에 곱게 갈아 면포에 싸서 즙을 짜낸 후 가라앉혀 앙금을 만들고, 건더기는 면포째 물에 담가 여러 번 헹구어 매운맛을 빼고 물엿을 넣어 조린 후 앙금을 넣어 윤기 있게 조려지면 꿀을 섞어 식혀서 삼각뿔 모양으로 빚어 잣가루를 묻힌 것이다. ♨ 서울·경기

생란

생멸치메줍쯤 끓는 물에 생멸치를 넣고 끓이다가 쌀가루를 푼 물을 넣고 걸쭉하게 끓인 다음 부추, 다진 마늘을 넣고 소금 간을 한 것이다. ♨ 경남

생멸치

생멸치부침 ▶▶▶ 생멸치전 ♨ 경남

생멸치전 밀가루에 다진 풋고추·붉은고추, 달걀, 다진 마늘, 소금, 물을 넣고 반죽하여 생멸치에 묻혀 식용유를 두른 팬에 지진 것이다. 생멸치부침, 멸치전이라고도 한다 ♨ 경남

생멸치조림 끓는 물에 생멸치와 양파를 넣고 끓인 다음 양념장(국간장, 고춧가루, 다진 마늘, 후춧가루)을 풀고 붉은고추, 풋고추, 대파, 쑥갓을 넣어 더 끓인 것이다. ♨ 경남

생멸치조림

생멸치찌개 물을 끓인 다음 생멸치와 무, 양념장(고추장, 고춧가루, 다진 마늘, 된장, 간장)을 넣어 끓인 후 양파, 풋고추, 붉은 고추를 넣고 더 끓인 찌개이다. ❦경남

생복찜 생전복을 손질하여 칼집을 넣고, 불린 표고버섯과 쇠고기를 곱게 다져 간장, 설탕, 다진 파·마늘, 후춧가루, 깨소금, 참기름으로 양념한 후 저민 전복 사이에 조금씩 올린다. 냄비에 담아 잠길 정도의 물을 붓고 은근한 불에서 익힌 것이다. 《음식법》(생복찜)에 소개되어 있다. ❦서울·경기

생선국수 생선을 삶은 국물에 국수를 넣어 끓여 먹는 것이다. 방법 1 : 민물고기를 푹 고아 체에 거른 국물에 고추장, 마늘, 소금, 후춧가루로 양념하고 국수를 넣어 끓이다가 풋고추, 대파, 애호박,

생선국수

미나리, 깻잎을 넣고 한소끔 더 끓인다 (충북). 방법 2 : 도미를 끓는 물에 넣어 익혀 살과 뼈를 발라내고, 도미국물에 소금으로 간하여 삶은 국수에 붓고 그 위에 볶아 국간장으로 간한 표고버섯, 도미살을 얹는다(제주도). 충북 옥천과 청산 일대는 민물고기 요리가 발달하였으며, 술 마신 다음 날 해장국으로 이용되는 천엽국에 국수를 만 것이 생선국수의 시작이다. 얼큰하고 시원한 맛이 특징이다. ❦충북, 제주도

생선물회 포를 떠서 굵게 채 썬 농어·광어·놀래미 등의 생선과 채 썬 상추·깻잎·양배추·당근·오이·배를 초고추장(고추장, 식초, 설탕, 다진 마늘, 통깨)에 버무리고 해물육수를 부은 것이다. ❦경남

생선미역국 미역을 참기름에 볶아 물을 붓고 끓으면 손질한 생선을 넣고 끓여 국간장과 소금으로 간을 한 국이다. ❦경남

생선미역국

생선잡탕찌개 고추장, 고춧가루를 푼물에 무를 넣어 한소끔 끓으면 토막 낸 아귀, 우럭, 서대를 넣고 끓이다가 대합과 새우를 넣고 소금 간을 한 다음 다진 마늘, 청주, 미나리, 쑥갓을 넣고 한소끔 더 끓인 찌개이다. ❦충남

생선조림 냄비에 고추장, 간장, 설탕, 물을 넣고 끓으면 생선을 넣고 끓이다가 대파, 마늘, 생강을 넣어 조린 것이다. 경남 지역에서는 흰살생선(조기, 가자미, 갈치, 연어), 등푸른 생선(고등어, 꽁치, 삼치, 전갱이 등)을 이용한 조림류가 많고, 마른 생선조림도 있다. ☙ 경남

생선죽 불린 쌀에 흰살생선(도미, 도다리, 가자미)을 넣어서 쑨 죽이다. 생선뼈를 삶은 국물에 불린 쌀을 넣고 끓이다가 포를 떠 놓은 흰살생선을 넣고 끓여 소금으로 간을 한다. ☙ 경남

생선찜 소금 간을 한 생선(도미, 조기, 민어 등)을 꾸덕꾸덕하게 말려 찐 다음 실고추와 통깨를 얹은 것이다. 《시의전서》(생선찜), 《조선무쌍신식요리제법》(생선증 : 生鮮蒸)에 소개되어 있다. ☙ 경남

생선회 얄팍하게 썬 흰살생선(민어, 광어, 우럭 등)에 초고추장을 곁들인 것이다.

생세멸사락국 ▶▶▶생세멸시래기국 ☙ 경남

생세멸시래기국 된장을 푼 쌀뜨물을 끓이다가 삶은 시래기를 넣고 끓으면 생세멸을 넣고 끓인 다음 풋고추, 대파, 다진 마늘, 고춧가루를 넣어 더 끓인 국이다. 생지리멸치국, 지르메시라국, 지리멸시라국, 생지르메시라국, 생세멸시라국이라고도 한다. 멸치의 치어를 세멸 또는 지리멸치라 부르며, 생세멸시래기국은 일본식 명칭인 지르메시라국으로 통용되었다. ☙ 경남

생아귀찜 ▶▶▶ 부산아귀찜 ☙ 경남

생지르메시라국 ▶▶▶ 생세멸시래기국 ☙ 경남

생지리멸치국 ▶▶▶ 생세멸시래기국 ☙ 경남

생치만두 ▶▶▶ 꿩만둣국 ☙ 서울·경기

생키떡 ▶▶▶ 송기떡 ☙ 전북

생태나박김치 소금에 절여 물기를 뺀 무를 양념(고춧가루, 다진 마늘·생강)한 다음 다진 생태살, 실파, 실고추, 통깨, 멸치액젓으로 버무려 담근 김치이다. ☙ 경북

생태나박김치

생파래국 ▶▶▶ 파래국 ☙ 전남

생표고버섯양념구이 소금물에 씻은 생표고버섯을 양념(간장, 설탕, 다진 마늘, 참기름, 깨소금)하여 석쇠에 구운 것이다. 양념을 강하게 하면 버섯 특유의 향이 없어질 수 있다. 양념하여 기름에 지지기도 한다. ☙ 제주도

생합죽 ▶▶▶ 백합죽 ☙ 전북

생합찜 ▶▶▶ 대합찜 ☙ 전북

생합탕 ▶▶▶ 대합탕 ☙ 전북

서거리깍두기 서거리를 소금에 절여 고춧가루를 넣고 버무린 후 찹쌀풀에 고춧가루, 다진 고추, 양파채, 부추, 쪽파, 다

서거리깍두기

진 파 · 마늘 등을 섞어 깍둑썰기 한 무와 함께 항아리에 담아 상온에서 숙성시킨 것이다. 명태의 고장인 강원도 고성 지역에서 많이 담가 먹으며, 5일 정도 숙성시키면 시원하고 담백한 제 맛을 느낄 수 있다. 서거리는 명태의 아가미를 말한다. ♣ 강원도

서거리식해 서거리를 소금물에 씻어 손질한 후 조밥과 무채, 고춧가루, 다진 파 · 마늘 · 생강, 소금 등을 넣고 고루 섞으면서 엿기름물을 넣고 버무려 따뜻한 곳에서 삭힌 것이다. ♣ 강원도

서거리식해

서거리젓 잘게 썰어 소금에 버무린 서거리와 소금을 항아리에 넣어 2~3개월 삭힌 것이다. 명태아감젓이라고도 한다. ♣ 강원도

서거리젓

서대감자조림 도톰하게 썬 감자 위에

서대를 올리고 양념장(고추장, 간장, 고춧가루, 다진 파 · 마늘, 설탕, 물)을 끼얹은 다음 약한 불에서 뭉근하게 조리다가 감자와 양파채, 어슷하게 썬 풋고추 · 붉은 고추를 넣고 살짝 익힌 후 실고추와 통깨를 뿌린 것이다. 박대감자조림이라고도 한다. 서대는 서대과에 속하는 바닷물고기로 나뭇잎처럼 납작한 모양으로 두 눈이 몸의 왼쪽에 몰려 있다. 충청도에서는 박대라고도 하며 충남 서천 지역에서 많이 먹는 생선으로 매운탕, 구이, 찜과 같은 조리법을 주로 사용한다. 껍질을 벗겨 말려 묵으로도 이용한다. ♣ 전남

서대

서대감자조림

서대찌개 냄비에 물과 고춧가루, 무를 넣어 끓이다 서대와 미더덕을 넣고 끓

서대찌개

인 후 애호박, 미나리, 풋고추, 대파, 다진 마늘 · 생강을 넣어 끓인 찌개이다. ❦ 충남, 경남

서대찜 말린 서대를 양념(또는 고명)을 얹어 찐 것이다. 방법 1 : 말린 서대를 씻어 물기를 제거하고 참기름을 발라 찜솥에 찌다가 잘게 썬 대파와 실고추를 서대 위에 올리고 다시 뚜껑을 덮어 찐다 (충남). 방법 2 : 손질한 서대를 햇볕에 12시간 정도 말려서 찜통에 찐 뒤 양념장(간장, 고춧가루, 다진 파 · 마늘, 설탕, 깨소금)을 고루 바른다(전남). ❦ 충남, 전남

서대찜

서대회(무침) 포를 떠서 얇게 저민 서대를 막걸리에 주물러 놓고, 나박썰기 하여 소금에 절인 무를 초고추장(고추장, 식초, 고춧가루, 설탕, 다진 마늘 · 파 · 생강 등)으로 무친 다음 서대, 대파, 풋

서대회(무침)

고추, 붉은 고추를 넣고 버무린 것이다. 박대회무침이라고도 한다. ❦ 전남

서산어리굴젓 소금물에 깨끗이 씻어 물기를 뺀 굴을 소금에 절여 3일 뒤에 소쿠리에 밭쳐 물기를 제거하고 소주를 섞은 다음 물에 불린 고춧가루와 메밀가루로 묽게 쑨 풀로 버무려 숙성시킨 것이다. 어리굴젓은 충남 서산의 명물로 다른 곳의 굴에 비해 크기가 작고 또렷하여 맛이 좋으며 고춧가루를 사용한다는 것이 일반 굴젓과 다른 특징이다. 어리굴젓을 만들 때 가장 주의할 점은 생굴을 씻을 때 맹물로 자주 헹구지 말고 반드시 소금물에서 여러 번 씻어 굴딱지가 떨어지도록 해야 한다. ❦ 충남

서산어리굴젓

서실무침 밥을 지은 다음 김이 서린 밥솥 뚜껑에 마른 서실을 올리고 참기름과 깨소금으로 무친 것이다. 서실은 홍조식물 빨간검둥이과의 바닷말로 바위에 붙어 서식하는 해조류의 일종이며, 식물체 전체가 부드러우며 식용한다. ❦ 경남

서여향병 납작하게 썰어 찐 마를 꿀에 재우고 찹쌀가루에 묻혀 튀겨내어 잣가루를 묻힌 것이다. 《규합총서》(서여향병 : 薯蕷香餅)에 소개되어 있다. ❦ 서울 · 경기

서주 ▶▶▶ 감자동동주 ❦ 강원도

서여향병

서촌간재미회(무침) 포를 떠서 얇게 저민 간재미를 막걸리에 담가 주물러 씻어 초고추장(고추장, 고춧가루, 식초, 다진 마늘·생강, 설탕, 깨소금)으로 무친 다음 무채와 데친 미나리를 넣고 버무린 것이다. ♨ 전남

서촌간재미회(무침)

석감주 고슬하게 지은 밥에 엿기름물을 섞어 항아리에 담아 왕겨로 불을 지펴 5일 정도 태운 후 밥알이 뜨고 붉은 색이 되면 설탕을 넣고 끓여 식힌 음료이다. 석감주에 밥알을 뜨게 하려면 설탕을 넣기 전 석감주 밥알을 건져 찬물에 헹궈 넣어야 한다. 석감주는 경북 구미의 일반 가정에서 널리 만드는 감주로 맛이 유난히 달고 구수하며 색상이 붉은 것이 특징이다. ♨ 경북

석곡주 풍란꽃에 소주를 부어 밀봉한 다음 1년 정도 숙성시킨 술이다. 풍란은 우리나라 남쪽 섬(홍도, 흑산도 등)에 서식하는 난의 일종으로 5~6월경 꽃이 필 때 풍란꽃을 채취한다. ♨ 전남

석류김치 바둑판 모양으로 칼집을 넣은 무에 칼집 사이에 소를 채워 담근 김치이다. 무를 원형으로 썰어 바둑판 모양으로 칼집을 낸 후 배춧잎과 절여 채반에 올려 물기를 뺀 다음 무채, 밤채, 배채, 마늘채, 생강채, 미나리, 실파, 석이버섯채에 새우젓, 소금, 설탕, 실고추로 간을 맞춘 소를 만들어 칼집 사이에 채운 후 배추로 싸서 담근다. 김치의 모양이 익은 석류알이 벌어진 것과 닮아서 석류김치라고 부르는데, 서울 지방에서 많이 담그는 백김치이다. 김치의 매운맛이 없고 담백하여 어린이나 노인, 환자들에게 좋은 음식이다. ♨ 서울·경기

석감주

석류김치

석류탕　석류 모양의 만두를 장국에서 익힌 것이다. 밀가루로 만든 만두피에 쇠고기, 닭살, 표고버섯과 으깬 두부, 채 썬 무, 데친 미나리와 숙주로 만든 소를 넣어 복주머니 모양으로 만두를 빚은 후 쇠고기육수에 끓여 소금이나 국간장으로 간하여 마름모 모양의 황백지단을 얹은 것이다. 석류탕은 만둣국의 일종으로 늦가을 석류 열매가 맺혀 입이 약간 벌어진 모양을 본떠서 빚은 것으로 옛날에는 궁궐에서만 만들어 먹던 음식이다. ꕤ 서울·경기

석류탕

석이버섯단자　다진 석이버섯을 섞은 찹쌀가루를 쪄서 절구에 친 다음 네모나게 썰어 잣가루를 묻힌 떡이다. 《음식법》(석이버섯단자), 《시의전서》(석이단자 : 石耳), 《조선요리제법》(석이버섯단자), 《조선무쌍신식요리제법》(석이단자 : 石耳團餈)에 소개되어 있다. ꕤ 서울·경기

석이병 ▶▶▶ 석이편　ꕤ 경남

석이볶음　석이버섯을 데쳐 불린 다음 손질하여 참기름을 두른 팬에 한참 볶다가 소금 간을 하고 잣가루를 뿌린다. 《조선무쌍신식요리제법》(석이채 : 石耳菜)에 소개되어 있다. ꕤ 강원도

석이편　멥쌀가루와 찹쌀가루에 석이버섯과 잣을 다져 넣고 찐 떡이다. 석이병

이라고도 한다. 《도문대작》(석이편(병)), 《음식디미방》(석이편), 《산림경제》(석이떡), 《규합총서》(석이병), 《증보산림경제》(풍악석이병법 : 楓嶽石耳餠法), 《음식법》(석이떡)에 소개되어 있다. ꕤ 경남

석탄병　멥쌀가루에 감가루, 밤, 대추, 계핏가루, 잣을 고루 섞어 녹두고물과 번갈아 켜켜이 안쳐 찐 떡이다. '아낄 석(惜)' 자에 '삼킬 탄(呑)' 자를 써서 차마 삼키기가 아깝다는 이름이 붙을 정도로 만드는 정성과 맛이 있다. 《규합총서》(석탄병 : 惜呑餠), 《부인필지》(석탄병), 《조선요리제법》(석탄병), 《조선무쌍신식요리제법》(석탄병 : 惜呑餠)에 소개되어 있다. ꕤ 서울·경기

석탄병

섞박지　납작하게 썰어 절인 배추와 무를 쪽파, 미나리, 실고추, 조기젓국, 고춧가루, 다진 마늘·생강으로 버무려 항아리에 담은 것이다. 황석어젓, 새우젓, 까나리젓 등을 쓰기도 한다. 《규합총서》(섞박지), 《시의전서》(섞박지), 《조선무쌍신식요리제법》(섞박지)에 소개되어 있다. ꕤ 전국적으로 먹으나 특히 서울·경기에서 즐겨먹음

선령비주 ▶▶▶ 삼지구엽초주　ꕤ 강원도

선산약주　찹쌀 고두밥과 누룩을 섞어

발효시켜 만든 밑술에 고두밥을 섞어 덧술을 담가 발효시킨 술이다. 송로주라고도 한다. 일명 송로주로, 500년 전 조선시대 성리학으로 유명한 김종직 선생에 의해 개발되었다고 하며 단계천 맑은 물로 술을 빚어 감미롭고 향기가 나는 우수한 술이 제조되어 선비들이 즐겨 마셨다고 한다. ⚘ 경북

선지국수 멸치장국국물에 삶아 건진 국수와 선지를 넣은 것으로 양념장(간장, 다진 파 · 마늘, 고춧가루, 참기름, 깨소금)을 곁들인다. ⚘ 경남

선지해장국 ▶▶▶ 선짓국 ⚘ 서울 · 경기 등

선짓국 핏물을 뺀 소뼈를 넣어 끓인 육수에 된장을 풀어 끓이다가 콩나물, 배추나 우거지를 고추장과 다진 마늘로 양념하여 넣은 후 데친 선지를 넣어 끓인 것이다. 전남에서는 송송 썬 실파와 토하젓을 곁들인다. 돼지피는 대나무채 끝을 이용하여 150회 정도 같은 방향으로 저어 부드럽게 만들어 이용한다. 선지해장국이라고도 한다. 《조선무쌍신식요리제법》(선짓국, 우혈탕 : 牛血湯)에 소개되어 있다.

선짓국

선짓국비빔밥 선지와 소뼈를 넣어 푹 끓인 선짓국과 끓고 있는 선짓국에 살짝 데친 애호박채 · 콩나물 · 시금치를 밥

위에 올린 뒤 채 썰어 양념한 쇠고기볶음, 김가루, 황백지단채, 양념장을 곁들인 것이다. ⚘ 전남

설게국 ▶▶▶ 쏙국 ⚘ 충남

설게떡 ▶▶▶ 쏙떡 ⚘ 충남

설게무젓 ▶▶▶ 쏙무젓 ⚘ 충남

설게장 ▶▶▶ 쏙장 ⚘ 충남

설게찜 ▶▶▶ 갯가재찜 ⚘ 충남

설기국 ▶▶▶ 쏙국 ⚘ 충남

설기떡 ▶▶▶ 쏙떡 ⚘ 충남

설렁탕 소의 여러 부위를 함께 넣고 푹 끓인 국이다. 핏물을 뺀 쇠머리와 우족, 사골을 토막 내어 물을 넣고 푹 끓이다가 쇠고기(양지머리)와 생강, 마늘을 넣어 함께 끓인 후 고기를 건져 편으로 썰어 넣고 소금, 후춧가루, 송송 썬 파 등을 곁들인 것이다. ⚘ 전국적으로 먹으나 특히 서울 · 경기에서 즐겨 먹음

섭산삼 방망이로 두들겨 소금물에 담가 쓴맛을 뺀 더덕을 찹쌀가루를 묻혀

섭산삼(충북)

섭산삼(경북)

식용유에 튀긴 것으로 꿀을 곁들인다. 충북에서는 인삼을 편으로 썰어 만들기도 한다. 《음식디미방》(섭산삼)에 소개되어 있다. ☘️충북, 경북

섭산적 다진 쇠고기와 으깬 두부를 섞어 간장, 설탕, 소금, 다진 파·마늘, 참기름, 깨소금, 후춧가루로 양념하여 네모진 반대기를 만들어 석쇠에 구운 후 한 입 크기로 썰어 잣가루를 뿌린 것이다. 제주도에서는 쇠고기적갈이라고도 한다. ☘️서울·경기

섭전 소주와 물, 찹쌀가루로 만든 반죽을 둥글납작하게 빚어 식용유를 두른 팬에 올려 밤채, 대추채, 석이버섯채, 황국잎(누런색의 국화)을 그 위에 얹어 지진 다음 설탕으로 만든 즙청액을 묻힌 떡이다. 섭전은 전북 익산 지방에서 많이 만들어 먹던 찹쌀가루에 국화 꽃잎을 얹어 지진 떡으로 일반 화전과 그 모습이나 형태가 비슷하나 반죽을 할 때 물에 탄 소주를 부어서 반죽한다는 점이 일반 화전과는 다른 특징이다. ☘️전북

섭 전

섭죽 ▶▶▶ 홍합죽 ☘️강원도
섯보리밥 ▶▶▶ 풋보리밥 ☘️제주도
성계국 불린 미역을 참기름에 볶다가 물을 붓고 한소끔 끓으면 성게알을 넣고 끓여 국간장과 소금으로 간한 것으로 제주도의 대표적인 국이다. ☘️제주도

성계냉국 끓는 물에 성게알을 살짝 익힌 다음 건져 놓고, 차게 식힌 성게국물에 성게알과 참기름에 볶은 생미역을 넣고 국간장으로 간한 국이다. 성게냉국은 제주도에서만 먹을 수 있는 향토음식으로 성게가 많이 난다는 제주도에서도 귀한 재료로서 산모의 산후식과 술병을 고치는 치료식으로 이용하고 있다. ☘️제주도

성계냉국

성계달걀찜 달걀을 푼 물에 성게알, 실파, 붉은 고추, 소금, 후춧가루를 넣어 고루 섞고 저어가면서 찐 것이다. 앙장구달걀찜이라고도 한다. ☘️경남

성계미역국 ▶▶▶ 성계국 ☘️제주도

성계알탕국 다시마장국국물에 무, 대합, 표고버섯을 넣고 끓이다가 성게알, 양파, 두부를 넣고 끓여 소금으로 간을 한 탕국이다. 제사음식으로 일반 탕국보다 맛이 담백한 것이 특징이며, 두부를 구워서 넣기도 하고, 청각을 넣기도 한다. ☘️경남

성계젓 성게알에 소금을 섞어 항아리에 담아 한 달 정도 숙성시킨 것이다. 구살젓이라고도 한다. ☘️제주도

성계죽 불려 으깬 쌀을 참기름에 볶다가 물을 부어 푹 끓여 쌀알이 퍼지면 성

성게젓

게알을 넣고 더 끓인 다음 소금으로 간을 한 죽이다. 구살죽이라고도 한다. ✿ 제주도

세모국 세모를 넣고 끓여 만든 국이다. 방법 1 : 소금물에 씻어놓은 굴과 국간장, 다진 파·마늘을 끓는 물에 넣고 끓이다가 세모를 넣고 한소끔 더 끓인다. 방법 2 : 냄비에 참기름을 두르고 반달썰기 한 감자를 넣어 볶다가 쌀뜨물을 붓고 끓으면 세모를 넣어 한소끔 더 끓인다. 세모는 청정바다의 바위에 붙어서 자라는 아주 조그만 풀로 따다가 곱게 말려서

말린 세모

먹는 음식으로 여름철에는 찬 국으로, 겨울철에는 따뜻한 국으로 만들어 먹는 음식이다. ✿ 충남

세발나물 ▶▶▶ 갯나물 ✿ 전북
세화아욱국 ▶▶▶ 싱어아욱국 ✿ 충남
소곡주 ▶▶▶ 국화동동주 ✿ 충남
소껍질무침 소의 껍질을 끓는 물에 푹 삶아 식혀 채 썰고, 미나리와 풋고추, 무, 양파도 채 썰어 양념(고춧가루, 다진 마늘, 소금, 참기름, 깨소금)을 넣어 무친 것이다. ✿ 경북

소껍질

소껍질무침

소라구이 소라를 통째로 숯불에 구운 다음 살을 꺼내어 몸통과 내장을 분리하여 양념장(간장, 설탕, 다진 파·마늘, 고춧가루, 참기름, 깨소금)을 곁들인 것이다. 구쟁기구이라고도 한다. ✿ 제주도
소라산적 삶은 소라살을 양념(국간장, 설탕, 다진 파·마늘, 참기름, 후춧가루)

소라산적

으로 버무려 재운 다음 썰어서 꼬치에 꿰어 식용유에 지진 것이다. ☙ 경북

소라젓 소금물에 씻어 물기를 뺀 소라살을 소금과 켜켜로 항아리에 담아 한 달 정도 숙성시킨 것이다. 먹을 때 소라살을 얄팍하게 썰어 기름 양념으로 무치면 씹히는 맛이 쫄깃하다. 구쟁이젓이라고도 한다. ☙ 제주도

소라조림 끓는 양념(간장, 설탕, 다진 마늘, 생강즙, 후춧가루)에 삶은 소라를 넣고 조리다가 국물이 잦아들면 전분물을 넣어 고루 섞고 참기름을 넣은 것이다. ☙ 경남

소라회 잘게 썬 소라살, 미나리, 채 썬 깻잎, 무채, 오이채를 초고추장(고추장, 고춧가루, 다진 마늘, 식초, 설탕, 생강즙, 참기름)으로 무친 것이다. 충남에서는 소라회무침이라고도 한다. ☙ 충남, 제주도

소라회무침 ▶▶▶ 소라회 ☙ 충남

소루쟁이나물죽 불린 쌀에 물과 막장을 넣고 끓이다가 소루쟁이, 참쑥, 돌미나리를 넣고 걸쭉해지면 양념을 넣고 수제비 반죽을 뜯어 넣어 끓인 죽이다. 소루쟁이는 여뀟과의 여러해살이풀로 어린잎

소루쟁이

소루쟁이나물죽

은 식용하며 독채(禿菜), 양제(羊蹄), 양제초, 우설채라고도 한다. ☙ 강원도

소루쟁이토장국 얇게 저며 양념한 쇠고기를 냄비에 살짝 볶은 후 쌀뜨물을 넣고 된장과 고추장을 푼 뒤 소루쟁이와 다진 마늘, 모시조개국물을 넣어 끓이다가 채 썬 파, 모시조개를 넣어 끓인 것이다. 《조선요리제법》(소루장이국), 《조선무쌍신식요리제법》(소루쟁이국, 대황근탕 : 大黃根湯, 양제근탕 : 羊蹄根湯)에 소개되어 있다. ☙ 서울·경기

소백산버섯전골 얇게 썬 등심에 손질한 표고버섯, 밤버섯, 꾀꼬리버섯, 송이버섯, 실파, 당근을 넣고 돌돌 말아 데친 미나리로 묶어놓고, 전골냄비에 양지머리육수와 편육, 풋고추, 양파를 넣고 끓으면 소금으로 간하여 준비해 둔 버섯말이를 넣고 살짝 익혀 먹는 것이다. 밤버섯은 가을에 밤나무, 졸참나무, 상수리나무 등의 썩은 나무의 밑부분에 군생하는데, 적갈색의 섬유질로서 성숙되면 갈색이 되고 맛이 좋아 장국, 식초절임으로 이용된다. 꾀꼬리버섯은 여름에서 가을 사이에 활엽수 또는 침엽수림의 땅에 무리지어 나며 전체가 노란색으로 살구 냄새가 나고 식용과 약용으로 이용된다. ☙ 충북

소백산산채비빔밥 소백산에서 나는 참취와 고사리, 도라지, 더덕, 느타리버섯, 표고버섯 등을 말려 두었다가 나물로 무쳐 밥 위에 담고 신선한 산채를 쌈채소로 곁들여 먹는 밥이다. 소백산에서 자생하는 참취와 고사리, 도토리, 도라지를 말려 두었다가 보름날 해먹거나 남은 음식으로 비빔밥을 해먹었다. ☙ 충북

소앵이장아찌 ▶▶▶ 엉겅퀴뿌리장아찌 ☙ 제주도

소양죽 불린 쌀을 참기름으로 볶다가 푹 삶아 잘게 썬 소양과 국물을 붓고 끓여 소금 간을 한 죽이다. 양은 소의 위를 고기로 이르는 말이다. ♨ 경남

소양

소양죽

속미음

속새김치 ▶▶▶ 씀바귀김치 ♨ 경북

속시리떡 ▶▶▶ 조쑥떡 ♨ 제주도

솖음배추겉절이 ▶▶▶ 배추겉절이 ♨ 경남

손내성 ▶▶▶ 조매떡 ♨ 제주도

손닭국수 ▶▶▶ 닭칼국수 ♨ 경북

솔꽃쌀엿 ▶▶▶ 송화쌀엿 ♨ 충남

솔방울떡 치자물, 오미자물, 쑥가루로 각각 물들인 멥쌀가루에 대추, 잣, 깨로 만든 소를 넣어 솔방울 모양으로 빚어 찐 떡이다. ♨ 서울·경기

소어젓 ▶▶▶ 밴댕이젓 ♨ 전남

속대장아찌 배춧잎과 무를 간장에 절인 후 간장물을 따라내어 끓여서 식혀 다시 부은 뒤 대파, 마늘, 생강채를 함께 넣어 숙성시킨 것이다. 먹을 때 송송 썰어 참기름, 깨소금으로 무친다. 《시의전서》(속대장아찌)에 소개되어 있다. ♨ 서울·경기

속말이인절미 불린 찹쌀을 쪄서 설탕, 소금을 넣고 고루 쳐 넓게 핀 다음 삶은 팥, 대추채, 밤채, 석이버섯채를 올려 돌돌 말아 썬 후 콩가루를 묻힌 떡이다. ♨ 경북

속미음 깨끗이 씻은 차조와 손질한 인삼, 황률, 대추에 물을 붓고 푹 끓인 후 체에 걸러 꿀이나 설탕을 넣은 것이다. 《조선무쌍신식요리제법》(좁쌀미음, 속미음 : 粟米飮)에 소개되어 있다. ♨ 서울·경기

솔방울떡

솔버섯집나물 삶아서 물에 하루 동안 담갔다가 물기를 뺀 솔버섯에 들깻가루와 쌀가루를 푼 물을 부어 푹 끓인 다음 다진 마늘과 소금으로 양념한 것이다. 솔버섯은 송이버섯과에 속하며 소나무가 있는 야산에서 야생하는 것으로 보통 7월에 채취하며, 맛이 담백하고 좋다. ♨ 전북

솔변 멥쌀가루를 익반죽하여 살짝 삶은 것을 치대어 반달형의 솔변떡본으로 모양을 떠서 솔잎을 깐 시루에 찐 떡이다. 다 쪄지면 찬물에 담가 솔잎을 떼어내고 헹군 다음 물기를 빼고 참기름을 조금씩 바른다. 솔변은 달(月)을 상징하는 형상이다. 반착곤떡이라고도 한다. ⚘ 제주도

솔변

솔순차 항아리에 솔순 한 켜, 흑설탕 한 켜씩 켜켜이 담아 재워 밀봉하여 차고 어두운 곳에 7~10일 동안 두었다가 액만 걸러낸 후 따뜻한 물에 타서 먹는 음료이다. 솔순은 송순이라고도 하며 새로 돋아난 소나무의 어린순을 말한다. ⚘ 강원도

솔잎닭찜 깨끗이 손질한 토종닭의 배속에 대추, 인삼, 연밥, 마늘, 생강, 구기자, 밤, 황기, 감초를 넣고 꿰매어 찜솥 바닥에 솔잎을 깔고 토종닭을 넣어 찐 것이다. ⚘ 충남

솔잎동동주 방법 1 : 솔잎을 깔고 찹쌀을 찐 후 따뜻할 때 누룩과 효모, 물을 넣고 버무려서 항아리에 담아 발효시킨 다음 거른다(강원도). 방법 2 : 솔잎을 깔고 찐 고두밥을 식혀 누룩과 함께 1 : 1의 비율로 항아리에 넣고 물을 부은 후 고추를 가장자리에 눌러 놓고 발효시켜

만든다(충남). ⚘ 강원도, 충남

솔잎주 식힌 찹쌀고두밥과 솔잎, 누룩, 효모를 섞어 항아리에 켜켜이 안쳐 5일간 발효시킨 다음 끓여 식힌 물을 붓고 3일간 발효시킨 뒤 용수를 넣고 술을 떠서 서늘한 곳에 보관하여 먹는 술이다. 송엽주라고도 한다. ⚘ 충북

솔잎죽 보릿가루와 마른 솔잎을 빻아 만든 가루를 섞어서 푹 끓인 후 소금과 설탕으로 간한 것이다. ⚘ 전남

솔잎차 솔잎과 설탕을 켜켜이 번갈아 넣고 자작하게 물을 부어 보름 정도 밀봉해 두었다가 물에 희석해서 마시는 것이다. 경남에서는 솔잎을 꿀에 재운다. ⚘ 서울·경기, 경남

솔잎찹쌀동동주 찹쌀에 솔잎을 섞어 지은 고두밥을 누룩과 버무린 후 항아리에 담고 물, 소주, 막걸리, 설탕을 부어 입구를 봉해 15~20일 정도 발효시켜 만든 술이다. ⚘ 충남

솔전 ▶▶▶ 부추전. 전라도에서는 부추를 '솔'이라고도 부른다. ⚘ 전라도

송구떡 ▶▶▶ 송기떡 ⚘ 경남

송기떡 찹쌀가루에 송기를 곱게 찧어 섞어 반죽하여 찐 떡이다. 방법 1 : 소나무 속껍질에 중조(베이킹파우더)를 넣어 삶아 가루를 만들고 멥쌀가루(또는 찹쌀가루)와 섞어 반죽하여 녹두소를 넣고 송편을 빚어 찐 다음 참기름을 바른다(강원도, 충남). 방법 2 : 소나무 어린 가지의 속껍질만 발라내어 절구에 곱게 찧은 것을 멥쌀가루, 물과 섞어 반죽한 다음 둥글납작하게 빚어 찐다(전북). 방법 3 : 불린 멥쌀과 찹쌀에 삶은 송기를 넣고 빻아 찐 다음 설탕을 넣고 치대어 가래떡 모양으로 만든 후 적당히 썰어 팥고물을 묻힌다(경북). 방법 4 : 푹 삶

은 송기에 찹쌀가루와 소금을 넣고 빻아 설탕을 섞어 콩고물을 깔고 찐 다음 차지게 치대어 콩고물을 묻힌다. 송기는 중조를 넣고 1시간 정도 삶아 찬물에 우려내고 송기가 부드러워질 때까지 2번 더 반복한다(경남). 송기는 소나무의 속껍질이며, 떡이나 죽에 이용된다. 강원도, 충남에서는 송기송편, 전북에서는 생키떡, 경남에서는 송구떡이라고도 한다. 《도문대작》(송기떡(송피떡)), 《지봉유설》(소나무 껍질로 만든 떡), 《규합총서》(송기떡), 《증보산림경제》(송피병법 : 松皮餠法, 송피떡), 《산가요록》(송고병, 송고병(소나무규껍질)), 《시의전서》(송피(松皮)절편), 《조선요리제법》(송기떡), 《조선무쌍신식요리제법》(송피병 : 松皮餠)에 소개되어 있다. ♣ 강원도, 충남, 전북

송기떡

송기송편 ▶▶▶ 송기떡 ♣ 강원도, 충남
송로주 ▶▶▶ 선산약주 ♣ 경북
송순주 소나무의 새순을 넣고 빚은 술이다. 방법 1 : 멥쌀고두밥에 누룩을 섞어 서늘한 곳에서 6~7일간 두어 밑술을 만들고, 찹쌀로 고두밥을 지어 황곡과 송순가루를 넣고 15~16℃에서 13일간 발효시켜 밑술에서 걸러진 소주를 덧술에 넣고 2~3개월 동안 숙성시켜 만든다

(충남, 전북). 방법 2 : 잔털을 다듬어 씻어 말린 송순에 소주를 부어 3개월 가량 숙성시킨다(제주도). 송순주는 맑고 독특한 누른 색을 띠며 약간의 한약 냄새가 나고, 알코올 도수는 25% 정도이다. 엽록소, 비타민 A와 C, 칼륨, 칼슘, 철분 외에 다양한 효소들이 함유되어 있다. 송순은 새로 돋아난 소나무의 순이다. 《규합총서》(송순주), 《증보산림경제》(송순주 : 松筍酒, 송순주(소나무새순) : 松筍酒), 《시의전서》(송순주 : 松筍酒), 《조선무쌍신식요리제법》(송순주 : 松筍酒)에 소개되어 있다. ♣ 충남, 전북, 제주도

송순주

송애젓 ▶▶▶ 밴댕이젓 ♣ 전남
송어구이 소금을 뿌려 놓은 송어를 꾸덕꾸덕하게 말려 구운 것이다. 송어는 산천어와 같은 종으로 분류되나, 강에서만 생활하는 산천어와 달리 바다에서 살다가 산란기에 다시 강으로 돌아오는 습

송어

성이 있으며 예로부터 고급 식용어로 인기가 있었다. ♣ 강원도
송엽주 ▶▶▶ 솔잎주 ♣ 충북
송이닭죽 인삼을 우려낸 물에 송이버섯과 닭을 넣고 푹 끓인 다음 불린 찹쌀을

넣어 퍼질 때까지 끓여 소금으로 간을 한 죽이다. ☕ 경남

송이돌솥밥 돌솥에 불린 쌀과 밤, 대추, 다져서 양념한 쇠고기 등을 넣고 밥을 짓다가 뜸 들일 때 얇게 썬 송이를 넣어 뚜껑을 닫아 밥을 짓고 양념장을 곁들인 것이다. ☕ 강원도

송이돌솥밥

송이맑은국 참기름에 애호박과 무를 볶다가 쌀뜨물을 붓고 끓여 소금 간을 하고 먹기 직전에 송이버섯을 넣은 국이다. 애호박 대신 박고지를 이용하기도 한다. ☕ 경북

송이버섯산적 세로로 얇게 썬 송이버섯을 소금과 참기름으로 버무리고, 송이버섯과 양념한 쇠고기, 대파를 꼬치에 번갈아 꿰어 한쪽 면에 밀가루를 묻히고 달걀물에 적셔 식용유를 두른 팬에 지진 것이다. ☕ 충북

송이버섯전골 송이버섯을 얇게 썰어 양념한 쇠고기 · 조갯살, 실과와 함께 전골 냄비에 돌려 담고 육수를 부어 끓이면서 먹는 것이다. 《조선무쌍신식요리제법》(송이찌개)에 소개되어 있다. ☕ 강원도

송이볶음 간장 양념장을 끓이다가 살짝 볶은 송이버섯과 어슷하게 썬 풋고추 · 붉은 고추를 넣어 볶은 것이다. 《조선요리제법》(송이볶음)에 소개되어 있

다. ☕ 강원도

송이산적 얇게 포를 떠 양념한 쇠고기와 납작하게 썰어 참기름에 무친 송이버섯을 꼬치에 꿰어 간장, 밀가루, 참기름, 후춧가루, 물을 섞은 가루즙을 바르면서 구운 것이다. 강원도에서는 소금과 참기름으로 무친 송이버섯을 세로로 썰어 양념한 쇠고기와 꼬치에 번갈아 꿰어 석쇠에 구워 잣가루를 뿌린다. 《시의전서》(송이산적), 《조선요리제법》(송이산적), 《조선무쌍신식요리제법》(송이산적 : 松耳散炙)에 소개되어 있다. ☕ 서울 · 경기, 강원도

송이장아찌 송이버섯을 쪄서 고추장에 박아 숙성시킨 장아찌이다. 먹을 때 꺼내 양념한다. ☕ 강원도

송이장조림 양념장(간장, 설탕, 육수, 물엿)에 깍둑썰기 한 쇠고기, 마늘을 넣어 조리다가 송이버섯을 넣고 더 조린 것이다. ☕ 경북

송이칼국수 끓는 멸치장국국물에 칼국수, 감자, 호박, 대파, 부추를 넣어 끓이다가 송이버섯을 넣고 더 끓여 양념장(간장, 다진 파 · 마늘, 고춧가루, 참기름, 깨소금)을 곁들인 것이다. ☕ 경북

송절주 쪄서 식힌 쌀밥, 따뜻한 물에 8시간 정도 담가둔 누룩, 송절 삶은 물을 섞어 항아리에 넣어서 윗부분에 솔잎을

송절주

깔아 상온에서 발효시킨 것이다. 조선 중기부터 널리 보급된 전통 약주로 1989년 서울특별시 무형문화재 제2호로 지정되었다. 송절은 싱싱한 소나무 가지의 마디를 말한다. 《규합총서》(송절주 : 松節酒), 《부인필지》(송절주)에 소개되어 있다. ☙ 서울·경기

송차 항아리에 깨끗이 씻은 솔잎을 담고, 끓여서 식힌 설탕물을 부어 창호지로 봉한 뒤 2~3개월간 서늘한 곳에 보관하였다가 솔잎을 걸러낸 것이다. 송차는 솔잎으로 만든 차로서 백제시대의 보리사 이도열 주지 스님이 개발한 차이며, '송엽주'와 유사한데, 잠깐 동안 톡 쏘는 맛이 특징이다. ☙ 충남

송편 멥쌀가루를 익반죽하여 참깨, 풋콩, 밤, 거피팥 등의 소를 넣고 반달 모양으로 빚어 시루에 솔잎을 켜켜이 깔고 쪄낸 후 참기름을 바른 떡이다. 송기, 쑥, 치자 등의 재료로 색을 낼 수 있고 다양한 재료를 소로 이용한다. 제주도에서는 멥쌀가루를 익반죽하여, 삶은 고구마와 설탕을 섞은 소를 넣고 송편을 빚은 다음 끓는 물에 삶아 건져 물기를 빼고 참기름을 바른다. 삶은 팥이나 볶은 통깨를 이용하기도 한다. 제주도는 다른 지역 송편에 비해 크고 모양도 특이하다. 풋콩은 꼬투리가 완전히 여물기 전에 수확한 콩을 말한다. 《규합총서》(송편), 《음식법》(송편), 《시의전서》(송병 : 松餠), 《부인필지》(송편), 《조선요리제법》(송편), 《조선무쌍신식요리제법》(송병 : 松餠)에 소개되어 있다.

송편꽃떡 ▶▶ 꽃송편 ☙ 경남

송포토속주 쪄서 식힌 쌀밥에 백곡균을 버무려 뒤집어가며 발효시켜 누룩, 식힌 찹쌀고두밥, 물을 섞어 항아리에 넣어 7

~10일 정도 발효시킨 후 찬 곳에서 3일 정도 지나 술이 다 되면 용수를 박아 걸러낸 술이다. 경기도 고양 송포리의 부의주(浮蟻酒)라고도 하는데, 밥알이 동동 뜨게 빚은 찹쌀술로 동동주에 해당하는 술이다. 술의 색깔은 약간 불투명한 담황갈색으로 맛과 색이 일반 약주(藥酒)와 유사하다. 기호에 따라 영지, 인삼, 국화, 솔잎, 모과 등을 넣어 만들기도 한다. ☙ 서울·경기

송포토속주

송화고물경단 찹쌀가루를 익반죽하여 다진 대추와 다진 유자청 건더기를 섞어 소로 만들어 넣고 둥글게 빚어 끓는 물에 삶아 송홧가루를 묻힌 떡이다. 송홧가루는 소나무의 꽃가루를 말하는 것으로 색이 노랗고 달짝지근한 향이 나는 것이 특징이다. ☙ 강원도

송화다식 송홧가루에 아카시아꿀을 넣고 반죽한 것을 조금씩 떼어 참기름을 바른 다식판에 꼭꼭 눌러서 박아 낸 것이다. 《음식법》(송화다식), 《시의전서》(송화다식 : 松花茶食), 《조선요리제법》(송화다식), 《조선무쌍신식요리제법》(송화다식 : 松花茶食)에 소개되어 있다. ☙ 전남

송화밀수 꿀물에 송홧가루를 풀어 잣을 띄운 음료이다. 강원도에서는 송화수 또

는 송화화채라고도 한다. 《시의전서》(송화밀수)에 소개되어 있다. ❧ 강원도, 경북

송화밀수

송화솔잎경단 연한 솔잎을 깨끗이 손질하여 곱게 다져 놓고, 찹쌀가루를 익반죽하여 동그랗게 빚은 경단을 삶아 물기를 빼고 송홧가루와 다진 솔잎을 묻힌 떡이다. ❧ 충남

송화솔잎절편 멥쌀가루에 물을 넣고 비벼 체에 내려 찜솥에 찐 다음 절구에 넣고 쳐서 3등분 하여 송홧가루, 솔잎가루로 색을 들이고, 흰떡 덩어리를 가운데에, 송홧가루와 솔잎가루로 색을 들인 떡을 가장자리에 놓고 가늘게 늘린 다음 떡살무늬로 누른 후 썰어 설탕과 참기름을 바른 떡이다. ❧ 충남

송화수 ▶▶ 송화밀수 ❧ 강원도

송화쌀엿 큰 솥에 쌀가루와 물을 넣고 덩어리 없이 잘 갠 다음 구기자물에 엿기름가루를 넣고 엿기름물을 만들어 섞어서 약한 불에서 1~2시간 끓이다가 체에 걸러낸 후 다시 약한 불에서 오래 끓여 마지막에 송화를 넣고 버무려서 먹기 좋은 크기로 만든 것이다. 솔꽃쌀엿이라고도 한다. ❧ 충남

송화주 소나무의 꽃을 줄거리째로 넣어서 빚은 술이다. 찹쌀고두밥에 솔잎, 송홧가루, 누룩을 섞어 10일 정도 발효시켜 떠 낸 맑은 술에 다시 찹쌀고두밥, 솔잎, 송홧가루, 누룩을 섞어 넣고 3개월 정도 발효시켜 찹쌀이 완전히 가라앉고 솔잎이 위로 뜨면 용수를 박아 걸러낸 술이다. 점주라고도 한다. ❧ 전북

송화화채 ▶▶ 송화밀수 ❧ 강원도

쇠간전 포를 뜬 소간에 소금, 후춧가루로 양념하여 깨소금, 물을 섞은 메밀가루를 묻혀 식용유를 두른 팬에 지진 것이다.

쇠갈비구이 칼집을 넣은 쇠갈비를 간장, 배즙, 설탕, 참기름, 후춧가루 등으로 만든 양념장에 재워 놓았다가 석쇠에 구운 것이다.

쇠갈비찜 핏물을 빼고 삶아 낸 쇠갈비와 한 입 크기로 썬 무·당근·표고버섯에 간장, 설탕, 다진 파·마늘, 배즙, 꿀 등의 양념을 섞고 육수를 넣어 푹 익힌후 은행과 황백지단, 잣을 얹은 것이다.

쇠고기떡찜 깍둑썰기 한 쇠고기·밤·당근에 간장 양념(간장, 배즙, 물엿, 다진 파·마늘·생강, 설탕, 참기름, 통깨, 후춧가루)을 넣어 찌다가 고기가 익으면 떡을 넣어 익히고 통깨를 얹은 것이다.

쇠고기맑은장국 ▶▶ 뭇국 ❧ 서울·경기

쇠고기무국 ▶▶ 뭇국

쇠고기미역국 ▶▶ 미역국

쇠고기불고기 얇게 저민 쇠고기, 채 썬

쇠고기불고기

당근·양파를 배즙, 간장, 설탕, 다진 파·마늘, 깨소금, 참기름, 후춧가루로 만든 양념장에 버무려 팬에서 익히거나 석쇠에 구운 것이다. 너비아니라고도 한다.

쇠고기산적 쇠고기를 양념(간장, 설탕, 다진 파·마늘, 참기름, 깨소금)에 재웠다가 꼬치에 꿰어 두 개씩 포개어 식용유를 두른 팬에 지진 것이다. 쇠고기는 갑자기 열을 가하면 줄어들기 때문에 서서히 열을 가하기 위해 두 개씩 포개어 굽는다. 경남에서는 꼬치에 꿰지 않고 지지기도 한다. 제주도에서는 쇠고기적 갈이라고도 한다. ▼ 제주도

쇠고기숯불구이 쇠고기 등심을 양념장(간장, 설탕, 다진 파·마늘, 참기름 등)에 재워두었다가 참숯불 위의 석쇠에 구운 것이다. 광양숯불고기라고도 한다. ▼ 전남

쇠고기숯불구이

쇠고기장조림 토막 내어 푹 삶은 쇠고기(우둔살)에 간장, 마늘, 생강, 설탕, 물을 넣고 조린 것이다. 조린 고기는 결 방향대로 찢어낸다. 전북에서는 장조림, 자장이라고도 한다.

쇠고기적갈 ▶▶▶ 쇠고기산적 ▼ 제주도

쇠고기전 얇게 저며 간장 양념(간장, 설탕, 참기름, 깨소금, 다진 파·마늘, 후

쇠고기장조림

춧가루)에 재운 쇠고기에 밀가루를 묻히고 달걀물을 입혀서 식용유를 두른 팬에 지진 것이다. 전남에서는 달걀물에 부추를 넣는다. 《시의전서》(고기전), 《조선무쌍신식요리제법》(육전유어 : 肉煎油魚)에 소개되어 있다. ▼ 전라도

쇠고기전골 전골냄비에 채 썰어 양념한 쇠고기·표고버섯, 납작하게 썬 두부·무·당근, 실파, 미나리 등을 돌려 담고 육수를 넣어 끓인 것이다.

쇠고기죽 다진 쇠고기를 참기름으로 볶다가 불린 쌀을 넣고 같이 볶은 다음 물을 붓고 끓여 쌀알이 퍼지면 소금으로 간한 죽이다. ▼ 제주도

쇠고기탕국 참기름에 쇠고기와 무를 볶다가 물을 붓고 끓여 두부, 오징어를 넣어 끓으면 다진 마늘을 넣고 소금, 국간장으로 간을 한 것이다. 메탕국이라고도 한다. ▼ 경북

쇠머리편육 손질하여 데친 쇠머리에 생강, 마늘, 대파, 물을 넣고 푹 끓이다 뼈를 발라낸 후 다시 반 시간 정도 끓이다가 건져 뜨거울 때 베보자기에 싼 다음 무거운 물건으로 하룻밤 정도 눌러 굳혀서 편으로 썬 것이다. 《조선무쌍신식요리제법》(쇠머리편육, 우두편육 : 牛頭片肉)에 소개되어 있다. ▼ 서울·경기

쇠머리편육

쇠미역쌈

쇠미역도라지지반 물에 불려 먹기 좋은
크기로 썬 쇠미역에 고춧가루물을 들인
도라지와 풋고추채, 고추장 양념(고추
장, 다진 파·마늘, 물엿, 간장, 설탕)을
넣고 무친 것이다. 강원도에서 모내기
할 때 먹는 필수 반찬이다. 쇠미역은 갈
조식물 다시마과의 바닷말로 어릴 때는
세 줄, 성숙하면 다섯 줄의 뚜렷한 중륵
(中肋)과 크고 작은 구멍이 뚫린 엽면이
있다. ▼ 강원도

쇠미역튀각 마른 쇠미역을 잘라서 낮은
온도의 식용유에 튀겨 설탕을 뿌린 것이
다. ▼ 강원도

쇠미역튀각

쇠숭국 ▶▶▶ 쇠젓살국 ▼ 제주도
쇠젓살국 쇠젓살을 푹 삶아 건져 주물
러 으깬 다음 다시 쇠젓살 삶은 국물에
넣고 끓이다가 미역, 다진 마늘을 넣고
끓여 소금으로 간한 국이다. 돼지족발국
과 마찬가지로 산모의 젖을 잘 나게 하
기 위해서 먹는다. 유통은 소, 돼지의 젖
무덤의 고기를 말한다. 쇠숭국이라고도

쇠미역도라지지반

쇠미역부각 불린 찹쌀을 쪄서 물에 헹
구어 물기를 뺀 다음 찹쌀풀을 바른 쇠
미역에 드문드문 붙여서 말려두었다가
낮은 온도의 식용유에서 튀긴 것이다.
▼ 강원도
쇠미역쌈 쇠미역을 데쳐 낸 후 쌈을 쌀
크기로 잘라 초고추장을 곁들인 것이다.
▼ 강원도

쇠젓살(유통)

한다. ☀ 제주도

쇠젓살국

수리취개피떡 멥쌀가루에 뜨거운 물을
넣고 버무린 후 시루에 넣고 푹 쪄서 데
친 수리취와 함께 인절미처럼 친 다음
얇게 밀어 팥소를 넣고 반으로 접어 보
시기로 눌러 반달 모양으로 찍어 낸 후
참기름을 바른 떡이다. 수리취는 국화과
의 여러해살이풀로 떡취, 산우방, 개취
라고도 하며, 어린순은 떡을 해먹는다.
☀ 강원도

수리취떡 불린 멥쌀에 삶은 수리취와
소금을 넣고 함께 빻은 가루에 설탕물을
섞어서 체에 내린 다음 시루에 안쳐 찐
떡이다. ☀ 전남

수리취인절미 찹쌀가루를 시루에 찐 것
과 삶아 다진 수리취를 절구에 넣고 친
다음 도마에 올려 편평하게 모양을 만
들어 적당한 크기로 썬 다음 콩가루, 거
피팥가루, 흑임자에 각각 묻힌 떡이다.
☀ 충북

수리취절편 멥쌀가루를 시루에 넣고 푹
쪄서 삶은 수리취와 함께 절구에 넣고
차지게 친 다음 조금씩 떼어 수레바퀴
모양의 떡살로 눌러 찍은 후 참기름을
바른 것이다. ☀ 강원도

수문탕 마른 생강, 대추, 감초, 목향, 진
피, 정향, 볶은 소금에 물을 부어 달인

수리취절편

다음 건더기는 걸러내고 차로 마시는 것
이다. 성질이 따뜻한 약재만 모아 달여
기력을 증진시키는 음료이다. 《산림경
제》(수문탕 : 須問湯)에 소개되어 있다.
☀ 경남

수문탕

수박나물 ▶▶▶ 수박생채 ☀ 전남, 경북
수박생채 수박 껍질의 흰 부분만 채 썰
어 소금에 절인 후 물기를 빼고 양념(고
춧가루, 다진 마늘, 소금, 참기름, 깨소
금, 소금)으로 무친 것이다. 수박나물이
라고도 한다. ☀ 전남, 경북

수박화채 수박 속을 파내어 한 입 크기
로 썰어 물, 설탕, 얼음을 넣어 차게 먹
는 것이다.

수삼강회 수삼의 일부는 돌려 깎아 준비
하고, 수삼의 나머지는 채 썰어, 대추채와
함께 돌려 깎은 수삼에 넣고 말아 꿀이나
초고추장을 곁들인 것이다. ☀ 서울·경기

수삼강회

수수경단 수숫가루와 쌀가루를 섞어 익반죽하여 지름 2cm 크기의 경단을 빚어 끓는 물에 삶은 다음 찬물에 헹궈 팥고물을 묻힌 떡이다. ♨ 전남

수수도가니 ▶▶▶ 수수옴팡떡 ♨ 서울·경기

수수동동주 삶은 수수를 갈아 엿기름물에 삭힌 다음 누룩과 1 : 1의 비율로 섞어 3일 정도 발효시켜 용수에 걸러낸 술이다. ♨ 충남

수수벙거지 ▶▶▶ 수수옴팡떡 ♨ 서울·경기

수수부꾸미 수숫가루를 익반죽하여 둥글납작하게 빚어 소를 넣고 지진 떡이다. 방법 1 : 익반죽한 수숫가루 반죽을 둥글납작하게 빚어 식용유에 지지다가 팥소를 넣어 반으로 접어 반달 모양으로 만들어 뜨거울 때 설탕을 뿌린다(서울·경기, 강원도, 충북, 경북). 방법 2 : 수숫가루를 3등분 하여 1/3은 쑥으로, 1/3은 치자물로, 1/3은 물로, 각각 익반죽한 다음 둥글납작하게 빚은 반죽을 식용유를 두른 팬에 놓고 소를 넣어 반으로 접어 반달 모양을 만든 후 쑥갓과 대추를 이용하여 꽃 모양으로 장식한다(충북). 강원도에서는 여름철에는 애호박이나 오이소를 넣기도 한다. 강원도에서는 수수제비치, 경북에서는 수수전병, 수수지짐, 수수총떡이라고도 한다. 《조선요리제법》(수수전병), 《조선무쌍신식요리제법》(수수전병)에 소개되어 있다. ♨ 전국적으로 먹으나 특히 충북에서 즐겨 먹음

수수부꾸미(강원도)

수수부꾸미(충북)

수수엿 ▶▶▶ 수수조청 ♨ 경남

수수엿강정 물엿이나 설탕을 넣고 끓이다가 튀긴 수수를 섞어 뭉친 것을 누르거나 밀어서 자른 것이다. ♨ 경남

수수옴팡떡 삶은 콩을 띄엄띄엄 깐 찜통에 수숫가루와 찹쌀가루를 섞어 익반죽한 것을 둥글납작하게 만들어 올려 찐 뒤 콩이 붙으면 뒤집어 반대쪽에도 콩이 붙도록 찐 떡이다. 경북에서는 풋콩과 불린 호박고지를 넣고 찐다. 수수옴팡떡은 곡식 중 제일 먼저 여무는 햇수수를 이용하여 만드는 떡으로, 풋콩과 어우러져 구수한 맛이 나는 별미떡이다. 서울·경기에서 수수도가니, 수수벙거지라고 하며, 충북에서도 수수벙거지라고도 한다. ♨ 서울·경기, 충북, 경북 등

수수전병 ▶▶▶ 수수부꾸미 ♨ 경북

수수옴팡떡(서울 · 경기)

수수옴팡떡(경북)

수수제비치 ▶▶▶ 수수부꾸미 ♨ 강원도

수수조청 식힌 수숫가루죽에 엿기름가루와 물을 섞어 삭힌 것을 윗물만 따라내고 조려 농축한 것이다. 수수엿이라고도 한다. ♨ 경남

수수지짐 ▶▶▶ 수수부꾸미 ♨ 경북

수수총떡 ▶▶▶ 수수부꾸미 ♨ 경북

수수팥시루떡 수숫가루에 설탕과 물을 넣고 버무려 팥고물과 번갈아 켜켜이 안쳐 시루에 찐 떡이다. ♨ 강원도

수수팥시루떡

수수푸레기 ▶▶▶ 수수풀떼기 ♨ 서울 · 경기

수수풀떼 ▶▶▶ 수수풀떼기 ♨ 충북

수수풀떼기 팥 삶은 물에 수수가루와 삶은 호박을 넣어 쑨 죽이다. 방법 1 : 호박을 푹 삶아 소금 간하고 수숫가루를 팥 삶은 물에 넣고 끓이다가, 익반죽하여 잣을 박은 새알심과 삶은 팥을 넣고 끓여 소금 간을 한다(서울 · 경기, 충북). 방법 2 : 물에 고구마, 동부, 밤, 대추를 넣고 끓여 익으면 수숫가루를 뿌려가며 눌지 않게 끓이다가 소금으로 간을 한다(경북). 수수풀떼기는 식량이 모자랐던 시절에 수수와 팥, 호박 등을 넣고 끓여서 밥 대신 끼니로 삼았던 음식이다. 서울 · 경기에서는 수수푸레기, 충북에서는 수수풀떼, 경북에서는 풀떼죽이라고도 한다. ♨ 서울 · 경기, **충북**, 경북

수수풀떼기(서울 · 경기)

수수풀떼기(경북)

수숫가루범벅 껍질과 씨를 제거한 늙은 호박을 푹 삶아 으깨고 콩과 팥을 넣

어 끓이다가 새알심을 넣고 수숫가루를 물에 개어 조금씩 넣으면서 되직하게 농도를 맞춘 것이다. ☙ 충북

수숫가루범벅

수원갈비　쇠갈비를 양념(소금, 설탕, 참기름, 통깨, 후춧가루, 다진 파·마늘, 생강, 물엿, 청주)에 고루 묻혀 재워 두었다가 석쇠에 구운 것이다. 정조의 둔우(屯牛)정책과 함께 발전한 경기도 수원의 축산장려정책으로 인해 수원에서는 수원갈비라는 향토음식이 생겨나게 되었다. 1940년대부터 영동시장의 싸전거리 '화춘옥'이라는 음식점에서부터 시작한 수원갈비는 초기에는 해장국에 갈비를 넣어 주다가 갈비구이로 독립하여 팔기 시작하였고, 1985년부터 수원시 고유 향토음식으로 지정되었다. 다른 지역에 비하여 갈빗대를 크게 한 왕갈비를 소금으로 양념하여 굽는 것이 수원갈비의 특징이다. ☙ 서울·경기

수정과　통계피와 생강에 각각 물을 붓고 끓여 혼합한 후 설탕을 타서 식히고 곶감을 국물에 담가 불렸다가 잣과 함께 띄워 낸 음료이다. 《시의전서》(수정과 : 水正果), 《부인필지》(수정과), 《조선요리제법》(수정과), 《조선무쌍신식요리제법》(수정과 : 水正果)에 소개되어 있다.

수제비　멸치장국국물에 감자를 넣고 소금, 국간장으로 간을 맞춘 뒤 끓으면 밀가루 반죽을 손으로 얇게 떼어 넣고 애호박, 다진 마늘, 대파를 넣은 다음 달걀을 풀어 끓인 것이다. 조개류를 끓여 국물로 사용하기도 한다. 《식료찬요》(수제비), 《산림경제》(산약발어 : 山藥撥魚), 《조선요리제법》(수제비), 《조선무쌍신식요리제법》(운두병 : 雲頭餠)에 소개되어 있다.

수제비

수제비팥죽　끓는 물에 밀가루 반죽을 조금씩 떼어 넣은 다음 삶아서 곱게 간 팥물을 넣고 끓여 소금으로 간한 죽이다. ☙ 전남

숙김치　절인 배추, 삶은 무, 배, 실파, 미나리, 굴에 양념(고춧가루, 새우젓, 다진 파·마늘·생강, 실고추, 소금)을 넣어 버무려 담근 것이다. 예로부터 이가 약한 노인들을 위해 만들어 온 전통김치로서, 가을 김장철에 많이 담근다. 서울·경기에서 삶은김치, 경북에서 술김치라고도 한다. ☙ 서울·경기, 경북

숙깍두기　무를 살짝 삶아 깍두기로 담근 김치이다. 깍둑썰기 하여 삶은 무와 소금에 절인 배추에 미나리, 쪽파, 고춧가루, 양파즙, 배즙, 새우젓, 다진 파·마늘·생강을 넣어 버무려 익힌다. 《조선요리제법》(숙깍두기), 《조선무쌍신식

요리제법》(숙깍두기)에 소개되어 있다.
✤ 서울·경기

숙깍두기

숙복 소금물에 삶은 전복을 그늘에서 꾸덕꾸덕하게 말린 것이다. 얇게 썰거나 통째로 사용하기도 한다. ✤ 제주도

숙복

숙주나물 데친 숙주를 소금, 다진 파·마늘, 참기름으로 무친 것이다. 《산림경제》(두아채 : 豆芽菜), 《시의전서》(숙주

숙주나물

나물), 《조선요리제법》(숙주나물), 《조선무쌍신식요리제법》(녹두아채 : 綠豆芽菜)에 소개되어 있다.

순대 밀가루를 뿌려 주물러 씻어 물에 담갔다가 물기를 닦은 돼지내장에, 데쳐 다진 숙주·배추, 으깬 두부, 선지를 된장, 간장, 새우젓, 다진 파·마늘 등으로 양념하여 채워 넣고 끝을 봉하여 찜통에 찌거나 삶은 것이다. 제주도에서는 찹쌀밥, 부추, 보릿가루, 선지, 양념을 넣어 만들고, 가정에서 경조사에 많이 이용하며, 돗수애라고도 한다. 《부인필지》(순대)에 소개되어 있다. ✤ 전국적으로 먹으나 특히 제주도에서 즐겨 먹음

순대

순대국밥 ▶▶▶ 돼지국밥 ✤ 경남
순두부 ▶▶▶ 콩탕 ✤ 경북
순두부죽 쌀에 순두부, 새우살, 미나리 등을 넣어서 쑨 죽이다. 불린 쌀을 참기름으로 볶다가 물과 새우살을 넣고 쌀알이 퍼지도록 끓인 다음 순두부와 미나리를 넣고 소금 간을 하여 더 끓인다. ✤ 경남
순두부찌개 양념한 돼지고기와 김치를 참기름에 볶다가 순두부를 넣고 느타리버섯과 소금, 고춧가루 양념을 하여 끓인 것이다. 전북에서는 다진 돼지고기에 청주를 약간 넣고 참기름으로 볶다가 조

개국물을 부어 끓어오르면 순두부와 고 춧가루, 간장, 마늘, 생강즙 등을 섞어 만든 양념을 넣어 끓인 후 어슷하게 썬 파 · 풋고추 · 붉은 고추를 넣고 한소끔 더 끓인다.

순두부찌개(상용)

순두부찌개(전북)

순무김치 ▶▶ 강화순무밴댕이김치 ♨서울 · 경기

순무밴댕이김치 얇게 원형으로 썬 순무 를 밴댕이젓과 양념에 버무려 만든 김치 이다. ♨충북

순무짠지 순무에 소금과 새우젓국을 섞 어 항아리에 담은 뒤 마늘 속대를 넣고 푹 잠기도록 소금물을 부어 저장한 것이 다. 이규보의 《동국이상국집》 '가포육 영' 이란 시에서 채마밭에 있는 여섯 가 지 채소인 외, 가지, 순무, 파, 아욱, 박에 대하여 읊었는데, '순무로 담근 장아찌 여름철에 먹기 좋고, 소금에 절인 김치 겨우내 반찬되네. 뿌리는 땅속에서 자꾸

만 커져 서리 맞은 칼로 무를 베어 먹으 니 배와 같은 맛이지' 하였다. 무짠지는 다음 해 여름까지도 보존이 잘 돼 '묵은 김치' 로 즐겼으며, 땅속에 묻으면 더욱 오래가므로 두고두고 먹었던 찬류였다. ♨서울 · 경기

순무짠지

순창산자 물에 담가 삭힌 찹쌀을 가루로 빻아 콩가루와 섞어 물로 반죽하여 쪄낸 것을 꽈리가 일도록 세게 쳐서 얇게 밀어 네모지게 잘라서 2~3일 동안 말렸다가 자갈에 굽거나 식용유에 두 번 튀겨, 끓 인 물엿을 바르고 쌀튀밥가루를 묻힌 것 이다. ♨전북

순창산자

순창찹쌀고추장 끓여서 식힌 물에 메줏 가루를 넣고 되직하게 갠 것을 질게 찐 찹쌀밥에 끼얹으면서 곱게 찧어 이틀 정 도 삭힌 후 고춧가루를 섞어 국간장과

소금으로 간하여 버무려 항아리에 담아 햇볕에 내놓고 숙성시킨 것이다. 고려 말 이성계가 스승인 무학대사가 기거하고 있던 전라북도 순창군 구림면 안정리 소재 만일사를 찾아가던 도중 어느 농가에서 고추장에 점심을 맛있게 먹은 후 그 맛을 잊지 못하였다고 하는 유래가 있다. 우리나라에서 고추장을 담그기 시작한 것은 1700년대 후반으로, 1800년대 초의 《규합총서》에는 순창고추장과 천안고추장이 팔도의 명물 중 하나로 소개되어 있다. ✿ 전북

순창찹쌀고추장

순채떡 멥쌀가루에 데쳐서 잘게 썬 순채, 불린 호박고지, 고구마채, 대추채, 밤채, 불린 검은콩을 한데 섞어 시루에 찐 떡이다. 순채는 수련과의 물풀로 부규 · 순나물이라고도 하며, 연못에서 자라지만 옛날에는 잎과 싹을 먹기 위해 논에 재배하기도 하였다. 우무 같은 점질로 싸인 어린순을 식용하며 지혈, 건위, 이뇨작용이 있다. 현재 우리나라에서는 제주도 한라산의 늪지대와 강원도 고성 지방의 1급수 저수지 정도에서만 보이는 물풀이다. 순채를 이용하여 떡, 국 등의 음식을 만들어 먹었다. ✿ 강원도

순채효소차 야생에서 채취한 질경이, 돌미나리, 민들레, 솔잎, 쑥을 흑설탕과 같은 비율로 섞어 항아리에 담아 서늘한 곳에 두었다가 2주일 후 발효가 시작되면 항아리 입구를 한지로 덮고 6개월 이상 서늘한 곳에 보관한 뒤 건더기를 걸러내고 숙성시킨 효소 원액과 생수를 1 : 2~3의 비율로 희석하여 순채를 넣고 꿀을 타서 시원하게 마시는 음료이다. 질경이는 여러해살이 풀로 어린잎은 식용한다. ✿ 충북

순천짱뚱어탕 ▶▶ 짱뚱어탕 ✿ 전남

순흥기주떡 ▶▶ 증편 ✿ 경북

술김치 ▶▶ 숙김치 ✿ 경북

술떡 ▶▶ 증편

숭어국찜 숭어와 갈아 놓은 쌀을 넣고 끓여 먹는 탕으로 거제의 향토음식이다. 숭어 속에 배추김치, 시금치, 초피잎, 실파, 간 쌀, 소금을 섞어 만든 소를 채워 넣은 다음 데친 실파로 묶어 끓는 물에 다진 마늘과 함께 넣어 끓으면 소금이나 된장으로 간을 한다. ✿ 경남

숭어새끼젓 숭어 새끼와 풋고추를 소금에 절여 항아리에 담고 뚜껑을 덮어 3개월 이상 삭힌 것이다. 먹을 때 풋고추, 고춧가루, 다진 파 · 마늘, 참기름, 깨소금으로 양념한다. 모치젓이라고도 한다. ✿ 전남

숭어새끼젓

숭어회 숭어를 손질하여 회를 떠서 초

고추장과 곁들인 것이다. 《조선무쌍신식요리제법》(동치회 : 凍鰡膾)에 소개되어 있다. ❧ 서울·경기

쉐우리짐치 ▶▶▶ 부추김치 ❧ 제주도

쉰달이 쉰 보리밥에 누룩을 섞어 발효시킨 다음 체에 걸러 끓인 것이다. 설탕을 첨가하기도 하고, 끓여 식힌 다음 여름에 시원한 음료로 마신다. 기호에 따라 끓이지 않고 먹기도 하는데, 끓인 것보다 새콤한 맛이 강한데 이를 생쉰다리라고 한다. 냉장고가 없을 때 찬밥이 많이 남으면 보관이 어렵기 때문에 누룩가루를 넣어 빚어 먹었던 저농도 알코올 음료이다. 보리쉰다리라고도 한다. ❧ 제주도

쉰달이

스무나무잎떡 ▶▶▶ 시무잎떡 ❧ 경북

스무잎떡 ▶▶▶ 시무잎떡 ❧ 경북

스무주 찹쌀죽에 누룩을 넣어 삭혀 만든 밑술에 멥쌀 고두밥을 식혀 넣고 찹쌀죽을 혼합하여 주먹밥을 만들어 용수 위에 넣은 다음 국화를 넣어 20일간 숙성시킨 술이다. 시무주라고도 한다. 겨울에 술이 익는 데 스무날(20일) 정도 걸려서 붙여진 명칭이다. 국화향이 그윽하여 국화주라고도 하며, 청주의 일종으로 제수나 귀빈접대용으로 이용되어 왔다. ❧ 경북

스무주

스무주 ▶▶▶ 방문주 ❧ 경남

승검초잎떡 설탕을 골고루 섞은 멥쌀가루에 삶아 잘게 뜯은 승검초잎, 삶은 팥을 섞어 시루에 찐 떡이다. 당귀잎떡이라고도 한다. 당귀의 잎을 승검초라고 하며 당귀는 자궁 기능을 조절해 주고 이뇨작용, 항균작용, 사하작용 등의 약리작용이 있어 한방치료약으로 널리 쓰이며, 어린순은 나물로 식용하고 잎은 떡, 생뿌리는 술을 담가 먹는다. ❧ 강원도

승검초

승검초잎떡

승검초편 멥쌀가루에 승검초가루, 막걸리, 설탕물, 꿀을 넣고 손으로 비벼 체에 내린 후 시루에 편평하게 깔고 대추채와 밤채, 석이버섯채, 고명을 얹어가며 켜

켜이 안쳐 찐 떡이다. 당귀편이라고도 한다. 《시의전서》(승검초편)에 소개되어 있다. ✿ 충북

승검초편

시금장 보리쌀겨 반죽을 왕겨를 태운 재에 넣고 구운 것을 띄워 말려 빻은 가루에 보리쌀을 갈아 엿기름물에 삭힌 식혜, 무청, 당근, 풋고추, 메줏가루, 다진 마늘, 고춧가루, 산초가루, 소금을 섞어 버무려 삭힌 것이다. 메줏가루와 소금을 섞은 보리밥에 절인 무채, 당근채, 무청, 풋고추를 고루 버무리기도 한다. 경북에서는 등겨장, 경남에서는 개떡장이라고도 한다. 장이 떨어지는 시기인 이른 봄에 시금장을 담가 비빔, 쌈, 찌개, 반찬 등으로 이용한다. 서늘한 온도에서 삭혀야 제 맛이 나므로 한여름은 피한다. ✿ 경상도

시금장

시금치국물김치 연한 소금물에 절인 시금치와 미나리에 다진 마늘, 액젓, 설탕, 소금과 삶은 국수를 분쇄기에 갈아 죽처럼 만든 것을 넣고 버무린 김치이다. 예전에 배추가 귀한 철에 주로 담갔으나 요즈음은 산뜻한 맛을 내는 별미김치로 사철 내내 먹는다. ✿ 충남

시금치국물김치

시금치김치 시금치에 고춧가루, 멸치젓국, 다진 파·마늘·생강을 넣어 버무린 김치이다. 김칫거리가 귀하고 시금치가 끝물인 초봄에 억센 시금치를 이용하여 담근 것으로 아주 익은 것보다 덜 익었을 때 맛있다. ✿ 충북

시금치김치

시금치나물 끓는 물에 데친 시금치를 소금, 다진 파·마늘, 참기름, 깨소금으로 무친 것이다.

시금치된장국 멸치와 다시마로 국물을

시금치나물

시래기나물

내고 된장을 풀어 시금치를 넣고 끓이다가 고춧가루, 어슷하게 썬 대파, 다진 마늘을 넣고 국간장으로 간을 한 것이다.

시금치된장국

시래기국 ▶▶▶ 시래기된장국 ✔ 충북, 경남

시래기나물 무청 시래기를 삶아 하룻밤 정도 물에 불린 후 국간장, 다진 파·마늘, 참기름 등의 양념에 무쳐 팬에 볶은 것이다. 경북에서는 삶은 배추시래기와 무청시래기, 절여 행귀 물기를 뺀 무채에 양념(된장, 국간장, 다진 파·마늘, 고춧가루, 참기름, 깨소금)을 넣어 무치며, 풋고추를 넣고 끓인 된장으로 무치기도 한다. 경북에서는 시래기된장무침이라고도 한다. 시래기는 푸른 무청을 새끼 등으로 엮어 겨우내 말린 것이다. 《조선요리제법》(시래기나물), 《조선무쌍신식요리제법》(시래기나물, 청경채 : 菁莖菜)에 소개되어 있다.

시래기된장국 시래기를 된장으로 무쳐 육수를 넣고 끓인 국이다. 방법 1 : 삶은 시래기를 된장으로 무친 뒤 멸치장국국물에 넣어 약한 불에서 오랫동안 뭉근하게 끓이다가 어슷하게 썬 대파, 다진 마늘, 소금을 넣어 간을 한다(상용). 방법 2 : 물에 불렸다가 삶은 시래기를 된장, 고추장으로 무친 다음 쇠고기육수에 쇠고기와 함께 넣어 센 불에 끓이다가 약한 불에서 30분 정도 푹 끓인 후 된장을 풀어 넣고 한소끔 끓인다(충북). 방법 3 : 돼지고기를 푹 삶은 육수에 삶아 건져낸 돼지고기, 양념(된장, 고추장, 다진 마늘, 고춧가루)에 각각 무친 토란대와 무청을 넣고 끓인 다음 대파와 풋고추를 넣고 국간장으로 간을 하여 더 끓인다(경남). 시래기국이라고도 하며, 경남에서는 돼지고기시래기국이라고도

시래기된장국

한다.《조선무쌍신식요리제법》(시래기 국, 청경탕 : 靑莖湯)에 소개되어 있다.

시래기된장무침 ▶▶▶ 시래기나물 ♨경북

시래기밥 말린 시래기를 삶아 국간장, 들기름, 들깻가루, 깨소금, 다진 고추로 무쳐서 불린 쌀과 함께 볶다가 물을 부어 지은 밥이다. 시래기는 푸른 무청을 새끼 등으로 엮어 겨우내 말린 것이다. ♨서울·경기

시래기죽 삶은 시래기와 불린 쌀, 된장을 넣고 쌀이 퍼지도록 끓이다가 소금, 간장으로 간한 것이다. ♨서울·경기

시래깃국 들깨에 물을 넣고 갈아 거른 들깻물에 멸치와 삶은 시래기를 넣어 진하게 끓여 소금으로 간한 국이다. 실가리국이라고도 한다. ♨전남

시러미차 ▶▶▶ 시로미차 ♨제주도

시로미차 썰어 물기를 제거한 시로미열 매를 설탕에 1개월 가량 재워두었다가 원액을 걸러내어 뜨거운 물이나 냉수를 부어 마시는 차이다. 시러미차라고도 한다. 시로미는 길이가 60~90cm로 초여름에 보라색 꽃이 잎겨드랑이에 피고 열매는 장과(漿果)로 가을에 검은색으로 익는다. 제주도 한라산에서 자생되는 것으로 감칠맛이 있고 시로미열매는 흑오미자차보다 색깔이 더 진하다. ♨제주도

시루떡 ▶▶▶ 팥시루떡

시리떡 ▶▶▶ 무호박시루떡 ♨제주도

시무잎떡 멥쌀가루에 소금, 시무잎을 넣고 잘 버무려 찐 떡이다. 스무나무잎 떡, 스무잎떡이라고도 한다. 시무잎은 시무나무잎으로 시무나무는 느릅나무과의 낙엽활엽 교목이다. ♨경북

시무주 ▶▶▶ 스무주 ♨경북

시어 고슬하게 지은 밥을 넓게 퍼서 완전히 식으면 마른 갈치, 다진 마늘·생강, 소금, 체에 내린 엿기름가루, 설탕, 고춧가루를 섞어 담아 발효시킨 것이다. ♨경남

시어

식혜 밥에 엿기름물을 부어 따뜻한 곳에서 삭혀 설탕을 넣고 끓여 만든 전통음료이다. 멥쌀을 쪄서 엿기름가루를 우려낸 윗물을 섞어 50~60℃에서 4시간 정도 삭힌 후 떠오른 밥알을 건져 냉수

시로미차

식혜

에 헹구고 국물은 생강과 설탕을 넣고 끓여서 식힌다. 먹을 때 밥알을 넣고, 잣을 띄워낸다(전남, 경남 등). 전남에서는 찹쌀밥을 넣기도 하며, 밥과 누룩가루를 잘 혼합하여 발효시키기도 한다. 경상도에서는 단술이라고도 한다. 《시의전서》(식혜 : 食醯), 《조선요리》(식혜), 《조선요리제법》(식혜), 《조선무쌍신식요리제법》(식혜)에 소개되어 있다.

신서도가니탕 도가니와 소의 힘줄을 푹 삶아 찬물에 담가 기름 부분을 떼어낸 다음 뚝배기에 사골국물, 도가니, 힘줄, 녹각, 인삼, 은행, 밤, 대추, 생강, 잣, 해바라기씨 등을 넣어 푹 끓인 후 황백지단, 실고추, 대파를 얹은 것이다. ♨서울·경기

신선로 신선로 틀에 편육, 익힌 무를 깔고, 그 위에 채 썰어 양념한 쇠고기를 놓고 생선전, 간전, 등골전, 천엽전 등을 보기 좋게 담은 후 황백지단, 표고버섯, 석이버섯지단, 미나리초대, 붉은 고추, 당근 등을 색맞춰 담는다. 고명으로 호두, 은행, 잣, 고기완자를 얹고 양지머리 육수를 부어 상에서 끓이면서 먹는 것이다. 《조선요리제법》(신선로), 《조선무쌍신식요리제법》(신선로 : 神仙爐, 탕구자, 열구자 : 悅口子), 《규합총서》(열구자탕)에 소개되어 있다. ♨서울·경기

신선로

신선주 고두밥에 누룩과 물을 넣고 버무려 발효시켜 만든 밑술에 고두밥과 약재를 넣고 달인 물, 누룩, 물을 넣고 버무려 만든 덧술을 섞어 발효시킨 다음 용수를 박아 떠내어 거른 술이다. ♨경남

실가리국 ▶▶▶ 시래기국 ♨전남

실치시금치국 ▶▶▶ 뱅어국 ♨충남

실치액젓 ▶▶▶ 뱅어액젓 ♨충남

실치회(무침) ▶▶▶ 뱅어회(무침) ♨충남

심퉁어회 ▶▶▶ 도치회 ♨강원도

싱건지 직사각형으로 썰어 살짝 절인 무에 소금 간 한 찹쌀풀과 어슷하게 썬 대파, 다진 마늘·생강을 넣고 버무려 항아리에 담고 물을 부어 익힌 김치이다. ♨전북

싱건지

싱건지무무침 ▶▶▶ 동치미무무침 ♨전남

싱어아욱국 싱어의 내장과 머리를 곱게 다져 양념을 넣고 동그랗게 완자를 빚고, 냄비에 물을 붓고 된장과 고추장을 푼 물에 완자, 아욱, 싱어 토막을 넣고 한소끔 끓인 후 어슷하게 썬 대파, 다진 마늘을 넣어 끓인 국이다. 세화아욱국이라고도 한다. 싱어는 세화, 강다리, 까나리 등으로도 불리고 예부터 계절이 바뀌거나 기력이 떨어질 때 기운을 되찾게 해주는 음식으로 알려져 있다. ♨충남

싸랑부리나물 ▶▶▶ 씀바귀나물 ♨전남

싸리버섯무침 삶아서 찢은 싸리버섯을 국간장, 다진 마늘, 깨소금, 소금, 참기름으로 무친 것이다. ✿ 전남

싸리버섯

싸리버섯애호박나물 납작하게 썰어 소금에 절인 애호박을 참기름에 볶다가 절인 싸리버섯, 건새우, 풋고추, 다진 파·마늘을 넣고 소금 간을 한 뒤 통깨를 뿌려낸 것이다. ✿ 전북

쌀강정 불린 멥쌀을 쌀알이 퍼지기 직전까지 끓인 후 찬물에 여러 번 헹구고 마지막에 소금물로 헹구어 채반에 널어 말렸다가 식용유에 튀긴 것과 볶은 땅콩을 설탕과 물엿을 졸인 것에 함께 버무려 대추채와 석이채를 깐 강정 틀에 붓고 밀대로 밀어 굳힌 다음 마름모 모양으로 썬 것이다. ✿ 전라도

쌀막걸리 불린 쌀과 밀가루에 물을 넣고 쑨 죽에 누룩을 섞어 항아리에 담아 7~14일 발효시키고 용수를 박아 떠 낸 술의 찌꺼기에 물을 섞어 걸러낸 것이다. ✿ 전남

쌀밥 쌀을 깨끗이 씻어 30분 정도 불린 후 밥물을 맞춰 지은 것이다. 흰밥이라고도 하며, 제주도에서는 곤밥, 산디밥, 밭벼밥이라고도 한다. 제주도에는 밭벼가 약간 생산될 뿐 논이 거의 없어 쌀이 매우 귀하여 평소에는 보리밥이라든가 조밥 등 잡곡밥만을 해먹다가 명절, 혼사(잔치), 제사 등의 대사가 있을 때에 이 지방 방언으로 '곤밥' 이라고 하는 쌀밥을 지었고 이는 흔치 않은 음식이어서 이웃들과 나눠 먹는게 보통이었다. 《조선요리제법》(흰밥), 《조선무쌍신식요리제법》(백반 : 白飯, 옥식 : 玉食)에 소개되어 있다.

쌀 밥

쌀술 식힌 멥쌀고두밥에 누룩과 효모를 같이 섞어 항아리에 넣고 미지근한 물과 소주를 부어 따뜻한 곳에서 이불을 덮어 4~5시간 정도 두어 발효되어 보글보글 소리가 나면 공기구멍을 내고 2일 정도 지난 후에 이불을 벗기고 하루 정도 더 숙성시켜 용수를 박아 걸러낸 술이다. ✿ 전북

쌀시루떡 ▶▶▶ 팥시루떡 ✿ 제주도

쌀약과 쌀가루와 밀가루를 섞어 손으로 비벼 체에 내린 후 참기름을 넣고 반죽하여 꿀, 생강즙, 막걸리를 넣고 끈기가 생기지 않도록 조심스럽게 반죽한 다음 밀대로 밀어 모양을 만들어서 갈색이 나도록 튀겨 즙청액에 넣었다가 건져 낸 것이다. ✿ 충북

쌀엿 불려서 찐 쌀에 엿기름가루와 미지근한 물을 넣고 삭혀서 베보자기에 걸러낸 물을 걸쭉하게 조려 만든 엿이다. 식힌 엿을 늘렸다 모으는 과정을 반복하여 윤기가 나면 적당한 크기로 자른다. 경북에서는 매화장수쌀엿이라고도 한다. ✿ 경상도, 제주도

쌀조청 고슬하게 지은 밥에 엿기름가루를 물에 주물러 가라앉혀 윗물만 따라

낸 엿기름물을 부어 따뜻한 곳에서 삭힌 다음 밥알이 위로 떠오르면 건져내고 국물을 주걱으로 저어가며 걸쭉하게 곤 것이다. ☙ 전남

쌀죽수제비 팥물에 쌀과 밀가루 반죽을 넣어 끓인 것이다. 팥을 삶아 걸러낸 팥물에 불린 쌀을 넣어 끓이면 수제비 반죽을 뜯어 넣고 끓이다가 소금으로 간을 한다. ☙ 경남

쌈장 된장과 고추장에 다진 고추 · 양파, 참깨, 참기름 등의 양념을 섞어 만든 것이다. 《조선무쌍신식요리제법》(쌈된장)에 소개되어 있다.

쏘가리매운탕 냄비에 손질한 쏘가리와 무, 애호박, 당근, 미나리, 풋고추, 대파 등의 채소를 돌려 담고 물에 고추장과 고춧가루를 풀고 소금으로 간하여 청주를 넣어 만든 국물을 붓고 다진 마늘 · 생강을 넣어 끓인 것이다. 충북에서는 어슷하게 칼집을 낸 쏘가리에 무, 미나리, 쑥갓, 풋고추, 붉은 고추, 대파 등을 넣고 고춧가루 양념을 하여 끓이다가 밀가루 수제비를 넣고 끓인다. 쏘가리는 예부터 유명한 담수어로 머리가 길고 입이 큰 편이며 등에 회색무늬가 많아 곱게 보이며, 원래의 이름은 '천자어'라 한다. 맛이 담백하고 잡냄새도 없어 매운탕, 찜 등 여러 가지로 조리되고 있다.

쏘가리매운탕

쏘가리매운탕은 남한강변과 한탄강, 충북 영동 지역이 매우 유명하며 전라남도 화순 지역과 강원도 춘천에서도 유명하다. 쏘가리는 단백질, 칼슘, 인이 풍부하여 영양식으로 매우 좋다. ☙ 서울 · 경기, 강원도, 충북 등

쑥국 끓는 물에 시금치, 쑥을 넣어 끓이다가 국물이 끓으면 어슷하게 썬 대파, 다진 마늘을 넣고 한소끔 끓이면 국간장으로 간을 한 국을 말한다. 쑥은 절지동물 십각목 쏙과의 갑각류로 몸의 길이는 7~9cm 정도이고, 가재와 새우를 반반 정도 닮은 모양새이다. 남해안에서 쑥이라 불리는 갯가재와는 비슷하게 생겼지만 종류가 다르며, 갯가재보다 둥글고 크기가 작으며 갑각류 중에서는 외골격의 석회도가 낮아 외피가 물렁물렁하다. 충남에서는 설기, 설게 등으로 불린다. 봄에서 초여름이 제철이며, 맛이 구수하면서도 단맛이 나며, 국, 떡, 젓, 장, 찜 등 다양하게 이용된다. 설기국, 설게국이라고도 한다. ☙ 충남

쑥국

쑥된장국 ▶▶▶ 갯가재된장국. 경남에서는 갯가재를 쑥이라고 한다. ☙ 경남

쑥떡 쑥에 소금을 넣은 찹쌀가루를 묻힌 다음 시루에 찐 것으로 설게떡, 설기떡이라고도 한다. ☙ 충남

쏙무젓 쏙 옆부분을 잘라내고 2등분 하여 간장 양념을 넣고 살살 버무려 숙성시킨 것으로 3~4일 후부터 먹기 시작한다. 설게무젓이라고도 한다. ☙ 충남

쏙무젓

쏙장 간장에 물, 액젓, 설탕, 마늘, 생강, 대파, 마른 고추를 넣고 끓여 식힌 양념장에 씻어 물기를 뺀 쏙을 차곡차곡 넣고 숙성시킨 것으로 3~4일 후에 꺼내어 먹는다. 별도의 양념을 하지 않아도 짭짤한 맛이 입맛을 돋운다. 설게장이라고도 한다. ☙ 충남

쏙장

쏙조림 ▶▶ 갯가재조림. 경남에서는 갯가재를 쏙이라고도 한다. ☙ 경남

쏨뱅이매운탕 고추 다진 양념을 푼 물에 손질하여 어슷하게 칼집을 넣은 쏨뱅이를 넣고 끓이다가 반달썰기한 당근·애호박, 미나리, 양파, 어슷하게 썬 풋고추·붉은 고추·대파를 넣고 푹 끓여 소금으로 간을 맞춘 것이다. 고추 다진 양념은 갈아서 물에 불린 마른 고추에 다진 양파·마늘·생강을 고루 섞어 만든다. 쏨뱅이는 양볼락과에 속하는 연해어로 몸길이는 20cm 정도 되며 쏘가리와 닮았다. 부산에서는 '삼베이', 청산도에서는 '복조개', 순천에서는 '삼뱅이', 완도에서는 '쑤쑤감펭이', 통영에서는 '자우레기', 경기 지역에서는 '삼식이', 해남에서는 '쏨팽이'로 불린다. 살이 단단하고 맛이 담백하여 매운탕이나 찜으로 인기가 좋다. 겨울에 잡히는 것이 가장 맛이 좋다. ☙ 전남

쑥갓나물 데친 쑥갓을 간장, 참기름 양념에 무친 것이다. 《시의전서》(쑥갓나물), 《조선요리제법》(쑥갓나물), 《조선무쌍신식요리제법》(쑥갓나물)에 소개되어 있다.

쑥갓채 통깨에 물을 넣고 갈아 식초, 국간장으로 간을 한 것에 전분을 묻혀 데쳐낸 쑥갓을 넣고 곱게 간 잣을 올린 국이다. 깻국이라고도 한다. ☙ 경북

쑥갓채

쑥개떡 멥쌀가루에 데친 쑥을 같이 빻은 것에 소금과 물을 넣어 반죽하여 둥글납작하게 빚어 찐 떡이다. 찐 다음 참기름을 바르기도 한다. 강원도에서는 쑥

갠떡이라고도 한다. 쑥개떡은 봄에 나오는 햇쑥을 넣고 간단하게 만드는 떡으로 옛날 어려운 시절에 배고픔을 채우기 위하여 많이 해먹었다. 쑥은 단군신화에 나오는 유래 깊은 식물로 약용과 식용으로 사용되며 예로부터 봄이 되면 들판에서 채취한 어린잎으로 국을 끓이거나 떡을 만들어 먹었다. ♨ 강원도, 전라도

쑥갠떡 ▶▶▶ 쑥개떡 ♨ 강원도

쑥구리 ▶▶▶ 쑥굴리 ♨ 경상도

쑥구리단자 ▶▶▶ 쑥굴리 ♨ 서울·경기

쑥굴레 ▶▶▶ 쑥굴리 ♨ 서울·경기, 전남, 경남

쑥굴레떡 ▶▶▶ 쑥굴리 ♨ 경남

쑥굴리 쑥을 넣어 반죽한 찹쌀떡에 소를 넣고 둥그렇게 빚어 고물을 묻힌 떡이다. 방법 1 : 데친 쑥과 찐 찹쌀떡을 절구에 넣어 곱게 친 후 조금씩 떼어 거피 팥소를 넣고 동그랗게 빚어 꿀을 발라 팥고물을 묻힌다(서울·경기). 녹두소를 넣고 녹두고물을 묻히기도 한다. 방

쑥굴리(전남)

쑥굴리(경상도)

법 2 : 데친 쑥과 찹쌀가루를 고루 섞어 빻아 익반죽하여 찐 다음 경단 크기만큼 떼어 중앙에 팥고물을 넣고 둥글게 빚어 거피 팥고물을 묻힌다(경상도). 경남에서는 꿀과 생강즙을 곁들인다. 방법 3 : 찹쌀에 삶은 쑥을 넣어 가루내어 반죽하여 찐 찰떡에 녹두소를 넣고 동그랗게 빚어 동부가루를 묻힌 떡을 계핏가루와 조청 끓인 즙청액을 다시 묻힌다(전남). 서울·경기에서는 쑥구리단자, 쑥굴레, 전남에서는 예경단, 쑥굴레, 경북에서는 쑥구리, 경남에서는 쑥굴레떡, 쑥굴레, 쑥구리, 쑥굴림떡이라고도 한다. 《조선요리제법》(쑥굴리), 《조선무쌍신식요리제법》(쑥굴리, 애경단 : 艾瓊團)에 소개되어 있다. ♨ 서울·경기, 전남, 경상도

쑥굴림떡 ▶▶▶ 쑥굴리 ♨ 경남

쑥된장 메주를 쪼개어 소금물을 넣어 주물러 덩어리를 없애고 삶아 다진 쑥과 쑥 삶은 물을 넣어 고루 섞어 항아리에 눌러 담고 햇볕을 쬐며 2개월간 숙성시킨 장이다. ♨ 충북

쑥밀전병 쑥에 밀가루, 달걀, 소금, 물을 섞어 만든 반죽을 묻혀 식용유를 두른 팬에 얇고 동그랗게 지진 것이다. 쑥부치개라고도 한다. ♨ 전북

쑥밥 밥을 짓다가 뜸 들이기 전에 쑥을 밥 위에 얹어 뜸을 들인 밥이다. 처음부터 쑥을 넣으면 쑥색이 누렇게 되므로 뜸 들이기 전에 쑥을 넣는다. 경북에서는 양념장(간장, 고춧가루, 다진 파·마늘, 참기름, 깨소금)을 곁들인다. ♨ 강원도, 충남, 전라도 등

쑥버머리 ▶▶▶ 쑥설기 ♨ 경남

쑥버머림 ▶▶▶ 쑥설기 ♨ 경남

쑥버무리 ▶▶▶ 쑥설기 ♨ 강원도, 전라도, 경상도

쑥범벅 연한 쑥을 밀가루, 소금과 잘 버무려 찐 떡이다. 본속범벅이라고도 한다. '본속'은 제주도 방언으로 잎의 뒷면이 하얀 것을 말한다. ♨제주도

쑥부각 어린 쑥에 찹쌀풀을 앞뒤로 발라 말려서 식용유에 튀긴 것이다. ♨강원도

쑥부쟁이나물 소금물에 데친 쑥부쟁이를 양념(다진 마늘, 참기름, 깨소금, 소금)으로 무친 것이다. 경북에서는 부지깽이나물이라고도 한다. 쑥부쟁이는 학명이 섬쑥부쟁이로 국화과의 여러해살이풀이며, 우리나라(울릉도)·일본 등지에 분포한다. 어린순을 나물이나 식용유에 튀겨 마른반찬으로 이용한다. ♨전남, 경북

쑥부쟁이나물

쑥부쟁이부각 쑥부쟁이에 소금을 넣어 끓인 찹쌀풀을 묻혀 말린 것을 먹을 때

쑥부쟁이부각

식용유에 튀긴 것이다. ♨경북

쑥부치개 ▶▶▶ 쑥밀전병 ♨전북

쑥북시네 ▶▶▶ 쑥설기 ♨경북

쑥새알콩죽 불려 곱게 갈아 만든 콩물을 끓이다가 데친 쑥과 찹쌀을 함께 빻아 익반죽하여 만든 새알심을 넣어 위로 떠오를 때까지 끓이고 소금으로 간한 것이다. ♨전남

쑥새알콩죽

쑥생떡국 ▶▶▶ 쑥장국 ♨충남

쑥설기 멥쌀가루에 소금 간을 하고 설탕과 쑥을 넣고 버무려 시루에 찐 것이다. 통팥을 삶아 쑥과 함께 섞기도 하며 팥고물과 켜켜로 안쳐 찌기도 한다. 경북에서는 쌀가루 대신 밀가루를 사용하기도 한다. 강원도, 전라도, 경상도에서 쑥버무리라고도 하며, 경북에서는 쑥북시네, 경남에서는 쑥버머리, 쑥버머림, 쑥털털이라고도 한다.

쑥설기

쑥송편 삶아서 물기를 없애고 찧은 쑥과 멥쌀가루를 고루 섞어 빻은 다음 익반죽하여 깨소(깨소금, 설탕, 물)를 넣고 반달 모양으로 송편을 빚어 시루에 쪄서 참기름을 바른 떡이다. 《시의전서》(쑥송편)에 소개되어 있다. ♨전북

쑥수제비 끓는 멸치장국국물에 쌀가루와 다진 쑥을 넣고 익반죽한 수제비 반죽을 손으로 떼어 넣고 한소끔 끓으면 채 썬 감자, 애호박, 부추, 어슷하게 썬 대파, 다진 마늘을 넣고 끓인 것이다. 전북에서는 들기름과 후춧가루를 넣는다. ♨충북, 전북

쑥시루떡 쑥을 데쳐서 멥쌀가루와 함께 빻은 후 밤, 대추, 설탕과 소금에 졸인 팥·검은콩을 한데 섞어 시루에 찐 떡이다. ♨강원도

쑥약주 멥쌀가루로 죽을 쑤듯이 끓이다가 엿기름가루를 넣어 삭힌 다음 끓여 걸러서 항아리에 붓고 누룩을 넣어 발효시킨 후 먹기 전에 쑥가루를 넣어 마시는 술이다. 쑥약주는 쌀을 이용하여 만든 술로서 쑥가루를 첨가하여 만들기 때문에 맛이 좋고 향이 독특하다. ♨강원도

쑥음료 쑥, 미나리, 흑설탕을 항아리에 켜켜로 넣고 눌러 일주일 정도 두면 갈색빛의 즙이 나오기 시작하는데, 2주 정도 지나 체에 걸러낸 즙을 용기에 담아 보관하며, 마실 때는 끓여 식힌 후 식초를 한 방울 넣어서 마시는 음료이다. ♨전남

쑥장국 연한 쑥을 푹 삶아 절구에 찧다가 쌀가루와 메밀가루를 섞어 다시 찧은 것에 물과 소금을 넣고 반죽하여 직사각형으로 썰어 끓는 물에 넣고 끓이다가 굴과 파를 넣어 익힌 국이다. 쑥생떡국이라고도 한다. ♨충남

쑥전 밀가루, 찹쌀가루, 물, 소금을 섞은 반죽에 데친 쑥과 곱게 채 썬 당근·대추를 섞어 식용유를 두른 팬에서 얇고 동그랗게 지진 것이다. ♨전남

쑥절편 멥쌀가루를 충분히 쪄서 데친 쑥과 함께 골고루 찧은 후 참기름을 발라가며 양손으로 네모지게 길게 밀어 떡살로 눌러 문양을 찍은 다음 적당한 크기로 썬 것이다. ♨전남

쑥칼국수 멸치장국국물에 소금 간한 쑥가루로 반죽한 국수와 애호박을 넣고 끓인 칼국수이다. ♨충북

쑥콩국 콩물에 물을 붓고 끓이다가, 삶아 다진 쑥, 찹쌀가루, 멥쌀가루, 소금, 물로 반죽하여 만든 쑥완자를 넣고 더 끓여 소금으로 간을 한 국이다. ♨경남

쑥콩죽 삶아서 껍질을 벗긴 콩과 불린 쌀을 갈아 콩 삶은 물을 부어 푹 끓인 다음 쑥을 넣고 더 끓여 소금 간을 한 죽이다. ♨경북

쑥털털이 쑥에 소금 간을 한 밀가루가 붙을 정도로만 버무려 찐 떡이다. ♨경북

쑥털털이 ▶▶▶ 쑥설기 ♨경남

쏨바귀김치 소금물에 10일 정도 삭힌 다음 씻어 물기를 뺀 쏨바귀에 양념(고춧가루, 멸치젓국, 다진 파·마늘, 통깨)을 넣고 버무린 김치이다. 쏨바귀는 쓴맛이 나는 국화과의 식물로 고채, 씸배나물, 속새라고도 하며 쓴맛이 있으나 그 독특한 풍미 때문에 이른 봄에 채취한 뿌리와 어린순은 나물로 먹는다. 쏨

쏨바귀(속새)

바귀의 쓴맛은 소금물에 데쳐서 물에 여러 번 행구거나 찬물에 30분 이상 담가두면 된다. 경북에서는 속새김치라고도 한다. ♣ 충남, 경북

씀바귀나물 씀바귀를 데쳐 물에 담가 쓴맛을 없앤 후 양념(고추장, 식초, 다진 파·마늘, 설탕, 참기름, 깨소금 등)을 넣고 무친 것이다. 서울·경기에서는 된장, 고추장 양념으로 전남에서는 된장으로 양념한다. 씀바귀무침이라고도 하며, 전남에서는 싸랑부리나물이라고도 한다. 《조선무쌍신식요리제법》(다채 : 茶菜, 도채 : 茶菜)에 소개되어 있다. ♣ 전국적으로 먹으나 특히 서울·경기, 전남에서 즐겨 먹음

씀바귀나물(상용)

씀바귀나물(서울·경기)

씀바귀무침 ▶▶▶ 씀바귀나물

씨종자떡 멥쌀가루에 밤, 쑥, 호박오가리, 설탕을 넣고 고루 섞은 후 팥고물과 번갈아 시루에 켜켜로 얹어 찐 떡이다. 옛날부터 양반가에서는 가을에 추수할 때 풍년농사 짓느라고 고생한 일꾼들에게 고맙다는 뜻으로 햇곡식과 호박, 쑥 등의 여러 가지 재료들을 섞어서 팥시루떡을 만들어 주었던 것에서 유래하였다. 씨종지떡이라고도 한다. 호박오가리는 애호박이나 청둥호박을 얇게 썰어서 말린 것으로 물에 불려 나물로 쓰거나 떡에 넣으며 호박고지라고도 한다. ♣ 강원도

씨종자떡

씨종지떡 ▶▶▶ 씨종자떡 ♣ 강원도

아강발국 ▶▶▶ 돼지족발국 ▼ 제주도

아구찜 ▶▶▶ 마산아귀찜 ▼ 경남

아구찜 ▶▶▶ 부산아귀찜 ▼ 경남

아구탕 ▶▶▶ 아귀탕 ▼ 경남

아귀불고기 아귀와 당근채, 표고버섯 채, 양파채에 양념장(간장, 고춧가루, 배 즙, 설탕, 물엿, 다진 마늘·생강, 후춧가 루)을 넣고 버무려 구운 것이다. ▼ 경남

아귀탕 ▶▶▶ 물텀벙이탕 ▼ 서울·경기

아귀탕 냄비에 콩나물을 깔고 손질한 아귀와 미나리, 쑥갓, 애호박, 표고버섯, 대파 등의 채소를 올린 후 꽃게와 바지 락, 다시마로 끓인 해물육수를 붓고 고 춧가루, 다진 마늘·생강·양파로 만든 양념을 풀어 끓인 것이다. 서울·경기 에서는 물텀벙이탕, 경남에서는 아구탕, 물꽁탕이라고도 한다. 아귀는 못생겼을 뿐만 아니라 배만 크고 살이 없어 옛날 어부들은 아귀가 그물에 걸려 들면 재 수가 없다며 다시 물에 '텀벙' 내쳤고, 그 형상을 본따서 아귀를 물텀벙이라고 했다. 우리나라에서 1960년 이후 해물 이 귀해지면서 아귀를 먹기 시작했으 며, 당시 하인천 부둣가에서 일하는 사 람들에게 술안주용 탕으로 인기가 좋았 다. ▼ 서울·경기, 경남

아나고회 ▶▶▶ 바다장어회 ▼ 제주도

아랑주 ▶▶▶ 과하주 ▼ 전남

아욱국 ▶▶▶ 아욱토장국 ▼ 서울·경기

아욱죽 아욱과 마른 새우, 쌀을 넣어 끓 인 죽이다. 방법 1 : 쌀뜨물에 된장, 고추 장과 마른 새우를 넣어 끓으면 껍질 벗 긴 아욱과 다진 파·마늘을 넣고 끓이다 불린 쌀을 넣고 약한 불에서 쌀이 퍼지 도록 끓인다(서울·경기, 전북). 방법 2 : 막장을 푼 물에 바지락을 넣고 끓이다가 으깬 아욱을 넣어 한소끔 끓으면 불린 쌀을 넣고 죽을 쑤다가 다진 파·마늘을 넣고 국간장으로 간을 한다(강원도). 방 법 3 : 멸치장국국물에 밥과 푸른 물이 빠지게 씻은 아욱을 넣어 끓으면 된장으 로 간을 하여 더 끓인다(경북). 강원도 에서는 토장아욱죽이라고도 한다. 《식 료찬요》(아욱죽), 《조선요리제법》(아욱 죽), 《조선무쌍신식요리제법》(규죽 : 葵 粥)에 소개되어 있다. ▼ 서울·경기, 강원 도, 전북 등

아욱토장국 쌀뜨물에 된장, 고추장을 넣어 한소끔 끓이다가 손질한 아욱과 보 리새우, 다진 마늘, 대파를 넣어 끓인 것 이다. 건새우나 쇠고기, 멸치를 넣고 끓 이기도 한다. 아욱국, 건새우아욱국이라 고도 한다. 아욱은 국거리로 이용하며 한방에서 종자를 동규자(冬葵子) 또는

규자라 하여 분비나 배설을 원활하게 하는 약재로 사용하고 농촌과 사찰 등에서 흔히 심는다. 《조선무쌍신식요리제법》(아욱국, 규탕 : 葵湯)에 소개되어 있다. ✿ 전국적으로 먹으나 특히 서울·경기에서 즐겨 먹음

아욱토장국

아주까리나물 ▶▶▶ 아주까리잎무침 ✿ 경북
아주까리잎무침 삶은 아주까리잎을 물에 담가 쓴맛을 뺀 다음 양념(국간장, 다진 마늘, 참기름, 깨소금)에 무쳐서 볶다가 물을 넣고 푹 익힌 것이다. 아주까리나물이라고도 한다. 아주까리는 피마자라고도 하며 잎은 나물로 이용하고, 종자에는 기름 함량이 많아(34~58%) 압착하여 아주까리기름으로 가공 후 의약품이나 공업용으로 쓴다. ✿ 경북

아주까리잎무침

아주까리잎쌈 ▶▶▶ 피마자잎쌈 ✿ 서울·경기

아지국 ▶▶▶ 전갱이국 ✿ 제주도
아카시아꽃부각 방법 1 : 아카시아꽃의 앞뒷면에 찹쌀풀을 골고루 잘 발라 그늘에서 말린 후 다시 한 번 풀을 발라 햇볕에 바싹 말려두었다가 먹을 때 낮은 온도의 식용유에 튀긴다(전남). 방법 2 : 아카시아꽃에 찹쌀가루와 물, 소금으로 반죽한 튀김옷을 입혀 식용유에 튀긴다. 설탕을 넣기도 한다(경남). ✿ 전남, 경남

아카시아꽃부각

아카시아부각 ▶▶▶ 아카시아꽃부각 ✿ 전남
아카시아차 아카시아꽃을 물에 살짝 씻어 물기를 제거하고 유리병에 아카시아꽃 한 켜, 꿀 한 켜씩 반복하여 담고 3~4일 동안 숙성시킨 후 체에 걸러 여름에는 얼음물에, 겨울에는 뜨거운 물에 섞어 마시는 음료이다. ✿ 강원도
안동간고등어구이 찬물에 담가 핏물을 뺀 고등어에 소금을 뿌려 두었다가 소금

안동간고등어구이

물에 3~4시간 담갔다 건져 물기를 빼고 숙성시킨 다음 찬물이나 쌀뜨물에 씻어 석쇠에 구운 것이다. ❧경북

안동소주 멥쌀 고두밥에 누룩과 물을 섞어 발효시킨 것을 소줏고리에서 증류한 술이다. 안동소주는 고려시대 이후 명문가의 가양주로 계승되었으며 접빈용이나 제수용으로 사용된 순수 곡주이다. 안동의 맑고 깨끗한 물과 옥토에서 수확된 양질의 쌀을 이용하여 전승되어 온 전통비법으로 빚어 낸 증류식 소주로서 45°의 높은 도수이지만, 마신 뒤 담백하고 은은한 향취에다 감칠맛이 입 안 가득히 퍼져 매우 개운한 뒷맛을 가진다. 증류식 소주로서 장기간 보관이 가능하며 오래 지날수록 풍미가 더욱 좋아지는 장점을 가진 민속주이다. ❧경북

안동손국수 ▶▶▶ 건진국수 ❧경북

안동식혜 고춧가루물을 들인 데운 엿기름물에 찹쌀 또는 멥쌀 고두밥, 무채, 생강즙을 넣고 삭힌 것이다. 차게 해서 먹으며 설탕, 채 썬 밤, 잣을 띄운다. 안동식혜는 발효음식으로서 과일, 채소를 넣어 독특한 맛이 나는 음청류이고, 특히 설 명절의 손님상에 반드시 올라가는 음식이다. 안동식혜는 시대와 환경의 변화에 따라 고기식해에서 생선 종류가 빠져 소식해가 되고 또 양

안동식혜

념과 소금 간이 빠지면서 반찬류에서 달고 물이 많은 음청류에 속하게 되었다. ❧경북

안동찜닭 안동에서 유래한 음식으로 닭에 온갖 채소와 양념을 섞어 조린 것이다. 토막 낸 닭과 표고버섯, 감자, 마른 고추, 양념장(간장, 물엿, 설탕, 다진 마늘·생강, 후춧가루)에 물을 넣어 끓으면 양파, 대파, 양배추를 밀가루와 고루 섞어 넣고 끓인 다음 당면을 넣고 끓이다가 당면이 익으면 고루 섞어 통깨를 뿌린다. ❧경북

안동칼국수 ▶▶▶ 건진국수 ❧경북

안동헛제사밥 ▶▶▶ 헛제삿밥 ❧경북

안성소머리국밥 사골과 잡뼈를 10시간 이상 끓여낸 국물에 양지머리와 소머릿고기, 마늘, 생강, 파를 넣고 더 끓인 후 고기는 편육으로 썰어 놓고, 국물에 박고지, 토란대, 고사리 등을 넣어 한번 더 끓인 다음 밥에 편육을 얹고 국물을 부어 양념장을 넣어 먹는 국밥이다. 소머리와 사골 및 잡뼈를 가마솥에서 불을 꺼뜨리지 않고 온종일 푹 고아 내고 양지머리에서 우러나온 고소한 국물과 채소와 어울린 국물에 양념을 넣어 고기의 누린 맛을 제거하는 것이 특징이며, 1930년대 전국 5대 시장의 하나인 경기도 안성장터 우시장 국밥집에서 시작하였다. 안성탕이라고도 한다. ❧서울·경기

안성탕 ▶▶▶ 안성소머리국밥 ❧서울·경기

알젓찌개 육수를 넣어 잘 섞은 달걀물에 곱게 다져 양념한 쇠고기와 새우젓을 넣고 실파와 실고추를 얹어 찐 것이다. 《조선무쌍신식요리제법》(알찌개, 계란찌개)에 소개되어 있다. ❧서울·경기

알타리무김치 무청이 달린 상태로 절인 알타리무를 찹쌀풀에 간 풋고추, 다진

마늘·생강, 설탕, 통깨를 섞은 양념으로 버무려 익힌 김치이다. ♣ 전남

알탕 멸치장국국물에 나박썰기 한 무를 넣고 끓이다가 고춧가루와 양념장을 풀고 명란, 콩나물을 넣어 한소끔 끓으면 미나리, 어슷하게 썬 풋고추·붉은 고추·대파를 넣고 끓인 것이다. ♣ 강원도

암치구이 ▶▶▶ 민어구이 ♣ 서울·경기

암치지짐이 ▶▶▶ 민어찌개 ♣ 서울·경기

암치포무침 암치포를 살짝 쪄서 보슬보슬하게 손으로 비빈 후 참기름으로 무친 것이다. 암치포는 민어를 배 쪽으로 갈라서 내장을 제거한 후에 소금으로 간을 하여 통째로 말린 것이다. ♣ 서울·경기

암치포무침

앙장구달걀찜 ▶▶▶ 성게달걀찜 ♣ 경남

애저찜 찬물에 담가 핏물을 제거한 새끼돼지에 물을 붓고 전피, 인삼, 마늘, 생강, 청주를 넣어 끓이다가 고기가 완전히 익으면 은행, 밤, 대추, 양파, 대파를 넣어 한번 더 끓여낸 것이다. 고기가 귀한 시절에 어미돼지가 출산할 때 잘못된 새끼돼지를 푹 쪄서 먹은 것으로부터 유래했다. 광주(光州) 지방의 향토 음식으로, 서유구(徐有榘)의 《정조지

(鼎俎志)》에도 기록되어 있는 전라도 특유의 보신용 음식이다. 돼지는 보통 115일(90일 3주 3~4일) 전후에 새끼를 출산하는데, 애저찜에 사용되는 것은 출산하기 약 2~3개월 전의 것을 사용하는 것이 보통이다. 진안애저라고도 한다. 전피는 초피나무의 껍질을 말하며 운향과의 낙엽관목이다. 초피나무의 열매는 해독제, 소염제, 이뇨제, 통경제 및 복통, 설사, 감기 치료에 효능이 있고 향미료로 사용되는 것은 초피나무 열매 중 껍질을 갈아서 만든 것으로 향이 강하고 쏘는 맛도 강하다. 《시의전서》(아저찜 : 兒猪찜), 《조선무쌍신식요리제법》(아저증 : 兒猪蒸)에 소개되어 있다. ♣ 전북

애저찜

애지찜 ▶▶▶ 청각찜 ♣ 경남

애탕 쑥을 넣어 만든 쇠고기완자를 장

애탕

국에 넣어 끓인 국이다. 살짝 데쳐 곱게 다진 쑥과 다진 쇠고기를 합하여 양념한 후 완자를 빚어 밀가루와 달걀물을 입혀 펄펄 끓는 쇠고기육수에 넣어 끓인다. 《시의전서》(애탕), 《조선요리제법》(애탕국), 《조선무쌍신식요리제법》(애탕 : 艾湯)에 소개되어 있다. ☞ 서울·경기

애호박국 된장을 푼 멸치장국국물에 채 썬 표고버섯과 반달썰기 한 애호박을 넣어 끓여 국간장으로 간을 하고 어슷하게 썬 대파를 넣어 한소끔 더 끓인 것이다.

애호박국

애호박선 애호박을 반으로 갈라 사선으로 칼집을 넣고 토막 내어 소금물에 절인 후, 채 썰어 볶은 쇠고기·표고버섯을 칼집 사이에 채워넣고 찜통에 살짝 찐 후 황백지단을 얹은 것이다.

애호박전 얇게 원형으로 썬 애호박을 소금으로 간하여 밀가루와 달걀물을 묻

애호박전

혀 식용유를 두른 팬에 지진 것이다. 초간장을 곁들여 낸다. 풋고추와 붉은 고추를 썰어 올려 모양을 내기도 한다. 《시의전서》(호박전), 《조선요리제법》(호박전유어), 《조선무쌍신식요리제법》(남과전 : 南瓜煎)에 소개되어 있다.

애호박젓국찌개 납작하게 썰어 간장 양념한 쇠고기를 볶다가 물을 부어 끓이고 새우젓으로 간을 맞춰 애호박, 붉은 고추, 실파를 넣어 끓인 것이다. 쇠고기 대신 조갯살이나 굴을 넣어도 좋다. ☞ 전국적으로 먹으나 특히 서울·경기에서 즐겨 먹음

애호박죽 바지락을 참기름으로 볶다가 불린 쌀을 넣어 볶고 멸치장국국물을 부어 끓인 다음 애호박을 넣고 소금, 국간장으로 간을 하여 끓인다. 서울·경기에서는 채 썰어 양념한 쇠고기를 넣어 끓인다. 여름철 별미인 애호박을 넣고 쑨 죽으로 애호박을 손으로 깨뜨려 조각을 떼어 넣기도 한다. 맛이 담백하며 조개 대신에 닭이나 쇠고기를 넣어도 좋다. ☞ 서울·경기, 경남

애호박죽

애호박편수 ▶▶▶ 호박편수 ☞ 경남

앵두편 앵두에 설탕을 넣어 재워두었다가 끓인 후 체에 걸러낸 앵두즙에 설탕을 더 넣어 조리다가 되직해지면 전분물을 넣어 끓인 다음 틀에 부어 굳힌 것

이다. 버찌편, 앵도편이라고도 불리며 1670년 《음식디미방》에 처음 기록되어, 과편 중에서 제일 먼저 소개되었으며, 대표적인 과편류에 속한다. 앵두편은 주로 편의 웃기나 생실과의 웃기로 사용되는 경우가 많았다. 앵두편과 같은 과편은 색상이 아름다워 잔치 때 행사용 음식으로 쓰이며, 궁중에서도 후식으로 애용되어 왔는데, 조선시대 궁중음식 관련 서인 《진연의궤(進宴儀軌)》, 《진찬의궤(進饌儀軌)》를 살펴보면, 궁중의 연회상차림에 과편이 자주 등장하고 있음을 미루어 알 수 있다. 《음식디미방》(앵도편법), 《규합총서》(앵도편 : 櫻挑), 《음식법》(앵두편), 《시의전서》(앵도편 : 櫻挑), 《조선요리제법》(앵두편), 《조선무쌍신식요리제법》(앵도편, 앵도병 : 櫻挑餅)에 소개되어 있다. ▼ 서울·경기

약고추장　고추장에 쇠고기와 꿀 등을 넣은 볶음 고추장이다. 고추장에 다진 쇠고기를 양념하여 볶은 후 꿀, 참기름을 넣고 더 볶은 것이다. 밥이나 비빔밥을 먹을 때 곁들여 먹는 음식으로 여름철 별미이다. 《시의전서》(약고추장), 《조선요리제법》(약고추장), 《조선무쌍신식요리제법》(숙고추장)에 소개되어 있다.

약과　밀가루에 참기름을 고루 섞어 체에 내리고 꿀, 생강즙, 후춧가루, 청주를 넣고 반죽한 다음 약과 틀에 넣고 꼭꼭 눌러서 모양을 내어 진한 갈색이 나도록 식용유에 튀겨서 계핏가루와 물엿을 끓인 즙청액에 담갔다가 꺼내어 잣가루를 뿌린 것이다. 즙청이란 과줄이나 주악 따위에 꿀을 바르는 과정을 말한다. 《도문대작》(약과), 《지봉유설》(약과 : 藥果), 《음식디미방》(약과), 《주방문》(약과), 《규합총서》(약과), 《증보산림경제》

(전유밀과 : 煎油蜜菓, 전유밀약과 : 煎油密藥果, 전유밀약과법 : 煎油密藥果法), 《산가요록》(약과), 《시의전서》(약과 : 藥果), 《부인필지》(약과), 《조선요리제법》(약과), 《조선무쌍신식요리제법》(약과 : 藥果)에 소개되어 있다.

약과

약단술 ▶▶▶ 약식혜　▼ 경북

약대구　대구 입으로 아가미와 내장을 꺼내고 그 속에 국간장과 소금을 넣고 짚으로 채워 말린 것이다. 1~2개월이 지나면 먹을 수 있다. 경남 진해에서는 약대구를 보양식으로 먹는 귀한 식품이다. ▼ 경남

약밥 ▶▶▶ 약식

약술　창출, 구절초, 익모초, 인동덩굴, 우슬 등의 약재를 끓인 물에 솔잎을 깔고 찐 고두밥과 누룩가루를 넣고 15~20℃에서 10~15일 정도 발효시킨 술이다.

약술

익모초는 꿀풀과의 두해살이풀이고, 우슬은 명아주목 비름과에 속하는 다년생 초로 쇠무릅이라고도 불린다. 인동초는 인동과의 인동덩굴의 줄기 또는 잎을 말한다. ♥ 충남

약식 불린 찹쌀을 쪄 간장과 꿀, 참기름, 계핏가루로 버무린 다음 밤, 대추, 잣을 섞어 한 번 더 찐 것이다. 약밥이라고도 한다. 《조선요리제법》(약식), 《규합총서》(약식 : 藥食, 약밥 : 藥飯), 《조선무쌍신식요리제법》(약식 : 藥食, 약반 : 藥飯)에 소개되어 있다.

약식혜 창출, 약쑥, 구절초, 오가피 등의 약재를 끓인 물에 엿기름가루를 풀어 윗물을 따라 뜨거운 쌀밥에 고루 섞은 후 따뜻한 온도에서 4시간 정도 삭혀 밥알이 위로 떠오르면 냄비에 부어 설탕을 넣고 끓여 만든 것이다. 경북에서는 대추, 산초, 느릅나무, 다래나무, 갈퀴나무, 화살나무, 거제수나무, 두릅, 인동초, 인진쑥, 생강을 넣어 끓인다. 경북에서는 약단술이라고도 한다. ♥ 충남, 경북

약초다식 쌀가루에 설탕물을 뿌려 시루에 쪄낸 뒤 말려서 분쇄하여 고운 가루로 만든 다음 구기자, 황기, 용안육, 칡, 백복령 등의 약초가루와 각각 섞어서 꿀을 넣고 반죽하여 다식판에 찍어낸 것이다. 약초의 독특한 향과 쌀의 구수한 맛, 꿀의 단맛이 잘 조화된 전통음식으로 모양과 색깔이 고급스러워 각종 의례상에 이용된다. 백복령은 베어낸 지 여러 해 지난 소나무뿌리에 기생하여 혹처럼 자라는 것으로 속이 흰 것은 백복령이라 하고 분홍빛인 것은 적복령이라고 한다. 옛날에는 구황식품으로 이용하였고, 주로 한방에서 약재로 쓰인다. ♥ 충북

약편 멥쌀가루에 막걸리, 대추고, 설탕을 섞어 체에 내려 시루에 고르게 펴 담고, 석이채, 대추채, 밤채를 위에 골고루 얹어 찐 떡이다. 대추편이라고도 한다. 대추고가 껍질 없이 고와야 하며 막걸리를 넣어야 더 부드럽고 촉촉하게 되어 향과 맛을 느낄 수 있다. ♥ 충청도

약편

약포 얇게 포 뜬 쇠고기를 칼등으로 두드린 다음 꿀을 넣은 간장 양념에 무쳐 꾸덕꾸덕하게 말린 것이다. 《규합총서》(약포 : 藥脯), 《시의전서》(약포 : 藥脯), 《조선무쌍신식요리제법》(약포 : 藥脯)에 소개되어 있다. ♥ 서울·경기

약포

양곰탕 소양과 무를 푹 끓여 뽀얗게 우려낸 탕이다. 물에 손질한 소의 양과 도가니, 생강을 넣어 곤 후 무를 넣어 끓이다가 건더기가 푹 익으면 건져내어 양과 도가니는 저며썰고, 무는 납작하게 썰어

국간장, 다진 파와 마늘, 참기름, 후춧가루로 양념하고 국물에 국간장과 소금으로 간하여 한소끔 끓인다. 대접에 양념한 양, 도가니, 무를 담고 국물을 부어낸다. 양은 소의 위를 말한다. ✔ 서울·경기

양곰탕

양구이 손질하여 썬 소양에 잔 칼집을 넣은 후 간장 양념(간장, 소금, 다진 파·마늘, 참기름, 깨소금)으로 재워두었다가 구운 것이다. ✔ 서울·경기

양구이

양동구리 검은 껍질을 벗겨 손질한 소의 양을 다져서 소금, 다진 파·마늘, 참기름, 후춧가루로 양념한 후 전분과 달걀을 넣고 고루 섞어 식용유를 두른 팬에 한 숟가락씩 떠서 동그랗게 지진 것이다. ✔ 서울·경기

양애국 ▶▶▶ 양하국 ✔ 제주도

양애깐국 ▶▶▶ 양하국 ✔ 제주도

양동구리

양애깐무침 ▶▶▶ 양하꽃대무침 ✔ 제주도

양애깐지 ▶▶▶ 양하장아찌 ✔ 제주도

양애산적 ▶▶▶ 양하산적 ✔ 전북

양애순국 ▶▶▶ 양하순국 ✔ 제주도

양애순지 ▶▶▶ 양하순장아찌 ✔ 제주도

양애회 ▶▶▶ 양하회 ✔ 전북

양양영양돌솥밥 불린 쌀·찹쌀을 돌솥에 넣고 약수를 부은 후에 인삼, 대추, 밤을 올려 지은 밥이다. 양양의 오색약수로 지은 밥이다. ✔ 강원도

양양영양돌솥밥

양주메밀국수 삶은 메밀면에 송송 썬 배추김치와 소금, 후춧가루로 양념한 꿩고기를 얹고 꿩육수를 부은 것이다. ✔ 서울·경기

양주밤밥 멥쌀과 찹쌀에 껍질 벗겨 볶은 은행과 잘 손질한 밤을 얹어 소금 간하여 지은 밥이다. 양주는 대표적인 밤의 산지로서 밤의 과실이 굵고 단맛이

진하여 맛이 좋다. 고려원년 서긍(徐兢)이란 중국 사신이 고려에서의 견문을 저술한 내용을 보면 '양주밤은 맛이 복숭아에 비교될 정도로 단맛이 많아 이 밤과 은행을 함께 넣고 밥을 해먹으면 맛이 좋았다'고 기록되어 있다. 양주밤밥은 양주밤의 독특한 감미와 함께 은행의 독특한 맛이 함께 어울린 영양이 좋은 밥이다. ꕷ 서울·경기

양즙 소양의 즙이다. 소양을 끓는 물에 데쳐 검은 막을 벗겨 내어 곱게 다진 후 중탕하여 베보자기에 짠 즙에 다진 파·마늘, 소금, 후춧가루로 양념한 것이다. 농축된 영양이 풍부한 유동식이므로 노인이나 회복기의 환자들에게 좋은 음식이다. 《조선무쌍신식요리제법》(양즙 : 瀼汁)에 소개되어 있다. ꕷ 서울·경기

양즙

양지머리편육 핏물을 뺀 양지머리에 대파, 마늘을 넣고 푹 삶은 후 베보자기에 싸서 도마로 눌러 모양을 잡아 굳혀서 편으로 썰어 초장을 곁들인 것이다.

양태국 양태와 무에 물을 붓고 끓이다가 다진 마늘과 소금으로 간한 국이다. 무 대신 미역을 넣어도 된다. 장태국이라고도 한다. 양태는 서해안에서는 장대, 장태, 전남에서는 짱태, 경남에서는

양태

낭태로 불리며, 최대 몸길이 100cm, 몸무게 3.5kg이다. 바다 밑바닥에 주로 서식하며 머리가 납작한 것이 특징이다. 12월에서 이듬해 3월에 많이 잡히며, 맛은 6~8월에 가장 좋다. 살이 희고 단단하며 맛이 담백하여 생선회로서 뿐만 아니라, 지리, 찜, 소금구이 등으로 먹는다. 또한 어묵용으로 쓰이기도 하고, 비린내가 나지 않아 매운탕으로 먹기에도 좋다. ꕷ 제주도

양파장아찌 껍질 벗긴 양파를 끓여서 식힌 소금물에 절여 물기를 뺀 다음 식초, 설탕, 물을 끓여 식힌 초절임액을 부어 만든 장아찌이다. 2~3일 간격으로 초절임액을 따라내어 끓여서 식혀 붓기를 2~3회 반복한다. 소금에 절인 양파에 간장 양념을 부어 만들기도 한다. 경남에서 양파초절임, 제주도에서는 양파지라고도 한다. ꕷ 전북, 경남, 제주도 등

양파지 ▶▶▶ 양파장아찌 ꕷ 제주도

양파초절임 ▶▶▶ 양파장아찌 ꕷ 경남

양평가마솥칡청 깨끗이 씻어 자른 칡에 물을 붓고 20시간 동안 센 불에서 끓이다가 10시간 정도 약한 불에서 조려 낸 것이다. 칡은 산속에서 자생하는 다년생 식물이다. 칡청은 경기도 양평 지역에서 예부터 만들어 먹던 음식이며, 가마솥이라는 명칭은 칡청을 옛 방식 그대로 가마솥에 장작불로 가열하여 만들기 때문이며 조청과 비슷한 형태로 생산되기 때문에 칡청이라고 불린다. 가마솥칡청에 쓰이는 칡은 숫칡을 사용하는 것보다 암칡을 사용하는 것이 품질이 좋다. ꕷ 서울·경기

양평가마솥칡청

양평마전 껍질 벗겨 간 마와 다져 양념한 쇠고기, 다진 양파·당근·대파를 섞고 밀가루로 반죽한 후 식용유를 두른 팬에 둥글납작하게 지진 것이다. 마는 마과에 속하는 다년초로 고구마처럼 생겼고, 마에 대한 기록은《삼국유사》에서 찾아볼 수 있어 한반도의 농경 시작부터 사용해 왔던 것을 알 수 있다. 양평은 가평, 연천, 포천, 양주, 의정부, 남양주 등과 함께 경기도 동북부에 속하며, 강원도 산간 지역과 연결된 지역으로 양지바른 산비탈 나무 아래 초지에서 자라나는 마를 이용하여 전을 부쳐 먹었다.
🍃 서울·경기

끓는 멸치장국국물에 양하와 국간장을 넣고 보릿가루를 풀어 끓이며 고기육수를 사용할 경우

양하

에는 참기름에 볶아 물을 붓고 끓여 만든다(제주도). 전북에서는 양하탕, 제주도에서는 양애국, 양하꽃대국, 양애깐국이라고도 한다. 제주도에서 '양애'라고 불리는 양하는 생강과의 여러해살이풀로 독특한 향이 있으며 예로부터 남부지방, 특히 제주도에 많이 심었다. 식용으로 꽃이나 어린순을 이용하는데, 봄에는 잎이 피기 전의 줄기나 순으로 국을 끓여먹고, 여름에는 연한 잎으로 쌈을 싸먹고, 꽃이 피기 전 양애는 무쳐먹거나 장아찌, 김치로 담가 먹었다. 이 외에 어린순과 뿌리는 향신료로도 이용된다.
🍃 전북, 제주도

양평마전

양하국 방법 1 : 채 썬 양하를 팬에 볶다가 불린 쌀과 들깻물을 넣고 다진 마늘, 소금으로 양념한 후 물을 더 넣고 눌어붙지 않도록 끓인다(전북). 방법 2 :

양하국(전북)

양하국(제주도)

양하꽃대국 ▶▶▶ 양하국 ↓제주도

양하꽃대무침 데친 양하꽃대를 양념(간장, 다진 마늘, 참기름, 깨소금)으로 무친 것이다. 양애깐무침이라고도 한다. 양하꽃대는 양하깐(양애깐)이라 불리며 양하의 꽃이 피기 전 추석을 전후하여 나오는 자줏빛 봉우리이다. ↓제주도

양하산적

양하순국 된장을 푼 멸치장국국물에 껍질을 벗겨 썰은 양하순을 넣어 끓인 국이다. 양애순국이라고도 한다. ↓제주도

양하꽃대무침

양하나물 삶은 양하와 찌거나 삶은 가지에 채 썬 양파·풋고추, 다진 마늘, 소금, 참기름, 통깨를 넣고 무친 것이다. 양해나물이라고도 한다. ↓전남

양하순국

양하순장아찌 살짝 절여 물기를 뺀 양하순에 간장, 식초, 설탕을 끓여 식힌 다음 부어 저장한 것이다. 일주일 후 양념장을 따라내어 끓여서 식혀 붓기를 2~3회 반복한다. 양념장에 20일 정도 담갔다 꺼내 망에 넣어 고추장에 박기도 한다. 양애순지라고도 한다. ↓제주도

양하나물

양하산적 껍질을 벗겨 썬 양하, 각각 6~7cm 길이로 썬 데친 당근, 실파, 납작하게 썰어 간장 양념한 쇠고기를 꼬치에 꿰어 식용유를 두른 팬에 앞뒤로 지진 것이다. 양애산적이라고도 한다. ↓전북

양하장아찌 방법 1 : 양하는 잎을 제거하고 인경(비닐줄기)만 골라 소금물에 살짝 절였다가 물기를 빼고 고추장에 넣어 숙성시킨다. 먹을 때 양념(설탕, 다진 파·마늘, 깨소금)으로 무치며 소금물 대신 간장에 절이기도 한다(경남). 방법 2 : 겉잎 벗긴 양하를 소금과 식초에 절였다가 건져 간장과 설탕을 끓여

식힌 다음 부어 저장한 후 일주일 뒤 양념장을 따라내어 끓여서 식혀 붓기를 2~3회 반복한다. 제주도에서는 양애깐지라고도 한다. ♨ 경남, 제주도

양하장아찌

양하전 밀가루, 소금, 물을 섞어 만든 반죽에 껍질을 벗겨 채 썬 양하와 채 썬 풋고추를 섞어 식용유를 두른 팬에 얇고 동그랗게 지진 것이다. ♨ 전북

양하전

양하탕 ▶▶▶ 양하국 ♨ 전북
양하회 끓는 물에 살짝 데쳐 먹기 좋은 크기로 찢은 양하를 초고추장에 무친 것이다. 양애회라고도 한다. ♨ 전북
양해나물 ▶▶▶ 양하나물 ♨ 전남
어글탕 다진 쇠고기 · 으깬 두부 · 데친 숙주에 소금, 다진 마늘, 참기름을 넣어 양념하여, 북어 껍질 위에 올려 얇게 펴고 그 위에 밀가루, 달걀물을 묻혀 지진

양하회

것을 양지머리육수에 넣고 끓이고 실파, 다진 마늘을 넣어 한소끔 더 끓인다. 서울 · 경기에서는 물에 불린 북어 껍질 다진 것, 데쳐서 다진 숙주와 으깬 두부, 밀가루와 달걀을 섞어서 2.5cm 크기로 떼어 양지머리 육수에 넣어 끓이다가 국간장과 소금으로 간을 하며, 북어껍질탕이라고도 한다. ♨ 서울 · 경기, 경남

어글탕

어리굴젓 소금에 살짝 절인 굴에 찹쌀밥과 고춧가루를 함께 갈아 마늘채와 파채를 넣고 소금으로 간한 양념을 넣고 버무려 삭힌 것이다. 2~3일 후부터 먹을 수 있고 10일을 넘기지 않도록 한다. 서울 · 경기, 경남에서는 생강채, 배채, 밤채를 넣어 버무린다. 《조선요리》(어리굴젓), 《조선무쌍신식요리제법》(담석화해 : 淡石花醢)에 소개되어 있다.
어만두 포를 뜬 생선살(민어 · 숭어 등)

에 소를 넣고 빚은 만두이다. 소금, 후춧
가루로 간하여 녹두 전분을 묻힌 흰살생
선포에, 곱게 다져 양념한 쇠고기, 데쳐
잘게 썬 숙주, 곱게 채 썬 표고버섯·목
이버섯, 살짝 절여 채 썬 애호박, 절였다
가 꼭 짜서 채 썰어 볶은 오이를 함께 섞
어 소금, 후춧가루, 다진 파·마늘, 참기
름 등으로 간을 하여 만든 소를 넣고 반
으로 접어 만두 모양으로 만 다음 전분
을 씌워 찜통에 찌며 초장이나 겨자즙을
곁들인다. 서울·경기에서는 물에 삶아
찬물을 끼얹어 식한다. 《음식디미방》
(어만두법), 《산가요록》(어만두), 《시의
전서》(어만두), 《조선요리제법》(어만
두), 《조선무쌍신식요리제법》(어만두 :
魚饅頭)에 소개되어 있다. ☙ 서울·경기

어만두

어산적　흰살생선과 양념한 쇠고기를 꼬
치에 꿰어 구운 것이다. 방법 1 : 소금,
후춧가루로 간한 민어살과 간장으로 양
념한 쇠고기를 꼬치에 번갈아 꿴 다음
칼등으로 두드려 한데 붙인 것처럼 만들
어 석쇠나 팬에 구워 잣가루를 뿌린다
(상용). 방법 2 : 생선을 가시 없이 손질
하여 도톰하게 저며 양념장(간장, 참기
름, 설탕, 다진 파·마늘, 실고추, 후춧
가루)에 재워둔 것과 쪽파의 흰부분을
꼬치에 번갈아 가며 꿰어 양념장을 바르

며 굽는다(서울·경기).

어산적

어선　흰살생선을 포 떠서 쇠고기, 버섯,
오이 등을 올리고 돌돌 말아 찐 것이다.
방법 1 : 대나무발에 포 뜬 민어살을 깔
고 채 썰어 볶은 쇠고기·표고버섯·석
이버섯·오이·당근과 황백지단채를
넣어서 돌돌 말아 끝 부분과 양쪽에 전
분을 되직하게 풀어 바른 다음 대발로
겉을 말아서 찜통에 찌며 도톰하게 원형
으로 썰어 겨자즙을 곁들인다(상용). 방
법 2 : 대나무발 위에 넓게 부친 달걀지
단을 올리고 소금, 후춧가루, 생강즙으
로 밑간 한 포 뜬 생선을 펴고 양념하여
볶은 쇠고기채·표고버섯채·오이채·
당근채·석이버섯채를 올려 김밥 말듯
이 말아 찜통에서 찐 후 썰어 겨자즙을
곁들인다(서울·경기).

어알탕　흰살생선으로 만든 완자를 쪄
서 양지머리육수에 넣어 끓인 국이다.
다진 흰살생선을 소금, 다진 파·마늘,
후춧가루 등의 양념을 넣고 끈기가 날
때까지 치댄 후 완자로 빚어 전분을 고
루 묻혀 냉수에 담갔다가 건져내는 과정
을 세 번 정도 반복하여 찜통에 찐 후 양
지머리육수에 넣어 끓여서 황백지단과
실파를 얹는다. ☙ 서울·경기

어죽　생선을 푹 고아 거른 물에 쌀을 넣

어 끓인 죽이다. 방법 1 : 민물고기를 푹 삶아 체에 거른 다음 삶은 산채에 고추장과 밀가루를 버무린 것과 불린 쌀을 넣고 끓인다(강원도). 방법 2 : 민물고기를 푹 삶아 체에 거른 다음 불린 쌀을 넣고 죽을 끓이다가 다진 파·마늘·생강, 소금을 넣는다(강원도). 방법 3 : 내장을 제거한 민물고기를 푹 삶아 체에 걸러낸 국물에 고추장, 고춧가루를 풀고 불린 쌀, 다진 양파·마늘, 민물새우를 넣어 끓이다가 국수를 넣고 익으면 채 썬 깻잎, 다진 풋고추, 들깻가루, 참기름을 넣고 끓인다(충남). 방법 4 : 민물고기를

어죽(강원도)

어죽(전북)

어죽(전남)

삶아서 뼈를 발라낸 다음 된장, 고추장을 풀고 불린 쌀을 넣어 끓이다가 수제비 반죽을 떼어 넣고 풋고추, 깻잎, 미나리, 쑥갓을 먹기 직전에 넣고 한소끔 더 끓인다(전북). 방법 5 : 민물고기를 삶아 으깨서 뼈를 발라낸 국물에 고추장과 고춧가루를 넣고 끓이다가 수제비를 떼어 넣은 다음 다진 파·마늘을 넣고 소금으로 간을 맞춘다(전북). 방법 6 : 붕어를 푹 끓여 뼈째 갈아 거른 물에 불린 쌀을 넣고 끓이면서 된장을 풀어넣고 대파와 다진 양파·마른 고추·마늘·생강으로 만든 양념을 넣고 쌀알이 퍼질 때까지 끓인다(전남). 전남에서는 민물고기 어죽이라고도 한다. ❦ 강원도, 충남, 전라도

어채 포를 떠 길쭉하게 썬 민어에 소금을 뿌려놓고, 붉은 고추와 대파는 직사각형으로 썰고, 손질한 석이버섯을 알맞게 뜯어 놓은 다음 준비한 모든 재료에 전분을 묻혀 끓는 물에 살짝 데친 후, 그릇에 담고 황백지단과 잣을 고명으로 올려 초간장을 곁들인 것이다. 《시의전서》(어채 : 魚菜), 《부인필지》(어채), 《조선무쌍신식요리제법》(어채 : 魚菜)에 소개되어 있다. ❦ 서울·경기

어채

어탕 ▶▶▶ 추어탕 ❦ 경남
어탕국수 민물고기에 물을 넣고 푹 삶

아 뼈를 발라내고 반달썰기 한 호박 · 양파를 넣어 끓이다가 국수를 넣고 끓으면 어슷하게 썬 풋고추, 고춧가루, 다진 파 · 마늘을 넣고 초피가루를 곁들인 것이다. 추어탕국수라고도 한다. ♨ 경남

어탕국수

어포　생선(민어 또는 숭어)을 되도록 얇게 저며 편평하게 한 뒤 다진 파 · 마늘, 참기름, 간장으로 양념하여 말린 것이다. 《음식법》(어포), 《시의전서》(어포법 : 魚脯法), 《조선요리제법》(어포), 《조선무쌍신식요리제법》(어포 : 魚脯)에 소개되어 있다. ♨ 서울 · 경기

언무장아찌　무를 겨울 동안 얼려서 말린 뒤 간장에 담가 간이 배면 4등분 하여 항아리에 담고 간장물을 따라내어 설탕을 넣고 끓여 식힌 뒤, 마늘, 생강, 실고추를 함께 넣고 숙성시킨 것이다. ♨ 서울 · 경기

언무장아찌

언양불고기　굵게 채 썬 쇠고기를 배즙에 재웠다가 양념장(국간장, 설탕, 다진 파 · 마늘, 물, 물엿, 참기름, 후춧가루)을 넣고 버무린 것을 물에 묻힌 한지를 올린 석쇠에서 구워 통깨를 뿌린 것이다. ♨ 경남

언양불고기

얼갈이김치　절인 얼갈이배추에 양파, 마른 고추, 밥, 새우젓, 마늘, 생강을 갈아서 대파와 섞어 소금 간한 양념을 넣고 버무린 다음 통깨를 뿌린 김치이다. ♨ 전북

얼갈이김치 ▶▶▶ 얼갈이반김치 ♨ 경남

얼갈이반김치　끓여 식힌 밀가루풀에 양념(고춧가루, 멸치젓, 다진 마늘 · 생강, 설탕)을 잘 섞어 절인 얼갈이배추에 버무린 다음 다시마장국국물을 부어 담근 김치이다. 얼갈이김치라고도 한다. ♨ 경남

얼갈이반김치

얼린무장아찌 추운 겨울에 얼렸다 녹였다 한 무를 원형으로 썰어 칼등으로 두들겨 놓고 고추장 양념에 버무려 숙성시킨 장아찌이다. 먹을 때 식용유를 두른 팬에 무를 볶아 낸다. ♣충남

엄나무삼계탕 손질한 닭의 배 속에 인삼, 대추, 밤, 녹각, 마늘을 넣고, 엄나무와 황기를 푹 끓인 국물에 닭을 넣고 끓인 것이다. 엄나무는 두릅나무과에 속하는 음나무속으로 음나무, 개두릅나무라고도 한다. 나무껍질은 회백색이고 가지에는 억센 가시가 많으며 뿌리 또는 줄기 껍질을 사용하는데, 요통, 신경통, 거담, 강장제로 효능이 있다. 녹각은 녹용이 자라서 그 속에 들어 있던 피의 양도 줄고 털도 뻣뻣하게 되어 굳어진 것으로 한약재로 쓰는데, 녹용보다 못한 것으로 여긴다. ♣충북

엄나무

엄나물전 ▶▶▶ 개두릅전 ♣경북

엉개나물 ▶▶▶ 개두릅나물 ♣경남

엉겅퀴단술 ▶▶▶ 엉경퀴식혜 ♣경남

엉겅퀴뿌리장아찌 엉경퀴뿌리를 된장에 박아 저장한 것이다. 소앵이장아찌라고도 한다. 엉경퀴는 산이나 들에서 자

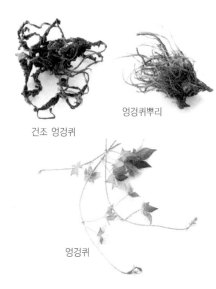

건조 엉겅퀴

엉겅퀴뿌리

엉겅퀴

라는 식물로 가시나물, 항가새라고도 한다. 줄기는 곧게 서고 높이 50~100cm이며 전체에 흰 털과 더불어 거미줄 같은 털이 있다. 연한 잎과 줄기는 무기질과 비타민을 많이 함유하고 있어 영양가가 높아 나물로 이용하며, 성숙한 뿌리를 약용으로 이용한다. ♣제주도

엉겅퀴식혜 즙을 짜낸 엉경퀴뿌리에 물을 붓고 달여 거른 물을 가라앉힌 다음 따라낸 윗물에 엿기름가루를 풀어 엿기름물을 만들어 식힌 고두밥을 섞어 삭힌 다음 설탕을 넣어 끓인 것이다. 엉경퀴단술이라고도 한다. ♣경남

엉겅퀴뿌리장아찌

엉겅퀴식혜

엉겅퀴해장국 물에 된장과 들깨즙을 넣어 끓이다가 엉겅퀴를 넣고 소금 간을 하여 더 끓인 국이다. ♨ 경북

여주땅콩엿강정 땅콩은 껍질을 벗겨 반으로 갈라 가루를 제거한 후 볶아 두고, 물에 설탕을 섞어 끓이다가 녹으면 물엿을 넣고 끓여서 숟가락으로 떠 4~5cm 길이로 실이 나면 불을 끄고 볶은 땅콩을 재빨리 섞어서 틀에 붓고 식힌 후 썰어낸 것이다. 우리나라에 땅콩이 도입된 것은 1800~1845년 사이에 중국으로부터 들어온 것으로 추정된다. 땅콩은 경기도 여주의 특산품이다. ♨ 서울·경기

여주산병 멥쌀가루를 쪄서 절구에 친 후 얇게 밀어 거피팥소를 넣고 반으로 접어 하나는 지름 15cm, 하나는 지름 12cm 정도의 반달 모양으로 찍어낸 뒤 각각 구부려 작은 떡을 안에 넣고 큰 떡으로 감싸 끝을 붙여 만든 떡이다. 경기도 여주 지방은 권력과 재력이 있는 민씨네가 많이 모여 살던 곳으로 만석 가까이 농사를 짓는 사람들이 모양을 내고 솜씨를 내어 많이 해먹었던 떡이다. 옛날 경기도 지방에서는 큰 잔치 때 반드시 여주산병을 만들어 편의 웃기로 올렸다고 한다. ♨ 서울·경기

여주산병

여지장 ▶▶ 오매차 ♨ 경남

여지탕 ▶▶ 오매차 ♨ 경남

연근전 삶은 연근을 밀가루를 묻혀 식용유를 두른 팬에 지진 것이다. 방법 1 : 연근을 둥근 모양으로 썰어 삶아내어 밀가루를 묻히고, 밀가루에 간장, 참기름을 넣고 물에 갠 반죽을 입혀 식용유를 두른 팬에 지진다(서울·경기). 방법 2 : 촛물에 담갔다가 건진 연근을 끓는 물에 넣고 삶아 물기를 뺀 다음 쌀가루와 밀가루, 달걀흰자, 소금, 물로 만든 반죽을 묻혀 식용유를 두른 팬에 지지며 양념장(간장, 통깨)을 곁들인다(경북). 경북에서 연뿌리전이라고도 한다. 《음식디미방》(연근전)에 소개되어 있다. ♨ 서울·경기, 경북

연근전과 ▶▶ 연근정과 ♨ 경남

연근정과 ▶▶ 각색정과 ♨ 경북

연근정과 얇게 썬 연근을 설탕물에 조린 것이다. 방법 1 : 껍질을 벗긴 연근을 식촛물에 담갔다가 삶아 말랑하게 해두고, 냄비에 물엿과 설탕을 1 : 1 비율로 넣어 젓지 말고 끓이다가 준비해 둔 연근을 넣고 끓였다 식히기를 3회 정도 반복하여 만든다(충북). 방법 2 : 0.5cm 정도의 두께로 원형 썰기한 연근을 식초를 넣은 물에 삶아서 설탕, 소금, 물을 넣고 졸이다가 설탕이 거의 졸아지면 물엿을 넣고 계속 조려 투명해지면 꿀을 넣어 작은 기포가 생길 때까지 졸여 하나씩 건져 떼어 놓아 식힌다(전북). 경남에서는 반 정도 조려졌을 때 오미자물을 넣어서 조리며 연근전과라고도 한다. 《산림경제》(연근전과 : 蓮根煎果), 《규합총서》(연근정과), 《음식법》(연근정과), 《시의전서》(연근정과 : 蓮根正果), 《부인필지》(연근정과), 《조선요리제법》(연근정과), 《조선무쌍신식요

리제법》(연근정과 : 蓮根正果)에 소개되어 있다. ♨ 충북, 전북, 경남

연근조림 데친 연근에 간장, 물엿, 설탕, 식용유, 물을 넣고 조린 후 참기름과 통깨를 뿌린 것이다.

연근조림

연근죽 냄비에 참기름을 두르고 불린 쌀과 잘게 썬 연근을 볶다가 물을 붓고 끓여서 쌀이 퍼지면 갈아 놓은 연근을 넣고 한소끔 끓여 소금으로 간한 것이다.《규합총서》(우분죽 : 藕粉粥),《증보산림경제》(연뿌리가루죽 : 藕粉粥)에 소개되어 있다. ♨ 서울·경기

연근죽

연반계술국 다시마, 북어로 우려낸 국물에 국간장과 소금으로 간하고 분쇄기에 간 좁쌀과 납작하게 썬 두부, 대파를 넣어 끓인 국이다. 연반계는 예부터 농촌에서 장례나 결혼 등의 애경사가 있을 경우 서로 돕는 모임으로 예전에는 경조사 때에 지금의 돈 대신 쌀계를 만들어 어려울 때 서로 도왔다. 농촌에서 쌀이 귀한 때에 어려운 일을 당한 사람을 돕는다고 하여 '자기 먹을 식량을 반이라도 가져가 도와준다' 는 뜻으로, 특히 초상이 났을 때 온 마을 사람들이 쌀을 한 되씩 모아서 초상집에 가져갔는데, 이것을 연반계쌀이라고 하며 그 보답으로 막걸리에 안주로 연반계술국을 끓여서 대접하였다. ♨ 서울·경기

연뿌리전 ▶▶▶ 연근전 ♨ 경북

연사자반 찹쌀가루에 소주와 콩물을 섞어 만든 반죽을 끓는 물에 삶아내어 간장과 고춧가루를 넣고 찧은 후 얇게 밀어 사방 5cm로 잘라 말렸다가 식용유에 튀겨낸 것이다. 연사자반은 찹쌀로 만든 부각류로서 기름에 튀기면 반죽이 부풀어 올라 튀김처럼 되는 전북 남원 지역의 향토음식이다. ♨ 전북

연어채소볶음 양파, 당근, 고추, 표고버섯을 볶다가 먼저 볶아둔 연어를 넣어 소금과 간장으로 간을 하고 달걀지단채와 석이버섯 고명을 올린 것이다. ♨ 강원도

연엽식혜 연잎에 뜨거운 찹쌀밥과 청주, 꿀을 탄 엿기름물을 부어 잘 싸서 끈으로 묶은 후 항아리에 넣어 하룻밤 삭혀

연엽식혜

두었다가 잣을 띄워 먹는 것이다. 연엽주라고도 한다. ♨ 강원도

연엽주 ▶▶▶ 연엽식혜 ♨ 강원도

연엽주 불린 쌀을 쪄서 누룩과 섞어 차게 식힌 다음, 끓여 식힌 물을 부어 고루 섞어 항아리에 연잎과 솔잎을 켜켜이 안쳐 18~23℃에서 여름에는 7~10일, 겨울에는 10~15일 정도 숙성시켜 만든 술이다. ♨ 충남

연엽주

연자죽 불린 쌀에 데친 연근과 연자를 넣고 물을 부어 약한 불에서 끓인 죽이다. 연자는 연꽃의 씨를 말하는 것으로 연실 또는 연밥으로 불리며 10월경에 열

연자

매를 얻을 수 있다. 연꽃의 뿌리, 잎자루, 열매는 식용으로, 잎은 수렴제, 지

연자죽

혈제로, 뿌리는 강장제 등으로 이용된다. ♨ 충남

연천냉면 메밀가루와 전분을 섞어 익반죽하여 뽑아 삶은 면에 삶은 달걀과 어슷하게 썰어 절인 오이, 편육을 올리고 사골육수에 동치미국물과 섞어 만든 육수를 차게 해서 부은 것이다. ♨ 서울·경기

연천율무차 율무를 팬에 식용유를 두르지 않고 살짝 볶아 두었다가 물을 부어 충분히 끓여 마시는 것이다. 율무는 경기도 연천 지역의 특산품이다. ♨ 서울·경기

연평도조기젓 조기를 바닷물과 같은 농도의 소금물에 씻은 뒤 아가미에 소금을 가득 넣어 항아리에 담고 조기를 씻었던 물을 끓여 식혀서 항아리에 부어 서늘한 곳에 발효시킨 것이다. 연평도는 인천광역시 옹진군 연평면에 속하는 섬으로 신석기시대부터 사람이 살았던 것으로 추정되는데, 조기, 꽃게잡이가 유명하며 예로부터 조기로 젓갈을 담아 먹었다. 조기젓은 5월 초순부터 6월 중순까지 담그며 10월부터 먹기 시작한다. 먹을 때는 꼬들꼬들해진 조기젓을 살을 크게 찢어서 다진 파·마늘, 고춧가루, 식초를 넣어 양념한다. ♨ 서울·경기

연평도조기젓

열무감자물김치 절인 열무, 양파, 붉은

고추에 고춧가루를 버무린 다음, 삶은 감자와 붉은 고추에 물을 넣고 갈아 소금 간을 한 것을 부어 숙성시킨 김치이다. ▼경북

열무김치 소금에 살짝 절인 열무에 갈아 놓은 마늘·생강·붉은 고추, 풋고추채, 파채, 밀가루풀, 소금을 넣어 버무린 것이다. 전남에서는 밀가루풀 대신 밥 또는 찹쌀풀을 넣는다. 《조선요리제법》(열무김치),《조선무쌍신식요리제법》(세청저 : 細靑疽)에 소개되어 있다.

열무된장비빔밥 보리밥에 강된장찌개와 열무김치를 곁들여 비벼 먹는 것이다. 열무보리밥, 열무비빔밥이라고도 한다. ▼경남

열무물김치 열무를 소금에 절였다가 물에 씻어 물기를 뺀 다음 실파, 풋고추, 붉은 고추, 다진 마늘·생강을 넣어 소금으로 간하고 밀가루풀 또는 밥을 으깨어 넣고 식으면 물을 부어 소금으로 간을 맞춘 김치이다. 전남에서는 물 대신 다시마를 끓인 국물을 차게 식혀 부어 익힌다. ▼충북, 전남

열무보리밥 ▶▶▶ 열무된장비빔밥 ▼경남

열무비빔밥 ▶▶▶ 열무된장비빔밥 ▼경남

열무쇠고기국 쇠고기를 삶은 육수에 국간장과 소금으로 간을 하고 끓이다가 데친 열무와 다진 마늘, 고춧가루를 넣고 한 번 더 끓여 찢어 놓은 쇠고기를 얹은 국이다. ▼충남

염소고기전골 양념(간장, 다진 파·마늘·생강, 참기름, 설탕)한 염소고기를 중앙에 담고 느타리버섯, 표고버섯, 당근, 미나리를 돌려 담아 육수를 부어 끓으면 나머지 양념을 넣고 끓이다가 소금 간을 한 것이다. ▼경북

염소불고기 얇게 썬 염소고기를 양념

(간장, 설탕, 다진 파·마늘, 참기름, 깨소금)에 재웠다가 석쇠에 구운 것이다. ▼경북

염소불고기

염소탕 ▶▶▶ 흑염소탕

염통구이 손질한 염통을 저며 간장, 설탕, 다진 파·마늘, 생강즙, 참기름 등으로 양념하여 석쇠에 구운 후 잣가루를 뿌린 것이다. 서울·경기에서는 쇠고기와 함께 굽기도 하며, 양념 대신에 소금구이를 하기도 한다. 소의 염통(심장)은 단백질과 무기질이 풍부하고 쫄깃하여 씹는 맛이 일품이다. 《증보산림경제》(염통구이 : 牛心炙方),《시의전서》(염통구이),《조선무쌍신식요리제법》(염통구이, 우심적 : 牛心炙)에 소개되어 있다.

염통

염통구이

엽삭젓 전어의 새끼로 담근 젓갈이다. 전어의 새끼를 소금에 버무려서 항아리에 담고 소금을 두껍게 뿌려 3개월 이상 삭힌다. 먹을 때 잘게 썰어 풋고추, 고춧가루, 다진 파·마늘, 참기름, 깨소금을 넣고 무친다. 엽삭젓은 전남 함평군 일대에서 많이 담가 먹는데, 반찬으로 먹거나 김치에 넣어 먹기도 한다. 전어젓이라고도 한다. ↘전남

엿 불린 쌀을 쪄서 엿기름물을 부어 따뜻하게 하여 삭힌 후 삼베주머니에 담아 걸러 짜낸 물을 약한 불에서 걸쭉하게 조려 굳힌 것이다. 《도문대작》(엿), 《지봉유설》(엿), 《수운잡방》(이당 : 飴糖), 《부인필지》(엿), 《조선무쌍신식요리제법》(엿만드는법)에 소개되어 있다.

영계백숙 ▶▶▶ 삼계탕

영계탕 닭의 배 속에 소를 채워 푹 익힌 것과 닭국물에 만두와 죽순지짐을 끓인 국을 함께 내는 것이다. 다진 마늘, 소금으로 간한 물에 닭간, 닭발을 넣고 끓이다가 닭의 배 속에 다진 쇠고기·쑥갓, 채 썬 양파·대파·당근, 소금, 참기름으로 만든 소를 넣고 무명실로 묶은 닭을 넣어 끓여 닭이 익으면 건져내고 닭국물에 만두와 죽순지짐을 넣고 만두가 다 익을 때까지 다시 팔팔 끓여 낸다. 만두는 쇠고기, 숙주, 부추, 소금, 참기름으로 만든 소를 넣어 빚고, 죽순지짐은 삶아서 부챗살 모양으로 썬 죽순에 소(닭의 배 속에 넣은 것과 같은 소)를 채워 넣고 달걀물을 입혀 지진다. ↘전남

영광굴비구이 칼집을 넣은 굴비를 간장양념(간장, 다진 파·마늘, 생강즙, 청주, 소금, 참기름, 깨소금, 실고추, 후춧가루)에 20분간 재워 둔 후 달군 석쇠에 구운 것이다. 굴비에 소금을 뿌려 석쇠에 굽거나 팬에 식용유를 두르고 굽기도 한다. 영광굴비는 고려시대의 척신 이자겸(李資謙)이 왕을 모해하려다가 탄로되어 1126년(인종 4) 정주(靜州, 지금의 전남 영광)로 유배되어 그곳에서 굴비를 먹어 보고는 그 맛을 모르고 개경(開京)에 살았던 것을 후회하였다는 일화도 전하며, 정주굴비로 이름이 알려져 있던 '영광굴비'가 이미 고려시대부터 유명하였음을 알 수 있다. 조기는 고온다습한 시기에 대량으로 어획되므로 그 보장방법으로 굴비와 같은 염건품(鹽乾品)의 가공법이 발달하였다. ↘전남

영광토종주 ▶▶▶ 과하주 ↘전남

영덕대게찜 ▶▶▶ 대게찜

영동풍신떡 멥쌀가루에 삶은 취나물을 섞어 찐 떡이다. 영동 지방에서 음력 2월 1일 1년 농사를 기원하기 위해 봄에 산에서 나는 나물을 이용하여 떡을 만들어 제를 지낸다. ↘강원도

영동풍신떡

영양굴밥 불린 쌀에 물기를 뺀 굴, 간밤, 인삼, 대추, 당근, 은행을 얹어 물을 부어 지은 밥으로 달래간장을 곁들인다. ↘충남

영양콩국수 끓인 콩물에 대추 우려낸 물과 흑설탕, 꿀과 소금을 넣고 더 끓여서 삶은 국수에 붓고 채 썬 수삼을 올린

것이다. ♨ 경북

영월장릉보리밥 솥에 불린 쌀과 삶은 보리쌀, 감자를 올려 지은 밥이다. 밥이 다 되면 밥과 감자를 잘 섞어 담는다. ♨ 강원도

예경단 ▶▶▶ 쑥굴리 ♨ 전남

오가리나물 ▶▶▶ 호박오가리나물 ♨ 충북

오가피술 ▶▶▶ 오가피주 ♨ 제주도

오가피잎부각 오가피잎에 끓여 식힌 찹쌀풀(찹쌀가루, 물, 소금)과 고춧가루를 섞은 것을 발라 말렸다가 먹을 때 식용유에 튀긴 것이다. 고추장을 바르기도 한다. ♨ 경남

오가피잎부각

오가피주 씻어 물기를 닦아 내고 잘게 썬 오가피에 소주를 부어 밀봉하여 숙성시킨 술이다. 가지와 잎으로 담글 때는 세 배 가량의 술을, 생가지로 담글 때는 두 배 가량의 술을 붓고 약 3개월 후 숙성이 되어 노란 빛깔이 돌면 걸러내어 다른 병에 보관한다. 오가피술이라고도 한다.《산림경제》(오가피주 : 五加皮酒),《음식디미방》(오가피주),《규합총서》(오가피술)에 소개되어 있다. ♨ 제주도

오곡밥 멥쌀, 찹쌀, 차조, 검은콩, 차수수, 팥을 섞어 지은 밥이다. 방법 1 : 각각 씻어 불린 멥쌀, 찹쌀, 차수수, 검은콩과 삶은 팥을 섞어 안치고, 소금 간한 팥

삶은 물을 부어 끓이다가 밥이 끓어오를 때 차조를 위에 얹고 뜸을 들인다(상용, 전라도). 방법 2 : 쌀, 보리, 차조, 팥, 수수를 섞어 지은 밥으로 보리와 팥을 끓인 다음 쌀, 차조, 수수를 넣고 끓여 뜸을 들인다(제주도). 다른 지방과는 달리 제주도 오곡밥에는 콩 대신 보리가 들어갔고 대개 집에 있는 잡곡을 사용하였다. 오곡밥은 쌀을 포함하여 다섯 가지 곡식을 섞어 지은 밥으로 음력 정월 보름날에 아홉 가지 묵은 나물과 함께 나누어 먹는다.《규합총서》(오곡밥 : 五穀飯),《조선요리제법》(별밥),《조선무쌍신식요리제법》(별반 : 別飯)에 소개되어 있다.

오곡밥

오골계탕 오골계를 끓는 물에 살짝 데친 후 엄나무, 천궁, 당귀, 황기, 녹각, 구기자, 창출, 감초를 물에 넣고 향이 우러나도록 끓이다가 대추, 밤, 데친 닭을 넣

오골계탕

고 푹 끓인 것이다. 오골계는 닭의 한 품종으로 뼈와 피부가 검고 피를 맑게 하며 바람(풍)을 막아주는 등 주로 약용 닭으로 알려져 있다. 《동의보감》, 《본초강목》에 기록이 있다. ✿ 충남

오과차 황률, 대추, 인삼, 통계피, 마른 귤 껍질에 물을 부어 센 불에서 끓이다가 끓기 시작하면 중불에서 푹 달인 후 잣을 띄워 마시는 것이다. ✿ 서울·경기

오그락지 ▶▶▶ 무말랭이장아찌 ✿ 경북

오리탕 오리고기에 머윗대나 감자, 무 등의 부재료와 양념장을 넣고 끓인 음식이다. 방법 1 : 토막 내어 청주, 다진 마늘, 후춧가루로 밑간한 오리고기에 감자, 무, 양파, 대파, 느타리버섯, 밤, 대추, 인삼과 양념장(고춧가루, 고추장, 청주, 후춧가루, 소금, 들깨), 물을 넣어 푹 끓인 후 쑥갓, 미나리를 얹고 한소끔 더 끓인다(서울·경기, 전남). 방법 2 : 토막 낸 오리고기를 끓이다가 체에 내린 들깨물을 붓고 삶은 머윗대, 된장과 다진 양념(마른 고추, 다진 양파·마늘·생강)을 넣고 한소끔 끓으면 어슷하게 썬 풋고추·대파를 넣어서 푹 끓인다(전남). ✿ 서울·경기, 전남

오리탕

오매두떡 감자를 강판에 갈아서 면포에 넣고 짜낸 물을 그대로 두어 앙금을 가라앉힌 다음 앙금과 감자 건더기에 소금을 넣고 한 주먹씩 뭉쳐서 찐 떡이다. 오매두는 떡을 손으로 쥐어 뭉칠 때 생긴 다섯 마디 손가락을 지칭하는 말이다. 감자쥠떡이라고도 한다. ✿ 강원도

오매두떡

오매차 오매육에 물을 붓고 달여 걸러낸 오매육물에 설탕물을 붓고 계핏가루, 생강가루, 정향가루를 넣어 걸쭉하게 달인 것으로 뜨거운 물을 부어 마시거나 얼음을 띄워 차게 마시기도 한다. 여지장, 여지탕이라고도 한다. 오매육은 매실의 껍질을 벗기고 짚불 연기에 그을려서 씨를 발라내고 남은 과육을 말한다. 불에 구워 약으로 이용하기도 한다. ✿ 경남

오매

오매차

오메기떡 차조가루를 익반죽하여 둥글게 빚어 가운데 구멍을 낸 다음 삶아 건져서 물기를 빼고 콩가루와 팥고물을 묻힌 떡이다. 삶는 대신 찌기도 한다. 다른 삶는 떡과 달리 오메기떡은 뜨거울 때 먹어야 제맛이 난다. 오메기는 원래 청주와 소주를 빚기 위하여 만들던 떡으로 고소하고 전통적인 좁쌀 특유의 맛이 난다. ♣제주도

오메기떡

오메기소주 좁쌀가루에 물을 뿌려 쪄서 식힌 술떡에 누룩가루와 끓여 식힌 물을 넣어 잘 섞어 항아리에 담아 발효시킨 주정을 솥에 넣고 소줏고리와 물그릇을 덮은 다음 물그릇 위의 물이 뜨거워지면 물을 갈아 주기를 반복하면서 내린 술이다. 고소리술이라고도 한다. 소줏고리(고소리)를 이용하여 증류한 술로 알코올 도수가 30% 정도로 높은 술이다. 청

주나 탁배기와 달리 반영구적으로 보관할 수 있어 많이 빚었고, 무색이고 향취는 고량주보다 독하며 과일주 같은 가향주를 담글 때 기본으로 사용하였던 술이다. ♣제주도

오메기술 익반죽한 차조가루 반죽을 도넛 모양으로 만들어 끓는 물에 삶아 으깬 다음 누룩을 넣고 고루 섞은 후 떡 삶은 물을 식혀서 부어 60일 이상 발효시킨 술이다. 위에 맑은 술만 걸러낸 것이 오메기청주이며 밑에 가라앉은 것을 떠내어 체에 밭친 것을 오메기술(막걸리, 탁배기)이라 한다. 따뜻한 곳에 1개월 정도 두면 노란 물이 떠오르는데, 하루에 4~5회 저어 주어야 술맛이 고르다. 누룩 기운이 떨어지면 한 번 더 오메기떡에 누룩을 풀어 넣고 발효시킨다. 오메기술은 탁주를 만드는 술떡의 이름인 '오메기'에서 비롯된 것으로 이 떡으로 만든 술이라는 의미를 갖는다. 노란 기름이 도는 청주는 귀하게 여겨 잔치, 제사, 굿 등에 쓰이고 오메기술은 농주(農酒)로 이웃과 나눠 즐겨 마신다. ♣제주도

오메기술

오메기청주 ▶▶▶ 오메기술 ♣제주도
오미자밤찰밥 찹쌀을 오미자물에 담가 곱게 물을 들여 찐 다음 식혀서 소금, 설탕으로 간을 하여 적당량씩 떼어 양념장

오메기소주

에 조린 밤을 넣고 주먹밥처럼 둥글게 뭉친 밥이다. ☙ 경북

오미자밤찰밥

오미자주 멥쌀고두밥에 누룩과 물을 부어 발효시킨 후 솥에 끓여 소줏고리를 얹고 소주를 내릴 때, 고리 끝에 헝겊을 묶어 증기가 내려오는 곳에 오미자를 두어 오미자물이 빨갛게 우러나게 만든 술이다. 소줏고리는 양조주를 증류시켜 소주를 만들 때 쓰는 용기이다. ☙ 충남

오미자차 깨끗이 씻은 오미자를 찬물에서 그대로 우려내거나 살짝 끓여 맛이 우러나면 잣을 띄워 마시는 것이다. 오미자를 그대로 우려내면 냉차라 하고 끓인 것은 온차라고도 한다. 《조선요리제법》(오미자차)에 소개되어 있다. ☙ 서울·경기

오미자편 오미자를 우려낸 물에 꿀이나 설탕과 녹말을 넣고 식혀 굳힌 후 썰어낸 한과이다. 방법 1 : 하룻밤 우려낸 오미자물에 전분을 풀어 냄비에 넣고 설탕을 넣은 뒤 저으면서 끓이다가 농도가 되직해지면 꿀을 넣어 잠시 더 끓인 후 틀에 부어 굳힌다(서울·경기). 방법 2 : 한천을 중불에서 서서히 끓여서 녹인 물에 설탕을 녹인 오미자물을 넣고 편평한 틀에 붓고 굳힌다(충북). 《음식법》(오미자편), 《시의전서》(들쭉편)에 소개되어

있다. ☙ 서울·경기, 충북

오미자화채 오미자를 찬물에 우려내어 베보자기에 밭친 맑은 물에 설탕이나 꿀을 넣고 배와 잣을 띄운 것이다. 봄에는 진달래꽃에 전분을 묻혀 데쳐서 띄우기도 하여 진달래화채라고도 한다.

오분자기젓 오분자기를 소금에 절여 저장한 것으로 먹을 때 물에 헹궈 잘게 썰어서 먹는다. 오분자기는 백합과의 연체동물이며 떡조개의 제주도 방언이다. 제주도에서 많이 잡히는 전복류의 일종으로 제주도에서는 '오분재기' 또는 '조고지'라고 부르는데, 12월에서 이듬

오분자기

해 3월까지가 제철이다. 생김새는 전복과 비슷하지만 전복은 껍데기에 3~4개의 구멍이 있고 울퉁불퉁한 반면에 오분자기는 6~8개의 구멍이 있고 껍데기 표면이 편편하고 매끈하며 크기도 훨씬 작다. 크기가 작기 때문에 껍데기가 붙은 채로 조려서 먹는다. ☙ 제주도

오분자기찜 오분자기에 양념장(실고추, 간장, 다진 파·마늘, 후춧가루, 설탕, 깨소금, 참기름, 물)을 끼얹어 찐 것이다. 찔 때 물을 붓지 않아도 저절로 물이 생긴다. ☙ 제주도

오분자기찜

오색강정 ▶▶▶ 강정 ✿ 강원도

오색국화송편 멥쌀가루에 오미자물(분홍색), 도토리앙금(밤색), 당근즙(주황색), 늙은 호박을 삶아 으깬 것(노란색), 쑥즙(쑥색)을 넣고 색깔별로 반죽하여 깨고물과 녹두고물을 넣은 다음 동그랗게 빚어 숟가락으로 돌려가며 자국을 내어 국화 모양을 만들어 찜통에 솔잎을 깔고 찐 떡이다. 국화송편은 쌀가루에 국화를 넣은 것이 아니라, 송편을 국화 모양으로 만든 것으로 모양과 맛이 뛰어난 충남 홍성 지역의 향토음식이다. ✿ 충남

오색만두찜 배추김치, 두부, 쇠고기, 당면을 넣은 소를 밀가루를 5등분 하여 각각 치자(노랑), 지초(분홍), 도토리(갈색), 부추(초록)를 넣고 각각 반죽한 만두피에 넣은 후 만두를 빚어 찜통에 찐 다섯 가지 색 만두이다. 지초는 지치과의 다년초로 지치, 지초, 지추라고도 불린다. 지치의

자초(지치)뿌리

뿌리는 자근(紫根)이라 하여 약효로는 피를 맑게 하고 부종을 없애며 해독작용이 있고 자색색소로도 이용된다. ✿ 충북

오이갑장과 소금에 절인 오이를 볶아 만든 장아찌이다. 오이를 막대 모양으로 썰어 소금물에 절인 후 채 썰어 양념한 쇠고기·표고버섯을 볶다가 절인 오이를 꼭 짜서 넣어 살짝 볶아 실고추를 올린다. ✿ 서울·경기

오이나물 얇게 썬 오이를 소금에 절인 다음 꼭 짜서 식용유를 두른 팬에 다진 파·마늘, 참기름, 깨소금을 넣고 볶은 것이다. 경남에서는 오이볶음이라고도 한다.

오이냉국 채 썬 오이에 국간장, 다진 마늘, 참기름, 깨소금, 고춧가루를 넣고 잠시 절인 후 끓여 식힌 물에 식초를 타서 오이에 붓고 국간장과 소금으로 간한 것이다. 오이창국 혹은 외창국이라고도 한다. 《조선무쌍신식요리제법》(과냉탕 : 瓜冷湯)에 소개되어 있다. ✿ 서울·경기

오이도굴회덮밥 솥에 쌀과 굴을 켜켜이 안쳐 밥을 짓고, 양념하여 볶은 도라지·고사리·표고버섯과 데쳐서 양념한 숙주·시금치, 채 썬 상추·깻잎·달걀지단 등을 굴밥 위에 얹어 초고추장에 비벼 먹는 것이다. ✿ 서울·경기

오이도굴회덮밥

오이볶음 ▶▶▶ 오이나물 ✿ 경남

오이생채 어슷하게 썬 오이와 굵게 채 썬 양파에 고추장, 고춧가루, 식초, 다진 파·마늘, 설탕, 소금 등을 넣고 무친 것이다. 《조선무쌍신식요리제법》(과생채 :

오이생채

瓜生菜)에 소개되어 있다.

오이선 칼집을 넣은 오이를 파랗게 볶아 쇠고기 등을 채워서 익힌 음식이다. 오이를 반으로 갈라 사선으로 칼집을 넣어 소금에 절였다가 꼭 짠 다음 채 썰어 볶은 쇠고기·표고버섯, 황백지단채를 칼집 사이에 색 맞춰 채워 넣고 식초, 설탕으로 단촛물을 만들어 끼얹는다.

오이소박이 오이를 길이로 세 군데 칼집을 넣어 소금에 절이고, 부추와 불린 고춧가루, 다진 마늘·생강, 새우젓, 소금을 고루 섞어 만든 소를 오이의 칼집에 채워 익힌 김치이다. 오이를 열십자(+)로 칼집을 넣는 것은 요즈음의 변형된 방법이다. 부추 대신 무채를 넣기도 한다.《증보산림경제》(황과담저법 : 黃瓜淡菹法)에 소개되어 있다.

오이소박이

오이소배추김치 오이지를 물에 이틀 정도 담가 짠맛을 뺀 다음 햇볕에 3~5시간 건조시켜 열십자로 칼집을 넣어 김치 양념으로 속을 채우고, 소금에 절인 배추도 김치 양념으로 버무려 항아리에 배추김치와 오이지를 담고 돌로 눌러 숙성시킨 김치이다. 늦가을에 만들어 놓은 오이지를 김장 담글 때 꺼내어 배추김치 양념을 넣고 담는 방법으로 80년 이상 내려온 전통음식이다. ♣ 충북

오이장아찌 오이를 소금물에 절이거나 소금에 절여 장(간장, 고추장, 된장)에 각각 숙성시킨 장아찌이다. 방법 1 : 소금에 절인 오이에 끓여서 식힌 간장(간장, 물, 설탕, 마늘, 생강, 마른 고추)을 부어 숙성시키며 일주일 간격으로 간장을 따라내어 끓여서 다시 붓기를 3~4회 반복한다. 먹을 때는 원형으로 얇게 썰어 고춧가루 양념에 무친다(상용, 제주도). 방법 2 : 소금으로 절인 오이를 된장 속에 넣어서 2~3개월가량 숙성시키며 먹을 때 다진 파, 깨소금으로 무친다(전남). 방법 3 : 오이를 끓는 소금물에 데쳐내어 소금에 절였다가 물기를 빼고, 고추씨가루와 소금을 섞어 켜켜로 항아리에 넣고 소금을 뿌려 담그며 두 달 후 꺼내어 양념을 훑어내고 잘게 썰어 양념(다진 파·마늘, 참기름, 통깨)한다(제주도).《시의전서》(외장아찌),《조선요리제법》(외장아찌),《조선무쌍신식요리제법》(외장아찌)에 소개되어 있다.

오이장아찌

오이지무침 오이지를 얇게 원형으로 썰어 물에 담가 짠맛을 우려낸 후 다진 파·마늘, 고춧가루, 설탕, 참기름으로 무친 것이다.

오이창국 ▶▶▶ 오이냉국 ♣ 서울·경기

오죽청주 밥에 엿기름물을 부어 삭혀

293

거른 다음 찹쌀밥, 누룩가루, 오죽잎을 섞어 항아리에 넣고 발효시킨 술이다. 오죽잎은 강원도 강릉시 등에 자생하는 오죽(烏竹)의 잎을 말한다. ☙ 강원도

오징어강회 껍질 벗긴 오징어를 데쳐서 식힌 다음 채 썰어 쌈장(된장, 다진 파·마늘)이나 초고추장(고추장, 다진 마늘, 식초, 설탕)을 곁들인 것이다. 싱싱한 오징어는 생으로 먹는 것이 더욱 맛이 좋으며, 여름에는 오징어를 데쳐서 마늘대(콥대사니)와 파를 곁들이고 초장, 된장, 고추장 등을 찍어 먹는다. ☙ 제주도

오징어구이 껍질 벗긴 오징어 몸통에 사선으로 칼집을 넣어 고추장, 간장, 설탕, 다진 생강 등의 고추장 양념으로 버무려 석쇠나 팬에 구운 것이다.

오징어국 고춧가루를 푼 물에 나박썰기한 무를 넣고 끓이다가 오징어, 쪽파, 다진 마늘을 넣고 한소끔 끓여 소금으로 간을 한 것이다.

오징어국

오징어내장국 끓는 물에 오징어 내장과 국간장을 넣어 끓이다가 호박잎, 풋고추, 붉은 고추, 다진 마늘을 넣고 끓여 소금으로 간을 한 국이다. 호박, 감자, 당근을 넣기도 하고, 고춧가루를 넣기도 한다. ☙ 경북

오징어무침 내장을 제거한 오징어를 반

갈라 사선으로 칼집을 넣은 후 적당한 크기로 썰어 끓는 물에 데쳐서 초고추장 양념(고추장, 설탕, 식초, 다진 파·마늘·생강, 깨소금, 참기름)으로 무친 것이다. 물오징어무침이라고도 한다. ☙ 전국적으로 먹으나 특히 강원도에서 즐겨 먹음

오징어무침

오징어물회 채 썬 오징어에 배·양파, 어슷하게 썬 풋고추, 오이를 양념(고추장, 된장, 식초, 다진 파·마늘, 참기름)으로 버무려 물을 부은 것이다. 제주도에서는 오징어를 껍질 벗겨 데치기도 하며, 오징어회국이라고도 한다. ☙ 경남, 제주도

오징어볶음 칼집을 넣어 썬 오징어와 굵게 채 썬 양파·당근, 어슷하게 썬 풋고추·대파에 고추장 양념(고추장, 고춧가루, 설탕, 다진 마늘·생강, 참기름, 깨소금)을 넣고 버무려 식용유를 두른

오징어볶음

팬에 볶은 것이다.

오징어불고기 오징어를 간장(또는 고추장) 양념하여 석쇠에 구운 것이다. 방법 1 : 내장과 다리를 떼어낸 오징어를 반 갈라서 안쪽 면에 사선으로 칼집을 넣고 간장 양념하여 석쇠에 굽는다. 둥글게 말린 그대로 2cm 길이로 썰어 낸다(강원도). 방법 2 : 칼집을 넣은 오징어에 양파, 당근, 풋고추, 붉은 고추, 대파와 양념(간장, 고추장, 다진 파·마늘, 물엿, 설탕, 참기름, 깨소금, 후춧가루)을 넣고 무친 다음 석쇠에 굽는다(충남, 경북). ▼ 강원도, 충남, 경북

오징어불고기

오징어산적 껍질 벗긴 오징어를 양념(간장, 참기름, 다진 파·마늘, 소금, 설탕, 생강즙, 후춧가루, 깨소금)하여 꼬치에 꿰어 식용유를 두른 팬에 지진 것이다. 오징어 등 쪽이 앞면이 되게 꼬치에 꿰어 지진다. 오징어적갈이라고도 한다. ▼ 제주도

오징어숙회 안쪽에 칼집을 넣어 데친 오징어를 썰어 초고추장을 곁들인 것이다.

오징어순대 오징어 몸통에 쇠고기, 숙주나물, 두부 등으로 양념한 소를 넣어 찐 것이다. 방법 1 : 내장과 뼈를 제거한 오징어 몸통에 소금 간을 한 후 볶은 오이채·당근채, 조린 우엉채, 달걀지단채

와 찐 찹쌀을 오징어 몸통에 채워 넣고 찜통에 찐다(강원도). 방법 2 : 양념(간장, 설탕, 다진 마늘, 참기름, 통깨)에 재웠다가 볶은 쇠고기와 표고버섯, 삶은 당면, 볶은 당근과 대파를 섞어 만든 소를 내장을 뺀 오징어의 속에 가득 채워서 찐다(경북). ▼ 강원도, 경북

오징어순대

오징어식해 채 썬 오징어, 소금에 절여 물기를 뺀 무채에 양념(고춧가루, 소금, 다진 마늘·생강, 초피가루)을 넣어 버무린 것이다. ▼ 경북

오징어식해

오징어적갈 ▶▶▶ 오징어산적 ▼ 제주도
오징어젓 오징어를 소금에 절여 숙성시킨 것이다. 방법 1 : 내장을 제거하여 굵게 채 썬 오징어에 무채, 파채, 생강채, 마늘채를 섞고 소금, 고춧가루로 양념하여 일주일 이상 삭힌다(상용). 방법 2 : 채 썰어 소금에 절였다가 물기를 뺀 오징어·무에 고춧가루, 다진 마늘, 설탕,

소금을 넣고 버무려 삭힌다(강원도, 경상도, 제주도). 오징어젓갈이라고도 한다. ☙전국적으로 먹으나 특히 강원도, 경상도에서 즐겨 먹음

오징어젓갈 ▶▶ 오징어젓 ☙제주도

오징어찌개 냄비에 물을 붓고 고추장, 고춧가루, 콩나물을 넣고 끓이다가 다듬어 썬 오징어, 나박썰기 한 감자, 양파채를 넣고 익으면 다진 마늘, 대파를 넣고 끓이고 소금으로 간하여 쑥갓을 올린 것이다.

오징어채무침 오징어채를 고추장 양념(고추장, 간장 물엿, 통깨, 참기름)으로 무친 것이다.

오징어채무침

오징어회국 ▶▶ 오징어물회 ☙제주도

오합주 물기 없이 조린 꿀에 달걀노른자, 참기름, 청주, 생강즙을 섞어 발효시킨 술이다. 겨울에는 보통 10일 정도, 여름에는 5일 정도 발효시킨다. 다섯 가지 재료를 넣고 술을 빚는다 하여 오합주라 불렀다. 제주도 전역의 민가에서 몸을 보신할 목적으로 만들어 마셨던 술이다. 다른 술에 비해 오래 보관할 수 없으므로 마실 수 있는 적당한 양만 담근다. ☙제주도

옥계백숙 내장을 꺼낸 닭의 배 속에 대추, 밤, 찹쌀, 인삼을 넣은 다음 물과 통마늘, 황기, 율무가루를 압력솥에 함께 넣고 푹 끓인 것이다. 옥계는 충북 옥천 지방에서 사육되는 토종닭으로 다리가 검은빛을 띠어 일반 토종닭과는 구별된다. ☙충북

옥계백숙

옥돔미역국 끓는 쌀뜨물에 토막 낸 옥돔을 넣어 익힌 다음 생미역을 넣고 끓여 소금과 국간장으로 간한 국이다. 차례상이나 제삿상의 갱으로도 오르며 맛

오합주

옥돔미역국

이 담백하고 고소하다. 옥돔국에는 미역이나 무를 이용하고, 고등어, 전갱이, 멸치(멜)에는 호박이나 배추를 주로 이용하여 국을 끓인다. 제주도에서 '생선국'이라 함은 보통 '옥돔국'을 지칭하는 말이다. ❦ 제주도

옥돔죽 옥돔을 푹 끓여 머리, 뼈, 가시를 발라내고, 옥돔살을 다시 국물에 넣고 참기름에 볶은 불린 쌀을 넣어 끓이다가 쌀알이 퍼지면 실파, 다진 마늘, 소금, 참기름을 넣은 죽이다. 옥돔은 찬바람이 불기 시작하는 가을부터 이른 봄까지가 가장 맛있는데, 건옥돔으로 죽을 끓이면 더욱 맛있다. 죽을 먹을 때는 심심한 국물이 있는 열무김치, 무김치를 곁들인다. ❦ 제주도

옥로주 찹쌀 고두밥에 누룩과 물을 섞어 숙성시킨 다음 맥아와 혼합한 옥수수죽과 섞어 발효시켜 다시 엿기름가루와 물을 섞어 살균하여 압착 여과한 후 물로 알코올 도수를 맞춘 것이다. 옥로주는 서산 유씨 가문에서 빚어 마신 가양주(家釀酒)로 그 연대는 1880년경으로 보고 있다. 그 후 1947년 초에 경남 하동의 양조장에서 고(故) 유양기씨가 전통 가양주인 알코올 농도 30%인 소주를 생산하면서 '옥로주'라는 상표를 붙였다고 하며 이것이 옥수수가 많이 나는 강

원도 지역으로 전래된 것으로 보인다. 옥로주라 부르게 된 것은 옥로주를 증류할 때 증기가 액화되어 마치 옥구슬 같은 이슬방울이 떨어지기 때문이라고 한다. ❦ 강원도

옥미주 현미, 옥수수, 고구마, 누룩, 엿기름 등 다섯 가지 곡물로 빚은 술이다. 물에 불린 현미를 빻아 찐 후 누룩과 혼합한 것에 물과 효모를 넣어 희석시켜 항아리에 부어 저어준 후 25~30℃로 유지시켜 당화과정을 거친 후 옥수수가루, 고구마가루, 엿기름을 넣고 보름 정도 숙성시킨 다음 자루에 넣어 짜낸다. 옥미주는 남평 문씨 집안에 대대로 내려오는 가양주로 문씨 집안에 시집 온 임송죽 씨가 시어머니로부터 제조법을 전수받은 후 생산하고 있다. 옥미주 특유의 향과 맛은 현미가루와 찰옥수수가루를 어떻게 혼합하느냐에 따라 결정된다. ❦ 서울·경기

옥미주

옥수수개피떡 ▶▶▶ 옥수수칡잎떡 ❦ 강원도
옥수수경단 찰옥수수가루와 찹쌀가루에 소금을 넣어 익반죽하여 경단을 빚은 후 끓는 물에 삶아서 대추채, 밤채, 콩가루, 참깨가루, 흑임자가루 등을 각각 고물로 묻힌 떡이다. ❦ 강원도
옥수수기정 ▶▶▶ 옥수수술떡 ❦ 강원도

옥로주

옥수수단팥죽 삶아 거른 팥과 삶은 찰옥수수 알갱이를 눋지 않게 저어가며 걸쭉하게 죽을 쑤어 설탕과 소금으로 간을 한 죽이다. 삶은 팥은 체에 내리지 않고 그대로 죽을 쑤기도 한다. ❦ 경북

옥수수동동주 불린 옥수수에 물을 넣고 갈아 엿기름가루를 섞어 삭으면 끓여서 삼베주머니에 걸러 식힌 다음 누룩가루를 섞은 찹쌀 고두밥과 함께 항아리에 담아서 발효시킨 술이다. ❦ 강원도

옥수수묵 ▸▸▸ 올챙이묵 ❦ 경북

옥수수밥 불린 쌀에 옥수수 알갱이를 넣고 소금 간하여 지은 밥이다. 방법 1 : 찰옥수수를 물에 불려서 불린 쌀과 삶은 팥, 밤, 감자 등과 함께 소금을 넣고 짓는다(강원도, 경북). 방법 2 : 팥알 크기만하게 부순 옥수수와 강낭콩에 물을 붓고 잘 무르도록 삶은 후 불린 쌀을 넣고 밥을 짓는다. 뜸을 오래 들여 푹 익혀야 한다(강원도). ❦ 강원도, 경북

옥수수보리개떡 옥수수가루와 보릿겨에 어린 쑥, 취나물, 강낭콩을 섞어 부드럽게 반죽하여 둥글납작하게 빚어 찐 떡이다. ❦ 강원도

옥수수부꾸미 옥수수가루에 소금을 넣고 익반죽하여 둥글게 빚은 후 식용유를 두른 팬에 올려 한 면이 익으면 뒤집어서 팥소를 넣고 반으로 접어 지진 떡이다. ❦ 강원도

옥수수설기 옥수수 알갱이를 쪄서 말린 후 가루로 만들어 물을 뿌리고 체에 내린 다음 소금과 설탕을 넣고 물에 불린 강낭콩을 섞어 시루에 찐 떡이다. ❦ 강원도

옥수수수제비 옥수수가루를 물로 반죽하여 가래떡 모양으로 길게 밀어놓은 반죽을 끓는 물에 납작하게 떼어넣고

다진 마늘과 어슷하게 썬 대파를 넣어 끓인 것이다. 강냉이수제비라고도 한다. ❦ 강원도

옥수수술 물에 불린 찰옥수수 알갱이를 곱게 갈아 끓는 물에 넣고 섞으면서 젓다가 40℃ 정도로 식으면 엿기름물을 부어 걸쭉하게 만든 후 10시간 정도 삭혀 베보자기로 짜서 처음 양의 1/4 분량이 될때까지 조린 후 식으면 누룩과 고두밥을 섞어 5~6일 정도 더 숙성시킨 것이다. ❦ 서울·경기

옥수수술 ▸▸▸ 옥수수주 ❦ 경북

옥수수술떡 물을 부어 껍질째 곱게 간 옥수수에 중탕하여 설탕을 녹인 막걸리를 골고루 섞어서 따뜻한 곳에서 발효시킨 후 찐 떡이다. 옥수수술떡은 국토 변에서 흔히 볼 수 있는 옥수수빵과 비슷한 형태로 메옥수수를 갈아 막걸리를 넣어 발효시켜 먹는 떡이다. 정선에서는 막걸리를 넣지 않고 밥하는 솥에 갈아놓은 메옥수수를 그냥 쪄서 담백한 맛을 즐기기도 하였다. 옥수수기정이라고도 한다. ❦ 강원도

옥수수시루떡 거피한 옥수수를 불려서 빻아 만든 옥수수가루와 소금, 설탕 넣은 팥고물을 켜켜로 얹어 찐 떡이다. ❦ 경북

옥수수시루떡

옥수수식혜 마른 옥수수 알갱이를 잘게

부수어 찐 것에 엿기름물을 부어 삭혀 옥수수 알갱이가 떠오르면 건져 냉수에 헹궈 물기를 빼놓고 생강과 설탕을 넣고 끓여 식힌 다음 옥수수 알갱이에 옥수수 식혜를 부어 낸다. ▼ 경북

옥수수약과 옥수수가루에 밀가루, 소금, 계핏가루를 넣어 섞고 생강즙, 참기름을 넣고 골고루 비벼준 후 설탕물과 물엿을 섞은 반죽을 약과 틀에 찍어서 갈색이 나게 식용유에 튀겨 물엿이나 꿀에 즙청한 것이다. ▼ 강원도

옥수수엿 마른 옥수수를 굵게 갈아 하루 동안 물에 불려 다시 곱게 간 다음 죽처럼 쑤어 엿기름가루를 넣고 따뜻하게 솥에서 삭힌 후 맑은 물이 위에 생기면 삼베주머니에 넣어 주물러 짜서 솥에 부어 걸쭉하게 조린 것이다. 강원도에서는 황골엿이라고도 한다. ▼ 강원도, 경북

옥수수엿

옥수수인절미 물에 불린 찰옥수수 알갱이를 시루에 쪄서 절구에 고루 친 후 인절미 크기로 썰어 팥가루, 노란 콩가루, 흑임자가루의 고물을 각각 묻힌 떡이다. 옥수수찰떡이라고도 한다. ▼ 강원도

옥수수주 찰옥수수가루에 물을 붓고 끓여 식힌 것을 엿기름물을 부어 삭혀 걸러내어 조린 다음 식혀서 누룩과 고두밥을 넣어 숙성시킨 술이다. 옥수수술이라

고도 한다. ▼ 경북

옥수수죽 옥수수를 갈아서 푹 끓인 후 강낭콩을 넣고 잘 어우러지게 끓여 소금 간을 한 죽이다. ▼ 강원도

옥수수차 바싹 말린 옥수수 알갱이를 검게 볶아서 물을 부어 끓인 것이다. 강냉이차라고도 한다. ▼ 강원도

옥수수찰떡 ▶▶▶ 옥수수인절미 ▼ 강원도

옥수수채소죽 옥수수 알갱이를 되직하게 갈아서 끓는 물에 숟가락으로 떠 넣어 익힌 후 채 썬 애호박·풋고추를 넣고 국간장으로 간한 죽이다. 옥수수풀어죽이라고도 한다. ▼ 강원도

옥수수칡잎떡 분쇄기에 간 메옥수수와 찰옥수수를 소금으로 간을 한 다음 강낭콩을 섞어 칡잎에 한 숟가락씩 싸서 시루에 쪈 것이다. 구수하면서도 달짝지근한 맛이 특징이다. 여름철 칡잎을 사용하면 입맛을 돋구어 주며, 옥수수가루는 떡이 잘 굳지 않게

칡잎

하기 때문에 떡에 많이 넣어 먹었다고 한다. 강원도에서는 옥수수개피떡이라고도 한다. ▼ 강원도, 충북

옥수수콩물국수 옥수수 전분에 물을 붓고 끓인 옥수수풀을 국수 틀에 붓고 눌러서 국수를 만들어 삶은 후 콩물을 부은 것이다. ▼ 강원도

옥수수팥밥 각각 삶은 옥수수 알갱이와 팥에 물, 소금을 넣고 끓인 것이다. 설탕을 넣기도 한다. ▼ 강원도

옥수수풀떼죽 된장을 푼 물에 적당한 크기로 썬 아욱과 감자를 넣어 끓이다가 옥수수가루를 넣어 죽을 쑨 후 송송 썬 배추김치를 넣은 죽이다. ▼ 강원도

옥수수풀어죽 ▶▶▶ 옥수수채소죽 ▼ 강원도

옥수수화전 찰옥수수가루와 찹쌀가루를 섞어 익반죽하여 둥글납작하게 빚어 식용유에 지지다가 대추와 쑥갓으로 고명을 얹고 꿀을 묻힌 떡이다. ✿ 강원도

옥향주 농축시킨 옥수수엿물을 식혜 밑술과 함께 섞고 잘게 썬 갈근·당귀와 함께 자루에 담아 넣고 발효되면 술을 증류하고 후숙시킨 술이다. 옥향주는 맛은 달콤하고 쌉쌀하며 톡 쏘는 청량한 맛과 독특한 화한 향이 나며 뒤끝이 깨끗하다. 갈근은 칡의 뿌리로 땀을 내며, 열을 내려 고열·두통을 치료하고 갈증을 멎게 하는 한약재로 쓰이며 전문이 많아 칡국수, 칡냉면, 칡차, 농축액, 엿으로도 사용한다. ✿ 강원도

옥향주

온차 ▶▶ 오미자차 ✿ 서울·경기
올갱이국 ▶▶ 다슬기국 ✿ 충북, 경남
올갱이국밥 ▶▶ 다슬기국밥 ✿ 충북
올갱이날떡국 ▶▶ 다슬기생떡국 ✿ 충북
올갱이무침 ▶▶ 다슬기무침 ✿ 충북
올갱이산적 ▶▶ 다슬기산적 ✿ 충북
올갱이수제비 ▶▶ 다슬기수제비 ✿ 충남
올방개묵 올방개 전분에 물을 넣고 끓여 묵이 쑤어지면 참기름, 소금을 넣어 뜸을 들인 후 묵 틀에 부어 굳힌 것이다. 봄철에 별미인 올방개묵은 메밀이나 도토리묵에 비해 윤이 나며 쫄깃해 식욕을

촉진시킨다. 올방개는 땅속 줄기가 옆으로 퍼지면서 생기는 덩이줄기를 식용으로 하며 연못에서 자란다. 옛날 춘궁기에는 구황식품으로 생으로도 먹었으며, 간장풀을 쑤어 상용하기도 하였다. ✿ 서울·경기

올방개묵

올벼밥 덜 여문 벼의 나락을 솥에 쪄서 말린 후 절구에 찧어 나온 쌀로 지은 밥이다. 찌갱이밥이라고도 한다. 벼가 충분히 익지 않았을 때 추석이 돌아오면 조상에게 드릴 차례상을 차리기 위해 덜 여문 벼를 베어다가 쪄서 말린 다음 찧어 밥을 해서 차례를 지냈는데, 이 쌀을 충남과 전북에서는 '오리쌀'이라고도 한다. ✿ 충남, 전북 등

올벼밥

올창묵 ▶▶ 올챙이묵 ✿ 강원도
올챙이국수 ▶▶ 올챙이묵 ✿ 강원도, 경남

올챙이묵 옥수수 알갱이에 물을 붓고 갈아 걸러내고 가라앉은 앙금을 저으면서 흐르는 정도의 농도로 끓인 다음 뜸을 들여 식기 전에 올챙이묵 틀에 부어 찬물에 헹궈 건진 것이다. 양념장(간장, 고춧가루, 다진 파·마늘, 참기름, 통깨)을 곁들인다. 강원도에서는 옥수수 전분을 되직하게 풀처럼 쑤어 올챙이국수 틀에 담아 세게 눌러 올챙이 모양의 국수가 나오면 찬물에 식혀 건져서 그릇에 담고 열무김치를 얹어 양념장을 곁들인다. 말린 옥수수는 끓는 물에 불려서 이용하기도 한다. 걸쭉한 반죽을 구멍 뚫린 바가지에 내리면 방울방울 떨어지는 모양이 올챙이 모양과 같아서 올챙이묵이라고 한다. 옥수수묵, 올챙이국수라고도 하며, 강원도 정선 지역에서는 올창묵이라고도 부른다. ♨ 강원도, 경상도

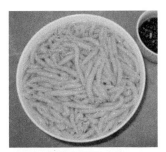

올챙이묵(강원도 1)

올챙이묵(강원도 2)

옻나무순무침 끓는 물에 데쳐 물에 담가 독을 우려낸 옻나무순에 고추장, 식초, 설탕을 넣어 무친 것이다. 옻을 타는 사람은 옻나무순을 먹을 수 없다. 옻나무는 산에서 야생하고 재배하는 낙엽교목으로 이른 봄 새순은 나물을 무쳐 먹고, 말린 줄기 껍질은 탕요리에 넣어 고아 먹는다. 옻나무순은 1년에 딱 3일만 먹을 수 있다고 알려져 있는데, 이는 옻의 독성이 매우 강해서 그 이상이 지나면 먹을 수가 없기 때문이다. ♨ 전북

옻나무순

옻나무순무침

옻닭 옻껍질을 넣고 끓인 국물에 닭을 넣고 푹 익힌 것이다. 방법 1 : 황기, 감초, 옻 껍질을 푹 달인 물에 찹쌀, 대추, 밤, 마늘, 인삼을 배 속에 넣은 닭을 넣어 푹 끓인다(서울·경기, 전북). 방법 2 : 솥에 옻나무 껍질을 넣고 물을 부어 5~6시간 푹 끓인 다음 손질한 닭, 마늘, 대추를 넣고 1시간 푹 익힌 후 소금을 곁들인다(충남, 전남). 옻나무는 산에서 야생하고 재배하는 낙엽교목으로 이른 봄 새순은 나물을 무쳐 먹고, 말린 줄기 껍질은 탕요리에 넣어 고아 먹는다. ♨ 서울·

경기, 충남, 전라도

옻닭

옻순부침 옻나무순에 밀가루, 소금, 다진 마늘, 물을 넣은 반죽을 묻혀 식용유를 두른 팬에 지진 것이다. ♥ 전북

옻술 옻나무, 당귀, 인진쑥, 감초를 달여 걸러서 누룩과 찹쌀 고두밥을 넣고 삭힌 다음 걸러낸 술이다. 두 배의 물에 희석시켜 마신다. ♥ 경북

옻술

왁대기 ▶▶▶ 무왁저지 ♥ 전남

완두콩밥 불린 쌀과 완두콩을 섞어 지은 밥이다.

완자탕 다진 쇠고기와 으깬 두부를 섞어 양념하여 완자를 빚어 밀가루, 달걀옷을 입혀 지지고, 납작하게 썰어 양념한 쇠고기에 물을 붓고 끓여 육수를 만들어 국간장으로 간하여 끓이다가 완자를 넣어 끓인 것이다. 《산림경제》(완자탕 : 梡子湯),

완두콩밥

《규합총서》(완자탕), 《시의전서》(완자탕), 《부인필지》(완자탕), 《조선요리제법》(완자탕), 《조선무쌍신식요리제법》(완자탕)에 소개되어 있다. ♥ 서울·경기

외창국 ▶▶▶ 오이냉국 ♥ 서울·경기

요애 밀가루를 반죽하여 가래떡 모양으로 빚어 썰어 지진 다음 엿이나 조청을 바르고 쌀튀밥가루를 묻힌 것이나. 모양은 썬 반죽의 끝에서 1/3 정도를 남기고 세로로 가운데를 썰어 '人'모양이 되게 한 다음 양쪽으로 갈라진 부분을 손바닥으로 살짝 밀어 둥글게 만든다. 요외라고도 한다. ♥ 제주도

요애

요외 ▶▶▶ 요애 ♥ 제수도

용떡 멥쌀가루에 물을 뿌려 찐 다음 절구에 넣고 표면이 매끈해질 때까지 친 후 굵은 가래떡으로 만들어 용트림 모양으로 빚고 입에 대추와 밤을 물린 떡이

다. 용떡은 강원도 해안지방에서 기원제, 사냥제 등을 지낼 때 상에 놓이는 떡으로 용의 모양을 하고 있다고 해서 '용떡'이라 한다. ❧ 강원도

용문산산채백반 쌀밥과 여러 종류의 산채나물을 반찬으로 하여 한상 차린 음식이다. 참나물, 미나리쌕, 곰취는 깨끗이 씻어 쌈으로 준비하고, 취나물, 모시대나물, 고사리, 다래순, 능이버섯, 밤버섯, 두릅 등은 양념하여 볶거나 무치고, 더덕은 양념 고추장을 발라 구워 반찬으로 준비하여 밥, 국, 고들빼기김치와 함께 한상에 차린다. 산미나리를 강원도에서는 주로 미나리쌕이라고 부른다. 모시대나물은 이른 봄에 모시대의 새순을 따서 나물로 많이 먹는데, 달짝지근한 맛이 나서 갖은 양념에 무쳐내면 달콤한 맛이 난다. 다래순은 다래나무의 순으로 미후도라고도 하며 4~5월에 어린순을 채취하여 나물로 먹는다. 능이버섯은 향버섯이라고도 하며, 건조하면 강한 향기가 나며, 식용버섯이지만 날로 먹으면 중독될 수 있다. 밤버섯은 가을에 밤나무, 졸참나무, 상수리나무 등의 썩은 나무의 밑부분에 군생하는데, 적갈색의 섬유질로서 성숙되면 갈색이 되고 맛이 좋아 장국, 식초절임으로 이용된다. ❧ 서울·경기

용봉족편 우족과 꿩고기를 물에 삶다가 우족의 뼈는 발라내고, 꿩고기는 건져내어 다져 간장, 참기름, 소금, 후춧가루로 양념하고, 육수를 졸여 기름을 걷어낸 국물에 양념한 꿩고기, 황백지단채, 볶은 표고버섯채·석이버섯채, 잣을 고명으로 얹어 굳힌 다음 도톰하게 썬 것이다. 양념장을 곁들여 낸다. ❧ 전북

용봉탕 닭육수에 잉어와 닭고기 등을

용봉족편

넣어 끓인 국이다. 끓는 물에 닭(영계), 표고버섯, 밤, 대추, 마늘을 넣어 푹 끓인 후 닭은 살을 발라 양념으로 무치고 닭 삶은 국물에 토막 낸 잉어를 넣고 끓여 그릇에 담고 양념한 닭고기와 황백지단채, 붉은 고추채를 얹는다. '용봉탕'은 물의 용을 상징하는 잉어와 하늘의 봉황을 의미하는 오골계를 푹 고아낸 귀한 음식으로 조선시대 궁중요리로서 지역에 따라 사용하는 재료가 조금씩 다르다. 《조선무쌍신식요리제법》(용봉탕：龍鳳湯)에 소개되어 있다. ❧ 서울·경기, 충북

용인오이지 늙은 오이에 소금 넣은 쌀뜨물을 끓여 부은 후 다음 날 물만 따라내어 한소끔 끓여 식혀 붓기를 서너 번 반복하여 저장한 것이다. 조선요리서인 《부인필지》에 용인에서 생산되는 오이 저장법에 관한 기록이 수록되어 있으며,

용인오이지

《규합총서》에도 수록이 되어 있어 역사가 있는 전통음식이다. 아삭아삭 씹히는 맛과 새콤한 맛을 지닌 침채류로써 오늘날 오이지로 발전된 것으로 보인다. 용인외지라고도 한다. 《규합총서》(용인오이지법 : 龍仁黃瓜沈菹法), 《증보산림경제》(용인오이지, 용인담과저법 : 龍仁淡瓜菹法)에 소개되어 있다. ♣ 서울·경기

용인외지 ▶▶▶ 용인오이지 ♣ 서울·경기

우거지다리미국 ▶▶▶ 콩가루우거지국 ♣ 경북

우거지찌개 우거지를 양념하여 끓인 찌개이다. 방법 1 : 다진 쇠고기와 우거지에 다진 파·마늘, 고춧가루, 참기름을 넣고 양념하여 볶다가 된장을 푼 쌀뜨물을 부어 끓인다(서울·경기). 방법 2(무청우거지찌개) : 소금물에 1~2개월 삭힌 우거지를 물에 담가 짠맛을 우려낸 다음 들기름, 다진 마늘로 무쳐 쌀뜨물과 마른 고추를 넣고 부드러워질 때까지 끓인다(충남). 방법 3(배추우거지찌개) : 소금물에 한 달 정도 삭힌 배추우거지를 물에 담가 짠맛을 우려낸 다음 들기름으로 무쳐 쌀뜨물을 부어 끓이다 들깻가루를 넣고 끓인다(충남). 《조선요리제법》(우거지찌개), 《조선무쌍신식요리제법》(우거지찌개)에 소개되어 있다. ♣ 서울·경기, 충남

우거짓국 멸치와 다시마로 끓인 장국국물에 된장과 고추장을 푼 뒤 삶아 썬 우거지, 다진 마늘과 어슷하게 썬 파를 넣고 국간장으로 간하여 끓인 것이다. 《조선무쌍신식요리제법》(청경탕 : 靑莖湯)에 소개되어 있다. ♣ 전북

우럭구이 소금을 뿌려 말린 우럭을 석쇠에 구운 것이다. 제상에 올리는 음식으로 옛날에 옥돔이 맛이 없는 시기에는 우럭

을 구워 올렸다. ♣ 제주도

우럭미역국 내장과 비늘을 제거한 우럭을 푹 삶아 살만 발라내고, 불린 미역을 참기름에 볶다가 우럭국물과 살을 넣고 푹 끓여서 다진 마늘을 넣고 소금으로 간한 것이다. ♣ 강원도

우럭미역국

우럭백숙 비늘을 긁어낸 우럭에 마늘, 양파를 같이 넣고 물을 부어 푹 끓인 것이다. ♣ 충남

우럭백숙

우럭젓국찌개 포를 떠서 소금 간한 우럭살을 햇볕에 말려두었다가 쌀뜨물에 우럭포, 무, 액젓을 넣고 끓이면서 어슷하게 썬 대파, 다진 마늘, 미나리를 넣어 한소끔 끓인 찌개이다. ♣ 충남

우럭콩조림 우럭에 볶은 콩, 풋고추, 붉은 고추를 넣고 양념장(물, 국간장, 고춧가루, 설탕, 다진 마늘, 식용유, 통깨)을

우럭젓국찌개

부어 조린 것이다. 봄부터 여름까지 우럭을 많이 먹는데, 검은 우럭이 훨씬 맛이 좋다. 우럭콩조림은 맛과 영양이 모두 좋은 음식으로 콩에 우럭의 맛이 배어 구수하며, 국물은 상추, 깻잎, 호박잎 등의 쌈을 싸 먹을 때 쌈장으로 이용하기도 한다. ✿ 제주도

우럭콩조림

우럭콩지짐 ▶▶▶ 우럭콩조림 ✿ 제주도
우렁쉥이산적 ▶▶▶ 멍게산적 ✿ 경남
우렁쉥이전 ▶▶▶ 멍게전 ✿ 경남
우렁이국 우렁이살에 들기름, 다진 파·마늘을 넣고 살짝 볶다가 물을 부어 끓여놓고, 냄비에 들기름을 두르고 나박썰기한 무를 볶다가 끓여놓은 우렁이살을 넣고 물을 부어 끓인 국이다. ✿ 충남
우렁이된장찌개 된장을 푼 물에 감자를 넣어 끓이다가 두부, 애호박, 우렁이를 넣어 한소끔 끓으면 풋고추, 붉은 고추,

대파, 다진 마늘을 넣고 소금 간하여 끓인 찌개이다. ✿ 충남
우렁이무침 삶은 우렁이살과 미나리, 무채에 양념(고추장, 식초, 설탕, 다진 마늘, 통깨)을 넣어 무친 것이다. 논고둥무침이라고도 한다. ✿ 경남
우렁이쌈장 된장을 푼 물을 끓이다가 다진 파·마늘, 고춧가루를 넣고 한소끔 끓으면 우렁이, 송송 썬 김치를 넣고 국물이 자작해지도록 끓인장이다. ✿ 충남

우렁이쌈장

우렁이죽 적당한 크기로 썬 우렁이살을 참기름에 볶다가 불린 쌀에 물을 넣고 간 것을 넣은 다음 채 썬 감자, 물, 다진 마늘, 소금을 넣고 푹 끓인 후 송송 썬 실파와 통깨를 얹은 죽이다. ✿ 전남
우렁이찜국 우렁이 삶은 물에 찹쌀가루, 들깻가루, 고춧가루를 넣어 걸쭉하게 끓인 다음 각각 소금 간을 하여 볶은

우렁이찜국

우렁이살, 콩나물, 고사리를 넣고 다진 마늘, 미나리, 실파, 방아잎을 넣어 더 끓인 것이다. 논고둥찜국이라고도 한다. ♨경남

우렁이탕 끓는 물에 들깨를 갈아 거른 들깻물을 넣어 끓이다가 된장과 다진 양념을 넣어 펄펄 끓으면 우렁이를 넣고 한 번 더 끓여 다진 마늘·생강을 넣고 송송 썬 파와 어슷하게 썬 풋고추를 얹은 것이다. 다진 양념은 갈아서 물에 불린 마른 고추에 다진 양파·마늘·생강을 고루 섞어 만든다. ♨전남

우렁이탕

우렁이회 우렁이를 삶아 살을 발라내어 소금에 주물러 씻어서 초고추장(고추장, 식초, 다진 마늘, 설탕, 통깨, 소금)을 곁들인 것이다. 전남에서는 우렁이살을 고추장, 설탕, 식초를 약간 넣고 간이 배게 한 다음 데친 애호박채, 양파채, 어슷하

우렁이회

게 썬 오이·풋고추와 함께 고추장, 설탕, 식초, 다진 마늘을 더 넣고 버무린다. 우렁이는 흐르는 물에서 일주일 정도 담가 해감을 뺀 다음 삶아서 바늘로 살을 빼내어 사용한다. 전남에서 논우렁회, 경북에서는 우렁회라고도 한다. ♨전남, 경북

우렁회 ▶▶▶ 우렁이회 ♨경북

우메기떡 찹쌀가루와 멥쌀가루를 막걸리와 물로 익반죽하여 둥글납작하게 빚어 가운데를 눌러 식용유에 지진 뒤 즙청액에 담갔다 건진 떡이다. 우메기는 기름에 지져 낸 떡에 즙청을 입혀 만든 음식으로 만들기가 간편하고 쉽게 굳지 않는 특색이 있다. 우메기는 햅쌀이 나올 때 특히 많이 만들어 먹는 떡으로 '우메기 빠진 잔치는 없다'라고 하여 잔칫상에 많이 올렸던 떡으로 알려졌다. 개성주악이라고도 한다. ♨서울·경기

우메기떡

우무냉국 채 썬 우무에 양념(국간장, 설탕, 깨소금, 고춧가루, 부추)과 식초, 보리미숫가루를 넣고 냉수를 부어 만든 국이다. 우미냉국이라고도 한다. 우무는 우뭇가사리로 만든 묵으로 여름에 얼음을 띄운 콩   우무

국에 말아 먹는 청량음식으로 많이 이용
하고, 우무채·우무장아찌 등의 반찬에
쓰인다. 우무는 소화기관에서는 소화되
지 않기 때문에 영양적으로는 내세울 것
이 없으나 열량이 적고 수분이 많기 때
문에 다이어트 식품으로 각광받고 있으
며 변비를 예방해 주기도 한다. ❣제주도

우무묵무침 우뭇가사리를 솥에 넣고 물
을 부어 푹 삶아 고운체에 내리고 뜨거
울 때 묵 틀에 부어 식힌 다음 적당한 크
기로 썰어 조갯살과 양념(소금, 다진
파·마늘, 설탕, 식초 등)을 넣어 무친
것이다. ❣충남

우무장아찌 우뭇가사리를 푹 무르게 끓
여서 굳힌 묵을 고추장에 버무려 두었다
가 15~20일 정도 숙성시킨 장아찌이
다. 먹을 때 물에 헹궈 참기름으로 무친
다. 우묵장아찌라고도 한다. ❣충남

우무콩국 불린 우뭇가사리에 물을 붓고
푹 끓여 체에 밭쳐 굳힌 우무묵을 굵게
채 썰어 그릇에 담고 소금 간을 한 콩물
을 부어 오이채를 고명으로 얹은 것이
다. 전남에서는 우무콩물이라고도 한
다. ❣전남, 경남

우무콩국

우무콩물 ▶▶▶ 우무콩국 ❣전남
우묵장아찌 ▶▶▶ 우무장아찌 ❣충남
우뭇가사리 ▶▶▶ 우뭇가사리묵 ❣전남

우뭇가사리국 조갯살을 볶다가 물을 붓
고 된장을 풀어 끓으면 삶은 시래기를
넣고 소금 간을 하여 끓여 우뭇가사리를
넣은 국이다. 까시리국이라고도 한다.
우뭇가사리는 다른말로 천초라고 불리
며, 실처럼 생긴 헛뿌리를 내어 바위 위
에 달라붙어 자란다. 칼로리가 거의 없
어 다이어트에 최고의 식품이며 놀랄만
한 보수력을 가지고 있고 장의 연동운동
을 잘 하게 하므로 만성변비에 대한 완
화제로 사용한다. ❣경남

우뭇가사리국

우뭇가사리묵 우뭇가사리를 끓여 틀에
부어 굳힌 것이다. 방법 1 : 우뭇가사리
를 찧어 우뭇가사리에 붙어 있는 조개
껍데기를 없앤 후 우뭇가사리와 물을 3 :
1의 비율로 하여 끓여서 체에 밭친 것을
틀에 부어 굳힌다(전남). 방법 2 : 흰색
이 될 때까지 물에 담가 둔 우뭇가사리
에 물을 붓고 점성이 생길 때까지 끓인
다음 틀에 부어 굳히며 양념장(간장, 고
춧가루, 다진 파·마늘, 참기름, 통깨)을
곁들이기도 하고, 채 썬 우뭇가사리묵
에 콩가루를 묻혀 소금으로 간을 하기
도 한다(경북). 전남에서는 우뭇가사리,
경북에서는 천초묵이라고도 한다. 우뭇
가사리묵은 경북 울진의 향토음식으로
말린 우뭇가사리를 불려 누렇던 것이

하얗게 될 때까지 물로 우려내서 사용한다. ⚘ 전남, 경북

우미냉국 ▶▶▶ 우무냉국 ⚘ 제주도

우설편육 깨끗이 손질한 우설에 생강과 마늘, 물을 넣고 푹 끓인 후 우설을 건져 우둘투둘한 껍질을 벗겨 얇게 썰어 내고 초간장이나 겨자장을 곁들인 것이다. 우설 편육은 조선시대 궁궐음식의 하나이다. 우설은 소의 혀를 말한다. 《조선요리제법》(우설편육)에 소개되어 있다. ⚘ 서울·경기

우설

우슬식혜 우슬뿌리를 끓인 물에 불린 쌀로 고두밥을 지어 엿기름물과 섞고 우슬을 끓인 물을 부어 따뜻하게 하여 삭힌 다음 밥알이 떠오르면 생강과 설탕을 넣고 끓인 것이다. 우슬은 명아주목 비름과에 속하는 다년생초로 쇠무릎이라고도 불린다. 키는 40~90cm에 이르고 우리나라 중부 이남의 산이나 들에서 나며, 생약으로 사용한다. ⚘ 전북

우슬(쇠무릎) 뿌리

우슬식혜

우어회 ▶▶▶ 위어회 ⚘ 충남

우엉김치 우엉을 식촛물에 데쳐 찹쌀풀, 멸치액젓, 마늘, 생강, 쪽파, 통깨, 소금으로 버무려 담근 김치이다. 방법 1 : 끓는 물에 식초를 넣고 데쳐 물기를 뺀 우엉을 양념(멸치액젓, 다진 마늘, 고춧가루, 물엿)으로 버무려 익히며 소금에 절인 우엉을 이용하기도 한다(경북). 방법 2 : 쌀뜨물 또는 식촛물에 살짝 삶은 우엉과 실파에, 물을 붓고 달여 식혀 거른 멸치젓과 양념(찹쌀풀, 고춧가루, 다진 파·마늘·생강, 소금, 통깨)을 넣고 섞어 버무려 익히며 우엉을 데치지 않고 사용하기도 한다(경남). ⚘ 경상도

우엉김치

우엉잎부각 ▶▶▶ 우엉잎자반 ⚘ 경북

우엉잎자반 우엉잎에 찹쌀풀을 발라 말려서 먹을 때 식용유에 튀긴 것이다. ⚘ 경북

우엉잎자반

우엉정과 ▶▶▶ 각색정과 ✿ 경북

우엉조림 데친 우엉에 간장, 설탕, 맛술을 넣고 조린 후 참기름, 물엿, 깨소금을 넣어 버무린 것이다.

우엉조림

우여회 ▶▶▶ 전어회 ✿ 충남

우찌지 ▶▶▶ 웃지지 ✿ 서울·경기, 전라도

우찍 ▶▶▶ 기름떡 ✿ 제주도

울외장아찌 길이대로 반을 갈라 씨를 긁어낸 울외를 소금물에 하루 정도 절였다가 물기를 빼서 술지게미, 설탕, 청주로 채운 다음 항아리에 담아 2~3개월 발효시킨 것이다. 울외장아찌는 삼국시대 부유층에서 별미로 담가 먹기 시작했다고 전해진다. 새콤달콤 아삭아삭한 맛을 내며 먹고 난 뒷맛이 깔끔해 한식, 중식, 일식 어떤 음식과도 잘 어울린다. 울외는 참외과에 속하며 박과의 덩굴식물이다. 찌그러진 달걀 모양의 기다란 열

매에는 무기질, 섬유소, 비타민 B, 비타민 C 등 영양소가 풍부하여 여름철 땀을 많이 흘리는 사람에게 좋은 식품이다. ✿ 전북

울진대게찜 ▶▶▶ 대게찜 ✿ 경북

웃기떡 ▶▶▶ 웃지지 ✿ 전북

웃기떡 ▶▶▶ 부편 ✿ 경남

웃지지 찹쌀가루에 쑥색, 분홍색, 흰색으로 익반죽하여 기름에 지진 떡이다. 방법 1 : 찹쌀가루를 3등분하여 1/3은 물, 1/3은 쑥즙, 1/3은 오미자물로 각각 익반죽하여 둥글납작하게 만들어 지진 뒤 곶감채, 대추채를 얹는다(서울·경기). 방법 2 : 찹쌀가루를 익반죽하여 둥글납작하게 빚어 식용유를 두른 팬에 올려 지지다가 삶은 팥을 체에 내려 설탕과 꿀을 버무린 팥소를 넣고 말아서 양끝을 눌러주고 대추채와 석이버섯채로 꽃 모양을 만들어 고명으로 붙인다(전라도). 서울·경기, 전라도에서는 우찌지,

웃지지(서울·경기)

울외장아찌

웃지지(전라도)

전북에서는 웃기떡이라고도 한다. ꙮ 서울·경기, 전라도

웅구락지국 ▶▶▶ 추어탕 ꙮ 전남

웅어감정 고추장을 푼 물이 끓으면 손질한 웅어와 표고버섯, 풋고추, 붉은 고추, 생강즙, 소금, 다진 마늘을 넣어 끓인 후 대파와 후춧가루로 맛을 낸 것이다. 웅어찌개라고도 한다. 웅어는 청어목 멸치과의 바닷물고기로 4~5월의 산란기에는 강으로 돌아와 알을 낳으므로 봄철이 제철이며 구이, 탕, 감정 등으로 이용한다. 다른 생선에 비해 칼슘, 인, 철분 등의 무기질이 풍부하고 비타민 A의 함량이 높아 무기질과 비타민의 좋은 급원이라고 할 수

웅어

있다. 웅어는 과거에 위어라 하였는데, 이는 갯벌이나 낮은 물에서 잘 자라는 갈대 속에 많이 살아서 갈대 '위(葦)' 자를 써서 위어라고 하였다. 《조선무쌍신식요리제법》(웅어찌개)에 소개되어 있다. ꙮ 서울·경기

웅어감정

웅어구이 굵은 소금을 뿌린 웅어를 석쇠에 구운 것이다. 웅어구이는 경기도 향토음식으로 옛날에는 박달나무를 태워 웅어를 훈제품으로 만들기도 하였다.

《조선무쌍신식요리제법》(웅어구이)에 소개되어 있다. ꙮ 서울·경기

웅어구이

웅어매운탕 물에 손질한 웅어를 넣고 끓이다가 풋마늘과 대파를 넣고 수제비 반죽을 떼어 넣어 익힌 후 소금이나 국간장으로 간을 한 것이다. ꙮ 서울·경기

웅어매운탕

웅어알탕 물에 고추장과 고춧가루, 된장을 풀어 끓이다가 웅어와 알을 넣고 풋마늘대와 다진 마늘, 대파를 넣어 끓인 것이다. ꙮ 서울·경기

웅어찌개 ▶▶▶ 웅어감정 ꙮ 서울·경기

웅어회 웅어를 손질하여 채 썬 후 후춧가루와 참기름을 넣어 버무린 것이다. 《규합총서》(웅어회), 《조선무쌍신식요리제법》(위어회 : 葦魚膾)에 소개되어 있다. ꙮ 서울·경기

원미 쌀을 굵게 갈아 쑨 죽에 약소주와

꿀, 설탕을 타서 차게 마시는 죽이다. 쌀을 씻어 말린 후 반 알 크기 정도로 절구에서 살짝 빻아 체로 쳐서 가루는 버리고 싸라기만 물을 붓고 푹 끓여 죽을 쑨 다음 약소주, 꿀, 설탕과 얼음을 넣어 차게 먹는 것이다. ♣ 서울·경기

원미

원소병 찹쌀가루를 흰색, 초록, 빨강, 노랑으로 물들여 각각 익반죽하여 다진 대추·유자 껍질에 꿀을 섞어 만든 소를 넣고 동그랗게 빚어 전분을 묻혀 삶아낸 떡을 찬 화채물에 넣고 잣을 띄운다. 《규합총서》(원소병 : 元宵餠), 《부인필지》(원소병), 《조선요리제법》(원소병), 《조선무쌍신식요리제법》(원소병 : 袁紹餠)에 소개되어 있다. ♣ 서울·경기

원소병

원추리나물 소금물에 살짝 데친 원추리를 된장, 고추장, 다진 파·마늘, 참기름, 깨소금 등의 양념에 무친 것이다. 서울·경기에서는 조갯살을 넣어 무치기도 한다. 원추리는 넘나물이라고도 하며 연한 연두색의 어린순을 나물로 먹고, 여름이면 꽃봉오리로 찜, 무침, 조림, 전 등을 하여 먹거나 말린 꽃을 따서 차로 마신다. 《조선무쌍신식요리제법》(넘나물)에 소개되어 있다. ♣ 서울·경기, 경남

원추리

원추리나물

원추리잡채 대파와 채 썬 생강을 식용유를 두른 팬에서 센 불에 볶아 향을 내고 굵게 썰어 양념한 돼지고기를 볶다가 부추와 대파, 불린 원추리꽃을 넣고 간장을 넣어 볶은 뒤 마지막에 참기름을 넣고 고루 섞은 것이다. ♣ 충남

원추리잡채

위어회 비늘을 긁어 머리와 내장을 제거한 위어를 어슷하게 썰어 막걸리에 담가놓고, 고추장, 고춧가루, 다진 마늘, 식초, 설탕으로 만든 초고추장에 위어와 미나리, 통깨를 넣고 무친 것이다. 우어회라고도 한다. 위어는 웅어 또는 의어라고도 부르며 남서해로 흘러드는 강어귀에서 많이 잡힌다. 몸길이는 30cm 정도로 가늘고 긴 모양이며 잔 비늘이 있고 몸빛은 전체적으로 은빛이다. 잔뼈가 많고 맛은 별로 좋지 않으나, 조선시대에 왕가에 진상했던 물고기라 하여 진귀하게 여긴다. ♥ 충남

위어회

유과 찹쌀가루에 술을 넣고 반죽하여 찐 다음 모양을 만들어 건조시킨 후에 기름에 지져 조청이나 꿀을 입혀 다시 고물을 묻힌 것이다. 방법 1 : 찹쌀가루와 콩가루를 섞어 물로 반죽하여 푹 쪄서 꽈리(공기구멍이 생겼다가 터지는 모양)가 일도록 친 다음 얇게 밀어 사각형으로 잘라서 2~3일 정도 말렸다가 식용유로 두 번 튀겨 조청을 바르고 쌀튀밥가루를 묻혀 곶감채와 석이버섯채를 고명으로 얹는다(전북). 방법 2 : 찹쌀에 막걸리와 물을 부어 발효시켜 불린 콩과 함께 빻아 쪄서 꽈리가 일도록 쳐 엿가락 형태로 민 다음 적당한 크기로 잘라

말린 후 식용유에 튀겨 데운 물엿에 적셔 쌀튀밥가루를 묻힌다. 쌀튀밥가루 대신 거피한 깨를 묻히기도 한다(경북). ♥ 전북, 경북 등

유과 ▶▶▶ 빈사 ♥ 경남

유곽 방법 1 : 굵게 다진 대합살, 으깬 두부, 다진 붉은 고추·풋고추, 방아잎에 양념(설탕, 다진 파·마늘, 고추장, 고춧가루, 참기름, 깨소금)을 넣고 섞어서 대합 껍질의 안쪽에 참기름을 바르고 채운 다음 석쇠에서 굽는다(경남). 방법 2 : 삶아 잘게 다진 개조개의 살을 볶다가 된장, 고추장, 다진 파·마늘을 넣고 양념한 다음 깻잎, 미나리, 물을 넣고 더 볶아 깨소금을 넣어 버무린 것을 조개 껍데기에 채운다(경북). 경북의 유곽은 볶은 재료를 조개 껍데기에 담아 주로 쌈장으로 이용하는 음식이고, 경남의 유곽은 생재료 및 볶음 재료를 조개 껍데기에 담아 석쇠에 굽는 구이류이다. ♥ 경상도

유곽

유잎지 ▶▶▶ 깻잎장아찌 ♥ 제주도

유자단자 찹쌀가루와 다진 유자청 건더기를 섞어 찜통에 쪄서 꽈리가 나도록 친 후 네모나게 썰어 꿀을 바르고 잣가루를 묻힌 떡이다. 《규합총서》(유자단자 : 柚子團子), 《부인필지》(유자단자),

《조선요리제법》(유자단자)에 소개되어 있다. ♨ 서울·경기

유자정과 유자에 설탕, 물엿, 물을 넣고 끓이다가 약한 불로 줄여서 천천히 조린 뒤 유자가 서로 붙지 않게 떼어 완전히 식으면 설탕을 묻힌 것이다.《규합총서》(유자정과),《음식법》(유자정과),《시의전서》(유자정과 : 柚子正果),《조선무쌍신식요리제법》(유자정과 : 柚子正果)에 소개되어 있다. ♨ 전남

유자주 유자를 소주나 오메기술에 담가 숙성시킨 술이다. 방법 1 : 유자와 설탕을 켜켜이 담아 2일쯤 두었다가 소주를 부어 밀봉하여 서늘한 곳에 1개월 정도 숙성시킨 술로 체에 걸러 보관한다. 방법 2 : 오메기술의 발효가 다 될 무렵 잘 익은 당유자를 넣어 더 숙성시킨 술이다. 숙성시킨 다음 청주나 막걸리(탁배기)를 만든다. 당유자주라고도 한다.《조선무쌍신식요리제법》(유자주 : 柚子酒)에 소개되어 있다. ♨ 제주도

유자차 씨를 뺀 유자를 채 썰어 설탕과 켜켜로 재워 밀봉해 두었다가 끓인 물을 붓고 잣을 띄운 것이다. 전남에서는 잣, 밤채, 대추고명을 띄운다.《규합총서》(유자청)에 소개되어 있다.

유자차

유자청 채 썬 유자를 설탕에 절여 두었

다가 끓인 물이나 얼음 물에 타서 마시는 차이다. 유자 껍질만 이용하기도 한다. 유자청차라고도 한다.《규합총서》(유자청)에 소개되어 있다. ♨ 경남

유자청떡 쌀가루에 즙을 뺀 유자청을 고루 섞어 찐 떡이다. ♨ 경남

유자청차 ▶▶▶ 유자청 ♨ 경남

유자화채 껍질을 벗겨 큼직하게 썬 유자에 설탕과 물을 붓고 끓여 유자청을 만들어 식혀두고, 끓여서 식힌 물에 유자청, 채 썬 유자 껍질, 석류알, 얼음을 넣어 차게 먹는 음료이다. ♨ 전남

유죽 ▶▶▶ 들깨죽 ♨ 제주도

유채나물무침 데친 유채나물을 양념(된장, 참기름, 깨소금, 다진 마늘)으로 무친 것이다. 유채는 평지라고도 하며, 제주도에서는 지름이라고도 한다. 어린잎은 무치고, 열매는 기름을 짜서 사용한다. 지름ᄂ물무침이라고도 한다. ♨ 제주도

유채나물무침

육개장 쇠고기로 맵게 끓이는 국이다. 방법 1 : 쇠고기를 삶아 육수를 내고 고기는 건져 찢어서 고추장, 국간장, 참기름 등으로 양념하여 다시 육수에 대파와 같이 넣어 끓인다(상용). 방법 2 : 쇠고기를 푹 삶아 건져낸 국물에 찢어 양념한 쇠고기, 실파, 느타리버섯, 콩나물,

고사리를 넣고 센 불에서 한소끔 끓인 후 고춧가루, 다진 파·마늘로 양념하고 소금으로 간한 다음 달걀을 풀어 넣고 후춧가루를 뿌린다(전남). 방법 3 : 푹 삶아 가늘게 찢은 돼지고기와 삶은 고사리를 양념(다진 마늘·생강, 참기름, 국간장)에 버무려 돼지고기육수에 넣고 푹 끓인 다음 대파, 물에 갠 메밀가루(또는 밀가루)를 넣어 걸쭉하게 끓인다(제주도). 제주도 육개장은 주로 돼지고기로 만들며, 고춧가루를 양념으로 넣기도 한다. 제주도에서는 돼지고기고사리국, 고사리국이라고도 한다. 《시의전서》(육개장), 《조선요리제법》(육개장), 《조선무쌍신식요리제법》(육개장)에 소개되어 있다.

잘라서 잣을 붙인다. ♨ 서울·경기, 전북

육회 곱게 채 썬 쇠고기를 양념(간장, 소금, 설탕, 후춧가루, 다진 파·마늘, 깨소금, 참기름)에 무치고 채 썬 배와 마늘편을 함께 담고 잣가루를 뿌린 것이다. 양념에 간장을 넣지 않기도 한다. 《시의전서》(육회 : 肉膾), 《조선요리제법》(육회), 《조선무쌍신식요리제법》(육회)에 소개되어 있다. ♨ 전국적으로 먹으나 특히 서울·경기, 전남, 경북에서 즐겨 먹음

육회비빔밥 ▶▶▶ 황등비빔밥 ♨ 전북

육회비빔밥 밥 위에 쇠고기육회, 콩나물, 시금치나물, 고사리나물, 애호박나물, 송이버섯, 상추, 무채를 가지런히 올린 후 달걀노른자, 고추장, 김가루, 깨소금을 얹어낸 것이다. ♨ 전남

육개장

육회비빔밥

육탕 핏물을 뺀 쇠고기덩어리에 물을 붓고 끓이다가 납작하게 썬 무와 다시마를 넣어 푹 익힌 다음 건져낸 고기는 썰어 다진 파·마늘, 후춧가루로 양념하여 다시 넣어 끓인 후 국간장, 소금으로 양념한 것이다. 주로 제사음식으로 쓰인다. ♨ 서울·경기

육포 얇게 포 뜬 쇠고기(우둔살)에 간장, 꿀이나 설탕, 후춧가루, 참기름, 마늘즙으로 양념하여 말린 것이다. 전북에서는 먹을 때 마름모 모양(사방 2cm)으로

율란 밤을 삶아 살만 파서 으깬 후 꿀을 넣고 밤 모양으로 만들어 밑부분에 계핏

율란

가루나 잣가루를 묻힌 것이다. 경남에서는 삶아 으깬 밤에 설탕을 넣고 볶아 밤 모양으로 다시 만든 후 물엿과 생강즙을 조린 것에 담갔다 건져 잣가루나 계핏가루를 묻힌다. 《음식법》(율란), 《시의전서》(율란 : 栗卵), 《조선요리제법》(율란), 《조선무쌍신식요리제법》(율란 : 栗卵)에 소개되어 있다. ❦ 서울·경기, 경남

율무단자 율무가루와 찹쌀가루를 섞어 익반죽하여 동그랗게 빚은 후 삶아서 팥고물을 묻힌 떡이다. ❦ 서울·경기

율무떡 율무가루에 멥쌀가루, 소금, 설탕물을 넣고 섞어 체에 거른 것을 편편하게 담고 거피팥을 고명으로 얹어 시루에 앉혀서 찐 떡이다. ❦ 강원도

율자죽 곱게 갈아 체에 밭친 쌀물과 껍질을 제거하여 분쇄한 밤물을 한데 부어 가끔 저어가며 끓이다가 잘 어우러지면 소금 간한 것이다. 밤죽이라고도 한다. 《산림경제》(율자죽 : 栗子粥), 《증보산림경제》(건율죽 : 乾栗粥), 《조선요리제법》(밤죽), 《조선무쌍신식요리제법》(율자죽 : 栗子粥)에 소개되어 있다. ❦ 서울·경기

은어간장구이 ▶▶ 은어구이 ❦ 경북

은어구이 은어를 참숯불에서 굵은 소금을 뿌려가며 앞뒤로 노릇노릇하게 구운 것이다(전남, 경북). 강원도에서는 은어

은어구이

를 통째로 꼬치에 꿰어 구워서 간장 양념장을 바른다. 경북에서는 은어에 유장을 발라 재웠다가 양념(간장, 설탕, 다진 파·마늘, 물)을 발라 석쇠에 굽는다. 은어는 바다빙어과의 민물고기로 맑은 물에서 살며 어릴 때 바다로 나갔다가 다시 하천으로 돌아온다. 옛날 임금님께 진상된 귀한 생선으로 깨끗한 강에 살며 맛과 향이 뛰어나다. 살에서 수박향이 나며 주로 생선회, 구이, 찜, 찌개로 먹는다. ❦ 강원도, 전남, 경북

은어밥 불린 쌀에 은어를 넣고 지은 밥이다. 은어의 살을 발라내어 밥과 섞고 양념장(간장, 다진 붉은 고추·풋고추, 깨소금, 참기름, 고춧가루)을 곁들인다. 경남에서는 콩나물을 넣어 지으며, 은어만 넣은 밥을 짓기도 한다. ❦ 경상도

은어밥

은어죽 은어를 삶은 국물에 불린 쌀을 넣고 끓인 죽이다. 방법 1 : 은어를 삶아 뼈를 발라낸 국물에 불린 찹쌀과 수삼, 밤, 대추를 넣어 쌀알이 퍼질 때까지 끓인 후 다진 마늘·생강을 넣고 소금으로 간하여 참기름을 넣는다(전남). 방법 2 : 은어를 푹 삶아 뼈를 발라낸 국물에 된장, 고추장을 풀고 불린 쌀, 다진 파·마늘·생강을 넣어 끓이다가 밀가루 반죽을 떼어 넣고 풋고추, 깻잎, 미나리, 쑥

갓을 넣어 더 끓인다. 후춧가루, 고춧가루를 기호에 따라 넣기도 한다(경북).
방법 3 : 은어를 삶아 살을 발라내서 참기름에 볶다가 불린 쌀과 은어 삶은 물을 붓고 끓인 다음 다진 양파와 당근을 넣고 끓여 소금 간을 한다(경남). ✿ 전남, 경상도

은어찜　무와 삶은 무청시래기를 깔고 그 위에 은어를 올린 다음 양념장(고춧가루, 고추장, 다진 마늘, 생강즙, 소금)을 끼얹어 물을 부어 끓으면 생콩가루와 당귀가루를 뿌리고 미나리, 대파, 깻잎, 쑥갓을 넣은 후 더 끓인 것이다. ✿ 경북

은어탕　은어에 물을 붓고 푹 끓여 된장, 고추장을 풀고 삶은 고사리와 토란대, 데친 느타리버섯을 넣어 끓인 다음 실파, 방아잎, 소금, 다진 마늘, 고춧가루, 당귀가루를 넣고 더 끓인 국이다.
✿ 경북

은어튀김　은어에 밀가루를 묻힌 다음 튀김옷(달걀, 밀가루, 전분, 소금, 물)을 입혀 식용유에 튀긴 것으로 초간장이나 초고추장을 곁들인다. ✿ 경상도

은어튀김양념조림　은어를 청주, 후춧가루, 소금에 재웠다가 물기를 빼고 밀가루에 물을 섞어 만든 튀김 옷을 묻혀 두번 튀긴 다음 끓는 양념장(고추장, 고춧가루, 다진 마늘, 물)에 넣어 조린 것이다. ✿ 경북

은어회　포를 떠서 얇게 저민 은어살에 초고추장(고추장, 식초, 설탕, 다진 파·마늘, 통깨)을 곁들인 것이다. 경북에서는 각각 채 썬 오이, 당근, 양파와 미나리, 깻잎을 함께 버무린다. ✿ 경상도

은어회무침 ▶▶▶ 은어회 ✿ 경북

은절미　멥쌀가루를 익반죽하여 정사각형으로 썰어 시루에 솔잎과 켜켜이 안쳐 찐 떡이다. 찐 떡은 솔잎을 떼고 찬물에 헹구어 건져 참기름을 바른다. ✿ 제주도

은절미

은행단자　은행가루를 찹쌀가루와 섞어 반죽하여 쪄서 절구에 친 후 네모나게 썰어 꿀을 바르고 대추채, 밤채를 각각 묻힌 떡이다. ✿ 서울·경기

은행장조림　은행을 볶아 껍질을 벗긴 후 간장, 물엿, 청주 등의 양념장에 윤기나게 조려서 먹기 직전에 참기름을 조금 넣은 것이다. ✿ 서울·경기

은행장조림

은행죽　불린 쌀과 은행에 각각 물을 붓고 갈아 거른 다음 은행 간 물의 윗물만 따라내어 끓이다가 은행앙금과 쌀앙금을 넣고 저어가며 끓여 소금으로 간을 한 죽이다. ✿ 경북

의이인주　율무와 멥쌀을 함께 섞어 빚은 민속주이다. 의이인은 율무를 말한

다. ✔ 강원도

의이인주

의정부떡갈비 돼지갈비의 살을 발라내어 다져서 양념(간장, 청주, 소금, 설탕, 다진 파·마늘, 참기름 등)한 후 갈비뼈에 모양내어 붙이고 석쇠에 구운 것이다. ✔ 서울·경기

이강주 소주에 배(梨)와 생강(薑)을 혼합하여 만든 약소주(藥燒酒)이다. 멥쌀고두밥과 누룩가루, 물을 섞어 발효시켜 밑술을 담고, 3일 후 보리고두밥을 지어 누룩, 밑술과 물을 합하여 덧술을 담근 후 4일이 지나면 15°의 약주가 되는데, 숙성된 약주를 소줏고리에 내려 4회 물갈이를 하면서 35°의 소주를 만들어 배, 생강, 계피, 울금을 넣고 꿀을 섞어 만든 것이다. 조선 중기부터 전라도와 황해도에서 빚어온 한국의 전통민속주로써 이름대로 소주에 배(梨)와 생강(薑)을 혼합하여 만든 고급 약소주(藥燒酒)이다. ✔ 전북

이동갈비 갈비의 살에 칼집을 넣어 넓게 편 다음 양념장(간장, 설탕, 다진 파·마늘·생강, 참기름, 통깨, 후춧가루, 물엿, 청주)에 재워두었다가 숯불에 구운 것이다. 갈비와 갈비의 나머지 살을 이쑤시개에 꽂아서 만드는 이동갈비는 경기도 포천시 이동면에서 처음 시작

되었다. '이동갈비'라는 명칭은 30여 년 전부터 이동에서 이동갈비의 원조로 식당을 운영해 온 이용구 씨의 부친인 이인규 씨가 고장의 이름을 따서 '이동갈비'라고 명명한 것에서 유래한다. ✔ 서울·경기

이서양탕 염소고기를 푹 삶은 국물에 된장, 다진 마늘·생강, 고춧가루를 섞은 쌀 간 물을 넣어 끓이다가 토란대나 머윗대를 넣고, 들깨를 갈아 거른 들깨물을 넣어 다시 끓여서 삶아 썬 염소고기를 넣은 국이다. 기호에 따라 들깻가루, 고춧가루, 소금, 후춧가루를 넣어 먹는다. 전남 지역에서는 흑염소 또는 염소로 끓인 국(탕)을 양탕이라고 부른다. ✔ 전남

이서양탕

이천계걸무김치 멸치젓국과 고춧가루, 찹쌀풀을 고루 섞은 후 다진 파·마늘·생강, 새우젓, 설탕을 넣은 걸쭉한 양념으로 절인 계걸무와 갓, 실파를 버무리고 계걸무에 갓, 실파로 한두 가닥씩 모아 말아 항아리에 담은 것이다. 게거리김치라고도 한다. 계걸무김치는 김장을 끝낸 뒤 담그는데, 익은 뒤에는 김치라기보다는 장아찌처럼 오래 두고 이용한다. 계걸무는 경기도 이천의 목화밭이나 콩밭 사이에서 재배되어 온 이천의 토종

317

무로 껍질이 두껍고 매운맛이 나며 장아찌, 김치 등으로 이용한다. 단단하여 소금에 절여 땅에 묻었다가 겨울이 지난 후에 먹을 수 있는데, 겨울이 지난 후에 꺼내 먹으면 맛이 시원하고 상큼하다. ♨ 서울 · 경기

이천게걸무김치

이천게걸무깍두기 깍둑썰기 한 게걸무를 고춧가루로 물들이고 다진 마늘 · 생강, 새우젓 또는 생태 아가미젓으로 양념하여 쪽파, 갓, 미나리를 넣어 버무린 것이다. ♨ 서울 · 경기

이천게걸무장아찌 소금에 절인 게걸무에 치자물을 들여 소금물에 담가 숙성시킨 것이다. 게거리장아찌라고도 한다. ♨ 서울 · 경기

이천게걸무장아찌

이천쌀밥 ▶▶▶ 이천영양밥 ♨ 서울 · 경기
이천영양밥 이천쌀에 대추, 밤, 인삼 등의 여러 재료를 넣고 지은 밥이다. 돌솥에 불린 쌀과 대추, 검은콩, 밤, 은행, 인삼, 통깨를 넣어 밥을 지은 후 밥 위에 쇠고기장조림을 잘게 찢어 얹는다. 이천은 비옥한 평야와 구릉으로 이루어진 한국의 곡창지대로서 쌀이 매우 기름지며 맛이 있으며, 일반 쌀에 비해 니아신, 칼륨 등이 많이 들어 있어 영양가가 높고 밥맛이 좋아 예로부터 임금님께 진상한 밥으로 알려졌다. 이천쌀밥이라고도 한다. ♨ 서울 · 경기

익모초엿 질게 지은 차조밥에 엿기름가루와 익모초 삶은 물을 넣어 발효가 되면 짜서 조린 것이다. 익모초는 꿀풀과의 두해살이풀로 높이는 1m 정도이며, 익모초차, 익모초술 등을 담가 주로 약용으로 이용한다. 한방에서 익모초는 산후의 생리

익모초

이상, 일반적인 생리 불순을 치료하는 등 부인병 약재로 사용된다. 포기 전체를 말린 것은 산후의 지혈과 복통에 사용하며, 풀을 농축시킨 익모초고는 혈압 강하와 이뇨 · 진정 · 진통에 사용한다. ♨ 제주도

익모초엿

익산쌀술 ▶▶▶ 쌀술 ❦ 전북

인동초동동주 인동초, 음양곽, 계피, 당
귀, 감초를 물에 넣고 푹 삶은 다음 누룩
가루와 찐 쌀을 넣고 발효시킨 후 같은
양의 물을 넣어
서 걸러 용수를
박아서 맑은 청
주를 떠 내고 남은
탁주를 동동주라 한다.
인동초청주라고도 한다.
인동초는 인동덩굴의 줄
기 또는 잎을 말하며, 해
열, 해독, 이뇨, 소염의 효
능이 있다. ❦ 전남

인동초

인동초동동주

인동초청주 ▶▶▶ 인동초동동주 ❦ 전남

인삼고추장 수삼을 달인 물에 엿기름가
루를 넣고 주물러 가라앉힌 다음 윗물만
받아 끓이다가 찹쌀완자를 넣어 익혀 덩
어리가 없도록 저어서 식힌 후에 고춧가
루, 메줏가루, 소금을 넣고 혼합하여 항
아리에 담고 햇볕을 쬐며 30일 이상 숙
성시킨 장이다. ❦ 충북

인삼고추장떡 원형으로 썬 인삼을 고추
장을 푼 밀가루 반죽에 넣고 풋고추와
붉은 고추를 고루 섞은 다음 식용유를
두른 팬에 둥글납작하게 지진 것이다.
인삼장떡이라고도 한다. ❦ 충남

인삼고추장떡

인삼김치 인삼을 소금에 절여 고춧가루
양념으로 버무린 김치이다. 방법 1 : 소
금에 살짝 절인 인삼에 실파, 고춧가루,
멸치액젓, 찹쌀풀을 넣어 버무린 다음
끓여서 식힌 물을 김칫국물로 부어 하루
쯤 두었다가 먹는다(충남). 방법 2 : 열
십자로 칼집을 넣어 소금에 절인 인삼에
부추, 미나리, 양념(고춧가루, 통깨, 다
진 마늘, 실고추, 멸치액젓)을 섞어 만든
김치 속을 채우고 남은 양념으로 버무린
다(경북). ❦ 충남, 경북

인삼닭찜 토막 내어 끓는 물에 데친 닭
에 물, 인삼, 천궁을 넣고 끓인 다음 감자
와 대파, 양념(고추장, 고춧가루, 다진 마
늘, 간장 등)을 넣어 끓이다가 마지막에
부추를 넣어 살짝 익힌 것이다. ❦ 충남

인삼동동주 ▶▶▶ 동동주 ❦ 경북

인삼떡 찹쌀가루에 조청에 조린 건미
삼, 대추, 밤, 불린 감고지, 호박고지, 밤
콩, 검은콩, 소금을 넣고 버무려 시루에
찐 떡이다. 아주 오랜 옛날부터 내려오
는 충남 금산 지방의 떡으로, 밭에서 수
확한 인삼과 가을철에 많이 열리는 감을
이용해서 인삼떡을 쪄냈다. ❦ 충남

인삼메기탕 인삼, 대추, 황기, 마른 고
추, 밤에 된장을 푼 국물을 부은 다음 손
질하여 토막 낸 메기를 넣어 끓인 것이
다. ❦ 충북

인삼메기탕

인삼수정과　생강과 수삼을 얇게 저며 끓이다가 국물이 우러나면 생강과 수삼을 걸러내어 설탕으로 감미를 맞추고 통후추와 계피를 넣어 한소끔 끓인 후 체에 걸러 차게 마시는 음료이다. ❀서울·경기

인삼수정과

인삼약과　인삼가루와 밀가루를 1 : 4의 비율로 섞어 체에 내린 후 달걀노른자, 청주, 식용유를 넣고 손바닥으로 비벼 다시 체에 내려 설탕시럽을 넣고 반죽하여 모양을 만들어 튀긴 다음 즙청액에 넣었다가 건져낸 것이다. ❀충북

인삼어죽　내장을 제거한 민물고기를 푹 삶아 체에 밭친 국물에 고추장, 고춧가루를 풀어 끓이다가 불린 쌀, 인삼, 쑥갓, 다진 파·마늘을 넣고 다시 끓인 후 쌀알이 퍼지면 수제비와 국수를 넣고 끓인 죽이다. 충남 금산군 제원면 저곡리

향토음식으로 이 지역은 금강변의 중간 지점으로서 금산에서 충북 영동과 전북 무주 방면으로 갈라지는 골목이어서 민물고기를 이용한 전통음식으로 발달하였다. ❀충남

인삼어죽

인삼장떡 ▶▶▶ 인삼고추장떡 ❀충남

인삼전　물을 넣어 간 인삼에 찹쌀가루, 달걀흰자, 소금을 섞고 반죽하여 식용유를 두른 팬에 둥글납작하게 편 다음 풋고추와 붉은 고추를 얹어 지진 것이다. 인삼찹쌀전이라고도 한다. ❀경북

인삼정과　인삼을 설탕과 물엿에 조린 것이다. 방법 1 : 껍질을 벗긴 인삼을 푹 찐 다음 적당한 크기로 썰어 햇볕에 말렸다가 삶아 말랑하게 해두고, 냄비에 물엿과 설탕을 1 : 1 비율로 넣어 젓지 말고 끓이다가 준비해 둔 인삼을 넣어 끓였다 식히기를 3회 정도 반복하여 만든다(충북). 방법 2 : 인삼을 깨끗이 씻어 푹 삶은 다음 냄비에 삶은 인삼과 인삼 삶은 물을 자작하게 붓고 설탕을 넣어 서서히 조리다 물엿을 넣고 약한 불에서 윤기가 나도록 투명하게 졸인다(충남). 방법 3 : 먹기 좋은 크기로 썬 인삼을 설탕에 재웠다가 설탕과 같은 분량의 물엿을 넣고 졸인 다음 설탕을 묻혀 말린다(전북).《시의전서》(인삼정과 : 人

蔘正果, 人蔘정과),《조선요리제법》(인삼정과)에 소개되어 있다. ❧ 충청도, 전북

인삼정과

인삼죽 물에 인삼, 대추, 황률을 넣고 약한 불에서 한참 끓이다가 불린 쌀을 넣고 서서히 끓인 죽이다. 인삼죽은 쌀을 갈지 않고 불려서 쑨 된 죽에 속하며 죽을 쑬 때는 금속 그릇은 피하고 곱돌솥, 오지솥 등을 이용하여 나무주걱으로 저으며 쑤어야 삭지 않는다. ❧ 충남

인삼찹쌀전 ▶▶▶ 인삼전 ❧ 경북

인삼추어탕 미꾸라지에 물을 붓고 2시간 정도 약한 불에서 충분히 삶아 체에 내린 국물에 삶은 배추, 고사리, 토란대를 양념하여 무쳐 넣고 인삼, 깻잎, 대파, 붉은 고추를 넣고 끓인 것이다. 배추는 된장, 찹쌀가루, 들깻가루, 고춧가루, 다진 마늘·생강에 무치고 고사리와 토란대는 소금, 다진 마늘·생강, 후춧가루로 양념한다. ❧ 충남

인삼취나물 데친 인삼과 미삼, 삶은 취나물에 간장, 다진 파·마늘, 참기름, 후춧가루를 넣어 무친 후 볶다가, 인삼 데친 물을 넣고 센 불에서 국물이 없어질 때까지 볶아서 통깨를 뿌린 것이다. ❧ 충북, 경북

인삼튀김 수삼에 밀가루, 찹쌀가루, 소금을 넣어 만든 튀김옷을 입혀 식용유에

인삼취나물

튀긴 것이다. ❧ 경북

인삼호박범벅 늙은 호박을 썰어 푹 삶아 건더기와 물을 분리한 후 호박 삶은 물에 삶은 팥·콩, 인삼가루를 반만 넣고 끓이다가 찹쌀가루물을 넣고 저은 후 호박 건더기와 나머지 인삼가루를 넣고 끓여 소금과 설탕으로 간을 하고 잣, 호두 등을 얹는 것이다. ❧ 강원도

인절미 찹쌀을 물에 불려 찜통에 쪄낸 후 절구에 쳐서 한 입 크기로 썰어 깨고 물이나 콩고물을 묻힌 떡이다. 찹쌀에 쑥, 수리취, 대추를 넣어 찧으면 쑥인절미, 수리취인절미, 대추인절미라 칭하고 고물에 따라 콩가루를 묻히면 콩인절미, 팥을 묻히면 팥인절미, 깨를 묻히면 깨인절미라 칭한다. 《지봉유설》(인절미), 《규합총서》(인절미), 《조선요리제법》(인절미), 《조선무쌍신식요리제법》(인절병 : 引切餠)에 소개되어 있다.

인절미

임자수탕 닭살과 여러 가지 고명에 찬 깻국을 부어 먹는 국이다. 볶은 깨와 닭 육수를 분쇄기에 곱게 갈아 체에 걸러 소금, 후춧가루로 간하여 차갑게 식힌 후 그릇에 삶아서 찢은 닭을 담고 황백지단, 쇠고기완자, 미나리초대, 전분을 묻혀 데쳐낸 표고버섯과 오이, 붉은 고추를 얹고 준비해 둔 깻국을 부어 낸다. 깻국탕이라고도 한다. 임자는 깨를 말한다. 《조선요리제법》(초계탕)에 소개되어 있다. ♨ 서울·경기

임자수탕

임지떡 배추씨깻묵에 물을 부어 쓴맛을 뺀 다음 좁쌀가루를 넣고 반죽하여 찐 떡이다. 예전에 배추씨로 기름을 짜고 남은 깻묵을 이용하여 만든 떡이며 지금은 거의 볼 수 없는 떡이다. ♨ 제주도

임지떡

임진강장어구이 장어의 뼈를 발라내고, 머리와 뼈를 곤 육수에 간장, 설탕, 생강, 통깨, 다진 파·마늘을 함께 넣어 달인 후 손질한 장어살을 재워 놓았다가 석쇠에 구운 것이다. ♨ 서울·경기

입과 찹쌀을 3일 정도 불려 윗물을 받아 놓고 불린 찹쌀을 곱게 간 후 따라낸 윗물로 반죽한다. 반죽한 것을 찐 다음 꽈리가 일도록 친 것을 쌀가루를 뿌려 밀고 손바닥 크기로 잘라 말렸다가 튀겨서 꿀이나 조청을 바르고 쌀튀밥 또는 검은깨를 묻힌 것이다. 잎처럼 넓다고 입과라고 부른다. 잔유과, 한과라고도 한다. ♨ 경북

입과

잉어찜 찐 잉어를 고추장 양념으로 다시 찐 것이다. 방법 1 : 기름에 살짝 튀겨서 찐 잉어에 양념장(고추장, 고춧가루, 된장, 물엿, 다진 마늘, 생강즙, 참기름, 후춧가루)을 발라 찐 다음 미나리, 붉은 고추채, 황백지단채를 고명으로 올리고 삶은 콩나물을 돌려 담아 낸다(경북). 방법 2 : 냄비에 감자를 깔고 잉어를 올려 물을 붓고 익힌 다음 콩나물, 삶은 고사리, 양파채, 느타리버섯을 넣고 양념장(고추장, 고운 고춧가루, 물엿, 다진 마늘, 초

잉어

피가루, 된장)을 끼얹어 끓이다가 미나리, 채 썬 풋고추 · 붉은 고추, 황백지단채를 고명으로 얹는다(경남). ♻ 경상도

잉어찜

잉어회 포를 떠 껍질을 벗긴 잉어를 썰어 초고추장(고추장, 식초, 설탕, 다진 파 · 마늘 · 생강)을 곁들인 것이다. 《식료찬요》(잉어회), 《조선무쌍신식요리제법》(리어회 : 鯉魚膾)에 소개되어 있다. ♻ 경북

잎새김치 ▶▶▶ 무청김치 ♻ 서울 · 경기

자라찜 피를 뺀 자라 배에 십자 모양의 칼집을 넣고 양념장(고춧가루, 다진 파·마늘, 소금, 참기름, 통깨)을 얹어 물을 붓고 푹 찐 것이다. 찜통바닥에 자라 등이 닿게 넣고 물이 거의 없어질 때까지 찐다. 바닥에 남은 자라 기름으로 밥을 비벼 먹거나 볶아 먹기도 한다. ꕤ 경남

자리구이 ▶▶ 자리돔구이 ꕤ 제주도

자리돔강회 비늘을 긁고 머리, 지느러미, 내장을 제거하여 손질한 자리돔을 등 쪽으로 어슷하게 썰어 쌈장(된장, 다진 파·마늘, 고추장, 초피)이나 초고추장을 곁들인 것이다. 자리돔은 제주도에서는 자리, 제리, 자돔, 경남 통영에서는 생이라고 불리며, 제주도 명물 중의 하나로 색깔이 검은 도미과에 속하는 생선이다. 5~8월까지 제주도 근해에서 잡히는데, 보리베기가 한창인 무렵의 것이 가장 맛이 좋다. 제주도에서는 자리돔을 많이 잡으면 바로 소금에 절여서 젓으로 담그기도 하고, 물회, 구이, 조림 등으로 조리한다. ꕤ 제주도

자리돔

자리돔구이 자리돔을 통째로 굵은 소금을 뿌려 구운 것이다. 통째로 구워내는 자리돔구이는 담백하면서 뼈째로 씹어 먹는 맛이 좋다. 자리구이라고도 한다. ꕤ 제주도

자리돔구이

자리돔물회 자리돔에 양념(된장, 고추장, 다진 양파, 참기름, 통깨)과 식초를 넣고 버무린 다음 양파, 배, 붉은 고추, 풋고추, 부추, 초피잎, 된장을 넣고 버무렸다가 먹을 때 찬물을 부어 먹는 것이

자리돔물회

다. 자리돔은 주로 물회로 만드는데, 제주도에서만 볼 수 있는 냉국이며, 물을 넣지 않고 양념만을 하면 자리강회가 된다. 자리물회라고도 한다. ☙ 제주도

자리돔조림 자리돔에 물과 양념장(간장, 설탕, 다진 마늘, 식초, 고춧가루, 식용유)을 넣고 조린 것이다. 콩잎을 냄비에 깔아 자리돔조림을 하기도 한다. 자리지짐이라고도 한다. ☙ 제주도

음식 중 하나이다. 6~7월에 주로 담그며, 겨울철에 먹게 된다. 기호에 맞게 통째로 또는 다져 양념하여 먹는다. ☙ 제주도

자리젓국 자리젓에 물을 붓고 끓여 거른 국물에, 불린 미역, 미역쇠, 파래, 무를 넣어 끓인 국이다. 자리젓을 먹고 남은 부분(머리, 뼈 등)을 이용하기도 한다. ☙ 제주도

자리돔조림

자리젓국

자리물회 ▶▶ 자리돔물회 ☙ 제주도

자리젓 자리돔을 소금물에 썻고 소금을 뿌려 숙성시킨 것으로 먹을 때 다진 풋고추와 식초를 넣고 무쳐 먹는다. 자리젓은 자리돔으로 담근 젓으로 자리강회, 자리물회, 자리돔구이 등과 함께 제주도에 유명한

자리지짐 ▶▶ 자리돔조림 ☙ 제주도

자미밥 깨끗이 썻어 불린 자광미에 물을 붓고 불의 세기를 잘 조절하여 지은 밥이다. 자광미(紫光米)는 경기도 김포에서 재배되는 '밀다리 쌀'이라고도 부르며 홍·옥색의 두 가지

자광미

자리젓

자미밥

색이 있는데, 예로부터 임금님께 올리는 진상미로도 유명할 만큼 품질이 우수하고 귀하다. ♨ 서울 · 경기

자반고등어찜 방법 1 : 소금기를 뺀 자반고등어에 고추채, 파채, 생강채, 마늘채를 얹어 물을 부어 끓인다(상용). 방법 2 : 쌀뜨물에 담가 짠맛을 뺀 간고등어에 풋고추, 실고추, 검은깨를 고명으로 올려서 쪄낸다(경북). 경북에서는 간고등어찜이라고도 한다. 옛날 교통이 발달되지 않았던 시절 경북 안동 지방에서 생선의 부패방지를 위하여 왕소금으로 절여서 이용한 것이 전통 간고등어이며 그 맛이 일품이어서 안동 지방의 특산물이 되었다. 간고등어찜에 상추, 머윗잎, 다시마, 쌈장을 곁들여 내고 쌈을 싸 먹는다. 자반고등어는 고등어에 소금으로 간을 세게하여 저장해 두고 쓰는 것을 말한다. ♨ 전국적으로 먹으나 특히 경북에서 즐겨 먹음

자반고등어찜

자외젓 ▶▶ 자하젓 ♨ 전남
자외젓무침 ▶▶ 자하젓무침 ♨ 전남
자운영나물 데친 자운영 줄기를 국간장, 다진 파 · 마늘, 소금, 깨소금으로 무친 것이다. 전남에서는 고춧가루를 넣어 양념한다. 자운영은 중국이 원산지로 10~30cm 정도 크기의 월년초이며, 어린순을 나물로 하고 풀 전체를 해열 · 해독 · 종기 · 이뇨에 약용한다. ♨ 충남, 전남

자운영나물

자장 ▶▶ 장조림 ♨ 전북
자하젓 깨끗이 헹군 자하와 소금을 5 : 2 비율로 버무려 항아리에 담고 2~3개월 숙성시킨 것이다. 전남에서는 자외젓이라고도 한다. 자하는 갑각류의 열각목에 속하는 새우과로 바다새우 중 가장 작고 연하며 몸체가 투명하고 최고의 청정 지역에서만 서식한다. ♨ 충남, 전남

자하젓

자하젓무침 자하젓을 고춧가루, 찹쌀죽, 다진 파 · 마늘, 참기름, 깨소금으로 무친 것이다. 자외젓무침이라고도 한다. ♨ 전남
전 다니회 ▶▶ 별상어회 ♨ 제주도
잔새우젓 소금 간을 한 잔새우에 다진 파와 고춧가루를 넣어 양념한 것이다.

자하젓무침

상추쌈에 이용하는 젓갈류이며, 보존기간이 짧으므로 빨리 먹어야 한다. 갱갱이젓이라고도 한다. ❧ 경남

잔유과 ▶▶▶ 입과 ❧ 경북

잡곡밥 보리와 팥에 물을 넣고 끓이다가 차조를 넣고 지은 밥으로 콩잎쌈이나 자리젓을 곁들인다. 고구마(감저)와 감자(지실)를 넣어 짓기도 한다. 《조선요리제법》(잡곡밥)에 소개되어 있다. ❧ 제주도

잡과편 익반죽한 찹쌀가루 반죽을 조금씩 떼어 설탕, 소금을 넣어 찧은 팥소를 넣고 둥글게 빚어 물엿 즙청액을 바르고 대추채를 묻혀 시루에 찐 떡이다. 《음식디미방》(잡과편), 《규합총서》(잡과편(밤소)), 《증보산림경제》(잡과고법 : 雜果糕法), 《음식법》, 《산가요록》(잡과병), 《시의전서》(잡과병 : 雜果餠), 《부인필지》(잡과편), 《조선요리제법》(잡과병), 《조선무쌍신식요리제법》(잡과병 : 雜果餠)에 소개되어 있다. ❧ 경북

잡누름적 넓적하게 포를 뜬 쇠고기와 손질한 전복, 불린 해삼, 표고버섯을 막대 모양으로 썰어 양념하여 각각 볶아 놓고, 통도라지와 당근도 같은 크기로 썰어 소금물에 데친 후 양념하여 볶아 식혀서, 준비한 재료들을 꼬치에 꽂아 잣가루를 뿌린 것이다. 《조선요리제법》(잡누루미), 《조선무쌍신식요리제법》(잡누르미, 사슬누르미)에 소개되어 있다. ❧ 서울·경기

잡누름적

잡산적 쇠고기, 당근, 대파, 불린 박고지, 데친 배추를 꼬치에 꿰어 밀가루, 국간장, 물을 섞은 반죽을 묻혀 식용유를 두른 팬에 지진 것이다. 모듬적이라고도 한다. 《조선요리제법》(집산적), 《조선무쌍신식요리제법》(변산적 : 卞散炙)에 소개되어 있다. ❧ 경북

집 착뼈국 ▶▶▶ 돼지갈비국 ❧ 제주도

잡채 채소·버섯·고기 등 여러 가지 재료를 볶아서 무치는 숙채이다. 채 썬 쇠고기·표고버섯, 한 입 크기로 떼어낸 목이버섯을 양념하여 볶고, 채 썬 오이·당근·도라지·양파는 소금으로 간하여 팬에 볶고, 삶은 당면을 간장, 설탕, 참기름으로 양념하여 볶아서 모든 재료

잡채

를 한데 섞어 담은 후 황백지단채와 잣을 고명으로 얹는다. 《음식디미방》(잡채), 《조선요리제법》(잡채), 《조선무쌍신식요리제법》(잡채 : 雜菜)에 소개되어 있다.

잣구리 익반죽한 찹쌀가루 반죽을 조금씩 떼어 삶아 으깬 밤에 꿀을 넣은 소를 넣고, 누에고치 모양으로 빚은 다음 끓는 물에 삶아서 건져 잣가루를 묻힌 떡이다. ♣ 경북

잣구리

잣국수 잣에 물을 넣어 곱게 갈아 체에 거른 다음 소금 간 한 국물을 삶은 국수에 붓고 오이채와 잣을 고명으로 얹은 것이다. 잣국수는 잣의 주산지로 유명한 경기도 가평의 향토음식이다. ♣ 서울·경기

잣박산 ▶▶▶ 백자편 ♣ 서울·경기
잣엿강정 ▶▶▶ 백자편 ♣ 서울·경기
잣정과 ▶▶▶ 각색정과 ♣ 경북
잣죽 불린 쌀과 잣에 각각 물을 붓고 갈아 가라앉힌 다음 잣 윗물과 잣앙금 순으로 끓이다가 쌀 윗물과 쌀앙금을 넣고 끓인 다음 소금으로 간한 것이다. 《증보산림경제》(해송자죽 : 海松子粥), 《산가요록》(백자죽), 《시의전서》(백자죽 : 柏子粥), 《조선요리제법》(잣죽), 《조선무쌍신식요리제법》(해송자죽 : 海松子粥)

에 소개되어 있다.

장국밥 밥에 고기와 적, 나물들을 고루 얹어 장국을 부어 먹는 국밥이다. 양지머리를 무와 함께 푹 삶아 고기는 건져 썰어 양념하고 뚝배기에 밥을 담고 장국을 부은 후 고기, 쇠고기산적, 도라지나물, 고사리나물, 콩나물을 얹어 먹는다. 제사를 지낸 후 남은 탕, 나물, 적 같은 남은 음식을 골고루 쉽게 먹기 위해 만들어진 음식이라는 유래가 있다. 《시의전서》(탕반 : 湯飯)에 소개되어 있다. ♣ 서울·경기

장국죽 쇠고기를 잘게 썰어 갖은 양념하여 장국을 끓인 것에 쌀을 넣어 끓인 죽이다. 다진 쇠고기와 채 썬 표고버섯을 간장, 다진 파·마늘, 참기름, 깨소금 등으로 양념하여 참기름에 볶다가 불려서 반 알 크기 정도 부서지도록 빻은 쌀과 물을 넣고 쌀알이 퍼질 때까지 저으면서 끓여 국간장, 소금으로 간을 한다. 서울·경기에서는 다진 쇠고기·표고버섯을 양념하여 완자를 만들어 넣는다. 《시의전서》(장국죽), 《조선요리제법》(장국죽), 《조선무쌍신식요리제법》(장탕죽 : 醬湯粥, 표고죽 : 票古粥)에 소개되어 있다. ♣ 전국적으로 먹으나 특히 서울·경기에서 즐겨 먹음

장김치 간장국물을 부어 익힌 물김치이다. 나박썰기 한 배추와 무를 손질하여 썰어 간장에 절여 잣, 미나리, 갓, 쪽파, 표고버섯, 석이버섯, 단감, 밤, 배, 대추 등을 썰어 잘 버무려 하루쯤 두었다가 물에 간장을 섞어 간을 맞춘 국물을 부어 익힌다. 장김치는 밤, 대추, 잣, 석이버섯 등의 재료를 사용하기 때문에 주로 궁궐에서 먹었으며, 떡을 주로 한 주안상이나 떡국, 교자상 등에 올리기도

하였다. 《시의전서》(장침채 : 醬沈菜), 《조선요리제법》(장김치), 《조선무쌍신식요리제법》(장김치, 장저 : 醬菹)에 소개되어 있다. ☙서울·경기

장김치

장대찌개 ▶▶ 달강어찌개 ☙전북

장떡 밀가루에 된장을 섞어서 기름에 지진 것이다. 방법 1 : 찹쌀가루를 익반죽하여 양념장(간장, 고춧가루, 채 썬 파, 깨소금, 후춧가루)으로 간을 맞추고 동글납작하게 빚어서 식용유를 두른 팬에 지진다(충북). 방법 2 : 찹쌀가루에 된장, 고춧가루, 다진 파·마늘, 통깨를 잘 섞어 반죽한 것을 둥글납작하게 빚어 살짝 말린 다음 쪄서 다시 햇볕에 완전히 말렸다 식용유에 지진다(경남). 흔히 '장땡이'라고도 부르던 것으로, 예전에는 여행할 때 가지고 다니는 행찬(行饌)으로 많이 사용되었다. 《증보산림경제》(장병법 : 醬餠法), 《조선요리제법》(장떡), 《조선무쌍신식요리제법》(장병 : 醬餠)에 소개되어 있다. ☙충북, 경남

장똑똑이 채 썬 쇠고기를 간장 양념(간장, 설탕, 후춧가루, 다진 파·마늘, 깨소금, 참기름)하여 볶다가 간장물을 붓고 파채, 마늘채, 생강채를 넣고 조리다가 참기름과 깨소금을 넣은 것이다. 주로 궁중에서 쌈을 먹을 때 밑반찬으로 이용

하였다. ☙서울·경기

장똑똑이

장미화채 설탕이나 꿀로 단맛을 맞춘 오미자국물에 꽃받침을 떼고 전분을 묻혀 살짝 데친 장미를 띄운 것이다. 《시의전서》(장미화채 : 薔薇花菜)에 소개되어 있다. ☙서울·경기

장바우감자전 ▶▶ 감자전 ☙경북

장산적 곱게 다진 쇠고기를 소금, 설탕, 다진 파·마늘, 후춧가루로 양념하여 네모진 반대기로 만들어 석쇠에 구워 섭산적을 만든 후 네모지게 썰어 간장 양념에 조린 것이다. 으깬 두부를 넣기도 한다. 《증보산림경제》(장산적 : 醬散炙方), 《조선무쌍신식요리제법》(장산적 : 醬散炙)에 소개되어 있다. ☙서울·경기

장산적

장수동동주 쌀죽에 누룩가루를 섞어 항아리에 넣어 서늘한 곳에 발효시킨 밑술

을 체에 걸러 가라앉힌 다음 찹쌀고두밥과 섞어서 항아리에서 5~7일 동안 숙성시킨 술이다. ▼전북

장어구이　장어에 양념장을 발라 구운 것이다. 방법 1 : 뼈를 발라낸 장어를 한 장으로 펴서 애벌구이한 뒤 고추장, 간장, 설탕, 생강즙, 참기름 등으로 만든 양념장을 발라가며 굽는다(상용). 방법 2 : 장어를 손질하여 살과 뼈를 분리시키고, 장어의 뼈로 육수를 내어 계피, 국간장, 청주, 다진 마늘, 물엿, 꿀, 설탕, 고춧가루, 깨소금을 넣고 전체 양의 반이 되게 조려 양념장을 만들어 장어살에 발라가며 타지 않게 굽는다(전남). 방법 3 : 장어머리와 뼈를 참기름에 볶아 물을 붓고 끓인 육수에 고추장, 다진 생강·마늘, 정종, 참기름, 물엿을 넣고 끓이다가 국간장으로 간을 한 양념장을 초벌구이 한 장어에 발라 구운 것이다. 장어는 초벌구이하는 대신에 장어를 살짝 찐 후 양념을 발라 굽기도 한다(경남). 전남에서는 민물장어구이라고도 한다. ▼전국적으로 먹으나 특히 전남, 경남에서 즐겨 먹음

장어구이

장어국 ▶▶▶ 갯장어탕 ▼경남
장어보양탕　장어의 머리와 뼈에 물, 황기, 대추, 인삼, 마늘을 넣고 푹 고아서 체에 거른 육수에 된장을 풀어 들기름에 볶은 장어와 은행을 넣고 쌀가루와 들깻가루, 채소와 고춧가루를 넣어 끓인 것이다. ▼충남

장어보양탕

장어조림　장어를 양념장에 조린 것이다. 방법 1 : 양념장(간장, 설탕, 물엿, 술, 물)에 구운 생강과 마늘, 대파를 넣고 끓이다가 건더기는 건져내고 고추장, 고춧가루를 넣고 끓으면, 석쇠에서 애벌구이한 장어를 넣고 조린 다음 통깨를 뿌린다(경북). 방법 2 : 끓는 양념장(고추장, 간장, 물엿, 다진 마늘, 참기름, 고춧가루, 물)에 데친 장어를 넣어 조린다(경남). ▼경상도

장어조림

장어죽　불린 쌀을 참기름에 볶다가 장어뼈를 끓여 만든 국물을 붓고 찜통에서 찐 장어살과 다진 당근·마늘, 대추를

넣어 끓이다가 쌀알이 푹 퍼지면 소금, 후춧가루로 간한 죽이다. 경남에서는 쌀 대신 찹쌀가루를 넣기도 한다. ✿ 전남, 경남

장어채소말이 장어의 등을 갈라 뼈를 제거하여 유장을 발라 애벌굽고 고추장 양념을 발라가며 석쇠에 구운 다음 3cm 길이로 썰어 깻잎에 말아서 볶은 은행·마늘, 삶은 늙은 호박과 번갈아 꼬치에 끼운 것이다. ✿ 강원도

장어탕 장어를 삶은 국물에, 삶아서 된 장으로 버무린 어린 배추·고사리·숙주·토란대와 불린 쌀, 들깨에 물을 넣고 간 것이다. 어슷하게 썬 붉은 고추·풋고추를 넣고 푹 끓인 뒤 먹을 때 방아잎을 넣어 먹는 것이다. 전남 광양 일대에서는 장어탕 등 생선매운탕 요리에 비린내를 없애는 향미채소로 방아잎을 이용한다. ✿ 전남

장어탕

장어회 껍질과 뼈를 제거하여 썬 장어(작은 것은 껍질을 벗기고 뼈째 사용)를 베보자기에 싸서 소금물에 여러 번 헹궈 기름기를 빼고 물기를 꼭 짠 다음 초고추장(고추장, 식초, 설탕, 다진 마늘, 생강즙, 통깨)을 곁들인 회이다. ✿ 경남

장제김치 ▶▶▶ 장지김치 ✿ 경남
장조림 ▶▶▶ 쇠고기장조림

장지김치 소금에 절여 씻어 물기를 뺀 무를 양념(고춧가루, 장지젓, 대구알, 다진 파·마늘·생강, 통깨)으로 버무려 담근 김치이다. 꼴뚜기젓(호루래기젓)을 이용하기도 한다. 장제김치라고도 한다. 장지젓은 대구의 내장으로 담근 젓 같이다. ✿ 경남

장지김치

장태국 ▶▶▶ 양태국 ✿ 제주도
재첩국 재첩을 삶은 국물에 재첩살만 발라 넣고 송송 썬 실파(또는 부추)를 넣어 한소끔 끓인 후 소금 간한 것이다. 재첩은 모래가 많은 진흙 바닥에 서식하는 백합목 재첩과의 민물 조개로 현재는 대부분이 섬진강 유역에서 채취되며 음력 6~7월에 성장률

재첩

재첩국

이 가장 높고 알이 굵다. 갱조개라고도 하며 이는 강의 조개라는 뜻의 강조개에서 유래되었다. 일반적으로 간에 좋다고 알려져 있어서 간질환이나 황달에 걸린 사람들이 많이 찾으며 숙취 해소에 좋은 음식으로 알려져 있다. ♣전남, 경남

재첩찜 재첩을 삶은 물에 재첩살, 미더덕, 고사리를 넣어 끓이다가 쌀가루, 찹쌀가루, 들깻가루를 국물에 풀어 넣고 끓인 다음 걸쭉하게 되면 부추, 미나리, 방아잎을 넣고 국간장으로 간을 하여 더 끓인 것이다. ♣경남

재첩칡수제비 재첩을 삶은 국물을 끓이다가 칡가루로 만든 반죽을 뜯어 넣고 끓으면 재첩살과 부추를 넣고 소금 간을 한 것이다. 생칡에 물을 넣고 찧어 앙금을 가라앉힌 다음 윗물을 따라 내어 말리면 칡가루가 된다. ♣경남

재첩회(무침) 삶은 재첩살과 배, 당근, 오이, 양배추, 미나리에 초고추장(고추장, 고춧가루, 식초, 설탕, 다진 파·마늘, 통깨)을 넣고 버무린 것이다. 전남에서는 재첩살과 데친 애호박채, 무채, 어슷하게 썬 풋고추·붉은 고추와 함께 무친다. 재첩회무침이라고도 한다. ♣전남, 경남

재첩회(무침)

재첩회무침 ▶▶▶ 재첩회 ♣전남

쟁기떡 ▶▶▶ 빙떡 ♣제주도

저장 ▶▶▶ 겨장 ♣충남

적갓김치 ▶▶▶ 갓김치 ♣전남

전갱이구이 전갱이에 소금을 뿌려 구운 것이다. 각재기구이라고도 한다. 전갱이(각재기)는 유장을 발라 굽기도 하고 고등어처럼 배를 갈라 소금을 뿌린 다음 말려서 굽기도 한다. 전갱이는 바닷물고기로 몸의 길이는 40cm 정도이고 물렛가락 모양이며, 비린 맛이 덜하고 고소한 맛이 특징이다. 사시사철 잡을 수 있는 전갱이는 7~8월이 제철로서 구이, 조림, 튀김, 초밥 등의 요리로 즐겨 먹는다. 경남에서는 '전광어', 부산에서는 '메가리' 또는 '전겡이', 완도에서는 '가라지', 함남에서는 '빈쟁이', 제주도에서는 '각재기', 전남에서는 '매생이'라 불린다. 경북 포항, 경남 마산 등지에서는 일본명 그대로 '아지'라고 부르기도 한다. ♣제주도

전갱이국 끓는 물에 전갱이를 넣고 끓이다가, 배추나 시래기를 넣고 한소끔 더 끓여 국간장, 소금으로 간한 국이다. 방법 1 : 전갱이새끼(메가리)를 곤 물에 뼈를 발라내고 간 전갱이살, 된장으로 무친 시래기·토란대·고사리와 국간장을 넣고 끓인 다음 초피가루와 양념(다진 풋고추·붉은 고추·마늘)을 곁들인다. 숙주, 부추, 들깻가루를 넣기도 한다(경남). 방법 2 : 끓는 물에 전갱이를 넣고 끓이다가 배추를 넣고 국간장, 소금으로 간을 하며 그릇에 뜨기 전에 붉은 고추와 다진 마늘을 넣는다(제주도). 경남에서는 메가리추어

전갱이

탕, 전갱이추어탕, 메가리국이라고 하며, 제주도에서는 각재기국, 아지국이라고도 한다. ♥ 경남, 제주도

전갱이국(경남)

전갱이국(제주도)

전갱이식해 전갱이에 쌀밥과 채 썬 무를 버무려 삭힌 식해이다. 전갱이에 채 썰어 절인 무, 밥, 설탕, 다진 마늘·생강, 고운 고춧가루, 엿기름가루, 밀가루풀 등의 재료를 넣고 골고루 무쳐 일주일 정도 삭힌 것이다. 맹이식해라고도 한다. ♥ 강원도

전갱이식해

전갱이젓 소금에 버무린 전갱이를 항아리에 담아 위에 소금을 뿌려 삭힌 것이다. 각재기젓이라고도 한다. ♥ 제주도

전갱이추어탕 ▶▶ 전갱이국 ♥ 경남

전구지김치 ▶▶ 부추김치 ♥ 경북

전구지전 ▶▶ 부추전 ♥ 경남

전기떡 ▶▶ 빙떡 ♥ 제주도

전단자 다진 쇠고기, 으깬 두부, 다진 마늘, 생강가루, 후춧가루, 소금을 섞어 치대어 빚은 새알을 납작하게 눌러 식용유에 지진 다음 달걀 노른자, 전분을 섞은 흰자로 각각 입혀 다시 지진 것이다. ♥ 경남

전단자

전복구이 전복살을 양념하여 껍데기에 다시 넣어 구운 것이다. 방법 1 : 살을 떼어낸 전복을 껍데기에 다시 넣고 양념장(간장, 다진 마늘, 참기름)을 발라가며 숯불에 굽는다. 양념이 간단하며 전복의 맛과 향을 그대로 느낄 수 있는 고급 구이이다. 방법 2 : 전복살을 전복의 모양을 살려 썰어 껍데기에 다시 넣고 양념장(다진 양파, 간장, 참기름, 설탕, 실고추, 깨소금, 후춧가루)을 끼얹어 석쇠에 껍데기째 굽는다. 전복 껍데기의 구멍은 목화솜에 기름을 발라 막거나 밀가루 반죽으로 막는다. 거펑구이, 거펑볶음이라고도 한다. ♥ 제주도

전복김치 얇게 저민 전복에 채 썬 유자 껍질 · 배를 놓고 말아 꼬치에 꿰어 담고 대파채, 생강채, 나박썰기 하여 소금에 절인 무를 얹어 소금물을 부어 익힌 김치이다. 《규합총서》(전복김치), 《부인필지》(전복김치), 《조선요리제법》(전복김치)에 소개되어 있다. ☙ 경남

전복김치

전복내장젓 전복내장을 소금으로 버무려 10~15일 숙성시킨 것으로 먹을 때 잘게 썰어 풋고추, 붉은 고추, 깨소금으로 버무린다. 게웃젓이라고도 하며, 제주도에서는 가장 귀한 젓갈로 취급한다. 제주도에서는 전복의 내장을 게웃이라고 한다. ☙ 제주도

전복내장젓

전복쌈 물에 살짝 불려서 얇게 포를 뜬 전복에 잣 5~6개 정도를 넣고 반으로 접어 붙인 것이다. 젖은 면포에 싸두었다가 상에 올린다. 《시의전서》(전복쌈), 《조선요리제법》(전복쌈), 《조선무쌍신식요리제법》(전복포 : 全鰒包)에 소개되어 있다. ☙ 전북

전복쌈

전복장아찌 전복을 간장에 숙성시킨 것이다. 방법 1 : 전복에 양념장(양파, 대파, 풋고추, 마늘, 생강, 다시마를 넣고 간장과 물엿을 부어 양파의 색이 갈색이 나도록 푹 끓인 후 체에 거른 것)을 자작하게 부어 3일 정도 숙성시킨다(전남). 방법 2 : 데친 전복을 간장에 담갔다 건져 물기를 제거하고 고추장에 박아 숙성시킨다(경남). 《조선요리제법》(전복장아찌), 《조선무쌍신식요리제법》(전복장아찌)에 소개되어 있다. ☙ 전남, 경남

전복장아찌

전복죽 얇게 저민 전복을 참기름을 두르고 볶다가 불린 쌀을 넣어 함께 볶아

물을 부어 쌀알이 퍼지도록 끓인 후 소
금 간을 한 것이다. 전복은 요오드 함량
이 높아 산후조리에 좋은 것으로 알려져
있다. 제주도의 전복은 조선시대의 고문
헌에도 기록된 명산물로 현재에도 특산
물로 지정되어 있다. 건전복은 궁중의
진상품이었다고 전해진다. 생전복은 현
지에서 죽을 쑤어 맛을 즐기게 된 것이
므로 그 발생은 자연적인 것으로 보인
다. ♨ 전국적으로 먹으나 전남, 경남, 제주도에
서 즐겨 먹음

전복죽

전복찜 납작하게 저민 쇠고기와 표고
버섯을 양념하여 냄비에 깔고 손질하여
칼집을 넣은 전복을 올린 후 국간장으로
간한 육수나 물을 붓고 끓이다가 은행을
넣어 잠시 더 익힌 것이다. ♨ 서울·경기
전복초 마른 전복을 하룻밤 정도 물에
불려서 쇠고기와 같은 크기로 얇게 저민
후 간장 양념이 끓으면 쇠고기, 전복 순
으로 넣어 볶다가 국물이 졸아들면 전분
물과 참기름을 넣어 윤기를 내고 잣가루
를 뿌린 것이다. 궁궐에서 먹던 보양음
식이었으며, 요즈음은 폐백음식으로 사
용된다. 《조선요리제법》(전복초)에 소
개되어 있다. ♨ 서울·경기
전복회 방법 1 : 얇게 저며 썬 전복살에
전복내장과 초고추장을 곁들인 것이다.

방법 2 : 얇게 저며 썰어 채 썬 전복살에
미나리, 쑥갓, 오이를 넣고 양념(된장,
참기름, 다진 파 또는 부추, 다진 마늘,
깨소금, 고춧가루, 생강즙, 설탕)으로 무
친 것이다. ♨ 제주도
전어구이 칼집 낸 전어를 석쇠에 구운
것이다. 방법 1 : 손질하여 칼집을 넣은
전어에 간장, 설탕, 다진 파·마늘, 생강
즙으로 만든 양념장을 발라 석쇠에 굽는
다(상용). 방법 2 : 칼집을 넣은 전어를
소금을 뿌려 숯불 위에 석쇠를 놓고 노
릇하게 굽는다(충남, 전남). ♨ 전국적으로
먹으나 특히 충남, 전남에서 즐겨 먹음

전어구이

전어밤젓 싱싱한 전어의 위를 소금물에
씻어 물기를 뺀 후 굵은 소금을 뿌려 항
아리에 담아 2~3개월간 서늘한 곳에서
삭힌 것이다. 먹을 때 풋고추와 고춧가
루, 다진 파·마늘, 참기름, 깨소금을 넣

전어밤젓

고 무친다. 전남에서는 돔배젓이라고도 한다. 전어내장 중 완두 크기의 타원형인 전어밤으로 담근 젓갈로 맛이 고소하여 별미이다. 경남 남해·통영 등 해안지방의 전통음식이며 양이 적어 귀한 젓갈로 취급한다. ✽전남, 경남

전어섞박지 소금에 절여 씻은 후 물기를 뺀 무·무청에 다진 전어젓과 양념(고춧가루, 다진 마늘·생강, 설탕, 소금)을 넣어 버무려 담근 김치이다. ✽경남

전어섞박지

전어속젓 전어창자에 찹쌀밥, 청각, 고춧가루, 다진 마늘·생강을 넣어 버무린 것과 볶은 소금을 항아리에 켜켜로 담아 밀봉하여 100일간 삭힌 젓갈이다. ✽전남

전어속젓

전어젓 ▶▶ 엽삭젓 ✽전남
전어회(무침) 비늘을 긁어 머리와 내장, 지느러미를 제거한 전어를 얇게 포를 떠서 채 썬 전어에 굵게 채 썬 무·배, 어슷하게 썬 풋고추·붉은 고추·쪽파를 넣어 초고추장(고추장, 고춧가루, 식초, 설탕, 다진 마늘, 참기름)으로 버무린 것이다. 전어회무침이라고도 하며 충남에서는 우여회라고도 한다. ✽충남, 전남, 경남

전어회(무침)

전어회무침 ▶▶ 전어회
전주경단 찹쌀가루를 익반죽하여 밤톨 크기로 둥글게 빚은 것을 설탕을 조금 넣은 끓는 물에 삶아 건져 밤채, 대추채, 곶감채를 묻힌 떡이다. ✽전북

전주경단

전주비빔밥 양지머리, 사골 육수로 지은 밥 위에 쇠고기 육회, 콩나물, 애호박볶음, 미나리나물, 도라지나물, 고사리나물, 오이채볶음, 당근채볶음, 표고버섯볶음, 황포묵채, 황백지단채를 돌

려 담고 다시마튀각, 고추장을 얹어 낸 것이다. 기호에 따라 날달걀을 얹고 잣을 돌려 담는다. 콩나물국과 볶음고추장, 참기름, 나박김치를 곁들이기도 한다. 전주비빔밥의 맛을 내는 데 가장 중요한 것이 육회와 콩나물이다. 문헌에 따르면 전주에서는 흉년으로 식량 사정이 어려울 때도 매일 육회용으로 소 한 마리를 도살했을 정도라고 하여 육회는 자연스럽게 비빔밥의 재료로 사용되었으며, 다른 재료와 잘 어울려 전주비빔밥의 특징으로 자리 잡게 되었다. 또 전주는 수질이 좋고 기후가 콩나물 재배에 알맞아 오래전부터 질 좋은 콩나물이 생산되어 비빔밥에 이용한다. 사골, 소머리 곤 물로 밥을 지으면 밥알이 서로 달라붙지 않아 나물과 섞어 비빌 때 골고루 잘 비벼지고 밥에서 윤기가 난다. ✤전북

전주비빔밥

전주집장 죽처럼 질게 지은 찹쌀밥을 메줏가루와 고춧가루, 엿기름과 섞고 소금물에 삭힌 풋고추, 썰어 말린 가지·무를 넣고 버무려 소금으로 간을 한 다음 항아리에 담아서 따뜻한 곳에서 발효시킨 것이다. 집장은 신속하게 담가먹는 별미장으로 고추장 비슷한 음식이며 담그는 시기가 있는 것은 아니나 고추, 가지, 고춧잎, 무 등 부재료를 구하기 쉬운 늦가을에 주로 담근다. 《조선무쌍신식요리제법》(집장)에 소개되어 있다. ✤전북

전주집장

전주콩나물국밥 살짝 데친 콩나물을 간장 양념하고, 콩나물 삶은 물과 멸치장국국물을 합쳐 뚝배기에 넣고 밥, 콩나물 무친 것, 새우젓국을 넣고 끓이다가 끓어오르면 김치볶음, 깨소금, 고춧가루를 넣은 것이다. 날달걀이나 오징어 삶은 것을 넣기도 한다. 콩나물은 전주의 팔미 중 하나로 풍토병을 예방하는 데 효력이 있어 식탁에서 떠나지 않았다는 전주부사의 기록이 있다. ✤전북

전주콩나물국밥

전화 ▶▶▶ 화전 ✤강원도

절간고구마죽 절간고구마를 푹 삶다가, 물러지면 으깬 다음 삶은 팥·양대콩, 찹쌀가루를 넣고 끓여 설탕, 소금으로

간을 한 것이다. 경남에서는 전분, 쌀가루, 찹쌀가루를 넣기도 하며 생절간 고구마를 이용하여 고구마죽을 쑤어 먹기도 하였다. 경남에서 말린고구마죽, 고구마빼떼기죽, 건조고구마죽이라고도 한다. 절간고구마는 얇게 썰어서 말린 고구마를 말한다. ❧ 강원도, 경남

절간고구마죽

절변 멥쌀가루를 익반죽하여 끓는 물에 삶아 그대로 절구에 넣고 친 다음 둥글납작하게 빚어 두 개를 포개어 놓고 절변떡본으로 찍어 참기름을 바른 떡이다. 솔변이 달을 상징하듯, 절변은 해를 상징하는 떡이다. 제주도에 논이 없고 식량이 귀했던 과거에는 쌀을 '곤쌀', 흰쌀밥을 '곤밥' 이라 했듯이 절변이나 송편, 솔변과 같이 쌀가루로 만든 떡을 '곤떡' 이라 했다. 이 떡을 따로 떼어 먹으면 부모가 헤어진다고 하여 반드시

절변

붙인 채로 먹는 풍속이 전해지고 있다고 한다. ❧ 제주도

절임고추무침 고추장아찌를 찬물에 헹궈 짠맛을 우려낸 뒤 물기를 빼고, 채 썬 대파와 간장, 고춧가루, 물엿, 참기름, 통깨를 섞어 고루 버무린 것이다.

절임고추무침

절편 멥쌀가루를 쪄서 절구에 친 후 가래떡처럼 밀어 떡살로 눌러 모양을 낸 떡이다. 송기(소나무 속 껍질), 쑥 등을 섞어 만들기도 한다. 《조선무쌍신식요리제법》(절병)에 소개되어 있다.

점주 ▸▸▸ 송화주 ❧ 전북

점주 항아리에 끓여서 식힌 물을 붓고 고두밥, 녹두로 만든 누룩가루를 넣고 발효시킨 술이다. 《음식디미방》(점주), 《주방문》(점주), 《산가요록》(점주 : 粘酒)에 소개되어 있다. ❧ 전남

점주 찹쌀 고두밥에 엿기름물을 부어 삭힌 다음 꿀을 넣고 잣을 띄운 음청류이다. 찹쌀식혜라고도 한다. 점주는 안동의 전통음료로서 감주와는 달리 국물이 맑고 진하며 달지 않은 것이 특징이다. 맛이 담백하여 잔칫상 또는 귀한 손님을 대접할 때의 음식으로 많이 이용되었으며, 붉은 음식을 올릴 수 없었던 제사상에도 오른 음식이다. ❧ 경북

접작뼈국 ▸▸▸ 돼지갈비국 ❧ 제주도

점주

정선황기탕

정각냉국 ▶▶▶ 청각냉국 ♨ 제주도
정구지김치 ▶▶▶ 부추김치 ♨ 경북
정구지전 ▶▶▶ 부추전 ♨ 경남
정선갓김치 갓을 소금에 절여 여러 번 씻어 갓물을 뺀 다음 쪽파, 부추, 양파채, 대파채에 새우젓과 멸치액젓, 고춧가루 양념을 넣은 찹쌀풀을 넣어 비무리고 마지막에 참기름을 넣은 것이다. ♨ 강원도

정선갓김치

정선황기탕 황기를 끓인 물에 손질한 닭과 마늘, 대추, 불린 찹쌀 등을 넣고 푹 끓인 것이다. 황기를 닭과 같이 넣고 끓이기도 한다. 황기는 약초로서 재배하며 한방에서는 강장, 지한(止汗), 이뇨(利尿), 소종(消腫) 등의 효능이 있다. 강원도 정선 지방의 황기가 유명하여 정선황기탕이라고 한다. ♨ 강원도
정성떡 ▶▶▶ 차조떡 ♨ 강원도

정지뜰고추장 찹쌀가루를 익반죽하여 떡을 만들어 물에 삶은 후 고춧가루, 메줏가루, 엿기름가루, 소금을 넣어 치대면서 섞은 다음 항아리에 담아 1년 이상 숙성시킨 것이다. ♨ 강원도
제물국수 ▶▶▶ 콩칼국수 ♨ 경북
제물칼국수 닭을 푹 삶아낸 육수에 밀가루 반죽을 얇게 민 칼국수를 넣어 끓이다가 채 썬 애호박과 삶아 찢어서 양념한 닭살을 넣어 끓인 것이다. 양념장을 곁들인다. ♨ 서울·경기

제물칼국수

제사나물 소금 간하여 삶은 콩나물과 무나물, 데쳐서 양념한 시금치나물, 육수와 국간장, 참기름에 볶은 고사리나물, 소금 간하여 참기름으로 볶은 도라지나물을 한 그릇에 담아낸 것이다. ♨ 경북
제육저냐 기름기 없는 돼지고기를 삶아 얇게 저민 다음 식용유를 두른 팬에 묽게

갠 밀가루 반죽을 떠 놓고 그 위에 돼지고기를 올려 다시 반죽을 펴발라 지진 것이다. 《조선요리제법》(제육전유어), 《조선무쌍신식요리제법》(저육전유어 : 猪肉煎油魚)에 소개되어 있다. ✧ 서울·경기

제육저냐

제주도오이냉국 제주도오이를 양념(된장, 다진 마늘, 깨소금, 설탕, 식초)으로 버무린 다음 냉수를 붓고 부추를 띠운 국이다. 물외냉국이라고도 한다. 제주도에서 나는 제주도오이(물외)는 요즈음의 개량 오이보다 맛있고, 다른 지역과 달리 날 된장을 물에 풀어 냉국을 만들어 먹는다. ✧ 제주도

제주도오이냉국

제피술 ▶▶▶ 초피주 ✧ 제주도
제피잎장아찌 ▶▶▶ 초피잎장아찌 ✧ 경상도
제피잎전 ▶▶▶ 초피잎전 ✧ 경남
제피잎지 초여름 한라산 자락에서 따온 제피잎을 자리물회에 넣어서 먹기도 하고, 남은 것은 간장에 절여서 한 장씩 밥에 올려 먹는다. 제피잎은 알싸할 정도로 아린 맛이 강한데, 간장에 절여두면 아린 맛이 어느 정도 가신다. ✧ 제주도
제피장떡 ▶▶▶ 초피장떡 ✧ 경남
제피지 ▶▶▶ 초피열매장아찌 ✧ 제주도
제호탕 오매육, 초과, 백단향, 축사인을 곱게 갈아 꿀에 섞어 10~12시간 정도 중탕하여 연고상태로 만든 후 항아리에 담아두었다가 찬물에 타서 마시는 여름 전통차이다. 초과는 생강과에 속하는 열대식물인 초두구의 열매를 말린 것으로 맛은 맵고 성질은 따뜻하다. 백단향은 단향과의 반기생(半寄生)의 상록 교목을 말린 것으로 한약재로 쓰이고, 축사인은 축사(縮沙)의 씨를 한방에서 이

백단향

초과

축사인

제호탕

르는 말이며 성질이 따뜻하고 매운맛이 있으나 독이 없어 식욕을 증진시키며 소화를 돕는 효능이 있다. 《산림경제》(제호탕 : 醍醐湯), 《규합총서》(제호탕)에 소개되어 있다. ❦ 서울·경기, 경북

조감자밥 조를 물에 불려 감자와 함께 밥을 지어 밥을 풀 때 감자를 으깨어 고루 섞어 담은 것이다. ❦ 강원도

조감자밥

조개국수 바지락을 넣고 장국을 끓이다가 밀가루와 콩가루로 만든 국수를 넣고 끓여 국간장으로 간을 한 다음 볶은 애호박채와 장국에 데친 부추·시금치·쑥갓·숙주를 올린 것이다. ❦ 경남

조개전 물기를 뺀 조갯살에 밀가루를 고루 묻힌 후 풀어놓은 달걀물을 입혀 식용유를 두른 팬에 지진 것이다. ❦ 서울·경기

조개젓 조갯살을 소금에 버무려 삭힌 것이다. 방법 1 : 조갯살에 소금을 뿌리고 끓인 조개국물을 부어 항아리에 담고 밀봉하여 저장한다(상용). 방법 2 : 소금물에 씻어 물기를 뺀 조갯살을 소금에 버무려 항아리에 담아 2주일 정도 삭히며 먹을 때 양념(다진 풋고추·붉은 고추, 고춧가루, 다진 파·마늘, 깨소금)으로 무친다(전북, 경남). 《조선요리제법》(조개젓), 《조선무쌍신식요리제법》(합

해 : 蛤醢)에 소개되어 있다. ❦ 전국적으로 먹으나 특히 전북, 경남에서 즐겨 먹음

조개젓

조개젓무침 조개젓에 다진 고추·파·마늘, 설탕, 참기름, 식초, 깨소금을 넣고 무친 것이다.

조개죽 참기름에 불린 쌀을 볶다가 물을 넣고 푹 끓인 후 조갯살을 넣고 흰소끔 끓이다가 소금, 다진 마늘·생강을 넣고 잣을 띄워낸 것이다. 먹을 때 달걀 노른자를 풀기도 한다. 조수간만의 차가 심한 인천 앞바다의 간석지에서 잡히는 조개는 살이 많고 육질이 좋아 조개를 이용한 죽과 탕이 발달되었다. ❦ 서울·경기

조기고사리찜 깨끗이 손질해 불린 고사리(또는 생고사리)를 국간장, 간장, 고춧가루, 다진 마늘, 어슷하게 썬 대파로 만든 양념장에 무친 다음 냄비에 양념한

조기고사리찜

고사리, 조기 순으로 켜켜이 담고 남은 양념장을 넣고 물을 자작하게 부어 찐 것이다. ❧전남

조기고추장찌개 얇게 썬 쇠고기를 국간 장으로 양념하여 볶다가 물을 부어 만든 육수에 고추장을 풀어 끓이다가 손질한 조기와 어슷하게 썬 대파를 넣어 끓인 후 소금이나 국간장으로 간한 것이다. 《조선요리제법》(조기찌개)에 소개되어 있다. ❧서울·경기

조기구이 손질하여 칼집을 넣은 조기에 소금을 뿌려 석쇠나 식용유를 두른 팬에 구운 것이다.

조기맑은탕 ▶▶ 조깃국 ❧서울·경기

조기매운탕 납작하게 썬 무에 고추장 양념을 넣어 살짝 익으면 물을 부어 끓 인 후 조기와 두부를 넣고 소금으로 간 한 것이다.

조기식해 소금 간을 하여 꾸덕꾸덕하게 말린 조기의 속에, 고슬하게 지은 쌀밥 과 끓여 식힌 엿기름물, 고춧가루를 섞 은 것을 채워 넣고 석이버섯, 다진 마 늘·생강을 얹어 물을 자작하게 붓고 삭 힌 것이다. ❧경남

조기젓 소금물에 씻은 조기의 입과 아 가미에 소금을 넣어 소금과 켜켜이 항아 리에 담아 끓여서 식힌 소금물을 부어 밀봉하여 삭힌 것이다.

조기젓

조기조림 손질한 조기에 간장 양념(간 장, 파채, 마늘채, 생강채, 통깨, 후춧가 루, 물)을 넣고 조린 후 쑥갓이나 실파를 얹은 것이다. 《조선무쌍신식요리제법》 (조기조림)에 소개되어 있다.

조기찌개 손질한 조기를 양념장을 넣 고 끓인 것이다. 방법 1 : 된장과 고춧가 루를 푼 끓는 멸치장국국물에 손질한 조기와 불린 고사리를 넣어 한소끔 끓 이다가 어슷하게 썬 풋고추·붉은 고 추·대파, 다진 마늘을 넣고 국간장으 로 간을 맞추고 황백지단채를 고명으로 얹는다(전북). 방법 2 : 손질한 무와 고 사리 위에 조기를 얹어 물을 붓고 다진 고추·마늘, 소금을 넣고 끓이다가 어 슷하게 썬 대파·풋고추·붉은 고추, 미나리를 넣고 한소끔 끓인다(전남). 《조선요리제법》(조기찌개)에 소개되어 있다. ❧전라도

조기찜 소금 간한 조기에 다진 마늘, 파 채, 고춧가루, 통깨를 얹어 찜통에 찐 것 이다.

조기찜

조깃국 쇠고기를 납작하게 썰어 양념 하여 물을 붓고 끓이다가 손질한 조기와 다진 마늘, 생강즙을 넣어 끓인 것이다. 고사리와 미나리를 넣어 끓이기도 한다. 조기맑은탕이라고도 한다. 《조선무쌍신

식요리제법》(조기국)에 소개되어 있다.
🎗 서울·경기

조란 대추를 쪄서 씨를 발라내고 설탕을 뿌려 곱게 다진 후 다시 살짝 쪄내어 꿀을 넣고 대추 모양으로 빚어 꼭지에 통잣을 반쯤 나오게 박아 잣가루를 묻힌 것이다. 《음식법》(조란), 《시의전서》(조란 : 棗卵), 《조선요리제법》(조란), 《조선무쌍신식요리제법》(조란 : 棗卵)에 소개되어 있다. 🎗 서울·경기

조란

조랭이떡국 누에고치 모양의 조랭이떡을 사골양지육수에 끓여낸 떡국이다. 사골국물에 쇠고기(양지머리)를 무르게 삶아 국간장과 다진 마늘, 소금으로 간하고 가늘게 뺀 흰떡을 누에고치 모양으로 잘라 넣어 끓인다. 전통적으로 조랭이떡은 가운데가 잘록한 모양이 조롱박 같다고 해서 귀신을 물리친다는 의미를 담고 있고, 또 누에고치 같다고 해서 한 해의 길운(吉運)을 상징하는 것으로도 본다. 또한 조랭이떡국은 조선이 들어서자 고려의 수도인 개성 지방에서 사무친 원한을 풀고자 가래떡 끝을 비비 틀어서 만들기 시작한 데서 유래되었다고도 전해지고 있다. 🎗 서울·경기

조마감자수제비 멸치장국국물을 끓이다가 감자를 갈아 걸러 가라앉힌 앙금에 전분, 소금, 물을 넣은 반죽을 떼어 넣고 국간장으로 간을 하여 더 끓인 것이다. 🎗 경북

조망댕이 차조가루를 쪄낸 뒤 절구에 넣고 인절미처럼 차지게 쳐서 조금씩 떼어 팥소를 넣고 동그랗게 싸서 구워먹는 떡이다. 조차떡이라고도 한다. 🎗 서울·경기

조망댕이

조매떡 좁쌀가루를 익반죽하여 직사각형으로 썰어 가운데를 오목하게 만들어

조랭이떡국

조매떡

삶은 떡이다. 삶아 냉수에 씻어 건져 놓는다. 손내성이라고도 한다. ✿ 제주도

조밥 조와 쌀을 넣어 지은 밥이다. 방법 1 : 조, 삶은 팥, 불린 찹쌀·멥쌀과 적당한 크기로 썬 고구마를 섞어서 솥에 안쳐 짓는다(전남). 방법 2 : 불린 쌀을 끓이다가 조를 얹어 지은 밥이며 쌀과 조를 처음부터 같이 넣고 짓기도 한다(경북). 방법 3 : 끓는 물에 메조를 넣어 끓인 다음 메밀가루를 넣고 질게 짓는다(제주도). 제주도에서는 메조밥, 모인조밥이라고도 한다. 《조선요리제법》(조밥), 《조선무쌍신식요리제법》(황양반 : 黃梁飯)에 소개되어 있다. ✿ 전남, 경북, 제주도

조밥

조시루떡 소금과 물을 조금 넣어 체에 내린 좁쌀가루에 고구마채를 섞어 팥고물과 켜켜로 시루에 안쳐 찐 떡이다. 고구마 대신 쑥, 호박, 무 등을 넣기도 하는데, 채소를 넣으면 쉽게 굳지 않는다. 조침떡이라고도 한다. ✿ 제주도

조쑥떡 소금을 넣고 빻은 좁쌀가루에 연한 쑥과 물을 섞어 반죽하여 둥글납작하게 빚어 찐 떡이다. 쑥은 데쳐 물기를 꼭 짠 다음 잘게 썰어 넣기도 한다. 속시리떡이라고도 한다. 《도문대작》(쑥떡), 《지봉유설》(쑥떡), 《조선요리제법》(쑥떡)에 소개되어 있다. ✿ 제주도

조주 차조, 메조를 섞은 것과 누룩, 끓여 식힌 물을 섞어 항아리에 담아 따뜻한 곳에서 발효시킨 술이다. ✿ 전남

조주

조차떡 ▶▶▶ 조망댕이 ✿ 서울·경기
조침떡 ▶▶▶ 조시루떡 ✿ 제주도
조팝 ▶▶▶ 좁쌀밥 ✿ 제주도
조팥죽 삶아서 곱게 간 팥물에 조를 넣고 물을 부어 끓인 후 소금으로 간한 것이다. 식혀서 굳어지면 떠먹는다. ✿ 전남

족탕 손질한 우족에 물을 부어 살이 흐물흐물해질 때까지 끓인 후, 우족을 먹기 좋게 썰어 간장, 파, 후춧가루, 계핏가루로 양념하여 국물에 다시 넣어 끓인 후 소금 간한 것이다. 《음식디미방》(족탕), 《조선무쌍신식요리제법》(족탕 : 足湯)에 소개되어 있다. ✿ 서울·경기

족편 우족을 푹 고아 묵처럼 굳혀 편으로 썬 것이다. 손질한 우족에 물을 붓고 푹 끓여 건진 후 곱게 다져 다시 국물에 넣고 생강즙, 소금, 간장, 후춧가루로 간하여 끓인 후 넓은 그릇에 걸쭉해진 국물을 부어 식힌 다음 황백지단채, 석이버섯채, 대파채, 실고추, 잣을 고명으로 얹어 굳혀 썰어 먹는다. 초간장이나 겨자장을 곁들이기도 한다. 《규합총서》(족편), 《음식법》(족편), 《시의전서》(족편), 《부인필지》(족편), 《조선요리제법》

(족편), 《조선무쌍신식요리제법》(족편, 우족교 : 牛足膠, 우두병 : 牛豆餠, 교병 : 膠餠, 연육)에 소개되어 있다.

좁쌀미음 좁쌀에 10배의 물을 붓고 푹 끓여 체에 밭쳐 찌꺼기를 걸러낸 다음 달걀노른자를 넣고 익혀서 소금으로 간한 미음이다. ♥ 제주도

좁쌀밥 ▶▶ 차조밥

좁쌀죽 불린 좁쌀에 물을 붓고 끓이다가 얼갈이배추를 뜯어 넣고 익으면 소금으로 간한 죽이다. 모인좁쌀국이라고도 한다. 좁쌀가루를 쌀과 함께 끓이기도 하고, 좁쌀만 끓이다가 소금으로 간을 하기도 한다. 《조선요리제법》(조죽)에 소개되어 있다. ♥ 제주도

좁쌀죽

종갈비찜 돼지갈비를 10cm 길이로 토막 내어 생강즙에 버무려 두었다가 양념장(간장, 설탕, 다진 파·마늘, 후춧가

루, 참기름, 깨소금)에 재운 후 약한 불에서 끓인 것이다. 종갈비찜은 살이 붙어 있는 돼지갈비를 토막 내어 익히는 것으로 경기도의 향토음식이다. ♥ 서울·경기

종삼대파김치 ▶▶ 종삼파김치 ♥ 전북

종삼파김치 종삼과 대파에 고춧가루와 멸치젓, 다진 마늘·생강, 설탕, 통깨를 넣어 버무려 익힌 김치이다. 종삼대파김치라고도 하는데, 종삼은 종자로 쓰는 인삼을 말한다. ♥ 전북

주걱떡 찹쌀로 진 밥을 지어 밥알이 일부 남아 있도록 주걱으로 으깨어 조금씩 떼어 팥고물을 묻힌 떡이다. ♥ 경남

주걱떡

주꾸미무침 주꾸미를 연한 소금물에 담갔다가 머리를 뒤집어 먹통을 떼어내고 깨끗이 손질하여 끓는 물에 살짝 데친 다음 적당한 크기로 썰어 각종 채소

종갈비찜

주꾸미무침

와 함께 초고추장 양념으로 무친 것이다. 주꾸미는 낙지과의 소형 문어이며 탕, 구이, 조림, 볶음 등으로 이용한다. ✿ 충남

주꾸미조림 손질한 주꾸미를 소금으로 주물러 씻은 뒤 곱게 다져 양념한 쇠고기를 주꾸미의 머릿속에 넣고 끓는 조림간장에 주꾸미와 실고추를 넣어 윤기나게 조린 것이다. 쭈구미조림이라고도 한다. ✿ 서울·경기

주꾸미회 주꾸미를 연한 소금물에 담갔다가 머리를 뒤집어 먹통을 떼어내고 굵은 소금으로 주물러 빨판속의 이물질을 제거한 뒤 끓는 물에 살짝 데쳐 초고추장을 곁들인 것이다. ✿ 충남

주꾸미회

주문진한치물회 한치를 가늘게 채 썰어 어슷하게 썬 풋고추와 고춧가루 양념으로 무쳐 차거운 물 또는 육수를 붓고 얼음을 띄운 것이다. ✿ 강원도

주악 찹쌀가루를 송편 모양으로 빚어 기름에 지진 것이다. 방법 1 : 찹쌀가루를 승검초가루, 치자물, 오미자 우려낸 물로 각각 물들여 반죽하여 대추, 계핏가루, 꿀로 만든 소를 넣고 작은 송편 모양으로 빚어 지진 뒤 꿀에 즙청한다(서울·경기). 방법 2 : 익반죽한 찹쌀가루 반죽을 조금씩 떼어 콩가루에 꿀을 넣은 소를 넣고 송편 모양으로 빚어 식용유에 지진 다음 꿀이나 설탕을 바른 떡이다. 치자물, 쑥가루, 맨드라미 꽃을 넣어 반죽의 색을 내기도 한다(경북). 방법 3 : 찹쌀가루에 소금을 넣고 4등분 하여 각각 물, 치자물, 오미자물, 쑥가루를 넣고 익반죽하여 떼어서 둥글게 만든 다음 팥고물을 넣고 송편 모양으로 작게 만들어 지져 꿀을 바른다(경남). 《규합총서》(대추조악, 밤조악), 《시의전서》(흰주악, 치자주악, 대추주악), 《조선요리제법》(주악), 《조선무쌍신식요리제법》(조각병 : 造角餠)에 소개되어 있다. ✿ 서울·경기, 경상도

주악

주왕산산채비빔밥 취나물, 참나물, 도라지, 고사리, 표고버섯, 송이버섯을 각각 양념(간장, 다진 마늘, 참기름, 깨소금, 소금)하여 볶아 밥 위에 담고, 황백

주왕산산채비빔밥

지단을 올려 고추장을 곁들인 밥이다.
❦ 경북

죽나무순무침 ▶▶ 참죽순나물 ❦ 충남

죽순계란탕 삶은 죽순·쇠고기를 잘게
썰어 소금과 후춧가루로 간한 뒤 달걀에
버무려서 끓는 쇠고기육수에 떠 넣고 다
진 파·마늘을 넣어 국간장으로 간한 다
음 참기름을 넣고 송송 썬 실파를 얹은
것이다. 죽순은 대나무의 땅속 줄기 마
디에서 돋아나는 어린순으로 찜, 나물
등으로 이용한다. ❦ 전남

죽순계란탕

죽순국 물에 삶은 죽순과 돼지고기를
넣어 끓이다가 물에 갠 메밀가루를 넣고
끓여 국간장으로 간한 국이다. ❦ 제주도

죽순김치 소금에 절여 씻어 물기를 뺀
배추와 삶은 죽순, 실파에 양념(고춧가
루, 멸치젓국, 다진 마늘·생강)을 넣고
버무려 담근 김치이다. ❦ 경남

죽순돼지고기볶음 삶아 아린 맛을 뺀
죽순과 양념(간장, 다진 파·마늘, 참기
름, 깨소금, 후춧가루)에 재운 돼지고기
를 식용유에 볶은 것이다. ❦ 경남

죽순된장국 된장을 푼 쌀뜨물에 삶아
씻어 놓은 죽순을 넣어 끓인 후 대파, 고
춧가루, 다진 마늘을 넣고 한소끔 끓인
국이다. ❦ 전남

죽순들깨나물 들깻가루를 푼 물에 삶은

죽순이 물러질 때까지 끓인 후 다진 마
늘을 넣고 국간장과 소금으로 간을 하고
참기름을 넣은 것이다. ❦ 전남

죽순들깨나물

죽순무침 데친 죽순·오징어, 어슷 썬
오이, 양파채, 당근에 양념(고추장, 감식
초, 설탕, 다진 마늘, 깨소금)을 넣어 무
친 것이다. ❦ 경남

죽순부각 어린 죽순을 찹쌀풀에 담갔다
가 말린 후 식용유에 튀긴 것이다. ❦ 충북

죽순장아찌 죽순을 간장물에 담갔다가
참기름 양념을 하거나 소금에 절였다가
초고추장에 무친 장아찌이다. 방법 1 :
간장, 다시마, 멸치, 대파, 마늘, 물엿을
끓여 체에 거른 양념장에 손질한 죽순을
넣고 30분 정도 끓인 다음 식혀서 식초
를 넣는 과정을 다섯 번 정도 반복하여
저장한 것이다. 먹을 때 참기름과 통깨
로 양념한다. 죽순요리는 사찰에서 스님

죽순장아찌

들이 많이 먹었는데, 전라남도 순천 송광사의 대표적인 사찰요리이다. 방법 2 : 삶은 죽순과 소금을 켜켜로 담아 저장해 두었다가 먹을 때 죽순장아찌를 다시 삶아서 물에 담가 짠맛을 우려낸 후 초고추장에 무친다. ✿전남

죽순적 쌀뜨물에 삶은 죽순, 양념(간장, 설탕, 다진 파·마늘, 참기름, 통깨, 후춧가루)한 쇠고기, 소금 간을 한 표고버섯, 오이, 데친 당근을 꼬치에 꿴 다음 밀가루와 달걀물을 입혀 식용유를 두른 팬에 지진다. ✿경남

죽순전 죽순을 삶아 양념한 고기와 함께 식용유에 지진 것이다. 죽순을 삶아 빗살 모양으로 썰어 밀가루를 바른다. 다진 돼지고기·양파·풋고추를 다진 마늘, 소금, 참기름으로 양념하여 볶아 밀가루를 섞어 소를 만든 다음 죽순 위에 얹어 각각 달걀흰자, 노른자를 입히고 식용유에 지진 후 석이버섯채, 황백지단채, 밤채, 실고추, 실파채를 고명으로 얹는다. ✿전남, 경남

죽순전

죽순정과 설탕에 물을 넣어 끓으면 삶아 말린 죽순을 넣고 조리면서 물엿을 넣고 약한 불에서 윤기가 나도록 조린 것이다. 《산림경제》(죽순전과 : 竹筍煎果)에 소개되어 있다. ✿전남

죽순채 생죽순을 삶아 익힌 후에 쇠고기를 넣고 볶은 것이다. 삶은 죽순을 빗살 모양으로 납작하게 썰어 볶고, 채 썬 쇠고기와 표고버섯을 양념하여 볶다가 숙주와 미나리는 데친 후 모든 재료를 한데 섞어 간장, 식초, 설탕 등의 양념으로 무쳐 황백지단채를 고명으로 올린다. 《규합총서》(죽순나물 : 竹筍菜), 《시의전서》(죽순나물), 《조선요리제법》(죽순채나물), 《조선무쌍신식요리제법》(죽순채 : 竹筍菜)에 소개되어 있다.

죽순채

죽순초무침 삶은 죽순을 빗살 모양이 나도록 썰어 초고추장으로 무친 것이다. ✿전북

죽순탕 쌀뜨물에 삶은 죽순과 배 속에 찹쌀과 마늘을 넣은 닭(영계)에 물을 붓고 푹 끓인 후 닭과 죽순을 건져내어 적당히 찢어 그릇에 담고 소금과 후춧가루로 간을 한 국물을 부은 것이다. 죽순은 대나무 줄기에서 솟아난 순으로 비가 내리고 난 다음에 대밭에 가보면 보이지 않던 순이 여기저기 솟아나 '우후죽순(雨後竹筍)'이란 말이 생겼다. 죽순은 맛이 담백하여 죽순찜, 죽순밥, 죽순회 등 다양한 요리로 맛볼 수 있지만 예로부터 죽순탕이 죽순요리 중 최고로 꼽혔다. ✿전남

죽순탕

죽합탕

죽순회무침 삶아 빗살 모양으로 썬 죽순을 데친 갑오징어, 오이, 당근, 미나리, 풋고추와 함께 초고추장으로 버무린 것이다. 대나무가 생산되는 전남 담양군의 향토음식으로 임금님의 수라상에까지 오르던 음식이다. ❦ 전남

죽엽청주 항아리에 고두밥과 누룩을 버무려 넣고 대나무잎 끓인 물을 부은 다음 솔잎을 넣어 발효시켜 맑은 술만 걸러낸 것이다. 알코올 농도가 40%인 죽엽청주는 맛이 부드럽고 향을 좋게 하기 위하여 저온에서 6개월 이상 숙성시킨 후 여과해 마시는데, 술이 순하면서도 마시면 은근하게 취하고 빨리 깨며 어느 민속주와도 다른 독특한 맛이 있다. 댓잎솔잎청주라고도 한다.《음식디미방》(죽엽주),《산가요록》(죽엽주)에 소개되어 있다. ❦ 전남

죽통밥 ▶▶▶ 대통밥 ❦ 전남

죽합탕 해감을 토해 낸 죽합에 물을 붓고 끓이다가 어슷하게 썬 풋고추·붉은 고추·대파, 다진 마늘을 넣어 한소끔 끓여 소금으로 간을 맞춘 것이다. ❦ 전북

죽합

준주강반 찹쌀가루와 멥쌀가루에 막걸리를 넣고 반죽하여 찐 다음 꽈리가 일도록 친 것을 얇게 밀어 3×4cm로 잘라 말린 다음 식용유에 지져 조청을 바르고 쌀튀밥가루를 묻힌 것이다. ❦ 경북

준주강반

준치구이 소금을 뿌린 준치를 그대로 혹은 말려서 석쇠에 구운 것이다. 준치는 생선 중 가장 맛있다고 해서 '진어(眞魚)'라고도 하며 4~6월이 제철로 맛과 향이 좋으나 잔가시가 많다. 국이나 탕, 구이, 만두 등으로 다양하게 조리된다. ❦ 서울·경기

준치

준치국 달걀옷을 입혀 지져낸 준치완자를 양지머리 육수에 넣어 끓인 국이다. 포 뜬 준치살을 곱게 다져 소금, 다진 파·마늘, 참기름, 흰 후추로 양념하여 완자를 빚어 밀가루, 달걀물을 입혀

지져낸 다음 양지머리 육수에 넣어 끓인 뒤 버섯, 쑥갓, 실파, 고추 등을 넣어 한소끔 끓여 초간장을 곁들인 것이다. 《조선무쌍신식요리제법》(준치국)에 소개되어 있다. ✿ 서울·경기

준치국

준치만두 찐 준치살과 볶은 쇠고기로 만든 소를 전분에 굴려 쪄 낸 만두이다. 준치를 찜통에 쪄서 살을 발라내어 양념하여 볶은 쇠고기와 섞어 전분, 생강즙, 소금, 후춧가루를 넣고 잣을 하나씩 박아 완자를 빚어 전분에 굴려 찐다. 접시에 담아 초장을 곁들이기도 하고 살을 발라내고 남은 뼈와 마늘, 생강 등을 넣어 끓인 육수를 부어 먹기도 한다. 《규합총서》(준치만두)에 소개되어 있다. ✿ 서울·경기

준치만두

중과 · 약과 차조가루를 익반죽하여 둥글납작하게 빚어 삶은 다음 메밀가루나 밀가루를 뿌리고 밀어 중과는 직사각형, 약과는 정사각형으로 썰어 대바늘로 구멍을 뚫어 식용유에 지진 떡이다. 멥쌀가루나 메밀가루로 인절미처럼 쪄서 만들기도 하며, 밀가루를 사용할 때는 누룩술에 반죽하여 부풀린 다음 이것을 베어 내어 쪄서 다시 지져 만든다. 중괴 · 약괴라고도 한다. ✿ 제주도

중괴 · 약괴 ▶▶▶ 중과 · 약과 ✿ 제주도

췌기떡 보리등겨(또는 밀등겨)에 쉰다리를 섞어 반죽하여 찐 떡이다. 밀등겨는 밀체라고도 하는데, 밀가루를 만들기 위해 정미를 할 때 알맹이를 빼고 남은 껍질(체)을 말한다. 보리로 만들었을 때는 보리췌기, 밀로 만들었을 때는 밀췌기라 한다. ✿ 제주도

췌기떡

쥐치포볶음 마름모 모양으로 자른 쥐치포를 식용유를 두른 팬에 볶은 후 고추

쥐치포볶음

장·간장·물엿·설탕 끓인 것을 넣어
섞은 후 참기름, 통깨를 뿌린 것이다.

즘떡　감자를 삶다가 삶은 팥과 강낭콩
을 넣고 밀가루 반죽을 하여 수제비처럼
떼어 넣어 익힌 떡이다. 경기도 연천 지
방에서 해먹던 떡으로 강원도 감자봉생
이와 유사하게 만든 떡이다. 특별히 먹
을 것이 없던 시절에 여러 가지 재료를
넣어 쪄 먹은 음식이며, 뜨거울 때 먹으
면 더욱 맛이 있다. 🌶서울·경기

즘떡

증병 ▶▶ 증편

증편　멥쌀가루에 막걸리를 넣고 반죽
하여 발효시켜 찐 떡이다. 멥쌀가루에
더운 물과 막걸리, 설탕을 넣고 흐를 정
도로 반죽하여 하룻밤 정도 발효시킨 다
음 면포를 깐 찜통이나 증편 틀에 반죽
을 붓고 그 위에 대추채와 석이버섯채,
통깨를 고명으로 얹어 찐 떡이다. 경북
에서는 콩가루를 넣어 반죽한다. 증병,
기주떡, 기지떡, 술떡, 벙거지떡이라고
도 하며 강원도에서는 기장떡, 기주떡,
쪽기정, 전남에서는 기정떡, 경북에서는
순흥기주떡, 제주도에서는 기증편이라
고도 한다. 술을 넣어 다른 떡에 비해 쉽
게 쉬지 않아 여름철에 많이 만들어 먹
는다. 삭망제나 제사에 가는 가족들이
대바구니에 담아 선사하는 풍습이 있다.

《도문대작》(증편), 《음식디미방》(증편),
《주방문》(기증편), 《규합총서》(증편),
《음식법》(증편), 《시의전서》(증병 : 烝
餠), 《부인필지》(증편), 《조선요리제법》
(증편), 《조선무쌍신식요리제법》(증병 :
烝餠)에 소개되어 있다.

증편

지네초식혜　말린 지네초에 물을 붓고
끓여 조린 것에 엿기름가루를 넣고 걸러
보리밥과 설탕을 넣어 따뜻한 곳에서 12
시간 정도 삭힌 것이다. 지네초는 잎의
생김새가 지네를 닮았다고 하여 지네초
라 불리며, 원래 학명은 딱지꽃이다. 어
린잎을 식용하고, 한방과 민간에서는 줄
기와 잎을 봄·가을에 채취하여 두창(頭
瘡)에 바르거나 말려서 해열과 이뇨에
사용한다. 🌶경남

지네초식혜

지누아리무침　지누아리를 소금으로 문

질러 손질하여 양념(간장, 고추장, 깨소금, 다진 파·마늘)으로 무쳐 참기름과 통깨를 뿌린 것이다. 지

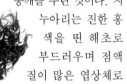

지누아리는 진한 홍색을 띤 해초로 부드러우며 점액질이 많은 엽상체로 톳과 비슷하다. ❣ 강원도

지누아리

지누아리무침

지누아리장아찌 지누아리와 편으로 썬 마늘을 고추장, 간장, 물엿, 다시마장국 국물을 끓여서 식힌 것과 무쳐서 통깨를 뿌린 것이다. ❣ 강원도

지누아리장아찌

지례장 메줏가루를 소금물(또는 김칫국물)에 버무려 숙성시킨 속성 장이다. 방법 1 : 배추김칫국물에 메줏가루와 고춧가루를 섞고 소금으로 간한 후 푹 삶은 보리를 넣고 고루 섞어 항아리에 담아 한

달 정도 숙성시킨다(충남). 방법 2 : 메줏가루를 동치미국물 또는 소금물에 버무려 숙성시킨다(전북). 서울·경기에서는 메주를 잘게 부수어 담그며, 먹을때 동치미무, 편육, 배, 고춧가루 등을 섞는다. 방법 3 : 찹쌀에 메줏가루, 고춧가루, 황설탕, 소금, 엿기름물을 넣고 섞어 따뜻한 곳에서 이틀 동안 숙성시킨다(전북). 지례장은 햇장을 담그기 전에 지레(미리) 먹는 장이라고 하여 붙여진 이름이며 쌈장이나 찌개로 끓여 먹는다. 지름장, 찌엄장, 찌금장, 무장이라고도 한다. ❣ 서울·경기, 충남, 전북

지례장

지례한과 찹쌀에 물과 막걸리를 넣어 발효시킨 후 빻아 콩물과 막걸리를 섞어 반죽하여 쪄서 꽈리가 일도록 친 것을 찹쌀가루를 뿌려 밀어 5×0.6cm로 잘라 말린 다음 찹쌀가루에 묻어두었다가 100℃ 식용유에서 한 번 튀겨내고, 150℃에서 한 번 더 튀겨 조청이나 꿀을 바르고 참깨, 잣가루, 콩가루, 쌀튀밥가루 등의 고물을 묻힌 것이다. ❣ 경북

지르메시락국 ▶▶▶ 생세멸시래기국 ❣ 경남
지름밥 ▶▶▶ 기름밥 ❣ 제주도
지름ᄂ물무침 ▶▶▶ 유채나물무침 ❣ 제주도
지리멸시락국 ▶▶▶ 생세멸시래기국 ❣ 경남
지부국 ▶▶▶ 지부들깨국 ❣ 경남

지부들깨국 멸치장국국물에 삶은 비비추(지부)를 넣고 끓이다가 쌀가루, 들깻가루를 넣고 끓여 소금 간을 한 국이다. 지부국이라고도 한다. 비비추는 지역에 따라 지부, 재비추, 비뱅이, 지보 등 여러 가지로 불리는데, 주로 정원의 화단이나 공원 등지에 조경용으로 쓰이나 잎과 줄기는 나물로 식용한다. 비비추는 비벼먹어야 제맛이 난다고 비비추라 불리며, 비비추를 비비면 거품이 나는데, 이 과정에서 거품과 함께 독성이 빠져나가고 나물도 부드러워지게 된다. 산지의 냇가에서 자라나 재배채소처럼 연하고 향긋하며 감칠맛이 난다. ♨ 경남

지실죽 ▶▶ 감자죽 ♨ 제주도

지장 소금에 절였다가 물에 헹궈 꼭 짠 무시래기에 메줏가루, 고춧가루, 멸치액젓, 소금을 넣고 버무려 일주일 정도 숙성시킨 장이다. 뚝배기에 쌀뜨물을 붓고 다진 파 · 마늘, 풋고추 등 양념을 넣고 끓여 먹는다. ♨ 충남

지초주 ▶▶ 진도홍주 ♨ 전남

직지사산채비빔밥 각각 데쳐서 양념한 숙주나물, 도라지나물, 더덕나물, 느타리버섯나물, 표고버섯나물, 고사리나물을 밥 위에 올려 비벼먹는 밥이다. 고추장, 쌈장, 배추, 머위잎, 곰취, 호박잎, 깻잎, 미나리 등의 쌈채소를 곁들인다. ♨ 경북

진달래화전 찹쌀가루에 소금을 넣고 익반죽하여 둥글납작하게 빚고 식용유에 지진 다음 진달래꽃으로 장식하고 뜨거울 때 설탕이나 꿀에 재운 것이다. 《증보산림경제》(두견화전법 : 杜鵑花煎法), 《시의전서》(두견화전)에 소개되어 있다. ♨ 전남

진달래화채 설탕이나 꿀로 단맛을 맞춘 오미자국물에 꽃술과 꽃받침을 떼고 전분을 묻혀 살짝 데친 진달래를 띄운 것이다. 《시의전서》(두견화채 : 杜鵑), 《조선무쌍신식요리제법》(두견화채 : 杜鵑花菜, 화면 : 花麵, 진달래화채)에 소개되어 있다. ♨ 서울 · 경기

진도홍주 찐 보리쌀에 누룩을 넣어 숙성시킨 후 지초를 통과하여 붉은 색이 나는 술이다. 쪄서 식힌 보리고두밥을 누룩가루와 잘 섞어 물과 함께 항아리에 넣고 10~15일 정도 발효시켜 솥에 넣어 60℃까지 가열하고 예열된 솥 위에 소줏고리를 얹은 후 증류된 술이 지초뿌리를 통과하여 붉게 만든다. 지초를 통과한다 하여 지초주라고도 하고, 그 색이 홍옥과 같이 붉다 하여 홍주라고도 한다. 소주 특유의 은은한 향기가 나며 알코올 농도는 45~48° 정도 된다. 지초의 뿌리는 자근이라 하며 피를 맑게 하고 부종을 없애고 해독작용이 있으며 자색색소로도 이용된다. ♨ 전남

진도홍주

진메물 데친 양하에 물에 갠 메밀가루를 넣고 끓여 국간장, 참기름, 깨소금으로 양념한 것이다. 양하 대신 무, 미나리, 죽순 등 제철채소를 이용하기도 한다. ♨ 제주도

진사가루술 불린 찹쌀 · 멥쌀을 빻아 반

진메물

죽하여 중앙에 구멍을 내고 둥글납작하게 빚어 삶은 다음 누룩, 엿기름가루, 둥글레가루, 마가루, 효모, 청주, 꿀을 넣고 버무려 발효시킨 술이다. 진사가루술은 쌀누룩을 사용한다. 쌀누룩은 쌀가루를 익혀서 달걀 크기로 단단하게 덩어리를 만들어 볏짚으로 싸서 띄우거나 찹쌀가루를 약간 쪄서 덩어리를 만들어 솔잎에 싸서 묻어 띄운 누룩이다. ⋎경북

진사가루술

진석화젓 굴을 소금에 버무려 항아리에 담아 삭힌 젓갈이다. 방법 1 : 굴과 소금을 섞어서 항아리에 담고 20여 일 저장한 뒤 적갈색 물이 홍건히 우러나오면 그 물을 따라내어 24시간 동안 달인 다음 식혀서 다시 항아리에 붓는다(전라도). 방법 2 : 굴과 굵은 소금을 고루 버무려 항아리에 담아 꼭꼭 누르고 위에 두툼하게 소금을 얹은 후 서늘한 곳에 1

년 정도 삭힌다. 완전히 삭으면 노란색이 되고 특유의 향긋한 냄새가 나게 된다(전남). 《증보산림경제》(진석화젓)에 소개되어 있다. ⋎전라도

진석화젓

진안애저 ▶▶▶ 애저찜 ⋎전북

진안유과 전북 진안 지역의 찹쌀로 만든 유과이다. 찹쌀가루와 콩가루를 섞어 청주와 식용유, 찹쌀 삭힌 물로 반죽하여 푹 쪄서 꽈리가 일도록 친 다음 얇게 밀어 가로 3cm, 세로 0.5cm 정도로 썰어 말린 뒤 기름에 튀겨 조청을 바르고 쌀튀밥가루를 묻힌 것이다. 진안유과는 조선시대 어사 박문수가 전북 진안을 지나가던 중에 진안읍 단양리에 머물면서 찹쌀떡을 구워 먹다가 그 맛이 뛰어나 즐겨 먹게 되었다고 전해 내려오고 있다. 산간 고랭지의 청정수로 재배되고 낮과 밤의 기온차가 커서 특유의 찰기와

진안유과

맛을 자랑하는 진안찹쌀을 주원료로 하는 진안유과는 다른 지역 유과에 비해 찰기가 있고 잘 부풀어 사각거리며 사르르 녹는 맛이 일품으로 임금님께 진상되기도 하였다. ♨ 전북

진양주 식힌 찹쌀죽을 누룩과 섞어 25℃에서 4~5일 동안 발효시킨 것에 식힌 찹쌀고두밥을 섞어 따뜻한 곳에 발효시켜 5일 후 밥알이 완전히 삭으면 물을 붓고 3일 정도 다시 발효시켜 용수를 박아 맑은 청주를 떠내고 다시 걸러낸 술이다. 조선조 말 철종 때 해남군 계곡면 덕정리 임씨 농가에 출가해 온 전남 해남군 구림리 최씨 할머니가 평소 궁중 작은 주방에서 주로 '어주'만을 전담하여 오다가 출가해 오자 이곳의 좋은 샘물을 이용하여 어주 담그는 솜씨를 그대로 전수시켜 왔는데, 순하고 향기가 좋다. ♨ 전남

진양주

진영갈비 얇게 포를 뜬 소갈비를 돌돌 말아 양념장(간장, 설탕, 다진 마늘, 참기름, 후춧가루, 물)에 재웠다가 구운 것으로 열무물김치나 백김치를 곁들인다. ♨ 경남

진잎김치 ▶▶ 무잎김치 ♨ 충북

진주냉면 삶은 메밀국수를 사리 지어, 쇠고기전, 무김치, 달걀지단, 실고추, 잣을 올리고 해물육수(마른 명태머리, 건새우, 건홍합)를 부은 것이다. 진주냉면은 지리산 주위 산간 지역에서 메밀이 수확되었으므로 이 지역에서 메밀국수를 즐겨 먹은 것에서 유래된다. ♨ 경남

진주냉면

진주비빔밥 고슬하게 지은 밥 위에 국간장, 깨소금, 참기름으로 각각 무친 콩나물, 숙주나물, 시금치나물, 애호박나물, 고사리나물, 도라지나물, 황포묵무침, 김을 색 맞추어 얹고 양념(소금, 참기름, 설탕, 다진 파·마늘, 깨소금, 후춧가루)한 육회를 가운데 올리고 잣을 올린 것이다. 바지락살을 넣고 끓여 국간장으로 간을 한 보탕국과 엿고추장을 곁들인다. ♨ 경남

진주비빔밥

진주식해 꼬들꼬들하게 말려 토막 낸 조기를 고슬하게 지은 밥과 다진 마늘,

엿기름가루와 섞고 소금으로 버무려 항아리에 담고 대나무잎으로 봉한 다음 국물 받을 그릇을 밑에 대고 그 위에 항아리를 엎어서 익힌 것이다. ♨경남

진주헛제사밥 밥에 무를 넣어 끓인 탕국, 소금 간을 하여 찐 쇠고기·고등어·상어고기와 두부전, 삶은 달걀, 고사리나물, 콩나물, 무나물, 시금치와 산나물을 색 맞추어 담아 국간장을 곁들인 것이다. 제사를 지낸 후 음복할 때 차린 제삿상에 올린 음식을 모아 비벼 나누어 먹은 것에서 비롯된다. ♨경남

질경이나물 질경이를 데쳐 양념장으로 무친 것이다. 방법 1 : 손질해 살짝 데친 질경이를 고추장, 간장, 다진 마늘, 깨소금 양념에 무친다(서울·경기). 방법 2 : 말린 질경이를 쌀뜨물에 불려 삶아서 국간장, 들기름, 다진 파·마늘로 양념하여 볶는다(충남). 방법 3 : 데친 질경이(빼뿌쟁이)를 된장, 다진 마늘로 무쳐서 통깨, 참기름을 넣고 버무린다(경남). 경남에서는 빼뿌쟁이무침이라고도 한다. 질경이는 약초일뿐만 아니라 무기질과 단백질, 비타민류와 당분

질경이

질경이나물

등이 많이 함유된 영양가가 높은 식품이기도 하다. 옛날부터 봄에 나물로 즐겨 이용했으며 삶아서 말려두었다가 묵나물로 이용했다. 소금물에 살짝 데쳐서 나물로 무치기도 하고 식용유에 볶기도 하며 국거리로도 이용한다. ♨서울·경기, 충남, 경남

질경이나물죽 된장을 푼 물에 적당한 크기로 썬 감자와 질경이를 넣고 오래 끓인 후 보릿가루, 밀기울을 풀어 넣고 뜸을 들인 죽이다. ♨강원도

질경이나물죽

질경이장아찌 살짝 데쳐서 꾸덕꾸덕하게 말린 질경이를 고추장에 박아 두었다가 여름철에 그대로 먹거나 다진 파·마늘, 참기름, 깨소금으로 무쳐 먹는 것이다. 빼뿌쟁이장아찌라고도 한다. ♨전북

집장 메줏가루에 고춧가루, 소금물(소금), 절인 채소를 넣고 일주일가량 숙성시킨 속성 된장이다. 방법 1 : 멥쌀가루와 불린 콩을 함께 쪄서 둥글게 빚어 일주일 정도 띄워서 바싹 말려 가루를 낸 후 무, 당근, 풋고추, 대파, 다시마, 멸치와 물엿, 소금을 섞어 잘 삭힌 다음 물기 없이 조린다(강원도, 경북). 방법 2 : 밀쌀을 빻아서 물로 촉촉하게 적셔 시루에 찐 밀떡을 엿기름물로 반죽하여 따뜻한 곳에서 12시간 동안 삭힌 다음 풋고추,

가지, 고춧가루, 마늘을 넣고 소금 간을 하여 항아리에 밀봉하여 퇴비 속에서 일주일간 삭힌다(충남). 방법 3 : 삶아 찧은 메주콩에 맷돌에 간 보리를 섞어 메주를 만들어 띄운 다음 말려서 만든 메줏가루와 고춧가루에 끓여서 식힌 소금물을 넣어 반죽한 후 소금물에 삭힌 풋고추와 소금물에 절인 가지를 섞어 밀봉하여 퇴비 속에 묻어 발효시킨다(경남). 경북에서는 거름장, 경남에서는 보리겨떡장이라고도 한다. 여름철에 주로 담그는데, 숙성 기간이 짧아 담근 지 며칠 지나면 먹을 수 있으며 새콤하고 고소한 맛이 나서 보리밥과 잘 어울린다.《규합총서》(즙장(집장)),《증보산림경제》(조즙장국법 : 造汁醬麴法),《수운잡방》(조즙 : 造汁),《시의전서》(즙장 : 汁醬),《부인필지》(즙장),《조선요리제법》(즙장),《조선무쌍신식요리제법》(즙장 : 汁醬)에 소개되어 있다. ♣ 강원도, 충남, 경상도

집장

짠지 무와 소금을 항아리에 켜켜이 담아 2~3일간 절인 다음 묵직한 돌로 눌러 놓았다가 무가 완전히 잠길 정도로 소금물을 부어 숙성시킨 김치이다. 먹을 때는 무를 나박썰기 하여 동치미처럼 물을 부어 낸다.《조선무쌍신식요리제법》(나복함저 : 蘿葍鹹菹)에 소개되어 있

다. ♣ 충남

짠지떡 ▶▶▶ 백도령김치떡 ♣ 서울·경기

짱땡이 ▶▶▶ 장떡 ♣ 경남

짱뚱어탕 짱뚱어를 삶은 국물에 된장을 풀고 붉은 고추 간 것, 무청시래기, 애호박, 대파를 넣고 한소끔 끓인 다음 국간장, 다진 마늘·생강을 넣고 소금으로 간을 맞추고 그릇에 담아 다진 풋고추를 고명으로 얹은 것이다. 순천짱뚱어탕이라고도 한다. 짱뚱어는 갯벌에서 구멍을 파고 서식하는 갯벌물고기로 제철인 여름에 탕을 끓여 먹으며 기호에 따라 초피가루를 넣어 먹으면 비린내가 적게 난다. ♣ 전남

짱뚱어탕

쩨북콩국수 ▶▶▶ 떼북콩국수 ♣ 강원도

쪽기정 ▶▶▶ 증편 ♣ 강원도

쪽파김치 소금에 절인 쪽파를 찹쌀풀에 멸치젓, 다진 마늘·생강, 고춧가루를 섞어 만든 양념으로 버무린 후 채 썬 양파와 붉은 고추채를 섞어 만든 김치이다. ♣ 충북

쪽파장아찌 소금과 식초에 절였다가 물기를 뺀 쪽파에 물, 간장, 설탕을 끓여 식힌 다음 부어 저장한 것이다. 일주일 후 양념장을 끓여서 식혀 붓기를 2~3회 반복한다. 패마농지라고도 한다. ♣ 제주도

쭈꾸미조림 ▶▶▶ 주꾸미조림 ♣ 서울·경기

찌갱이밥 ▶▶ 올벼밥 ♨ 충남

찌금장 ▶▶ 지레장 ♨ 전북

찌엄장 ▶▶ 지레장 ♨ 충남, 전북

찐무무침 ▶▶ 무숙초고추장무침 ♨ 경북

찐밥 ▶▶ 찐쌀밥 ♨ 경남

찐쌀밥 찐쌀로 밥을 지어 양념장(간장, 다진 풋고추·붉은 고추, 깨소금, 참기름, 고춧가루)을 곁들인 것이다. 찐밥이라고도 한다. 찐쌀은 찹쌀나락을 가마솥에 물을 약간 넣어 찐 후 말려서 탈곡한 것이다. 《조선요리》(찐밥)에 소개되어 있다. ♨ 경남

찜된장 ▶▶ 된장찜 ♨ 경북

찜장 ▶▶ 겨장 ♨ 충남

차노치 찹쌀가루에 지치로 물을 들여 익반죽하여 납작하게 빚어 식용유에 지진 떡으로 분홍색이 나는 것이 특징이다. 지치는 지치과에 속하는 다년초로 뿌리는 굵고 자색을 띠며 지치의 뿌리를 식용유에 담가 분홍색이 우러나면 물을 들이는 데 쓴다. ❦ 경북

차노치

차밥 불린 쌀과 어린 찻잎을 솥에 넣고 물을 부어 지은 밥이다. 녹차 산지로 유명한 전남 보성군의 향토음식으로 어린 찻잎을 따서 밥을 짓는 음식이다. 녹차는 차나무의 어린잎을 따서 제조 가공된 것으로 우리나라에서는 통일신라시대에 전래되어 지금까지 이용되고 있다. ❦ 전남

차수수밥 불린 쌀에 차수수를 섞어 지은 밥이다. 차수수는 물에 불려 씻어서

검붉은 물을 버리는 과정을 2~3회 반복한 다음 1시간 정도 불려서 사용한다. ❦ 전남

차조떡 방법 1 : 불린 차조를 푹 쪄서 절구에 넣고 찰떡이 될 때까지 친 다음 콩가루를 밑에 깔고 찰떡을 얹어 그 위에 콩가루를 얹은 후 알맞은 두께로 펴서 썬다. 제주도에서는 팥고물을 묻힌다(강원도, 제주도). 방법 2 : 불린 차조를 쪄서 차지게 친 다음 먹기 좋은 크기로 썰어 참기름을 바른다(전남). 강원도에서는 정성떡, 차좁쌀인절미라고도 하며 제주도에서는 차좁쌀떡이라고도 한다. ❦ 강원도, 전남, 제주도

차조떡

차조밥 불린 쌀에 물을 붓고 센 불에서 한소끔 끓으면 차조를 위에 얹어 지은 밥이다. 제주도에서는 차조에 삶은 보

리·팥을 섞어 지은 밥으로 차조의 분량이 5이면 보리는 1, 팥은 1/4 분량으로 한다. 제주도에서는 좁쌀밥, 조팝, 흐린 좁쌀밥이라고도 한다. 《조선요리제법》(조밥), 《조선무쌍신식요리제법》(속반 : 粟飯, 음랍 : 音蠟, 황양반 : 黃粱飯)에 소개되어 있다. ✿ 전국적으로 먹으나 특히 제주도에서 즐겨 먹음

차조밥

차조식혜 ▶▶▶ 골감주 ✿ 제주도

차조약식 불린 차조를 시루에 쪄서 물과 소금으로 버무린 다음 밤, 대추, 잣, 곶감 등을 조밥 위에 켜켜로 얹고 다시 찐 것이다. 차좁쌀약식이라고도 한다. ✿ 강원도

차좁쌀떡 ▶▶▶ 차조떡 ✿ 제주도

차좁쌀약식 ▶▶▶ 차조약식 ✿ 강원도

차좁쌀인절미 ▶▶▶ 차조떡 ✿ 강원도

착면 ▶▶▶ 창면 ✿ 서울·경기

착면 ▶▶▶ 창면 ✿ 경북

찰밥 불린 찹쌀에 삶은 팥, 대추, 밤 등을 고루 섞고 소금으로 간하여 찐 밥이다. 찌는 도중에 가끔씩 골고루 섞어 주어 밥이 고슬고슬하도록 찐다. 전북에서는 땅콩, 은행, 밤, 잣에 소금과 설탕, 참기름을 넣고 잘 섞어서 찐다. ✿ 전라도

찰시루떡 시루에 팥고물을 깔고 찹쌀가루를 2~3cm 두께로 편평하게 담아 팥

고물과 찹쌀가루를 번갈아 켜켜이 안쳐 찐 떡이다. ✿ 전남

찰옥수수능근밥 능근 옥수수를 불려서 팥과 함께 푹 삶아 거의 익으면 소금으로 간을 하고 나무주걱으로 저어 끈끈한 진이 나도록 뜸을 들인 밥이다. 설탕을 넣기도 한다. ✿ 강원도

찰옥수수능근밥

찰옥수수뭉생이 체에 내린 찰옥수수가루에 소금과 설탕으로 간을 한 불린 강낭콩과 밤, 설탕을 넣고 고루 섞어 시루에 찐 떡이다. ✿ 강원도

찰옥수수뭉생이

찰옥수수시루떡 껍질을 제거한 찰옥수수를 빻아서 시루에 팥고물과 켜켜이 앉혀 찐 것이다. ✿ 강원도

찰옥수수팥옹심이 불린 찰옥수수 알갱이와 삶은 팥에 물을 붓고 푹 끓여 소금으로 간을 하고 찹쌀옹심이를 넣고 끓인

것이다. 참쌀옹심이는 참쌀가루를 익반
죽하여 새알처럼 둥글게 빚은 것이다.
　🍶 강원도

참게가루장국　다시마장국국물에 참게
를 넣고 끓이다가, 참쌀가루, 멥쌀가루,
들깻가루, 콩가루에 물을 부어 만든 가
루장을 넣어 걸쭉하게 끓인 다음 어슷하
게 썬 대파·풋고추·붉은 고추, 표고버
섯채, 방아잎, 다진 파·마늘을 넣고 소
금으로 간을 하여 더 끓인 국이다. 참게
는 게와 비슷한데, 검고 윤이 나며 털이
없고 갑각 앞의 옆 가장자리에는 네 개
의 뾰족한 이가 있다. 바다에 가까운 하
천 유역에 많고, 논두렁 또는 논둑에 구
멍을 파고 살기도 한다. 🍶 경남

참게수제비

에 국간장과 간장을 섞어 붓고 일주일
정도 숙성시킨 다음 간장을 따라내어 끓
여 식혀 붓기를 2~3회 반복한 뒤 마늘,
생강, 마른 고추를 넣어 1개월간 숙성시
킨 것이다. 🍶 전라도, 경남

참게가루장국

참게매운탕　된장과 고추장을 푼 물에
해감한 참게와 은행잎 모양으로 썬 애호
박, 시래기, 어슷하게 썬 대파, 들깻가
루, 국간장을 넣고 푹 끓인 후 다진 풋고
추·붉은 고추·마늘, 초피가루를 곁들
인 것이다. 🍶 전남

참게수제비　된장과 고추장을 푼 다시마
장국국물에 수제비 반죽을 납작하게 손
으로 뜯어 넣고 참게, 꾀꼬리버섯, 싸리
버섯, 파, 마늘을 넣고 끓인 후 간장, 소
금으로 간한 것이다. 🍶 서울·경기

참게장　해감을 빼서 깨끗이 씻은 참게

참게장

참게탕　된장을 푼 물에 삶은 토란대와
나박썰기 한 무를 넣고 끓으면 참게를
넣고 끓이다가 애호박을 넣고 더 끓여
소금으로 간을 하고 붉은 고추, 미나리
를 올린 탕이다. 🍶 경남

참나물전　메밀가루에 소금과 물을 넣고
끈기 있게 반죽한 것에 참나물을 넣고 잘
섞어 식용유를 두른 팬에 둥글납작하게
지진 것이다. 양념장(간장, 식초, 설탕)을
곁들인다. 🍶 경북

참마자조림　내장을 제거하고 깨끗이 손
질한 참마자와 각종 채소에 무, 감초, 고
추장을 넣고 끓여 걸러 만든 국물을 붓

고 조린 것이다. 참매자조림이라고도 한
다. 참마자는 잉어과에 속하며 물이 맑
고 바닥에 자갈이 깔려 있는 하천의
중·상류에 사는 민물고기로 조림, 튀김
으로 이용한다. ❤충북

참마자조림

참매자조림 ▶▶▶ 참마자조림 ❤충북
참붕어찜　참붕어와 무, 시래기를 양념
장을 넣어 끓인 것이다. 방법 1 : 양쪽으
로 칼집을 넣은 참붕어를 식용유를 두른
두꺼운 냄비에 올려 붕어의 양면을 살짝
익힌 다음 참붕어의 아래에 무, 콩, 삶은
무청시래기를 깔고, 물과 고춧가루 양념
을 넣어 국물을 끼얹어가며 끓이다가 들
깨와 수제비 반죽을 떼어 넣고 조린 뒤
쑥갓, 미나리, 깻잎, 대파를 넣고 간을
맞춘다(충북). 방법 2 : 두꺼운 냄비에
무와 시래기를 깔고 손질하여 칼집을 넣
은 붕어를 얹고 양념장을 고루 끼얹은
다음 물을 자작하게 부어 끓이다가 붕어
가 어느 정도 익으면 생콩가루를 뿌리고
채소를 넣은 후 한소끔 더 끓인다(충
남). 겨울 붕어가 가장 맛이 좋아 별미로
꼽히고 있으며, 충북 제천 의림산의 붕
어가 비린 냄새가
없어 우리나
라 붕어 중
에서 가장 맛이

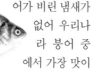

참붕어

좋은 것으로 알려져 있으며, 초평, 백곡
저수지가 있는 충북 진천 지방의 붕어요
리가 낚시를 즐기는 사람들을 통해서 전
수되었다고 한다. 참붕어는 잉어과에 속
하는 민물고기로 산지에 따라 크기와 맛
이 다르다. 붕어는 단백질이 풍부하며
찜, 소금구이, 튀김 등으로 이용되며 예
로부터 위를 튼튼하게 하고 몸을 보하는
식품으로 전해진다. ❤충청도

참붕어찜

참외장아찌　풋참외를 소금에 절이거나
말려서 된장이나 고추장에 넣어 만든 장
아찌이다. 방법 1 : 반으로 갈라 씨를 긁
어낸 풋참외를 소금에 절여 면포에 싸서
무거운 돌로 하룻밤 정도 눌러 두었다가
꾸덕꾸덕하게 말려 고추장에 버무린 다
음 항아리에 담고 참외가 보이지 않을
정도로 고추장을 덮어 5~6개월 정도 숙
성시킨다. 먹을 때는 참기름, 깨소금, 설
탕으로 무쳐 낸다(전라도). 방법 2 : 풋
참외를 반으로 잘라 씨를 빼고 약간 말
려서 된장 속에 박아 두고 물이 생기면
된장을 갈아 준 다음 1년간 숙성시킨다
(전남). 방법 3 : 풋참외를 식초에 10일
정도 담갔다가 식초를 따라내고, 간장,
설탕, 소금, 물을 잘 섞어 참외에 부어
담근다. 3~4일에 한 번씩 간장물을 따
라내어 끓여 식혀서 다시 부어 두며 먹

을 때 채 썰어 양념(고춧가루, 다진 파·마늘, 참기름, 설탕)으로 무친다. 간장이나 소금에 절였다가 된장, 고추장에 무치기도 한다(경북). 방법 4 : 풋참외의 씨를 긁어내고 소금물에 절인 것이다. 3일에 한 번씩 소금물을 따라내어 끓여서 식혀 붓기를 세 번 정도 반복한 뒤 한 달간 두었다가 꺼내어 냉수에 짠맛을 우려낸 다음 물기를 빼고 깨소금을 뿌려 먹는다(제주도). 풋참외장아찌라고도 하며 경북에서는 끝물참외장아찌라고도 한다. 🌱 전라도, 경북, 제주도

참죽나물 ▶▶▶ 참죽순나물 🌱 충북

참죽순나물 데친 참죽순을 고추장 양념으로 무친 것이다. 방법 1 : 살짝 데쳐서 썬 참죽순을 고추장, 고춧가루, 간장, 다진 파·마늘 등의 양념에 무친다. 설탕을 넣기도 한다(서울·경기, 충북). 방법 2 : 조갯살, 된장, 고추장, 풋고추, 다진 파·마늘을 넣고 자작하게 졸인 양념된장에 살짝 데친 참죽나무의 어린순을 넣고 무친다(충남). 충북에서는 참죽나물, 충남에서는 참죽순무침, 죽나무순무침이라고도 한다. 참죽순은 참죽나무의 어린잎(새순)을 말하며, 얕게 갈라지고 붉은색을 띤다. 지방에

참죽순

따라 참죽나무, 가죽나무, 죽순나무라고도 불린다. 이른 봄에 따서 생으로 무침을 하기도 하고 전이나 쌈, 자반, 부각, 장아찌 등을 만들어 먹기도 한다. 특히, 참죽은 절에서 스님들이 즐겨 먹는 식품 중의 하나이다. 🌱 서울·경기, 충청도

참죽순무침 ▶▶▶ 참죽순나물 🌱 충남

참죽자반 참죽잎을 쪄서 햇볕에 말린 것을 불려 물기를 꼭 짠 다음 국간장, 다진 파·마늘, 참기름, 깨소금을 넣어 무친 것이다. 가죽잎자반이라고도 한다. 🌱 전남

참죽장떡 고추장을 넣은 밀가루 반죽에 참죽을 넣어 둥글납작하게 지진 것이다. 방법 1 : 참죽잎에 밀가루, 고추장, 물을 혼합한 반죽을 묻혀 식용유를 두른 팬에 지진 것이다. 방법 2 : 감자를 갈아 된장, 고추장, 밀가루, 물을 넣고 반죽하여 참죽, 풋고추, 붉은 고추를 넣고 잘 섞어 식용유를 두른 팬에 둥글납작하게 지진 것이다. 가죽장떡이라고도 한다. 🌱 충북, 경북

참죽장떡

참죽장아찌 ▶▶▶ 가죽장아찌 🌱 경북

참취오곡쌈밥 오곡밥을 지어 참기름을 넣고 혼합한 후 타원형의 주먹밥을 만들어 살짝 데친 참취로 쌈을 싸서 쌈장을 곁들여 먹는 밥이다. 취나물쌈밥이라고

참죽순나물

도 한다. 참취의 어린순을 취나물이라고 한다. ♣충북

찹쌀고추장 방법 1 : 메줏가루와 찹쌀 풀, 고춧가루를 고루 버무려 항아리에 담아 숙성시킨다(강원도). 방법 2 : 익반 죽한 찹쌀가루 반죽을 손바닥만한 크기 로 얄팍하게 빚어서 끓는 물에 삶아 건 져 엿기름물과 덩어리가 풀어지도록 나 무주걱으로 으깬 다음에 메줏가루, 고춧 가루, 소금을 넣고 고루 저어 항아리에 담고 소금을 얹은 후 면포를 덮고 햇볕 을 쪼여 30일 이상 숙성시킨다(충북). 《조선요리제법》(찹쌀고추장)에 소개되 어 있다. ♣강원도, 충북

찹쌀고추장

찹쌀깔디기 ▶▶▶ 찹쌀수제비 ♣경북
찹쌀부꾸미 익반죽한 찹쌀가루 반죽을 둥글납작하게 빚어 지지다가 밤, 꿀, 계 핏가루로 만든 소를 넣고 반으로 접어서 반달 모양으로 만든 떡이다. 《조선무쌍 신식요리제법》(북꾀미)에 소개되어 있 다. ♣서울·경기
찹쌀부꾸미 ▶▶▶ 결명자부꾸미 ♣경남
찹쌀수제비 찹쌀가루로 새알심을 만들 어 미역국에 넣고 끓인 수제비이다. 참 기름으로 쇠고기를 볶다가 불린 미역과 물을 넣고 끓인 다음 찹쌀가루를 익반죽 하여 만든 새알을 넣고 끓여 국간장으로

간을 하고 다진 파·마늘을 넣는다. 쇠 고기 대신 멸치장국국물을 이용하기도 하며, 경북에서는 들깻가루를 넣기도 한 다. 서울·경기에서는 새알심미역국, 경 북에서는 새알수제비, 미역찹쌀수제비, 찹쌀깔디기, 경남에서는 미역찹쌀수제 비라고도 한다. ♣서울·경기, 경상도

찹쌀수제비(서울·경기)

찹쌀수제비(경북)

찹쌀식혜 ▶▶▶ 점주 ♣경북
찹쌀엿 찹쌀고두밥에 엿기름가루와 밥 의 5~6배 정도 분량의 뜨거운 물을 부 어 따뜻한 곳에서 8시간 정도 삭힌 뒤 물만 따라내어 5시간 정도 졸이다가 숟 가락으로 떠 보아 실이 생길 정도로 졸 여지면 여러 차례 반복해서 늘여서 손가 락만 한 굵기로 잘라 밀가루를 묻힌 것 이다. ♣전북
찹쌀엿술 찹쌀싸라기를 불려 물과 엿기 름가루를 넣어 약한 불에서 삭힌 후 걸 러 졸이고 누룩, 주모를 넣어 3~4일간

숙성시켜 체에 거른 술이다. 싸라기는 부스러진 쌀알을 말한다. ☙ 강원도

창란젓 명태의 창자(창란)를 소금에 절여 양념하여 삭힌 것이다. 방법 1 : 창란을 고춧가루로 물들이고 다진 붉은 고추, 마늘채, 파채, 생강즙, 소금으로 양념하여 버무려 저장한 것이다(상용). 방법 2 : 창란을 손질하여 소금에 절였다가 고운 고춧가루와 마늘채, 생강채를 섞어 넣고 2주일 정도 삭힌다(강원도). 방법 3 : 채 썬 창란과 나박썰기 한 무, 마늘편, 송송 썬 대파 · 풋고추 · 붉은 고추에 양념(소금, 고춧가루, 생강즙)을 넣고 버무린다. 창란에 소금 간을 하여 보름 정도 삭힌 후에 양념하기도 한다(경남). 창란은 명태의 창자로 주로 젓갈 담는 데 쓰인다. ☙ 전국적으로 먹으나 특히 강원도, 경남에서 즐겨 먹음

창란젓

창란젓깍두기 깍둑썰기 하여 소금에 절인 무에 대파, 미나리, 창란젓, 고춧가루, 다진 마늘 · 생강을 넣고 버무려 숙성시킨 것이다. ☙ 강원도

창란채김치 손질하여 소금에 절인 창란에 채 썰어 절인 무와 양파, 대파, 쪽파, 부추를 섞고 멸치액젓과 찹쌀풀, 고춧가루 양념으로 버무려 항아리에 담고 12시간 정도 삭힌 것이다. ☙ 강원도

창란채김치

창면 오미자 국물에 녹말가루로 만든 면을 넣은 음료이다. 방법 1 : 녹두 전분에 물을 넣고 고루 풀어서 편평한 접시에 얇게 부어 끓는 물 위에 올려 중탕으로 익힌 다음 묵처럼 굳으면 얇게 채 썰어 오미자물을 부어 잣을 띄운다(서울 · 경기, 경북). 방법 2 : 물에 푼 칡 전분(또는 감자 전분)을 끓는 물에 얇게 익혀 찬물에 담가 묵처럼 굳혀서 국수가락처럼 얇게 채 썬 다음 꿀을 탄 오미자 우린 물에 넣고 잣을 띄운다(강원도). 서울 · 경기에서 착면, 책면이라고도 하며 경북에서는 착면, 청면이라고도 한다. 보통의 창면은 녹두 전분을 사용하는데, 강원도에서는 많이 생산되는 칡이나 감자의 전분을 사용하여 창면을 만들었다. 《산가요록》(창면), 《시의전서》(창면), 《조선요리제법》(책면), 《조선무쌍

창면

신식요리제법》(창면)에 소개되어 있다.
🌱 서울 · 경기, 강원도, 경북

창평쌀엿 찐 밥에 엿기름물, 끓여서 60
℃로 식힌 물을 섞어 따뜻한 곳에서 10
시간 정도 삭힌 다음 면포에 걸러서 오
랫동안 끓여 걸쭉해지면 양쪽에서 잡아
늘리는 것을 반복해 하얗게 되면 적당한
크기로 썬 것이다. 창평쌀엿은 먹을 때
바삭바삭하여 입 안에 붙지 않고 먹고
나서도 찌꺼기가 남지 않으며 맛이 독특
한 것으로 유명하다. 여름철에는 녹아서
붙지 않도록 콩가루나 쌀가루를 묻힌다.
전남 담양군 창평면에서의 쌀엿 생산은
조선조 양녕대군이 낙향했을 때 궁녀들
에 의해 전수되었다고 전해지며 이후 궁
궐에 진상되고, 시험 합격을 바라는 마
음에서 널리 알려졌다. 🌱 전남

채김치 굵게 채 썬 무 · 배추 · 명태살
에 고춧가루, 미나리, 갓, 새우젓, 다진
파 · 마늘 · 생강을 넣고 버무려 숙성시
킨 김치이다. 채를 썰어 만든 김치이므
로 오래 두고 먹지 않는다. 🌱 강원도

채만두 메밀가루를 익반죽하여 만두피
를 만들어 송송 썬 갓김치 · 묵나물을 섞
은 만두속을 넣어 만두를 빚은 후 쪄서
들기름을 바른 것이다. 🌱 강원도

채만두

채소무름 가지, 감자, 풋고추 등의 채소

에 밀가루를 묻혀 찐 것으로 양념장(간
장, 다진 파 · 마늘, 참기름, 깨소금)을
곁들인다. 🌱 경북

채소무름

채탕 채 썬 무를 참기름에 볶다가 물을
붓고 끓인 다음 소금 간을 하고 데쳐 채
썬 배추를 넣고 더 끓인 국이다. 무채탕
이라고도 한다. 🌱 경북

채탕

책면 ▶▶▶ 창면 🌱 서울 · 경기

천문동찌개 잘게 썬 천문동을 한 시간
쯤 끓여 체에 거른 국물을 멸치장국국물
과 혼합하여 된장, 고추
장을 넣고 끓인 다
음 무와 손질한 조
기를 넣어 끓이다
가 쑥갓, 어슷하게 썬
대파, 다진 마늘을 넣
어 끓인 찌개이다. 천문동

천문동

은 백합과에 속하는 다년생초로 바닷가에서 자라며 줄기는 1~2m 정도 되고, 연한 줄기는 식용하며, 뿌리는 거담제, 진해제, 양정제, 이뇨제, 강장제로 사용된다. ♣ 충남

천문동찌개

천서리막국수 꿩육수와 동치미국물을 섞은 찬 육수에 말아낸 메밀면이다. 메밀가루와 전분을 섞어 국수를 뽑아 삶아 그릇에 담고 고명으로 채 썬 오이와 배, 삶은 달걀과 얇게 썬 편육을 올리고 다진 파, 참기름, 깨소금을 넣은 후 고춧가루로 만든 다진 양념을 기호에 따라 넣어 꿩육수와 동치미국물을 섞은 육수를 부어 먹는다. 천서리막국수는 꿩고기 끓인 물과 동치미국물을 차례로 섞어 만든 냉육수가 특징이다. ♣ 서울·경기

천서리막국수

천엽볶음 소금으로 박박 문질러 씻은

천엽을 검은 부분은 벗겨내고 굵게 채 썰어 간장, 다진 파·마늘·생강 등의 양념장에 재

천엽

워둔 후 식용유 두른 팬에 양파를 볶다가 양념한 천엽과 고추를 넣어 볶은 것이다. 천엽은 소나 양, 사슴 등의 반추동물의 제3위(胃)를 말하는 것으로 백엽(百葉)이라고도 한다. 신선한 것은 채 썰어 회로 먹거나 한 장씩 막을 떼어 전을 부쳐 먹기도 하며, 보통 전이나 회, 전골, 볶음 등으로 먹는다. 《조선요리제법》(천엽볶음), 《조선무쌍신식요리제법》(천엽초 : 千葉炒)에 소개되어 있다. ♣ 서울·경기

천엽볶음

천엽토렴회 물에 데쳐서 껍질을 벗겨 채 썬 천엽, 소금과 설탕에 절인 무채, 미나리를 양념(고춧가루, 물, 다진 파·마늘, 참기름, 깨소금)으로 버무린 다음 설탕, 소금, 식초로 간을 맞춘 것이다. 천엽은 소금장(소금, 후춧가루, 참기름)에 찍어 먹기도 한다. ♣ 제주도

천초묵 ▶▶▶ 우뭇가사리묵 ♣ 경북

청각김치 불린 청각과 당근채, 붉은 고추채에 고춧가루, 젓갈, 다진 마늘을 섞어 만든 양념을 버무려 담근 김치이다.

청각

녹조류인 청각은 얕은 바닷속 바위에 붙어살며 진한 초록색의 사슴뿔 모양이라 하여 '청각채' 또는 '녹각채'라고도 한다. 칼슘과 요오드, 인 등의 무기질을 다량 함유하여 성장기 어린이에게 좋으며, 철분이 많아 빈혈 예방에도 효과적이다. 특히, 비타민 C가 풍부하고, 대장의 연동운동을 도와주는 식이섬유소가 많아 변비에 좋다. 독특한 향이 있으며 부드럽고 쫄깃하다. 주로 생것으로는 김장김치에 시원한 맛을 주고 말린 것은 불려서 나물을 해먹는다. ☙ 전남

청각나물(전남)

청각나물(경남 1)

청각김치

청각나물(경남 2)

청각나물 방법 1 : 새우살(조갯살)과 청각을 소량의 끓는 물에 볶다가 다진 마늘, 참기름, 소금(국간장)으로 양념하고 통깨를 뿌린다(전남). 방법 2 : 데친 청각과 양파, 풋고추, 붉은 고추에 양념(고춧가루, 실파, 국간장, 다진 마늘, 통깨, 식초, 소금)을 넣고 무친다(경남). 경남에서는 청각무침, 청각무침나물, 청각볶음, 청각조갯살볶음이라고도 한다. ☙ 전남, 경남

청각냉국 데친 청각에 간장 또는 된장

양념을 넣고 버무려 냉수를 부어 먹는 것이다. 방법 1 : 살짝 데친 청각을 양념장(국간장, 식초, 소금, 다진 마늘, 설탕)으로 버무려 냉수와 송송 썬 붉은 고추·풋고추, 통깨를 넣는다(경남). 방법 2 : 양파, 부추에 양념(된장, 식초, 다진 마늘)을 넣고 버무린 다음 데친 청각을 넣고 버무려 냉수를 붓고 깨소금과 부순 김을 올린 것이다. 양파 대신 오이를 채 썰어 넣기도 하고 참기름을 넣으면 맛이 좋다(제주도). 제주도에서는 정각냉국

이라고도 한다. ⚘ 경남, 제주도

청각냉국

청각무침 ▶▶▶ 청각나물 ⚘ 경남
청각무침나물 ▶▶▶ 청각나물 ⚘ 경남
청각볶음 ▶▶▶ 청각나물 ⚘ 경남
청각조갯살볶음 ▶▶▶ 청각나물 ⚘ 경남
청각찜 된장을 푼 멸치장국국물에 삶은 청각과 고사리, 콩나물, 밀가루에 버무린 늙은 호박을 넣고 끓인 다음 조갯살과 미더덕을 넣고 한소끔 끓여 다진 마늘, 대파, 방아잎을 넣어 버무린 것이다. 애지찜이라고도 한다. ⚘ 경남

청각찜

청갓김치 ▶▶▶ 갓김치 ⚘ 전남
청국장 무르게 익힌 콩을 더운 곳에서 발효시켜 양념한 장이다. 삶은 콩을 물기를 자작하게 뺀 뒤에 짚으로 덮고 베보자기와 담요를 덮어 하얀 점질물이 생기도록 3~4일 정도 발효시킨 다음 절구

에서 다진 마늘과 함께 넣고 찧은 다음 고춧가루와 소금을 넣어 골고루 섞는다. 충청도에서는 '퉁퉁장'이라 불리기도 한다. 《증보산림경제》(취청장법 : 取清醬法), 《산가요록》(청장), 《시의전서》(청국장 : 淸麴醬), 《부인필지》(청국장), 《조선무쌍신식요리제법》(청장 : 淸醬, 국간장 : 淸醬)에 소개되어 있다. ⚘ 전국적으로 먹으나 특히 충청도, 전라도에서 즐겨 먹음
청국장찌개 청국장을 푼 물에 쇠고기, 두부, 김치 등을 넣고 끓이는 찌개이다. 방법 1 : 청국장을 푼 멸치장국국물에 김치와 양파를 넣고 끓이다가 두부, 풋고추, 다진 마늘 등을 넣고 끓인다(상용, 전북). 방법 2 : 양념한 쇠고기와 김치에 쌀뜨물을 부어 끓이다가 청국장을 풀어 넣고, 풋고추, 두부를 넣고 끓이면 고춧가루와 소금으로 간을 맞춘다(충북, 경북). 《조선무쌍신식요리제법》(청국장(천국장))에 소개되어 있다. ⚘ 전국적으로 먹으나 특히 충북, 전북, 경북에서 즐겨 먹음

청국장찌개

청도추어탕 미꾸라지를 푹 고아 걸러낸 물에 된장을 풀고 데친 배추와 토란대, 대파, 다진 마늘을 넣고 끓여 국간장, 소금으로 간을 하여 더 끓인 국이다. 산초가루와 다진 고추를 곁들인다. 미꾸라지탕이라고도 한다. ⚘ 경북

청도추어탕

청맥죽 수염을 제거한 풋보리를 찜통에 쪄서 말린 후, 절구에 찧은 것을 끓는 물에 넣고 풀어가면서 죽을 쑤고 소금 간을 한 죽이다. 《조선무쌍신식요리제법》(청모죽 : 靑麰粥)에 소개되어 있다. ❧ 전북

청맥죽

청면 ▶▶▶ 창면 ❧ 경북

청묵 메밀쌀로 만든 묵이다. 껍질 벗긴 메밀을 물에 담갔다가 삼베주머니에 넣

청묵

고 주물러 전분을 걸러낸 다음 풀을 쑤듯이 끓여 걸쭉해지면 소금으로 간을 하고 참기름을 넣어 묵 틀에 부어 굳힌다. 여름에는 쉽게 부서지고 상하기 쉬우므로 되게 쑤고 겨울에는 묽게 쑨다. ❧ 제주도

청어구이 방법 1 : 청어를 반으로 갈라 소금을 뿌려 석쇠에 굽는다(서울·경기). 방법 2 : 청어를 석쇠에서 애벌구이한 다음 양념(고추장, 된장, 다진 파·마늘, 고춧가루, 참기름)을 발라 굽는다(경북). 서울·경기에서는 비웃구이라고도 한다. 청어는 청어목 청어과의 바닷물고기로 회, 구이, 찜 등으로 먹으며, 겨울에 잡은 청어를 냉훈법으로 말린 것을 과메기라 한다. 《조선무쌍신식요리제법》(청어구 : 靑魚炙)에 소개되어 있다. ❧ 서울·경기, 경북

청어구이

청어식해 청어를 손질하여 꾸덕꾸덕하게 말려서 굵게 채 썬 후 나박썰기 한 무, 찹쌀밥, 고춧가루, 다진 파·마늘·생강, 소금, 설탕을 넣고 버무려 2~3일간 삭힌 것이다. ❧ 강원도

청어젓 손질한 청어의 아가미에 소금을 넣어 항아리에 담아 소금을 넉넉히 뿌리고 서늘한 곳에 보관하였다가 2~3일 뒤 끓여 식힌 소금물을 부어 발효시킨 것이

다. 비웃젓이라고도 한다.《규합총서》
(비웃젓 : 靑魚醢),《시의전서》(청어젓
담는 법),《부인필지》(비웃젓),《조선무
쌍신식요리제법》(비웃젓, 청어젓, 청어
해 : 靑魚醢)에 소개되어 있다. ♨ 서울·
경기

청어젓

청치주먹떡 멥쌀가루에 물을 뿌리고 설
탕, 청치가루, 삶은 콩을 섞어 따뜻한 물
로 반죽하여 주먹만 하게 만들어 찐 떡
이다. 푸른시래기주먹떡이라고도 한다.
청치가루는 푸른 시래기가루이다. ♨ 강
원도

청치주먹떡

청태무침 ▶▶▶ 파래무침 ♨ 전남
청포묵 녹두를 갈아서 체로 걸러 가라
앉은 앙금을 모아서 쑨 묵이다. 거피한
녹두에 물을 넣고 곱게 갈아서 고운체에
걸러낸 다음 가라앉은 앙금 한 컵에 물

을 넣고 저어가며 끓여 되직해지면 소금
간을 하여 더 끓인 후 틀에 부어 굳힌다.
양념장을 곁들여 낸다. 녹두묵이라고도
한다.《조선요리제법》(녹두묵),《조선무
쌍신식요리제법》(록두유 : 菉豆乳)에 소
개되어 있다. ♨ 전북, 경북
청포묵국 굵게 채 썰어 투명하게 데친
청포묵을 찬물에 헹구고, 멸치장국국물
에 양파, 쪽파, 붉은 고추, 청포묵, 다진
마늘을 넣고 끓이다가 달걀 푼 것을 넣
고 끓인 국이다. 충북은 소금, 충남은 국
간장으로 간을 한다. 맛이 부드럽고 순
해서 노인들에게 좋은 별미국으로 청포
묵 자체의 맛보다 부드러운 촉감으로 먹
는 것이 특징이다. ♨ 충청도

청포묵국

청포묵무침 ▶▶▶ 탕평채
청포묵전 참기름과 소금으로 버무린 청
포묵에 밀가루와 달걀물을 입혀 쑥갓을
얹어 지진 것이다. 양념장(간장, 식초,
설탕)을 곁들인다. ♨ 경남
청풍향어비빔회 ▶▶▶ 민물비빔회 ♨ 충북
초간장 간장에 식초를 넣은 장이다. 식
초와 설탕을 녹여서 간장을 섞거나 간장
에 식초를 넣은 것이다.
초고추 ▶▶▶ 고추장아찌 ♨ 충북
초고추장 고추장에 식초, 설탕, 물을 섞
어 만든 새콤달콤한 양념장이다.《조선

초간장

요리제법》(초고추장), 《조선무쌍신식요
리제법》(초고추장 만드는 법)에 소개되
어 있다.

초고추장

초교탕 닭과 도라지, 죽순 등을 밀가루
와 달걀물에 묻힌 후 육수에 넣어 끓인
국이다. 닭에 생강, 마늘, 양파와 물을
넣고 푹 삶아 건져내어, 찢어놓은 닭살,
쓴맛을 뺀 도라지, 미나리, 죽순, 붉은 고

초교탕

추를 소금, 다진 파·마늘 등으로 양념
하고, 채 썬 쇠고기·표고버섯도 양념하
여 준비한다. 양념한 모든 재료에 밀가
루와 달걀물을 섞은 후 닭육수에 한 숟
가락씩 떠 넣어 끓이고 국간장이나 소금
으로 간을 한 것이다. ♨ 서울·경기, 경남

초기국수 ▶▶▶ 표고버섯국수 ♨ 제주도

초기전 ▶▶▶ 표고버섯전 ♨ 제주도

초기죽 ▶▶▶ 표고버섯죽 ♨ 제주도

초롱무김치 통째로 소금에 절인 초롱무
와 쪽파를 항아리에 차곡차곡 담고 양
파, 풋고추, 붉은 고추, 배, 사과, 마늘,
생강을 썰어 담은 면주머니를 넣은 뒤
찰보리를 삶은 물에 소금 간한 국물을
자작하게 부어 익힌 김치이다. ♨ 전남

초피열매장아찌 초피열매에 끓여 식힌
간장을 부어 저장한 것이다. 15일 후 간
장을 따라내어 끓여서 식혀 붓는다. 초
피열매는 맛과 향이 자극적이므로 조금
씩 담고 열매가 촉촉히 잠길 정도로 담
아 낸다. 여름철 입맛이 없을 때 식욕을
돋우는 반찬으로 이용한다. 제피지라고
도 한다. 초피는 어린잎을 식용, 열매를
약용 또는 향미료(香味料)로 사용하고
열매의 껍질은 향신료로 쓰인다. 경상도
지방에서는 제피라고도 부르는데, 열매
의 껍질을 '제피'라고 불렀고 시골에서
는 '고초'라고 부르기도 한다. 전라도에
서는 '잰피'라고 한다. 경상도에서는 이
것을 갈아 '추어탕'을 끓일 때 미꾸라지
의 비린내를 없애는 데 사용하며 매콤한
맛과 톡쏘는 향이 특징이다. ♨ 제주도

초피잎부각 찹쌀가루나 밀가루로 죽을
쑤어 식힌 후 초피잎에 고루 발라 말려
두었다가 먹을 때 낮은 온도의 식용유에
튀긴 것이다. ♨ 강원도

초피잎장아찌 방법 1 : 소금에 절였다

초피잎부각

초피잎전

리고 있으나 산초는 열매만 식용하고 제피는 열매와 잎을 모두 식용으로 한다. 제피잎전이라고도 한다. ♨ 경남

물기를 뺀 초피잎에 고추장과 물엿을 잘 섞어 넣고 숙성시킨다(경북). 방법 2 : 간장에 초피잎을 담가 두었다가 물이 생기면 물기를 짜고 양념(고추장, 물엿, 생강가루)에 버무려 숙성시킨다(경남). 방법 3 : 초피의 어린순을 끓여서 식힌 물과 액젓, 물엿을 섞은 국물에 하루 동안 담갔다가 국물을 따라 내어 끓여서 식혀 붓기를 2~3번 반복하

초피순

고 1개월가량 숙성시킨다(전남). 경상도에서는 제피잎장아찌라고도 한다. ♨ 전남, 경상도

초피장떡 된장, 고추장, 물, 밀가루를 섞어 반죽한 다음 초피, 어슷하게 썬 풋고추 · 붉은 고추를 넣고 섞어서 식용유를 두른 팬에 둥글납작하게 지진 것이다. 제피장떡이라고도 한다. ♨ 경남

초피장떡

초피잎장아찌

초피잎전 다진 초피잎과 부추에 밀가루, 달걀, 물, 소금을 넣고 반죽한 것을 식용유를 두른 팬에 둥글납작하게 지진 것이다. 산초, 초피, 제피는 혼용되어 불

초피장아찌 유리병이나 항아리에 초피 열매를 담아 돌로 눌러 놓고, 간장, 설탕, 식초를 팔팔 끓여서 식혀 항아리에 붓고 뚜껑을 덮어 2주일간 서늘한 곳에 둔 다음 다시 간장을 따라내어 끓여서 붓기를 2~3회 반복하여 숙성시킨 것이다. 5월 하순에서 6월 초에 초피나무 열매가 반쯤 여물었을 때 열매를 송이째 채취한다. ♨ 충북

초피장아찌

초피주 방법 1 : 쌀가루로 죽을 쑤어 엿
기름가루를 넣고 삭힌 다음 삼베 주머니
에 걸러 끓여서 항아리에 붓고 누룩과
찹쌀밥, 초피잎을 잘 버무려서 자루에
담아 항아리에 넣어 발효시켜 찬 곳에서
숙성시킨다(강원도). 방법 2 : 말린 초피
열매 껍질에 소주를 부어 밀봉하여 찬
곳에 둔 다음 2~3개월 지난 후 걸러낸
술로 주둥이가 좁은 병에 보관한다(제주
도). 제주도에서는 제피술이라고도 한
다. ♨ 강원도, 제주도

초피주

총각김치 소금에 절인 총각무에 멸치젓
국, 고춧가루, 찹쌀풀, 다진 파 · 마늘 ·
생강, 새우젓, 설탕으로 만든 양념과 실
파, 갓을 넣고 버무린 김치이다.
총떡 ▶▶▶ 메밀전병 ♨ 경북
추성주 20여 가지의 한약재를 가지고
두 번의 증류과정을 거쳐 제조하는 전남

담양 지역의 민속주이다. 멥쌀과 찹쌀을
쪄서 식힌 고두밥에 엿기름물, 누룩을
잘 버무려 항아리에 담아 25~30℃에서
3일 정도 발효시켰다가 다시 30~35℃
에서 2일 정도 2차 발효시켜 만든 덧술
에 약간의 누룩과 분쇄한 한약초(두충,
구기자, 음양곽, 오미자 등)를 버무려 밑
술과 섞어 20~25℃ 되는 실내에서 10~
12일 정도 발효시켜 만든다. 추성주는
순곡으로 빚고 두 번의 증류과정을 거치
기 때문에 다른 발효주와는 달리 장기간
보관이 가능하며, 차게 보관하면 맛이
더욱 좋아진다. ♨ 전남

추성주

추어두부 껍질을 제거한 불린 콩에 물
을 넣어 갈아 끓여서 걸러낸 두유에 간
수를 넣고 끓여 뭉글뭉글하게 엉기면 두
부 틀에 붓고 미꾸라지를 넣어 눌러서
물을 짜내어 만든 것이다. 맛이 담백하

추어두부

고 미꾸라지를 뼈째 섭취하므로 고단백, 고칼슘의 영양식품이다. ✿경북

추어숙회 방법 1 : 마늘, 생강, 청주를 넣어 끓인 물에 손질한 미꾸라지를 넣어 익힌 다음 건져내고 각종 채소를 넣어 끓이다가 익힌 미꾸라지를 넣고 한소끔 끓인 후 소금, 후춧가루로 간을 한다(충북). 방법 2 : 굵은 소금으로 깨끗이 손질한 미꾸라지에 물을 붓고 살짝 찐 뒤 쪽파, 시금치, 어슷하게 썬 풋고추, 마늘채를 넣고 소금 간하여 한소끔 끓으면 달걀을 풀어 넣어 끓인다. 상추, 쑥갓, 초고추장을 곁들여 낸다(전북). ✿충북, 전북

추어숙회

추어탕 미꾸라지를 삶아서 곱게 갈아 체에 내린 다음 채소와 양념을 넣고 끓인 탕이다. 방법 1 : 해감시킨 미꾸라지를 푹 삶은 뒤 곱게 갈아 고춧가루, 고추장, 된장을 풀어 넣고 우거지를 넣어 끓인 후 곱게 간 들깨물, 쪽파, 다진 마늘, 참기름, 후춧가루 등을 넣고 소금으로 간을 한다(상용, 전북). 방법 2 : 미꾸라지를 삶아 체에 거른 국물에 된장, 고추장을 풀고 고사리와 호박잎, 애호박을 넣고 푹 끓이다가 고춧가루와 다진 마늘·생강, 대파, 풋고추를 넣어 끓인다(충북). 방법 3 : 미꾸라지를 푹 삶아 거

른 국물에 부추와 실파를 밀가루에 버무려 넣고 고추장을 풀어 끓인 후 달걀을 풀어 넣고 소금과 후춧가루로 간을 맞춘다(전남). 전남에서 미꾸라지국, 웅구락지국이라고 하며, 경남에서는 어탕이라고도 한다. 《조선무쌍신식요리제법》(추탕 : 鰍湯)에 소개되어 있다.

추어탕

추어탕국수 ▶▶▶ 어탕국수 ✿경남
춘천닭갈비 ▶▶▶ 닭갈비 ✿강원도
춘천막국수 메밀가루를 반죽하여 국수틀에 가늘게 빼서 삶은 후 그릇에 담고 채 썬 당근·오이, 김, 삶은 달걀을 얹고 육수를 부은 것이다. 겨자, 식초, 설탕, 양념장을 곁들인다. ✿강원도

춘천막국수

춘천쏘가리회 뼈와 껍질, 내장을 제거한 쏘가리를 살만 떠서 1cm 두께로 썰고, 접시에 채 썬 무를 깔고 쏘가리살을 담아

초고추장을 곁들인 것이다. ⬥ 강원도

충무김밥 김에 밥을 말아서 양념한 갑오징어와 무를 곁들인 밥이다. 김을 6등분 하여 고슬하게 지은 밥을 올려 말고, 데친 갑오징어는 양념(고춧가루, 간장, 다진 마늘·파, 깨소금, 소금, 설탕, 참기름, 후춧가루)으로 무치고, 소금에 절인 어슷하게 썬 무는 양념(젓갈, 고춧가루, 다진 마늘, 다진 파)으로 버무려 같이 곁들인다. 할매김밥, 꼬치김밥이라고도 한다. 옛날 경북 통영과 부산을 왕래하던 여객선 안에서 할머니, 아주머니들이 나무 함지박에 김밥과 오징어, 무김치를 팔았는데, 여름철 밥의 변질을 방지하기 위하여 밥과 반찬을 분리하여 먹게 된 것이 기원이다. 원래는 주꾸미를 사용하였으나 지금은 오징어를 대신 사용한다. ⬥ 경남

충무김밥

충주개떡 ▶▶▶ 햇보리떡 ⬥ 충북

취나물 데친 취나물을 양념에 무쳐 볶은 것이다. 방법 1 : 데친 취나물을 간장, 다진 파·마늘, 참기름, 깨소금으로 양념하여 팬에 볶는다(상용, 강원도). 방법 2 : 취를 끓는 물에 데쳐 물에 담가 쓴맛을 빼고, 다진 쇠고기를 양념하여 볶다가 준비한 취와 함께 볶는다(충북). 방법 3 : 데친 취나물을 된장, 고추장, 다진 마늘, 참기름, 통깨로 무친다(전남). 취나물볶음이라고도 한다. 취나물은 국화과에 속하는 풀인 취 중에서 식용 가능한 종류로 살짝 데쳐서 쓴맛을 없앤 후에 갖은 양념에 무치거나 볶아 먹는다. 단백질, 칼슘, 인, 철분, 비타민 B_1·B_2, 니아신 등이 함유되어 있는 알칼리성 식품으로 맛과 향기가 뛰어나다. 《조선요리제법》(취나물), 《조선무쌍신식요리제법》(취나물, 양제채 : 羊蹄菜)에 소개되어 있다. ⬥ 전국적으로 먹으나 강원도, 충북, 전남에서 즐겨 먹음

취나물

취나물밥 다시마장국국물에 불린 쌀을 넣고 끓이다가 다진 파·마늘, 국간장, 소금으로 간을 하여 볶은 취나물을 넣어 뜸을 들인 밥이다. 양념장(간장, 다진 붉은 고추·풋고추, 다진 파·마늘, 깨소금, 고춧가루, 참기름)을 곁들인다. ⬥ 경북

취나물밥

취나물볶음 ▶▶▶ 취나물

취나물쌈밥 ▶▶▶ 참취오곡쌈밥 ▾충북

취떡 불린 쌀에 삶은 취, 소금을 넣고 함께 빻아 물로 반죽한 다음, 시루에 넣고 푹 찐 후 방망이로 고루 쳐서 가래떡을 만들어 떡살로 납작하게 눌러 썬 후 참기름을 바른 떡이다. ▾강원도

칠곡떡 소금을 섞어 체에 내린 멥쌀가루에 팥, 검은콩, 동부, 수수, 녹두 등의 곡식을 불려 섞어 시루에 안쳐 찐 떡이다. 일곱 가지 곡식을 쌀가루 반죽에 넣어서 찐다고 하여 칠곡떡이라고 한다. ▾충남

칡개떡 말린 칡을 우려 체에 밭쳐 칡물을 받아서 멥쌀가루와 소금을 넣고 반죽한 다음 둥글납작하게 빚어 찜통에 찐 떡이다. 칡은 산속에서 자생하는 무공해 식품으로, 칡 전분을 채취해 두었다가 묵, 전, 국수를 만들어 먹는다. 칡은 중금속을 해독하는 것으로 알려져 있는데, 이는 칡에 들어 있는 폴리페놀 성분이 유해성 금속 이온과 착염을 형성하여 체내 중금속 함량을 감소시키기 때문이다. ▾충북

칡개떡

칡국수 바지락국물에 밀가루와 칡 전분을 섞어 반죽하여 만든 국수와 느타리버섯, 표고버섯, 애호박, 당근을 넣고 끓인 것이다. 칡칼국수라고도 한다. ▾충북

칡국수

칡떡 소금 간을 한 칡가루에 물을 뿌려 찐 다음 쪄서 콩고물을 묻힌 떡이다. ▾경남

칡묵 칡 전분과 물을 1:6의 비율로 섞어 약한 불에서 저어가며 끓이다가 묵틀에 부어 식힌 것이다. ▾충북

칡묵무침 채 썬 칡묵에 멸치장국국물을 붓고 볶은 김치, 황백지단채, 김가루를 얹어 양념장을 곁들인 것이다. 칡묵은 칡 전분과 물을 1:5의 비율로 섞어 나무주걱으로 저어가며 투명해질 때까지 끓여 식혀서 만든다. ▾충북

칡부꾸미 칡 전분과 찹쌀가루를 1:2의 비율로 섞어 익반죽하여 둥글납작하게 빚은 다음 식용유를 두른 팬에 올려 밤소를 넣고 지지다가 반으로 접고 대추와 쑥갓잎을 이용하여 꽃 모양으로 장식한 떡이다. 칡부꾸미는 칡의 단맛과 쓴맛, 독특한 향을 함께 느낄 수 있는 산간 지방의 토속성이 깃든 떡이다. ▾충북

칡송편 멥쌀가루에 칡가루를 섞어 익반죽하여 소를 넣고 찐 것이다. 방법 1 : 멥쌀가루와 도토리가루, 칡가루를 섞어 익반죽한 다음 조금씩 떼어 팥소, 검은콩소를 넣어 송편을 빚은 후 솔잎을 깔고 찐다(강원도). 방법 2 : 칡 전분을 익

반죽하여 불린 풋콩을 넣고 송편을 빚어 솔잎을 깔고 찐다(충북). ⚘ 강원도, 충북

칡전 칡 전분에 밀가루와 물을 넣어 묽게 반죽하여 애호박, 붉은 고추, 풋고추를 어슷하게 썰어 넣고 식용유를 두른 팬에 둥글납작하게 지진 것이다. ⚘ 충북

칡전

칡전병 밀가루를 반으로 나눠 한쪽은 흰 칡 전분과 섞어 반죽하고 나머지는 검은 칡 전분으로 섞어 반죽하여 식용유를 두른 팬에 반죽을 한 국자씩 떠서 밀

전병을 부쳐 흰색 전병에는 송송 썬 김치소를, 검은 칡전병에는 팥소를 넣고 반을 접어 돌돌 말아 먹기 좋게 썬 것이다. ⚘ 강원도

칡조청 엿기름가루에 따뜻한 물을 부어 주물러 앙금을 가라앉힌 후 윗물만 따라내어 칡즙, 늙은 호박을 넣고 푹 곤 다음 체에 밭쳐 걸러서 걸쭉해질 때까지 조린 것이다. ⚘ 충북

칡차 방법 1 : 칡뿌리와 대추에 물을 부어 끓인 차이다. 물의 양이 2/3 정도로 줄 때까지 오래 끓여야 제 맛이 난다. 방법 2 : 물을 끓여 칡가루를 넣고 기호에 맞게 설탕을 넣어 마시는 차이다. 칡가루는 칡을 깨끗이 씻어 겉껍질을 벗겨 결대로 잘게 찢어 그늘에서 20일 정도 말린 다음 뜨거운 방에서 10일 정도 더 말려 곱게 빻아 만든다. ⚘ 제주도

칡칼국수 ▶▶ 칡국수 ⚘ 충북

칼국수 밀가루 반죽을 방망이로 얇게 밀어 칼로 가늘게 썰어서 장국과 함께 끓인 더운 국수이다. 밀가루를 반죽하여 가늘게 썰어 칼국수를 준비하고, 멸치장 국국물에 채 썬 표고버섯·감자·애호 박과 칼국수를 넣고 끓인 다음 국수가 익으면 국간장, 소금 등으로 간을 하고 고명으로 황백지단채와 채 썬 김을 얹는 다. 멸치 대신 쇠고기나 바지락, 해산물 을 넣어 육수를 만들기도 한다.

강화 지방의 옛 음식이며 순 메밀 손칼 국수로 강화의 순무섞박지의 맛과 매우 잘 어울리는 향토음식으로 알려져 있다. 쇠고기 육수 대신 멸치장국국물로 끓이 기도 하며 김치를 송송 썰어 넣고 끓이 기도 한다. 메밀칼싹두기라고도 한다. ♦ 서울·경기

칼국수

칼싹두기

칼싹두기 쇠고기(양지머리)와 무, 양파 를 푹 끓인 육수에 다진 마늘과 국간장 으로 간을 한 후 메밀가루를 익반죽하여 썬 국수를 넣어 끓이다가 찢어 양념한 양지머리를 고명으로 얹어낸 것이다. 칼 싹두기는 칼국수를 칼로 싹뚝싹뚝 잘랐 다는 데서 붙여진 이름이다. 인천광역시

콥대사니무침 ▶▶▶ 풋마늘대겉절이 ♦ 제 주도

콧등국수 ▶▶▶ 메밀콧등치기 ♦ 강원도

콧등치기 ▶▶▶ 메밀콧등치기 ♦ 강원도

콩가루냉잇국 된장을 푼 멸치장국국물 을 끓이다가 생콩가루에 버무린 냉이, 실파, 붉은 고추, 다진 마늘을 넣고 끓인 국이다. 된장 대신 소금 간을 하기도 한 다. ♦ 경북

콩가루손칼국수 ▶▶▶ 콩칼국수 ♦ 경북

콩가루냉잇국

콩가루우거지국 멸치장국국물을 끓이다가 소금 간을 하고 생콩가루로 버무린 삶은 무청우거지, 무채를 넣고 뭉근하게 끓인 국이다. 우거지다리미국이라고도 한다. ♨경북

콩가루우거지국

콩가루주먹밥 고슬하게 밥을 지어 식힌 다음 콩가루를 넣고 고루 섞어 만든 주먹밥이다. 전남에서는 찬밥으로 주먹밥을 만들어 설탕과 소금으로 간한 콩가루

를 묻힌다. 경북에서는 고두밥콩가루무침이라고도 한다. ♨전남, 경북

콩가수기 ▶▶▶ 콩칼국수 ♨강원도

콩가술이 ▶▶▶ 콩칼국수 ♨강원도

콩강정 볶은 흰콩·검은콩에 물엿을 녹여 뜨거울 때 부어 버무린 다음 한 숟가락씩 떠서 주먹으로 쥐어 모양을 만든 것이다. 《조선요리제법》(콩강정), 《조선무쌍신식요리제법》(두강정 : 豆江丁)에 소개되어 있다. ♨전남

콩갱 ▶▶▶ 비지국 ♨경남

콩갱이 ▶▶▶ 비지죽 ♨경남

콩갱이 ▶▶▶ 콩죽 ♨강원도

콩고물시루떡 ▶▶▶ 본편 ♨경북

콩과자 콩가루와 쌀가루 반죽을 쪄서 말린 다음 석쇠에 구워 물엿 또는 조청을 바르고 쌀튀밥가루를 묻힌 한과이다. 방법 1 : 콩가루, 찹쌀가루, 좁쌀가루를 물로 반죽하여 쪄낸 것을 얇게 민 뒤 마름모 모양으로 썰어 말려 놓았다가 석쇠에 굽는다(전북). 방법 2 : 쌀가루를 쪄서 콩가루와 섞어 치댄 것을 얇게 밀어 마름모 모양으로 썰고 햇볕이나 따뜻한 방에 하루 정도 말린 후 숯불에 구워 물엿을 바르고 쌀튀밥가루를 묻힌다(전남). 전북에서는 콩깨잘, 전남에서는 콩유과라고도 한다. 콩과자는 전북 순창 지역 전통 한과의 하나이며, 다른 한과

콩가루주먹밥

콩과자

류와 달리 기름에 튀기지 않고 석쇠에 굽기 때문에 그 맛이 담백하다. ♥ 전라도

콩국 콩물에 채소를 넣고 양념하여 끓인 국이다. 방법 1 : 하룻밤 불린 콩의 껍질을 벗겨 곱게 간 콩물에 삶은 콩나물, 당근, 감자를 넣고 끓이다가 콩국이 끓어오르면 두부, 마늘, 파를 넣고 거품을 제거하며 끓인 후 고춧가루와 소금으로 간을 한다(충북). 방법 2 : 끓는 물에 갠 생콩가루를 넣고 끓이다가 배추와 무를 넣고 소금으로 간을 하여 끓인다(제주도). 제주도에서는 날콩가루국이라고도 한다. ♥ 충북, 제주도

콩국

콩국수 불려서 삶은 콩을 곱게 갈아 체에 밭쳐 소금 간하여 차게 식힌 콩물을 삶은 국수에 붓고 오이채를 얹어 깨소금을 뿌려낸 것이다. 콩국에 볶은 깨를 갈아 밭쳐서 섞기도 하며, 열무김치를 곁들인다.《시의전서》(콩국국수)에 소개되어 있다. ♥ 전국적으로 먹으나 특히 전라도에서 즐겨 먹음

콩김치국 콩가루를 푼 물을 저어가며 끓이다가 썬 배추김치와 김칫국물을 넣어 저으면서 순두부처럼 엉기게 끓여 만든 것이다. ♥ 충북

콩깨잘 ▶▶▶ 콩과자 ♥ 전북

콩나물갱죽 ▶▶▶ 갱죽 ♥ 경북

콩나물국 멸치장국국물에 콩나물과 썬 대파, 다진 마늘, 고춧가루를 넣어 끓여 소금으로 간을 한 것이다. 지방에 따라 고춧가루를 넣지 않고 맑은 국으로 끓이기도 한다.《조선요리제법》(콩나물국),《조선무쌍신식요리제법》(삼태탕 : 三太湯)에 소개되어 있다.

콩나물국

콩국수

콩나물국밥 밥에 콩나물무침, 국물을 넣고 끓여 새우젓으로 간을 한 것이다. 방법 1 : 밥에 콩나물 삶은 물, 콩나물무침, 새우젓국, 대파를 넣고 끓여 고춧가루, 깨소금을 얹어 낸다(경북). 방법 2 : 멸치장국국물에 콩나물, 깍둑썰기 한 고구마, 송송 썬 배추김치를 넣고 끓이다가 찬밥을 넣어 끓여 국간장으로 간을 한다(경남). 경북에서는 콩나물밥국이라고도 한다. ♥ 경상도

콩나물김치 살짝 데친 콩나물과 굵게

채 썰어 절인 무 · 배춧잎, 마늘채, 생강채, 멸치젓국, 실고추를 섞어 버무린 다음 소금물을 부어 익힌 김치이다. 빛깔이 곱고 맛이 산뜻하여 사철 내내 담가 먹는다. 콩나물지라고도 한다. ♣ 전북

콩나물김치

콩나물김치죽　불린 쌀을 참기름에 볶다가 콩나물, 송송 썬 김치를 넣고 물을 부어 쌀알이 퍼질 때까지 끓인 죽이다. ♣ 전남

콩나물냉국　식초, 다진 파 · 마늘 · 생강을 넣고 소금 간을 한 찬 국물에 소금물에 살짝 데친 콩나물을 띄운 국이다. ♣ 전남

콩나물된장국　된장을 푼 물에 콩나물을 넣어 끓인 국이다. ♣ 제주도

콩나물몰무침　마른 몰을 불려 살짝 데친 것과 삶은 콩나물, 쪽파, 어슷하게 썬 붉은 고추에 다진 마늘, 소금, 참기름,

콩나물몰무침

통깨를 넣고 무친 것이다. 몰은 모자반의 방언이며 해초의 일종으로 톳보다 볼록한 부분이 구형에 가깝다. ♣ 전남

콩나물무침　콩나물에 물과 소금을 넣고 뚜껑을 덮은 채 15분 정도 삶은 후 건져 소금, 다진 파 · 마늘, 참기름, 깨소금을 넣고 무친 것이다. 《조선무쌍신식요리제법》(숙아채 : 菽芽菜)에 소개되어 있다.

콩나물부침

콩나물밥　불린 쌀에 콩나물을 섞어 지은 밥이다. 방법 1 : 콩나물과 채 썰어 양념한 쇠고기, 불린 쌀을 섞어 물을 붓고 밥을 지어 양념장(간장, 다진 파 · 마늘, 고춧가루, 깨소금, 참기름)을 곁들인다(상용, 경상도). 방법 2 : 불린 쌀에 콩나물을 섞어 다시마(또는 멸치)를 끓인 장국국물을 부어 지은 밥이다(전남). 경상도에서는 쇠고기, 돼지고기를 볶아 넣기도 하고 멸치를 넣어 밥을 짓기도 한다.

콩나물밥

콩나물밥국 ▶▶▶ 콩나물국밥 ✄ 경북

콩나물볶음 다진 조갯살에 양념(소금, 다진 마늘, 참기름, 깨소금)을 넣어 볶다가 콩나물을 넣고 볶아 물을 부어 한소끔 끓인 것이다. 콩나물조갯살볶음이라고도 한다. ✄ 경남

콩나물볶음

콩나물잡채 머리와 꼬리를 떼고 데친 콩나물, 고춧가루로 물들인 무채, 데친 고사리와 당근채, 미나리, 불려서 채 썬 다시마에 겨자 양념(겨자가루, 식초, 설탕, 다진 마늘, 소금, 통깨)을 넣고 무친 것이다. 전북 전주는 수질이 좋고 기후가 콩나물 재배에 알맞으며 전주에서 가까운 임실에서 생산되는 서목태(쥐눈이콩)의 풍부한 공급으로 오래전부터 질 좋은 콩나물이 생산되어 왔는데, 이 콩나물은 오래 삶아도 질감이 좋아 여러 가지 요리에 이용했다. ✄ 전북

콩나물잡채

콩나물장조림 소량의 물을 붓고 콩나물을 삶은 후에 양념장(간장, 설탕, 다진 파·마늘)과 붉은 고추를 넣어 조린 것으로 생선 부스러기를 넣기도 한다. ✄ 경남

콩나물조갯살볶음 ▶▶▶ 콩나물볶음 ✄ 경남

콩나물죽 삶은 콩나물과 불린 쌀에 물을 붓고 충분히 끓여 걸쭉하게 어우러지면 국간장으로 간한 것이다. 경남에서는 된장을 푼 멸치장국국물을 이용하여 죽을 끓인다. ✄ 전남, 경남

콩나물지 ▶▶▶ 콩나물김치 ✄ 전북

콩나물짠지 뿌리를 다듬은 콩나물을 간장, 다진 파·마늘, 참기름, 깨소금으로 만든 양념장에 버무려 냄비에 담고 물을 약간 부어 끓이다가 물기가 자작해지면 참기름, 후춧가루를 넣고 실고추를 얹어 낸 것이다. ✄ 충북

콩나물짠지

콩나물찌개 콩나물을 참기름, 깨소금을

콩나물찌개

넣고 볶다가 고추장, 국간장, 다진 파·마늘, 후춧가루로 만든 양념과 물을 넣고 약한 불에서 끓인 후 실고추를 얹어 낸 것이다. ▼충북

콩나물횟집나물 삶은 콩나물·무청시래기, 데친 콩잎을 양념(된장, 콩가루, 참기름, 고춧가루, 소금)으로 무친 것이다. 콩잎에 영양이 많은 콩가루를 섞어 만든 음식으로 경북 청도군에서 잔치음식으로 이용하기도 하였다. ▼경북

콩나물횟집나물

콩물칼국수 끓는 물에 삶아 두세 번 찬물에 헹군 칼국수를 불린 흰콩을 삶아 껍질을 벗겨낸 뒤 참깨와 함께 분쇄기에 곱게 갈아서 만든 국물에 담고 채 썬 오이를 얹은 것이다. ▼충남

콩밥 불린 쌀과 콩을 섞어 지은 밥이다. 《조선요리제법》(콩밥), 《조선무쌍신식요리제법》(두반 : 豆飯)에 소개되어 있다.

콩부침 불려 간 쌀·콩에 밀가루, 물을 넣고 섞은 반죽을 식용유를 두른 팬에 둥글납작하게 편 다음 소금 간을 한 돼지고기와 오징어, 실파, 붉은 고추를 얹어 지진 것이다. 콩전, 콩죽지짐이라고도 한다. ▼경북

콩비지떡 콩비지에 메밀가루나 옥수수가루를 섞고 소금에 절인 무채를 넣어 버무려 찐 떡이다. 콩비지는 두부를 만들 때 두유를 짜고 남은 찌꺼기이다. ▼강원도

콩비지밥 쌀에 콩비지와 돼지고기를 섞어 지은 밥이다. 솥에 물을 붓고 도톰하게 썬 돼지고기, 청주, 소금, 생강즙, 후춧가루를 넣고 쌀을 넣어 서서히 끓여 쌀알이 거의 퍼지면 콩비지를 넣고 뚜껑을 덮어 뜸을 들이고 양념장에 비벼 먹는다. ▼전남

콩비지찌개 식용유를 두른 냄비에 썰어 놓은 돼지고기와 배추김치를 넣어 함께 볶다가 콩비지와 물을 붓고 끓인 후 대파, 다진 마늘, 고춧가루, 소금으로 양념한 것이다. 경북에서는 국간장으로 양념하며 배추, 무, 고춧가루, 된장, 멸치장국국물을 넣기도 한다. 배추김치 대신 배추를 쓰기도 하며 비지찌개라고도 한다.

콩밥

콩비지찌개

콩비지탕 두꺼운 냄비에 식용유를 두르고 돼지갈비, 무채, 배추김치를 넣고 볶다가 콩을 곱게 갈아 만든 콩물을 붓고 중불에서 끓인 후 소금과 새우젓으로 간을 한 것이다. ▼ 충북

콩비지탕

콩썹지 ▶▶▶ 콩잎장아찌 ▼ 제주도
콩엿강정 설탕과 물엿을 끓이다가 볶은 콩을 넣고 재빨리 섞은 후 편평한 곳에 부어 네모 모양으로 자른 것이다. 깨, 잣, 호두 등으로도 만든다. 《조선무쌍신식요리제법》(콩강정, 두강정 : 豆羌飣)에 소개되어 있다.
콩유과 ▶▶▶ 콩과자 ▼ 전남
콩잎김치 소금물에 삭혔다가 헹궈 물기를 뺀 콩잎에 양념(멸치액젓, 국간장, 고춧가루, 설탕, 다진 마늘·생강, 통깨, 실고추)을 켜켜로 발라 담근 김치이다. 된장에 박기도 하고, 삭힌 콩잎은 씻어

콩잎김치

물기를 빼고 양념장에 버무리기도 한다. ▼ 경북
콩잎물김치 방법 1 : 밀가루풀에 된장을 걸러 넣고 풋고추, 양파를 고루 섞은 것을 20장 정도씩 묶은 콩잎에 부어 시원한 곳에서 익힌다(경북). 방법 2 : 밀가루를 푼 물을 끓여 식혀 소금 간하여 20장씩 묶은 콩잎과 채 썬 마늘·생강, 어슷하게 썬 풋고추·붉은 고추를 넣어 담근다(경남). ▼ 경상도

콩잎물김치

콩잎쌈 콩잎을 밥 뜸 들일 때 넣고 살짝 쪄서 양념(고춧가루, 깨소금, 다진 마늘, 소금)한 멸치젓(또는 자리젓)을 곁들인 것이다. 콩잎 세 장을 손바닥에 펴서 밥을 놓고 양념된 멸치젓이나 자리젓을 얹어 싸서 먹는다. ▼ 제주도
콩잎장아찌 어린 콩잎에 간장과 국간장을 부어 저장한 것이다. 하루가 지난 다음 간장을 따라내어 끓여서 식혀 붓기를 3~4회 반복한다. 마지막으로 따라낸 간장에 고추장, 물엿을 함께 넣어 끓인 다음 식혀 부었다가 먹는다. 콩썹지라고도 한다. ▼ 제주도
콩자반 삶은 콩에 끓여 식힌 찹쌀풀을 발라 말려 먹을 때 식용유에 튀긴 것이다. 찹쌀가루 대신 밀가루를 이용하기도 하고, 튀긴 다음 소금을 뿌리기도 한다.

《시의전서》(콩자반), 《조선요리제법》 (콩자반), 《조선무쌍신식요리제법》(두 좌반 : 豆佐飯)에 소개되어 있다. ❧ 경북

콩장 ▶▶ 콩탕 ❧ 경북

콩장아찌 불린 검은콩을 삶아 말린 다음 쪄서 다시 말려 멸치장국국물, 간장, 국간장, 설탕을 끓인 양념장을 부어 저장한 것이다. ❧ 제주도

콩전 ▶▶ 콩부침 ❧ 경북

콩조림 검은콩을 불려 끓이다가 간장, 맛술, 설탕, 물엿, 식용유를 넣고 조려 참기름, 통깨를 넣어 버무린 것이다.

콩조림

콩죽 흰콩을 갈아 쌀을 섞어서 쑨 죽이 다. 방법 1 : 충분히 불려 삶은 콩의 껍질을 벗겨 곱게 간 콩물을 끓이다가 불린 쌀을 넣어 쌀알이 완전히 퍼질 때까지 끓인 후 소금 간을 한다(상용, 전라도, 경남). 경북에서는 콩물에 불린 쌀과 감자를 넣어 끓이기도 하며 경남에서는 찹쌀가루를 익반죽하여 새알로 만들어 넣기도 하고, 칼국수나 수제비를 넣기도 한다. 방법 2 : 냄비에 잘게 썬 갓김치 · 백김치를 밑에 깔고 불린 메밀 · 쌀, 물을 넣고 끓이다가, 불린 콩을 갈아서 위에 고루 얹고 한소끔 끓이면 진한 소금물을 끼얹어 순두부처럼 엉기게 한다(강원도). 방법 3 : 불린 쌀에 물

을 붓고 끓이다가, 물에 묽게 풀어 놓은 콩가루물을 넣고 눋지 않게 저어가며 끓여 쌀알이 퍼지면 채 썬 무를 넣고 끓인 다음 소금으로 간을 하고 부추를 넣는다. 쌀 대신 식은 밥을 이용하기도 하고, 맛을 돋우기 위해 꿩마농(달래)을 넣기도 한다(제주도). 강원도에서는 콩갱이라고도 한다. 《증보산림경제》(청태죽 : 靑太粥), 《조선요리제법》(콩죽), 《조선무쌍신식요리제법》(태죽 : 太粥)에 소개되어 있다.

콩죽

콩죽지짐 ▶▶ 콩부침 ❧ 경북

콩칼국수 방법 1 : 밀가루와 콩가루를 섞어 반죽하여 면을 만들어 삶아 둔다. 된장을 푼 물에 감자와 애호박을 넣고 끓여 삶은 국수를 넣는다(강원도). 방법 2 : 멸치장국국물을 끓이다가 밀가루와 콩가루로 반죽한 칼국수를 넣고 끓으면 애호박, 배추를 넣고 소금 간을 하여 더 끓인디. 김, 깨소금을 얹고 참기름을 넣는다(경북). 강원도에서는 콩가수기, 콩가술이라고 하며 경북에서는 콩가루손칼국수, 제물국수라고도 한다. ❧ 강원도, 경북

콩탕 콩물 또는 콩가루를 찬물에 풀어 끓이다가 순두부처럼 엉길 때에 채소를 썰어 넣고 다시 끓여 양념한 국이다. 방

법 1 : 냄비에 납작하게 썬 무와 물을 조금 넣고 끓이다가 불린 콩 간 것을 조금씩 넣고 뽀얗게 되면 불을 끄고 간수를 넣어 응고시킨다(강원도). 방법 2 : 흰콩을 갈아 물에 풀어 끓이다가 납작하게 썬 무·감자, 잘게 썬 배추·시래기, 콩나물대를 넣고 끓으면 된장과 막장, 고춧가루, 다진 파·마늘을 넣어 끓인다(강원도). 방법 3 : 끓는 물에 콩가루 갠물을 넣고 저으면서 끓이다가 간수를 넣어 엉기면 부추, 실파를 넣는다(경북). 경북에서는 콩장, 순두부라고도 한다.
❧ 강원도, 경북

콩나물무침을 곁들여서 양념장으로 비벼 먹으면 좋다. 비지밥이라고도 한다.
❧ 강원도

콩팥구이   손질한 소의 콩팥과 납작하게 썬 쇠고기를 간장 양념에 재워두었다가 석쇠나 팬에 구운 것이다. 소의 콩팥은 단백질과 무기질이 풍부하다. ❧ 서울·경기

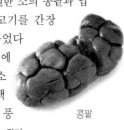

콩팥

콩팥구이

콩탕

콩탕밥   콩국에 쌀을 넣고 지은 밥이다. 잘게 썬 돼지비계와 채 썬 감자, 시래기를 들기름을 두른 냄비에 넣고 볶다가 불린 콩을 갈아 넣고 약한 불로 한 번 끓인 후 불린 쌀을 넣고 지은 밥이다.

콩탕밥

타락죽　우유를 넣어 쑨 죽이다. 불린 쌀을 곱게 갈아 체에 밭쳐, 물을 부어 끓이다가 죽이 퍼질 때쯤 우유를 조금씩 넣어 멍울이 지지 않게 풀어준 후 소금, 설탕으로 간을 한 것이다. 타락(駝酪)이란 우유를 가리키는 옛말이며 쌀을 갈아서 물 대신 우유를 반 분량 넣어 끓인 무리죽이다. 어린이 이유식이나 환자식으로 적당하며, 조선왕조 때는 동대문 쪽의 낙산(酪山)에 목장이 있어 궁중에 진상을 하였다.《지봉유설》(수락, 타락죽),《규합총서》(타락죽 : 駝酪),《조선요리제법》(타락죽)에 소개되어 있다. ☙ 서울·경기

름과 소금으로 간하고, 채 썬 쇠고기와 당근을 양념하여 볶고, 미나리는 데쳐서 한데 버무려 간장, 식초, 참기름으로 양념하여 황백지단채와 실고추, 구운 김을 고명으로 올린다. 청포묵무침이라고도 한다.《동국세시기(東國歲時記)》에 의하면 탕평채라는 음식명은 조선왕조 중엽에 탕평책의 경륜을 펴는 자리에서 청포에 채소를 섞어 무친 음식이 나온 것에서 유래하였다.《시의전서》(탕평채),《조선요리제법》(탕평채),《조선무쌍신식요리제법》(묵청포, 탕평채 : 蕩平菜, 청포 : 淸泡)에 소개되어 있다. ☙ 전국적으로 먹으나 특히 서울·경기에서 즐겨 먹음

타락죽

탕평채

타래과 ▶▶▶ 매작과
탈술 ▶▶▶ 복분자술 ☙ 제주도
탕평채　굵게 채 썬 녹두묵을 데쳐 참기

태양떡국　불린 쌀을 쪄서 가래떡을 만들어 태양처럼 둥근 모양으로 썰어 끓는 육수에 넣고 국간장으로 간을 하여 끓인

다음 양념(간장, 다진 마늘, 참기름, 깨소금, 후춧가루)하여 볶은 쇠고기, 황백지단, 구운 김을 고명으로 올려 낸 것이다. ✿ 경북

태평초 ▶▶▶ 태평추 ✿ 경북

태평추 양념(간장, 고춧가루, 다진 파·마늘, 참기름, 술, 통깨, 소금)에 재운 돼지고기를 참기름으로 볶다가 김치, 대파를 넣고 육수를 부어 끓인 다음 메밀묵, 대파, 당근, 황백지단을 돌려 담아 더 끓여 국간장(또는 소금)으로 간을 하고 구운 김을 올린 것이다. 태평초, 묵두루치기라고도 한다. 술안주로 이용한 것이므로 태평주라고도 하였으며, 술상이나 밥상이 준비된 즉시 만들어 먹는 것이 맛이 좋다. 태평추는 '돼지묵전골'의 일종으로 경북 지방에서는 별식으로 매우 유명한데, 궁중음식인 탕평채가 경북에 전해지면서 서민들이 먹는 태평추가 되었다고 한다. 태평추는 메밀묵의 부드럽게 씹히는 감촉이 채소와 어우러져 칼칼하고 개운한 맛을 내는 것이 특징이다. ✿ 경북

태평추

탱자차 저며 썬 탱자를 설탕에 절여 두었다가 끓인 물에 타서 마시는 차이다. ✿ 경남

토계탕 닭 속에 토란을 넣고 물에 푹 끓여 다진 파·마늘을 넣고 소금으로 간한 국이다. 토란은 알줄기로 번식하며 주로 국으로 이용하고 굽거나 쪄서 이용한다. ✿ 제주도

토끼만두 다져서 밑간(소금, 다진 마늘·생강, 후춧가루)한 토끼고기, 데쳐 다진 숙주, 다진 부추와 묵은 김치, 쪄서 으깬 두부, 삶아 다진 당면을 섞어 만든 소를 밀가루 만두피에 넣고 빚어 찐 것이다. 토끼뼈를 고아 만든 육수에 만두를 넣어 만둣국으로도 먹는다. 배추를 다져 넣기도 한다. ✿ 경북

토끼만두

토끼탕 토끼고기와 채소를 넣어 양념하여 끓인 탕이다. 방법 1 : 물에 다진 양념(다진 붉은 고추·마늘·생강)을 넣고 끓이다가 먹기 좋은 크기로 썬 토끼고기를 넣고 고기가 익으면 국간장과 소금으로 간한 다음 후춧가루를 넣고 미나리, 대파, 다진 마늘을 넣고 한소끔 끓인다(전남). 방법 2 : 육수에 나박썰기 한 무를 넣고 끓인 다음 토끼고기를 넣고 끓으면 어슷하게 썬 대파, 다진 마늘을 넣고 끓여 국간장으로 간을 한다. 도라지, 들깻가루를 넣기도 한다(경남). 《산림경제》(자토 : 煮兎)에 소개되어 있다. ✿ 전남, 경남

토란국 쇠고기육수에 토란을 넣어 끓

인 국이다. 물에 쇠고기, 다시마, 무를 넣고 끓여 육수를 낸 다음 토란대, 삶은 토란을 넣어 끓이다가 어슷하게 썬 대파, 다진 마늘을 넣고 소금으로 간을 한다. 충북에서는 돼지등뼈 삶은 육수를 사용하며, 감자를 넣어 끓이기도 한다. 토란대(토란줄기)는 토란의 줄기로

토란대나물

서 9~10월에 많이 나오며, 주성분은 당질로서 녹말 이외의 펜토산, 갈락탄, 덱스트린 등이 있어 토란 고유의 맛을 낸다. 토란과 토란대에는 끈끈한 점성 물질인 갈락탄이 많이 들어 있어 혈압을 내려 주고 혈중 콜레스테롤 수치를 낮춰 주며 또한 위점막을 보호하여 위궤양을 예방하며, 노화예방에도 좋은 식품이다. 특히, 장 운동을 활발히 하여 변비 예방에 효과적이다. 토란이나 토란대를 먹었을 때 나는 아린 맛은 식초물에 담그거나 쌀뜨물에 소금을 넣고 데친 후에 찬물에 헹구어 내면 제거된다.《시의전서》(토란국),《조선요리제법》(토란국)에 소개되어 있다.

토란대나물 데친 토란대를 양념하여 볶은 것이다. 방법 1 : 불려서 데친 토란대와 건새우를 들기름에 볶다가 들깨물을 넣어 끓이면서 국간장, 소금으로 간을 맞추고 다진 마늘, 붉은 고추, 채 썬 파를 넣고 걸쭉하게 끓인다(전북). 방법 2 : 불려서 삶은 토란대를 식용유와 다진 마늘에 볶다가 국간장으로 간을 하고 멸치장국국물을 붓고 뚜껑을 덮어 익힌 후 다진 파, 참기름, 깨소금, 후춧가루를 넣어 골고루 무친다(전남). ♨ 전라도

토란대된장국 ▶▶▶ 토란된장국 ♨ 경북

토란된장국 된장을 푼 멸치장국국물에 삶은 토란대를 넣고 끓이다가 양파, 다진 마늘, 고춧가루를 넣고 끓여 소금으로 간을 한 국이다. 토란대된장국이라고도 한다. ♨ 경북

토란들깨국 ▶▶▶ 들깨토란탕 ♨ 경남

토란찜국 ▶▶▶ 들깨토란탕 ♨ 경남

토란탕 ▶▶▶ 들깨토란탕 ♨ 전라도, 경남

토리면 메밀가루와 전분으로 반죽한 국수를 삶아서 식힌 후 그릇에 담아 동치미국물을 붓고 돼지고기편육, 동치미무, 삶은 달걀을 얹어 낸 것이다. 쌀이 부족하던 삼국시대에 혼인날 쌀 대용으로 메밀국수를 대접하던 풍습에서 전래되었으며, 시원한 동치미국물에 말아 낸 메밀국수의 얼큰한 맛이 일품이다. ♨ 충북

토리면

토장아욱죽 ▶▶▶ 아욱죽 ❦ 강원도

토종닭약탕 솥에 토종 닭, 황기, 당귀, 표고버섯, 밤, 대추, 물을 넣고 찹쌀을 면포주머니에 싸서 함께 넣고 푹 고아 토종 닭과 국물, 찹쌀밥을 따로 담아 낸 것이다. ❦ 경남

토하젓 민물새우를 소금에 절여 1개월 이상 밀봉해 두었다가 먹을 때 새우와 찹쌀밥을 3 : 1의 비율로 버무리고 고춧 가루, 다진 파·마늘, 참기름, 깨소금으 로 양념하여 4~5일 동안 삭힌 것이다. 예부터 여름철 꽁보리밥을 먹고 체했을 때 토하젓 한 숟가락만 먹으면 낫는다 하여 소화젓으로 널리 알려졌으며, 조선 시대에는 전남 강진군 옹천면에서 생산 되는 토하젓을 궁중 진상품으로 올릴 만 큼 유명했다. ❦ 전라도

토하젓

톨냉국 ▶▶▶ 톳냉국 ❦ 제주도
톨무침 ▶▶▶ 톳나물 ❦ 제주도
톨밥 ▶▶▶ 톳밥 ❦ 제주도
톨범벅 ▶▶▶ 톳범벅 ❦ 제주도
톳나물 데친 톳을 양념하여 무친 것이 다. 방법 1 : 살짝 데쳐 물기를 꼭 짠 톳 을 풋고추, 붉은 고추와 함께 고추장 양 념으로 무친다(강원도, 충남). 방법 2 : 데친 톳을 양념(멸치젓국, 고춧가루, 깨 소금, 다진 마늘)으로 무친다(경남). 방

법 3 : 데친 톳에 양파, 풋고추, 붉은 고 추를 넣고 양념(된장, 식초, 다진 파, 깨 소금)으로 무치며 된장 대신 젓국, 간장, 초고추장 등으로 무쳐 먹기도 한다(제 주도). 강원도, 경남에서는 톳나물무침, 충남, 제주도에서는 톳무침, 제주도에서 는 톨무침이라고도 한다. 톳은 갈조식 물 모자반과의 다년생 바닷말로 조간대 하부에 서식하는데, 맛이 좋아 식용으 로 이용되며, 특히 칼슘과 철분을 풍부 하게 함유하고 있다. ❦ 강원도, 충남, 경남, 제주도

톳나물(강원도)

톳나물(제주도)

톳나물무침 ▶▶▶ 톳나물 ❦ 강원도, 경남
톳나물바지락회무침 데친 톳나물과 바 지락살을 된장, 고추장, 다진 마늘, 설 탕, 식초, 참기름, 통깨로 버무린 것이 다. ❦ 전남
톳나물밥 데친 톳나물을 솥에 깔고 불 린 쌀과 멸치장국국물을 넣고 지은 밥으

톳나물바지락회무침

톳두부무침

로 양념장(간장, 다진 파·마늘, 참기름,
고춧가루, 깨소금)을 곁들인다. ✿ 경남

톳나물젓갈무침 톳과 양파, 붉은 고추
를 양념(꽁치젓갈, 고춧가루, 다진 마늘,
깨소금)으로 무친 것이다. 실파, 무를 넣
기도 한다. ✿ 경북

톳냉국 삶은 톳에 풋고추, 붉은 고추,
부추, 양념(된장, 설탕, 식초, 고추장,
고춧가루, 다진 마늘, 참기름, 통깨)을
섞어 무친 다음 찬물을 부은 것이다. 톳
에는 칼슘, 요오드 외에 다른 성분도 많
으며 고혈압 환자에게 권장하는 식품이
기도 한다. 통냉국이라고도 한다. ✿ 제
주도

톳밥 보리를 끓이다가 삶은 톳을 넣어
지은 밥이다. 톳은 채취하여 그대로 햇
볕에 말리면 소금기가 있어 변하지 않으
며, 먹을 때 하루 전에 물에 담가 짠맛을
우려내거나 뜨거운 물에 담그면 빨리 불
어나며, 톨밥이라고도 한다. ✿ 제주도

톳 밥

톳범벅 톳과 메밀가루로 만든 범벅이
다. 불린 톳을 물에 넣고 끓이다가 메밀

톳냉국

톳두부무침 소금물에 살짝 데친 톳과
으깬 두부에 참기름, 다진 마늘, 깨소금,
소금을 넣고 버무린 것이다. ✿ 전남

톳무침 ▶▶▶ 톳나물 ✿ 충남, 제주도

톳범벅

가루를 넣고 끓여 소금으로 간을 한다.
톳범벅이라고도 한다. ⚓ 제주도

통대구모젓 ▶▶▶ 대구모젓 ⚓ 경남

통도라지생채 물에 담가 쓴맛을 뺀 통
도라지를 소금물에 담갔다가 고춧가루
로 버무려 물을 들인 다음 양념(감식초,
다진 마늘·파, 깨소금, 참기름, 설탕)으
로 무쳐 3일 정도 두었다가 먹을 때 통
깨를 뿌린 것이다. ⚓ 경남

통마농지 ▶▶▶ 마늘장아찌 ⚓ 제주도

통마늘장아찌 ▶▶▶ 마늘장아찌 ⚓ 전남, 제
주도

통영비빔밥 고슬하게 지은 밥 위에 양
념(국간장, 다진 마늘·파, 참기름, 깨소
금)으로 각각 무친 콩나물, 시금치나물,
부추나물, 톳나물무침, 생미역무침과 소
금 간을 하여 각각 볶은 무나물, 오이나
물, 애호박나물, 가지나물을 색 맞추어
담은 것이다. 두부, 조갯살을 넣고 끓인

탕국과 고추장을 곁들인다. ⚓ 경남

통영비빔밥

통영약과 참기름으로 볶아 빻은 쌀가루
에 소금, 후춧가루, 계핏가루를 넣어 체
에 내린 후 참기름을 고루 섞어 생강즙,
꿀, 청주를 넣고 반죽한 다음 약과 틀에
박아 튀겨 즙청액에 담갔다 건져 잣가루
를 뿌린 유밀과이다. ⚓ 경남

통퉁장 ▶▶▶ 청국장 ⚓ 충청도

파강회 같은 길이로 썬 쇠고기편육, 황백지단, 붉은 고추를 데친 실파로 돌돌 감아 잣을 끼우고 초고추장을 곁들인 것이다.

파강회

파김치 굵은 소금으로 살짝 절인 쪽파 (또는 실파)를 고춧가루, 멸치젓, 다진 마늘·생강, 통깨를 섞어 만든 양념으로 버무린 김치이다. 제주도에서는 패마농짐치라고도 한다. 《산가요록》(생총침채 : 生蔥沈菜), 《수운잡방》(총침채 : 蔥沈菜), 《조선무쌍신식요리제법》(총저 : 蔥菹)에 소개되어 있다.

파나물 데친 쪽파에 구운 김과 국간장, 참기름, 깨소금을 넣어 무친 것이다. 설탕을 넣기도 한다. 《시의전서》(파나물), 《조선요리제법》(파나물), 《조선무쌍신식요리제법》(총채 : 蔥菜)에 소개되어

있다. ☙충남

파래국 손질한 생파래를 물에 넣고 끓인 후 소금 또는 국간장으로 간을 한 국이다. 생파래국이라고도 한다. ☙전남

파래된장국 생파래를 장국물에 넣어 끓인 국이다. 방법 1 : 쌀뜨물에 된장을 풀어 멸치를 넣고 끓인 국물에 생파래를 넣어 끓이다가 굴과 다진 마늘을 넣고 끓인 후 뜨거울 때 참기름을 넣는다(전남). 방법 2 : 된장을 푼 물에 멸치를 넣고 끓인 다음 멸치를 건져내고 마른 참파래를 넣어 끓인다(제주도). ☙전남, 제주도

파래무침 손질해 물기를 뺀 파래와 송송 썬 풋고추·붉은 고추에 양념(간장, 식초, 고춧가루, 다진 마늘, 깨소금)을 넣어 무친 것이다. 경남에서는 멸치액

파래무침

젓을 넣는다. 전남에서는 청태무침, 경남에서는 파래무침나물이라고도 한다. ✿ 전남, 경남

파래무침나물 ▶▶▶ 파래무침 ✿ 경남

파래자반 손질한 파래를 국간장과 소금으로 간을 한 찹쌀풀에 넣었다 꺼내면서 납작하게 모양을 만들어 채반에 널어 햇볕에 말리고 낮은 온도의 식용유에서 튀긴 것이다. ✿ 전남

파래장아찌 마른 파래를 면주머니에 넣고 된장을 푼 간장과 켜켜이 반복하여 항아리에 넣은 후 남은 장을 위에 얹어 숙성시킨 장아찌이다. 먹을 때 양념(간장, 다진 파·마늘, 고춧가루, 참기름, 깨소금, 설탕)으로 무친다. ✿ 경남

파래전 방법 1 : 데친 파래에 간장, 소금, 참기름, 다진 마늘을 넣고 무쳐 밀가루로 버무린 다음 둥글납작하게 빚어 밀가루와 달걀물을 묻혀 식용유를 두른 팬에 지진다(충남). 방법 2 : 파래에 찹쌀가루와 국간장, 물을 넣어 반죽한 것을 식용유를 두른 팬에 둥글납작하게 지진다(경남). 초간장을 곁들인다. ✿ 충남, 경남

파래죽 불린 쌀을 참기름으로 볶다가 쌀뜨물, 감자를 넣고 끓여 감자가 익으면 데친 파래를 넣어 더 끓여 소금 간을 하고 참기름을 넣은 죽이다. ✿ 경북

파무침 데친 쪽파를 양념(국간장, 참기름, 깨소금)으로 무쳐 매듭 모양으로 만들거나, 양념하지 않고 매듭을 만들어 양념장이나 초간장을 따로 곁들인다. 패마농무침이라고도 한다. ✿ 제주도

파뿌리죽 불린 쌀을 참기름으로 볶다가 물을 부어 끓여 쌀알이 퍼지면 콩나물과 쪽파뿌리 순으로 넣고 끓여 소금으로 간을 한 죽이다. 패마농죽, 백비탕이라고도 한다. 패마농죽(백비탕)은 제주도민의 오랜 생활경험에서 나온 감기 등의 질환에 발한제 및 해열제로 식사를 겸해서 많이 이용되었다. ✿ 제주도

파뿌리죽

파산적 막대 모양으로 썰어 양념한 쇠고기와 같은 길이로 썬 쪽파를 꼬치에 번갈아 가며 꿰어 식용유를 두른 팬에 지진 것이다. 경북에서는 실파와 소금 간을 한 쇠고기를 번갈아 꼬치에 꿰어 밀가루를 묻힌 다음 양념장(간장, 밀가루, 다진 마늘, 설탕, 물)을 묻혀 식용유에 지진다. 《시의전서》(파산적), 《조선요리제법》(파산적), 《조선무쌍신식요리제법》(총산적 : 蔥散炙)에 소개되어 있다. ✿ 서울·경기, 경북

파전 쪽파를 식용유를 두른 팬에 가지런히 놓고 밀가루 반죽과 조갯살, 달걀을 풀어 넣고 둥글납작하게 지진 것이다.

파전

파주참게장 손질한 참게에 국간장과 간장을 섞어 붓고 일주일 후 간장을 따라내어 끓여서 식혀 붓기를 반복한 뒤 마늘, 생강, 말린 고추를 넣어 저장한 것이다. 참게는 주로 서해안으로 흘러가는 하천이 분포하는 곳에서 사는데, 그 중에서도 임진강에서 서식하는 파주 참게는 다른 일반 게와 달리 흙냄새가 나지 않고 그 맛이 독특하여 옛날부터 임금님께 진상되었다. ❦서울·경기

파주참게장

파짠지 골파와 무, 배추에 고춧가루, 다진 마늘, 액젓으로 버무린 김치이다. ❦충북

파초냉국 소금에 절인 파초잎을 양념(된장, 깨소금, 설탕, 식초, 다진 마늘)에 비무려 냉수를 부어 만든 국이다. 반치냉국이라고도 한다. 파초는 파초과의 여러해살이풀로 제주도에서는 반치라 불리며, 제주도 등 남부지방에 분포한다. 높이는 2m 정도이며, 잎은 모여나고 긴 타원형으로 생김새가 야생 바나나나무와 비슷하다. 잎·잎자루·뿌리를 삶거나 즙을 짜서 마시면 이뇨·해열·진통·진해작용이 있으므로 민간에서는 약으로 쓴다. ❦제주도

파초장아찌 껍질을 벗기고 소금물에 담갔다가 물기를 뺀 파초줄기에 물, 간장, 소금을 끓여 식혀 부어 저장한 것이다. 3일 후에 양념장을 끓여서 식혀 붓기를 2~3회 반복한다. 먹을 때 다진 마늘, 고춧가루, 깨소금 등으로 양념하여 먹는다. 파초장아찌는 수분이 많아 오래 두고 먹을 수 없다. 옛날에는 따로 파초장아찌를 만들지 않고 간장을 담글 때 메주 띄운 항아리에 파초를 넣고 3~4개월 삭혀 먹었다. 반치장아찌, 반치지라고도 한다. ❦제주도

팥국수 ▶▶▶ 팥칼국수 ❦강원도

팥밥 쌀에 팥을 섞어 지은 밥이다. 팥을 삶아 물을 따라 버리고, 다시 물을 부어 팥을 삶은 후 불린 쌀과 삶은 팥을 섞고 팥 삶은 물을 부어 밥을 짓는다.《조선무쌍신식요리제법》(적두반 : 赤豆飯)에 소개되어 있다.

팥밥

파초냉국

팥소흑임자떡 찹쌀을 쪄서 절구에 넣어

차지게 친 다음 반죽을 조금씩 떼어 팥소를 안에 넣고 흑임자고물에 묻힌 떡이다. ✤ 강원도

팥시루떡 멥쌀가루와 푹 삶아서 절구에 찧어 만든 팥고물을 시루에 켜켜이 안쳐 찐 떡이다. 쌀가루를 넣을 때도 공기 구멍이 막히지 않게 살살 뿌리듯이 하고, 눌리지 않도록 주의해야 한다. 전북에서는 팥시루떡, 제주도에서는 쌀시루떡, 곤침떡이라고 한다. 붉은 팥을 사용한 시루떡은 '잡귀를 멀리한다'는 주술적 의미가 있어 고사떡으로 쓰인다. 《음식법》(시루떡), 《시의전서》(시루떡), 《조선무쌍신식요리제법》(증병 : 甑餅)에 소개되어 있다.

팥시루떡

팥잎국 생콩가루를 고루 묻힌 삶은 팥잎을 멸치장국국물에 넣고 끓인 다음 국간장, 소금으로 간을 한 국이다. 팥잎콩

팥잎국

가루국이라고도 한다. ✤ 경북

팥잎나물 찐 팥잎에 양념(국간장, 다진 마늘, 참기름, 깨소금)을 넣어 무친 것이다. 콩가루를 버무려 찌기도 하며, 말린 팥잎을 삶아 된장, 고춧가루, 다진 마늘, 참기름, 깨소금으로 무치기도 한다. ✤ 경북

팥잎나물

팥잎밥 방법 1 : 쪄서 말린 팥잎을 밥을 할 때 잘게 썰어 넣고 짓는다(충북). 방법 2 : 불린 쌀로 밥을 짓다가 끓으면 데쳐서 생콩가루를 묻힌 팥잎을 얹어 뜸을 들이며 양념장(간장, 다진 풋고추 · 붉은 고추, 고춧가루, 참기름, 깨소금)을 곁들인다(경북). ✤ 충북, 경북

팥잎장 쪄서 말린 팥잎을 물에 불린 후 잘게 썰어 된장 푼 물에 넣고 끓이다가 다진 파 · 마늘, 소금으로 간을 맞춘 찌개이다. ✤ 충북

팥잎장

팥잎콩가루국 ▶▶▶ 팥잎국 ✔경북

팥죽 팥을 삶아 으깨어 거른 물에 쌀을 넣고 쑨 죽이다. 푹 삶은 팥을 으깨어 고운체로 걸러 앙금은 가라앉히고, 팥을 삶아 으깬 윗물에 불린 쌀을 넣어 퍼질 때까지 끓이다가 찹쌀가루를 익반죽하여 만든 새알심과 팥앙금을 넣어 익힌 후 소금으로 간을 한다(상용, 전북). 제주도에서는 흰 떡을 잘게 썰어 넣기도 하였으며 옛날에는 팥앙금으로만 죽을 끓이지 않고 껍질을 포함하여 죽을 끓였다. 제주도에서는 퐅죽, 풋죽이라고도 하며 친족 중 초상이 나면 물 허벅(물을 길어나르는 통)에 팥죽을 한 허벅씩 끓여 가 상가에서 일해 주는 사람들을 대접하였다. 《식료찬요》(붉은팥죽), 《규합총서》(팥죽), 《산가요록》(두죽), 《부인필지》(팥죽), 《조선요리제법》(팥죽), 《조선무쌍신식요리제법》(적두죽 : 赤豆粥)에 소개되어 있다.

팥죽

퐅죽 ▶▶▶ 팥죽 ✔제주도

팥칼국수 팥물에 칼국수를 넣고 끓여 설탕과 소금으로 간을 한 것이다. 방법 1 : 삶은 팥에 물을 붓고 곱게 갈아서 거른 팥물을 끓이다가 밀가루로 반죽한 칼국수를 넣어 익으면 설탕과 소금으로 간을 한다(강원도, 전라도). 방법 2 : 팥을 푹 삶아 거른 팥물을 끓이다가 밀가루와 콩가루를 섞어 만든 칼국수를 넣고 끓여 소금으로 간을 한다. 칼국수 대신 국수, 수제비를 이용하기도 한다(경남). 강원도에서는 팥국수라고도 한다. ✔강원도, 전라도, 경남

팥칼국수

패마농무침 ▶▶▶ 파무침 ✔제주도
패마농죽 ▶▶▶ 파뿌리죽 ✔제주도
패마농지 ▶▶▶ 쪽파장아찌 ✔제주도
패마농짐치 ▶▶▶ 파김치 ✔제주도
퍼데기김치 방법 1 : 손으로 뜯어서 절인 퍼데기배추를 다진 멸치젓을 넣고 끓여 고춧가루, 다진 마늘·생강, 깨소금, 소금을 넣어 만든 양념으로 버무려 담근다. 방법 2 : 통째 절인 퍼데기배추를 좁쌀죽에 고춧가루, 멸치젓, 다진 마늘·생강을 넣어 만든 양념으로 버무려 담근다. 퍼데기짐치라고도 한다. 제주도의

퍼데기김치

퍼데기배추는 요즈음의 개량배추와는 달리 집울타리 또는 노지에서 추위를 이겨낸 것으로 요즈음 배추보다 질기며 색도 진한 초록색이다. ✤제주도

퍼데기짐치 ▶▶▶ 퍼데기김치 ✤제주도

편수 만두피에 소를 넣어 네모지게 빚은 만두이다. 밀가루 반죽을 얇게 밀어서 정사각형으로 자른 만두피에 다져서 볶은 쇠고기·표고버섯, 데친 숙주, 채 썰어 볶은 애호박, 잣 등으로 만든 소를 올려 네 귀가 맞닿는 가장자리를 붙여 네모지게 만든 후 끓는 물에 삶아 내거나 찐 후 식힌 장국에 띄우고 완자 모양의 황백지단을 얹는다. 물 위에 조각이 떠있는 모양이라고 하여 '편수(片水)'라는 이름이 붙었다.《조선요리제법》(편수),《조선무쌍신식요리제법》(편수, 수각아 : 水角兒)에 소개되어 있다. ✤서울·경기

편수

편포 다진 쇠고기를 간장, 꿀, 설탕, 후춧가루, 참기름으로 양념한 후 넙적하게 네모 모양을 만들어 말린 것이다.《규합총서》(편포 : 片脯),《증보산림경제》(조각포 뜨는 법 : 造片脯法),《시의전서》(편포),《부인필지》(편포),《조선요리제법》(편포),《조선무쌍신식요리제법》(편포 : 片脯)에 소개되어 있다. ✤서울·경기

편포

포천이동막걸리 쌀 또는 밀가루를 찐 후 한김 나가면 종국(누룩)과 섞어서 36시간 정도 발효시킨 후 항아리에 담고 식힌 찐밥과 물을 넣고 충분히 발효시킨 뒤 체에 거른 것이다. 종국은 누룩을 제조할 때 씨가 되는 것이다. 경기도 포천은 백운동 계곡에서 흘러내리는 맑은 약수가 있는 것으로 매우 유명한데, 포천이동막걸리는 이곳 약수로 빚었기 때문에 다른 막걸리와 달리 독특하고 은은한 맛을 내는 것이 특징이다. ✤서울·경기

좃죽 ▶▶▶ 팥죽 ✤제주도

표고무침 불려서 데친 표고버섯을 고춧가루, 다진 파·마늘, 통깨, 국간장, 소금, 참기름으로 무친 것이다. ✤전남

표고버섯국수 삶은 국수와 볶아 소금으로 간한 표고버섯채·다진 쇠고기완자·당근채를 담은 다음 된장과 멸치를 넣어 끓인 멸치장국국물을 부은 것이다. 초기국수라고도 한다. ✤제주도

표고버섯밥 각각 채 썬 표고버섯, 싸리버섯, 송이버섯, 당근, 양파를 식용유에 볶다가 불린 쌀을 넣고 밥물을 부어 지은 밥이다. ✤충북

표고버섯양념구이 밑둥을 잘라낸 표고버섯을 끓는 물에 데친 다음 양념장(고추장, 다진 파·마늘, 깨소금, 참기름, 소금)을 얇게 펴 발라 석쇠에 구운 것이

다. ❧ 충북

표고버섯전 건표고버섯을 불린 후 기둥을 떼고 소금으로 밑간한 후, 다져서 양념한 쇠고기를 버섯의 안쪽 부분에 넣고 밀가루와 달걀물을 씌워 식용유를 두른 팬에 지진 것이다. 제주도에서는 다진 돼지고기를 소로 이용하고 표고버섯을 양념하여 달걀물만 입혀 전을 부치기도 하며, 초기전이라고도 한다. ❧ 서울·경기, 제주도

표고버섯죽 불린 쌀을 참기름으로 볶다가 건표고버섯 불린 물을 넣고 끓인 다음 참기름에 볶은 표고버섯을 넣고 끓여 소금으로 간을 한다. 제주도에서는 표고버섯을 초기라 불러 초기죽이라고도 한다. 생표고버섯을 이용하기도 한다. ❧ 제주도

표고장아찌 건표고버섯에 간장을 부어 숙성시킨 장아찌이다. 방법 1 : 건표고버섯을 항아리에 담고, 간장 양념(간장, 생강즙, 소금, 마늘, 마른 고추, 물을 넣고 끓인 것)을 완전히 식혀 부어 만든다. 방법 2 : 다시마장국국물에 간장, 국간장, 설탕, 물엿을 넣어 졸이다가 불려서 꼭지를 뗀 표고버섯을 넣고 팔팔 끓인 후 건더기를 건져내고 5분 정도 더 끓여 식혀서 항아리에 표고버섯과 조린 간장을 부어 만든다. ❧ 충북

푸른시래기주먹떡 ▶▶▶ 청치주먹떡 ❧ 강원도

풀떼죽 ▶▶▶ 수수풀떼기 ❧ 경북

풋강냉이범벅 ▶▶▶ 풋옥수수범벅 ❧ 강원도

풋고추볶음 풋고추를 식용유에 볶다가 설탕, 간장, 다진 마늘, 어슷하게 썬 파, 통깨를 넣고 살짝 볶은 것이다.

풋고추볶음

풋고추부각 ▶▶▶ 고추부각 ❧ 서울·경기, 전라도

풋고추쇠고기조림 데친 풋고추에 양념한 다진 쇠고기를 채워 넣고 간장, 설탕, 참기름, 물을 넣고 조린 것이다. 《시의전서》(풋고추조림), 《조선요리제법》(풋고추조림), 《조선무쌍신식요리제법》(풋고추조림)에 소개되어 있다.

풋고추열무김치 소금에 절인 열무무청을 양파, 마늘, 밥을 한데 섞어 곱게 간 것과 다진 풋고추, 통깨로 버무린 후 물

표고장아찌

풋고추열무김치

을 자작하게 붓고 소금으로 간을 맞춘 다음 국간장으로 색을 낸 김치이다. ⤵ 전남

풋고추장아찌 ▶▶▶ 고추장아찌 ⤵ 충북, 제주도

풋고추전 풋고추를 반 갈라 다진 쇠고기와 으깬 두부를 양념하여 만든 소를 넣고 밀가루와 달걀물을 묻혀 식용유를 두른 팬에 지진 것이다. 전남에서는 밀가루에 다진 풋고추, 다진 돼지고기, 물, 소금을 넣고 반죽하여 조금씩 떼어 둥글납작하게 만들어 식용유를 두른 팬에 지진다. 《조선무쌍신식요리제법》(고초보찜, 고추전유어, 고초복 : 苦草袱)에 소개되어 있다.

풋고추찜 풋고추에 밀가루를 묻혀 찜통에 찐 후 양념장(국간장, 고춧가루, 다진 파·마늘, 참기름, 깨소금, 후춧가루)을 넣고 버무린 것이다.

풋마늘갑오징어산적

린 것이다. 제주도에서는 고춧가루를 넣지 않기도 한다. 경북에서는 풋마늘대겉절이, 제주도에서는 풋마늘대무침, 콥대사니무침이라고도 한다. 풋마늘은 덜 여문 마늘의 어린 잎줄기이다. ⤵ 경상도, 제주도

풋고추찜

풋마늘갑오징어산적 껍질을 벗겨 칼집을 낸 갑오징어와 8~9cm 길이로 썬 풋마늘을 번갈아가며 꼬치에 꿰어 밀가루를 묻힌 것을 식용유를 두른 팬에 밀가루물을 발라가며 구워서 간장 양념(간장, 다진 파·마늘, 참기름, 깨소금, 참기름)을 바른 것이다. ⤵ 전북

풋마늘겉절이 풋마늘을 양념(간장, 깨소금, 고춧가루, 참기름, 설탕)으로 버무

풋마늘겉절이

풋마늘김치 10cm 길이로 썰어 간장에 재운 풋마늘대를, 달여서 식힌 멸치장국 국물에 새우젓, 고춧가루를 섞어 만든 양념으로 버무린 김치이다. ⤵ 전남

풋마늘대겉절이 ▶▶▶ 풋마늘겉절이 ⤵ 경북

풋마늘대무침 ▶▶▶ 풋마늘겉절이 ⤵ 제주도

풋마늘대장아찌 풋마늘대를 소금과 설탕에 절여 항아리에 담고 맨 위에 초피잎을 올리고 간장과 설탕을 끓여 식힌 다음 부어 두었다가 4~5일 후에 양념장을 끓여서 식혀 부어 저장한 것이다. ⤵ 제주도

풋보리가루죽 풋보리쌀 말린 것을 씻어 빻아 만든 풋보리가루에 물을 넣고 중간 불에 저어 가며 풀처럼 부드럽게 쑨 죽이다. 《식료찬요》(보리가루죽), 《증보산림경제》(맥죽 : 麳粥), 《조선요리제법》(보리죽), 《조선무쌍신식요리제법》(맥죽 : 麳粥)에 소개되어 있다. ✿ 전남

풋보리밥 보리의 초록 이삭을 끓는 물에 삶아 햇볕에 말린 다음 손으로 비벼 껍질 깐 풋보리에 물을 부어 지은 밥이다. 섯보리밥이라고도 한다. 이삭에 여물은 들었으나 아직 익지 않은 설익은 보리를 '풋보리'라 한다. 보통 춘궁기에 먹을 것은 다 떨어지고 보리가 익기엔 아직 이른 때에 앞당겨 먹는 쌀이라고 해서 '앞쌀(앞쌀)'이라고도 불렀다. ✿ 제주도

풋옥수수범벅 풋옥수수 알갱이, 팥, 강낭콩과 같이 물을 붓고 푹 삶다가 재료가 퍼지고 물이 졸아들면 소금으로 간을 한 것이다. 풋강냉이범벅이라고도 한다. ✿ 강원도

풋참외장아찌 ▶▶▶ 참외장아찌

풍천장어구이 포 뜬 장어살을 석쇠에 초벌구이 한 후 장어의 뼈와 머리를 삶은 육수에 간장, 고추장, 설탕, 물엿, 생강즙, 다진 마늘, 계피를 넣고 푹 끓여 청주를 섞어 만든 양념장을 발라 다시

구운 것이다. 장어 맛이 좋기로 유명한 전북 고창 선운사의 장수강 하류에서 잡은 풍천장어로 만든 전북 향토음식이다. ✿ 전북

피굴 굴을 껍데기째 삶아 찌꺼기를 가라앉히고 윗물만 따라내어 식힌 굴국물에 삶아낸 굴살을 넣고 다진 실파, 김가루, 참기름, 깨소금을 고명으로 올린 것이다. 껍질이 있는 굴국이라고도 한다. ✿ 전남

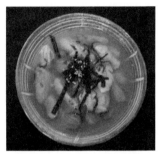
피굴

피라미조림 튀긴 피라미에 양념장(고추장, 다진 마늘, 물엿, 소금, 물)을 넣어 조린 것이다. 피리조림이라고도 한다. ✿ 경남

피라미찜 육수에 양파, 무, 감자를 넣고 끓이다가 삶은 피라미, 양념장(간장, 고춧가루, 다진 파·마늘·생강·양파, 물엿, 초피가루, 멸치장국국물)을 넣고 끓

풍천장어구이

피라미찜

인 다음 팽이버섯, 쪽파, 방아잎, 깻잎채, 미나리, 부추, 참기름, 콩가루, 어슷하게 썬 풋고추·붉은 고추를 넣어 더 끓인 것이다. 피리찜이라고도 한다. ✿ 경남

피리조림 ▶▶▶ 피라미조림 ✿ 경남

피리찜 ▶▶▶ 피라미찜 ✿ 경남

피마자잎쌈 말린 피마자잎을 물을 뿌려 가며 삶은 후 간장 양념장을 곁들인 것이다. 아주까리잎쌈이라고도 한다. 피마자잎은 나물, 쌈, 장아찌로 이용한다. 《조선요리제법》(피마자잎쌈), 《조선무쌍신식요리제법》(피마자잎쌈)에 소개되어 있다. ✿ 서울·경기

피마자잎쌈

피문어죽 불린 쌀을 참기름에 볶다가 물을 붓고 대추를 넣어 끓이다가 불려서 곱게 다진 피문어를 넣고 쌀알이 퍼지면 다진 마늘과 소금으로 간을 한 것이다.

피문어죽

말린문어죽이라고도 한다. ✿ 전남

피조개회 피조갯살을 칼집 내어 썰어 초고추장(고추장, 식초, 설탕, 정종, 마늘즙, 생강즙)을 곁들인 회이다. 각종 채소와 함께 버무리기도 한다. ✿ 경남

필암가양주 식힌 멥쌀고두밥을 누룩과 버무려 항아리에 담고 물을 부어 저은 후 공기가 통할 수 있는 망을 씌워 7~8일 정도 발효시킨 다음 용수를 박아 여과시킨 술이다. 전남 장성군 황룡면 필암리 필암서원에서 제사를 지낼 때 쓰였다 한다. ✿ 전남

필암가양주

하향주　찹쌀가루로 풀을 쑤어 식힌 다음 누룩가루에 버무려 발효시켜 만든 밑술에 찹쌀 고두밥과 엿기름가루, 밀가루를 섞어 항아리에 담아 위에 누룩가루를 뿌려 7일 정도는 뚜껑을 열어 두었다가 밀봉하여 100일 정도 숙성시킨 술이다. 완전히 숙성되면 맑은 녹차색이 된다. 1680년경부터 밀양박씨(密陽朴氏) 집성촌인 대구광역시 달성군 유가면 음리의 박씨 종가집에서 가양주로 전승되고 있다. 알코올 농도 20%의 술로서 맛이 새큼하면서 부드러운 느낌을 주고, 손에 묻으면 끈적거릴 정도로 진하다. 숙취가 없고 마신 후 뒷맛에 연꽃향기가 입 속을 감도는 것이 특징이다. 《음식디미방》(하향주),《주방문》(하향주),《산림경제》(하향주 : 荷香酒),《증보산림경제》(하향주 : 荷香酒)에 소개되어 있다. ♣ 경북

하회약과　밀가루에 쌀가루, 참기름을 고르게 섞고 체에 내려 생강즙, 꿀, 설탕, 청주, 계핏가루를 넣고 되직하게 반죽하여 밀어 사각형으로 썰고 가운데를 십자 모양의 구멍을 낸 것을 튀겨 꿀, 설탕, 물을 넣고 끓인 즙청액에 담갔다 건져 잣가루를 뿌린 것이다. 경북 안동시 하회마을에서 전승되어 온 음식으로 길흉사에는 반드시 사용되었다. ♣ 경북

학꽁치회(무침)　학꽁치의 살을 포 떠서 양배추, 배, 오이, 깻잎, 상추, 미나리, 풋고추와 함께 초고추장(고추장, 식초, 설탕, 다진 마늘, 깨소금)에 버무린 것이다. 학꽁치는 입이 학의 주둥이처럼 길게 튀어나와 있어서 학꽁치라 불리며, 경북에서는 사이루, 경남에서는 꽁치, 강화도에서는 청갈치, 강원도에서는 꽁메리, 충남·전남에서는 공치라 불린다. 주로 회로 먹으며, 국을 끓이거나 소금구이로 먹기도 한다. 요리할 때에는 배 속의 검은 막을 잘 벗겨내야 쓴맛이 없어진다. ♣ 경남

하향주

학꽁치

학꽁치회(무침)

한과 ▶▶▶ 입과 ♨ 경북

한산소곡주 끓여서 식힌 물에 누룩가루를 섞고 체에 거른 누룩물에 찹쌀로 만든 흰무리를 넣고 잘 저어 따뜻한 아랫목에서 뚜껑을 연 상태로 2~3일간 발효시켜 밑술을 만들고, 항아리에 찹쌀고두밥, 누룩, 콩, 엿기름가루, 생강, 고추, 들국화와 발효가 끝난 밑술을 끓여 넣고 서늘한 땅속에 묻어 뚜껑을 덮지 않고 3일을 두었다가 훈김이 빠져 나가면 뚜껑을 덮은 술독을 반쯤 땅에 묻어 100일가량 숙성시켜 만든 술이다. 한산소곡주는 충남 서천군 한산면에서 생산되는 전통술로 1979년 7월 3일 충남 무형문화재 제3호로 지정되었다. 1500여 년의 전통을 이어오고 있으며, 맛과 향이 뛰어나 한번 맛을 보면 자리에서 일어날 줄 모른다고 하여 일명 '앉은뱅이술'이라고도 한다. ♨ 충남

한산소곡주

한치구이 한치를 양념(간장, 다진 파·마늘, 깨소금, 참기름, 후춧가루)하여 석쇠에 구운 것이다. ♨ 제주도

한치물회 ▶▶▶ 주문진한치물회 ♨ 강원도

한치젓 한치를 소금에 절여 저장한 것이다. 먹을 때 껍질을 벗기고 물로 씻어 잘게 썬 다음 고춧가루, 다진 마늘을 넣고 무친다. ♨ 제주도

한치회(무침) 채 썬 한치를 채 썬 양파·무·깻잎·배·풋고추·붉은 고추와 함께 초고추장(고추장, 식초, 물엿, 다진 마늘·생강)으로 버무린 것이다. ♨ 경남

할매김밥 ▶▶▶ 충무김밥 ♨ 경남

함초나물 ▶▶▶ 나문재나물 ♨ 전북

합자장 ▶▶▶ 홍합장 ♨ 경남

합천유과 찹쌀가루와 콩가루에 물을 넣고 반죽하여 찐 것을 꽈리가 일도록 쳐서 밀대로 밀고 잘라서 누에고치 모양으로 만들어 말린 다음 100℃ 식용유에서 한번, 150~160℃에서 다시 튀겨 물엿을 바르고 쌀튀밥가루나 볶은 검은깨를 묻힌 것이다. 경남 합천 지방이 유과의 특산지가 된 것은 조선조 광해군 2년 한산강대수가 궁중에 진상하면서부터란 설이 내려오고 있다. 유과 중에서 '병사'란 이름의 유래는 무병장수를 뜻하는 명주실을 뽑아내는 누에고치에서 그 형상을 본뜬 것이라 한다. ♨ 경남

해당화색반 불린 쌀에 해당화와 물, 소금을 넣고 지은 밥이다. 해당화는 장미과에 속하는 낙엽 활엽관목으로 바닷가의 모래땅이나 산기슭에서 자라며 어린순은 나물로 먹고 뿌리는 당뇨병, 치통, 관절염에 좋 해당화(열매)

으며 꽃은 붉은색으로 진통과 지혈, 향수의 원료로 사용된다. ✿충남

해당화전 찹쌀가루를 익반죽하여 둥글납작하게 빚어, 식용유를 두른 팬에 해당화를 얹어 지져낸 뒤 즙청액을 끼얹은 것이다. ✿충남

해물김치 무를 큼직하게 나박썰기 하여 고춧가루를 넣고 곱게 물들인 후 손질하여 썬 도루묵·생태·오징어·갓·미나리, 대파, 다진 마늘·생강 및 멸치젓국과 소금을 넣고 간을 한 후 버무려 항아리에 담고 우거지를 덮어 돌로 눌러 익힌 김치이다. ✿강원도

해물김치

해물뚝배기 멸치장국국물에 해물(조개, 새우, 게, 오분자기, 소라, 오징어 등), 양파, 양념(간장, 소금, 된장, 다진 파·마늘, 고춧가루)을 넣고 끓이다가 쑥갓, 두부, 달걀 푼 것을 넣어 끓인 것이다. ✿제주도

해물비빔밥 밥 위에 데친 생미역·톳나물·청각과 생파래를 양념(소금, 다진 마늘, 참기름, 깨소금)으로 무쳐 담고, 국간장에 볶다가 물을 붓고 끓인 조갯살을 얹어 고추장과 참기름을 곁들인다. ✿경남

해물산적 상어고기를 양념장(간장, 다진 마늘, 물엿, 정종, 생강가루 등)에 재

웠다가 지지고, 문어, 갑오징어, 전복, 소라, 군소는 데쳐서 양념장에 조린다. 홍합은 데쳐서 말린 다음 양념장에 조려 준비한 모든 재료를 꼬치에 꿴 것이다. 동·남해 해안 지방에서 풍부한 해산물을 이용해 이바지 음식으로 많이 활용되어 왔던 음식이며, 해물 저장음식으로서 잔치 때나 도시락 밑반찬으로도 활용한다. ✿경남

해물생아귀찜 ▶▶▶ 부산아귀찜 ✿경남

해물솥밥 불린 쌀과 멸치장국국물을 돌솥에 넣어 밥을 짓다가 새우와 조갯살, 굴, 잘게 깍둑썰기 한 당근과 양파를 얹어 뜸을 들이고 간장 양념장을 곁들인 것이다. 인천광역시 옹진 지역의 향토음식인 해물솥밥은 각종 해물을 이용한 음식으로 예부터 조상들의 편식을 막기 위해 마련된 골동반과 비슷하다. ✿서울·경기

해물솥밥

해물잡채 ▶▶▶ 부산잡채 ✿경남

해물잡탕 된장, 고추장을 체에 걸러 푼물에 고둥, 가리비, 홍합, 대게, 대하, 도다리를 넣어 끓으면 대파를 넣고 더 끓인 국이다. ✿경북

해물전 잘게 썰어 참기름, 소금을 넣고 볶은 오징어·문어·소라살·당근·쪽파와 성게알을 메밀가루, 밀가루, 달걀

에 물을 넣고 만든 반죽에 넣고 섞은 다음 식용유를 두른 팬에 둥글납작하게 지진 것이다. ♨제주도

해물찜 방법 1 : 멸치장국국물에 오징어, 홍합, 대합, 새우, 고둥, 콩나물을 넣어 끓이다가 전분물(전분, 물)과 양념장(고춧가루, 다진 파·마늘, 소금, 통깨)을 넣고 끓인 다음 미나리와 방아잎을 넣어 버무린다. 방법 2 : 미더덕에 물을 붓고 끓인 다음 멥쌀가루, 찹쌀가루, 들깻가루에 버무린 삶은 고사리와 토란대를 넣고 끓이다가 조갯살을 넣고 한소끔 끓여 다진 마늘, 방아잎, 소금을 넣고 버무린다. ♨경남

해물칼국수 멸치장국국물에 바지락과 새우살을 넣어 끓이다가 밀가루로 만든 칼국수를 넣고 끓이면 애호박채, 실파, 양파채, 다진 마늘을 넣고 끓여 국간장으로 간을 한 것이다. ♨충남, 경남

해물탕 꽃게, 새우, 낙지 등의 각종 해산물에 양념을 하여 끓인 탕이다. 방법 1 : 고추장을 푼 끓는 물에 납작하게 썬 무를 넣고 끓이다가 손질한 꽃게, 낙지, 오징어, 새우, 조갯살 등의 해산물과 미더덕, 애호박, 양파 등을 넣고 끓이다가 마지막에 고추, 쑥갓을 넣고 고춧가루 양념으로 간을 한다(상용). 방법 2 : 손질한 오징어·꽃게·새우·모시조개·소

해물탕

라·미더덕과 양파, 당근, 콩나물, 미나리, 쑥갓, 붉은 고추, 대파에 멸치장국국물을 부어 고추 다진 양념(고춧가루, 간장, 다진 마늘·생강, 깨소금)을 얹고 끓인 후 소금으로 간을 한다(전남, 경남). 경남에서는 된장을 물에 풀어 거른 물을 사용한다.

해산물국 물에 소라, 게, 고둥 등의 해산물과 생미역을 넣어 끓여 국간장으로 간한 국이다. 바르쿡이라고도 한다. ♨제주도

해삼국 적당한 크기로 썬 해삼에 물을 부어 한소끔 끓이다가 미더덕, 풋고추, 붉은 고추, 양파, 대파, 다진 마늘을 넣고 소금 간을 하여 끓인 국이다. ♨충남

해삼미역냉국 얇게 썬 해삼, 데쳐 잘게 썬 미역, 송송 썬 부추를 양념(식초, 설탕, 다진 마늘, 깨소금, 간장)에 버무려 냉수, 참기름을 넣어 만든 국으로 생소라를 썰어 넣기도 하고 김가루를 뿌리기도 한다. 해삼은 12월에서 2월까지가 가장 맛있는데, 약효가 인삼과 같다고 하여 이름이 지어졌다. 붉은색을 띠는 제주도의 해삼은 특히 맛이 좋다. ♨제주도

해삼전 다진 쇠고기와 물기를 빼서 곱게 으깬 두부를 섞어 간장, 설탕, 다진 파·마늘, 후춧가루, 깨소금, 참기름으로 양념하여 불린 해삼 속에 채운 후 밑면만 밀가루를 묻히고 달걀옷을 씌워 식용유를 두른 팬에 지진 것이다. ♨서울·경기

해삼초무침 해삼을 단촛물(설탕, 식초, 소금, 물)에 재웠다가 건져 양념장(유자즙, 간 무, 간장, 소금, 식초)에 버무린 것이다. ♨경남

해삼통지짐 다진 조갯살·쇠고기, 으깬 두부에 다진 파·마늘, 후춧가루, 통깨

를 섞어 만든 소를 삶은 해삼 속에 채워 넣고 밀가루, 달걀물을 입혀 식용유를 두른 팬에 지진 것이다. ▼경남

해삼통지짐

해삼홍합쌈 ▶▶▶ 홍해삼 ▼서울·경기

해삼회 해삼에 초고추장을 곁들여 내는 회이다. 방법 1 : 식초물에 썻어 건진 해삼에 초고추장(고추장, 식초, 설탕, 다진 마늘, 통깨)을 곁들인다. 풋고추를 곁들이기도 하고, 해삼과 풋고추에 초고추장을 넣어 버무리기도 한다(경남, 제주도). 방법 2 : 내장을 빼고 물에 담가 쓴맛을 뺀 해삼에 끓는 물을 2~3회 부어 익힌 다음 썰어 양념(간장, 식초, 다진 파·마늘, 생강즙, 설탕, 참기름)하여 구운 김을 올려낸다(제주도). ▼경남, 제주도

해수배추김치 배추를 바닷물로 절여 명태살, 무, 갓, 쪽파를 넣고 찹쌀풀에 고춧가루, 새우젓과 다진 파·마늘 등의 양념으로 버무려 항아리에 담아 숙성시킨 김치이다. ▼강원도

해장국 ▶▶▶ 뼈해장국 ▼경북

해장떡 찹쌀을 6시간 이상 충분히 불려 시루에 찐 다음 절구에 넣고 차지게 쳐서 떡을 손바닥 크기로 큼직하게 빚어 팥고물을 묻힌 떡이다. 해장떡은 충북 중원군의 강변마을에서 큰 나룻배가 왕래할 때 뱃사람들이 먹던 명물로, 손

바닥만 한 큰 인절미이며, 붉은 팥고물을 두둑하게 묻혀 뼈가 든 술국을 먹을 때 함께 먹으면 속이 든든하다고 한다. ▼충북

해장떡

해초튀각 ▶▶▶ 미역튀각 ▼경남

해파리회(무침) 물에 담가 짠맛을 뺀 채 썬 해파리와 소금에 절였다 물기를 짠 오이에 초고추장(고추장, 설탕, 다진 파·마늘, 식초, 깨소금)을 넣어 무친 것이다. ▼경남

햇고사리풋마늘대무침 삶은 햇고사리와 풋마늘대를 양념(간장, 참기름, 깨소금, 다진 마늘)에 무쳐 물을 약간 넣고 볶은 것이다. ▼제주도

햇떼기식해 쪄서 말린 차조밥에 다진 파·마늘·생강, 고춧가루를 넣고 버무려서 항아리에 한 켜 담고 소금에 절인 햇떼기를 한 켜 번갈아 넣어서 돌로 눌러 삭힌 것이다. 햇떼기는 강원도 묵호·고성·삼척 지방의 특산품으로 생산

햇떼기

량이 많지도 않고 생선 자체의 색다른 풍미도 없어 국거리, 찌개 및 식해에 쓰인다. ▼강원도

햇보리떡 볶은 풋보리를 고운 가루로 만들어 간장, 다진 파, 참기름, 물을 넣

고 반죽하여 잘 치댄 뒤 둥글납작하게 만들어 찜통에 찐 떡이다. 밀과 보리이삭이 막 여물어 물기가 흐르지 않을 때의 것으로 만드는 계절의 별식으로, 오월단오 제례 때 쓰인다. 특히, 충북 충주 지방에서 많이 해먹어 충주개떡이라고도 한다. ♣ 충북

행인죽 살구씨의 껍질을 벗겨 더운 물에 담가 쓴맛과 떫은맛을 제거한 후 갈아서 체에 밭쳐 두고, 냄비에 행인의 윗물만 붓고 중간 불에서 끓이다가 행인의 앙금을 넣어 쑨 후 불린 쌀을 갈아 윗물을 넣어 끓이고 나서 쌀 앙금을 넣어 끓인 후 소금 간을 한 것이다. 기호에 맞춰 설탕, 꿀을 곁들인다. 행인은 살구씨를 말한다. 《시의전서》(행인죽 : 杏仁粥), 《조선요리제법》(행인죽)에 소개되어 있다. ♣ 서울·경기

향설고 껍질을 벗긴 문배에 통후추를 박아서 생강 우려낸 물에 넣어 약한 불로 무르도록 끓여 차게 식힌 후 계핏가루와 잣을 띄운 것이다. 문배는 서울의 특산종으로 배와 비슷한 공 모양의 장과(漿果)로 10월에 노랗게 익으며 단단하고 신맛이 강하다. 《규합총서》(향설고 : 香雪膏), 《부인필지》(향설고), 《조선요리제법》(향설고)에 소개되어 있다. ♣ 서울·경기

향어회 향어를 손질하여 회를 떠서 초고추장이나 겨자장을 곁들인 것이다. 강원도에서는 회를 뜬 향어를 깻잎 위에 담는다. 향어회는 경기도 가평의 향토음식으로 소양호나 춘천호의 급류에 살며, 맛이 담백하여 민물회로 인기가 많다. 흙냄새가 없는 것이 특징

향어

이다. 향어는 육질이 단단하고 치밀하여 씹는 감촉이 좋고, 비린내나 역한 냄새가 없으며, 잔가시가 없고 살코기 부분이 많아 고단백 저지방식품으로 고혈압·성인병·비만 예방은 물론 피부 미용에도 좋은 것으로 알려져 있다. 푹 고아 보신용으로 먹기도 하며, 매운탕, 찜, 소금구이, 튀김 등 다양한 요리에 사용할 수 있다. ♣ 서울·경기, 강원도

헛제삿밥 밥에 다시마와 무, 두부를 넣고 끓인 국과 각각 꼬치에 꿰어 구운 간고등어, 쇠고기, 상어와 동태포전, 배춧잎전, 두부전, 다시마전과 삶은 달걀, 고사리나물, 도라지나물, 콩나물, 시금치나물, 무나물을 각각 담아 국간장을 곁들인 것이다. 안동헛제삿밥이라고도 한다. 《해동죽지》(1925년)에 제사 지낸 음식으로 비빔밥을 만들어 먹는 풍습이 있다고 기록되어 있다. 평상시에는 제삿밥을 먹지 못하므로 제사음식과 같은 재료로 비빔밥을 만들어 먹은 것에서 유래된 것으로, 유교문화의 본 고장인 경북 안동 지역의 헛제삿밥이 다른 지역에 비해 유명하다. ♣ 경북

헛제삿밥

현미식초 발아시킨 현미를 갈아 흑설탕과 물을 넣어 흔들어 주면서 발효시킨 것이다. ♣ 경남

현미초 ▶▶ 현미식초 ♨경남

현풍곰탕 쇠꼬리와 우족, 양을 24시간 정도 푹 끓인 다음 양지머리를 넣어 끓이다가 대파와 마늘을 넣고 끓으면 대파, 마늘은 건져내고 건진 양지머리는 썰어서 다시 넣은 국이다. 파, 후춧가루, 소금을 곁들인다. 대구광역시 달성군 현풍면에서 전해져 온 음식이다. 《시의전서》(고음(膏飮)국), 《조선요리제법》(곰국), 《조선무쌍신식요리제법》(곰국)에 소개되어 있다. ♨경북

호두고추장무침 겉껍질을 벗긴 호두를 팬에 노릇노릇하게 볶아서 뜨거울 때 속껍질을 문질러 벗기고 고추장에 꿀, 설탕, 통깨를 섞어 만든 양념으로 무친 다음 참기름으로 살짝 버무린 것이다. ♨충남

호두곶감쌈 꼭지를 따고 반을 갈라 씨를 뺀 곶감에 속껍질을 벗긴 호두를 넣어 끝부분이 떨어지지 않도록 꿀로 붙여 싼 후 단면이 보이도록 썬 것이다. 호두곶감쌈은 근래에 마른 구절판에 올려 폐백음식, 이바지음식이나 술안주와 간식으로 많이 이용되고 있으며, 수정과에도 호두곶감쌈을 넣어 이용한다. 호두의 씁쓸한 맛을 곶감의 단맛이 보완해 주어 훌륭한 조화를 이룬다. ♨서울·경기

호두산채비빔밥 다진 쇠고기, 채 썬 표고버섯·당근, 삶은 취나물·고사리, 다래순을 각각 양념하여 볶은 후 밥은 따로 담아내고 준비한 나물을 비빔그릇에 색맞추어 담아 황백지단채, 볶은 쇠고기, 다진 호두를 고명으로 얹어 호두기름과 고추장을 곁들인 것이다. 충남 천안시 광덕면 소재 광덕산에서 자생하는 산채를 이용한 담백한 맛의 호두산채비빔밥은 산채 각각마다 특유의 향과 맛을 지니고 있어 별미로 꼽히며, 호두를 넣어 씹히는 맛이 고소하다. ♨충남

호두산채비빔밥

호두장아찌 방법 1 : 호두를 끓는 물에 데쳐 떫은맛을 없앤 뒤 찬물에 헹구고, 물과 간장을 끓이다가 쇠고기완자를 넣고 익으면 호두를 넣어 조린 후 물엿으로 고루 섞는다(충남). 방법 2 : 소금물에 절였다가 건진 호두에 표고버섯과 다시마, 간장, 설탕, 물을 끓여 식혀서 부어 담그며 3일에 한 번씩 국물만 따라 다시 끓인 다음 식혀서 붓기를 3회 반복한다(경북). ♨충남, 경북

호두장아찌

호두죽 껍질 벗겨 곱게 간 호두와 곱게 갈아 가라앉힌 쌀의 윗물을 먼저 끓이다가 쌀 앙금을 넣고 익으면 호두 앙금을 넣어 윤이 나게 죽을 쑨 후 소금으로 간하고 설탕이나 꿀과 함께 먹는 것이다.

《규합총서》(호도죽 : 胡桃粥), 《시의전
서》(호두죽)에 소개되어 있다. ♣ 서울·
경기

호랭이술 멥쌀과 솔잎으로 지은 고두밥
과 불린 누룩을 섞은 후 물을 자작하게
붓고 효모를 넣어 하루 정도 둔다. 술이
괴기 시작하면 멥쌀 고두밥과 엿기름물
을 달여 차갑게 식혀서 붓고 5일 정도
발효시킨 후 걸러서 인삼을 곱게 갈아
보자기에 싼 것을 술독 속에 담가 숙성
시킨 것이다. 1909년 일본에 의해 주세
법이 발령되면서 밀주 제조가 성행하게
되었는데, 이때 밀주단속반원들에게 적
발되는 것이 호랑이보다 더 무섭다하여
호랭이술이라 불린다. 호랭이술은 다른
술과 달리 덧술에 엿기름을 양조 용수로
사용하여 제조한다는 점이 특징이며, 단
맛이 나는 고급 탁주이다. ♣ 서울·경기

호랭이술

호루래기젓 ▶▶▶ 꼴뚜기젓 ♣ 경남
호리기젓 ▶▶▶ 꼴뚜기젓 ♣ 경남
호박갈치찌개 납작하게 썬 늙은 호박을
깔고 고춧가루와 새우젓, 소금을 넣어 물
을 붓고 끓이다 갈치를 넣고 대파, 풋고
추, 양파를 넣어 끓인 찌개이다. ♣ 충남
호박계국지 ▶▶▶ 게국지김치 ♣ 충남
호박고지떡 ▶▶▶ 호박고지시루떡 ♣ 충청도
호박고지시루떡 설탕을 섞은 멥쌀가루

에, 물에 불린 호박고지를 설탕에 재워
섞은 다음 팥고물, 불린 콩을 시루에 켜
켜이 안쳐 찐 떡이다. 강원도에서는 밤
을 함께 넣기도 한다. 강원도에서는 호
박떡, 충청도에서는 호박고지떡이라고
도 한다. 《시의전서》(호박떡), 《조선요
리제법》(호박떡), 《조선무쌍신식요리제
법》(남과병 : 南瓜餠)에 소개되어 있다.
♣ 강원도, 충청도, 전남

호박고지시루떡(충북)

호박고지시루떡(전남)

호박고지적 불려 양념한 호박고지, 양념

호박고지적

한 쇠고기, 실파를 차례로 꼬치에 꿰어 찹쌀가루를 양면에 골고루 묻혀 식용유를 두른 팬에 지진 것이다. 충북에서는 호박오가리누르미라고도 한다. 호박고지는 호박오가리라고도 한다. ♨ 충청도

호박고지찰시루떡 찹쌀가루에 호박고지를 섞어 팥고물을 켜켜로 안쳐 찐 떡이다. 물에 불린 호박고지를 5cm 길이로 썰어 설탕을 묻힌 뒤 찹쌀가루 섞은 것과 팥고물을 켜켜이 안쳐 찐다(전북). 충북에서는 팥고물 대신 녹두고물을 사용한다. ♨ 충북, 전북

호박고지탕 호박고지를 물에 불려 참기름, 다진 파·마늘·생강을 넣고 볶다가 들깨와 쌀을 갈아 체에 거른 것을 넣고 물을 부어 푹 끓인 국이다. 호박고지탕은 강원도 인제 지역에서 설날이나 대보름에 주로 먹는 향토음식이며, 호박고지는 겨울철 비타민 C가 부족하기 쉬운 우리 조상들의 겨울철 음식으로 많이 이용되었다. ♨ 강원도

호박고지탕

호박고추장 껍질과 씨를 제거한 늙은 호박을 얇게 썰어 엿기름물을 붓고 8시간 정도 약한 불에서 끓이다가 뜨거운 상태에서 메줏가루를 섞고, 식으면 고춧가루와 소금을 넣어 항아리에 담고 20일 동안 햇볕에 두어 발효시킨 것으로, 시

원한 곳에 저장한다. ♨ 충남

호박과편 껍질과 씨를 제거한 늙은 호박을 생강과 함께 무르게 삶아 곱게 으깨어 한천을 넣고 끓이다가 물엿, 설탕을 넣고 2시간 정도 곤 뒤 네모 틀에 부어 굳힌 다음 모양 틀로 찍거나 썰어 만든 것이다. ♨ 충북

호박과편

호박국 멸치장국국물에 늙은 호박을 넣어 끓이다가 된장이나 국간장으로 간한 국이다. ♨ 제주도

호박국수 끓는 물에 칼국수를 삶아 차가운 물에 헹궈 건지고, 애호박채를 들기름에 볶다가 국간장, 다진 마늘을 넣고 볶아 삶은 국수에 얹어 비벼 먹는 국수이다. ♨ 충남

호박김치 손질하여 절인 늙은 호박, 우거지, 무청을 물기 제거 후 고춧가루, 새우젓, 다진 마늘·생강으로 양념을 하

호박김치

여 버무려서 담은 김치이다. ☘ 서울·경기, 강원도

호박나물 반달썰기 한 애호박을 양념으로 볶는 것이다. 방법 1 : 반달썰기 하여 소금에 절인 애호박과 채 썬 양파·대파에 새우젓, 고춧가루, 다진 마늘, 참기름, 깨소금을 넣고 볶다가 새우젓으로 간을 한다(상용, 서울·경기, 전남). 서울·경기에서는 다져서 양념한 쇠고기를 넣고 볶으며, 전남에서는 바지락살을 넣어 볶는다. 방법 2 : 찐 애호박을 채 썰거나 반달 모양으로 썰어 국간장, 다진 마늘, 참기름을 넣고 무친다(전남). 호박볶음이라고도 하며, 서울·경기에서는 눈썹나물이라고도 한다. 《규합총서》(호박나물, 호박나물 : 越瓜菜), 《시의전서》(호박나물), 《부인필지》(호박나물), 《조선요리제법》(호박나물), 《조선무쌍신식요리제법》(남과채 : 南瓜菜)에 소개되어 있다.

호박나물

호박동동주 껍질을 벗기고 속을 긁어낸 늙은 호박에 물을 붓고 삶아 체에 내린 다음 누룩가루를 섞은 고두밥을 섞어 항아리에 담아 발효시킨 술이다. ☘ 강원도

호박된장국 된장을 푼 물에 껍질을 벗기고 씨를 긁어낸 늙은 호박을 얇게 저며 넣고 한소끔 끓인 다음 조갯살을 넣

고 소금으로 간한 국이다. 늙은호박된장국이라고도 한다. ☘ 전남

호박들깨죽 껍질을 벗기고 속을 긁어낸 늙은 호박을 쪄서 체에 내린 다음 체에 거른 들깻물을 부어 끓이다가 불린 쌀을 넣고 퍼지도록 끓인 죽이다. ☘ 강원도

호박들깨죽

호박떡 ▶▶▶ 호박고지시루떡 ☘ 강원도
호박매립 ▶▶▶ 호박매집 ☘ 경북
호박매작과 껍질을 벗기고 속을 긁어 낸 늙은 호박을 강판에 갈아 밀가루와 소금을 넣고 반죽하여 밀어서 길게 직사각형으로 썬 다음 세 번의 칼집을 내어 한쪽 끝을 가운데로 넣고 뒤집어서 꼬인 모양을 만들어 식용유에 튀겨 설탕시럽을 묻힌 것이다. ☘ 강원도
호박매집 불린 호박오가리를 참기름에 볶다가 멸치와 물을 넣어 끓으면 국간장, 다진 마늘, 소금을 넣고 더 끓인 다

호박매집

음 밀가루를 넣어 걸쭉하게 끓인 국이다. 호박매럽이라고도 한다. 호박오가리는 호박고지라고도 불리며 애호박을 얇게 썰어서 말린 것을 말하는 것으로 보통 물에 불려 나물로 쓴다. 애호박 대신에 청둥호박을 얇게 오리로 썰어 말린 것을 넣어 호박떡을 만들기도 한다. ↘ 경북

호박묵 방법 1 : 껍질과 씨를 제거한 늙은 호박을 잘게 썰어 물과 소금을 넣고 끓인 후 강낭콩을 넣어 끓이다가 호박이 무르면 약한 불에서 설탕을 넣고 서서히 조리다가 불린 한천을 넣어 끓인 후 굳힌다(충남). 방법 2 : 푹 삶은 늙은 호박을 체에 내려 끓이다가 녹두 전분물을 부어 끓인 다음 소금 간을 하여 틀에 부어 굳힌다(경북). ↘ 충남, 경북

호박묵

호박물 호박의 윗부분을 도려내어 속을 긁어내고 호박 속에 불린 팥과 물을 넣고 찜통에서 중탕하여 팥이 푹 무를 때까지 삶아 생긴 물이다. ↘ 충남

호박버무리 설탕과 꿀을 섞어 체에 내린 멥쌀가루에, 삶은 팥, 얇게 썬 늙은 호박을 넣고 버무려 시루에 안쳐 찐 떡이다. ↘ 전북

호박범벅 늙은 호박과 고구마 썬 것에 삶은 팥과 콩을 넣고 끓이다가 찹쌀 새알심을 넣은 것이다. 방법 1 : 껍질을 벗기고 속을 긁어낸 늙은 호박을 두툼하게 썰어 설탕과 물을 넣어 푹 삶아 건더기는 건져낸 다음 삶은 팥, 고구마와 밤을 넣어 무르게 익힌 후 찹쌀가루를 넣고 국물이 걸쭉해지면 삶은 호박 건더기를 넣고 약한 불에서 끓인 후 소금, 설탕으로 간을 한다(서울·경기, 경남). 방법 2 : 껍질과 씨를 제거한 늙은 호박을 삶아 으깬 것에 팥, 콩, 옥수수, 잘게 썬 밤과 살짝 삶은 고구마를 넣고 끓기 시작하면 찹쌀가루와 새알심을 넣고 끓인다(충북, 경북). 방법 3 : 씨를 긁어낸 늙은 호박을 냄비에 엎어 놓고 팥, 강낭콩과 함께 물을 부어 끓이다가 호박이 익으면 꺼내 호박살만 긁어내어 다시 넣고 찹쌀가루와 차조가루를 넣어 끓인다(충청도). 경북에서 멥쌀가루, 밀가루, 차수숫가루를 이용하기도 한다. 호박범벅은 한 김 나간 후부터 그대로 먹기도 하고, 한 숟가락씩 떠서 콩고물 또는 팥고물을 묻혀 먹기도 한다. ↘ 서울·경기, 충청도, 경상도

호박범벅

호박볶음 ▶▶ 호박나물

호박부꾸미 늙은 호박가루와 찹쌀가루를 반죽하여 둥글납작하게 만든 다음 달군 팬에 식용유를 두르고 지지다가 밤소와 팥소를 각각 넣고 반으로 접어 노릇

하게 지지고 다시 뒤집어서 대추와 쑥갓 잎을 이용하여 꽃 모양으로 장식한 떡이다. ♣ 충북

호박부침 가늘게 채 썬 애호박을 밀가루 반죽에 넣고 잘 섞은 후 식용유를 두른 팬에 얇고 둥글게 펴서 노릇하게 부친 것이다. ♣ 전남

호박부침 ▶▶▶ 늙은호박전 ♣ 경남

호박북심이 불려 간 멥쌀가루에 늙은 호박, 강낭콩, 삶은 콩, 소금을 넣고 버무려 찐 떡이다. ♣ 경북

호박북심이

호박새알죽 껍질과 씨를 제거한 늙은 호박을 삶아서 으깬 후 삶은 팥, 콩, 밤을 넣고 찹쌀가루를 익반죽하여 새알심을 빚어 넣고 끓인 죽이다. ♣ 충북

호박새알죽

호박선 애호박을 토막 내어 열십자로 칼집을 넣어 소금물에 데치거나 절여 물

기를 뺀 다음 양념하여 볶은 쇠고기채·표고버섯채·당근채를 칼집 낸 호박 사이에 채운 후 냄비에 넣고 육수를 부어 끓인 다음 석이버섯채, 잣, 실고추 고명을 얹은 것이다. 《시의전서》(호박선 : 南瓜膳)에 소개되어 있다. ♣ 서울·경기

호박선 ▶▶▶ 호박전 ♣ 경북

호박송편 방법 1 : 늙은 호박가루와 멥쌀가루를 1 : 2의 비율로 섞어서 익반죽하여 밤과 참깨로 소를 만들어 송편을 빚어 솔잎을 깔고 찐다(충북). 방법 2 : 불린 멥쌀과 호박고지를 빻은 가루를 익반죽하여 팥소를 넣고 송편을 빚어 찐다(충남). 충남에서 고지송편이라고도 한다. ♣ 충청도

호박송편

호박수정과 껍질을 벗기고 속을 긁어낸 늙은 호박을 적당한 크기로 썰어 찐 후 생강과 계피 끓인 물을 넣고 끓여서 체

호박수정과

에 거른 다음 황설탕을 넣고 끓여 식히고 곶감쌈과 잣을 띄운 음료이다. 호박수정과는 강원도 전통 음청류로서 제사나 손님 접대 시 이용했다. ✿ 강원도

호박수제비 된장, 고추장을 푼 물을 끓이다가 반달썰기 한 애호박, 으깨어 썰어 푸른 물을 뺀 호박잎을 넣고 밀가루로 만든 수제비 반죽을 얇게 떼어 넣고 끓인 것이다. 호박잎수제비라고도 한다. ✿ 충북

호박순죽 멸치장국국물에 불린 쌀을 넣고 끓이다가 밀가루 반죽을 뜯어 넣고 애호박, 푸른 물을 뺀 호박순·호박잎을 넣어 끓인 다음 들깻가루를 넣고 소금으로 간을 한 죽이다. 호박잎죽이라고도 한다. ✿ 경북

호박시루떡 껍질과 씨를 제거한 늙은 호박을 푹 삶아 체에 내린 것과 멥쌀가루와 설탕을 섞은 다음 거피 팥고물과 멥쌀가루를 켜켜이 시루에 안쳐 찐 떡이다. 밤, 풋콩을 넣기도 한다. 제주도에서는 호박침떡이라고도 한다. 《시의전서》(호박떡), 《조선요리제법》(호박떡), 《조선무쌍신식요리제법》(남과병 : 南瓜餠)에 소개되어 있다. ✿ 전북, 경북, 제주도

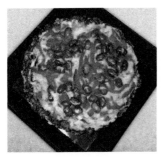
호박시루떡

호박식혜 단호박, 늙은 호박을 삶아 곱게 으깨어 뜨거운 찰밥과 엿기름물에

섞어 50~60℃에서 5시간 삭힌 뒤 밥알이 떠오르면 체에 건져내고, 물을 부어서 끓여 설탕으로 단맛을 조절하여 만든 음료이다. 먹을 때 밥알을 띄워 낸다. ✿ 서울·경기, 충북

호박약과 밀가루에 호박즙, 생강즙, 참기름, 달걀노른자를 혼합하여 손으로 비비면서 고루 섞어 체에 내린 후 물엿, 설탕, 생강즙을 끓인 물로, 녹진하게 반죽하여 약과 틀에 박아 꺼내 튀긴 다음 즙청액에 넣었다가 건져내어 잣과 채 썬 대추로 장식한 것이다. ✿ 충북

호박오가리나물 불린 호박오가리를 양념하여 볶은 것이다. 방법 1 : 물에 불린 호박오가리를 국간장, 다진 파·마늘, 참기름, 깨소금을 넣어 고루 무친 후 팬에 볶으며, 볶을 때 양지머리육수를 넣어주면 맛을 증진시킨다(상용, 충북). 방법 2 : 불려서 데친 호박오가리를 들기름에 볶다가 들깻가루와 쌀가루를 섞어 물을 넣고 간 들깨물을 넣고, 끓으면 국간장, 소금으로 간을 하고 다진 마늘, 붉은 고추, 채 썬 대파를 넣고 걸쭉하게 끓인다(전북). 충북에서는 오가리나물이라고도 한다. 호박오가리는 애호박을 통으로 얇게 썰어 햇빛에 말린 것이다. ✿ 전국적으로 먹으나 특히 충북, 전북에서 즐겨 먹음

호박오가리나물

호박오가리누르미 ▶▶ 호박고지적 ♨충북

호박오가리엿 불린 쌀을 끓이다가 늙은 호박을 넣고 쑨 죽에 엿기름물을 넣어 삭힌 다음 걸러낸 물을 조려서 만든 조청에 호박오가리를 넣고 조리다가 엿발이 나면 호박오가리를 건져내 펴서 쌀튀밥가루와 통깨를 묻힌 것이다. 서늘하고 건조한 곳에 보관한다. ♨경북

호박오가리찜 호박오가리에 물을 붓고 끓이다가 들깻가루, 설탕, 소금을 넣고 더 끓인 것이다. ♨경북

호박오가리찜

호박잎국 방법 1 : 된장을 푼 멸치장국국물에 껍질을 벗긴 호박잎을 넣고 끓인 것이다. 호박잎된장국이라고도 한다(전남). 방법 2 : 된장을 푼 물을 끓이다가 호박잎을 넣어 끓으면 다진 풋고추, 붉은 고추, 다진 마늘, 고춧가루를 넣고 더 끓여 초피가루를 넣는다. 멸치장국국물이나 쌀뜨물, 들깨즙을 넣기도 하고, 쇠고기, 애호박, 고추장을 넣기도 한다(경남). 전남에서 호박잎된장국, 경남에서는 호박잎사귀국, 호박잎된장국이라고도 한다. 《조선요리》(호박잎국)에 소개되어 있다. ♨전남, 경남

호박잎

호박잎된장국 ▶▶ 호박잎국 ♨전남, 경남

호박잎사귀국 ▶▶ 호박잎국 ♨경남

호박잎수제비 된장을 푼 물에 호박잎과 밀가루 반죽을 뜯어 넣어 끓인 다음 소금으로 간을 한 것이다. 멸치장국국물을 이용하기도 한다. 된장을 넣지 않고 양념장을 곁들이기도 한다. ♨경남

호박잎쌈 찐 호박잎에 쌈장을 곁들인 것이다. 방법 1 : 어린 호박잎을 찐 것과 된장에 다진 풋고추와 간장, 참기름을 섞어 만든 쌈장을 곁들인다(전남). 방법 2 : 껍질 벗긴 호박잎을 밥 뜸들일 때 쪄서 멸치젓에 다진 풋고추와 양념(고춧가루, 깨소금, 다진 마늘)을 곁들인다(제주도). 《조선요리제법》(호박잎쌈), 《조선무쌍신식요리제법》(호박잎쌈)에 소개되어 있다. ♨전남, 제주도

호박잎장국수제비 멸치장국국물에 쌀뜨물을 붓고 된장을 풀어 호박잎과 애호박을 넣고 끓이다가 수제비 반죽을 떼어 넣고 국간장으로 간을 한 것이다. 여름에 쌀과 보리가 떨어지면 질게 반죽한 밀가루나 메밀가루를 수저로 떠 넣어 익혀 먹었던 수제비로, 넉넉한 집에서도 여름철 별미로 즐겨 먹었다. ♨충남

호박잎장국수제비

호박잎전 호박잎에 밀가루, 국간장, 물로 만든 반죽을 묻혀 식용유를 두른 팬

에 지진 것이다. ♨경남

호박잎전

호박잎죽 ▶▶▶ 호박순죽 ♨경북
호박전 ▶▶▶ 늙은호박전
호박전　애호박을 소금으로 간하여 들기름에 지진 것이다. 초고추장(고추장, 식초, 설탕)을 곁들인다. 호박전에 초고추장을 무쳐 내기도 한다. 경북에서는 호박선이라고도 한다. ♨경북

호박전

호박죽　늙은 호박을 푹 삶아 으깨어 찹쌀가루를 넣고 소금으로 간하여 끓인 것이다. 방법 1 : 납작하게 썰어 푹 무르도록 삶아 곱게 으깬 늙은 호박에 삶은 팥과 물을 넣고 끓인 후 찹쌀가루를 물에 풀어 넣고 소금으로 간을 한다(상용, 충청도, 전북). 방법 2 : 껍질과 씨를 제거한 후 푹 삶아 으깬 늙은 호박을 약한 불에서 끓이다가 찹쌀가루, 멥쌀가루, 소

금으로 익반죽한 새알심을 넣어 위로 떠오르면 삶은 팥을 넣어 한소끔 더 끓인다(전남). 방법 3 : 쪄서 으깬 늙은 호박에 물을 넣고 찹쌀가루를 풀어 끓이다가 조, 삶은 밤콩과 팥을 넣어 끓여 소금 간을 한다. 배추뿌리, 밤, 땅콩, 검은콩을 넣기도 하며, 찹쌀가루로 새알을 만들어 넣기도 한다(경북). 설탕을 넣기도 한다.

호박죽

호박지　껍질과 씨를 제거한 늙은 호박을 납작하게 썰어 소금에 절인 것과 소금에 절인 배추우거지와 무청을 쪽파, 민물새우, 양념(고춧가루, 새우젓, 조기젓국, 다진 마늘·생강, 소금)으로 버무려 간을 맞춘 다음 항아리에 담아 숙성시켜 밥솥에 얹어서 쪄 먹거나 찌개를 끓여 먹는 김치이다. ♨충남
호박지찌개　된장을 푼 쌀뜨물에 익은 호박지를 넣어 약한 불에서 끓인 것이

호박지찌개

다. 겨울철에 호박지를 담가두었다가 잘 익혀 겨우내 쉽게 끓여 먹을 수 있는 별미 찌개이다. ❧ 충북

호박청 늙은 호박의 윗부분을 도려내어 뚜껑을 만들어 속을 긁어낸 다음 찹쌀가루로 익반죽한 새알심, 밤, 대추, 은행, 생강, 인삼, 꿀을 넣고 호박 뚜껑을 닫아 찜통에 푹 찐 것이다. ❧ 충북

홍시떡

호박청

호박침떡 ▶▶▶ 호박시루떡 ❧ 제주도

호박탕쉬 ▶▶▶ 늙은호박나물 ❧ 제주도

호박편수 만두 껍질을 정사각형으로 빚어 채 썬 애호박을 깔고 곱게 다진 양파·감자·당근·마늘·대파를 올려 네 귀를 붙여 찐 것이다. 끓는 물에 익혀 장국에 넣어 먹기도 하고, 쇠고기와 표고버섯을 만두소로 이용하기도 한다. 애호박편수라고도 한다. ❧ 경남

호박풀떼기죽 속을 긁어낸 늙은 호박에 팥과 물을 넣고 끓이다가 호박이 무르면 살을 발라 쌀과 함께 끓이면서 쌀가루로 농도를 맞추어 끓인 죽이다. ❧ 충남

홀데기밥식해 ▶▶▶ 홍치밥식해 ❧ 경남

홍시떡 멥쌀가루에 삶아서 체에 내린 홍시즙을 섞어 다시 체에 내린 다음 설탕을 넣고 버무려 시루에 찐 떡이다. 상주설기라고도 한다. ❧ 경북

홍어삼합 삭힌 홍어와 삶은 돼지고기,

묵은 김치를 적당한 크기로 썰어 함께 낸 것이다. 삼합에 사용되는 돼지고기는 기름과 살이 적당히 섞인것이 좋은데, 기름의 고소함과 살코기의 부드러움이 어우러져야 삼합의 맛이 나게 된다. 홍어는 가오리과에 속하는 마름모꼴의 물고기로 3~4월경, 또 겨울에 많이 난다. 뼈 없는 생선으로 살이 풍부하고 맛이 고소한데, 특히 뼈는 연골이기 때문에 뼈째로 오독오독 씹어 먹는다. 전라도 지역에서는 홍어를 회로 먹는 방법, 말려서 먹는 방법 또는 삭혀서 먹는 방법이 이용되고 있다. ❧ 전남

홍어삼합

홍어애보리국 홍어, 양파, 대파, 마늘, 물을 넣고 끓여 만든 육수에 된장을 풀고 다진 마늘·생강, 고춧가루, 소금을 넣고 간을 한 다음 홍어애(내장)를 넣고 한소끔 끓으면 보리싹, 대파, 고추를 넣고 걸

쪽해질 때까지 푹 끓인 것이다. ⚘전남

홍어애보리국

홍어애탕국 홍어내장과 불린 톳을 깨끗이 썻어 된장으로 버무려 물을 붓고 끓인 후 다진 파·마늘을 넣고 국간장으로 간한 다음 마지막에 참기름을 넣은 국이다. ⚘전남

홍어애탕국

홍어어시욱 찜통에 짚을 한 켜 깔고 홍어 토막을 얹은 다음 파채, 마늘채, 실고

홍어어시욱

추를 고루 뿌리고 그 위를 짚으로 다시 덮어 센 불에서 쪄낸 뒤 양념장이나 초고추장을 곁들인 것이다. 홍어의 껍질을 벗겨 꾸덕꾸덕하게 말린 다음 양념을 발라 짚 사이에 넣고 찌는 음식으로 비린내가 없고 담백한 것이 특징이다. ⚘충남

홍어찜 홍어를 쪄서 양념장을 곁들인 것이다. 방법 1 : 칼집을 넣고 소금과 청주로 밑간하여 찐 홍어에, 데친 콩나물·미나리, 풋고추채, 붉은 고추채, 황백지단채, 석이버섯채를 고명으로 얹어 양념장(간장, 고춧가루, 참기름, 깨소금, 다진 파·마늘)을 곁들인다. 홍어에 양념장을 끼얹어 채소와 함께 쪄내기도 한다(전북). 방법 2 : 손질하여 칼집을 넣은 홍어를 4~5cm 길이로 썰어 찌고, 접시에 데친 미나리를 깔고 그 위에 찐 홍어를 담은 다음 양념장(간장, 고춧가루, 다진 마늘, 생강즙, 어슷하게 썬 대파·풋고추, 통깨)을 끼얹는다(전남). ⚘전라도

홍어찜

홍어탕 물에 무를 넣어 끓이다가 고춧가루와 된장을 넣고, 끓어오르면 홍어와 고추장을 넣어 익으면 양파, 미나리, 대파, 고추, 다진 마늘·생강을 넣고 한소끔 더 끓여 국간장으로 간을 한 것이다. ⚘전북

홍어회 삭힌 홍어의 표면을 깨끗이 닦

홍어탕

아 0.5cm 두께로 썰어 된장, 초고추장, 풋고추, 마늘, 상추와 함께 곁들인 것이다. 전남 목포 지방에서는 홍어를 적당히 숙성시켜 자극적인 풍미를 지닌 회로 만들어 탁주의 안주로 많이 즐기는데, 독특한 맛이 있어 '홍탁' 으로 잘 알려져 있다. ♣ 전남

홍어회무침 납작하게 썰어 소금에 절인 무를 초고추장(고추장, 식초, 고춧가루, 설탕, 다진 마늘 등)으로 무친 다음, 납작하게 썬 홍어와 양파, 미나리, 대파, 풋고추를 넣어 버무린 것이다. ♣ 전남

홍어회무침

홍치밥식해 물에 불린 고춧가루에 다진 마늘·생강을 섞어 절인 홍치, 고슬하게 지은 쌀밥, 무채, 실파, 통깨를 넣고 버무린 다음 소금, 설탕으로 간을 맞춰 익힌 것이다. 경북에서는 홍치식해, 경남에서는 홀데기밥식해라고도 한다. 홍치는 바

다 물고기로 최대 몸길이 29cm 정도에 몸은 긴 타원형이고 옆으로 납작하며, 수심 20~400m의 연안이나 앞바다의 암초지대에 서식한다. 경북에서는 홀데기, 홍데기라고 불리고, 주로 뼈째 썰어서 회로 먹거나, 물회, 식해로 먹는다. ♣ 경상도

홍치밥식해

홍치식해 ▶▶▶ 홍치밥식해 ♣ 경북
홍합꼬치 끓는 소금물에 데쳐 후춧가루를 뿌린 홍합을 꼬치에 꿰어 앞뒤에 밀가루를 묻히고 달걀물을 입혀 식용유를 두른 팬에 지진 것이다. ♣ 전남
홍합미역국 미역, 홍합, 다진 마늘을 참기름으로 볶다가 물을 붓고 끓이면 국간장이나 소금으로 간을 한 국이다. 마른 홍합미역국이라고도 한다. ♣ 경남
홍합밥 방법 1 : 홍합살을 참기름에 볶다가 불린 쌀, 감자, 당근, 표고버섯을 넣고 국간장으로 간을 하여 지은 밥으로 양념장(국간장, 간장, 실파, 다진 마늘, 참기름, 깨소금)을 곁들인다(경북). 방법 2 : 껍질째 썻은 홍합과 함께 밥을 지어 강된장찌개와 초고추장을 곁들인다. 보리쌀을 섞어 밥을 짓기도 하며, 밥은 강된장찌개에 비비고 홍합은 초고추장에 찍어 먹는다(경남). ♣ 경상도
홍합장 소금물에 삶은 홍합에 홍합 삶은 국물을 부어 진하게 조린 것이다. 간

장과 같다 하여 홍합장이라 한다. 삶아 낸 홍합은 말려두었다가 조리에 이용한다. 합자장이라고도 한다. ❧ 경남

홍합장

홍합젓 홍합에 고춧가루를 버무린 나박썰기 한 무, 대파채, 마늘채, 생강채, 소금을 넣고 버무려 숙성시킨 것이다. 가을이나 겨울에 경남 해안 지방에서만 담가 먹는다. 《조선무쌍신식요리제법》(홍합젓 : 紅蛤醢)에 소개되어 있다. ❧ 경남

홍합죽 홍합과 불린 쌀을 넣고 쑨 죽이다. 방법 1 : 홍합과 불린 쌀을 참기름으로 볶다가 물을 붓고 푹 끓여 쌀알이 퍼지면 끓여 다진 파 · 마늘을 넣고 국간장으로 간을 한다(경남). 방법 2 : 불린 쌀, 홍합살, 깍둑썬 감자에 물을 넉넉하게 붓고 고추장을 풀어 저으면서 끓이다가 쌀과 감자가 익으면 풋고추와 양파를 넣고 다시 한소끔 끓인다. 담백한 맛을 내기 위해 기름에 볶지 않으며, 감자가 푹 퍼져야 깊은 맛이 난다(강원도). 강원도에서는 섭죽, 경남에서는 담치죽이라고도 한다. ❧ 강원도, 경남

홍합초 홍합을 간장 양념에 조린 것이다. 방법 1 : 납작하게 썬 쇠고기에 간장 양념(간장, 설탕, 대파, 마늘편, 생강편, 후춧가루, 물)을 넣어 끓이다가 데친 홍합을 넣고 조린 후 전분물과 참기름을

넣어 윤기를 내어 잣가루를 뿌린다(상용, 서울 · 경기). 방법 2 : 간장 양념(간장, 설탕, 다진 마늘, 생강즙, 후춧가루, 물)을 끓이다가 데친 홍합을 넣고 조린 다음 전분물을 넣고 고루 섞어 참기름을 넣는다(경남). '초(炒)'는 짜지 않고 단맛이 나며 녹말물을 풀어 윤기나게 조리는 것이다. 《시의전서》(홍합초 : 紅蛤炒), 《조선요리제법》(홍합초 : 紅蛤炒)에 소개되어 있다.

홍합초

홍해삼 불려서 5cm 길이로 썬 해삼과 데친 홍합에 다진 쇠고기와 물기를 빼서 곱게 으깬 두부를 잘 섞어 양념한 것으로, 각각 싸서 찐 다음 식혀서 밀가루를 묻혀 해삼에는 달걀흰자를, 홍합에는 달걀노른자를 입혀 식용유를 두른 팬에 지진 것이다. 초간장을 곁들이며, 통째로 꼬치에 꿰어 괴어서 고배상에 쓰기도 한다. 해삼홍합쌈이라고도 한다. ❧ 서울 · 경기

흩잎나물 데친 흩잎나물을 양념(된장, 고춧가루, 국간장, 참기름, 깨소금)으로 무친 것이다. 흩잎나물은 화살나무의 새순을 일컫는다. ❧ 경남

화살나무

화랑게회젓 깨끗이 씻어 손질한 화랑게를 절구에 넣어 빻다가 풋고추, 붉은 고추도 함께 넣어서 간 다음 국간장, 다진 파·마늘, 통깨를 넣고 섞어 삭힌 젓갈이다. 화랑게는 전남 해남 지역에서 나는 게의 일종으로, 생것을 갈아서 양념하여 젓을 담근다. ♨전남

화랑게회젓

화성굴밥 불린 쌀에 채 썬 버섯·쇠고기, 납작하게 썬 밤·대추·인삼 등을 넣고 밥을 짓다가 마지막에 굴을 넣어 뜸을 들이고 뜨거울 때 양념장을 넣어 비벼 먹는 것이다. 경기도 서해안 일대에는 어패류의 생산이 많은데, 굴이 직접 생산되는 경기도 시흥·화성, 인천광역시 강화·옹진 등 바닷가 인접 마을에서는 계절에 따른 별미밥으로 굴밥을 지어 먹었다. 강화 지방에서는 소금, 후춧가루, 간장으로 간을 한 닭국물에 밥을 안쳐서 끓으면 그 위에 굴을 얹어 뜸을 들여 양념장에 비벼먹는다. 《조선무쌍신식요리제법》(석화반 : 石花飯)에 소개되어 있다. ♨서울·경기

화성불낙지볶음 철판에 소금물에 주물러 씻은 낙지, 각각 썬 양파, 당근, 미나리, 고추, 데친 느타리버섯, 미나리와 고춧가루, 다진 파·마늘·생강, 참기름 등의 양념을 넣고 볶은 것이다. 다 먹기 전 남은 재료에 송송 썬 미나리와 김 부순 것을 더 넣고 밥을 볶아 먹는다. ♨서울·경기

화양적 익힌 재료를 꼬치에 꿴 누름적이다. 도라지, 당근, 오이는 막대 모양으로 썰어 살짝 데쳐 볶고, 쇠고기와 표고버섯은 간장, 설탕, 다진 파·마늘, 깨소금, 참기름으로 양념하여 볶은 후 황백으로 나누어 두껍게 부쳐 같은 크기로 썬 달걀지단과 함께 꼬치에 색맞춰 꿰어서 잣가루를 올린 것이다. 《조선무쌍신식요리제법》(화양적 : 花陽炙)에 소개되어 있다.

화전 찹쌀가루를 익반죽하여 5cm 크기로 둥글납작하게 빚어 식용유를 두른 팬에 지진 후 꽃이나 대추, 쑥갓 등으로 장식하고 설탕시럽이나 꿀을 끼얹어 내는 지지는 떡이다. 전북에서는 익반죽한 찹쌀가루 반죽을 둥글납작하게 빚어 식용유에 지진 다음, 팥소를 넣고 양쪽으로 접어 눌러 붙여서 반달 모양으로 만들고 대추와 쑥갓잎을 모양내어 붙여 설탕을 뿌리거나 꿀에 즙청한다. 강원도에서 전화라고도 한다. 《도문대작》(전화법 : 煎花法), 《음식디미방》(전화), 《규합총서》(꽃전, 화견 : 花煎), 《증보산림경제》(두견화전법 : 杜鵑花煎法), 《시의전서》(두견화전), 《부인필지》(화전), 《조선요

화전

리제법》(화전), 《조선무쌍신식요리제법》(꽃전, 화전 : 花煎)에 소개되어 있다. ♨ 전국적으로 먹으나 특히 강원도, 전라도에서 즐겨 먹음

황골엿 ▶▶▶ 옥수수엿 ♨ 강원도

황금주 ▶▶▶ 방문주 ♨ 경남

황기향어찜 황기와 오가피를 끓인 물에 손질한 향어와 황기를 넣고 간장 양념을 넣어 끓여 찜을 하여 생강채와 깻잎채를 곁들인 것이다. 황기는 약초로서 재배하며 강원도 정선 지방의 황기가 유명하다. 한방에서는 강장, 지한(止汗), 이뇨(利尿), 소종(消腫) 등의 효능이 있다. 향어는 소양호나 춘천호의 급류에 사는 생선으로, 맛이 담백하여 민물회로 인기가 많으며 흙냄새가 없는 것이 특징이다. 향어는 육질이 단단하고 치밀하여 씹는 감촉이 좋고, 비린내나 역한 냄새가 없으며, 잔가시가 없고 살코기 부분이 많아 고단백 저지방식품으로 고혈압·성인병·비만 예방은 물론 피부 미용에도 좋은 것으로 알려져 있다. 푹 고아 보신용으로 먹기도 하며, 매운탕, 찜, 소금구이, 튀김 등 다양한 요리에 사용할 수 있다. ♨ 강원도

황기향어찜

황등비빔밥 밥에 콩나물과 양념장(간장, 다진 파·마늘, 참기름, 고춧가루)을 넣어 비빈 후, 그 위에 시금치나물과 쇠고기육회를 올리고 김가루, 황백지단, 황포묵 등을 고명으로 올린 것이다. 비빔밥에 맑은 선짓국을 곁들이는 것이 특징이다. 육회비빔밥이라고도 한다. ♨ 전북

황등비빔밥

황률밥 불린 쌀에 불린 황률과 은행, 약간의 소금을 섞어 지은 밥이다. 황률은 말린 밤을 말한다. ♨ 강원도

황률

황률밥

황복국 고추장과 된장을 푼 물에 잘게 썬 쇠고기와 납작하게 썬 무를 넣고 끓이다가 토막 낸 황복을 넣고 다시 끓으면 쑥갓, 어슷하게 썬 대파, 다진 마늘을 넣어 한소끔 끓인 국이다. 황복은 참복

과의 한 종류로 가장 맛있는 복어로 알
려져 있으며 복어는 한의학에서 몸의 허
열을 내리고 이뇨작용을 하며 정신을 맑
게 하고 기운을 보충해 준다고 한다. 그
러나 산란기에는 맹독이 있어서 특별히
주의를 해야 한다. ♣ 서울·경기, 충남

황복국

황복찌개 내장을 제거하고 손질한 황
복을 꾸들꾸들하게 말려 놓았다가 된
장, 고추장을 푼 물에 무를 넣고 끓인 다
음 황복을 넣고 고춧가루, 다진 마늘, 어
슷하게 썬 대파를 넣어 더 끓인 찌개이
다. 물장뱅이찌개라고도 한다. ♣ 충남

황복찌개

황새기젓 ▶▶ 황석어젓 ♣ 전남
황석어젓 방법 1 : 손질한 황석어의 아
가미에 소금을 넣어 항아리에 담아 소금
을 넉넉히 뿌리고 끓여 식힌 소금물을
부어 발효시킨다(서울·경기). 방법 2 :

늦은 봄철에 황석어를 비늘이 있는 채로
물에 씻어 소금을 뿌리면서 항아리에 차
곡차곡 담고 돌로 눌러 삭히며 먹을 때
살을 저며 고춧가루, 식초, 다진 파를 넣
고 무친다(전남). 전남에서는 황새기젓
이라고도 한다. 황석어는 참조기를 뜻한
다. 《조선무쌍신식요리제법》(황석이젓,
황석어해 : 黃石魚醢)에 소개되어 있다.
♣ 서울·경기, 전남
황태구이 ▶▶ 명태구이 ♣ 경북
황포묵 녹두 앙금(전분)에 치자물을
섞어 쑨 묵이다. 거피한 녹두에 물을
넣고 곱게 갈아서 고운체에 걸러낸 다
음 가라앉은 앙금 한 컵에 치자물 5~6
컵 정도를 넣고 저어가며 끓여 되직해
지면 소금 간을 해서 물을 바른 그릇에
부어 식힌 다음 굳으면 납작하게 썰어
양념장을 곁들여 낸다. 노랑청포묵이
라고도 한다. ♣ 전북, 경남

황포묵

후병 ▶▶ 두텁떡 ♣ 서울·경기
흐린좁쌀밥 ▶▶ 좁쌀밥 ♣ 제주도
흑염소탕 흑염소를 푹 곤 국물에 채소
와 갖은 양념을 넣고 끓인 탕이다. 된장
을 풀어 염소고기를 푹 삶은 국물에, 건
져 찢어서 양념(다진 고추 양념, 다진 마
늘)한 염소고기, 고사리, 토란대, 들깻가
루를 넣어 끓인다(전라도). 전북에서는

녹두가루와 찹쌀가루를 더 넣어 끓인
다. 경북에서는 염소고기와 뽕나무가지
를 넣고 푹 끓인 육수에, 데친 배추, 삶
은 토란대와 고사리, 대파를 넣어 끓이
다가 들깻가루와 소금을 넣고 더 끓인
다. 염소탕이라고도 한다. 염소탕은 여
름철 보양식으로 시원하고 담백한 맛이
특징이다. 염소고기는 예부터 허약한
사람과 몸이 찬 사람에게 좋은 식품으
로 양기를 북돋아 주는 식품으로 알려
져 있다. ☞ 전북, 경북

흑오미자주 마른 면포로 닦아 낸 흑오
미자에 소주를 부어 밀봉하여 찬 곳에
두어 2~3개월 정도 숙성시킨 술로 건더
기를 걸러내어 다른 병에 보관한다. 흑
오미자는 10월경 한라산 중턱의 숲에서
많이 나는데, 오미자보다 알이 굵고 검
붉은색을 띠고 신맛은 덜하며, 감기, 천
식에 효과가 있다고 한다. ☞ 제주도

흑오미자차 흑오미자와 설탕을 켜켜로
유리병에 넣고 재워두었다가 원액을 걸
러내어 뜨거운 물이나 냉수를 부어 마시
는 차이다. ☞ 제주도

흑임자떡 멥쌀가루에 검은깻가루, 잣가
루, 설탕, 물, 소금을 넣어 고루 섞은 다
음 체에 내려 대추채를 고명으로 얹어
찐 떡이다. 흑임자는 검은 깨를 말한다.
☞ 전북

흑임자죽 불린 찹쌀과 볶은 검은깨를
각각 분쇄기에 곱게 갈아서 체에 밭친
후, 물에 찹쌀 간 것을 먼저 끓이다가
검은깨 간 것을 넣고 다시 걸쭉하게 끓
여서 소금이나 설탕으로 간을 하고 잣
을 곁들인 것이다. 《시의전서》(흑임죽 :
黑任粥), 《조선무쌍신식요리제법》(흑
임자죽 : 黑荏子粥)에 소개되어 있다.
☞ 전라도

흑임자죽

흰무리 ➠ 백설기
흰밥 ➠ 쌀밥 ☞ 제주도
흰엿 밥을 엿기름물에 삭혀 국물만 짜
내어 조려서 물엿을 만든 다음 길게 늘
여 희게 만든 엿이다. 방법 1 : 찐 밥에
엿기름물을 넣어 만든 식혜를 베보자기
로 짜서 국물만 조려서 식힌 다음 엿을
잡아당겨 공기를 넣으면서 엿가락을 길
게 늘여 5~10cm로 자른다. 방법 2 : 밥
과 엿기름가루를 더운 물에 풀어 섞고
따뜻할 정도로 한나절 정도 밥을 삭힌
다. 말갛게 되면 걸러 짜서 다시 솥에 붓
고 약한 불에서 고아서 검은 엿이 되면
볶은 통깨, 간 호두, 후춧가루를 넣고 섞
어 식으면 양쪽에서 잡아 늘이기를 반복
하여 만든다. 백당이라고도 한다. 《규합
총서》(흰엿), 《조선요리제법》(흰엿),
《조선무쌍신식요리제법》(백당 : 白糖)
에 소개되어 있다. ☞ 전남

흰죽 불린 쌀을 참기름에 볶다가 물을
붓고 끓어오르면 약한 불로 줄여 쌀알이
완전히 퍼져 밥알이 투명해질 때까지 끓
인 후 소금 간을 한 것이다. 《증보산림
경제》(백죽 : 白粥), 《산가요록》(백죽),
《조선요리제법》(흰죽), 《조선무쌍신식
요리제법》(백죽 : 白粥, 갱미죽 : 粳米
粥)에 소개되어 있다.

참고문헌

✽ 단행본

강원도 농업기술원. **강원의 맛 김치**. 2004.

강원도 농업기술원. **강원의 맛 떡**. 2005.

강원도 농업기술원. **강원의 맛 저장음식**. 2007.

강원도 농촌진흥원. **강원도의 향토 · 관광요리**. 1997.

강원도 농촌진흥원. **강원 향토의 맛**. 1993.

강인희. 한국의 떡과 과즐. **대한교과서주식회사**. 1994.

강인희. 한국의 맛. **대한교과서주식회사**. 1993.

거제시농업기술센터. **거제향토음식**. 1998.

경기도 농촌진흥원. **경기향토요리**. 1991.

경상남도 농촌진흥원. **경남향토음료**. 1997.

경상남도 농촌진흥원. **경남향토음식**. 1994.

경상북도 농업기술원. **몸에 좋은 식품 돈이 되는 식품**. 2003.

경상북도 농촌진흥원. **우리의 맛 찾기 경북 향토음식**. 1997.

경주시농업기술센터. **천년고도 경주 내림손맛**. 2005.

고양시 향토음식연구회. **맛있는 고양음식 이야기**. 1997.

광양시농업기술센터 광양시생활개선회. **광양 향토음식**. 2001.

광주광역시 농업기술센터. **누구나 즐겨 먹을 수 있는 광주음식**. 2006.

광주광역시 농업기술센터. **미향 광주의 향토음식**. 2003.

광주광역시 북구. **향토음식 박물관 건립방안 연구**. 2003.

광주광역시. **광주의 전통음식**. 1997.

광주군 향토음식연구회. **너른고을 향토음식**. 1997.

광주향토음식문화연구회. **향토음식 문화상품개발 상차림 선물음식**. 2001.

구례군농업기술센터. **구례 맛사랑**. 2001.

구미시농업기술센터. **구미 향토−로하스요리 질시루**. 2005.

군위군농업기술센터. **향토음식 맥잇기 군위의 맛을 찾아서**. 2005.

기장군농업기술센터. **기장의 향토음식**. 2003.

기장식문화연구회. **기장 향토음식 따라하기**. 2003.

김경자. **부산향토전통음식 재첩국에 관한 연구**. 부산광역시. 2001.

김경자. **부산향토전통음식 해물탕에 관한 연구.** 부산광역시. 2000.

김상보. **향토음식문화.** 신광출판사. 2004.

김상애. **밀면에 관한 연구결과 보고서.** 부산광역시. 2006.

김상애. **부산의 향토음식 흑염소불고기에 관한 연구.** 부산광역시. 1999.

김상애. **부산향토음식 곰장어 요리에 관한 연구.** 부산광역시. 2000.

김상애. **부산향토전통음식 동래파전에 관한 연구.** 부산광역시. 1999.

김상애. **부산향토전통음식 부산아귀찜에 관한 연구.** 부산광역시. 2001.

김상애. **양산의 전통향토음식 산채비빔밥·민물매운탕에 관한 연구.** 양산시. 2006.

김숙년. **600년 서울음식.** 동아일보사. 2001.

김연식. **한국사찰음식.** 우리출판사. 1997.

김지순. **제주도음식.** 대원사. 1999.

김천시농업기술센터. **김천 향토음식.** 1999.

김태정. **쉽게 찾는 우리나물.** 현암사. 1998.

김현대. **부산향토전통음식 복어요리에 관한 연구.** 부산광역시. 2000.

나주시 문화원. **영산강 유역의 중심 나주–역사와 문화 이야기.** 2001.

나주시. **나주 향토음식의 발자취.** 2005.

남양주시 농업기술센터 남양주시 향토음식연구회. **남양주 농특산물을 이용한 보양 음식.** 2003.

남양주시 농업기술센터 남양주시 향토음식연구회. **보양음식.** 2000.

남양주시 농업기술센터 남양주시 향토음식연구회. **전통음식 맥잇기 활동보고서.** 1998.

남해군농업기술센터. **보물섬 남해 향토 먹거리 맛과 멋.** 2005.

농촌진흥청 농업과학기술원 농촌자원개발연구소. **한국의 전통향토음식 1**(상용음식). 교문사. 2008.

농촌진흥청 농업과학기술원 농촌자원개발연구소. **한국의 전통향토음식 2**(서울·경기도). 교문사. 2008.

농촌진흥청 농업과학기술원 농촌자원개발연구소. **한국의 전통향토음식 3**(강원도). 교문사. 2008.

농촌진흥청 농업과학기술원 농촌자원개발연구소. **한국의 전통향토음식 4**(충청북도). 교문사. 2008.

농촌진흥청 농업과학기술원 농촌자원개발연구소. **한국의 전통향토음식 5**(충청남
도). 교문사. 2008.

농촌진흥청 농업과학기술원 농촌자원개발연구소. **한국의 전통향토음식 6**(전라북
도). 교문사. 2008.

농촌진흥청 농업과학기술원 농촌자원개발연구소. **한국의 전통향토음식 7**(전라남
도). 교문사. 2008.

농촌진흥청 농업과학기술원 농촌자원개발연구소. **한국의 전통향토음식 8**(경상북
도). 교문사. 2008.

농촌진흥청 농업과학기술원 농촌자원개발연구소. **한국의 전통향토음식 9**(경상남
도). 교문사. 2008.

농촌진흥청 농업과학기술원 농촌자원개발연구소. **한국의 전통향토음식 10**(제주도).
교문사. 2008.

농촌진흥청 농촌생활연구소(현 농식품자원부). **전통지식 모음집**(생활문화 편).
1997.

농촌진흥청 농촌영양개선연수원(현 농식품자원부). **한국의 향토음식**. 1994.

농촌진흥청. **농촌 식생활 향상을 위한 식생활 평가 시스템 개발연구 보고서**. 2000.

달성군농업기술센터. **연이야기**. 2004.

대구광역시. **대구 전통향토음식**. 2005.

류은순. **부산향토전통음식 낙지볶음에 관한 연구**. 부산광역시. 2001.

마산시농업기술센터. **지역 특산물을 이용한 마산의 새로운 맛**. 2004.

문화공보부 문화재관리국. **한국민속종합조사보고서**(경상남도 편). 1972.

문화공보부 문화재관리국. **한국민속종합조사보고서**(경상북도 편). 1974.

문화공보부 문화재관리국. **한국민속종합조사보고서**(전라남도 편). 1971.

문화공보부 문화재관리국. **한국민속종합조사보고서**(충청북도 편). 1976.

문화공보부 문화재관리국. **한국민속종합조사보고서**(향토음식 편). 1984.

밀양시. **밀양의 맛**. 2001.

백승철. **별미반찬 · 밑반찬**. 서울문화사. 1999.

백승철. **이정섭의 맛있는 우리음식**. 서울문화사. 1999.

봉화군농업기술센터. **봉화의 맛을 찾아서**. 2002.

부안군농업기술센터. **부안 향토음식**. 2001.

산청군농촌지도소. **산청향토요리**. 1994.

상주시농업기술센터. **상주 향토음식 맥잇기 고운 빛 깊은 맛**. 2004.

서귀포시농업기술센터. **너무 흔해서 특별한 먹거리 고매기를 아시나요?**. 2003.

서울특별시 교육청. **중 · 고등학생을 위한 학교급식 표준식단**. 2002.

선재스님. **선재스님의 사찰음식**. 디자인하우스. 2000.

성주군농업기술센터. **성주 향토음식의 맥**. 2004.

손정우. **식품재료학**. 효일출판사. 2004.

순창군농업기술센터. **순창의 맛 장독대.** 2005.

순천시청. **손끝에서 손끝으로 순천의 맛.** 2001.

식품재료사전편찬위원회. **식품재료사전.** 한국사전연구사. 2001.

신승미 · 손정우 · 오미영 · 송태희 · 김동희 · 안채경 · 고정순 · 이숙미 · 조민오 · 박금
　미 · 김영숙. **한국 전통음식 전문가들이 재현한 우리 고유의 상차림.** 교문사. 2005.

신안군농업기술센터. **신안의 향토음식을 찾아서.** 2003.

안동시농업기술센터. **향토음식 맥잇기 안동 음식여행.** 2002.

양평군 향토음식연구회. **향토 · 개발요리 모음집.** 1997.

여수시농업기술센터. **관광 여수의 맛자랑.** 2001.

염초애 · 장명숙 · 윤숙자. **한국음식.** 효일문화사. 1993.

영광군농업기술센터. **향토음식 맥잇기 영광의 맛.** 2003.

영동군농업기술센터 영동군생활개선회 향토음식연구회. **감고을 영동의 우리 맛 발
　자취.** 2003.

영천시농업기술센터. **향토음식 맥잇기 고향의 맛.** 2001.

완도군농업기술센터. **세계로! 미래로! 청해진 음식기행 100선.** 2001.

완도군농업기술센터. **청해진 웰빙 음식의 맥을 찾아서.** 2005.

왕준연. **한국요리백과 1.** 범한출판사. 1985.

왕준연. **한국요리백과 2.** 범한출판사. 1985.

울릉군농업기술센터. **신비로운 맛과 향 울릉도 향토음식.** 1998.

울산광역시농업기술센터. **울산향토음식.** 2001.

울진군농업기술센터. **울진의 LOHAS 친환경음식.** 2005.

윤서석. **한국의 음식용어.** 민음사. 1991.

윤서석. **한국조리.** 수학사. 1993.

윤숙자. **전통의 맛과 멋 한국의 떡 · 한과 · 음청류.** 지구문화사. 1999.

의령군농업기술센터. **의령의 맛.** 2002.

이성우. **한국요리문화사.** 교문사. 1985.

이종근. **온 고을의 맛 한국의 맛.** 신아출판사. 1999.

이천쌀사랑본부. **구만리 뜰.** 1998 가을호.

인천광역시 농업기술센터 우리음식연구모임. **우리 떡, 우리 맛.** 1999.

인천광역시 농업기술센터 우리음식연구모임. **우리의 맛 쌀요리와 김치.** 2005.

인천광역시 농촌지도소. **우리음식모음.** 1996.

장성군농업기술센터. **장성의 맛과 멋.** 2003.

적문. **누구나 손쉽게 만들 수 있는 전통사찰음식.** 우리출판사. 2000.

적문. **전통사찰음식.** 우리출판사. 2002.

전라남도 농촌진흥원. **남도의 맛.** 1992.

전라남도 농촌진흥원. **향토요리모음.** 1979.

전라북도농촌진흥원. **전북음식.** 1996.

전라북도농촌진흥원. **전북의 맛**. 1988.

전희정 · 이효지 · 한영실. **한국전통음식**. 문화관광부. 2000.

정건조 외. **한국의 맛**. 경향신문사. 2005.

정순자. **한국조리**. 신광출판사. 1990.

정해옥. **한국의 후식류**. MJ미디어. 2005.

제주도 농업기술원. **제주 특산 농산물 장아찌 · 장류 담그기**. 2001.

제주도 농촌진흥원. **오랫동안 전하여 온 맛과 멋-제주 전통음식**. 1995.

제주도민속자연사박물관. **제주도의 식생활**. 1995.

제주도지편찬위원회. **제주의 민속 Ⅳ-의생활 · 식생활 · 주생활**. 1996.

제주시농업기술센터. **제주 전통음식**. 2003.

제주음식연구회. **제주의 먹거리 모음**. 2001.

제주특별자치도 농업기술원. **제주 전통음식**. 2007.

진성기. **남도의 향토음식-제주도 향토음식**. 제주민속연구소. 1985.

진주문화원. **진주의 역사와 문화**. 2001.

창녕군농업기술센터. **양파사랑 요리사랑**. 2003.

청도군농업기술센터. **청도 향토음식의 보고 석빙고**. 2004.

청송군농업기술센터. **청송의 맛과 멋**. 2006.

청양군농업기술센터. **청양의 맛**. 2000.

충청남도농업기술원. **충남 향토음식 맛 기행**. 2005.

충청북도 농촌진흥원. **충북의 향토음식**. 1993.

충청북도. **향토건강음식 충북의 맛 100선**. 1996.

태안군농업기술센터. **전통음식의 맛 · 멋**. 1997.

태안군농업기술센터. **태안의 맛을 찾아서**. 2003.

통영시. **통영 농수산물로 만든 별미요리**. 2002.

통영시농업기술센터. **통영음식**. 1999.

포항시농업기술센터. **포항 전통의 맛**. 2004.

하숙정. **우리의 맛 한국요리전집**. 수도출판문화사. 1995.

한국문화재보호재단. **한국음식대관 제2권**. 한림출판사. 1999.

한국문화재보호재단. **한국음식대관 제3권**. 한림출판사. 2000.

한국문화재보호협회. **고향음식의 맛과 멋**. 1990.

한국정신문화연구원. **한국민속문화대백과사전**. 1991.

한복려. **궁중음식과 서울음식**. 대원사. 1995.

한복진. **우리가 정말 알아야 할 우리 음식 100가지**. 현암사. 2000.

해남군농업기술센터. **땅끝 해남의 맛 자랑**. 2003.

해양수산부. **아름다운 어촌 100선**. 2005.

홍만선 저, 민족문화추진회 역. **고전국역총서 산림경제 2권(1715)**. 민문고. 1967.

홍승. **녹차와 채식 사찰음식으로 부처를 만나다**. 우리출판사. 2003.

홍진숙 · 박혜원 · 박란숙 · 명춘옥 · 신미혜 · 최은정 · 이영근 · 윤옥현 · 윤재영 · 신
  애숙 · 정혜정 · 차명화. **고급 한국음식코스 및 응용 상차림.** 교문사. 2003.
황기록 · 이연채. **명인의 남도 전통음식.** 다지리. 2000.
황혜성 · 한복려 · 한복진. **한국의 전통음식.** 교문사. 2000.
황혜성. **한국요리백과사전.** 삼중당. 1976.
황혜성. **한국의 요리 1.** 대학당. 1993.
황혜성. **한국의 요리 2.** 대학당. 1996.
횡성군 농업기술센터. **횡성의 맛(한우더덕요리).** 2005.

❋ 고문헌

김수 저, 윤숙경 역. **수운잡방 주찬**(1500년대). 신광출판사. 1998.
방신영. **조선요리제법.** 한성도서주식회사. 1942.
빙허각 이씨 저, 정양완 역. **규합총서**(1815). 보진재. 1999.
석계부인 안동 장씨 저, 경북대학교 출판부 역. **음식디미방**(경북대학교 고전총서 10)
  (1670년경). 경북대학교 출판부. 2003.
유중림 저, 유숙자 역. **증보산림경제**(1765). 지구문화사. 2005.
이수광 저, 남만성 역. **지봉유설**(1614). 을유문화사. 1980.
이용기 저, 옛음식연구회 역. **조선무쌍신식요리제법**(1924). 궁중음식연구원. 2001.
저자 미상, 이효지 외 역. **시의전서**(1800년대 말엽). 신광출판사. 2004.
전순의 저, 농촌진흥청 역. **산가요록**(고농서 국역총서 8)(1449). 농촌진흥청. 2004.
전순의 저, 농촌진흥청 역. **식료찬요**(고농서 국역총서 9)(1460). 농촌진흥청. 2004.
허균. 도문대작. 1611.
홍만선 저, 민족문화추진회 역. **산림경제 2권**(고전국역총서)(1715). 민문고. 1967.

❋ 논문 및 학술지

권순정. 경상남도 일부 지역의 향토음식의 발굴 및 조리표준화. 신라대학교 석사학
  위논문. 1999.
김귀영 · 이성우. 『주방문』의 조리에 관한 분석적 연구. **한국식생활문화학회지,** 1(4),
  1986.
김기숙 · 백승희 · 구선희 · 조영주. 《음식디미방》에 수록된 채소 및 과일류의 저장법
  과 조리법에 관한 고찰. **중앙대학교 생활과학논집,** 12, 1999.
김기숙 · 이미정 · 강은아 · 최애진. 《음식디미방》에 수록된 면병류와 한과류의 조리
  법에 관한 고찰. **중앙대학교 생활과학논집,** 12, 1999.
김미희 · 유명님 · 최배영 · 안현숙. 《규합총서》에 나타난 농산물 이용 고찰. **한국가
  정관리학회지,** 21(1), 2005.

김상애. 부산향토음식 아귀찜의 표준조리방법 및 영양성분에 관한 연구. **한국식품영양과학회지, 31**(6), 2002.

김상애. 흑염소불고기 조리법의 표준화에 관한 연구. **한국식생활문화학회지, 16**(4), 2001.

김상애 · 권순정. 경상남도 일부 지역 향토음식의 조리표준화 및 영양분석. **한국식품영양과학회지, 33**(2), 2004.

김희선. 어업기술의 발전 측면에서 본《음식디미방》과《규합총서》속의 어패류 이용 양상의 비교 연구. **한국식생활문화학회지, 19**(3), 2004.

신애숙. 부산의 전통. 향토음식의 현황 고찰. **한국조리학회지, 6**(2), 2000.

윤서석. 한국의 국수문화의 역사. 한국식생활문화학회지, 6(1), 1991.

윤서석 · 조후종. 조선시대 후기의 조리서인《음식법》의 해설 1. **한국식생활문화학회지, 8**(1), 1993.

윤서석 · 조후종. 조선시대 후기의 조리서인《음식법》의 해설 2. **한국식생활문화학회지, 8**(2), 1993.

윤서석 · 조후종. 조선시대 후기의 조리서인《음식법》의 해설 3. **한국식생활문화학회지, 8**(3), 1993.

윤숙경. 안동 지역의 향토음시에 대한 고찰. **한국식생활문화학회지, 9**(1), 1994.

윤숙경. 안동식혜의 조리법에 관한 연구 2-적당한 발효온도와 시간에 따른 이화학적 변화. **한국조리과학회지, 4**(2), 1988.

윤숙경 · 박미남. 경상북도 동해안 지역 식생활문화에 관한 연구(1). **한국식생활문화학회지, 14**(2), 1999.

이광자. 우리나라 문서에 기록된 찬물류의 분석적 고찰. 한양대학교 교육대학원 석사학위논문. 1986.

이선호 · 박영배. 안동 지역의 향토음식을 활용한 관광체험 프로그램 개발. **한국조리학회지, 8**(3), 2002.

이성우 · 이효지. 규곤요람. **한국생활과학연구, 1**, 1983.

이승교. 경기지역향토음식조사. **수원대학교논문집 10권**, 1992.

이연정. 경주 지역 향토음식의 성인의 연령별 이용실태 분석. **한국식생활문화학회지, 21**(6), 2006.

이연정. 향토음식에 대한 인식이 향토음식전문점 방문빈도에 미치는 영향 연구. **한국조리과학회지, 22**(6), 2006.

이연정 · 하미옥 · 최수근. 울산 지역 향토음식에 대한 식행동과 기호도에 관한 연구. **한국식생활문화학회지, 21**(5), 2006.

이은욱. 조선후기 식기 및 음식의 특색과 변화. 이화여자대학교 석사학위논문. 2002.

이효지.《규곤시의방》의 조리학적 고찰. **대한가정학회지, 19**(2), 1981.

이효지.《규합총서》,《주식의》의 조리과학적 고찰. 한양대학교 사대논문집. 1981.

이효지. 조선시대의 떡문화. **한국조리과학회지, 4**(2), 1988.

이효지·차경희.《부인필지》의 조리과학적 고찰. **한국식생활문화학회지, 11**(3), 1996.

장혜진·이효지. 주식류의 문헌적 고찰. **한국식생활문화학회지, 4**(3), 1989.

정혜경·이정혜·조미숙·이종미. 서울 음식문화에 대한 연구−심층면접에 의한 사례연구. **한국식생활문화학회, 11**(2), 1996.

차경희.《도문대작》을 통해 본 조선중기 지역별 산출식품과 향토음식. **한국식생활문화학회지, 18**(4), 2003.

최규식·이윤호. 경상북도 북부 지역 향토음식 호텔 메뉴화 전략. **관광정보연구, 16,** 2004.

최수근·이연정·박성수. 향토음식 인지도에 관한 실증적 연구. **한국식생활문화학회지, 19**(3), 2004.

❋ 웹사이트

경기도 문화유산. www.kg21.net. 2006.

네이버백과사전(두산백과). 100.naver.com. 2009.

농촌진흥청. www.rda.go.kr. 2009.

다음 카페. cafe.daum.net/top5453/3TTN/771. 2009.

다음문화원형사전. culturedic.daum.net/dictionary_main.asp. 2009.

디지털강릉문화대전. gangneung.grandculture.net. 2009.

디지털제주시문화대전. jeju.grandculture.net. 2009.

문화원형백과사전. culturedic.daum.net. 2009.

문화제청 통합검색센터. search.cha.go.kr. 2009.

재치영양사. www.yori.co.kr. 2006.

한국관광공사. 한국의 전통음식. www.visitkorea.or.kr. 2006.

한국관광공사. 한국전통음식. www.tourkorea.or.kr. 2006.

해양수산연구포털. portal.nfrdi.re.kr. 2009.

찾아보기_일반

446

452

한국음식 백과사전

1판 1쇄 인쇄 2019년 05월 20일
1판 1쇄 발행 2019년 05월 30일
지은이   농촌진흥청
펴낸이   이범만
발행처   **21세기사**
등 록   제406-00015호
주 소   경기도 파주시 산남로 72-16 (10882)
전화 031)942-7861 팩스 031)942-7864
홈페이지   www.21cbook.co.kr
e-mail   21cbook@naver.com
ISBN 978-89-8468-837-7

정가 30,000원